全国高等职业教育园林类专业“十三五”规划教材

园林植物病虫害防治技术

（第2版）

主　编　江建国　王红军
副主编　赵玉清　桑景拴　李远想
　　　　康瑞姣　刘金龙
主　审　叶建仁

黄河水利出版社
·郑州·

内 容 提 要

本教材是全国高等职业教育园林类专业“十三五”规划教材之一。教材采用项目式教学方式，分为认识园林植物昆虫、认识园林植物病害、园林植物病虫害防治、园林植物常见害虫类群及防治、园林植物常见病害及防治、草坪病虫害及防治等六个学习项目和园林植物病虫害防治典型工作任务。

本教材内容全面，通俗易懂，可供园林技术、园艺技术、林业技术等专业的教师及学生使用，也可供相关专业的科研生产工作者及广大自学者使用和参考。

图书在版编目(CIP)数据

园林植物病虫害防治技术/江建国，王红军主编.—2版.—郑州：黄河水利出版社，2016.5
全国高等职业教育园林类专业“十三五”规划教材
ISBN 978-7-5509-1343-1

Ⅰ.①园… Ⅱ.①江… ②王… Ⅲ.①园林植物-病虫害防治-高等职业教育-教材 Ⅳ.①S436.8

中国版本图书馆CIP数据核字(2016)第113774号

策划编辑：李洪良　王志宽　　电话：0371-66026352　66024331

出 版 社：黄河水利出版社
地址：河南省郑州市顺河路黄委会综合楼14层　　邮政编码：450003
发行单位：黄河水利出版社
发行部电话：0371-66026940、66020550、66028024、66022620(传真)
E-mail：hhslcbs@126.com
承印单位：郑州龙洋印务有限公司
开本：787 mm×1 092 mm　1/16
印张：23.75
字数：549千字　　印数：1—3 100
版次：2010年1月第1版　　印次：2016年5月第1次印刷
2016年5月第2版

定价：39.00元

全国高等职业教育园林类专业“十三五”规划教材编审委员会

出版说明

近年来,随着社会的进步和人们生活水平的提高,人类对生存环境的质量要求越来越高,园林作为生态环境建设的重要组成部分和提高人类生存环境质量的重要凭借手段,越来越受到环境决策者和建设者的重视,特别是在城市,生态园林建设已成为解决社会快速发展所带来的环境问题的主要方式之一,因而以服务和改造室内外环境为基本内容的园林专业也随之迅速发展,新观念、新技术不断涌现,社会对园林工程专业高端技能型人才的要求也不断提高。

为了配合全国高等职业教育园林类专业的教学改革与教材建设规划,按照国家对高等职业教育园林专业人才培养目标定位和市场对园林专业人才专业知识及实践技能的要求,在对现有园林工程专业教材出版情况进行深入调研并充分征求了各课程主讲老师意见的基础上,我社组织出版了这套"全国高等职业教育园林类专业'十三五'规划教材"。教材的编写立足于高起点、出精品,本着知识传授与能力培养并重的原则,以培养园林高级专业技术人才为目标,着重加强职业教育的技能培养特色,重点突出实验、实训教学环节。

本系列教材的编写和出版得到了全国多所园林类高等职业院校的大力支持,我们特别邀请了多所高等院校相关专业的老师对稿件进行了严格审查把关。正是由于他们的辛勤工作和无私奉献,才使得这些教材能够在最短的时间内付梓,并有效保证了教材的整体水平和质量。在此,对推进此次教材编写与出版工作的各院校领导、参编和审稿的老师表示衷心的感谢和诚挚的敬意。

诚然,人才的培养需要教育者长期坚持不懈的努力,好的教材也需要经过时间的考证和实践的检验。希望各院校在使用这些教材的过程中提出改进意见与建议,以便再版时不断修改和完善。

黄河水利出版社

再版前言

园林植物病虫害防治是园林植物栽培与养护过程中的一项重要措施,是园林植物绿化、美化环境的根本保证,也是实现生态建设目标的有力保障。

随着生态文明建设的不断发展,我国城镇园林绿化和风景名胜建设日新月异、蓬勃发展,对园林植物病虫害防治技术要求越来越高,人才市场对园林植物病虫害防治的技能型人才需求也在不断增加。园林类高职院校肩负着为园林行业培养高素质技能型人才的重任。

园林植物病虫害防治技术是园林技术专业的重要专业课程之一。为了适应高职教育人才培养需要,真正做到"任务驱动、理实结合、教学做一体化",教材编写组以提高学生职业能力为核心,以职业岗位需求为导向,以职业技能鉴定为依据,以技术应用能力、自主学习能力、创新能力以及综合职业素质培养为目标构建课程标准,以典型生产任务为导向构建教学内容,编写了这部项目化教材。

教材内容主要有6个学习项目:学习项目1 认识园林植物昆虫,包括3个学习任务,即昆虫的外部特征观察、昆虫生物生态学特性观察、园林植物昆虫主要类群识别;学习项目2 认识园林植物病害,包括3个学习任务,即园林植物病害症状类型的识别、园林植物病害侵染性病原的识别、园林植物病害发生规律及诊断方法;学习项目3 园林植物病虫害防治,包括3个学习任务,即园林植物病虫害防治原理与方法、农药的使用、园林常用药械的使用与保养;学习项目4 园林植物常见害虫类群及防治,包括4个学习任务,即园林植物食叶害虫及防治、园林植物蛀干害虫及防治、园林植物吸汁害虫及防治、园林植物地下害虫及防治;学习项目5 园林植物常见病害及防治,包括5个学习任务,即园林植物叶花果病害及防治、园林植物茎干病害及防治、园林植物根部病害及防治、园林植物其他侵染性病害及防治、园林植物非侵染性病害及防治;学习项目6 草坪病虫害及防治,包括2个学习任务,即草坪主要害虫及防治、草坪主要病害及防治。9个工作任务:工作任务1 园林植物病虫害一般性调查;工作任务2 苗圃病虫害防治工作历的编制;工作任务3 园林植物食叶害虫防治作业设计与施工;工作任务4 白蚁防治作业;工作任务5 农药林间药效试验设计与实施;工作任务6 园林植物检疫实施;工作任务7 飞机防治病虫害作业;工作任务8 食虫鸟人工巢箱招引;工作任务9 寄生蜂人工繁育与释放。

本教材由湖北生态工程职业技术学院江建国、商丘职业技术学院王红军担任主编。具体编写分工如下:学习项目1由商丘职业技术学院王红军编写,学习项目2由许昌职业技术学院康瑞姣编写,绪论及学习项目3由湖北生态工程职业技术学院江建国编写,学习项目4的学习任务1、2由黑龙江农垦科技职业学院刘金龙编写,学习项目4的学习任务

3、4 及工作任务 4、8 由周口职业技术学院李远想编写，学习项目 5 由河南林业职业学院桑景拴编写，学习项目 6 和工作任务 2、3 由湖北生态工程职业技术学院赵玉清编写，工作任务 1、5、6、7、9 由商丘职业技术学院崔保伟编写。全书由王红军统稿。

由于编者水平有限，书中难免有贻误、疏漏之处，敬请读者批评指正。

编　者

2016 年 5 月

目 录

绪 论

0.1 园林植物病虫害防治在园林绿化中的重要性

在城镇园林绿化和风景名胜建设中，园林植物配置必不可少。人们利用丰富的园林植物资源对环境进行绿化和美化，为人类生活创造优美环境，并创造了很好的生态效益和经济效益。然而，园林植物在生长发育过程中，常常遭受各种病虫的危害，导致园林植物生长不良，叶、花、果、茎、根出现坏死斑或发生畸形、凋萎、腐烂以及形态残缺不全、落叶和根腐等现象，失去观赏价值及绿化效果或影响园林景色，甚至引起整株死亡，给园林花卉业造成巨大损失。

园林植物病虫害是一种较为常见的自然灾害，给园林植物造成的危害十分普遍，如月季黑斑病、菊花褐斑病、郁金香和仙客来病毒病等发生普遍且严重。被称为园林植物“五小”的介壳虫、蚜虫、蓟马、粉虱、叶螨这5类刺吸性害虫和害螨，由于虫体小、繁殖力强、扩散蔓延快、为害初期症状不易发现，常常引起园林植物枯萎，甚至整株死亡。介壳虫种类多，发生普遍，其危害不仅直接造成园林植物枯萎、秃顶，还引起煤污病。松突圆蚧自20世纪80年代在广东珠海市邻近澳门的松林发现以来，危害面积逐年扩大，仅1983～1984年，发生范围便由9个县(市)蔓延至35个县(市)，发生面积达73万 hm^2，受害树木连片枯死，更新砍伐约14万 hm^2，给我国南方马尾松林造成极大威胁。蚜虫除直接危害外，还传播病毒。20世纪70年代以来，松材线虫病席卷日本，每年损失松材达100万 m^3 以上，受害最严重的1979年木材年损失量高达240万 m^3。我国自1982年在南京中山陵的黑松上首次发现松材线虫病后，该病先后在江苏、浙江、山东、广东、安徽、湖北、湖南、广西、四川、重庆、福建、贵州、云南、海南、江西等15省(市)及台湾和香港地区的110余个县(市、区)发生危害。据不完全统计，中国有超过5 000万株松树死于松材线虫病，损失木材超过500万 m^3，虫害累计发生面积达8.67万 hm^2，造成直接损失约25亿元，间接损失约250亿元。20世纪80年代初期，驰名中外的北京香山红叶——黄栌，由于白粉病的流行，叶片不能正常变红，致使秋季香山红叶的壮丽景观大为逊色。20世纪90年代，泰山发现松墨天牛，为防止其蔓延，销毁了疫区内2万多株松树，损失惨重。

花卉植物水仙病毒病在我国水仙栽培区普遍发生，并逐年加重，发生面积占栽培面积的70%～80%，鳞茎带毒率高达80%以上，产量损失达7%～10%。仙客来病毒病在各地均有发生，发病重的城市病株率在65%以上，致使品质严重退化。还有大丽花、菊花、香石竹、一品红、一串红、山茶、月季等多种花卉病毒病，亦有日益严重的趋势。

因此，在园林绿化过程中，人们普遍认识到，为保证园林植物的正常生长发育，有效地发挥其园林功能及绿化效益，病虫害防治是不可缺少的环节。及时发现和准确诊断病虫害种类并进行科学治理是城市绿地植物、风景园林植物正常发挥效益的重要保证。

0.2 园林植物病虫害防治的特点

园林植物病虫害防治与农业、林业病虫害防治不同,主要有以下特点:

(1)园林植物在不同的绿化环境配置中,都要按一定的要求进行设计,并有一定的组合结构,无论是公园、庭园、城市街道绿化,还是风景区,为了达到绿化、美化效果,往往将各种花草、树木等巧妙地配置在一起,形成一个独特的园林生态环境。园林植物种类、数量及绿化面积的增加,为不同生物提供了丰富的食物,同时也使园林植物病虫害的种类大大增加。据1984年的调查结果,我国园林植物中病害有5 500种,虫害有8 265种。为此,必须本着"从城市环境的整体观点出发,以预防为主,综合治理"的指导思想,协调应用适合于不同城市、不同园林绿化环境特点的各种有效措施。

(2)园林植物种类繁多,形态各异,配置复杂,给各种病虫害的发生和交互感染提供了有利条件。在园林植物的配置过程中,经常将松树与芍药、柏树与海棠临近种植,给松芍药锈病、海棠锈病的发病创造了条件。此外,园林植物栽培方式多样,品种更换频繁,致使某些病虫害相互传播为害或常年发生,病虫害还可随园林植物的品种及种苗交换而传播蔓延。

(3)城市人口稠密,花卉、果实、草药、油料等与人关系密切,部分还要直接食用,应选用对人体健康无影响、低毒、无怪味、无残留、不污染环境的农药,采用园林技术措施,尽量减少化学农药的使用次数和用量,加强养护管理,提高园林植物的抗病虫能力。

(4)园林观赏植物的经济价值高,特别是一些名贵、稀有品种或艺术盆景的精品,具有特殊价值的珍贵树种,对防治技术的要求很高。如黄帝陵的古柏,颐和园、黄山的古松等,需采用"外科手术"或诱杀等方法,不惜代价地保护。

0.3 园林植物病虫害防治的研究对象及与其他学科的关系

园林植物病虫害防治是研究园林植物病虫害的发生发展规律、防治原理及防治方法的一门应用性学科,包括园林植物病理学、园林植物昆虫学两个学科。

园林植物病虫害防治是以园林植物病害和虫害为主要防治对象,研究病原物、害虫的生物学特性,病虫害的发生发展规律,病虫害防治的理论基础和技术措施,以避免、消除或减少病虫害对园林植物的危害,将病虫害控制在最低水平,保持优美的园林景观,充分发挥城镇园林的生态效益,改善城镇生态环境。

园林植物病虫害防治这一学科,内容构成涉及昆虫学、真菌学、植物病理学、农药学、园林植物栽培与养护等学科,在学习本课程之前要求学生具有植物生理学、园林树木学、土壤学、园林生态学、气象学、数理统计学等方面的相关知识。

0.4 学好园林植物病虫害防治技术的方法

要明确本课程的学习任务:在认识园林植物病虫害防治重要性的基础上,掌握主要园林植物重要病虫害的发生与流行规律，汲取前人研究成果和国内外新成果，结合园林生产实际，制定和采用积极有效的综合防治措施，不断加强理论学习，努力提高园林植物病虫害的防治水平，把病虫害对园林植物和景观区的危害降到最低限度。

要树立以保护环境、维护生态平衡为己任的强烈责任感，怀着对大自然的浓厚兴趣，具有不畏艰难、勇于奉献的精神，运用辩证唯物主义的观点和方法，掌握本课程的基本知识、基本理论和基本技能。对园林植物病虫的种类鉴定识别，要掌握最基本的分类术语和鉴定方法，认真进行形态观察，比较异同，抓住主要特征反复实践，增强记忆，将标本与实物、课内与课外有机结合起来。对于园林植物病虫害防治技术的学习，要站在维护生态平衡、保护环境和建设生态文明的高度，认真学习研究各类防治策略、治理模式与手段所依据的理论基础，运用归纳分析法找出共性的东西和它们之间的联系，掌握园林植物病虫的生物学特性和发展规律以及与其相适应的防治技术，做到举一反三，切忌死记硬背，培养创新思维。

本教材为理论实训一体化的编排体系，学生要重视实验实训教学环节，主动参加教师安排的实验实习项目，每次实训要写好报告，摸索经验，从而掌握实践技能，适应岗位需要。

学习项目1 认识园林植物昆虫

【知识目标】

1. 掌握昆虫的主要特征及园林昆虫的概念。
2. 了解昆虫的头部、胸部、腹部结构特点及其附器的构造、功能及类型。
3. 掌握昆虫变态类型及各虫期的生物学特性。
4. 理解昆虫世代、生活史和生活习性等概念。
5. 熟悉园林昆虫的主要类群。
6. 了解园林昆虫与环境的关系，以及昆虫种群数量变动的影响因素。

【技能目标】

1. 会正确使用实体(体视)显微镜。
2. 会正确区分昆虫与其他节肢动物。
3. 会准确判别昆虫成虫的口器、触角、足、翅的类型。
4. 会识别咀嚼式口器为害状与刺吸式口器为害状。
5. 会准确判别昆虫的变态类型及幼虫、蛹的类型。
6. 懂得如何利用昆虫习性和行为控制害虫。
7. 会使用检索表鉴别森林昆虫主要类群。

【内容结构】

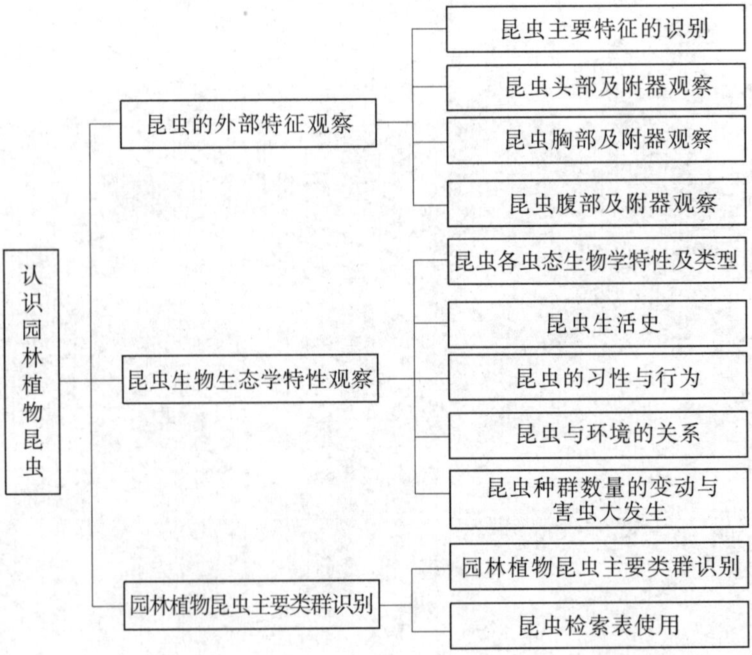

学习任务1 昆虫的外部特征观察

【学习场所】

植保实训室、理实一体化教室、校内外实训基地、园林植物生产棚室、植物园等。

【学习形式】

以学习小组为单位组织教学。教师通过实物标本、蝗虫仿真模型及多媒体课件演示与讲授相结合,使学生理解昆虫外部形态相关知识,在此基础上,每个学习小组的学生利用为其提供的一套昆虫标本,借助实体显微镜、放大镜等工具观察实物并展开讨论,教师给予点拨指导。

【实训用品与材料】

蜘蛛、蝎子、蜈蚣、马陆、虾、蟹、天牛幼虫、松毛虫幼虫、草蛉、蓟马、螽斯等浸渍标本;蝗虫、蝼蛄、螽斯、蜜蜂、螳螂、蝉、蝽象、绿豆象雌雄虫、叩头甲、龙虱、天牛、象甲、步甲、小蠹虫、金龟子、家蝇、瘿蚊、白蚁、粉蝶、松毛虫成虫、夜蛾、蚕蛾和天蛾等针插标本;昆虫口器、触角、足、翅的玻片标本。

实体显微镜、放大镜、镊子、解剖剪、昆虫针、培养皿等。

【辅助学习资源】

- ◆ 蝗虫仿真模型
- ◆ 昆虫外部形态多媒体课件
- ◆ 中国园林网 http://www. yuanlin. com
- ◆ 中国林业网 http://www. forestpry. gov. cn
- ◆ 中国森防信息网 http://www. forestpest. org

1.1 昆虫主要特征的识别

1.1.1 昆虫的鉴别特征

昆虫属于动物界节肢动物昆虫纲,昆虫纲(Insecta)是动物界(Animal Kingdom)节肢动物(Arthropoda)中的一个纲。通过观察蝗虫仿真模型及昆虫成虫实物标本,可归纳出昆虫的共同特征为:体躯的若干环节分别集合成头部、胸部、腹部3个体段;头部具有口器、1对触角、1对复眼和2~3个单眼;胸部具3对足、常具2对翅;腹部有外生殖器,有时还有1对尾须(图1-1)。

再观察虾、蟹、蜘蛛、蜈蚣等浸渍标本,可了解昆虫纲与其他节肢动物的主要区别(表1-1)。

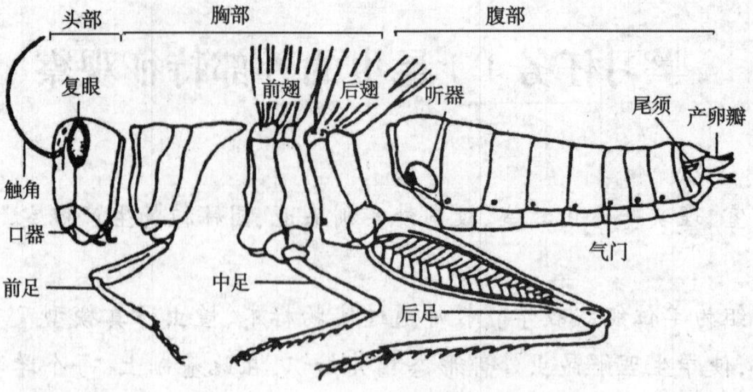

图 1-1 蝗虫体躯侧面图

表 1-1 节肢动物门主要纲的区别

纲名	体躯分段	复眼	单眼	触角	足	翅	生活环境	代表种
昆虫纲	头、胸、腹	1 对	0～3 个	1 对	3 对	2 对或 0～1 对	陆生或水生	蝗虫
蛛形纲	头胸部、腹部	无	2～6 对	无	2～4 对	无	陆生	蜘蛛
甲壳纲	头胸部、腹部	1 对	无	2 对	至少 5 对	无	水生、陆生	虾、蟹
唇足纲	头部、胴部	1 对	无	1 对	每节 1 对	无	陆生	蜈蚣
重足纲	头部、胴部	1 对	无	1 对	每节 2 对	无	陆生	马陆

园林植物有害生物中,除少数是螨类、蜗牛、蛞蝓、鼠类外,绝大部分是昆虫。昆虫的种类很多,约占动物总数的80%,且分布广、适应性强。许多昆虫为害园林植物,如天牛、刺蛾、蓑蛾等;有些昆虫还能传染人、畜疾病,如蚊、蝇、跳蚤等,这些昆虫都对人类有害,称为害虫。有的可以帮助人们消灭害虫,如步行虫、捕食性瓢虫、寄生蜂等,称为天敌。有的能为人类创造财富,如蜜蜂、家蚕、白蜡虫、紫胶虫、五倍子蚜等,它们都对人类有益,称为益虫。识别和研究与园林植物有关的害虫及天敌,加以防治或利用,是园林植物保护的重要任务之一。

指导学生认真观察供试昆虫标本,分辨其中哪些是昆虫,为什么?

1.1.2 体视显微镜的使用

(1)认识体视显微镜的基本结构。

体视显微镜是观察小型昆虫、器官和组织,解剖标本的重要光学仪器,其视野中的物体可以放大为正像,而且具有明显的立体感觉。其类型很多,但其基本结构相同。常用的有 MSL 型体视显微镜和 XTL－1 型体视连续变倍显微镜。它们的基本结构都是由底座、支柱、镜体、目镜套筒及目镜、物镜、调焦螺旋、紧固螺丝和载物圆盘等组成。但 XTL－1 型体视连续变倍显微镜具有先进的变化倍率结构和可变透镜距离的调焦套筒,由转动环带动套筒,可进行连续变倍,无离焦现象,操作方便。

(2)使用体视显微镜观察物体。

1.1.2.1 体视显微镜的基本构造

观察识别昆虫的设备和工具有体视显微镜、放大镜、镊子、解剖针等,其中最重要的是体视显微镜。

体视显微镜的类型很多,但其基本结构相同。常用的有 MSL 型体视显微镜和 XTB - 01 型体视连续变倍显微镜。它们的基本结构都是由底座、支柱、镜体、目镜套筒及目镜、物镜、调焦螺旋、紧固螺丝和载物圆盘等组成的。但 XTB - 01 型体视连续变倍显微镜可进行连续变倍,无离焦现象,操作方便。具有两个目镜和一个物镜,目镜与物镜之间各有一组三棱镜,能使光路所形成的倒像转为正像,与实物一致,加上两眼同时观察,光源是落射光,所以实体感强,可边观察、边解剖。一般可放大 10 ~ 15 倍,可观察小型昆虫、器官和组织,并可解剖标本(图 1-2)。

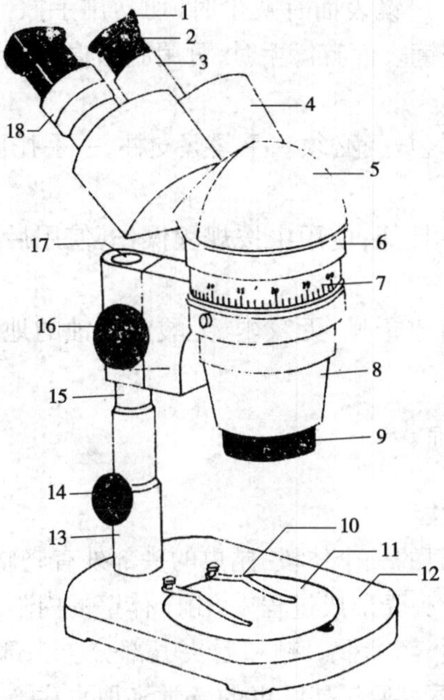

1—眼罩;2—目镜;3—目镜筒;4、5—棱镜盒;6—变倍物镜旋转器;
7—变倍数值度盘;8—物镜套筒;9—大物镜;10—卡子;11—载物圆盘;
12—底座;13—弹簧支柱套筒;14—弹簧支柱紧固螺丝;15、17—轴拉轴;
16—调焦螺旋;18—视调整装置

图 1-2　XTB - 01 型体视连续变倍显微镜

1.1.2.2　体视显微镜的使用操作步骤

两种体视显微镜的使用方法基本相同,只是 XTL - 1 型体视连续变倍显微镜采用转动变倍物镜旋转器(俗称转盘)的方法,无级渐次放大,其放大倍数是连续的。而 MSL 型体视显微镜则采用旋转筒更换法,其放大倍数是阶梯性的。

现以 XTL - 1 型体视连续变倍显微镜为例,说明其使用方法:

(1)把被观察物体放在载物圆盘上,对于裸露标本和浸渍标本,必须先放在载玻片上或培养皿中,然后放在载物圆盘上,把放大环(又称变倍数值度盘)上的刻度“1”对准环下面的标志。

(2)转动左、右目镜座,调整两目镜间距,再调整工作距离,松开紧固手柄(或弹簧支柱紧固螺丝),使镜体缓慢升降至看见焦点为止,然后紧固手柄。最后用调焦手轮(或调焦螺旋)调至物像清晰为止。调焦距时,首先应了解使用镜的明视工作距离,即物镜与观察物的距离有多大。先粗调后细调,先低倍后高倍来寻找观察物。调焦螺旋内的齿轮有一定的上下活动范围,扭不动时不要强扭,谨防损坏齿轮。

(3)如需变换倍数,可用手旋转变倍转盘,观察放大指示环下面的标记,直至所需倍数为止。需要放大80倍以上时,则需装上2×物镜,并调至较短的工作距离。

(4)两目镜各装有调度调节机构,可根据使用者两眼视力的不同进行调节。

1.1.2.3 体视显微镜的保养措施

(1)透镜表面要清洁。透镜表面有灰尘时,切勿用手擦,可用气球吹去,或用干净的毛笔、擦镜纸轻轻擦去。透镜表面有污垢时,可用脱脂棉蘸少许乙醚与酒精的混合液或二甲苯轻轻擦净。

(2)移动时,注意轻拿轻放。必须一手紧握支柱,一手托住底座,保持镜身垂直,轻拿轻放。

(3)使用前需要掌握其性能;使用中按规程操作;使用后清洁镜体,按要求放入镜箱内。

(4)体视显微镜必须置于干燥、无灰尘、无酸碱腐蚀的地方,特别应做好防潮、防尘、防霉、防腐蚀等保养工作。

1.2 昆虫头部及附器观察

1.2.1 昆虫头部特征及功能

头部是昆虫体躯最前面的一个体段,昆虫的头部外有坚硬的头壳,内有脑。头壳多呈半球形、圆形或椭圆形。在头壳形成过程中,由于体壁的内陷,表面形成许多沟缝,通常以缝、沟将昆虫头部分为头顶、额、唇基、颊和后头五部分。头部的附器有1对触角、1对复眼、1~3个单眼和1副口器。头部是昆虫的感觉和取食中心(图1-3)。观察图1-3中蝗虫头部的附器和分区情况。

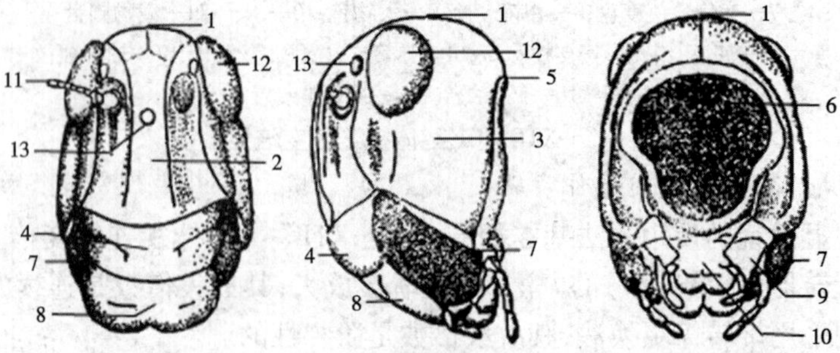

1—头顶;2—额;3—颊;4—上颚;5—后头;6—后头孔;7—上颚;8—上唇;
9—下颚;10—下唇;11—触角;12—复眼;13—单眼

图1-3 蝗虫头部的构造 (仿周尧)

1.2.2　昆虫的头式

昆虫头部的形式称为头式。根据口器在头部着生的位置和方向,昆虫的头式可分为下口式、前口式和后口式3种类型(图1-4)。

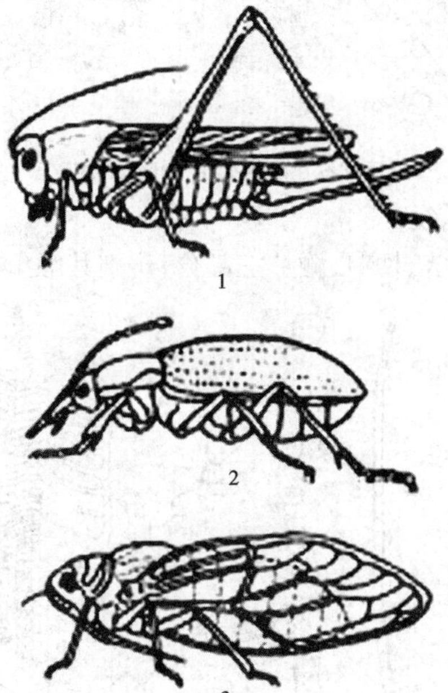

1—下口式(螽斯);2—前口式(步甲);3—后口式(蝉)

图1-4　昆虫的头式　(仿 Eidmann)

观察蝗虫、蟋蟀,其口器着生在头部下方,与身体的纵轴垂直,这种头式称为下口式。具有这种头式的昆虫大多数适于在植物表面取食茎、叶,取食方式比较原始。具有下口式头式的昆虫还有天牛等。

观察步甲、天牛幼虫,其口器着生于头部的前方,与身体的纵轴成一钝角或近乎平行,这种头式称为前口式。具有这种头式的昆虫大多数适于捕食或钻蛀。具有前口式头式的昆虫还有草蛉幼虫和钻蛀型幼虫。

观察蝉、蝽象,其口器向后斜伸,贴在身体的腹面,与身体的纵轴几成锐角,这种头式称为后口式。具有这种头式的昆虫大多数适于刺吸植物或动物的汁液。具有后口式头式的昆虫还有蝉、蚜虫、介壳虫等。

观察其他供试昆虫标本,判定其各属于什么头式,并提醒学生在以后学习中注意昆虫的头式在昆虫鉴别与分类上的重要性。

1.2.3　触角类型

绝大多数昆虫都有一对发达的触角,着生于头部两侧上方的触角窝内。它是昆虫的主要感觉器官,上面生有许多感觉器和嗅觉器,有助于昆虫觅食、避敌、求偶和寻找产卵场所。触角基部第一节称为柄节,第二节称为梗节,以后各节统称为鞭节(图1-5)。

昆虫触角的形状各异,多因昆虫的种类和雌雄不同而多种多样(图1-6)。昆虫触角

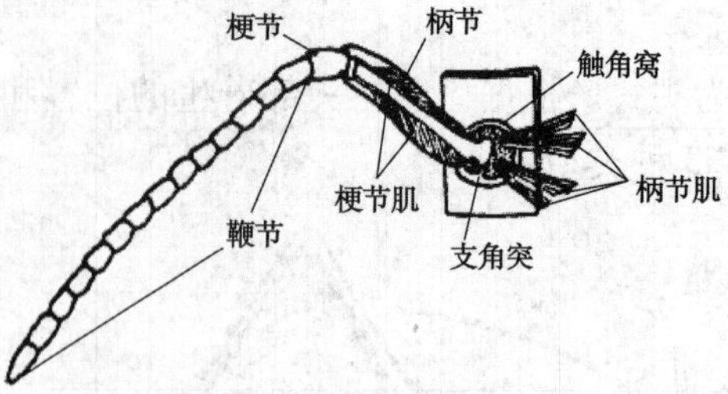

图 1-5　昆虫触角的基本构造

多是进行昆虫分类的常用特征。

观察昆虫标本，区分柄节、梗节、鞭节三部分，辨别其触角类型。

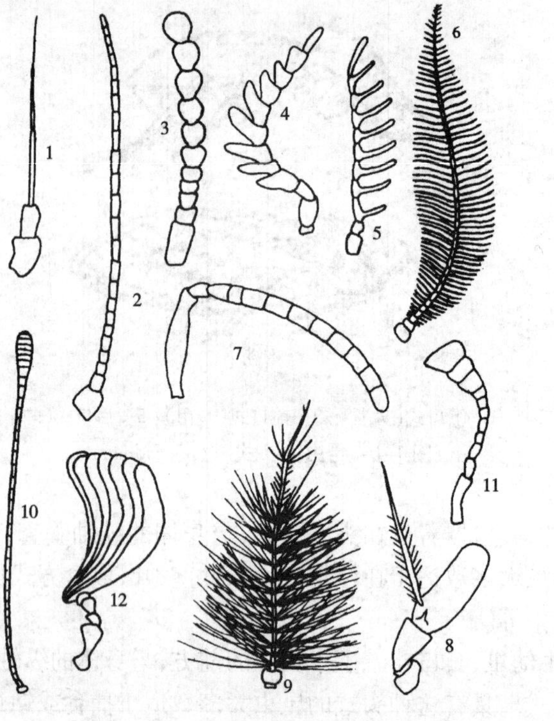

1—刚毛状；2—丝状；3—念珠状；4—锯齿状；5—栉齿状；6—羽毛状；
7—膝状；8—具芒状；9—环毛状；10—球杆状；11—锤状；12—鳃片状

图 1-6　昆虫触角的主要类型

观察蝗虫、草蛉等的触角：触角细长，圆筒形，除基部一、二节稍大外，其余各节的大小、形状相似，逐渐向端部缩小，为丝状或线状触角。

观察蝉的触角：触角很短，基部一、二节粗大，其余各节纤细似刚毛，为刚毛状触角。

观察白蚁的触角：触角鞭节各亚节形如小珠，大小相似，整个触角像一串佛教用的念珠，为念珠状触角。

观察粉蝶的触角：触角鞭节端部数亚节膨大如球，其余各节细长如杆，为球杆状触角。

观察蚕蛾的触角：触角鞭节各节向两侧呈细羽状突出，形似鸟羽，为羽毛状触角。

观察雄性绿豆象的触角：触角鞭节各亚节向一侧伸出枝状突起，整个触角似梳子，为栉齿状触角。

观察雌性绿豆象、叩头虫等的触角：鞭节各亚节向一侧稍突出如锯齿，整个触角似锯条，为锯齿状触角。

观察小蠹虫的触角：基部各节细长如杆，鞭节端部数亚节突然膨大，整个触角较短，形似锤，为锤状触角。

观察瘿蚊的触角：鞭节各亚节环生一圈细毛，近基部的环毛较长，端部的较短，为环毛状触角。

观察家蝇的触角：触角只有三节，即鞭节不分亚节。鞭节较粗大，上长一刚毛或羽状毛，此类触角为蝇类所特有，为具芒状触角。

观察金龟甲的触角：鞭节端部数亚节或鞭节各亚节向一面扩展成片状或叶片状，状如鱼鳃，此类触角为金龟甲类所特有，为鳃片状或鳃叶状触角。

观察蜜蜂、象鼻虫的触角：柄节细长，梗节短小，鞭节各节与柄节形成膝状曲折，为膝状触角。

再观察其他供试昆虫标本，识别其各属于什么类型的触角。

1.2.4　复眼和单眼

昆虫的眼有两类：复眼和单眼。

复眼：完全变态（简称全变态）昆虫的成虫期，不完全变态的若虫和成虫期都具有复眼。复眼是昆虫的主要视觉器官，对于昆虫的取食、觅偶、群集、归巢、避敌等都起着重要的作用。复眼位于头部的侧上方（颅侧区），大多数为圆形或卵圆形，也有的呈肾形（观察天牛）。复眼由许多小眼组成。小眼的数目在各类昆虫中变化很大，可以有1～28 000个不等。小眼的数目越多，复眼的成像就越清晰。复眼能感受光的强弱，区别一定的颜色和不同的光波，这就是利用黑光灯诱虫效果好的道理。复眼还有一定的辨别物像的能力，但只能辨别近处的物体。

单眼：昆虫的单眼分背单眼和侧单眼两类。背单眼为成虫和不全变态类的幼虫所具有，一般与复眼并存，着生在额区的上方即两复眼之间。一般为3个，排成倒三角形，有的只有1～2个，还有的没有单眼，如盲蝽。侧单眼为全变态类幼虫所具有，着生于头部两侧，但无复眼。每侧的单眼数目在各类昆虫中不同，一般为1～7个（如鳞翅目幼虫一般6个，膜翅目叶蜂类幼虫只有1个，鞘翅目幼虫一般2～6个）。单眼同复眼一样，也是昆虫的视觉器官，但只能感受光的强弱，不能辨别物像。

观察蝗虫单眼和复眼以及松毛虫幼虫的单眼。

1.2.5　口器类型

昆虫的口器是昆虫取食的器官。由于各类昆虫的食性不同，取食方式不一样，口器的构造也发生相应的变化，形成各种类型的口器。但就食物而言，不外乎固体食物和液体食物两大类，根据这一点，可把昆虫的口器分为咀嚼式口器、吸收式口器和嚼吸式口器。咀嚼式口器为取食固体食物的昆虫所具有（如蝗虫、甲虫等）；吸收式口器为取食液体食物的昆虫所具有，这类口器有虹吸式（如蝶蛾类）、刺吸式（如蚜虫、叶蝉）、舐吸式（如蝇类）、刮吸式（如虻类）、捕吸式（如脉翅目昆虫的幼虫）和锉吸式（如蓟马）等类型；嚼吸式口器有咀嚼和吸收的功能，为兼食固体和液体两种食物的昆虫所具有（如蜜蜂）。了解昆虫口器类型,对识别昆虫、药剂防治害虫具有指导意义。

(1)咀嚼式口器:咀嚼式口器是昆虫最基本、最原始的口器类型,其他口器类型都是由咀嚼式口器演化而来的。主要特点是具有发达而坚硬的上颚以嚼碎固体食物,整个口器由上唇、上颚、下颚、下唇及舌5个部分组成(图1-7)。

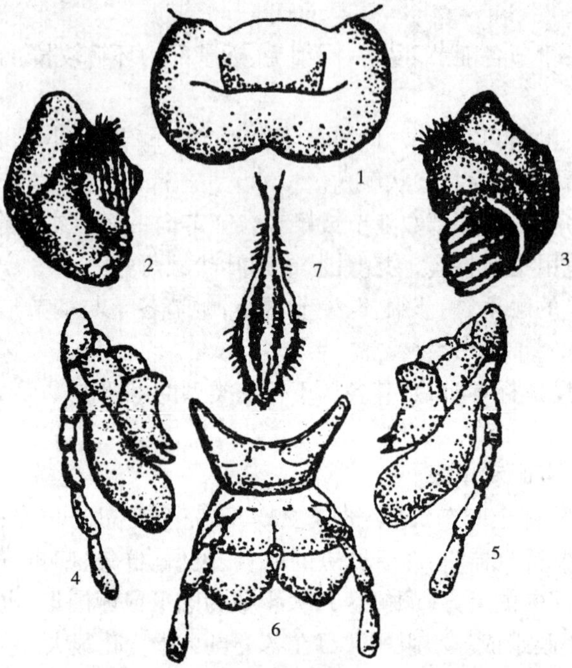

1—上唇;2、3—上颚;4、5—下颚;6—下唇;7—舌

图1-7　蝗虫的咀嚼式口器

观察蝗虫的口器,用镊子和剪刀依次取下蝗虫的上唇、1对上颚、1对下颚、下唇和舌5部分,放在白纸上,详细观察各部分形态和构造,并按挂图粘贴于纸上。上唇是一个薄片,悬在头壳的前下方,能辨别食物的味道。上颚是着生在上唇后面的一对坚硬带齿的锥形物。端部有齿,称切区,用来切碎食物;基部有臼,称膜区,用来磨碎食物。下颚也是一对,着生在上颚的后面。还有一对通常每根分为五节的下颚须,有托持、抱握、刮集并输送食物的作用。下颚须具有嗅觉、味觉功能,用来感触食物。下唇一片,着生在口器的底部,下唇及下唇须的作用同下颚及下颚须。舌位于上、下颚之间,口器的中央,是一个袋形构造,后侧有唾腺开口,能帮助搅拌和吞咽食物。

观看多媒体图像。咀嚼式口器的害虫危害植物时,对植物所造成的机械损伤明显。有的能把植物的叶片咬成缺刻或穿孔,啃食叶肉仅留下叶脉,甚至把叶全部吃光,如金龟子和一些鳞翅目的幼虫;有的在果实或枝干内部钻蛀隧道,取食危害,如各种果实的食心虫和危害枝干的天牛、吉丁虫等;有的潜入叶片上下表皮之间或果树表皮下潜食叶肉或皮层,如金纹细蛾。防治该类害虫,应使用触杀剂或胃毒剂。

(2)刺吸式口器:这类口器的特点是具有刺进寄主体内的针状构造和吸食汁液的管状构造。

观察蝉的口器。在头的下方有一个3节的管状下唇,内藏上、下颚口针(图1-8)。用右手食指慢慢将下唇向下按,迎着光线在正面基部可见1块三角形小骨片,即上唇;继续将下唇下按,使包藏在下唇槽内的上、下颚口针外露,左右1对较粗的是上颚,中间1根金黄色的是1对下颚口针的愈合管,其中有食物道和唾液道,用解剖针自颚基部向上挑动即可分开。最后将上唇、喙管和口针按挂图粘贴于纸上,详细观察各部分形态和构造发现:它有一个由下唇特化成的长管形分节的喙。喙的前面有一个槽,里面埋藏着四根口针,四根口针相互嵌合着。上颚口针一对,是刺进的构造;下颚口针里面有两个槽,两根下颚口针嵌合成两条管道,其中一条管道是用来排出唾液的,另一条管道是用来把汁液吸进消化道的。

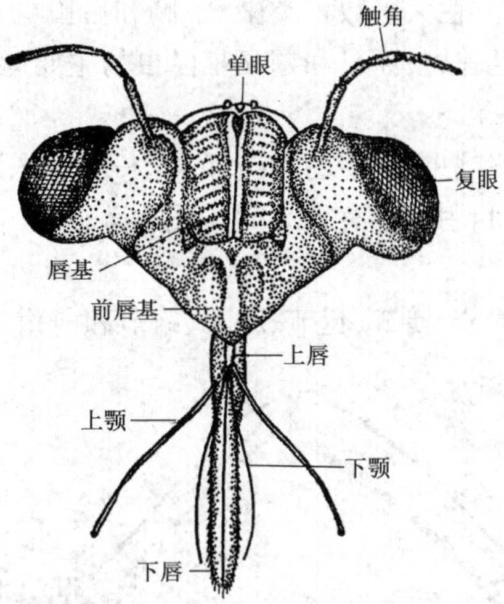

图1-8　蝉的刺吸式口器

观看多媒体图像。刺吸式口器的害虫能造成植物病理的或生理的伤害,危害时借肌肉动作将口针交替刺入寄主组织内,分泌含有抗凝物质、消化液等的唾液,然后吸取汁液,而喙留在寄主体外。被害植物呈现褪色的斑点、卷曲、皱缩、枯萎或畸形,或因部分组织受唾液的刺激,细胞增生,形成膨大的虫瘿。多数刺吸式口器的昆虫还可以传播病害,如蚜虫、叶蝉、飞虱等。防治该类害虫时,应使用内吸剂、触杀剂或熏蒸剂,胃毒剂一般无效。

(3)虹吸式口器:这类口器为鳞翅目成虫(蝶类和蛾类)所特有。它的主要特点是具有一根能卷曲和伸直的喙。观察天蛾的口器,上唇和上颚退化,下唇呈片状,下唇须发达,由左、右下颚的外颚叶嵌合成1条不取食时能盘卷、取食时能伸展的喙(图1-9)。

再观察其他供试昆虫标本,识别其各属于什么类型的口器。

1.3　昆虫胸部及附器观察

1.3.1　昆虫胸部特征及功能

昆虫胸部是昆虫身体的第二个体段,它由颈膜和头部连接而成。胸部由三个体节组成,每体节体壁通常高度骨化,形成四面骨板:在上面的称为背板,在腹面的称为腹板,在两侧的称为侧板。三体节依次称为前胸、中胸和后胸。每个胸节的侧下方均有一对胸足,

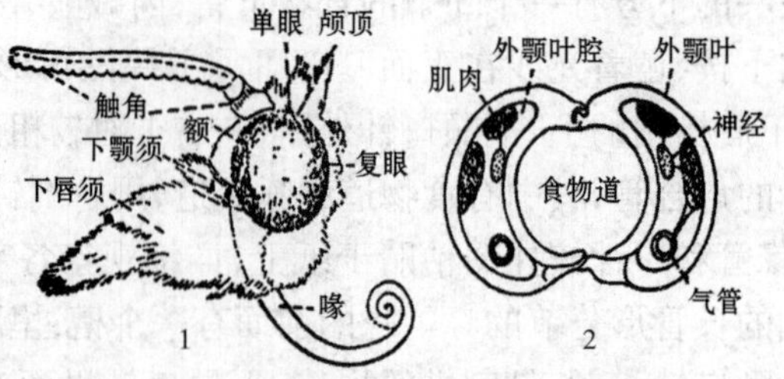

1—头部侧面;2—喙横切面

图 1-9　鳞翅目成虫的虹吸式口器

依次称为前足、中足和后足。在大多数种类中,中胸和后胸的背侧各有一对翅,分别称为前翅和后翅。由于胸部有足和翅,而足和翅又是昆虫的主要运动器官,所以胸部是昆虫的运动中心。

观察蝗虫的胸部。了解昆虫足、翅的构造和类型,对于识别害虫,了解它们的生活方式,以及在害虫防治和益虫利用上都有很大的实践意义。

1.3.2　胸足类型

昆虫足的基本结构由基节、转节、腿节、胫节、跗节和前跗节六部分组成(图 1-10)。

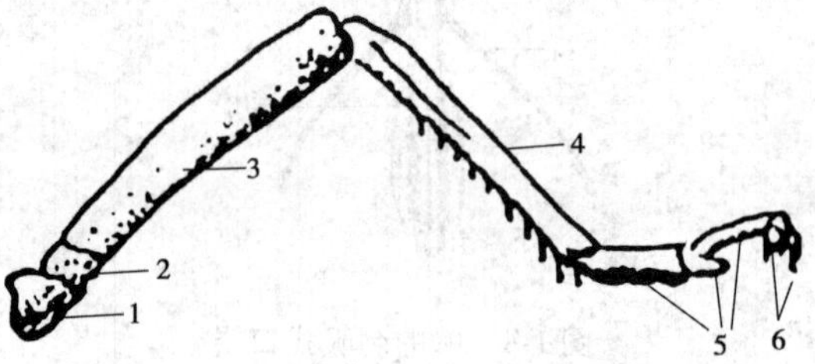

1—基节;2—转节;3—腿节;4—胫节;5—跗节;6—前跗节

图 1-10　昆虫胸足的构造

基节:是足和胸部连接的第一节,形状粗短,着生于胸部侧下方足窝内。

转节:转节很小,呈多角形,可使足在行动时转变方向。有些种类的转节可分为两个亚节,如一些蜂类。

腿节:一般较粗大,能跳的昆虫腿节更发达。

胫节:胫节细长,与腿节成膝状相连,常具成行的刺和端部能活动的距。

跗节:是足末端的几个小节,通常分成 2 ~ 5 个亚节。

前跗节:在跗节末端通常还有一对爪,称为前跗节。爪间的突起物称中垫;爪下的叫爪垫,爪和垫都是用来抓住物体的。

观察供试标本,了解足的构造,辨别足的类型(图 1-11)。

观察步甲的前、中、后足:足较细长,各节不特化,适于行走,这是最普通的一种,为步行足。

观察蝗虫、蟋蟀的后足:腿节特别发达,胫节细长。跳动前,胫节折贴于腿节下,然后突然伸直,使虫体弹跳起来,为跳跃足。

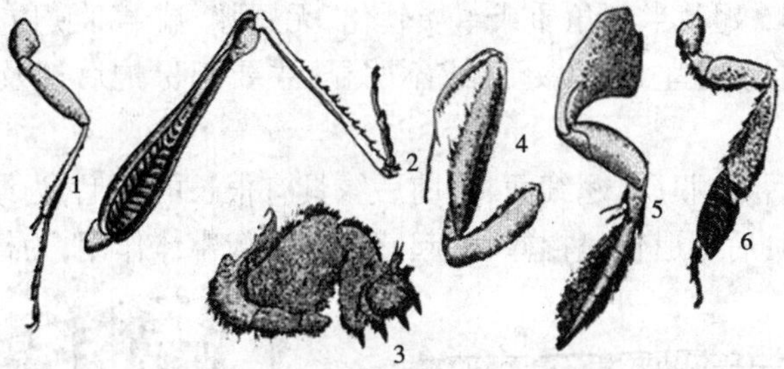

1—步行足;2—跳跃足;3—开掘足;4—捕捉足;5—游泳足;6—携粉足

图1-11　昆虫胸足的类型

观察螳螂的前足:基节延长,腿节的腹面有一沟槽,胫节可以折嵌其内,好像一把折刀,用来捕捉其他昆虫、蜘蛛等,为捕捉足。

观察蝼蛄、金龟子的前足:胫节宽扁,外侧具齿,跗节呈铲状,用来掘土,为开掘足。

观察蜜蜂的后足:胫节宽扁,向外的一面光滑略凹,边缘有长毛,形成一个可以携带花粉的容器(称此为花粉篮);第一跗节也特别膨大,内侧有很多列横排的刚毛,用来梳集粘在体毛上的花粉,此为蜜蜂类所特有,为携粉足。

观察龙虱的后足:足各节扁平,有长的缘毛,以利于划水。此为水生昆虫所具有,为游泳足。

1.3.3　翅的类型

观察蝗虫的前翅,其一般呈三角形,有三个边、三个角、四个区(图1-12)。前面的边称为前缘,后面的边称为后缘或内缘,两者之间的边即外面的边称为外缘。前缘与胸部间的角称为肩角,前缘与外缘间的角称为顶角,又叫翅尖,外缘与内缘间的角称为臀角。此外,昆虫的翅面还有褶纹,从而把翅面划分为四个区。从翅基到翅的外方有一条臀褶,把翅前部划分为臀前区,是主要纵脉分布的区域;臀褶的后方为臀区,是臀脉分布的区域。有时在翅基后方,还有基褶划出腋区,轭褶划出轭区。

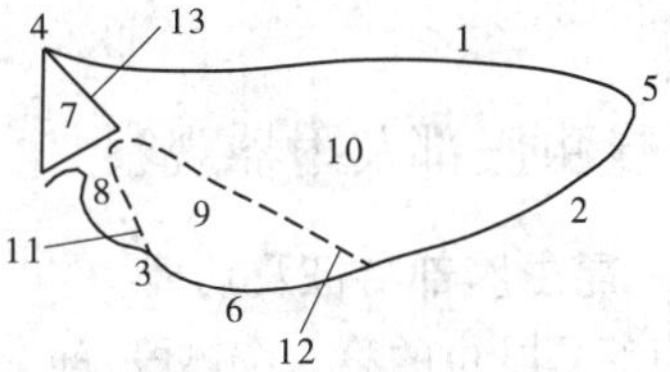

1—前缘;2—外缘;3—内缘;4—肩角;5—顶角;6—臀角;7—腋区;8—轭区;9—臀区;10—臀前区;11—轭褶;12—臀褶;13—基褶

图1-12　昆虫翅的构造及分区

昆虫翅上还分布有由气管部位加厚而成的翅脉,对翅表起着支架作用,翅脉在翅面上的分布形式称为脉序,是昆虫分类的重要依据。

很多昆虫的前后翅,借各种特殊构造相互连锁在一起,以增强飞行的效力。这种连锁构造统称为翅的连锁器,常见的连锁器有翅轭、翅缰、翅钩等类型。翅也是识别昆虫的重要依据。

按翅的形状、质地、被覆物和功能,可将昆虫的翅分为不同类型(图1-13)。

翅的类型是昆虫分目的依据之一。观察供试标本翅的类型:

观察蝗虫的前翅:翅形狭长,革质,主要起保护后翅的作用,为覆翅。

观察蜜蜂的翅:膜质,薄而透明或半透明,翅脉清晰,为膜翅。

观察粉蝶的翅:膜质的翅面上布满鳞片,为鳞翅。

观察蝽象的前翅：翅基半部角质或革质硬化,无翅脉,端半部膜质有翅脉,为半鞘翅。

观察甲虫的前翅:质地坚硬,无翅脉或不明显,主要起保护后翅及背部的作用,为鞘翅。

观察蓟马的前、后翅:膜质,翅细而长,前后缘具有很长的缨毛,为缨翅。

观察蝇类的后翅:后翅退化呈棍棒状,起感觉和平衡躯体作用,为棒翅。

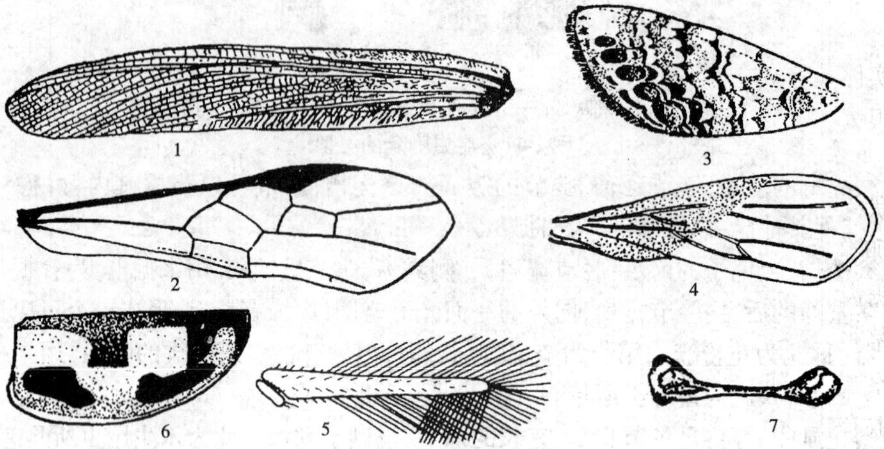

1—覆翅;2—膜翅;3—鳞翅;4—半鞘翅;5—缨翅;6—鞘翅;7—棒翅

图 1-13 昆虫翅的类型

1.4 昆虫腹部及附器观察

1.4.1 昆虫腹部特征及功能

腹部是昆虫的第三个体段,前端与胸部紧密相接,通常由 9 ~ 11 个体节组成。腹部 1 ~ 8 节两侧有气门,末端有外生殖器,有些种类在末节背部有一对须状的构造,称为尾须,有感觉的功能。昆虫的消化道和生殖系统等内脏器官及组织都位于腹腔内,所以腹部是昆虫新陈代谢和生殖的中心。

腹部多为纺锤形、圆筒形、球形、扁平或细长形。腹节的构造比胸节简单,有发达的背板和腹板,但没有像胸部那样发达的侧板,两侧只有膜质的侧膜。腹节之间有节间膜相连,腹节可以互相套叠,后一腹节的前缘常套入前一腹节的后缘内。因此,能伸缩,扭曲自如,并可膨大和缩小,有助于昆虫的呼吸、蜕皮、羽化、交配、产卵等活动。观察蝗虫腹部的背板、腹板、侧膜。

1.4.2 昆虫腹部附肢的观察

成虫腹部的附肢是外生殖器和尾须。昆虫的外生殖器是雌性昆虫用于产卵、雄性昆虫用以交配的器官。雌性昆虫的外生殖器称为产卵器,雄性昆虫的外生殖器称为交配器。

雌性外生殖器即产卵器,位于腹部第 8 、9 节的腹面,由 3 对产卵瓣组成, 第 1 对称腹产卵瓣, 第 2 对称内产卵瓣,第 3 对称背产卵瓣。生殖孔开口于第 8 、9 腹节之间(图 1-14、图 1-15)。

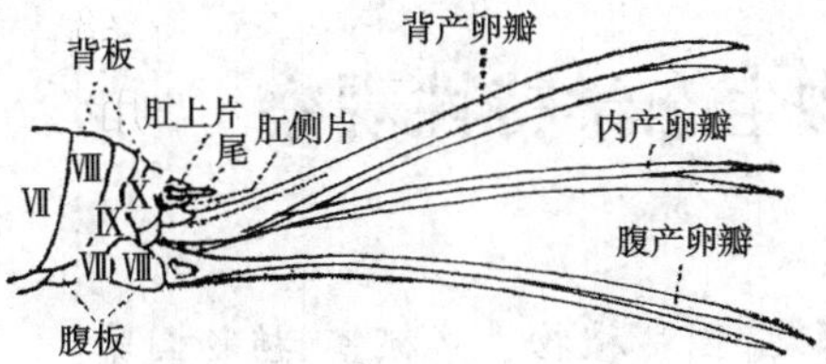

图1-14　产卵器基本构造

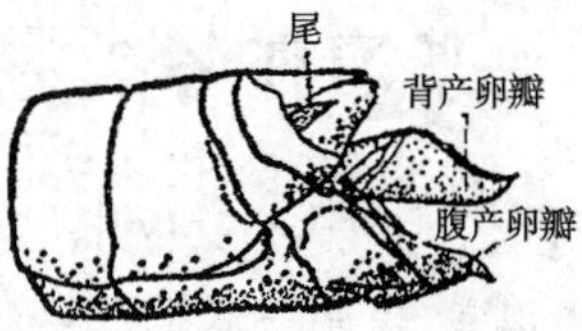

图1-15　蝗虫雌性外生殖器

在实体显微镜下,观察供试昆虫标本的产卵器。产卵器的构造、形状和功能,各类昆虫变化很大。有的种类并无特别的产卵器,直接由腹部末端几节伸长成一细管来产卵(观察蛾类产卵器),产卵在植物表面上;有的呈锥状(观察蝗虫产卵器),产卵在土中;有的呈矛状(观察蟋蟀产卵器),产卵在植物组织里;有的呈剑状或刀状(观察螽斯产卵器),产卵在植物组织或土里;有的呈针状(观察蚱蝉产卵器),产卵在嫩的树皮下或土里;有的呈锯齿状(观察蓟马产卵器),产卵在表皮底下;有的种类产卵器已不再用来产卵,而特化成螯刺,用以自卫或麻醉猎物。

观察蜜蜂的螯针。根据产卵器的形状和构造,可以了解害虫的产卵方式和产卵习性,从而采取有针对性的防治措施。

雄性外生殖器即交配器,交配器主要包括阳具和抱握器。

阳具包括1个阳茎和1对位于基部两侧的阳茎侧叶。阳茎多是单一的骨化管状构造,是有翅昆虫进行交配时插入雌体的器官。抱握器大多属于第9腹节的附肢。抱握器的形状有很大不同,常见的有宽叶状、钳状和钩状等。抱握器多见于蜉蝣目、脉翅目、长翅目、半翅目、鳞翅目和双翅目昆虫中。有些昆虫的抱握器十分发达,而有些种类则没有特化的抱握器(图1-16)。

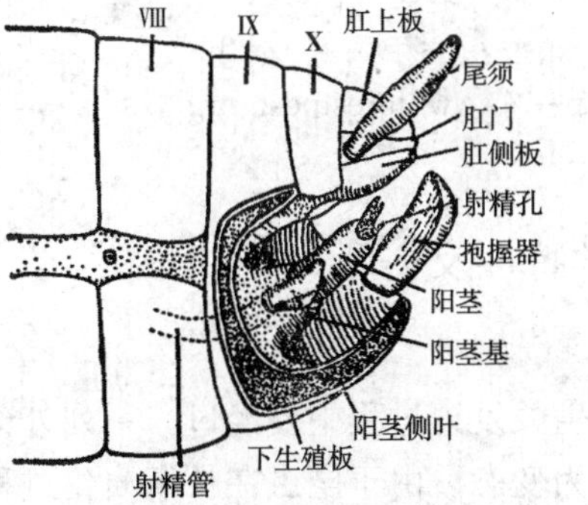

图1-16　雄性外生殖器基本构造图

各类昆虫的交配器构造复杂,种间差异也十分明显,但在同一类群或虫种内个体间比较稳定,因此可作为鉴别虫种的重要特征。

学习任务2　昆虫生物生态学特性观察

【学习场所】

植保实训室、理实一体化教室、校内外实训基地、园林植物生产棚室、植物园等。

【学习形式】

以学习小组为单位组织教学。教师通过指导学生进行昆虫实物标本观察、多媒体课件演示及观看昆虫生物生态学相关视频,使学生理解昆虫生物生态学相关知识。在此基础上,每个学习小组的学生利用为其提供的一套昆虫标本,借助实体显微镜、放大镜等工具观察实物并展开讨论,教师给予指导。

【实训用品与材料】

油松毛虫、菜粉蝶、桃小食心虫、斑衣蜡蝉、天牛、小蠹虫、叶甲、蝗虫、蝽象、蜻蜓等生活史标本;粉蝶、天蛾、螟蛾、夜蛾、蝽象、蝗虫、瓢虫、草蛉等的卵或卵块浸渍标本;蝴蝶、天蛾、尺蛾、瓢甲、金龟甲、松毛虫、天牛、象鼻虫、叶蜂等幼虫浸渍标本;斑衣蜡蝉、蝗虫、蝽、蝉、蟋蟀等若虫标本;天牛、象甲、步甲、金龟甲、家蝇、蜜蜂、胡蜂、粉蝶、松毛虫、夜蛾、蚕蛾和天蛾等蛹的浸渍标本;蝗虫、蝼蛄、螽斯、蝽象、蝉、螳螂、豆象雄虫、叩甲、天牛、象甲、步甲、金龟甲、蜜蜂、家蝇、粉蝶、松毛虫、夜蛾、尺蛾、毒蛾和天蛾等成虫针插标本;蚜虫、尺蛾、袋蛾、介壳虫类、白蚁类、蜂类等成虫的性二型和性多型现象标本。

放大镜、实体显微镜、解剖镜、镊子、挑针、搪瓷盘、泡沫塑料板等。

【辅助学习资源】

- ◆ 昆虫生物生态学多媒体课件
- ◆ 昆虫生物生态学相关视频
- ◆ 中国园林网 http://www. yuanlin. com
- ◆ 中国林业网 http://www. forestpry. gov. cn
- ◆ 中国森防信息网 http://www. forestpest. org

2.1　昆虫各虫态生物学特性及类型

2.1.1　昆虫变态及类型

昆虫从卵中孵化后,在生长发育过程中要经过一系列外部形态和内部器官的变化,才能转变为成虫,这种现象称为变态。由于昆虫在长期演化过程中,随着成虫期和幼虫期的分化,以及幼虫期对生活环境的特殊适应,因此有不同的变态类型。最常见的类型主要包括不完全变态和完全变态。

2.1.1.1　不完全变态

不完全变态的昆虫,一生中只经过卵、若虫、成虫三个阶段(图1-17)。若虫与成虫的外部形态和生活习性很相似,仅在个体的大小、翅的长短、性器官发育程度等方面存在着差异。不完全变态分为渐变态、半变态、过渐变态三个亚型。

观察蝗虫、蝽象等昆虫的生活史标本,其幼虫与成虫形态、习性和生活环境相似,仅体小、翅和附肢短、性器官不成熟，其幼虫称若虫。这种现象称为渐变态。

观察蜻蜓的生活史标本或视频，其成虫陆生，幼虫水生，幼虫在形态和生活习性上与成虫明显不同，其幼虫称稚虫。这种现象称为半变态。

观察粉虱和雄性介壳虫的生活史标本或视频，其幼虫在转变为成虫前有1个不食不动的类似蛹的时期，是昆虫从不完全变态向完全变态演化的过渡类型。这种现象称为过渐变态。

2.1.1.2　完全变态

完全变态的昆虫，一生中要经过卵、幼虫、蛹、成虫四个阶段（图1-18）。幼虫与成虫在外部形态、内部器官、生活习性和活动行为方面都有很大差别。观察蝶、蛾和甲虫类昆虫的生活史标本。在全变态昆虫中，某些营寄生生活的昆虫幼虫各龄间形态、生活方式等明显不同，比一般全变态昆虫的变态复杂得多，因此特称其为复变态。

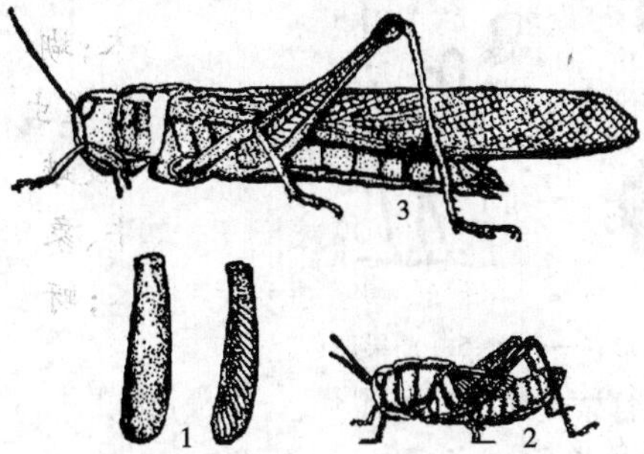

1—卵袋及其剖面；2—若虫；3—成虫

图1-17　昆虫的不完全变态

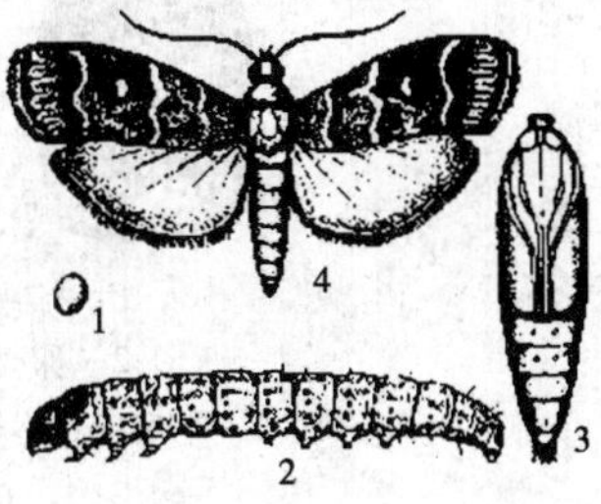

1—卵；2—幼虫；3—蛹；4—成虫

图1-18　昆虫的完全变态

以蛾蝶类、甲虫类等生活史标本为材料，观察全变态昆虫一个世代所经过的几个虫期；观察幼虫的体形，弄清各体段的附器与成虫相比有何不同，在习性上有何差异。

2.1.2　卵

卵期是昆虫个体发育的第一个阶段。昆虫的卵通常很小，最小的只有0.02 mm（如卵寄生蜂），最大的有9～10 mm（如螽斯），平均在0.5～2.0 mm。卵是一个大细胞，外面为一层坚硬的卵壳，卵壳顶端有1至数个小孔，为精子进入卵的通道。卵壳的构造很复杂，具有高度的不透性，一般杀虫剂很难侵入。卵内具有细胞质、卵黄和卵核。胚胎发育在卵内完成后，幼虫或若虫破卵壳而出的过程称为孵化。

昆虫卵的形状是多种多样的（图1-19）。常见的卵为圆形或肾形，如蝗虫的卵。此外，还有球形（如甲虫）、桶形（如蝽象）、半球形（如夜蛾类）、带有丝柄的（如草蛉）、瓶形（如粉蝶）等。卵的表面有的平滑，有的具有华丽的饰纹。不同的昆虫其产卵方式和产卵场所也常不同，有的单粒散产（如粉蝶类），有的集聚成块（如斑蛾类），有的产在暴露的地方（如天蛾类），有的产在植物组织内（如叶蝉），有的产在其他昆虫的卵、幼虫或蛹体内（如各种寄生蜂）。有的卵以卵鞘或雌成虫腹末的绒毛覆盖（前者如螳螂，后者如某些毒蛾）。

大部分昆虫的卵初产时呈乳白色或淡黄色，以后颜色逐渐加深，呈绿色、红色、褐色等。

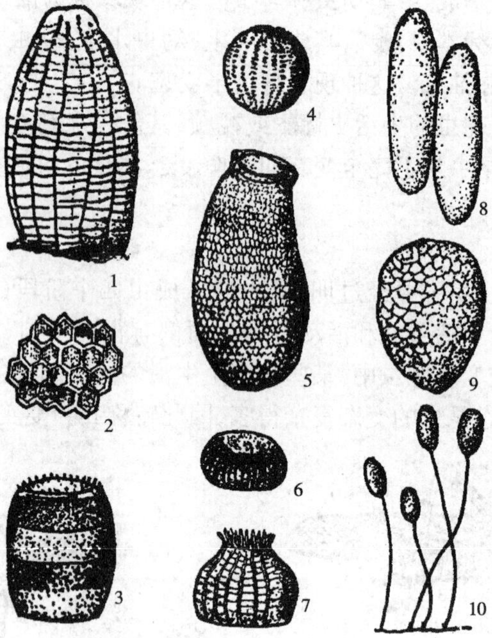

1—瓶形;2—卵壳的一部分;3—桶形;4—球形;5—茄果形;
6—半球形;7—篓形;8—长椭圆形;9—卵形;10—有柄形

图 1-19 昆虫卵的形状

了解昆虫卵的形状、产卵方式和场所,对识别害虫种类、进行田间调查和防治害虫均有直接作用。

2.1.3 幼虫

昆虫从卵孵化到出现成虫特征(不全变态类成虫或全变态类化蛹)之前的整个发育阶段,称为幼虫期或若虫期。幼虫期需要获取大量食物,积累营养,迅速增长身体为发育成成虫创造条件,所以说幼虫期是一个严重为害的虫期,从实践意义上来说,也是开展综合防治的关键时期。

2.1.3.1 孵化

昆虫在胚胎发育完成后,幼虫破卵而出,这就叫孵化。不同龄期的幼虫,不但在形态上,而且在习性上和食量上都有很大的差异,尤其是初孵化的幼虫体壁薄,食量小,常集群,对药剂的抵抗力弱。随着龄期的增加,对药剂的抵抗力增强,食量也加大,会给林业生产造成严重的损失,故而防治害虫的关键时期应该是幼虫盛孵期和初龄期,幼虫刚刚蜕皮后,新皮尚未形成前,喷药触杀,更能收到理想的防治效果。

2.1.3.2 幼虫的生长和蜕皮

幼虫在发育过程中,每隔一定时间常要将旧的表皮蜕去,幼虫蜕去一层表皮的过程称为蜕皮。蜕下的旧表皮则称为蜕。昆虫每经一次蜕皮,身体显著增大,食量相应增大。蜕皮的次数在各种昆虫中是很不相同的,但同一种昆虫的蜕皮次数,一般来说是相对稳定的。昆虫每蜕一层皮,身体显著增大,形态上也发生相应的变化。这样,每蜕一次皮,就增加一龄。孵化后的幼虫为第一龄,第一次蜕皮后的幼虫为第二龄。第二次蜕皮后为第三龄,依次类推,所以昆虫的虫龄计算应为蜕皮次数加1。两次蜕皮之间的时间称为龄期。

2.1.3.3　幼虫的类型

全变态类的昆虫,由于食性、习性、生活环境等原因,其幼虫在生活形态上的变化很大。通常将幼虫分成以下四个类型(图1-20)。

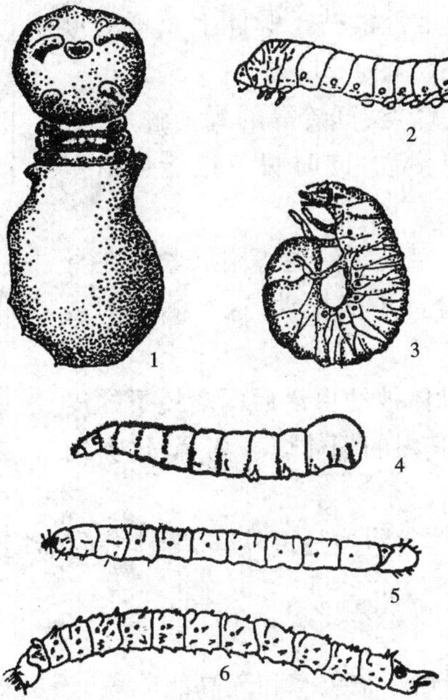

1—原足型;2—多足型;3—寡足型;4—无足型(无头);
5—无足型(半头);6—无足型(全头)

图1-20　全变态类幼虫的类型

原足型:观察卵寄生蜂的早期幼虫。外形极似一个发育很不完全的胚胎,腹部分节或不分节,胸足和附肢只是简单的突起,腹足原足型。

多足型:有胸足和腹足,胸足3对,腹足的数目,为多足型2~5对或6~8对。观察蝴蝶、天蛾、尺蛾等的幼虫,有腹足2~5对,腹足端还有趾钩;观察叶蜂类幼虫,则有腹足6~8对,腹足无趾钩。

寡足型:观察步甲的幼虫、金龟甲的幼虫、叩头虫的幼虫。有3对发达的胸足,但是没有腹足和附肢,为寡足型。

注意它们胸部和腹部的附肢是否相同;根据它们的体形和胸足发达程度,说明其各属何种类型的幼虫。

无足型:观察天牛、象甲、大蚊、蝇、虻等幼虫的体形特征。幼虫既无胸足,也无腹足,为无足型。注意它们的胸腹部有何附肢,说明它们各属哪种头式的幼虫。

2.1.4　**蛹**

自末龄幼虫蜕去表皮至变为成虫所经历的时间,称为蛹期。蛹是完全变态类昆虫由幼虫变为成虫的过程中必须经过的虫态,末龄幼虫蜕去最后的皮,变为蛹的过程,称为化蛹。幼虫在化蛹前停止取食和活动的时期,称为前蛹期。

蛹期突出的生物学特性为:体内进行着剧烈的新旧更替的变化,抗逆力很差。蛹期不活动,不取食,缺少防御和逃避敌害的能力。因而,形成赖以生存的多样的化蛹场所和方式,有的吐丝作茧,有的在树皮缝中或在地下作土室,有的在蛀道内或卷叶内等。正因为这样,人们找到了防治害虫的方法,如人为地破坏其化蛹的生态环境;实施耕翻晒垡,可捣毁蛹室,使蛹暴晒致死;或增加天敌捕食、寄生的机会;也可实行濡水淹杀等。

根据翅、触角和足等附肢是否紧贴于蛹体上及蛹的形态不同,通常将蛹分为以下3类(图1-21)。

离蛹:观察天牛、金龟甲、蜂类、草蛉等的蛹。触角、足和翅等附肢与蛹体分离,可以活动,同时腹节也能自由扭动,这类蛹称为离蛹,又称裸蛹。

被蛹:观察蛾、蝶类的蛹。触角、足、翅等附肢紧贴在身体上,不能活动,腹节多数或全部不能扭动,这类蛹称为被蛹。

围蛹:观察蝇、虻的蛹。蛹体被幼虫最后两龄蜕下的皮叠构而成的桶形蛹壳所包围,其内的蛹体属于离蛹,这类蛹称为围蛹。

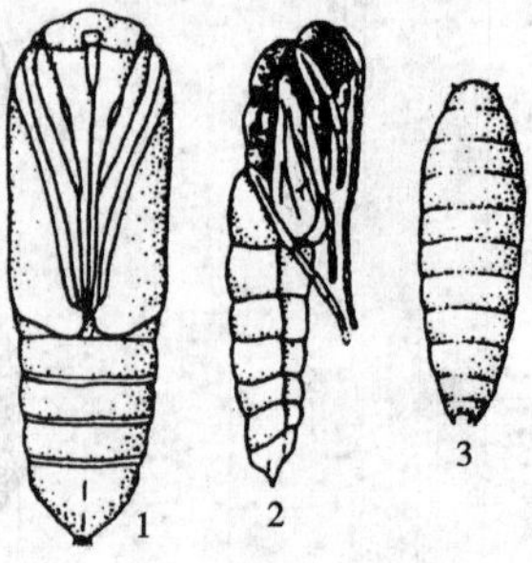

1—被蛹;2—离蛹;3—围蛹

图1-21　昆虫蛹的类型

观察蛹浸渍标本,比较蛹体各附器是否外露,蛹体各附器能否活动,鉴别它们所属的类型。

2.1.5　成虫

成虫是昆虫个体发育的最后一个虫态和最高级阶段,该虫态具有判别系统发生和分类地位的固定特征,感觉器官和运动器官达到最高度的发展,是完成生殖和使种群得以繁衍的阶段。昆虫发育到成虫期,雌雄性别已明显分化,具有生殖能力,所以成虫的一切生命活动都是围绕着生殖而展开的,主要任务是交配、产卵、繁殖后代。

2.1.5.1　生殖方式

昆虫的生殖方式也呈现出多样性。归纳起来,主要有两性生殖、孤雌生殖、多胚生殖、卵胎生殖和幼体生殖等。

(1)两性生殖:是一种通过雌雄交配,受精,产生受精卵,再发育成新个体的生殖方式,也称两性卵生。昆虫绝大多数进行两性生殖,如蝗虫、天牛、天幕毛虫等。

(2)孤雌生殖:雌虫不经过交配,或卵未受精而产生新的个体的生殖方式称为孤雌生殖,也叫单性生殖。昆虫的孤雌生殖大致可分为以下三种类型:

①偶发性的孤雌生殖:在正常情况下进行两性生殖,但偶尔出现未受精卵发育成新个体的现象。如家蚕。

②经常性的孤雌生殖:是指正常情况下进行孤雌生殖,偶尔发生两性生殖的现象。在蜜蜂、蚂蚁等膜翅目昆虫中,受精卵发育成雌虫,未受精卵发育成雄虫。还有一些经常进行孤雌生殖的昆虫,在自然界中雄虫极少,这些昆虫几乎完全通过孤雌生殖来繁衍后代。例如叶蜂、瘿蜂、小蜂、介壳虫、粉虱、蓟马、蓑蛾等的一些种类。

③季节性的孤雌生殖:孤雌生殖和两性生殖随季节的变迁而交替进行的现象,也称异态交替。蚜虫是季节性的孤雌生殖的典型。从春季到秋季连续进行孤雌生殖,冬季即将来临时才产生雄蚜,雌雄交配产卵越冬。孤雌生殖可以在短时间内形成庞大的种群,对昆

虫的广泛分布、种群的繁衍起到十分重要的作用。这种生殖方式可视为昆虫对环境的适应。

(3)多胚生殖:一个卵产生两个或更多胚胎的生殖方式称为多胚生殖。如蚜小蜂科的一些种类多以这种生殖方式进行繁殖。多胚生殖是昆虫对活物寄生的一种适应。

(4)卵胎生殖:卵在母体内孵化,直接从母体内产出幼虫或若虫的生殖方式,称卵胎生殖。最常见的如蚜虫。卵胎生殖可以认为是昆虫对卵的一种保护作用,由于卵期在母体内过渡,缩短了世代的进程,短时间内就能形成庞大的群体。

(5)幼体生殖:少数昆虫母体尚未达到成虫阶段,还处于幼虫期就进行生殖,称为幼体生殖。因为幼体生殖产出的不是卵而是幼虫,所以幼体生殖可以认为是卵胎生殖的一种形式;又因为幼体生殖的母体都没有发育到成虫阶段,也不可能进行两性交配,故幼体生殖可看成孤雌生殖范围。常见的如瘿蚊、摇蚊等。

2.1.5.2 成虫的羽化

成虫期是性成熟并具有生育能力的时期,是唯一具有飞行能力的虫态,感觉器官较发达。成虫从它的前一虫态(蛹或末龄若虫和稚虫)蜕皮而出的现象,称为羽化。

2.1.5.3 性成熟与补充营养

有些昆虫在羽化时,性器官已经成熟,不再需要取食,便可交配产卵,产卵后不久即死去,这类昆虫大多口器已经退化,对植物的为害性不大,如一些蛾子、蝴蝶。而有些昆虫,羽化后性器官并未成熟或并未完全成熟,需要继续取食,才能达到性成熟,如金龟子和不完全变态类等昆虫,这种为完成性成熟而进行的取食活动,称为补充营养。补充营养与提高昆虫的繁殖力关系十分密切,例如粘虫雌蛾在补充营养后的产卵量要比未补充营养的增加10多倍。了解昆虫成虫对补充营养的需求,对开展害虫预测预报和化学诱杀都有重要的价值。

2.1.5.4 性二型和性多型现象

(1)性二型现象:同种昆虫,雌雄个体除生殖器官等第一性征不同外,其个体的大小、体形、颜色等也有差别,这种现象称性二型现象(雌雄二型现象)(图1-22)。如蓑蛾的雌虫无翅,雄虫具翅;尾松毛虫雄蛾触角为羽毛状,雌蛾为栉齿状;雄蚱蝉具发声器而雌虫没有等,都是显而易见的雌雄差别。

(2)性多型现象:同种昆虫在同一性别上具有2种或2种以上的个体的现象,称性多型现象。如蜜蜂有蜂王、雄蜂和不能生殖的工蜂;在等翅目同一群体的白蚁中,常可见到6种主要类型,即3种雌性生殖型:长翅型、辅助生殖的短翅型和无翅型;1种专门负责交配的雄蚁;2种无生殖能力的类型:工蚁和兵蚁(图1-23)。

有些昆虫由于成虫随季节的变化,而在同一种类中出现形态、构造、色泽等方面差异,这种变型现象称为季节型。如柑橘凤蝶,春型体小,色艳;夏型体大,色深。有些由于地理分布和生存条件的不同而形成了生态型。

了解昆虫的性二型、性多型、季节型等现象,有助于准确地辨认昆虫种类,掌握雌雄性征,对害虫预测预报以及害虫防治和益虫的保护利用都有重要的实用价值。

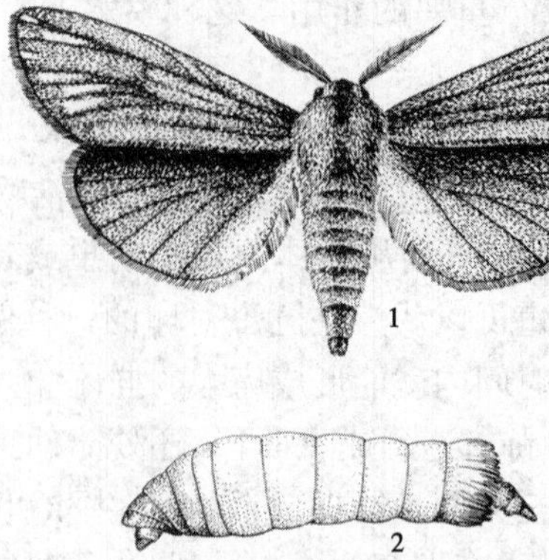

1—雄虫;2—雌虫

图 1-22　蓑蛾的雌雄二型现象

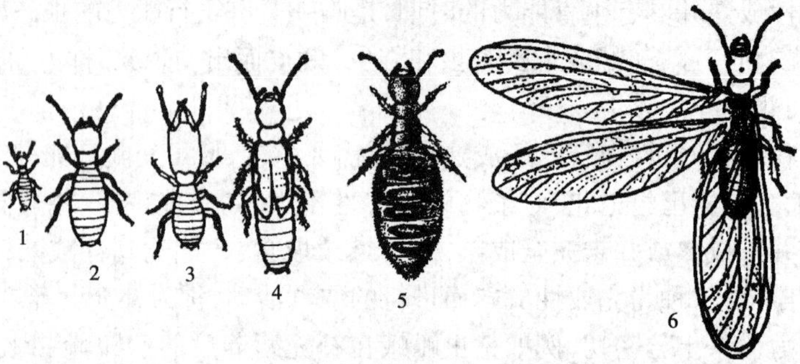

1—若虫;2—工蚁;3—兵蚁;4—生殖蚁若虫;5—蚁后;6—有翅型

图 1-23　白蚁的性多型现象

2.2　昆虫生活史

2.2.1　昆虫的世代

昆虫自卵或幼体离开母体到成虫性成熟产生后代为止的个体发育周期,称为一个世代,简称一代。各种昆虫完成一个世代所需时间不同。世代短的只有几天,如蚜虫 8 ~ 10 天就可完成一代。世代长的可达几年甚至十几年,如桑天牛、大黑鳃金龟 2 年完成一代,沟金针虫 3 年完成一代,美洲的一种蝉 17 年才完成一代。有的昆虫 1 年完成一代,如红脚丽金龟等。在 1 年内完成的世代数也不同,其原因除昆虫的种类不同外,往往与所在地地理位置、环境因子有密切的关系。1 年发生多代的昆虫,由于成虫发生期长和产卵期先后不一,同一时期内,在一个地区可同时出现同一种昆虫的不同虫态,造成上下世代间重叠的现象,称为世代重叠。

根据生物发生学的观点,计算昆虫的世代应以卵期为起点。凡是头 1 年未完成生活周期,第二年继续发育才完成世代的,都不能算为第二年的第一代虫态,而是头 1 年最后一代的继续,一般称为越冬代。但习惯上往往将越冬后开始活动的虫态称为第一代,例如一些迁飞性的昆虫,迁入区常从成虫虫态算起。

2.2.2　昆虫的休眠与滞育

休眠和滞育昆虫在生活周期中，常常发生生长发育和生殖暂时停止的现象，称为停育。昆虫的停育现象多发生在严冬和酷暑来临之前，故称为越冬、越夏。越冬和越夏是昆虫度过不良环境的一种适应。根据停育的生理特点、停育程度、解除停育的条件，可分为休眠和滞育两种不同的情况。

2.2.2.1　休眠

休眠是昆虫在不良环境下（温度过高或过低、食料缺乏等）发育临时停止的现象，当不良环境条件解除后，即可恢复正常的生命活动。例如，蝼蛄常在夏季蛰于深层土中越夏。有些昆虫因食料缺乏而停育，称为饥眠。休眠发生在炎热的夏季称夏蛰（或越夏），发生在严冬季节称为冬眠（或越冬）。各种昆虫的休眠虫态不一。如小地老虎在北京以蛹越冬，在长江流域以蛹和老熟幼虫越冬，在广西南宁以成虫越冬。

2.2.2.2　滞育

由于环境条件和昆虫的遗传特性造成昆虫的生长发育暂时停止的现象称为滞育。季节性的光周期长短和各种昆虫对光周期的反应是引起昆虫滞育的主要因子。在自然情况下，当不利的环境条件还远未到来时，就进入滞育了，而且一旦进入滞育，即使给以最适宜的条件，也不能立即解除滞育，滞育的解除要求一定的时间和一定的条件，并由激素控制，例如天幕毛虫和多种蝗虫在5～7月产下的卵，虽然当时有适宜的温、湿度，但不会孵化，而必须经过一定的低温阶段，到来年春天才能孵化。

据研究，光周期的变化是引起滞育的主要因素，一般冬季滞育的昆虫，均以短日照作为引起滞育的信息，通常光周期长于12～16 h，即可继续发育而不滞育，这样的昆虫属短日照滞育型。而一些在夏季进入滞育的昆虫，则以长日照作为滞育的信息，一般光周期小于12 h，就可以继续发育而不进入滞育，这样的昆虫属长日照滞育型。另外，还有一些昆虫属于中间型，当光周期过短或过长时均能引起滞育，仅在很窄的光周期范围内才不滞育。

了解昆虫休眠和滞育特性及害虫的越冬虫态和场所，可以预测害虫的发生和危害时期，对开展越冬期防治有直接指导意义。

2.2.3　昆虫的年生活史

年生活史是指昆虫一年的发生经过，即从当年越冬虫态开始活动起，到第二年越冬结束为止的发育过程。昆虫生活年史包括越冬虫态，一年中发生的世代，越冬后开始活动的时期，各代历期，各虫态的历期，生活习性等。了解害虫的年生活史，掌握害虫的发生规律，是防治害虫的可靠依据。

昆虫的年生活史除用文字进行叙述外，也可以用图表来表示（表1-2）。

2.3　昆虫的习性与行为

外界环境的刺激与内部生理活动的复杂联系，使昆虫获得了赖以生存的生物学特性，即所谓的昆虫的习性。习性包括昆虫的活动和行为。昆虫的重要习性有活动的昼夜节律、趋食性、群集性、社会性、假死性、拟态和保护色等几个方面。

表1-2　核桃扁叶甲年生活史

代次	1	2	3	4	5	6	7	8	9	10	11	12
	上中下	上中下	上中下	上中下	上中下	上中下	上中下	上中下	上中下	上中下	上中下	上中下
越冬代	⊕⊕⊕	⊕⊕⊕	⊕⊕⊕ + + +	+ +								
第一代			•	••• – – – ○○ +	– ○○○ + + +	+						
第二代					••• – – – ○○ +	•• – – – ○○○ + + + △△	△△△	△△ + + +	+			
越冬代									••• – – ○○ +	•• – – ○○ + + + ⊕⊕⊕	⊕⊕⊕	⊕⊕⊕

注：•—卵；-—幼虫；○—蛹；+—成虫；⊕—越冬成虫；△—越夏成虫。

2.3.1　昆虫活动的昼夜节律

绝大多数昆虫的活动，如飞翔、取食、交配、卵化、羽化等，均有它的时间节律。昆虫的活动节律除受光的影响外，还受温度的变化、食物成分的变化、异性释放外激素的生理条件等的影响。

一般在白昼活动的昆虫称为日出性或昼出性昆虫；在夜间活动的昆虫称为夜出性昆虫；还有一些只在弱光下（如黎明、黄昏）活动的，则称为弱光性昆虫。绝大多数的蛾类是夜出性的，取食、交配、生殖都在夜间。蚊子是弱光下活动的昆虫。在夜出性的蛾类中，也有以凌晨或黄昏为活动盛期的，如舞毒蛾的雄成虫多在傍晚时分围绕树冠翩翩起舞。许多捕食性昆虫如蜻蜓、虎甲、步行虫等为日出性昆虫，这同它们的捕食对象的日出性有关；蝶类的日出性同它们乐于寻找花的开放有关。

2.3.2　食性

昆虫在长期演化的过程中，形成了对食物的特殊要求，这种要求在昆虫学上称为昆虫的食性。

按照食物的性质，昆虫的食性可分为以下五类：

（1）植食性：以植物为食料，包括绝大多数农林植物的害虫如马尾松毛虫、刺蛾，以及少部分益虫如家蚕、紫胶虫、白蜡虫等。

（2）肉食性：以活的动物体为食料，包括绝大多数的益虫。按其取食的方式，又可分为捕食性，如瓢甲、螳螂、草蛉、蜻蜓；寄生性，如赤眼蜂、绒茧蜂等。

(3)粪食性：专以动物的粪便为食，如蜣螂。

(4)腐食性：以死的动植物组织及其腐败物质为食，如蛴螬、蝇蛆、埋葬甲等。

(5)杂食性：既吃动物性又吃植物性的食料，如胡蜂、芫菁、蜚蠊等。

按照取食范围的宽窄，昆虫的食性可分为以下三类：

(1)单食性：只能取食一种动物或一种植物的昆虫。如落叶松鞘蛾、豌豆象、澳洲瓢虫等。

(2)寡食性：能取食同属、同科和近缘科的几种植物。如菜粉蝶、马尾松毛虫、顶梢卷叶蛾等。

(3)多食性：能取食很多科、属的植物或动物。如小地老虎、蓑蛾、草蛉等。

了解昆虫的食性，对防治害虫具有重要的指导意义。如科学地调配园林植物的布局、科学地引植园林植物等。

2.3.3　趋性

趋性是昆虫对外界刺激所产生的一种强迫性的定向反应。凡是向着刺激物的定向运动称为正趋性，背避刺激物的称为负趋性。按照刺激源的性质，趋性主要有趋光性、趋化性、趋温性、趋湿性、趋色性等。其中以趋光性和趋化性在害虫防治方面较为重要。

(1)趋光性：不同的昆虫对光照强度和光的性质反应不同。多数蛾类、金龟子、蝼蛄等具有正趋光性，而米象、蜚蠊等则具有负趋光性。昆虫的趋光性已在害虫的测报与防治中被广泛地利用，如生产上常用黑光灯、双光灯、高压电网黑光灯等诱集昆虫。

(2)趋化性：趋化性实质上是昆虫的嗅觉器官受挥发性物质分子的刺激所引起的冲动反应。昆虫选择寄主、寻找配偶、避敌等，都是通过某种具有信号作用的化学物质来完成的。例如柑橘凤蝶趋向芸香科植物、蝇类及许多夜蛾对糖醋液有趋性等。拒避剂如避蚊油、樟脑等，是以昆虫的趋化性为基础研制而成的，用于防治卫生害虫。

(3)趋温性：昆虫是变温动物，本身不具调节和保持体温的功能，为生存，必须主动趋向于环境中的适温场所。如东亚飞蝗的蝗蝻要向阳取暖，当体温升到合适程度时才开始取食；以成虫越冬的红蛱蝶，常常在春寒料峭的晴日对着阳光平展翅面，晒太阳。

(4)趋色性：昆虫视觉器官对不同颜色有趋避特性。如有的蚜虫对鲜黄色有正趋性，而对银灰色具有负趋性。生产上利用黄板诱杀蚜虫、白粉虱，利用银灰色塑料薄膜驱蚜，都是以昆虫的趋色性为理论依据设计的。

此外，随着科学的发展，在昆虫趋湿性、趋嫩性、趋声性、趋磁性等方面的研究和应用也日益深入，有些在防治实践中已取得了显著的效果。

2.3.4　群集性、扩散和迁飞

2.3.4.1　群集性

某种昆虫的大量个体高密度聚集在一起的现象叫群集性。如马尾松毛虫1～2龄幼虫、刺蛾的幼龄幼虫、金龟子一些种类的成虫都有群集危害的特性。再如榆蓝叶甲的越夏，瓢虫的越冬，天幕毛虫幼虫在树杈结网栖息等。了解昆虫的群集特性可以在害虫群集时进行人工捕杀。

2.3.4.2　扩散和迁飞

扩散是指昆虫个体经常的或偶然的、小范围内的分散或集中活动，也称为蔓延、传播或分散等。如斜纹夜蛾、螟蛾等1龄幼虫，从卵块孵化后常先群集为害，以后再吐丝下垂，靠风力传播扩散。

迁飞或称迁移，是指一种昆虫成群地从一个发生地长距离地转移到另一个发生地的现象，是物种在进化过程中长期适应环境的遗传特性，也是一种种群行为。如粘虫、小地老虎等。

2.3.5　社会性

昆虫的个体间有明显的等级分化和分工。如蜜蜂的蜂群中有蜂后、雄蜂、工蜂等分化和分工。

2.3.6　假死性

有一些昆虫在取食爬动时，当受到外界突然震动惊扰后，往往立即从树上掉落地面、卷缩肢体不动或在爬行中缩做一团不动，这种行为叫作假死性。如象甲、叶甲、金龟子等成虫遇惊即假死下坠，3～6龄的松毛虫幼虫受震落地等。可利用害虫的假死习性进行人工捕杀、虫情调查等。

2.3.7　拟态和保护色

一种生物模拟另一种生物或模拟环境中的其他物体，从而保护自己的现象，称拟态，如竹节虫等。

保护色是指某些昆虫具有同它的生活环境中的背景相似的颜色，这有利于躲避捕食性动物的视线而达到保护自己的效果，如秋季枯草丛中的尖头蚱蜢，其体呈枯草色；枝尺蠖幼虫，在树枝上栖息时，以体后腹足和肛门固定在树枝上，身体斜立，酷似枯枝；枯叶蛱蝶静息时双翅合直，翅形和色纹极似枯叶等。

2.4　昆虫与环境的关系

昆虫在自然界的分布、生长发育和消长规律不仅取决于其本身的生物学特性，而且与周围环境因素有着密切联系。构成昆虫生活环境的因素称为生态因素，依其性质可分为气候因素、土壤因素、生物因素和人为因素等。

了解昆虫与环境之间的相互关系是开展害虫预测预报和害虫综合防治的基础。

2.4.1　气候因素对昆虫的影响

气候因素与昆虫的生命活动的关系非常密切。气候因素包括温度、湿度、光照和风等，其中以温度和湿度对昆虫的影响为最大，各个因素的作用并不是孤立的，而是综合起作用的。

2.4.1.1　温度与昆虫

1.昆虫对温度的一般反应

温度是影响昆虫的重要环境因子，也是昆虫的生存因子。昆虫的生长发育和繁殖要求一定的温度范围，这个温度范围称为有效温区（或适宜温区），在温带地区一般为8～40℃。其中有一段温度范围对昆虫的生活力与繁殖力最为有利，称为最适温区，一般为22～30℃。有效温区的下限，是昆虫开始生长发育的起点，称为发育起点温度，一般为8～15

℃。在此点以下,有一段低温区使昆虫生长发育停止,昆虫处于低温昏迷状态,这段低温区称为停育低温区,一般为 -10 ℃以上; -10 ℃以下的温度,昆虫因过冷而死亡,为昆虫的致死低温区,其温度下限不低于 -40 ℃。同样,有效温区的上限,即最高有效温度,称为高温临界,一般为 35 ~40 ℃。其上也有一段停育高温区,通常为 40 ~45 ℃,再上为致死高温区,通常为 45 ~60 ℃。

一般昆虫对高温的忍受能力远不及对低温的忍受能力强,这就是利用高温杀虫比利用低温杀虫效果好得多的根据。许多越冬昆虫能忍受冰点以下的温度,甚至体内已结冰仍不死亡,但在高温时,昆虫因细胞原生质很快变性而死亡。

2. 昆虫生长发育的有效积温法则

根据实验结果,昆虫完成一定发育阶段(虫期或世代)所需天数与同期内的有效温度(发育起点以上的温度)的乘积,是一个常数,称此常数为昆虫的有效积温。这一规律称为有效积温法则,可用公式表示为

$$K = N(T - C)$$

式中　K——有效积温,日度;

N——发育天数(历期),天;

T——实际温度,℃;

C——发育起点温度,℃。

在害虫测报上经常应用有效积温法则:

(1)估计昆虫在某地一年可能发生的世代数。

知道了某种昆虫一个完整世代发育的有效积温(K),再利用某地气象部门的资料,计算出该地有效积温的总和,即

$$K_1 = \sum N(T - C)$$

K_1 除以某虫完成一代的有效积温(K),即为其一年发生的代数。

例如:小地老虎完成 1 个世代的有效积温(K)为 504.47 日度,南京地区常年有效总积温(K_1)为 2 220.9 ℃,则南京地区 1 年可能发生的代数为

$$\text{世代数} = K_1/K = 4.4\ \text{代}$$

(2)预测害虫的发生期。

知道了一种害虫或一个虫态的有效积温(K)和发育起点温度(C),以及今后一个时期气温的情况(T),就可进行发生期的预测。

例如:已知槐尺蛾卵的发育起点温度为 8.5 ℃,卵期有效积温为 84 日度,卵产下当日的日平均温度为 20 ℃,若天气情况无异常变化,则幼虫孵化的时间为

$$N = K/(T - C) = 84/(20 - 8.5) \approx 7.3(\text{天})$$

(3)控制昆虫的发育速度。

人工繁殖寄生蜂防治害虫,按释放日期的需要,可根据公式 $T = K/N + C$ 计算出室内饲养寄生蜂所需要的温度。通过调节温度来控制寄生蜂的发育速度,在合适的日期释放。

例如:利用松毛虫赤眼蜂防治赤松毛虫,赤眼蜂的发育起点温度为 10.34 ℃,有效积温为 161.36 日度,根据放蜂时间,要求 12 天内释放,求应在何种温度下饲养才能按时出蜂。代入公式即

$$T = K/N + C = 161.36/12 + 10.34 = 23.8(℃)$$

在23.8 ℃的温度条件下经过12天即可出蜂释放。

(4)预测昆虫地理分布局限。

如果当地全年有效总积温不能满足某种昆虫完成一个世代所需的有效积温,则此地就不能发生这种昆虫。这种判断只对一年发生一代、一年发生多代的昆虫适用,多年完成一代的昆虫不能按此办法进行推算。

(5)应用于引进天敌昆虫。

选择和引进天敌昆虫时,应考虑其与所控制害虫的发育始点相一致。

必须指出,有效积温法则在实际应用中有一定的局限性:

(1)昆虫是有生命的,不是无生命的化合物,因此不能等同于一般化合物与温度的简单直线关系。

(2)昆虫的生长发育不仅受温度影响,还受湿度、食物等其他因素的综合影响。

(3)所用的温度资料为平均温度(日平均或旬平均),不能完全反映昆虫生活环境的小气候温度,而且昆虫是生活在昼夜变温之中,不是在恒温条件下。

(4)昆虫的发育速率与温度的关系只有在适温范围内才呈直线相关,自然温度不一定都是昆虫的适宜温度。

(5)昆虫有停育现象,很多昆虫的停育不是因发育起点以下的低温引起的,在高温时也有夏眠现象。因此,应用有效积温法则来测报害虫的发生世代、发生期和发生地只是一种参考根据,还必须结合其他因子来综合分析,否则就会不准确。

2.4.1.2 湿度与昆虫

1. 湿度对昆虫的一般影响

昆虫对湿度的要求依种类、发育阶段和生活方式不同而异。最适范围一般在相对湿度70%~90%,湿度过高或过低都会延缓昆虫的发育,甚至造成死亡。昆虫卵的孵化、蜕皮、化蛹、羽化,一般都要求较高的湿度。但一些刺吸式口器害虫如蚧虫、蚜虫、叶蝉及叶螨等对大气湿度变化并不敏感,即使大气非常干燥,也不会影响它们对水分的要求,如天气干旱时寄主汁液浓度增大,增加了营养成分,反而有利于害虫繁殖,所以这类害虫往往在干旱时危害严重。一些食叶害虫,为了得到足够的水分,常于干旱季节猖獗危害。

降雨直接影响昆虫的数量变化,但受降雨时期、次数、雨量而异。降雨还影响空气的湿度和温度等,进而影响昆虫。暴雨对于弱小的害虫如蚜虫、螨类有冲刷作用。春夏多雨,洼地长期积水,不利于东亚飞蝗卵的存活。连续降雨会影响寄生性天敌的寄生率,如赤眼蜂、姬蜂等。大雨可迫使远距离迁飞的昆虫(如粘虫)中途降落。降雨会使许多昆虫停止飞行活动,因而会影响灯光诱虫的效果。总之,降雨对昆虫种群数量动态有很大的影响,在害虫测报中要注意对这一生态因素进行具体分析。

2. 温、湿度对昆虫的综合作用

在自然界中,温度与湿度总是同时存在、相互影响并综合作用于昆虫的。在一定的温、湿度范围内,不同温、湿度组合可以产生相似的生物效应。在相同温度下,湿度不同时产生的效应不同;反过来也是这样。

为了更好地说明温、湿度对昆虫的综合作用,常常采用温湿系数和气候图来表示说明。

(1)相对湿度与平均温度的比值,或降雨量与平均温度的比值,称为温湿系数,其公式为

$$Q = \frac{RH}{T}$$

或

$$Q = \frac{M}{T}$$

式中　Q——温湿系数;
　　RH——相对湿度;
　　M——降水量;
　　T——平均温度。

温湿系数可以作为一个指标,用以比较不同地区的气候特点,或用以表示不同年份或不同月份的气候特点,以便分析害虫发生与气候条件的关系。

(2)气候图:可根据一年或数年中各月温、湿度,组合在坐标纸上绘制。绘制时,以纵轴代表月平均温度,以横轴代表月降雨量或平均相对湿度,找出各月的温、湿度结合点,用线条按月顺序连接起来,即成气候图。

比较一种害虫的分布地区和非分布地区的气候图,或猖獗发生年份和非猖獗发生年份的年份图,以及发生猖獗地区和发生非猖獗地区的气候图,往往可以找出该害虫生存的温、湿度条件,以及有利或不利该种害虫的温、湿度条件在一年中出现的时期。由于气候图可以帮助了解一种害虫在地理分布上或发生上或发生程度上需要的温、湿度条件,因此对进行害虫地理分布及发生量的预测有重要意义。

2.4.1.3　光照

光照同温、湿度一样,也是一个重要的气候因素。光照对昆虫的影响基本上有三个方面:光的强度(能量)、光的性质(波长)以及光照周期(简称为光周期,指昼夜长短及其季节性变化)。

1.光的强度

光的强度主要影响昆虫的活动节律及行为习性,这表现在昆虫的日出性与夜出性、趋光性与背光性上。昆虫对光的强度的要求也有一定的范围,在该范围内,趋光性随着光的强度的增加而加强,低于下限则无趋光性,高于上限趋光性也不再增加。各种昆虫不同,要求的光的强度也不同。

2.光的性质

光是一种电磁波,因为波长不同,显出各种不同的性质。不同昆虫对光波各有特殊的反应。昆虫的视觉能感受700~250 nm的光,但多偏于短波光,许多昆虫对400~330 nm的紫外光有强趋性,因此在测报和灯光诱杀方面常用黑光灯(波长365 nm)。还有一种蚜虫对600~550 nm的黄色光有反应,所以白天蚜虫活动飞翔时利用黄色诱盘可以诱其降落。

3.光周期

光周期是指一天中昼夜的交替现象,一般以24 h中日照时数来表示。光周期的季节

变化在一定纬度地区是相当稳定的,因此对生活于该纬度地区的生物的影响也是深刻而稳定的,并使生物获得了遗传上的稳定性。昆虫也不例外。

光周期对昆虫的生命活动节律起着重要的信息作用,它是引起昆虫滞育的主导因子。有些昆虫以长日照的出现为信息而进入滞育(夏眠性昆虫,如大地老虎等),称此类为长日照滞育型(或称为短日照发育型,因为此类昆虫在短日照下不发生滞育)。有些昆虫以短日照的出现为信息而进入滞育(冬眠性昆虫,如蚜虫等),称此类昆虫为短日照滞育型(或长日照发育型,因为此类昆虫在长日照下不发生滞育)。属于长日照滞育型的昆虫种类很少;属于短日照滞育型的昆虫种类很多,生活于温带及寒温带地区的昆虫大多属于此类;有些种类属于中间型,如桃小食心虫;也有的种类对光照无反应,如秋千毛虫。

昆虫对光周期能起反应的虫态称为感应光照虫态,进入滞育的虫态称为滞育虫态。如菜粉蝶以幼虫为感应光照虫态,以蛹为滞育虫态。能够引起一种昆虫种群的50%个体进入滞育的光周期,称为临界光周期。

光周期还对昆虫的世代交替起着信息作用。如蚜虫在短光照条件下产生有翅性蚜,出现两性世代;在长日照条件下出现单性世代。

研究昆虫种群在光周期影响下的滞育规律,在昆虫测报上很重要。

2.4.1.4 风

风对昆虫的影响主要是昆虫的活动,特别是昆虫的扩散和迁移受风影响较大,风的强度、速度和方向,直接影响其扩散和迁移的频度、方向和范围。有资料表明,许多昆虫能借风力传播到很远的地方,如蚜虫可借风力迁移1 200 ~1 440 km的距离;松干蚧卵囊可被气流带到高空随风而去。在广东危害严重的松突圆蚧,在自然界主要靠风力传播。

2.4.2 土壤因素对昆虫的影响

土壤是昆虫的一种特殊生态环境。一些昆虫终生生活于土壤中,如蝼蛄、土白蚁、蚂蚁等;一些昆虫以一个虫态(或几个虫态)生活于土壤中,如蝉若虫、蛴螬、金针虫、地老虎幼虫等;一些昆虫在土壤中越冬越夏。

土栖昆虫的活动也受土壤温度的影响。如蝼蛄、蛴螬、金针虫等地下害虫在冬季严寒和夏季酷热的季节,便潜入深土层越冬或不活动;春、秋温暖季节上升到表土层来取食为害作物等。这种垂直迁移活动不仅在一年中随季节而变化,在一天中也表现出来。如蛴螬在夏季多在夜间及早晨上升到表土层为害,日中便下降到稍深的土层中。

土壤湿度影响土栖昆虫的分布,如小地老虎幼虫及细胸金针虫喜在含水量较高的低洼地为害,而沟金针虫则喜在较干旱地为害。土壤湿度包括土壤含水量和土壤空隙间的空气湿度,其主要取决于降水量和灌溉。土壤里的空气经常处于高湿度状态,因而多数土壤昆虫一般不会因湿度过低而引起死亡。但土壤含水量对昆虫生长发育的影响则是相当大的,因为许多昆虫的卵和蛹在土壤内需吸收环境水分,才能完成其发育阶段。如棕色鳃金龟卵在土壤含水量5%时,全部干缩死亡;在10%时,部分干缩死亡;在15% ~35%时,均能孵化;但在土壤含水量达30%以上(土壤已成浆状)时,孵化的幼虫则不能存活。

土壤的机械组成(指土粒大小及团粒结构等)可以影响土栖昆虫的分布。如葡萄根瘤蚜只能分布在土壤结构疏松的葡萄园里为害,因为一龄若虫活动蔓延需要有较大的土壤空隙,在砂质土壤中无法活动,特别在流动性大的砂土中无法生活。

土壤的酸碱度也影响一些土栖昆虫的分布。有的喜欢在碱性条件下生存,而有的却喜生活于酸性土壤中。

土壤中有机质的含量也会影响一些昆虫的分布与为害。如施有大量未充分腐熟的有机肥地里,易引诱种蝇、金龟子等成虫前来产卵,因此在这些条件下种蝇幼虫和蛴螬为害就重。

总的看来,所有与土壤有关的昆虫,对土壤的温度、含水量、机械组成、酸碱度、有机质含量等都有一定的要求。掌握了这些昆虫的生活习性之后,可以通过土壤垦复、施肥、灌溉等多种措施,改变土壤条件,达到控制害虫的目的。

2.4.3 生物因素对昆虫的影响

2.4.3.1 食物对昆虫的影响

由于各种昆虫都有自己的特殊食性,因而取食适宜食物时,生长发育快,死亡率低,繁殖力高。即使多食性昆虫也如此。例如,东亚飞蝗能取食禾本科、茄科等许多科植物,但以禾本科中一些种类最为适宜。如取食在自然界中它不喜食的油菜,则蝗蝻的死亡率大为增加,发育期也延长;取食棉花和豌豆则不能完成发育而死亡。同样,取食禾本科产卵量最高,取食大豆、油菜等双子叶植物产卵量最低。

了解昆虫对寄主植物和寄主植物的不同生育期的特殊要求,在生产实践中就可以合理地改变耕作制度和栽培方法,或利用抗虫品种来达到防治害虫的目的。

植物对昆虫的取食为害所产生的抗性反应,称为植物的抗虫性。根据抗虫性的机制,可以分以下三类:

(1)不选择性:这类植物在形态上(如表皮层厚,或有密而长的毛),或在生化上(如不分泌引诱物质或分泌拒避物质),或在物候上(如易受害的生育期与害虫的为害期不相配合)具有特殊性,使昆虫不来产卵或不来取食(或少取食)。

(2)抗生性:这类植物体内含有对昆虫有毒的生化物质(如玉米叶中的丁布对玉米螟幼虫有毒),或缺少某种对昆虫必需的营养物质,昆虫取食后发育不良、寿命缩短、生殖力下降,甚至死亡。另一种情况是植物被取食后很快在伤害处产生组织上或生化上的变化,从而抗拒昆虫继续取食。

(3)耐害性:这类植物被昆虫取食后,有很强的增长和补偿能力,可以弥补受害的损失。如一些谷子品种在受粟灰螟为害后可以增加有效分蘖来弥补损失。

利用植物的抗虫性来防治害虫,在害虫的综合防治上具有重要的实践意义。

2.4.3.2 天敌对昆虫的影响

凡能捕食或寄生于昆虫的生物(主要是动物),或使昆虫致病的微生物,都是昆虫的天然敌人,统称它们为昆虫的天敌。天敌因素虽然不是昆虫生存所必需的条件,但却是昆虫种群数量增长的重要抑制因素。昆虫的天敌很多,主要有致病微生物、天敌昆虫、其他捕食性天敌三大类。

1. 致病微生物

致病微生物主要有细菌、真菌和病毒,但习惯上也将病原线虫、病原原生动物归于致病微生物。此外,立克次体等对昆虫也有致病作用。

1)细菌

昆虫病原细菌(insect pathogenic bacteria)已知有99余种,分属于芽孢杆菌科(Bacillaceae)、肠杆菌科(Enterobacteriaceae)、假单胞菌科(Pseudomonadaceae)。研究和应用较多的是芽孢杆菌,如苏云金杆菌(*Bacillus thuringiensis*)(简称Bt)和日本金龟芽孢杆菌(B. *popilliae*)等。细菌致病的昆虫外表特征是行动迟缓,食欲减迟,死后身体软化和变黑。内脏常软化,带黏性,有臭味。

2)真菌

昆虫病原真菌(entomopathogenic fungi)也称虫生菌,种类繁多,已记载的有900余种,分布于真菌界各亚门的100多个属中,其中主要的属为接合菌亚门的虫生霉(Entomophthora),子囊菌亚门的虫草菌(Cordyceps),半知菌亚门的白僵菌(Beauveria)、绿僵菌(Metarhjzium)、多毛孢(Hirsutella)、轮枝孢(Verticillum)等属。

3)病毒

我国已知昆虫和蜱螨类病毒有200多种。常见的昆虫病毒主要有核型多角体病毒(NPV)、质型多角体病毒(CPV)和颗粒体病毒(GV)。在自然界,昆虫病毒主要通过带有病毒的食物、含接触罹病昆虫、虫尸及昆虫排泄物传播。利用病毒防治害虫,用量很少就可取得良好的效果,而且持续时间很长,但必须进行活体培养,因此在应用上受到限制。

4)线虫

昆虫病原线虫属线虫动物门线虫纲。在自然界已知寄生于昆虫的线虫有数百种,其中主要是索线虫总科的索线虫科和小杆线虫总科中的斯氏线虫科、异小杆线虫科。索线虫总科幼虫穿过体壁进入寄主体内,发育到成熟前脱离寄主入土,寄主随即死亡;小杆线虫总科幼虫与细菌共生,线虫幼虫侵入寄主体内后,将细菌排至寄主血体腔内,引起败血病死亡,而线虫在寄主尸体内发育成熟。

此外,还有病原原生动物,常见的有蝗微孢子虫、玉米螟微孢子虫等。

2. 天敌昆虫

天敌昆虫一般可分为捕食性天敌昆虫和寄生性天敌昆虫两大类。

1)捕食性天敌昆虫

捕食性天敌昆虫种类颇多,主要隶属于蜻蜓目、啮虫目、螳螂目、长翅目、半翅目、广翅目、脉翅目、蛇蛉目、鞘翅目、双翅目等10余个目。最常见的有螳螂、蜻蜓、捕食蝽、草蛉、步行虫、瓢虫、食虫虻、食蚜蝇等。这些天敌昆虫在自然界中能捕食大量害虫,如七星瓢虫对麦蚜的控制能力很强。

2)寄生性天敌昆虫

寄生性天敌昆虫的种类也很多,隶属于双翅目、膜翅目、鞘翅目、鳞翅目、捻翅目等。其中以双翅目和膜翅目中的寄生性昆虫如寄蝇、姬蜂、茧蜂、小蜂、细蜂等在生物防治上的利用价值最大。如利用赤眼蜂防治玉米螟、苹果卷叶蛾、松毛虫等,都取得了较好的效果。

3. 其他捕食性天敌

食虫动物是指天敌昆虫以外的一些捕食昆虫的动物,主要包括蛛形纲、鸟纲和两栖纲中的一些动物。蛛形纲中的食虫动物隶属于蜘蛛目和蜱螨目。蜘蛛目中以狼蛛、球腹蛛、微蛛、跳蛛等类群在生物防治中的作用较大。蜱螨目中以植绥螨科(Phytoseiidae)中的捕食螨捕食害虫的作用最大,如尼氏钝绥螨、德氏钝绥螨、东方钝绥螨等,已被利用。

鸟纲中食虫鸟类也很多,有些种类终生捕食昆虫,如啄木鸟、灰喜鹊、家燕等;有些在成鸟育雏期间捕啄昆虫供雏鸟食用,如麻雀等。

两栖动物中的蛙类大都可捕食昆虫,其中以生活在稻田的泽蛙捕食能力最强。另外,在丘陵山区果园中的树蛙也是捕食昆虫的种类。

利用害虫的天敌来防治害虫是一项基本措施,它在综合防治中占有重要地位。

2.4.4　人为因素对昆虫的影响

2.4.4.1　改变一个地区的昆虫组成

人类生产活动中,常有目的地从外地引进某些益虫,如澳洲瓢虫相继被引进各国,控制了吹绵蚧。但人类活动中也无意带进了一些危险性害虫,如地中海实蝇、美国白蛾等,也给带进国带来灾难。

2.4.4.2　改变昆虫的生活环境和繁殖条件

人类培育出抗虫耐虫的植物,大大减轻了受害程度;大规模兴修水利、植树造林和治山改水的活动,改变自然面貌,从根本上改变昆虫的生存环境,从生态上控制害虫的发生,如对东亚飞蝗的防治就是一个典型的例子。

2.4.4.3　人类直接消灭害虫

采用林业的、化学的、生物的及物理的等综合防治措施,可直接消灭大量害虫,以保障林木的正常生长发育。

另外,在人类的生产活动和贸易往来中,一些为害严重的新的害虫,也常随人类的频繁交往而传播蔓延,给林业生产带来新的为害,因此加强植物检疫,增强检疫意识是十分必要的。

2.5　昆虫种群数量的变动与害虫大发生

2.5.1　昆虫种群数量的变动

2.5.1.1　种群的特征

种群是在一定的空间(或区域)内,同种个体的集合群,如小蠹虫种群、松毛虫种群等。种群内的个体并非简单叠加,而是通过种内关系组成一个有机体。种群具有与个体相类比的生物学属性。如在个体水平上的出生、死亡、寿命、性别、年龄、基因型、繁殖、滞育等属性;在种群水平上也包含群体的统计指标,如出生率、死亡率、平均寿命、性比、年龄组配、繁殖率、滞育率等。此外,种群还具备个体所不具备的特征,如密度和数量变化,以及因种群的扩散或聚集等习性而形成的种群空间分布型、种群密度调控机制等。

自然种群的种群数量具有两个重要的特征:一是波动性,在每一段时间之内(年、季节、世代)种群数量都有所不同;二是稳定性,尽管种群数量有这种波动,大部分种群不会无限制地增长或下降而发生灭绝,因此种群数量在某种程度上维持在特定的水平上,在一定的范围内波动。

种群在一定空间上的数量分布与种群种的特性及其栖息地内生物群落的组成和环境条件有关。在自然界经常可以看到一种害虫在其分布区域内不同区间种群密度差异很大。有些害虫在某一地区常年发生较多,种群密度常维持在较高水平,猖獗为害频率很高,而在另一些地区该种害虫密度常年维持在较低水平。介于两者之间的为种群密度波动区,即有的年份发生多,有的年份发生很少。这种现象即为昆虫种群在不同栖息地的数量分布动态。

昆虫的种群密度也随自然界季节的演替而起伏波动。这种波动在一定的空间内常有相对的稳定性,从而形成种群的季节性消长。一年发生一代的昆虫,其季节消长比较简单,且较稳定,一年发生多代的昆虫则比较复杂,并且因地理条件和在当地发生代数的不同,种群消长变化较大。主要害虫的季节消长动态可分为:

(1)单峰型,即一年内昆虫种群数量只出现一次高峰期,如小地老虎。

(2)双峰型,即在生长季前、后期(春、秋季)各出现一次高峰,中期(夏季)常下降,也称马鞍型,如桃蚜等。

(3)多峰型,即昆虫种群数量逐季递增,在全年出现多次峰期,又称波浪型,如棉铃虫。

2.5.1.2　种群数量变动的原因

种群数量动态是指种群数量变动的特征和原因。昆虫种群数量是由种群存活率、生殖率和扩散迁移等因素相互作用的结果。而这些因素受种群内遗传特性和外在环境因素的综合影响。因此,种群的数量动态取决于种群的内部因素和外部因素在一定空间与时间内的相互作用。内部因素主要指决定种群繁殖特性(内禀增长率)的因素,外部因素包括影响种群动态的食物、天敌、气候等。

1. 内部因素

出生率、死亡率、迁入率、迁出率、年龄结构和性比等特征,是种群统计学的重要特征,它们影响着种群的动态。但是,每一个单独的特征都不能说明种群整体动态问题。

自然界的环境条件不断变化,不可能对种群始终有利或始终不利,而是在两个极端情况之间变动。当条件有利时,种群的增长能力是正值,种群数量增加;当条件不利时,种群增长能力是负值,种群数量下降。因此,在自然界中种群实际增长率是不断变化的。内禀增长率是指具有稳定年龄结构的种群,在食物与空间不受限制、同种其他个体的密度维持在最适水平、环境中没有天敌并在某一特定的温度、湿度、光照和食物性质的环境条件组配下,种群的最大瞬时增长率。

种群内禀增长率是种群增殖能力的一个综合指标,它不仅考虑到生物的出生率、死亡率,还将年龄结构、发育速率、世代时间等因素也包括在内;它是物种固有的,由遗传性所决定,因此是种群增长固有能力的唯一指标;它可以敏感地反映出环境的细微变化,人们可以视之为特定种群对环境质量的反应的一个优良指标。

2. 外部因素

1)食物

食物对种群的生育力和死亡率有着直接或间接的影响,主要通过种内竞争的形式体现。在食物短缺的时候,种群内部必然会发生激烈的竞争,并使种群中的很多个体不能存活或生殖。如果食物的数量和质量都很高,种群的生殖力就会达到最大,但当种群增长达到高密度时,食物的数量和质量就会下降,结果又会导致种群数量下降。

2)天敌

从理论上讲,天敌的数量和捕食效率如果能够随着猎物种群数量的增减而增减,那么,天敌就能够调节或控制猎物的种群大小。

3)气候

对种群影响最强烈的外部因素是气候,特别是极端的温度和湿度条件。超出种群忍受范围的环境条件可能对种群产生灾难性的影响,因为它会影响种群内个体的生长、发育、生殖、迁移和散布,甚至会导致局部种群的毁灭。一般来说,气候对种群的影响是不规律的和不可预测的。种群数量的急剧变化常常直接同温度、湿度的变化有关。

2.5.2 森林害虫大发生的条件和过程

某种林木害虫种群数量剧增,达到猖獗为害的程度时,常称为森林害虫大发生。其前提是要有虫源、发生基地(空间条件),并经历一段过程。探讨害虫大发生的规律,在防治上具有重要意义。

2.5.2.1 森林害虫大发生的条件

1. 害虫的来源

害虫的来源一般有3个途径:第一是当地原有虫种。生物在历史演化中,在一定的地域形成一定的昆虫区系,如果长期大量使用化学农药,虽然某种森林害虫得到了抑制,但天敌昆虫也随之一扫而光,破坏了生态平衡,会使一些次要害虫转化为主要害虫,如山东的杨尺蛾、青海的榆黄蛱蝶等曾造成严重为害。第二是从其他寄主转移而来。如刺槐荚螟为害豆科植物,当大面积种植刺槐林后,刺槐荚螟就会从豆科植物转移到刺槐上来,从而有可能大发生。第三是从外地传播而来。随着林业事业的发展,种苗交换频繁,害虫就会随同寄主的运输而传播到本来没有这种害虫的地方,如美国白蛾、红脂大小蠹、松突圆蚧、杨干象等都是从国外传进我国的世界性检疫害虫。

2. 害虫发生基地

害虫在其分布区内,是以种群形式存在的。同一种群可能被分成许多亚种群,分别栖息在各自的生活小区(如丘陵、谷地等)内。对于害虫来说,这些生活小区的生活环境条件是不完全相同的。某些生活小区有利于害虫的大量繁殖,经常保持相当大的虫口密度,再逢大发生条件(如适宜的温湿度、充足的食物、天敌又不多),害虫便首先暴发,成灾后再向周围扩大蔓延,这种具备害虫大量繁殖的环境就叫害虫发生基地(发源地)。如赤松毛虫在海拔400 m以下、四面环山的谷地或三面环山的马蹄形山谷、10余年生油松密林首先成灾,以后再向外蔓延。若及早掌握害虫发生基地情况,采取根治措施,就会节省很多人力、物力、财力和时间,减少损失。

2.5.2.2 害虫大发生的过程

对于周期性大发生的森林害虫而言,每次大发生都是由少到多、由小到大的种群数量的积累过程,具体可划分为以下阶段:

(1)准备阶段,虫口密度不大,天敌不多,食料充足,幼虫生长正常,繁殖率和存活率逐渐提高,虫口密度上升,而森林尚未受其严重危害,常不易引起重视。

(2)增殖阶段,害虫数量显著增加并继续上升,雌虫多于雄虫,森林被害征兆明显,害虫开始外迁,受害面积渐大,天敌向害虫发生地集中。

(3)猖獗阶段,虫口密度极度增加,可以使种群密度迅速增加到10倍至数千倍,几乎充满其栖境,食物开始趋向不足,幼虫生长发育受到抑制,繁殖率和存活率显著下降,雌虫比例减少,天敌数量增多,害虫数量转向衰退。

(4)衰退阶段,由于食物不足,天敌增多,致使害虫数量急剧下降,害虫繁殖力处于极低水平,为害盛期结束,天敌向周围迁移。

学习任务3 园林植物昆虫主要类群识别

【学习场所】

植保实训室、理实一体化教室、校内外实训基地、园林植物生产棚室、植物园等。

【学习形式】

以学习小组为单位组织教学。教师通过实物标本、蝗虫仿真模型及多媒体课件演示与讲授相结合,使学生理解昆虫外部形态相关知识。在此基础上,每个学习小组的学生利用为其提供的一套昆虫标本,借助实体显微镜、放大镜等工具观察实物并展开讨论,教师给予点拨指导。

【实训用品与材料】

直翅目的蝗虫、蝼蛄、蟋蟀、螽斯;等翅目的白蚁;同翅目的蝉、蜡蝉、叶蝉、飞虱、粉虱、蚜虫、介壳虫;半翅目的缘蝽、网蝽、盲蝽、猎蝽、花蝽;缨翅目的蓟马;鞘翅目的步甲、虎甲、叩头甲、天牛、瓢甲、金龟甲、象甲、叶甲;鳞翅目的粉蝶、凤蝶、蛱蝶、木蠹蛾、枯叶蛾、透翅蛾、刺蛾、卷蛾、毒蛾、螟蛾、袋蛾、舟蛾、夜蛾、尺蛾、灯蛾、蚕蛾、天蛾、松毛虫;膜翅目的叶蜂、茎蜂、姬蜂、赤眼蜂、小蜂、茧蜂;双翅目的食蚜蝇、实蝇、潜叶蝇、蚊;脉翅目的草蛉等昆虫的针插标本、盒装分类示范标本;鞘翅目、鳞翅目、膜翅目、双翅目和脉翅目幼虫的浸渍标本;螨类浸渍标本、玻片标本或活虫标本。有关挂图。

放大镜、体视显微镜、挑针、镊子、瓷盘、培养皿、泡沫塑料板等用具。

【辅助学习资源】

- ◆ 园林植物昆虫主要类群形态特征多媒体课件
- ◆ 园林植物昆虫主要目及主要科相关视频
- ◆ 中国园林网 http://www.yuanlin.com
- ◆ 中国林业网 http://www.forestpry.gov.cn
- ◆ 中国森防信息网 http://www.forestpest.org

3.1 园林植物昆虫主要类群识别

3.1.1 昆虫的分类与命名

自然界中昆虫的种类很多,人们要识别它们,首先必须逐一加以命名和描述,并按其亲缘关系的远近,归纳成为一个有次序的分类系统,才便于正确地区分它们,并进而阐明它们之间的系统关系。

3.1.1.1 昆虫分类的单元

昆虫的分类阶梯和其他动物分类一样,包括界、门、纲、目、科、属、种7个等级。有时为了更精细、确切地区分,常添加各种中间阶元如亚级、总级或类、群、部、组、族等。种是分类的基本单位,很多相近的种集合为属,很多相近的属集合为科,依次向上归纳为更高级的阶元,每一阶元代表一个类群。

昆虫的分类地位是动物界节肢动物门昆虫纲。昆虫纲以下分为目、科、属、种。下面以马尾松毛虫为例,表示分类等级的顺序:

界:动物界 Animalia
门:节肢动物门 Arthropoda
纲:昆虫纲 Insecta
亚纲:有翅亚纲 Pterygota
目:鳞翅目 Lepidoptera
亚目:异角亚目 Heterocera
总科:蚕蛾总科 Bombycoidea
科:枯叶蛾科 Lasiocampidae
属:松毛虫属 *Dendrolimus*
种:马尾松毛虫 *Dendrolimus punctatus* Walker

3.1.1.2 昆虫命名法

按照国际动物命名法规,昆虫的科学名称采用林奈的双名法命名。

双名法:一种昆虫的种名(种的学名)由两个拉丁词构成,第1个词为属名,第2个词为种名,即双名。分类学著作中,学名后面还常常加上定名人的姓。但定名人的姓氏不包括在双名内。

三名法:1个亚种的学名由3个词组成,即属名 + 种名 + 亚种名,即在种名之后再加上1个亚种名,就构成了三名。

种级学名印刷时常用斜体,以便识别。属名的第1个字母须大写,其余字母小写,种名和亚种名全部小写;定名人用正体,第1个字母大写,其余字母小写。有时,定名人前后加括号,表示种的属级组合发生了变动。种名在同一篇文章中再次出现时,属名可以缩写。

学名举例(前者为双名法,后者为三名法):

马尾松毛虫 *Dendrolimus punctatus* Walker
属名 种名 定名人

天幕毛虫 *Malacosoma neustria testacea* Motsh.
属名 种名 亚种名 定名人

昆虫分类的依据主要有形态学特征、生物学和生态学特征、地理学特征、生理学和生物化学特征、细胞学特征、分子生物学特征。根据目前的分类科学水平,主要采用的是形态学特征。分亚纲和目所应用的主要特征是翅的有无、形状、对数、质地,口器的类型,触角、足、腹部附肢的有无及形态。

昆虫在高级阶元的分类上分歧较大。以往通常将昆虫纲分为2个亚纲和33或34个目,即无翅亚纲和有翅亚纲。我国著名的昆虫分类学家蔡邦华教授将昆虫纲分为2个亚纲,34个目。与林业关系密切的目有直翅目、等翅目、半翅目、同翅目、缨翅目、鞘翅目、鳞翅目、膜翅目、双翅目、脉翅目等。

观察各种供试昆虫针插标本和浸渍标本,重点比较其体形、体色、翅、足、触角、口器等的形态特征,熟练识别直翅目、等翅目、半翅目、同翅目、鳞翅目、鞘翅目、双翅目和膜翅目主要科的代表种类及其特征。

3.1.2 直翅目及主要科的识别

直翅目体中型至大型。口器咀嚼式,触角丝状或剑状,前胸发达,前翅狭长,革质,常覆盖在后翅之上;后翅膜质,常作扇状折叠,翅脉多是直的。有的种类翅短或无翅。后足多发达,适于跳跃,或前足为开掘足。雌虫多具有发达的产卵器。腹部第10节有尾须一对。雄虫大多能发声,凡发声的种类都有听器。

不完全变态成虫多产卵于植物组织或土中,多以卵越冬。多数是植食性的种类,部分为肉食性或杂食性。常见的科有蝗科、蝼蛄科、蟋蟀科及螽斯科等(图1-24)。

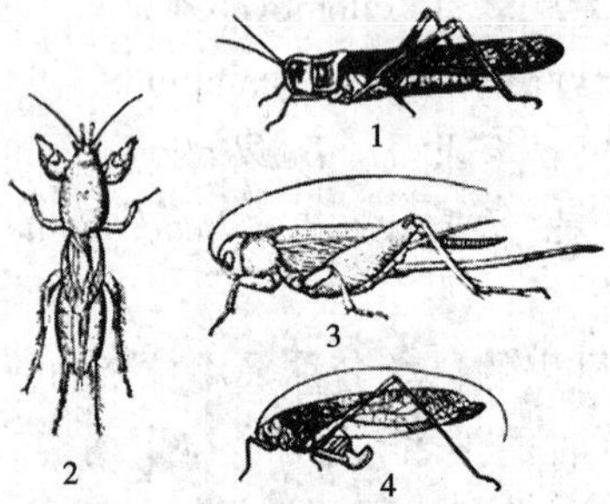

1—蝗科;2—蝼蛄科;3—蟋蟀科;4—螽斯科

图1-24 直翅目常见科代表 (仿周尧)

3.1.2.1 蝗科 Acrididae

蝗科昆虫触角比体短,丝状或剑状。前胸背板发达,呈马鞍状。后足为跳跃足,胫节具有两排刺,跗节3节。听器位于第1腹节两侧。产卵器粗短,锥状。植食性。卵产于土中。园林植物重要害虫种类有黄脊竹蝗 *Ceracris kiangsu* Tsai、短额负蝗 *Atractomorpha sinensis* Bolivar 等。

3.1.2.2 蝼蛄科 Gryllotalpidae

蝼蛄科昆虫触角短,丝状。前翅短,后翅长,伸出腹末如尾状。前足为开掘足。听器位于前足胫节上。产卵器不发达。多为植食性,夜出活动咬食植物的根茎,为重要的地下害虫。卵产于土室中。园林植物重要害虫种类有华北蝼蛄 *Gryllotalpa unispina* Saussure、东方蝼蛄 *Gryllotalpa orientalis* Burmeister 等。

3.1.2.3 蟋蟀科 Gryllidae

蟋蟀科昆虫触角线状,比体长,后足为跳跃足。产卵器细长,剑状,尾须长。听器生于前足胫节上。雄虫发声器在前足近基部。夜出性昆虫,常发生于低洼或杂草丛中,喜取食植物近地面柔嫩部分,危害幼苗。园林植物重要害虫种类有油葫芦 *Gryllu testaceus* Walker、大蟋蟀 *Brachytrupes portentosus* Lichtenstein 等。

3.1.2.4　螽斯科 Tettigonuridae

螽斯科昆虫触角丝状，比体长，跗节4节，后足为跳跃足。产卵器刀状或剑状。多产卵于植物枝条组织内或土中。园林植物害虫种类有危害桑枝条的绿螽斯 *Holoclora nawae* Mats de Shiraki 等。

观察蝗虫、蟋蟀、蝼蛄、螽斯等，掌握其形态特征。

3.1.3　等翅目及主要科的识别

园林等翅目害虫主要是白蚁。其体小至中型，多型性，有工蚁、兵蚁、繁殖蚁之分。一般头壳坚硬；复眼有或无，单眼2个或无；触角念珠状；口器咀嚼式；足短，跗节4~5节；尾须短，2~8节。工蚁白色，无翅，头圆，触角长；兵蚁类似工蚁，但头较大，上颚发达；繁殖蚁有两种类型，一种为无翅型或仅有短翅芽的蚁后，体白色，体长可达60~70 mm；另一种为有翅型，翅2对，体淡黄或暗色，包括雄蚁和雌蚁（图1-25）。

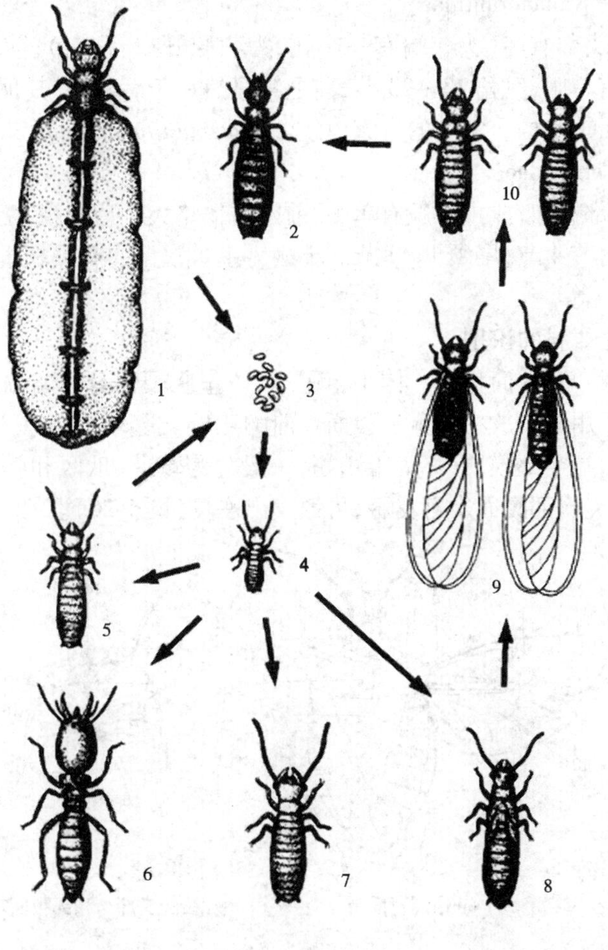

1—蚁后；2—雄蚁；3—卵；4—若蚁；5—补充生殖蚁；6—兵蚁；7—工蚁；
8—长翅生殖蚁若虫；9—长翅雌、雄生殖蚁；10—脱翅雌、雄生殖蚁

图1-25　等翅目的代表：家白蚁 *Coptotermes formosanus* Shiraki　（仿彩万志等）

白蚁为多型性营社会性的昆虫，有较复杂的“社会”组织和分工。1个群体具有繁殖

蚁和无翅无生殖能力的兵蚁与工蚁共同生活。蚁王、蚁后专负责生殖。工蚁在群体中的数量最多，其职能是觅食、筑巢、开路，饲育蚁王、蚁后、幼蚁和兵蚁，照料幼蚁、搬运蚁卵、培养菌圃等。兵蚁一般头部发达，上颚强大，有的有分泌毒液的额管，兵蚁的职能是保卫王宫、守巢、警卫、战斗等。

渐变态，卵呈卵形或长卵形。生殖蚁包括雌雄两性，具翅，每年春夏之交即达性成熟。大多数在气候闷热、下雨前后，从巢内飞出，群集飞舞，求偶交配，落到地面交配，翅在爬动中脱落，钻入土中，建立新蚁巢。

白蚁按建巢的地点可分木栖性白蚁、土栖性白蚁、土木两栖性白蚁 3 类。主要分布于热带、亚热带，少数分布于温带。我国近年来分布较为普遍，危害较重。常见的有黑翅土白蚁 *Odontotermes formosanus*(Shiraki)。

等翅目中黑翅大白蚁和家白蚁等是危害园林植物的种类。

3.1.3.1　鼻白蚁科 Rhinotermitidae

鼻白蚁科昆虫头部有囟(头前端有一小孔，为额腺开口，称囟)；前胸背板扁平，狭于头；有翅成虫一般有单眼；触角 13 ~23 节；前翅鳞显然大于后翅鳞，其顶端伸达后翅鳞；跗节 4 节；尾须 2 节。土木栖。常见的有家白蚁 *Coptotermes formosanus* Shiraki。

3.1.3.2　白蚁科 Termitidae

白蚁科昆虫头部有囟；成虫一般有单眼；前翅鳞仅略大于后翅鳞，两者距离偏远；前胸背板前中部隆起；跗节 4 节；尾须 1 ~2 节。土栖为主。常见的有黑翅土白蚁 *Odontotermes formosanus* (Shiraki)等。

3.1.4　半翅目及主要科的识别

半翅目昆虫通称蝽象，简称蝽。体小至中型，体壁坚硬而身体略扁平。刺吸式口器，着生于头的前端，不用时贴放在头胸的腹面。前胸背板发达，中胸有发达的小盾片。前翅基半部革质或角质，端半部膜质，称为半鞘翅，一般分为革区、爪区和膜区三部分，有的种类有楔区。很多种类胸部腹面常有臭腺，可散发出恶臭(图 1-26)。

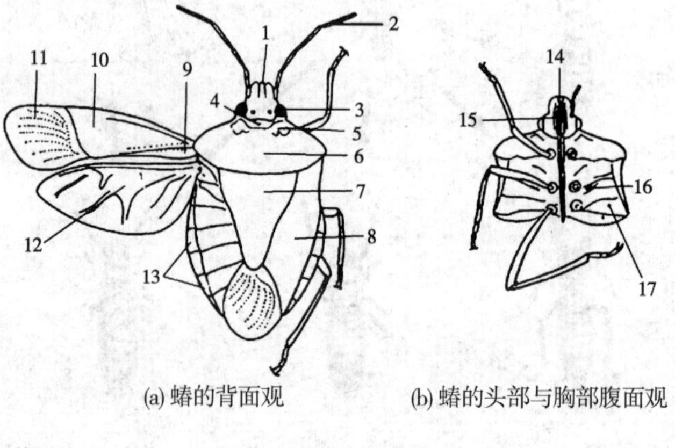

(a) 蝽的背面观　　(b) 蝽的头部与胸部腹面观

1—前唇基；2—触角；3—复眼；4—领片；5—胝；6—前胸背板；7—小盾片；8—前翅；9—爪片；10—革片；11—膜片；12—后翅；13—侧接缘；14—上唇；15—小颊；16—臭腺；17—气门

图 1-26　半翅目的特征　(仿周尧)

不完全变态。多为植食性,刺吸植物茎叶或果实的汁液,是重要的园林植物害虫;部分种类为捕食性,为天敌昆虫。卵多为鼓形或长卵形,产于植物表面或组织内。常见的科有蝽科、荔蝽科、盲蝽科、网蝽科、缘蝽科及猎蝽科等(图1-27)。

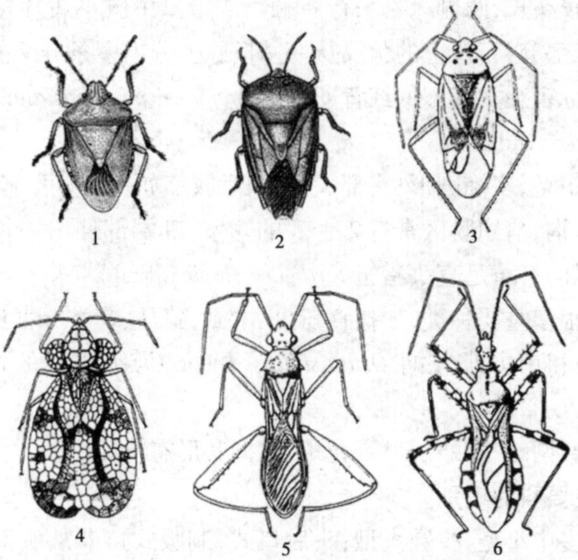

1—蝽科;2—荔蝽科;3—盲蝽科;4—网蝽科;5—缘蝽科;6—猎蝽科

图1-27　半翅目常见科代表　(仿周尧、郑乐怡、彩万志等)

3.1.4.1　蝽科 Pentatomidae

蝽科昆虫触角5节,一般2个单眼,中胸小盾片很发达,三角形,超过前翅爪区的长度。前翅分为革区、爪区、膜区三部分,膜片上具有多条纵脉,发自于基部的一根横脉。卵多为鼓形,产于植物表面。危害园林植物的主要有荔枝蝽 *Tessaratoma papillosa* Drury、麻皮蝽 *Erthesina fullo* Thunb 等。

3.1.4.2　荔蝽科 Tessaratomidae

荔蝽科昆虫体大型;小盾片特征与膜片脉序似蝽科,其与蝽科昆虫的主要区别在于触角仅有4节。荔蝽科昆虫多生活在乔木上,成、若虫吸食果实和嫩梢汁液,造成落果和枯梢。其中荔枝蝽 *Tessaratoma papillosa* Drury 是我国南方荔枝、龙眼产区的重要害虫。

3.1.4.3　盲蝽科 Miridae

盲蝽科昆虫触角4节,无单眼。前翅分为革区、爪区、楔区和膜区四个部分,膜区基部翅脉围成两个翅室,其余翅脉均消失。卵长卵形,产于植物组织内。园林植物重要害虫种类有绿盲蝽 *Lygus lucorum* Meyer 等,捕食性的有食蚜盲蝽 *Deraeocores punctulatus* Fall 等。

3.1.4.4　网蝽科 Tingidae

网蝽科昆虫体小型,扁平;触角4节,第3节极长,第4节膨大,呈纺锤形;喙4节;前胸背板向后延伸,盖住小盾片,两侧有叶状"侧突";前胸背板及前翅遍布网状纹;前翅质地均匀,分不出革片和膜片。该科种类系果树、绿篱等植物的大害虫。成、若虫群集叶背,刺吸汁液,造成缺绿斑点或叶片枯萎,受害处有黏稠的排泄物及虫蜕。常见的种类有为害梨树、苹果、海棠等植物的梨网蝽 *Stephanitis nashi* Esaki et Takeya 和为害杜鹃的杜鹃冠网蝽 *S. pyrioides* Scott。

3.1.4.5 缘蝽科 Coreidae

缘蝽科昆虫体较狭长,两侧缘略平行。触角4节。中胸小盾片短于爪片。前翅分为革区、爪区和膜区三部分,膜片上的脉纹从一基横脉上分出多条分叉的纵脉。植食性。园林植物害虫主要有危害观赏花木的红背安缘蝽 *Anoplocnemis phasiana* Fabricius 等。

3.1.4.6 猎蝽科 Reduviidae

猎蝽科昆虫体中型,多椭圆形;头部尖,在眼后收缩如颈;喙短,基部弯曲,不紧贴于腹面;前胸背板常有横沟;前翅膜区常有2个大的翅室,其端部伸出一长脉。本科种类多系肉食性的天敌,常见的有黄足直头猎蝽 *Sirthenea flavipes* Stal。

半翅目中还有很多重要种类,如捕食蚜虫、木虱、蓟马、螨类等害虫的东亚小花蝽 *Orius sauteri* (Poppius)和南方小花蝽 *Orius similis* Zheng,为害柑橘的黄黑盾蝽 *Chrysocoris grandis* Thunb 等。

观察缘蝽、荔蝽、网蝽、猎蝽、盲蝽、花蝽,掌握其形态特征。

3.1.5 同翅目及主要科的识别

同翅目昆虫体多中小型,少数大型;头后口式,刺吸式口器从头部后方伸出;触角短,刚毛状或丝状;前翅质地均匀,革质或膜质,静止时呈屋脊状,有些种类短翅或无翅,或只有一对前翅;无尾须。不全变态,全部植食性,以刺吸式口器吸取植物汁液,有些种类还传播植物病毒病。

3.1.5.1 蝉科 Cicadidae

蝉科昆虫体大型;单眼3个;前足开掘式;前翅膜质,脉纹粗;成虫刺吸汁液并以产卵刺伤寄主,对树木枝条为害甚重,易使枝条枯死;若虫钻入土中吸食根部汁液。若虫蜕下的皮入药,称为蝉蜕。危害观赏木本植物的种类主要有黑蚱蝉 *Cryptotympana atrata* Fabricius、蟪蛄 *Platypleura kaempferi* Fabricius 等(图1-28(a))。

3.1.5.2 蜡蝉科 Fulgoridae

蜡蝉科昆虫体中至大型,体色美丽。额常向前延伸而多少呈象鼻状。触角基部两节明显膨大,鞭节刚毛状。前后翅发达,翅膜质,脉序呈网状。腹部通常大而扁。园林植物害虫常见的有斑衣蜡蝉 *Lycorma delicatula* White、龙眼鸡 *Fulgora candelaria* L. 等(图1-28(b))。

3.1.5.3 叶蝉科 Cicadellidae

叶蝉科昆虫体小型,狭长。触角刚毛状,位于两复眼之间。单眼2个,着生于头部前缘与颜面交界线上。后足胫节下方有1~2列短刺。产卵器锯状,多产卵于植物组织内。园林植物害虫重要种类有大青叶蝉 *Tettigella viridis* (Linne)、小绿叶蝉 *Emposaca flavescens* (Fabr.)等。

3.1.5.4 木虱科 Psyllidae(图1-29)

木虱科昆虫体小型,善跳。单眼3个。触角较长,9~10节,基部两节膨大,末端有2

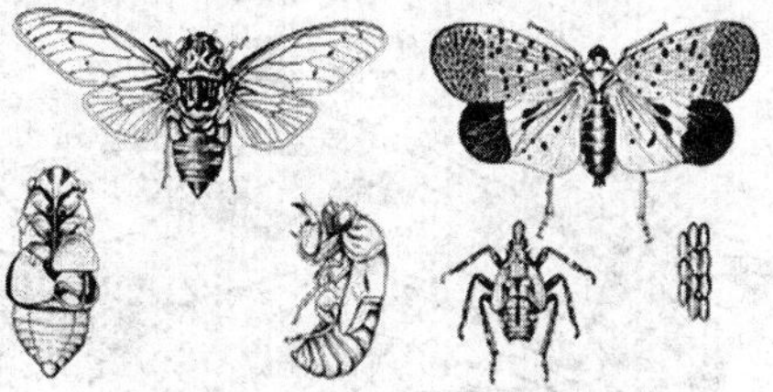

(a) 蝉科　(b) 蜡蝉科

图1-28　蝉科与蜡蝉科

条不等长的刚毛。前翅质地较厚,在基部有1条由径脉、中脉和肘脉合并成的基脉,并由此发出若干分支。若虫常分泌蜡质盖在身体上,多危害木本植物。园林植物上主要有柑橘木虱 *Diaphorina citri* Kuw. 、梧桐木虱 *Thysanogyna limbata* Enderlein 等。

3.1.5.5　粉虱科 Aleyrodidae(图1-30)

粉虱科昆虫体小型,体表被白色蜡粉;触角丝状,7节;翅短圆,前翅有翅脉2条,前一条弯曲,后翅仅有1条直脉。成、若虫吸吮植物汁液,是许多木本植物和温室花卉的重要害虫。常见的种类有黑刺粉虱 *Aleurocanthus spiniferus* (Quaintance)、温室粉虱 *Trialeurodes vaporariorum* Westwood 等。

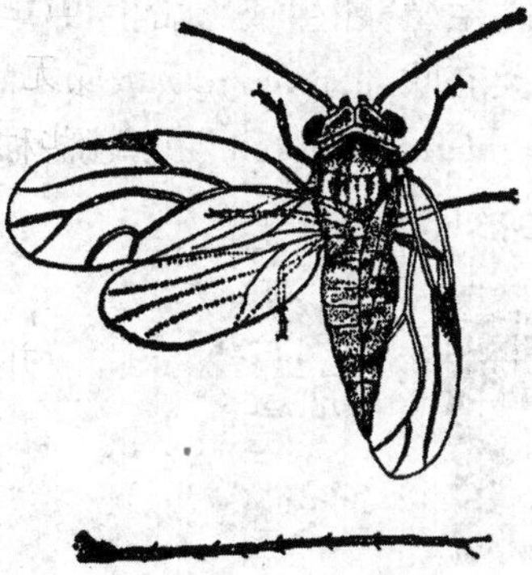

图1-29　木虱科

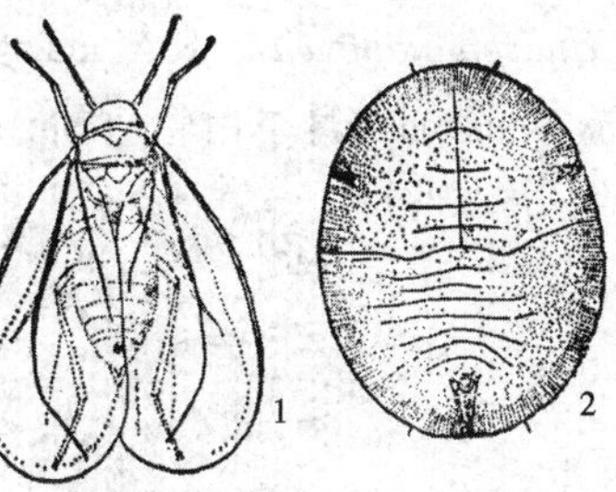

1—成虫;2—蛹壳

图1-30　粉虱科

3.1.5.6　蚜总科 Aphidoidea

蚜总科昆虫为小型多态昆虫,同种有无翅型和有翅型。触角丝状,3~6节。前翅比后翅大,前翅有翅痣,径分脉,中脉分叉。腹部有一对管状突起,称腹管,末节背板和腹板分别形成尾片和尾板(图1-31)。蚜虫的繁殖方式有两性生殖和孤雌生殖,卵生或卵胎生。生活周期复杂,一般在春、夏两季进行孤雌生殖,而在秋冬时期进行两性生殖。

被蚜虫危害的叶片,常常变色,或卷曲凹凸不平,或成虫瘿,或使植物长成畸形。蚜虫还可传播病毒。蚜虫分泌的蜜露,可诱发植物的煤污病。园林植物重要害虫种类主要有棉蚜 *Aphis gossypii* Glover、绣线菊蚜 *Aphis citricola Van der* Goot、桃蚜 *Myzus persicae* (Sulzer)、月季长管蚜 *Macrosiphum rosivorum* Zhang 等。

3.1.5.7　蚧总科 Coccoidea

蚧总科昆虫通称介壳虫。形态奇特,雌雄异型(图1-32)。雌虫无翅,口器发达,喙

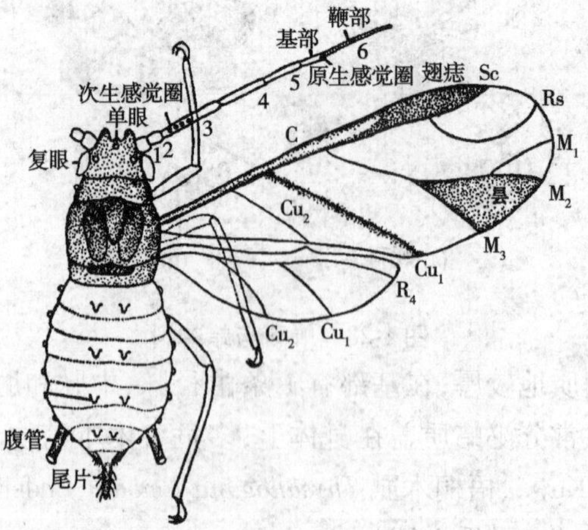

图 1-31 蚜总科

短,1~3 节,多为 1 节,口针很长。触角、复眼和足通常消失。体壁上常被蜡粉或蜡块,或有特殊的介壳保护。雄虫体长形,有 1 对薄的膜质前翅,后翅退化成平衡棒。触角长念珠状。口器退化。寿命短。卵圆球形或卵圆形,产在雌虫体腹面、介壳下或体后的蜡质袋内。雌虫为渐变态,雄虫为过渐变态。孤雌生殖或两性生殖,卵生或卵胎生,1 年 1 代或多代。全世界已知 5 000 多种。园林植物重要害虫种类有吹绵蚧 *Icerya purchasi* Mask、矢尖盾蚧 *Unaspis yanonensis* Kuwana、红蜡蚧 *Ceroplastes rubaens* Maskell、龟蜡蚧 *Ceroplastes floridensis* Comstock、月季白轮盾蚧 *Aulacaspis rosarum* Borchsenius 等。

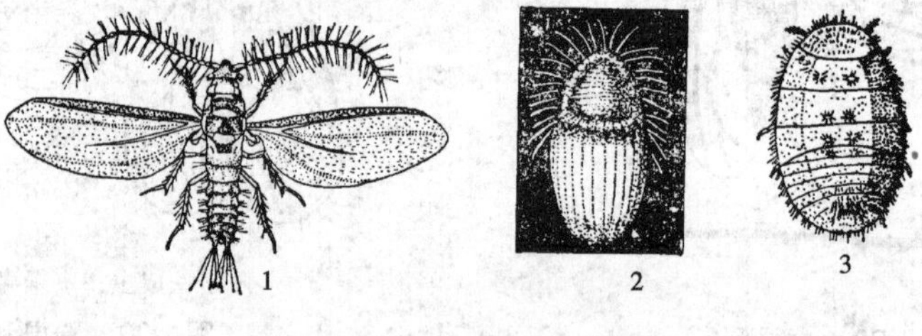

1—雄虫;2—孕卵的雌虫;3—除去蜡层的雌虫

图 1-32 草履蚧

观察蝉、叶蝉、蜡蝉、木虱、粉虱、蚜、蚧等,掌握其形态特征。

3.1.6 鳞翅目及主要科的识别

成虫:体小至大型,触角细长,丝状、栉齿状、羽毛状或球杆状等。口器虹吸式。翅膜质,翅面上覆盖有鳞片,故称为鳞翅。前翅上的鳞片组成一定的斑纹,分线和斑两类,线根据在翅面上的位置由基部向端部顺次称为亚基线、内横线、中横线、外横线、亚缘线、外缘线;斑按形状称为环状纹、肾状纹、楔状纹、剑状纹(图 1-33),后翅常有新月纹。

幼虫:虫体各部分常具各种外被物,如刚毛、毛瘤、毛撮、毛突和枝刺等。它们的排列有一定规律,称为毛序。幼虫为多足型,除 3 对胸足外,一般有腹足 5 对,但腹足的对数常有不同的变化。腹足底面有钩状刺,称为趾钩,趾钩的存在是鳞翅目幼虫区别于其他多足型幼虫的重要依据之一,而趾钩的数目、长短和排列方式等,则是鳞翅目幼虫分类的鉴别

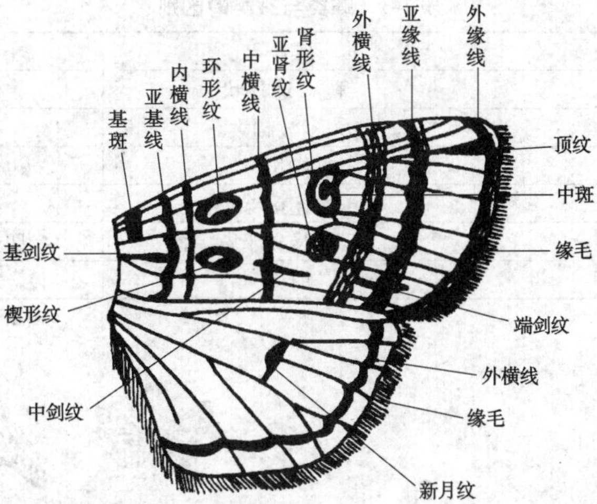

图1-33　鳞翅目翅面斑纹模式图

特征之一。根据趾钩的长短不同,可分为单序、双序或多序;根据趾钩排列的形状,又可分为环状(圆形或椭圆形的整环)、缺环(不满一整圈而有小缺口)、伪环(前后都有缺口,也叫二纵带)、中带(只在内侧有一列弧形而与身体纵轴平行的趾钩)、二横带(与身体纵轴垂直的两列趾钩)等(图1-34)。幼虫体上常有斑线和毛,纵线以所在位置称背中线、亚背线、气门上线、气门线、气门下线、基线、侧腹线和腹线。

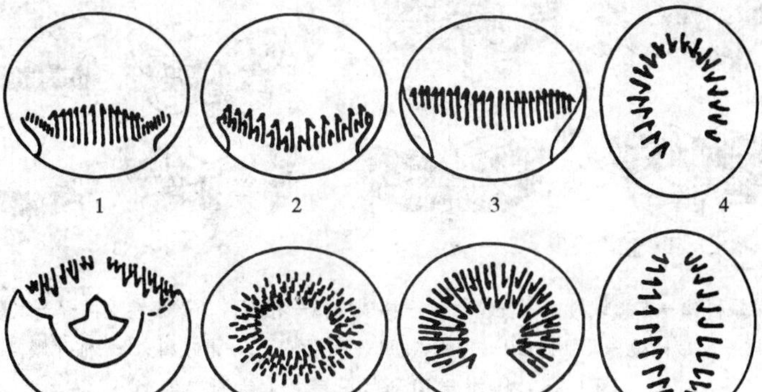

1—异形中带;2—双序中带;3—单序中带;4—单序缺环;

5—中断中带;6—多形环;7—双序缺环;8—二横带

图1-34　鳞翅目幼虫的趾钩排列方式

全变态;成虫取食花蜜、果汁、树汁;幼虫多为植食性,少为捕食性(如灰蝶)和寄生性(寄蛾科);陆生;蛾类多夜晚活动,蝶类白天活动;蛾类具趋光性、趋化性,雌雄二型性;部分蛾、蝶具有迁飞和拟态习性;蛹多为被蛹。

鳞翅目昆虫全世界已知约20万种,中国已知8 000余种,是昆虫纲中的第2大目。鳞翅目包括各种蛾类和蝶类,蝶类与蛾类的区别见表1-3。与林业关系密切的蛾类常见科的代表见图1-35,蝶类重点科为凤蝶科(图1-36)和蛱蝶科。

表 1-3　蝶类与蛾类的区别

名称	蝶类	蛾类
触角	锤状、球杆状	丝状、羽毛状等
翅形	大多数阔大	大多数狭小
腹部	瘦长	粗壮
前后翅联络	无连接器	有特殊连接器
停栖时翅位	四翅竖立于背	四翅平展呈屋脊状
成虫活动时间	白天	晚上

1—菜蛾科；2—木蠹蛾科；3—蓑蛾科；4—刺蛾科；5—卷蛾科；6—小卷蛾科；7—螟蛾科；
8—尺蛾科；9—天蛾科；10—舟蛾科；11—夜蛾科；12—毒蛾科；13—枯叶蛾科

图 1-35　蛾类常见科的代表　（仿周尧等）

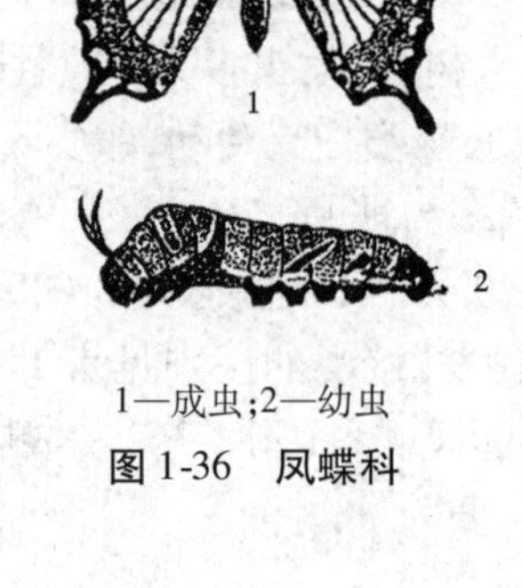

1—成虫；2—幼虫

图 1-36　凤蝶科

3.1.6.1　蛾类常见科

1. 木蠹蛾科 Cossidae

木蠹蛾科昆虫中大型，体粗壮，喙退化，触角栉齿状或羽毛状。前后翅中室内有分叉的脉纹。幼虫体粗壮肥胖，头部发达，多为红色、白色或黄色。幼虫蛀食林木枝干，常见的有柳乌蠹蛾 *Holcocerus vicarius* Walker 等。

2. 蓑蛾科 Psychidae

蓑蛾科又叫袋蛾科、避债蛾科。中小型，触角双栉齿状，口器退化，雌雄异型，雄虫有翅，翅面鳞毛稀少，前后翅中室内有一简单的中脉主干。雌虫无翅。幼虫肥胖，胸足发达，腹足退化呈吸盘状，趾钩单序、缺环。幼虫食叶，并吐丝缀叶成袋状的囊，一生在袋囊内，取食时头胸伸出袋外，并能负囊行走。危害观赏树木的常见种类有大袋蛾 *Cryptothelea formosicola* Strand、小袋蛾 *Clania minuscula* Butler、茶袋蛾 *Cryptothelea minusula* Butler 等。

3. 尺蛾科 Geometridae

尺蛾科昆虫小至大型，体多细长，鳞片稀少，翅宽大薄弱；有些种类雌虫翅退化，后翅 Sc 脉基部急剧弯曲，臀脉只有 1 条。幼虫体细长，只在第 6 节、第 10 节上生有 2 对腹足，行走时，身体一曲一伸，似用尺量物，故称尺蠖、步曲。以幼虫食叶为主，多食性。危害园林植物的种类主要有油桐尺蛾 *Buzura suppressaria* Guenee、丝绵木金星尺蛾 *Calospilos suspecta* (Warren)、大造桥虫 *Ascotis selenaria* S. 等。

4. 枯叶蛾科 Lasiocampidae

枯叶蛾科昆虫中大型，体粗壮而多毛，喙退化，雄虫触角双栉状；后翅无翅缰，肩角发达，有肩脉。幼虫粗壮，多长毛，前胸在足的上方有 1 或 2 对突起，腹足趾钩双序中带式。以幼虫食叶为主。危害园林树木的常见种类有天幕毛虫 *Malacosoma neustria testacea* Motsch、马尾松毛虫 *Dindrolimus pnnctatus* Walker 等。

5. 天蛾科 Sphingidae

天蛾科昆虫大型，体粗壮，纺锤形，腹末尖削；触角棒状，中部加粗，末端弯曲成小钩。前翅较狭长，外缘倾斜，呈三角形，后翅小，稍圆。幼虫大而粗壮，较光滑，胴部每节分为 6 ~ 8 个环节，第 8 节背面有一尾状突起，称尾角。以幼虫食叶为主。危害花卉植物的种类有豆天蛾 *Clanis bilineata tsingtanica* Walker、霜天蛾 *Psilogramma menephron* Cramer 等。

6. 螟蛾科 Pyralidae

螟蛾科昆虫小至中型，体瘦长。触角丝状。前翅狭长，无 1A，后翅 $Sc+R_1$ 与 Rs 在中室外平行或合并，M_1 与 M_2 基部远离，各出中室两角。幼虫体无次生毛，趾钩多为双序缺环。常见的有黄杨绢野螟 *Diaphania perspectalis* Walker 等。

7. 刺蛾科 Eucleidae

刺蛾科昆虫为中型，体粗壮多毛。喙退化。触角线状，雄蛾为栉齿状。翅宽而密被厚鳞片，多呈黄色、褐色或绿色。幼虫蛞蝓型。头内缩，胸足退化，腹足吸盘状。体常被有毒枝刺或毛簇。化蛹在光滑而坚硬的茧内。常见的有黄刺蛾 *Cnidocampa flavescens* (Walker)。

8. 毒蛾科 Lymantriidae

毒蛾科昆虫体中型。喙退化。触角栉状或羽状。休止时，多毛的前足向前伸出。有的种类雌蛾无翅。前翅 M_2 近 M_3，后翅 $Sc+R_1$ 与 Rs 在中室中部并接或接近。幼虫生有毛瘤或毛刷，第 6、7 腹节背面中央各有 1 个翻缩腺。常见的有古毒蛾 *Orgyia antiqua* (Linnaeus)、乌桕黄毒蛾 *Euproctis bipunctapex* (Hampson)等。

9. 夜蛾科 Noctuidae

夜蛾科昆虫中至大型，体翅多暗色，常具斑纹。喙发达。前翅 M_2 近 M_3，后翅 $Sc+R_1$ 与 Rs 在中室基部并接。幼虫体粗壮。光滑少毛，颜色较深。腹足 3～5 对，第 1、2 对腹足常退化或消失。趾钩为单序中带。常见的有小地老虎 *Agrotis ypsilon* (Rottemberg)、斜纹夜蛾 *Prodenia litura* (Fabricius)等。

10. 舟蛾科

舟蛾科又叫天社蛾科，与夜蛾科相似。中大型，口器退化，雄蛾触角多为双栉齿状，少数锯齿状，雄蛾多为丝状。后翅 $Sc+R_1$ 与 Rs 在中室前缘平行靠近，但不接触。幼虫胸部有峰突，静止时头尾翘起似"小舟"，故称舟蛾。以幼虫食叶为主。危害园林树木的种类主要有舟形毛虫 *Phalera flavescens* (Bemer et Grey)、杨扇舟蛾 *Clostera anachoreta* Fabriclus 等。

11. 灯蛾科

灯蛾科与夜蛾科相似。中型，色泽较鲜艳，多为白、黄、灰、橙色，有黑色斑，腹部各节背中央常有一黑点，触角丝状或双栉齿状。后翅 $Sc+R_1$ 与 Rs 在基部有长距离的愈合，但不超过中室末端。幼虫体上有突起，上生浓密的毛丝，其长短较一致。以幼虫食叶为主。危害园林植物及花木的主要种类有美国白蛾 *Hyphantria cunea* Drary、红缘灯蛾 *Amsaota lactinea* Gramer 等。

3.1.6.2 蝶类常见科

1. 凤蝶科 Papilionidae

凤蝶科昆虫中至大型，颜色鲜艳。后翅外缘呈波状或在 M_3 处外伸成尾突，前翅 R 分 5 支。幼虫的后胸显著隆起，前胸背中央有一臭丫腺，受惊时翻出体外。如柑橘凤蝶 *Papilio xuthus* Linnaeus、玉带凤蝶 *PapiLio polytes* Linnaeus 等。

2. 蛱蝶科

蛱蝶科昆虫中大型，翅上色斑鲜艳，前足退化，触角端部特别膨大。前翅中室闭式，后翅中室开式。幼虫头部常有突起，胴部常有枝刺，腹足趾钩中带式，多为三序，少数为双序。幼虫为食叶性害虫，如危害杨、柳的紫闪蛱蝶 *Apatura iris* L. 等。

观察粉蝶、蛱蝶、凤蝶、木蠹蛾、枯叶蛾、透翅蛾、刺蛾、卷蛾、毒蛾、螟蛾、袋蛾、舟蛾、夜蛾、尺蛾、灯蛾、蚕蛾、天蛾、松毛虫等，掌握其形态特征。

3.1.7 鞘翅目及主要科的识别

鞘翅目昆虫体小到大型；口器咀嚼式，上颚发达；前翅角质，坚硬，为鞘翅；后翅膜质，休息时折叠于鞘翅下；前胸背板发达，中胸仅露出三角形小盾片；成虫触角多样，通常为丝状、鳃片状、膝状等，11 节。多数种类雌雄异型；幼虫体型变化较大，有蛃型、蛴螬型、无足型、金针虫型、象甲型等；蛃型幼虫，体壁坚硬，胸足发达，5 节，第 9 腹节有尾突，行动活泼，捕食性，如步甲、瓢虫等的幼虫；蛴螬型幼虫，体柔软，肥大而弯曲，呈 C 字形，胸足退化，4 节，不善爬行，气门筛板状，生活于土壤内，如金龟类幼虫；无足型幼虫，体细长、扁平,头小,足退化,在茎干内蛀隧道,如天牛、吉丁虫等;金针虫型幼虫,体壁坚韧,胸足不太发达,4节,不太活泼,植食性,生活于土壤内,如叩头甲科幼虫;象甲型幼虫,体柔软、肥胖,近圆筒形,虫体弯曲,中部隆起,足退化,生活在隐蔽环境中,见于象虫和豆象幼虫。蛹多为裸蛹。

一般为全变态,部分为复变态;一般1年多代;食性有植食性(多数)、肉食性、寄生性、腐食性(粪食性和尸食性);多具假死性。

本目昆虫通称甲虫,全世界已知35万种,为昆虫纲第一大目,也是林业上最重要的目之一。鞘翅目可分为肉食亚目和多食亚目(图1-37)。

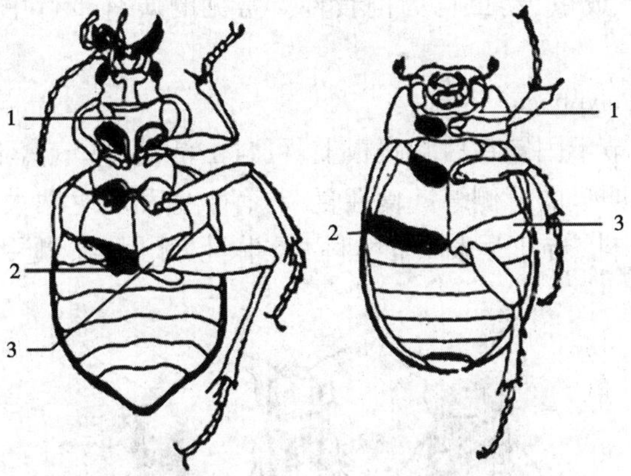

(a) 肉食亚目 (b) 多食亚目

1—前胸腹板;2—后足基节窝;3—后足基节

图1-37 肉食亚目和多食亚目的特征 (仿Matheson)

3.1.7.1 肉食亚目 Adephaga

肉食亚目后足基节固着在后胸腹板上,不能自由活动;基节窝将腹部第一腹板完全分割开;前胸背板与侧板间有明显的背侧缝。多为肉食性。与林业生产关系密切的科有虎甲科和步甲科(图1-38)。

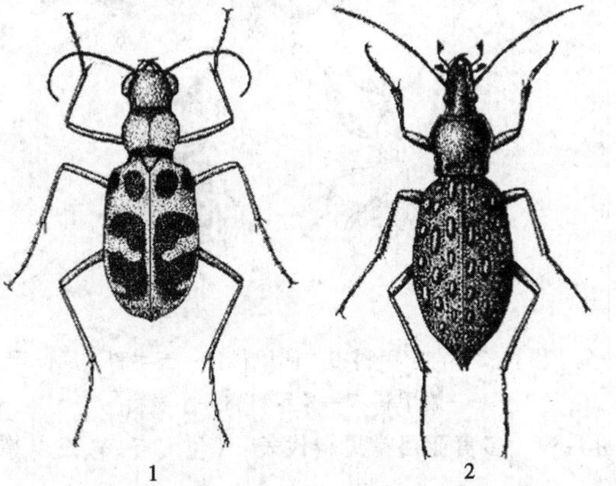

1—虎甲科;2—步甲科

图1-38 肉食亚目常见科代表 (仿周尧)

1. 虎甲科 Cicindelidae

虎甲科昆虫中型，具金属光泽和鲜艳斑纹；头下口式，宽于前胸；下颚有一能活动的钩齿；触角丝状，位于两复眼之间；跗节 5 节。幼虫生活于土中隧道内，捕食小型昆虫。成虫多在白天活动。常见种类有中华虎甲 *Chinensis* De Geer 和杂色虎甲 *Cicindela hybrida* L. 等。

2. 步甲科 Carabidae

步甲科昆虫通称步行甲。体小至大型，体黑色或褐色而有光泽。头小于胸部，前口式。触角丝状，着生于上颚基部与复眼之间，触角间距离大于上唇宽度。跗节 5 节。多生活于地下，落叶下面。成虫、幼虫均为肉食性。常见的属有步行甲属 Carabus、胫步甲属 Calosoma 等。

3.1.7.2　多食亚目 Polyphaga

多食亚目后足基节不固定在后胸腹板上，可自由活动；基节窝不将腹板完全划分开；前胸背板和侧板间无明显的背侧缝。食性复杂，有水生和陆生两大类群。与林业生产关系密切的科有金龟甲科、吉丁甲科、叩甲科、天牛科、叶甲科、瓢甲科、象甲科及小蠹科（图 1-39）。

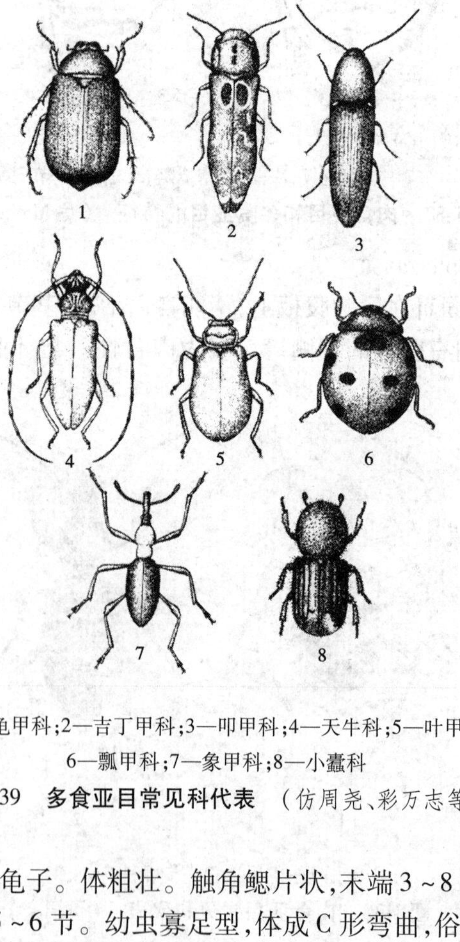

1—金龟甲科；2—吉丁甲科；3—叩甲科；4—天牛科；5—叶甲科；
6—瓢甲科；7—象甲科；8—小蠹科

图 1-39　多食亚目常见科代表　（仿周尧、彩万志等）

1. 金龟甲科

金龟甲科昆虫通称金龟子。体粗壮。触角鳃片状，末端 3 ~ 8 节呈叶片状。前足开掘式，跗节 5 节。腹部可见 5 ~ 6 节。幼虫寡足型，体成 C 形弯曲，俗称蛴螬。多数种类植食性,取食植物的叶、花、果等部位,幼虫取食植物幼苗的根、茎。此外,还有腐食性及粪食性。常见的有红脚绿金龟 *Anomala cupripes* Hope、小青花金龟 *Oxycetonia jucunda* (Faldermann)等。

2. 吉丁甲科 Buprestidae

吉丁甲科成虫与叩头甲体型相似,大多数具有美丽的金属光泽。体长形,末端尖削。头较小,嵌入前胸上。触角锯齿状,11 节。前胸腹板也有大型的后突,嵌入中胸腹板的凹窝内,但前胸与后胸紧密相连,不能自由上下活动,前胸背板的后侧角不向后突出。幼虫体细长扁平,无足,前胸宽大扁阔。以幼虫钻蛀园林树木枝干为主。常见的有苹果小吉丁虫 *Agrilus moli* Mats、杨十斑吉丁虫 *Melanophila decastigma* F.、六星吉丁虫 *Chrysobothris succedanea* Saunders 等。

3. 叩甲科 Elateridae

叩甲科昆虫小至中型,触角锯齿状。前胸与中胸结合不紧密,能上下活动。前胸背板后侧角突出,前胸腹板后缘中央有一强大的突起向后延伸到中胸腹板的深凹窝内,可弹跳。跗节 5 节。幼虫体细长略扁,坚硬光滑,黄色或黄褐色,大多生活在土中,以植物的地下部分为食,统称为金针虫,为苗圃重要地下害虫。常见的有沟金针虫 *Pleonomus canaliculatus* Faldemann、细胸金针虫 *Agriotes fuscicollis* Miwa 等。

4. 天牛科 Cerambycidae

天牛科昆虫为中至大型,体狭长。触角 11 ~ 12 节,常与体等长或超过身体。复眼肾形,环绕触角基部。跗节隐 5 节,似为 4 节。幼虫体肥胖,胸足很小或无。以幼虫钻蛀树干、树根或树枝危害为主。园林植物上常见的有星天牛 *Anoplophora chinensis* Forster、桑天牛 *Apriono germari* Hope、菊天牛 *Phytoecia rufiventris* Gautier 等。

5. 叶甲科 Chrysomelidae

叶甲科昆虫又称金花虫。中小型,体色多鲜艳,具金属光泽。触角锯齿状或丝状,常短于体长。跗节隐 5 节,似为 4 节。幼虫体上常有肉质刺及瘤状突起。成、幼虫均为植食性,多取食植物叶片。园林植物上常见的有泡桐叶甲 *Basiprionota bisignata* Boh.、榆蓝叶甲 *Galerucella aenescens* Fairm 等。

6. 瓢甲科 Coccinellidae

瓢甲科昆虫小至中型,头小,触角锤状。体背隆起呈半球形或半卵形,似瓢状。鞘翅上常有红、黄、黑色斑纹。足短,跗节隐 4 节,第 3 节特别小,看起来似 3 节,又称拟 3 节。幼虫体上常生有枝刺、毛瘤、毛突等。大多数为捕食性益虫,可捕食蚜虫、介壳虫、螨类等。常见的有七星瓢虫 *Coccinella septempunctata* L.、龟纹瓢虫 *Propylaea japonica* (Thunberg)、异色瓢虫 *Leis axyridis* Pallas 等。少数为植食性害虫,如危害茄科植物的茄二十八星瓢虫 *Hemosepilachna chna vigintioctomaculata* (Fabr.)等。

7. 象甲科 Curculionidae

象甲科昆虫通称象鼻虫。小至大型,头部向前延伸成象鼻状突起,长短不一,末端着生有咀嚼式口器。触角多为膝状。跗节隐 5 节,似为 4 节。幼虫无足型,身体柔软弯曲。成虫和幼虫均为植食性,有食叶、蛀茎、蛀根及种子的种类,也有卷叶或潜叶的。园林植物上常见的有大灰象甲 *Sympiezpmias velatus* (Chevrolat)、绿鳞象甲 *Hypomeces squamosus*

Fabr.、杨干象甲 *Cryptorrhyndhus lapathi* Linne 等。

8. 小蠹科 Scolytidae

小蠹科昆虫体长 0. 8 ~9 mm,圆筒形,色暗。触角短而呈锤状。头后部为前胸背板所覆盖。前胸背板大,常长于体长的 1/3,且与鞘翅等宽。足短粗,胫节强大。幼虫无足型。成虫和幼虫蛀食树皮和木质部,构成各种图案的坑道系统。如脐腹小蠹 *Scolytus scheryrevi* Semenov、松纵坑切梢小蠹 *Tomicus piniperda* Linnaeus 等。

观察步甲、虎甲、叩甲、吉丁甲、叶甲、瓢甲、象甲、金龟甲、天牛、小蠹虫等,掌握其形态特征。

3. 1. 8　膜翅目及主要科的识别

膜翅目包括各种各样的蜂和蚁。它们的共同特点是,成虫具有两对膜质的翅,前翅大,后翅小,以翅钩列相连接(后翅前缘有 1 列小钩与前翅后缘连锁),翅脉较特化,有不同程度的合并和退化。口器为咀嚼式。腹部第一腹节并入后胸,叫并胸腹节。第二腹节缩小成"腰",称作腹柄。雌虫具针状的产卵器,有的种类具有刺螫能力。完全变态,幼虫食叶性的为伪蠋式,外形似鳞翅目幼虫,但腹足无趾钩。蛀茎的种类足常退化,其他种类完全无足。蛹为裸蛹,茧外常有保护物。植食性或肉食性,肉食性者分为捕食性和寄生性。

全世界有 10 万种以上,我国已知 2 000 种,分为 2 个亚目。与林业生产关系密切的科有叶蜂科、三节叶蜂科、小蜂科、姬蜂科、茧蜂科及赤眼蜂科(图 1-40)。

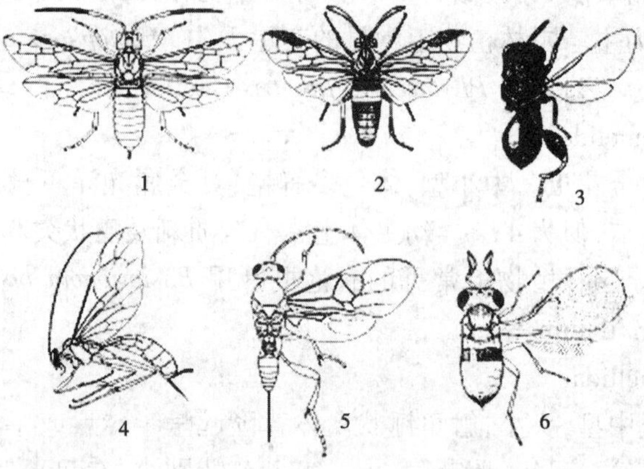

1—叶蜂科;2—三节叶蜂科;3—小蜂科;4—姬蜂科;5—茧蜂科;6—赤眼蜂科

图 1-40　膜翅目主要科

3. 1. 8. 1　叶蜂科 Tenthredinidae

叶蜂科昆虫体粗壮,前胸背板后缘弯曲,前足胫节有 2 个端距。幼虫为伪蠋式,腹足 6 ~8 对,位于腹部第 2 ~8 节和第 10 节上,无趾钩,以幼虫食叶为主,有些种类可潜叶或形成虫瘿。常见种类有为害林木的樟叶蜂 *Mesoneura rufonota* Rohwer、为害花卉的月季叶蜂 *Atractomorpha sinensis* Bolivar 等。

3. 1. 8. 2　三节叶蜂科 Argidae

三节叶蜂科昆虫体小而粗壮,触角 3 节,第 3 节最长。前足胫节有 2 个端距。幼虫腹足2～8对。以幼虫食叶为主。为害园林花卉的主要种类有杜鹃三节叶蜂 *Arge similes* Vollenhoven、蔷薇三节叶蜂 *Arge pagana* Panzer 等。

3.1.8.3 小蜂科 Chalcididae

小蜂科昆虫小型,头横阔,复眼大,触角多为膝状,翅脉简单,后足腿节膨大。寄生于鳞翅目、鞘翅目、双翅目昆虫的幼虫和蛹。常见的有广大腿小蜂 *Brachymeria lasus* Walker 等。

3.1.8.4 姬蜂科 Ichneumonidae

姬蜂科昆虫体长3～40 mm,触角16节以上,呈丝状。前翅有翅痣,翅脉发达,前翅有明显的翅痣,具小翅室,在小翅室下面有一条叫作第二回脉的横脉。主要寄生于鳞翅目昆虫,如寄生松毛虫的黑点瘤姬蜂 *Xanthpoimpla pedator* Fabricjus 等。

3.1.8.5 茧蜂科 Braconidae

茧蜂科昆虫体小至中型。体长一般不超过12 mm。触角丝状。前翅只有一条回脉即第一回脉,2个盘室。前胸腹节大,具刻点或分区。腹部圆筒形或卵形,基部有柄或无柄。产卵器自腹部末端之前伸出,长短不等,甚至有超过体长数倍的。卵产于寄主体内,幼虫内寄生,有多胚生殖现象。在寄主体内、体外或附近,结黄色或白色小茧化蛹。常见的有寄生于蚜虫的桃瘤蚜茧蜂 *Ephedrus persicae* Frogg,寄生于松毛虫、舞毒蛾等的松毛虫绒茧蜂 *Apanteles ordinarius* (Ratzeburg)。

3.1.8.6 赤眼蜂科 Trichogrammatidae

赤眼蜂科昆虫身体微小。触角膝状,两复眼多为红色,两对翅的翅脉退化,翅面上有排列成行的纤毛,所以赤眼蜂科过去又叫纹翅小蜂科。寄生于多种昆虫的卵内,该科中的许多种已可用于人工饲养释放,如舟蛾赤眼蜂 *Trichogramma closterae* Pang et Chen 等。

观察叶蜂、姬蜂、茧蜂等,掌握其形态特征。

3.1.9 双翅目及主要科的识别

双翅目昆虫体小到中型。成虫多为刺吸式或舔吸式口器,触角丝状、具芒状或其他形状。前翅膜质,后翅退化为平衡棍。全变态。幼虫蛆形,无足型,多数围蛹,少数被蛹。肉食、粪食或腐食性。全世界有90 000多种,分为3个亚目。依据翅的变化分科。与林业生产关系密切的科有食蚜蝇科(图1-41)和寄蝇科(图1-42)。

图1-41 食蚜蝇科

图1-42 寄蝇科 (仿周尧)

3.1.9.1　食蚜蝇科 Syrphidae

食蚜蝇科昆虫触角具芒状。体形似蜜蜂,具蓝、绿等金属光泽或各种斑纹。翅上 R 与 M 脉之间有一纵褶,称伪脉。成虫活泼。幼虫可捕食蚜虫,常在蚜虫密集处可见。常见的种类有黑带食蚜蝇 *Episirphus balteatus* De Geer。

3.1.9.2　寄蝇科 Tachinidae

寄蝇科昆虫大多中型,多长刚毛及鬃,暗灰色,带褐色斑纹。触角芒光裸或具微毛。前翅 M_1+2 脉向前弯曲。后胸盾片很发达,露出在小盾片外成一圆形突起,从侧面看特别明显。腹末多刚毛。幼虫蛆形,前端尖,末端平截,前气门小,后气门显著。成虫产卵在寄主体表、体内或寄主食物上。幼虫多寄生于鳞翅目幼虫及蛹,也寄生于鞘翅目、直翅目和其他昆虫上。常见的种类有松毛虫狭颊寄蝇 *Carcelia rasella* Baranov 等。

观察食蚜蝇、寄蝇等,掌握其形态特征。

3.2　昆虫检索表使用

昆虫检索表是鉴定昆虫种类的工具,它广泛应用于各分类阶元的鉴定。检索表的编制是用对比分析和归纳的方法,从不同阶元(目、科、属或种)的特征中选出比较重要、突出、明显而稳定的特征,根据它们之间的相互绝对性状,做成简短的条文,按一定的格式排列而成。

3.2.1　昆虫检索表的类型

昆虫检索表常用的有两项式、单项式(连续式)和包孕式等类型,其中以前两种类型最为常见。

(1)两项式。

两项式是目前最常用的形式。优点是每对性状互相靠近,便于比较,也节省篇幅;缺点是各单元的关系有时不明显。格式是:检索表的总序号数=需检索项目数-1。

(2)单项式。

单项式又称连续式,这种形式的检索表比较节省篇幅,但相对性状相离很远,这是其缺点。格式是:检索表的总序号数=2×(需检索项目数-1)。

3.2.2　昆虫检索表的编制

昆虫检索表的编制原则为:检索表应选用最明显的外部特征,而且要用绝对性状;检索表中同一序号下所列举的应是严格对称的性状,要一一对应,非此即彼,不能用重叠的性状;表述昆虫特征要简洁、明了、准确。

3.2.3　昆虫检索表的使用

使用下列昆虫纲成虫分目两项式检索表检索出供试标本所属目。

1. 无翅,或具极退化的翅 ………………………………………… 2
   有翅,或具发育不全的翅 ………………………………………… 9
2. 口器咀嚼式,适宜咬和咀嚼 ………………………………………… 3
   口器吸收式,适宜刺螯和吸收 ………………………………………… 8
3. 腹部第一节并入后胸,第一和第二节之间紧缩或成柄状 ………………… 膜翅目 Hymenoptera
   腹部第一节不并入后胸,也不紧缩 ………………………………………… 4

4. 后足腿节增大,适宜跳跃 ………………………………………… 直翅目 Orthoptera
后足正常,并不特化为跳跃足 ………………………………………… 5
5. 前胸显著伸长,前足适宜捕捉 ………………………………………… 螳螂目 Mantodea
前胸不显著伸长,前足正常 ………………………………………… 6
6. 没有尾须,体躯骨化而坚硬,触角通常11节 ………………………… 鞘翅目 Coleoptera
有尾须 ………………………………………… 7
7. 跗节5节,体躯成棒状或叶状,触角丝状 ………………………… 竹节虫目 Phasmida
跗节4节,体躯不为棒状或叶状,触角念珠状 ………………………… 等翅目 Isoptera
8. 跗节末端有泡状器,爪不很发达 ………………………… 缨翅目 Thysanoptera
跗节末端没有泡状器,有发达的爪 ………………………… 同翅目 Homoptera
9. 有翅1对,后翅特化为平衡棒 ………………………………………… 10
有翅2对 ………………………………………… 11
10. 跗节5节 ………………………………………… 双翅目 Diptera
跗节仅1节(雄介壳虫) ………………………………………… 同翅目 Homoptera
11. 前后翅质地不同,前翅加厚,革质或角质,后翅膜质 ………………… 12
前后翅质地相同,都是膜质 ………………………………………… 16
12. 前翅基部加厚,常不透明,端部膜质;口器适宜于穿刺及吸收 ………… 半翅目 Hemiptera
前翅质地全部一样 ………………………………………… 13
13. 前翅坚硬,角质化,没有翅脉,有覆盖后翅的保护作用 ………………… 鞘翅目 Coleoptera
前翅革质或羊皮纸状,有网状脉,后翅在前翅下方,折叠成扇状 ………… 14
14. 后足腿节增大,适宜跳跃,或后足正常,前足变阔,适宜开掘;静止时,翅折叠成屋脊状;通常有听器和发声器 ………………………………………… 直翅目 Orthoptera
后足腿节正常;静止时,翅平置在体躯上;没有发声器 ………………… 15
15. 前胸极度伸长,前足为捕捉足 ………………………………………… 螳螂目 Mantodea
前胸短,各足形状相同,体躯如棒状或叶状 ………………………… 竹节虫目 Phasmida
16. 翅面全部或部分有鳞片,口器为虹吸式或退化 ………………………… 鳞翅目 Lepidoptera
翅面无鳞片,口器不为虹吸式 ………………………………………… 17
17. 口器刺吸式 ………………………………………… 18
口器咀嚼式、嚼吸式或退化 ………………………………………… 19
18. 下唇形成分节的喙,翅缘无长毛 ………………………………………… 同翅目 Homoptera
无分节的喙,翅极狭长,翅缘有长毛 ………………………… 缨翅目 Thysanoptera
19. 前后翅相差大,后翅前缘有一排小的翅钩列,用以和前翅相连 ………… 膜翅目 Hymenoptera
前后翅几乎相同,后翅前缘无翅钩列 ………………………………………… 20
20. 翅基部各有一条横的肩缝,翅易沿此缝脱落;触角念珠状 ………………… 等翅目 Isoptera
翅无肩缝;触角一般丝状 ………………………………………… 脉翅目 Neuroptera

附

蜘蛛与螨类

蜘蛛与螨类同属于节肢动物门蛛形纲,前者属于蜘蛛目 Araneida,后者属于蜱螨目 Acarina。它们与其他节肢动物明显不同的是没有明显的头部和触角,身体大多不具环节,是节肢动物中较为特殊的一类。

1. 蜘蛛

蜘蛛多为中小型节肢动物,个别体型较大,如捕鸟蜘蛛。目前,全世界已知3.5万余种。与农林关系密切的是,它们全部为捕食性,是农林害虫的重要捕食性天敌,在害虫的自然控制中占有重要的地位。

1)蜘蛛的形态特征

蜘蛛的体躯分为头胸部和腹部两部分,骨化不明显,不具环节;头胸部具有1对螯肢、1对触肢、4对步足,但没有触角、复眼和翅,仅有1~4对单眼,螯肢端部有毒腺开口,触肢具有触觉和嗅觉的功能,雄蛛还具有储精和移精的功能;口器由颚叶、下唇和喙组成,位于头胸部的前下方。腹部一般为卵形、圆形或球形,常具各种突起、细毛和各种斑纹,腹面具有书肺、气管气门、生殖孔、纺丝器、肛门,纺丝器位于腹部末端,生殖孔位于腹部前端腹侧。蜘蛛的体躯结构见图1-43。

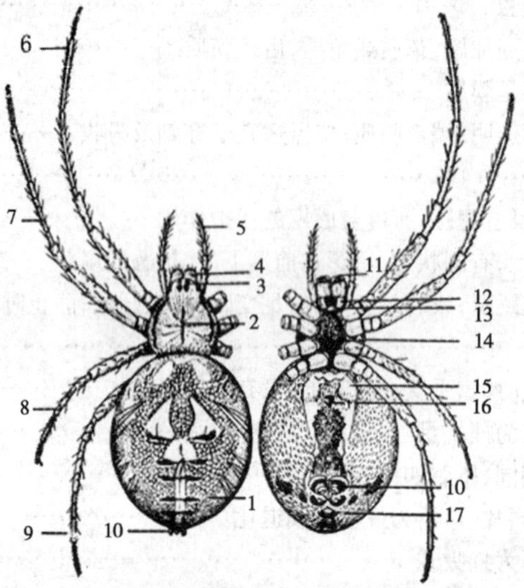

(a) 背面观　　(b) 腹面观

1—腹部;2—头胸部;3—单眼;4—螯肢;5—触肢;6—第一步足;7—第二步足;8—第三步足;9—第四步足;10—纺丝器;11—螯爪;12—颚叶;13—下唇;14—胸板;15—书肺;16—生殖孔;17—肛门

图1-43　蜘蛛的体躯结构　(仿胡金林)

2)生物学特性

蜘蛛一般分为结网蜘蛛和游猎蜘蛛两大类,也有在地下筑巢生活的。蜘蛛一生要经过卵、幼蛛、成蛛三个阶段,幼蛛与成蛛形态相似,无明显变态。卵多产在丝质的卵囊中,幼蛛在卵囊内孵化,经第一次蜕皮后才离开卵囊,游猎蜘蛛则成群爬附在雌虫背上,待体内卵黄耗尽后才蜕皮离开母体。幼蛛通过纺丝器吐丝,借风扩散。小型蜘蛛一般要蜕皮4次,中型蜘蛛蜕皮6~8次,大型蜘蛛蜕皮次数有的可达20次。最后一次蜕皮后,性器官才完全成熟。大多蜘蛛每年发生2代,也有的发生1代和几代的。多在树上、土中、落叶和杂草中越冬,也有的在石缝和墙脚下越冬。蜘蛛营两性生殖,一般雄蛛寿命较短,大多交配后不久便死亡，雌蛛寿命较长，一种捕鸟蜘蛛 *Eurypelma* sp. 可生活二三十年。蜘蛛大多生活在农田、森林、果园，捕食各种小型动物，捕食对象大多是农林主要害虫，是害虫防治中需要保护利用的一类重要天敌。

2. 螨类

螨类是一些体型微小的节肢动物。目前，全世界估计有50万种，与农林关系十分密切，有严重为害农林植物的植食性害螨，也有捕食和寄生害虫与害螨的益螨。

1）螨类的形态特征

螨类体小至微小，圆形或椭圆形。身体分节不明显。一般具有4对足，少数种类只有2对足。一般具1～2对单眼。螨体大致可分前体段和后体段，前体段又分为颚体段、前肢体段，后体段又分为后肢体段和末体段。除颚体段外，其余部分为躯体。螨类的体躯结构见图1-44。

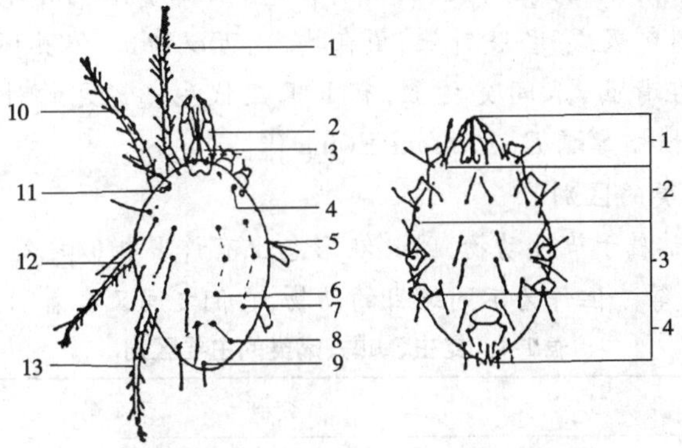

(a) 雌螨背面　　(b) 雌螨腹面

雌螨背面：1—鄂体段；2—前肢体段；3—后肢体段；4—末体段

雌螨腹面：1—第一对足；2—须肢；3—颚刺器；4—前肢体段茸毛；5—肩毛；6—后肢体段背中毛；7—后肢体段背侧毛；8—骶毛；9—臀毛；10—第二对足；11—单眼；12—第三对足；13—第四对足

图1-44　螨类的体躯结构

颚体段，相当于昆虫的头部，与前肢体段相连，着生有口器，口器由于食性不同可分为咀嚼式和刺吸式两类，由1对螯肢和1对须肢（颚肢）组成。螯肢一般2节，须肢5节或少于5节，通常具爪。

前肢体段和后肢体段又统称为肢体段，相当于昆虫的胸部，一般着生有4对足，由前向后依次称为第一、第二、第三及第四对足（足Ⅰ、足Ⅱ、足Ⅲ及足Ⅳ）。着生前2对足的为前肢体段，着生后2对足的为后肢体段。足一般由6节构成，即基节、转节、腿节、膝节、胫节及跗节，各节上有一定数目和形状的刚毛。跗节末端有柄吸盘1对，其间有爪间突1个。柄吸盘有爪状的、条状的或退化，末端生有粘毛。爪间突也有各种形状，有的生有成束的毛齿状的毛等。眼及气门器（颈气管）位于前肢体段背面两侧。

末体段类似昆虫的腹部，与后肢体紧密相连，但很少有明显的分界。肛门及生殖孔一般开口于末体段的腹面，生殖孔在前，肛门在后。

此外，身体上还有很多刚毛，均有一定的位置和名称，在分类上常用。

2）螨类的生物学特性

螨类多系两性生殖，一般为卵生，个别种类进行孤雌生殖。螨类的发育雌雄有别，雌螨一生要经过卵、幼螨、第一若螨、第二若螨、成螨5个阶段，雄螨没有第二若螨。幼螨具足3对，从第一若螨开始均具足4对。螨类繁殖很快，1年至少2～3代，多则20～30代，食性复杂，有植食性、捕食性、寄生性等。农林上有害螨类很多，常给农林造成严重灾害。有些种类可捕食或寄生于农林害虫或害螨，可控制害虫和害螨的为害。

3）常见螨类

叶螨科Tetranychidae：体微小，圆形或长圆形。雄螨腹部尖削，多半为红色、暗红色、黄色或暗绿色；口器刺吸式；须肢末端有指状复合体，跗爪具有粘毛，爪间突有不同的形状。植食性。为害农作物的有朱砂叶螨 *Tetranychus cinnarinus*（Bois）、山楂叶螨 *T. viennesis* Zacher。

瘿螨科Eriophyidae：体蠕虫形，狭长，仅有2对足，位于体躯前部，第二对足的正后方有横向的生殖孔；口器刺吸式，螯肢针状，藏在槽内，可以伸出，体具环纹，爪间突由1个放射形的刷状器代之；在背面，爪间突之上，有1根棍状毛。常见的种类有荔枝瘿螨 *Eriophyes litchi*（Keifer）、柑橘瘿螨 *E. sheldoni* Ewing等。

3. 昆虫、蜘蛛、螨类的区别

昆虫、蜘蛛、螨类都属于节肢动物，因此在形态上有许多相似之处，如附肢分节，具有外骨骼，故幼期必须蜕皮等。但作为不同纲目的动物，它们之间又有着明显的区别（表1-4）。

表1-4　昆虫、蜘蛛、螨类的主要区别

构造	类群		
	昆虫	蜘蛛	螨类
体躯	分头、胸、腹三个体段	分头胸部和腹部两个体段	体躯愈合，体段不易区分
触角	有	无	无
眼	有复眼，少数有单眼	只有单眼	只有单眼
足	3对	4对	4对（少数2对）
翅	多数有翅1～2对	无	无
纺丝器	无，少数幼虫有，位于头部	有，位于腹部末端	无

【理论与技能自测题】

（一）名词解释

头式　单眼　复眼　翅脉　脉序　完全变态　不完全变态　孵化　龄期　化蛹　羽化　两性生殖　孤雌生殖　繁殖力　雌雄二型　性多型　补充营养　趋光性　趋化性　假死性　拟态　世代　生活年史　世代重叠　休眠　滞育　温湿系数　气候图　种群

（二）填空题

1. 昆虫幼虫期的主要特点是＿＿＿＿＿＿＿＿＿＿；成虫期的主要特点是＿＿＿＿＿＿＿＿＿＿。

2. 蟋蟀的触角＿＿＿＿＿状，口器是＿＿＿＿＿，后足是＿＿＿＿＿，前翅是＿＿＿＿＿，属＿＿＿＿＿变态。

3. 蝴蝶的触角________状，口器是________，足是________，翅是________，属________变态。

4. 天牛的触角________状，口器是________，足是________，前翅是________，属________变态。

5. 昆虫雌雄个体数量之比称为________；一般情况下接近于________。

6. 双名法是由________________构成。

7. 许多昆虫对400 ~ 330 nm的________光有强趋性。

8. 森林害虫大发生的过程包括________、________、________和________。

（三）选择题

1. 下列昆虫中，属于完全变态的是（　　）。

A. 蚜虫　B. 梨网蝽　C. 大蓑蛾　D. 非洲蝼蛄

2. 两性生殖是多数昆虫的繁殖方式，可不经两性生殖的昆虫是（　　）。

A. 大蓑蛾　B. 刺蛾　C. 天牛　D. 蚜虫

3. 具有开掘足的昆虫是（　　）。

A. 蝼蛄　B. 蝗虫　C. 蝇类　D. 步行虫

4. 下列昆虫中，（　　）属于鳞翅目昆虫。

A. 天牛　B. 蝼蛄　C. 刺蛾　D. 梨网蝽

5. 有些害虫能诱发煤污病，（　　）属于此类害虫。

A. 蚜虫　B. 黄刺蛾　C. 桑天牛　D. 小地老虎

6. 下列昆虫成虫具有雌雄异态的是（　　）。

A. 大袋蛾　B. 金龟子　C. 桑天牛　D. 刺蛾

7. 昆虫完成胚胎发育后，幼虫破卵而出的现象，称（　　）。

A. 孵化　B. 羽化　C. 蜕皮　D. 化蛹

8. 昆虫的生殖方式很多，蓑蛾属于（　　）。

A. 两性生殖　B. 多胚生殖　C. 单性生殖　D. 卵胎生殖

9. 昆虫纲中最大的一个目是（　　）。

A. 鳞翅目　B. 半翅目　C. 鞘翅目　D. 直翅目

10. 昆虫幼虫的足有很多类型，天牛幼虫属于（　　）。

A. 多足型　B. 寡足型　C. 若虫型　D. 无足型

11.（　　）的主要形态特征是，体长筒形，触角丝状，着生在额的突起上，常超过体长，复眼肾形，围于触角基部。

A. 金龟子科　B. 蚜虫科　C. 吉丁虫科　D. 天牛科

12. 下列昆虫中，（　　）属于半翅目昆虫。

A. 刺蛾　B. 蝼蛄　C. 梨网蝽　D. 天牛

13. 马尾松毛虫幼虫蜕4 ~ 5次皮后食量最大，危害最严重，此时幼虫的虫龄为（　　）龄。

A. 4 ~ 5　B. 3 ~ 4　C. 5 ~ 6　D. 3 ~ 5

14. 树木叶片上出现缺刻、孔洞，这种害虫的口器为（　　）。

A. 刺吸式　　B. 咀嚼式　　C. 虹吸式　　D. 锉吸式

15. 树木叶片正面苍白色或叶片皱缩，这种害虫的口器为(　　)。

A. 刺吸式　　B. 咀嚼式　　C. 虹吸式　　D. 锉吸式

(四)问答题

1. 昆虫具有哪些特征？与其他动物有什么不同？

2. 昆虫的口器主要有哪些类型？

3. 昆虫咀嚼式口器和刺吸式口器的为害状有何不同？

4. 举例说明昆虫常见的触角、足和翅的类型。

5. 根据哪些特征可以把鳞翅目蛾类幼虫与膜翅目叶蜂的幼虫区分开？

6. 昆虫、蜘蛛、螨类的主要区别有哪些？

7. 完全变态与不完全变态有何差别？

8. 不同变态类型昆虫各虫态的生物学意义如何？

9. 昆虫的哪些生物学习性可被用来进行害虫防治？

10. 简述昆虫世代划分原则。

11. 何为有效积温法则？在生产上有何应用？

12. 昆虫种群数量变动的影响因素有哪些？

(五)拓展题

1. 结合校园或周边林分害虫的发生，观察识别昆虫类群及其为害状。

2. 某种害虫完成一个世代的有效积温为 750 日度，发育起点温度为 14 ℃，网上查阅重庆、武汉和郑州三地逐月或年平均温度，分别估算这三地这种害虫的发生世代数。

3. 某企业按合同要求，20 天后要立即提供赤眼蜂成虫进行田间释放，已知该蜂发育起点温度为 10.3 ℃，有效积温为 161.3 ℃，从现在开始应设置多高的温度才能实现合同？

参考文献

[1] 关继东. 林业有害生物控制技术[M]. 北京：中国农业出版社，2007.

[2] 张中社，江世宏. 园林植物病虫害防治[M]. 北京：高等教育出版社，2005.

[3] 张随榜. 园林植物保护[M]. 北京：中国农业出版社，2008.

[4] 李传仁. 园林植物保护[M]. 北京：化学工业出版社，2010.

[5] 陈雅君，李永刚. 园林植物病虫害防治实训[M]. 北京：化学工业出版社，2012.

[6] 周庆椿，尚海庆. 园林植物保护[M]. 北京：机械工业出版社，2012.

学习项目2　认识园林植物病害

【知识目标】

1. 理解园林植物病害的概念。
2. 掌握园林植物病害的症状类型。
3. 掌握真菌各亚门的分类依据。
4. 掌握各类病原所致病害的典型症状。
5. 熟悉园林植物病害的侵染程序、侵染循环和流行条件。
6. 掌握园林植物病害诊断方法。

【技能目标】

1. 能正确使用显微镜。
2. 能正确识别园林植物病害的症状类型。
3. 能正确识别园林植物病原真菌的主要类群。
4. 能正确识别侵染性病害与非侵染性病害,并能找出发病原因。

【内容结构】

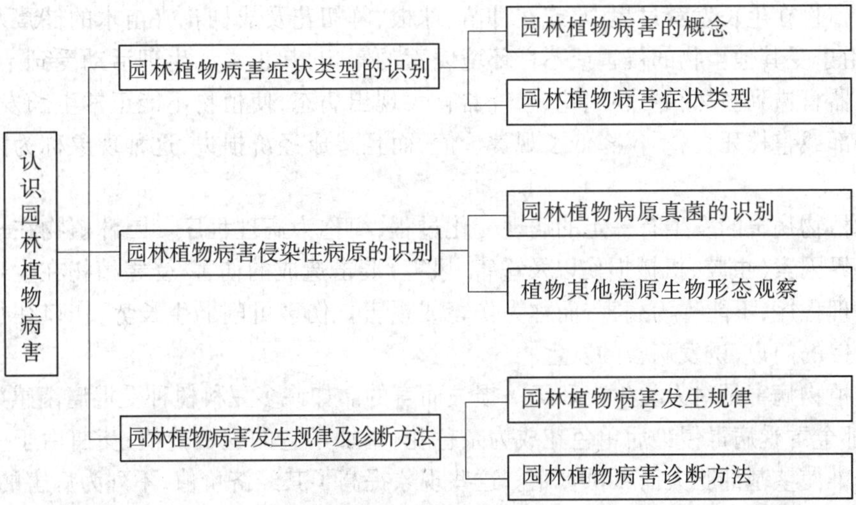

学习任务1　园林植物病害症状类型的识别

【学习场所】

教室、园林植物病害实训室、校内外园林绿地。

【学习形式】

以班级为单位组织教学。教师通过园林植物病害实物标本、图片、多媒体课件演示与讲授相结合,使学生理解园林植物病害的概念,掌握病害的症状类型,在此基础上,每个学习小组的学生利用为其提供的一套实物标本,借助放大镜等工具观察实物并展开讨论,教师给予点拨指导。

【实训用品与材料】

大叶黄杨白粉病、黄栌白粉病、杨叶锈病、松疱锈病、油茶煤污病、杨黑斑病、槭树漆斑病、油茶炭疽病、苹果炭疽病、杨溃疡病、落叶松溃疡病、杨树腐烂病、桃树腐烂病、松白腐病、毛白杨破腹病、杨树花叶病、泡桐丛枝病、枣疯病、杨树根癌病、樱花根癌病、榆树枯萎病、合欢枯萎病、松材线虫病、桃缩叶病等实物标本及新鲜标本、照片及多媒体课件。

放大镜、显微镜、镊子、解剖针等。

【辅助学习资源】

◆ 园林植物病害多媒体课件

◆ 徐明慧. 园林植物病虫害防治. 北京:中国林业出版社,1993

◆ 叶建仁,贺伟. 园林植物病理学. 北京:中国林业出版社,2011

◆ 邵力平. 真菌分类学. 北京:中国林业出版社,1983

1.1 园林植物病害的概念

园林植物在生长发育过程中,或在种苗、球根、鲜切花及成株花卉苗木的储藏及运输过程中,由于受其他生物的侵害或不良环境因素的影响,其正常的生理活动受到干扰,细胞、组织、器官遭到破坏,导致叶、花、果等器官表现出病态,使植物不能正常生长发育,甚至导致局部或整株死亡,不仅降低了观赏价值,而且造成经济损失,这种现象称为园林植物病害。

园林植物病害的发生有一定的病理变化过程,简称为病理程序。园林植物在短时间内受到外界因素(虫咬、机械损伤以及雹害、风害)袭击造成的伤害,受害植物在生理上没有发生病理程序,不能称为病害,而称为伤害或损害。伤害可削弱生长势,伤口往往成为病原物入侵的门户,诱发病害的发生。

园林植物病害是对人类生产和经济损失而言的。如许多豆科树种受根瘤菌感染后生长更好;郁金香受病毒侵染后单色花成为杂色花,增加了它的观赏价值;茭白由于一种黑粉菌的侵染使茎基部肥大而可供食用。这些现象提高了其经济价值,不列为病害的范畴。

在生态系统中,直接导致园林植物生病的因素称为病原。引起园林植物病害的病原分为两大类:侵染性病原和非侵染性病原。

课后在校园及周边的环境中识别病害,讨论哪些是病害,哪些不是,为什么?要求采集标本并拍照。

1.1.1 侵染性病害

侵染性病害是园林植物受到侵染性病原的侵染而引起的。引起侵染性病害的病原主要有真菌、细菌、病毒、植原体、寄生性种子植物、线虫和螨类等。这类由生物因子引起的植物病害都能相互传染，有侵染过程，称为侵染性病害或传染性病害，也称寄生性病害。田间常先出现中心病株，有从点到面扩展危害的过程。

1.1.2　非侵染性病害

非侵染性病害是由不适宜的环境因素持续作用引起的，无侵染过程，也称为生理性病害。非侵染性病原是多种多样的，常见的有营养失调、气候不适、环境污染、园林植物药害等因素。

营养失调：包括营养缺乏和营养过剩。营养缺乏包括缺氮、磷、钾、钙、镁、硫、铁、锰、锌等。表现为老叶叶脉发黄、早衰，幼叶黄化、顶枯，叶色褪绿或变色，生长迟缓，植株矮小，叶片出现斑点或皱缩、簇生，根系不发达等。营养过剩会导致对园林植物的毒害，如钠、镁过量导致的碱伤害，使植株吸水困难；硼和锌过量导致植株褪绿、矮化、叶枯等。

气候不适：气候不适包括温度、水分、光照、风等不适宜的环境。高温容易造成灼伤，如树皮的溃疡和皮焦、叶片上产生白斑和灼环等。园林植物的日灼常发生在树干的南面或西南面。日灼造成的伤口为蛀干害虫和枝干病害病原的侵入打开了方便之门。低温的影响主要是冻害和冷害。低于 10 ℃的冷害常造成变色、坏死和表面斑点，出现芽枯、顶枯；0 ℃以下的低温所造成的冻害，使幼芽或嫩叶出现水渍状暗褐斑，之后组织逐渐死亡。霜冻、冻拔是常见的低温伤害。土壤水分过多，植物根部窒息，导致根变色或腐烂，地上部叶片变黄、落叶、落花；水分过少，引起植物旱害，植物叶片萎蔫下垂，叶间、叶缘、叶脉间或嫩梢发黄枯死，造成早期落叶、落花、落果，严重时植株凋萎，甚至枯死。光照不足，导致植株徒长，植株黄化，结构脆弱，易倒伏；光照过强，一般伴随高温、干旱，引起日灼、叶烧和焦枯。高温季节的强风加大蒸腾作用，导致植株水分失调，严重时导致萎蔫，甚至枯死。

环境污染：主要指空气污染。其他还有水源污染、土壤污染等。空气污染主要来源是化工废气，如硫化物、氟化物、氯化物等。引起植物斑驳、褪绿、矮化、枯黄、“银叶”、叶色红褐或黄褐、叶缘焦枯、小叶扭曲、早衰、提早落叶等。

园林植物药害：指使用化学农药或激素不当对园林植物造成的伤害。表现为穿孔、斑点、焦灼、枯萎、黄化、畸形、落叶、落花、落果、基部肥大、生长迟缓等症状。

非侵染性病害不但直接给园林植物造成严重的损失，削弱了园林植物对某些侵染性病害的抵抗力，也为许多病原生物开辟了侵入途径，容易诱发侵染性病害。相反，侵染性病害也会削弱植物对外界环境的适应能力。

1.2　园林植物病害症状类型

园林植物感病后发病的顺序，首先是生理病变（如呼吸作用和蒸腾作用的加强，同化作用的降低，酶活性的改变，以及水分和养分吸收和运转的异常等），继而是组织变化（如叶绿体或其他色素的增加或减少，细胞体积和数目的增减，维管束的堵塞，细胞壁的加厚，以及细胞和组织的坏死），最后是形态变化（如根、茎、叶、花、果的坏死、腐烂、畸形等）。发病植物经过一定的病理程序，最后表现出的病态特征称为病害的症状。对某些侵染性病原引起的病害来说，病害症状包括寄主植物的病变特征和病原物在寄主植物发病部位上产生的营养体和繁殖体两方面的特征。发病园林植物在外部形态上发生的病变特征称为病状，病原物在寄主植物发病部位上产生的繁殖体和营养体等结构称为病征。所有的园林植物病害都有病状,但并非都有病征。由于病害的病原不同,对园林植物的影响也各不相同,所以园林植物的症状也千差万别,有的是病征显著,有的是病状显著。根据其主要特征,可划分如下。

1.2.1 病状

病状是寄主植物感病后,寄主植物本身所表现出的种种不正常状态,可归纳为以下几种类型(图2-1)。

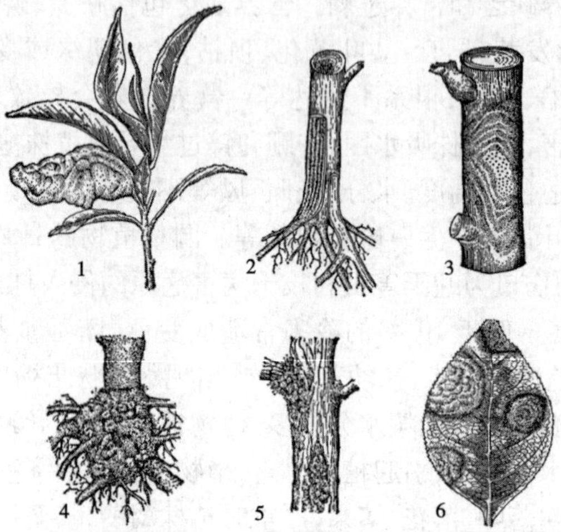

1—皱缩;2—青枯;3—干腐;4—根癌;5—溃疡;6—叶斑

图2-1 常见病状类型 (仿中南林学院)

1.2.1.1 变色

植物病部细胞内叶绿素的形成受到抑制或被破坏,其他色素形成过多,从而表现出不正常的颜色。常见的有褪绿、黄化、花叶、白化及红化等。叶片因叶绿素均匀减少变为淡绿或黄绿称褪绿;叶绿素形成受抑制或被破坏,使整叶均匀发黄称为黄化,另外植物营养贫乏或失调也可以引起黄化;叶片局部细胞的叶绿素减少,使叶片绿色浓淡不均,呈现黄绿相间或浓绿与浅绿相间的斑驳(有时还使叶片凹凸不平)称花叶,花叶是植物病毒病的重要病状;叶绿素消失后,花青素形成过盛,叶片变紫或变红称红叶。

1.2.1.2 坏死

植物病部细胞和组织死亡,但不解体称为坏死,常表现为斑点、叶枯、溃疡、枯梢、疮痂、立枯和猝倒等。斑点是最常见的病状,主要发生在茎、叶、果实等器官上。根据颜色不同,斑点一般分褐斑、黑斑、灰斑、白斑、黄斑、紫斑、红斑和锈斑等;根据形状分为圆斑、角斑、条斑、环斑、轮纹斑和不规则斑等。

1.2.1.3 腐烂

病组织的细胞坏死并解体,原生质被破坏以致组织溃烂称为腐烂。如根腐、茎腐、果腐、块腐和块根腐烂等。根据病组织的质地不同,有湿腐(软腐)、干腐之分。

1.2.1.4 枯萎

根部和茎部的腐烂都能引起枯萎,但典型的枯萎是指植物茎部或根部的微管束组织受害后,大量菌体或病菌分泌的毒素堵塞或破坏导管,使水分运输受阻而引起植物凋萎枯死的现象。

1.2.1.5　畸形

植物受病原物侵染后,引起植株局部器官的细胞数目增多,生长过度或受抑制而引起畸形。常见的畸形有:病株生长比健株细长称徒长;植株节间缩短,分蘖增多,病株比健株矮小称矮缩;植株节短枝多,叶片变小称丛枝;根茎或叶片形成突出的增生组织称瘤肿。

1.2.1.6　流胶或流脂

感病植物细胞分解为树脂或树胶自树皮流出,常称之为流脂病或流胶病,该类病病原复杂,既有生理性因素,又有侵染性因素,或是两类因素综合作用的结果。

1.2.2　病征

病征是病原物在植物病部表面的特征,是鉴定病原和诊断病害的重要依据之一。但病征往往在病害发展过程中的某一阶段才出现;有些病害不表现病征,如病毒病、生理性病害。病征主要有下列6种类型(图2-2)。

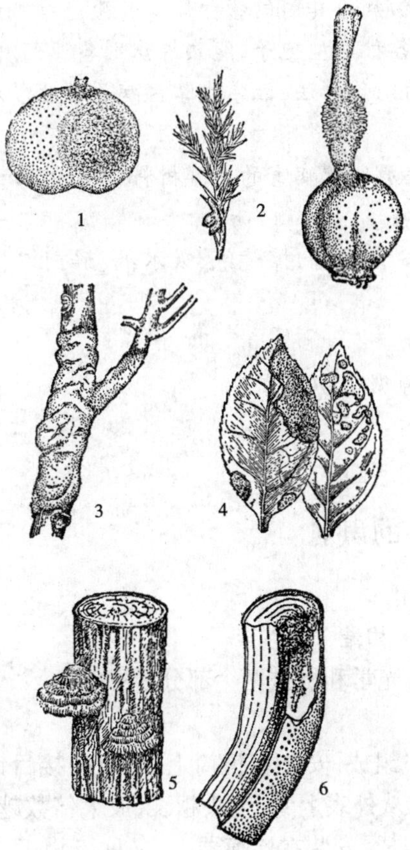

1—粉霉状物;2—锈状物;3—膜状物;4—粒状物;
5—菌伞;6—细菌在病部组织上的溢脓

图2-2　几种常见的病征类型　(仿中南林学院)

(1)霉状物:病原真菌感染植物后,其营养体和繁殖体在病部产生各种颜色的霉层。

(2)絮状物:病部产生大量疏松的棉絮状或蛛网状物。

(3)粉状物:病部产生各种颜色的粉状物。

(4)锈状物:病部表面形成多个疱状物,破裂后散出白色或铁锈色粉状物。

(5)点粒状物:病部产生黑色点状或粒状物,半埋或埋藏在组织表皮下,不易与组织分离;也有全部暴露在病部表面的,易从病组织上脱落。

(6)脓胶状物:病部溢出含细菌的脓状黏液为菌脓,干后成黄褐色胶粒或菌膜。

学习任务2　园林植物病害侵染性病原的识别

【学习场所】

教室、园林植物病虫害实训室。

【学习形式】

以学习小组为单位组织教学。教师通过玻片标本、新鲜材料、多媒体课件演示与讲授相结合,让学生认识园林植物病原真菌的营养体及其变态结构的类型,辨别真菌有性繁殖体、无性繁殖体及其产生的各种类型孢子,能熟练识别各亚门真菌,以及其他微生物病原。通过显微绘图和临时玻片的制作方法,让学生掌握病原微生物观察方法。

【实训用品与材料】

园林植物病害微生物病原所致病害的新鲜材料、实物标本、各种病原微生物的玻片标本。

显微镜、放大镜、载玻片、盖玻片、擦镜纸、吸水纸、解剖刀、刀片、挑针、镊子、蒸馏水、纱布、搪瓷盘等。

【辅助学习资源】

- ◆ 园林植物病害及病原微生物图片
- ◆ 多媒体课件

2.1　园林植物病原真菌的识别

2.1.1　显微镜的构造与使用

2.1.1.1　认识显微镜的基本构造

显微镜基本结构可分为光学和机械两个部分(图2-3)。

1. 认识显微镜光学部分

(1)目镜:由两三片透镜组成,安装在镜筒上端,也叫接目镜。在目镜上方刻有5×、10×、20×等,为放大倍数。从外表上看,镜头越长,放大倍数越低。

(2)物镜:由数组透镜组成,安装在转换器上,又称接物镜,每台显微镜上常备有几个不同倍数的物镜,物镜上所刻的5×、10×、40×等就是放大倍数,习惯上把10~20倍的叫作低倍物镜,40~60倍的叫作高倍物镜,90~100倍的叫作油镜。从形态上看,接物镜越长,放大倍数越高。显微镜的放大倍数,粗略计算方法为接目镜放大倍数与接物镜放大倍数的乘积。如观察时所用接物镜为40×、接目镜为10×,则物体放大倍数为40×10=400倍。

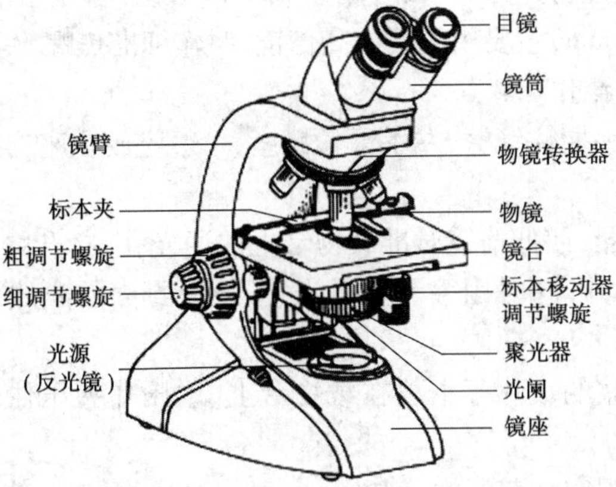

图2-3　显微镜的构造

(3)集光器:集光器又叫聚光镜,一般安装在镜台下面。它由手旋螺丝固定,安装方便。通常它由聚光镜和可变光栏两个部件组成。有的聚光镜的下方还安装有一个放置滤光片的圆环形架子。聚光镜的作用一是将光源来的光线会聚到标本上,以便观察。二是使照明光线获得一个与物镜数值孔径相适应的孔径角,以保证物镜被充分地利用。集光器下面装有光圈,由十几张金属薄片组成,可以调节进入集光器光量的多少。若光线过强,则将光圈孔口缩小,反之则张大,集光器还可以上下移动,以调节到适宜的光度。

(4)反光镜:具两面,一面为平面镜,另一面为凹面镜。其用途是收集光线。平面镜使光线分布较均匀。凹面镜有聚光作用,反射的光线较强,一般在光线较弱时使用。(有些显微镜可自带光源,因而没有反光镜)

2. 认识显微镜机械部分

(1)镜座:镜座又叫底座,在显微镜的底部,用于支持整个显微镜。镜座下面通常装有四个支撑橡胶脚,以使仪器稳定放在工作台上。电光源显微镜的镜座多为方形,其内部装有电光源系统,即照明灯、聚光镜、反光镜及光源灯电路等均装在其镜座内。底座侧面装有电源开关和光源亮度调节钮,可根据不同的需要选择合适的亮度。底座后面通常装有电源插座及保险(丝)管。也有的将保险管装在底部的。

(2)镜臂和倾斜关节:镜座上的直立短柱叫作镜柱。镜柱上方的弯曲的弓形部分叫作镜臂,是握镜的地方。镜臂和镜柱之间有一个能活动的倾斜关节,可使显微镜向后倾斜,便于观察。

(3)载物台:镜臂下端安装的一个向前伸出的平面台叫作载物台。用于放置观察用的玻片标本,载物台中央有一圆孔,叫通光孔。通光孔左右两旁一般装有一对弹簧夹,为固实玻片之用,有的装有移片器,可使玻片前后左右移动。

(4)镜筒:安装在镜臂上端的圆筒叫作镜筒,上端安装目镜,下端连接转换器。

(5)物镜转换器:镜筒下端的一个能转动的圆盘叫作转换器。其上可以安装几个物镜,观察时便于调换不同倍数的镜头。

(6)准焦螺旋:镜臂上装有两种可以转动的螺旋,能使镜筒上升或下降,称为准焦螺旋。大的螺旋转动一圈,镜筒升降 10 mm,用于调节低倍镜,叫作粗准焦螺旋。小的螺旋转动一圈,镜筒升降 0.1 mm,主要用于调节高倍镜,叫作细准焦螺旋。

2.1.1.2　显微镜的使用操作步骤

(1)取镜和放镜:右手握住镜臂,左手平托镜座,一般应放在座位的左侧,距桌边 5 ~ 7 cm 处。

(2)对光:扭转转换器,使低倍镜对准载物台上的通光孔,打开聚光器的光圈,然后左眼对准目镜注视,右眼睁开,同时用手调节反光镜,使视野内的光线既均匀明亮,又不刺眼。

(3)放玻片:将需观察的玻片标本放在载物台上,用压片夹压住玻片两端,将玻片中的标本正对通光孔的中心。

(4)低倍镜的使用:观察任何标本,都必须先用低倍镜,因为低倍镜视野范围大,容易发现和确定需要观察的部位。

使用低倍镜时,两眼从侧面注视物镜,旋转粗准焦螺旋,使物镜停留在距离载物台约 5 mm 处。接着用左眼在目镜中观察,同时转动粗准焦螺旋,使镜筒缓缓上升,直到看到物像为止。为了使物像更清晰,可轻轻调节细准焦螺旋。当焦点调节好后,可根据需要移动玻片,把要观察的部分移动到最有利的位置上。

(5)高倍镜的使用:观察细微结构时,需要使用高倍镜。

使用高倍镜前,应先在低倍镜中选好目标,将其调整到视野的中央,转动转换器,换用高倍镜进行观察。转换为高倍镜后,一般只要略微扭转调节器,就能看到清晰的物像。若接物镜不是显微镜上原配套镜头,则需重新调整焦点,此时应从侧面观察物镜,并小心地转动粗准焦螺旋,使镜筒慢慢下降到高倍镜的镜头几乎与切片接触时为止,然后一边从目镜向内观测视野,一边转动粗准焦螺旋,稍微升高或下降镜筒,看到物像后,再调细准焦螺旋直到获得清晰物像为止。

(6)显微镜使用后的整理:观察完毕,先升高镜筒,取下切片,再扭转转换器,使镜头偏于两旁,然后降下镜筒,擦净镜体。

2.1.1.3　显微镜的保养措施

(1)使用显微镜时,必须严格按照操作规程进行。

(2)使用前先检查显微镜有无损坏。

(3)显微镜头如有玷污,不可用手或手巾揩拭,只能用特制的擦镜纸揩拭。

(4)显微镜的移动要轻拿、轻放,避免强烈震动;对镜头的转换、焦距的凋节,要轻微用力,谨慎操作。

(5)显微镜应放在干燥而尘埃少的房间,镜橱应放入干燥剂,同时避免暴晒于日光下或与有挥发性化学药品靠近。

(6)学生以班级为单位按人数进行编号,上课时对号使用。用后签名,放回原处。

附

1. 显微镜玻片标本的一般制作方法

(1)选择病原物生长茂密的病害标本,对病原物细小、稀少的标本,可用放大镜或显微镜寻找。

(2)取擦净的载玻片,中央滴加蒸馏水1滴。

(3)从标本上挑、刮、拨、切下病原菌,轻轻放到载玻片的水滴中;再取擦净的盖玻片,从水滴一侧慢慢盖在载玻片上。注意防止产生气泡或将病原物冲溅到盖玻片外。盖玻片边缘多余的水分可用滤纸吸取。置显微镜下观察。

挑:对标本表面有明显茂密的毛、霉、粉、锈的病原物,可用挑针挑下,放到载玻片水滴中。若病原物过于密集,可用两支挑针轻轻挑开。

刮:对于毛、霉、粉等稀少、分散的病原物,可用三角挑针或小解剖刀在病部顺同一方向刮2~3次,将刮下的病原物放到水滴中。

拨:对半埋生在寄主表皮下的病原物,可用挑针将病原物连其周围组织一同拨下,放入水滴中,然后用另一支挑针小心剥去病部组织,使病原物完全露出。

切:对埋生在病部组织中的病原物,如分生孢子器、子囊壳等,则需做徒手切片。首先要选择病原物较多的材料,加水湿润后,用刀片或剃刀切下一小片(面积为(2~3) mm×(6~8) mm),平放在载玻片或小木板上;刀口与材料垂直,从左向右切割,将材料切成薄片,越薄越好。另一种方法是将材料夹在通草、接骨木髓、向日葵茎髓或新鲜的胡萝卜、莴苣中(均浸于70%酒精中),刀口向内,由左前方向右后方切割。每切下4~5片,用毛笔蘸水轻轻沿刀口取下,置盛水的培养皿中,再从中选择带有病原物的薄切片,放到载玻片水滴中。

2. 生物绘图方法

生物实验图不同于一般美术图,也不同于机械制图。生物绘图要求将标本的外形和内部结构准确地描绘下来,然后详加说明,要求形象自然、比例适当、线条清晰。

生物绘图一般用点、线表示,轮廓用线条描绘,明暗程度、物质含量多少等则用细点的疏密表示。图纸应选择能够用橡皮拭擦的上好白纸,绘图时先用中软铅笔绘出轮廓,然后用较硬的铅笔绘出全图,图中各部分应注字说明,图与字之间用水平细线连起来,图的标题填在图的下方。

2.1.2 真菌营养体及观察

真菌进行营养生长的菌体部分称为营养体。真菌的营养体除极少数是原生质团或单细胞外,多数为丝状体,每一根丝状体称为菌丝(图2-4)。组成真菌菌体的一团菌丝称为菌丝体。

观察腐霉菌、根霉菌、立枯丝核菌的菌丝。在洁净的载玻片中央加一滴蒸馏水,用挑针从病组织或纯培养的菌落上挑取少量菌丝,放入蒸馏水中,盖上盖玻片,制成临时玻片进行观察。通常菌丝呈圆管状,有分枝,粗细均匀,直径一般为5~10 μm,菌丝生长的长

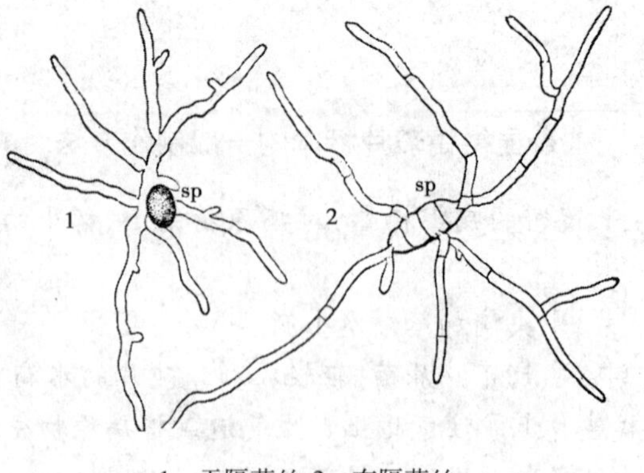

1—无隔菌丝;2—有隔菌丝

图 2-4　真菌的菌丝　(仿邵力平等)

度是无限的。多数菌丝无色透明,有的老龄菌丝常呈现各种不同的颜色。

菌丝的管壁即细胞壁,主要由几丁质(甲壳质)组成,少数为纤维素,偶尔也有两者同时存在的真菌细胞壁。细胞内含原生质、细胞核、线粒体、内质网、液泡、脂肪及肝糖等成分。低等真菌的菌丝一般无隔膜,是一个多核的单细胞。高等真菌的菌丝有隔膜,因此是多细胞,每个细胞内可含1个、2个或多个细胞核。菌丝一般是由孢子萌发后延伸生长形成的,它以顶端伸长的方式生长,但它的每一部分都有潜在的生长能力,任何一段微小的片段都能生长并发育成新的个体。

菌丝是真菌获得养分的结构。真菌侵入寄主体内后,菌丝在寄主细胞内或细胞间生长蔓延。生长在寄主细胞内的真菌,由菌丝细胞壁与寄主原生质接触后,因渗透压的作用直接吸收养分;生长在寄主细胞间隙的真菌,以菌丝特化成的特殊器官——吸器,伸入寄主细胞内吸收养分。吸器的形状有小球形、掌状、分枝状等。

真菌的变态结构除吸器外,在一定条件下还可形成菌核、子座、菌索、假根等,这些菌丝体的变态结构在真菌的繁殖和传播,以及它们对不良环境的抵抗方面有着重要的作用。

菌核是由许多菌丝紧密交结而成的一种休眠体,形状、大小、色泽不一,多为圆形或不规则形,小的如菜籽,大的如拳头。菌核内储藏有较丰富的养分,对高温、低温和干燥的条件有较强的适应能力,因此它既是真菌的营养储藏器官,又是度过不良环境的休眠体。在适宜的条件下,菌核可以萌发产生菌丝体或繁殖器官。

子座是由菌丝组成的,或由菌丝体与部分寄主组织结合形成,一般为垫状,也有球状或其他形状。子座的上部或内部常常产生繁殖体。因此,子座是真菌从营养体到繁殖体的一种过渡形式,有度过不良环境的作用。

菌索是由菌丝形成的绳索状物。高度发达的菌索形似植物的根,称根状菌索。它有一个坚实的外层和一个生长的尖端,不仅能抵抗不良环境条件,而且有蔓延和侵染寄主的作用。

假根是真菌菌丝上长出的短细分枝,外形似根。它伸入寄主基质内吸收养料并支撑上部的菌丝体。

2.1.3　真菌繁殖体及观察

真菌的繁殖器官多由营养器官转变而来。营养体生长到一定时期后,即转入繁殖阶段,产生的繁殖器官称为繁殖体。真菌的繁殖方式分无性繁殖和有性繁殖两种,它们繁殖时产生各种类型的孢子。

2.1.3.1　无性繁殖

无性繁殖是指不经过两个性细胞或性器官的结合,而产生新个体的繁殖方式。真菌以无性繁殖的方式产生的孢子称为无性孢子,这类孢子是直接在真菌的营养体及其分化的特殊结构上产生的。真菌的无性孢子有下列几种(图2-5):

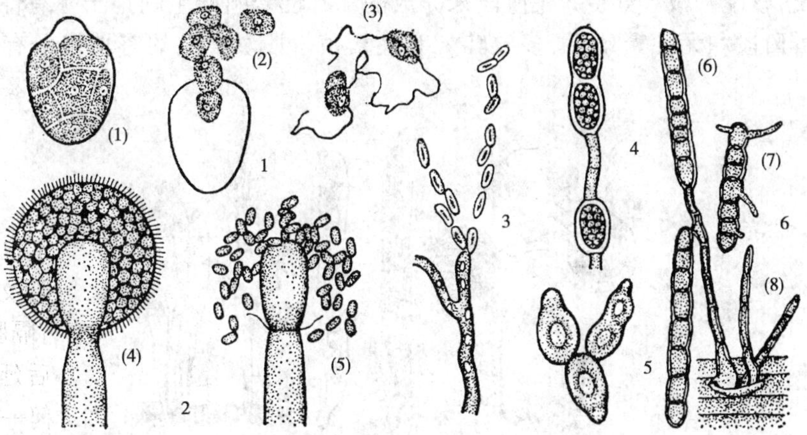

1—游动孢子:(1)孢子囊,(2)孢子囊萌发,(3)游动孢子;2—孢囊孢子:(4)孢子囊及孢囊梗,(5)孢子囊破裂并释放出孢囊孢子;3—粉孢子;4—厚垣孢子;5—芽孢子;6—分生孢子:(6)分生孢子,(7)分生孢子萌发,(8)分生孢子梗

图2-5　真菌无性孢子类型　(仿广西壮族自治区农业学校)

(1)游动孢子:观察游动孢子的玻片标本或十字花科白锈病泡斑内白色粉末(置于载玻片上水滴中避光保湿培养3~4 h)。孢子囊内产生的孢子无细胞壁,但具有1~2根鞭毛,能游动。

(2)孢囊孢子:观察黑根霉培养物制片。在菌丝顶端或孢囊梗顶端膨大的孢囊内,由囊中原生质分割成许多小块,然后每块原生质形成一个圆形的孢子。有细胞壁,无鞭毛,成熟后,孢子囊破裂散出孢囊孢子。

(3)粉孢子:观察粉孢子的玻片标本。由菌丝细胞断裂而形成的短柱状孢子,在新鲜培养基上或遇到新的养料,可萌发形成新的菌丝。

(4)厚垣孢子:观察厚垣孢子的玻片标本。在菌丝或孢子中,个别细胞膨大,原生质浓缩,细胞壁加厚的一种休眠孢子,呈圆形或长方形,它产生于菌丝的中间或菌丝分枝的顶端,其寿命较长,能抵抗不良环境的影响。

(5)芽孢子:观察芽孢子的玻片标本。从1个细胞生芽而形成,当芽长到正常大小时,脱离母细胞,或与母细胞相连接,继续发生芽体,形成假菌丝。

(6)分生孢子:观察青霉菌、炭疽菌的分生孢子。分生孢子着生于梗的顶端或侧方。孢子形状、大小、细胞数目及颜色多种多样,成熟后易从孢子梗上脱落,是真菌中最常见的一种无性孢子。分生孢子包括以菌丝细胞成段断裂的粉孢子及以发芽繁殖的芽孢子等。

有些真菌的分生孢子产生在特异的盘状或球状的结构中,这种结构分别称为分生孢子盘和分生孢子器。有些真菌的分生孢子梗直接伸出寄主表面,散生、丛生或成束状。

真菌的无性孢子多发生在植物的生长季节,常可循环多次,主要起着迅速繁殖和传播蔓延的作用,对植物造成危害。

2.1.3.2　有性繁殖

有性繁殖是指通过两个性细胞或性器官的结合进行繁殖的一种方式,是经过两个性细胞的质配、核配和减数分裂3个阶段来完成的。有性繁殖产生的孢子称有性孢子。真菌经过营养阶段和无性繁殖后,多数转入有性繁殖阶段。常见的有性孢子有以下几种(图2-6)。

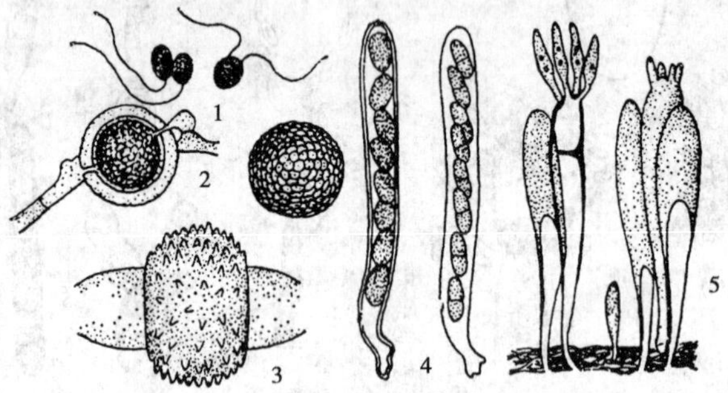

1—接合子;2—卵孢子;3—接合孢子;4—子囊孢子;5—担孢子

图2-6　真菌的有性孢子类型　(仿果树病理学)

(1)卵孢子:观察卵孢子的玻片标本。它是由两个异型配子囊(藏卵器与雄器)相结合,经过质配和核配发育形成的厚壁孢子。

(2)接合孢子:观察接合孢子玻片标本。它是由两个同型配子囊相结合,接触处的细胞壁溶解,两个细胞的内含物融合,形成厚壁、球形、双倍体的休眠孢子。

(3)子囊孢子:观察桃缩叶病、槐树白粉病标本。它是由两个异型配子囊(雄器和造囊器)相结合后发育成子囊,随后子囊内的两性细胞核结合后分裂形成的。

(4)担孢子:观察担孢子玻片标本或挑取梨胶锈病冬孢子萌发材料制成的临时玻片。它是由性别不同的两条菌丝相结合产生双核菌丝,其顶端细胞膨大成棍棒状的担子;担子内的两性细胞核经核配和减数分裂后,在担子的顶端或侧上方形成担孢子。

观察供试的各种有性孢子玻片标本,描述其形态特征,辨别其类型。

有性孢子一般在真菌生长季节末期形成。往往1年只发生1次,常用来度过不良环境,是许多病原真菌的初侵染来源。

真菌产生孢子的结构,无论是无性繁殖还是有性繁殖,结构形式简单还是复杂,统称为子实体。真菌的无性孢子和有性孢子及产生这些孢子的子实体的形态是真菌分类的重要依据之一。

2.1.4　真菌的生活史图解

真菌从一种孢子萌发开始,经过萌发、生长和发育阶段,最后又产生同一种孢子的过程称为真菌的生活史。典型的真菌生活史包括无性阶段和有性阶段(图2-7)。

真菌的营养菌丝体在适宜条件下萌发，产生芽管，伸长后，发育成菌丝体，在寄主细胞间或细胞内吸取养分，生长蔓延，经过一定的营养生长后，产生无性孢子飞散传播，无性孢子再萌发成新的菌丝体，并扩展繁殖，这就是无性阶段。无性孢子的繁殖力强，在一个生长季节中可发生多次，产孢的数量又大，常成为植物病害发生流行的重要原因，但无性孢子对不良环境的抵抗力弱，寿命短。当环境条件不适宜或生长后期，真菌就进行有性繁殖。从菌丝体上形成配子囊或配子，经质配进入双核阶段，再核配形成双倍体的细胞核，又减数分裂形成含有单倍体细胞核的有性孢子，这就是有性阶段。有性孢子一般一年只产生一次，数量较少，对不良环境的抵抗力强，常是休眠孢子，越冬或越夏后，次年再行萌发，成为初次侵染的来源。

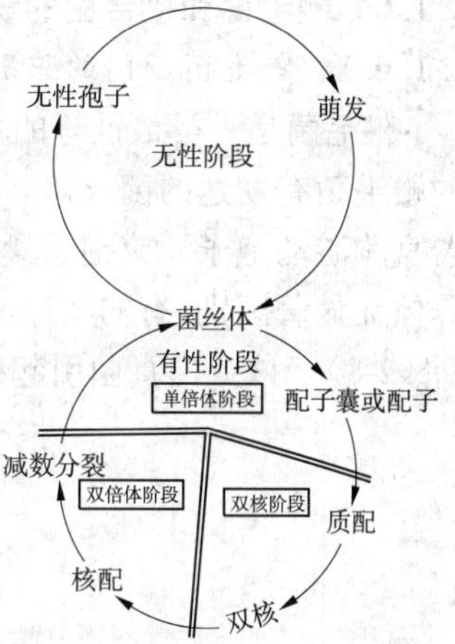

图 2-7 真菌典型生活史图解
（仿广西壮族自治区农业学校）

一种真菌的生活史只在一种寄主上完成，称单主寄主；同一种真菌需两种以上的寄主才能完成生活史，称转主寄生。

综上所述，真菌生活史是真菌的个体发育和系统发育的过程。研究真菌的生活史，在植物病虫害防治中有着重要的意义。

2.1.5 真菌的分类和命名

真菌的分类以真菌的形态、生理、生化、生态、遗传等综合特征为根据，其中有性繁殖阶段的形态特征是分类的重要依据。关于真菌的分类地位和体系，历来就有不同的见解。本书采用较多人接受和采用的 Ainsworth（1973）分类系统，其把真菌划为真菌界，下设粘菌门和真菌门。真菌门分为5个亚门：鞭毛菌亚门、接合菌亚门、子囊菌亚门、担子菌亚门和半知菌亚门。真菌的命名与其他生物一样采用双名法。

真菌界分门、分亚门检索表

1. 营养阶段有原质团或假原质团 …………………………………………… 粘菌门 Mykomycota
1. 营养阶段无原质团或假原质团，为菌丝 …………………………………… 真菌门 Eumycota
2. 有能动细胞；有性阶段产生典型的卵孢子 ……………………… 鞭毛菌亚门 Mastigomycotina
2. 无能动细胞；有性阶段不产生典型的卵孢子 …………………………………………………… 3
3. 具有性阶段 ……………………………………………………………………………………… 4
3. 缺有性阶段 ………………………………………………… 半知菌亚门 Deuteromycotina
4. 有性阶段产生接合孢子 ……………………………………………… 接合菌亚门 Zygomycotina
4. 有性阶段不产生接合孢子 ……………………………………………………………………… 5
5. 有性阶段产生子囊孢子 ……………………………………………… 子囊菌亚门 Ascomycotina
6. 有性阶段产生担孢子 ………………………………………………… 担子菌亚门 Basidiomycotina

2.1.6 鞭毛菌和接合菌的识别

2.1.6.1 鞭毛菌亚门的识别

鞭毛菌是一类最低等的真菌。它们的营养体是单细胞的,有的不形成菌丝体,较高等的鞭毛菌有发达的菌丝体。菌丝无隔膜,多核。无性繁殖产生游动孢子,产生游动孢子的器官称游动孢子囊或孢子囊,着生在孢囊梗或菌丝顶端,少数在菌丝中间。有的形状和营养体无显著区别,有的呈球形、棒形、洋梨状等,与营养体区别显著。有性繁殖产生卵孢子(图2-8)。该亚门真菌引起植物病害的主要属有腐霉属、疫霉属和霜霉属。

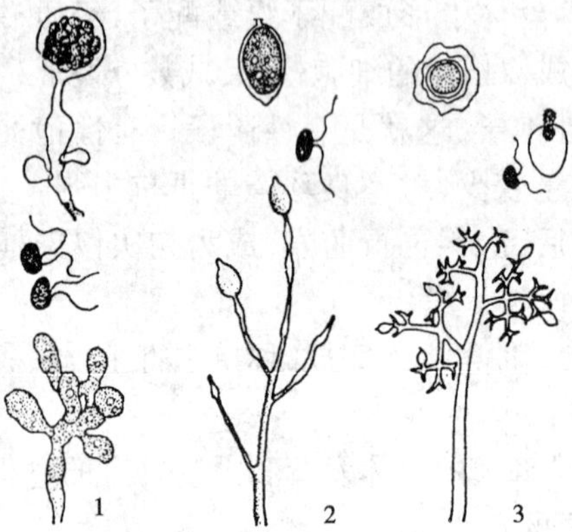

1—腐霉菌;2—疫霉菌;3—霜霉菌

图2-8 鞭毛菌亚门的代表 (仿广西壮族自治区农业学校)

这类真菌多数生于水中,少数为两栖或陆生,潮湿环境有利于其生长发育。该亚门真菌引起植物病害的症状有腐烂、斑点、猝倒、流胶等。

在果实方面,这类真菌造成的腐烂使果实变褐色,呈软腐状,病部表面有白色绵毛状物或灰白色霜状霉层;茎基和根部被害使皮层变褐色腐烂;叶片上的斑点,若由疫霉引起,一般病斑较大,暗褐色,圆形,水渍状;由霜霉引起的斑点,通常较小,黄色至褐色,边缘不明显,病斑常受叶脉的限制而呈多角形,后期在病斑上长出白色至灰白色霜状霉层。一般在低温多雨、潮湿多雾、昼夜温差大的气候条件下,病害容易流行。

腐霉属(*Pythium*):观察瓜果腐霉引起的幼苗猝倒病(将小块菌丝体移到清水中20 ℃培养24~48 h)。用挑针挑取菌丝,制成临时玻片进行观察。菌丝发达,孢子囊着生于菌丝的顶端或中间,圆筒形,近球形或不规则形并有分枝,孢囊梗与菌丝无明显区别。多生活在水中或潮湿的土壤中。危害植物的幼根、幼茎基部及果实等。

疫霉属(*Phytophthora*):观察疫霉菌玻片标本。孢子囊椭圆形或柠檬形,其他形态和习性基本与腐霉菌相同。危害植物的根、茎基部,少数危害地上部分。如山茶根腐病、牡丹疫腐病等。

霜霉属(*Peronospora*):观察葡萄霜霉病标本。孢囊梗发达,具有不同形状的分枝。孢子囊卵圆形、椭圆形或柠檬形,单生于孢囊梗的顶端。

2.1.6.2 接合菌的识别

接合菌亚门真菌(图2-9)有发达的菌丝体,菌丝多为无隔多核。无性繁殖在孢子囊内产生孢囊孢子。有性繁殖产生接合孢子。接合菌广泛分布于土壤和粪肥及其他无生命的有机物上，少数为弱寄生物，能引起植物储藏器官的霉烂，还有些寄生在昆虫体上。与植物病害有关的是根霉属真菌。

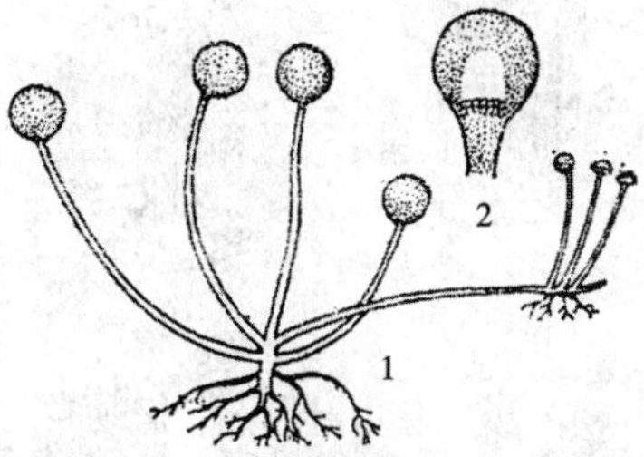

1—具有假根和匍匐枝的丛生孢囊梗及孢子囊；2—放大的孢子囊

图 2-9　接合菌亚门的代表——黑根霉　（仿北京林学院）

根霉属（*Rhizopus*）：观察根霉菌玻片标本或临时挑制玻片。菌丝发达，分布在基物上和基物内，有匍匐丝和假根。孢囊梗从匍匐丝上长出，顶端形成孢子囊，其内产生孢囊孢子。孢子囊壁易破裂，散出孢囊孢子，通过气流传播。有性繁殖产生接合孢子，但不常见。

2.1.7　子囊菌的识别

子囊菌亚门是真菌中最大的类群，种类多，形态变化大，陆生，多数腐生，营养体除酵母菌为单细胞外，均为有隔发达菌丝。无性繁殖发达，少数以菌丝体芽殖形成芽孢子，多数产生分生孢子。此外，还形成分生孢子梗束、分生孢子座、分生孢子盘及分生孢子器等无性子实体，其上着生分生孢子，在不良环境下形成厚垣孢子。有性繁殖产生子囊孢子。多数在产生子囊之前，菌丝体大量分枝生长，组成保护结构，称子囊果，其内长子囊。子囊果的形态、结构差别很大，大致可分为 4 种类型（图 2-10）：

闭囊壳：子囊果球形，无孔口，子囊散生在子囊果里，成熟后散出子囊。

子囊壳：子囊果球形或瓶形，顶端有一孔口，果内基部或四周壁上形成子囊，子囊之间生有顶端游离的侧丝。

子囊腔：子囊周围不形成真正的子囊果壁，而是着生在由子囊座溶解而形成的空腔内，即子囊腔。

子囊盘：子囊果成熟时张开呈盘状，子囊成排着生于盘面上。

子囊菌亚门根据子囊果的有无、子囊果类型、子囊在子囊果内排列情况及子囊层数等特性进行分类。

半子囊菌纲：无子囊果，子囊裸露。

不整囊菌纲：子囊不规则地散生在没有孔口的闭囊壳内；子囊壁易消失，子囊孢子无隔膜。

核菌纲：子囊着生在有孔口的子囊壳内，或有规律地生在无孔口的闭囊壳内。

腔菌纲：子囊果是子囊座，子囊是双层壁。

盘菌纲：子囊着生在盘状或杯状的子囊盘内，或发生在一个变态的子囊盘表面。

虫囊菌纲：节肢动物上外寄生菌；菌体不发达，大多无菌丝体；子囊生在子囊壳内。

与植物病害关系密切的有半子囊菌纲外囊菌目的外囊菌属，核菌纲白粉菌目白粉菌科的白粉菌属、钩丝壳属、叉丝壳属、球针壳属、单丝壳属，小煤炱目小煤炱科的小煤炱属，

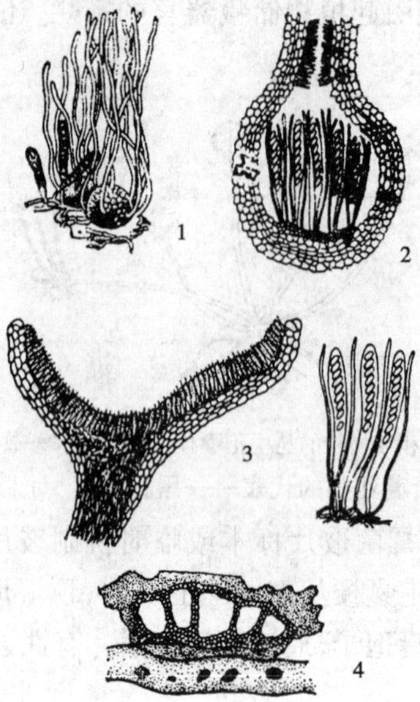

1—闭囊壳;2—子囊壳;3—子囊盘(子囊及侧丝放大);
4—典型的子囊座及子囊座内的多个子囊腔

图 2-10　子囊果的类型　(仿广西壮族自治区农业学校)

球壳目疔座霉科的小丛壳属和间座壳科的黑腐皮壳属,腔菌纲座囊菌目座囊菌科的球腔菌属,盘菌纲柔膜菌目核盘菌科的核盘菌属,星裂盘菌目斑痣菌科的散斑壳属。

外囊菌属(*Taphrina*):观察桃缩叶病、樱桃丛枝病的实物及玻片标本。这类真菌无子囊果,子囊平行排列在寄主表面成栅栏状,子囊长圆筒形,其内一般有 8 个子囊孢子,子囊孢子单细胞,椭圆形或圆形。无性繁殖不发达,子囊孢子可在子囊内或子囊外进行芽殖,产生孢子(图 2-11)。

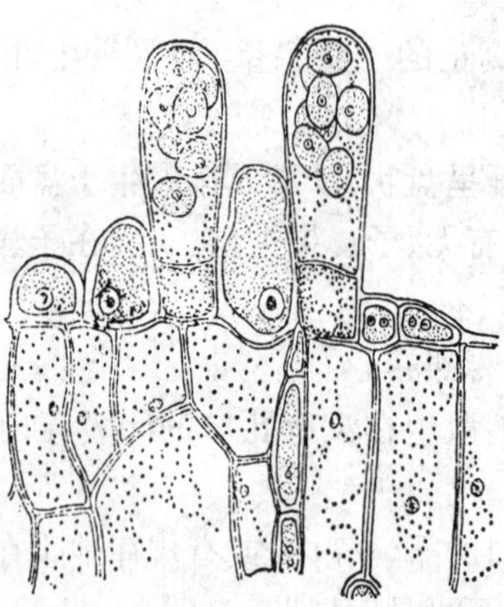

图 2-11　畸形外囊菌在角质层下形成子实层的切面图　(仿邵力平等)

白粉菌目:观察黄栌白粉病、臭椿白粉病等实物及玻片标本。这类菌都是高等植物的专性寄生菌,菌丝着生在寄主表面,外观呈白粉状,故称白粉病。以吸器伸入寄主表层细胞中吸取养料。无性繁殖能力极强,产生大量的分生孢子,串生或单生于分生孢子梗上,有性繁殖产生闭囊壳。闭囊壳外附属丝的形态和闭囊壳内子囊的数目是白粉菌分类的依据。白粉菌目只包括一个白粉菌科（图2-12）。

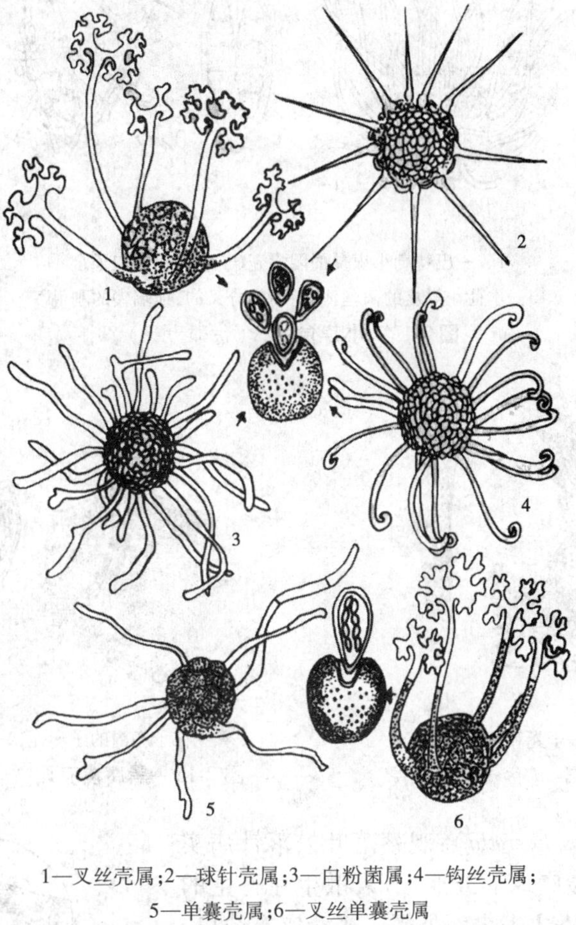

1—叉丝壳属；2—球针壳属；3—白粉菌属；4—钩丝壳属；
5—单囊壳属；6—叉丝单囊壳属

图2-12　白粉菌主要属的特征　（仿黑龙江省牡丹江林业学校）

小煤炱属（*Meliola*）（图2-13）：观察山茶煤污病、紫薇霉污病标本。菌丝体表生，黑色，有附着枝，并产生吸器伸入到寄主的表皮细胞内，菌丝体上有刚毛。子囊果球形，有时有刚毛，每个子囊果内含子囊不多，每个子囊含孢子2～8个。子囊孢子长圆形，褐色，具2～4个隔膜。它们都是高等植物的专性寄生菌，寄生专化性相当强。

小丛壳属（*Glomerella*）（图2-14）：观察杉木炭疽病、油茶炭疽病等实物及玻片标本。子囊壳丛生在不发达的子座上或埋生于子座内，褐色，瓶形，有细颈，壳壁四周有毛，壳内无侧丝。子囊棍棒形，无柄。子囊孢子单细胞无色，椭圆形。

黑腐皮壳属（*Valsa*）（图2-15）：观察杨树腐烂病、苹果树腐烂病实物及玻片标本。先观察实物标本病部的病斑形状、颜色并闻其气味，然后再镜检。子囊壳球形或近球形，具长柄，成群地呈环状深埋在寄主组织中的假子座内，子囊壳的颈聚集在一起，向外露出孔口。假子座与寄主组织间无明显界限。子囊棍棒形或圆筒形，内含8个子囊孢子。子囊孢子单胞，无色或稍带褐色，弯曲呈香蕉形，是一类弱寄生菌。

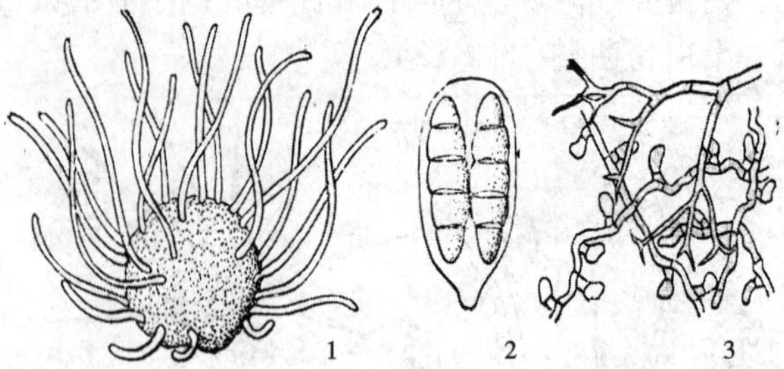

1、2—巴特勒小煤炱的闭囊壳、子囊和子囊孢子；
3—木荷小煤炱的菌丝体，上面具分叉的、顶端尖的刚毛

图 2-13　小煤炱属　（仿邵力平）

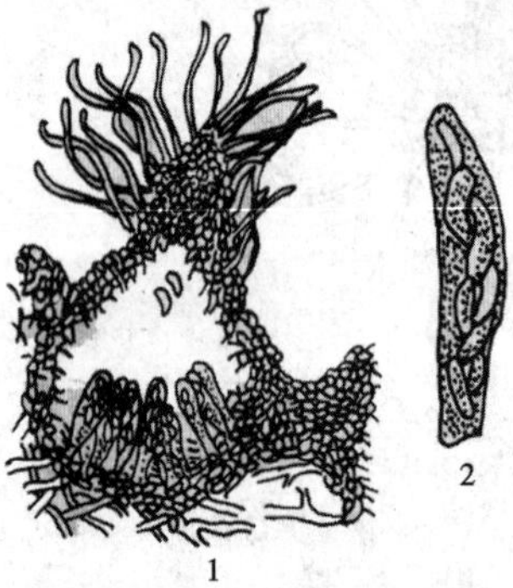

1—子囊壳；2—子囊和子囊孢子

图 2-14　小丛壳属　（仿江苏农学院）

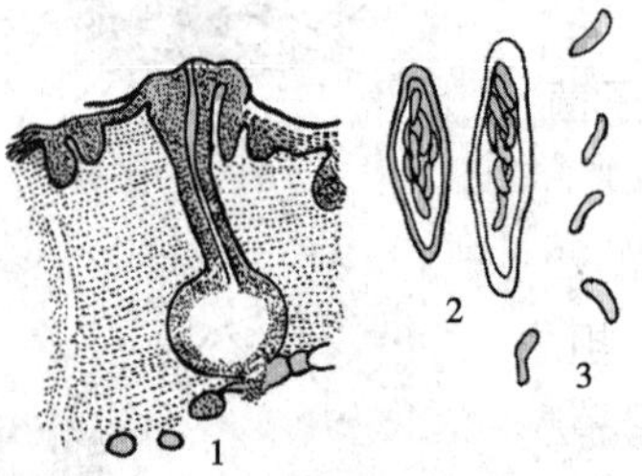

1—着生在子座内的子囊壳；2—子囊；3—子囊孢子

图 2-15　黑腐皮壳属　（仿江苏农学院）

球腔菌属（*Mycosphaerella*）：观察落叶松落针病实物及玻片标本。子囊座球形或亚球形，散生在寄主的表皮下，后期常突破寄主表皮而外露。子囊座有孔口，无喙。子囊圆筒形或棍棒形，束生，子囊间无假侧丝，每个子囊内含 8 个子囊孢子，子囊孢子椭圆形，中间有一横隔膜，无色。

散斑壳属（*Lophodermium*）（图 2-16）：观察松落针病实物及玻片标本。子座椭圆形，黑色，内含一个子囊盘，借纵裂缝开口。子座顶端的组织由暗褐色厚壁细胞组成。子囊狭棍棒形到椭圆形。每个子囊内含 8 个子囊孢子。子囊孢子丝状，无隔膜。本属真菌均为弱寄生菌，引起漆斑病。

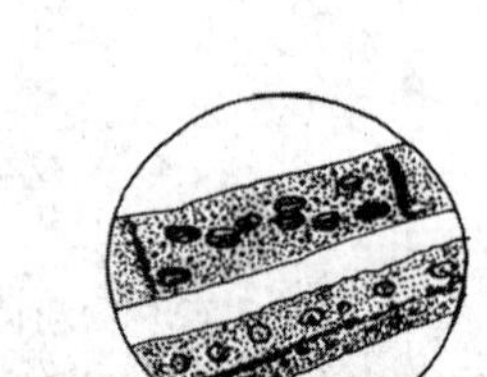

1—病叶上的子囊盘；2—子囊盘横切面；
3—子囊和侧丝；4—子囊孢子

图 2-16　散斑壳属　（仿中南林学院）

核盘菌属（*Sclerotinia*）（图 2-17）：观察核盘菌玻片标本。菌丝体形成菌核，菌核在寄主表面或组织内，球形、鼠粪状或不规则形，黑色。由菌核产生子囊盘，杯状或盘状，褐色。子囊孢子单细胞，无色，椭圆形。不产生分生孢子。

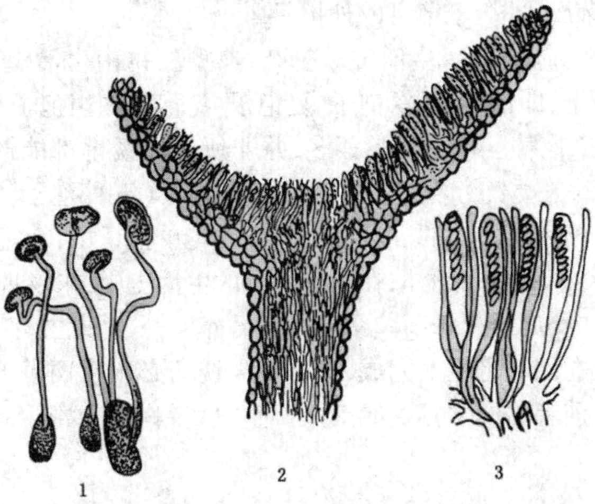

1—菌丝上的子囊盘;2—子囊盘剖面;3—子囊、子囊孢子和侧丝

图2-17　核盘菌属　(仿中南林学院)

2.1.8　担子菌的识别

担子菌亚门是真菌中最高等的亚门,全部陆生。菌丝体很发达,有隔膜。菌丝有两种,即单核的初生菌丝和双核的次生菌丝。许多担子菌在双核菌丝上还形成一种锁状联合的结构。担子菌中除锈菌和少数黑粉菌产生无性孢子外,大多数担子菌不产生无性孢子。有性繁殖产生担子和担孢子。担子棍棒状,多为单细胞,较低等的担子菌,担子有分隔。每个担子上一般生4个担孢子。大多数担子菌的担子都着生在高度组织化的各种类型的子实体内,亦称担子果(图2-18),形状多种多样,有伞状、贝壳状、马蹄状等。有的担子菌不形成担子果。担子菌中有些是营养丰富的食用菌,如香菇、口蘑、平菇等,有些有一定的药用价值。有些寄生在植物上引起多种病害。

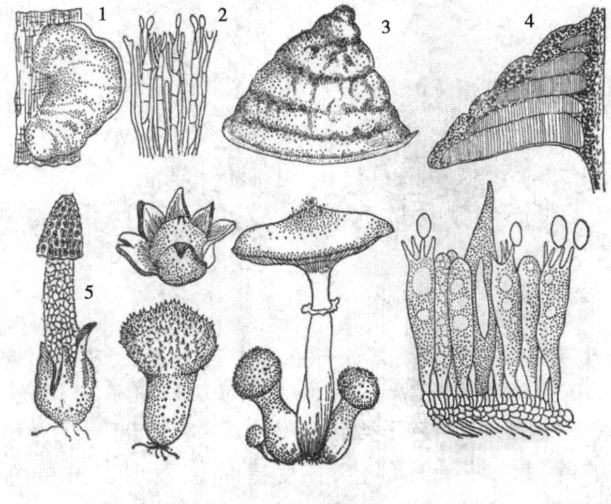

1、2—木耳及担子子实层;3、4—多孔菌子实体及剖面;5—鬼笔菌

图2-18　担子果及担子的子实层　(仿邵力平)

引起植物病害的重要病原主要有锈菌目的柄锈菌属、多孢锈菌属、柱锈菌属和栅锈菌

属，黑粉菌目的黑粉菌属，外担子菌目的外担子属。

锈菌目：锈菌不形成担子果。生活史较复杂，典型的锈菌生活史可分为5个阶段，顺序产生5种类型的孢子，即性孢子、锈孢子、夏孢子、冬孢子和担孢子。这5个发育阶段通常用0、Ⅰ、Ⅱ、Ⅲ、Ⅳ来代替。锈菌种类很多，并非所有的锈菌都能产生5种类型的孢子（图2-19），一般可分为三类：①全型锈菌：五个发育阶段（五种孢子）都有的，如松芍柱锈菌；②半型锈菌：无夏孢子阶段，如梨胶锈闸菌、报春花单孢锈菌；③短型锈菌：缺少锈孢子和夏孢子阶段，如锦葵柄锈菌。此外，在有些锈菌的生活史中，未发现或缺少冬孢子，一般称其为不完全锈菌，如女贞锈孢锈菌。锈菌全是活养生物，对寄主有高度的专化性。有的锈菌全部生活史可以在同一寄主上完成，也有不少锈菌必须在两种亲缘关系很远的寄主上完成全部生活史。前者称同主寄生或单主寄生，后者称转主寄生。转主寄生是锈菌特有的一种现象。

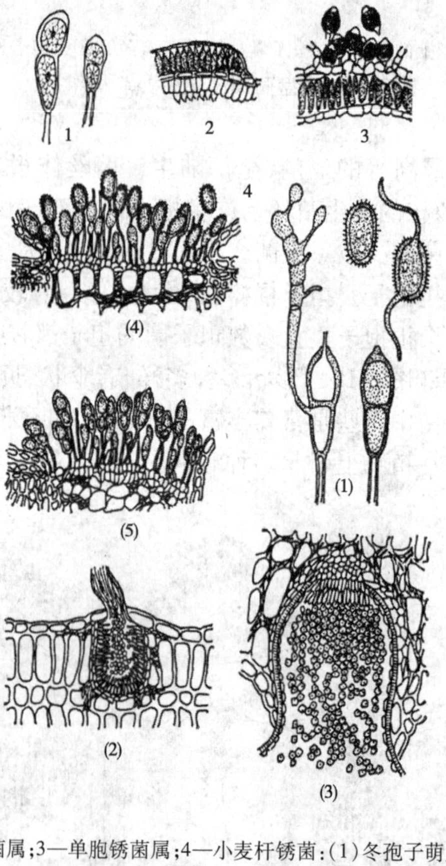

1—柄锈菌属；2—栅锈菌属；3—单胞锈菌属；4—小麦杆锈菌：(1)冬孢子萌发（示担子及担孢子），(2)性孢子器及性孢子，(3)锈孢子腔及锈孢子，(4)夏孢子堆及夏孢子，(5)冬孢子堆及冬孢子

图2-19　锈菌的5种孢子类型　（仿广西壮族自治区农业学校）

锈菌寄生在植物的叶、果、枝干等部位，在受害部位表现出鲜黄色或锈色粉堆、疱状物、毛状物等显著的病征。引起叶片枯斑，甚至落叶，枝干形成肿瘤、丛枝、曲枝等畸形现象。因锈菌引起的病害病征多呈锈黄色粉堆，故称为锈病。锈菌目分类的主要依据是冬孢子的形态特征和排列方式。

观察海棠锈病、落叶松—杨锈病、松—栎锈病、毛白杨锈病的实物及玻片标本。

黑粉菌目:观察竹黑粉病、小麦黑粉病的实物与玻片标本。黑粉菌因其形成大量的粉状孢子而得名。黑粉菌的无性繁殖,通常由菌丝体上生出小孢子梗,其上着生分生孢子,或由担孢子和分生孢子以芽殖方式产生大量子细胞。有性繁殖产生圆形厚壁的冬孢子,因冬孢子形成的方式有些像厚垣孢子,故也称厚垣孢子。冬孢子群集成团产生,可出现在寄主的花器、叶片、茎或根等部位。被黑粉菌寄生的植物均在受害部位出现黑色粉堆或团。最常见的是寄生在花器上,使其不能授粉或不结实,植物幼嫩组织受害后形成菌瘿,叶片和茎受害后其上发生条斑和黑粉堆,少数黑粉菌能侵害植物根部使它膨大成块瘿或瘤。

外担子菌目:观察杜鹃饼病、山茶饼病的实物与玻片标本。不形成担子果,担子裸生在寄主表面,形成担子子实层。引起茶科、杜鹃科植物的叶、花、果、幼梢变形肿胀。

2.1.9 半知菌的识别

真菌的分类,主要以有性阶段的形态特征为依据,但在自然界中,有很多真菌在个体发育中,只发现其无性阶段,有性阶段尚未了解或根本不存在,这类真菌通称为半知菌,并暂时把它们放在半知菌亚门。已经发现有性态的,大多数属于子囊菌,极少数属于担子菌,个别属于接合菌。所以,半知菌与子囊菌有着密切的关系。在有性态未被发现时,根据无性态的特征已有1个名称,发现有性态后,根据国际命名法规,应当以有性态的名称作为合法的学名,但考虑到分生孢子阶段的学名应用方便,或因有些半知菌的有性态虽已发现,但不经常出现,所以无性态的学名仍被认为是合法的,于是,一个病菌往往有两个学名。

半知菌营养体是发达有隔的菌丝体,能形成厚垣孢子、菌核和子座等变态结构。无性繁殖除产生大量的分生孢子外,还产生粉孢子、芽孢子、厚垣孢子及形成无性子实体(图2-20),常见的无性子实体有以下几种类型:

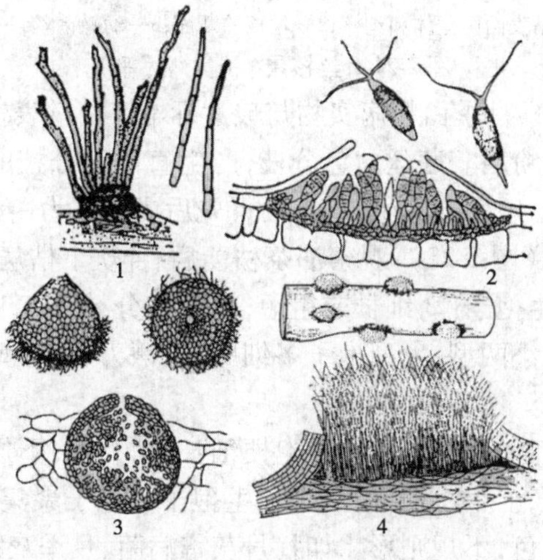

1—分生孢子梗束;2—分生孢子盘;3—分生孢子器;4—分生孢子座

图2-20 半知菌无性子实体类型 (仿北京林学院)

分生孢子梗束:分生孢子集结成束,基部联合,顶端分离后再行分枝,末端产生分生孢子。

分生孢子座:分生孢子梗与菌丝体相互交织成瘤状结构,突出寄主表面。

分生孢子盘:在寄主表皮下由菌丝组成的垫状结构,表面形成许多短的分生孢子梗,梗上产生分生孢子。

分生孢子器:菌丝交织成容器状结构,器壁内侧着生分生孢子梗和分生孢子。

半知菌的分类普遍采用的是将其分为4个类群:分生孢子着生在分生孢子梗束或分生孢子座上的是丛梗孢菌;分生孢子着生在分生孢子盘上的是黑盘孢菌;分生孢子着生在分生孢子器里的是球壳菌;不产生孢子,只有菌丝体或有时产生菌核的,为无孢菌。

植物病害中重要的半知菌有属于无孢菌的丝核属,属于丛梗孢菌的粉孢属、镰刀菌属、葡萄孢属、链格孢属,属于黑盘孢菌的炭疽菌属、拟盘多毛孢属,属于球壳孢菌的大茎点属。

丝核属(*Rhizoctonia*)(图2-21):观察苗木猝倒病的实物及玻片标本。菌丝褐色,在分枝处略缢缩,离此不远处形成隔膜。菌核由菌丝体交结而成,以菌丝与基质相连,褐色或红棕色,表面粗糙。

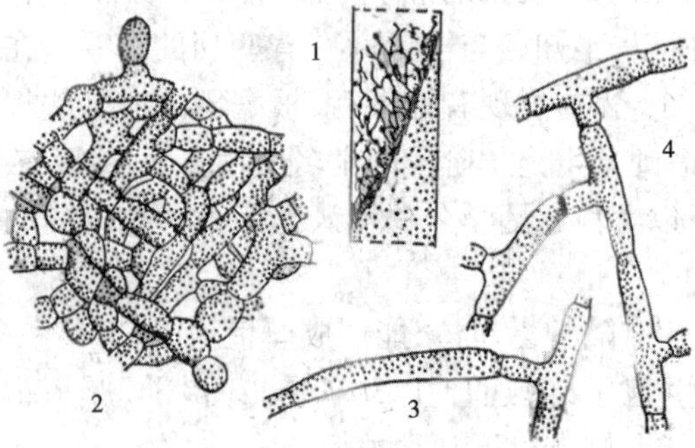

1—培养基表面菌丝体和丝核;2—丝核的断面;3—幼嫩菌丝;4—老菌丝

图2-21 丝核属 (仿邵力平)

粉孢属(*Oidium*):观察月季白粉病实物与玻片标本。菌丝表生于寄主上,以吸器伸入寄主细胞内,外表呈白色粉层。菌丝白色分枝,产生直而无分枝的分生孢子梗,顶生椭圆形分生孢子。孢子无色。串生或单生,自上而下先后成熟。为白粉菌的无性阶段。

镰刀菌属(Fusarium)(图2-22):观察油茶枯萎病、合欢干枯病的实物与玻片标本。分生孢子梗单生或集成分生孢子座,细长或粗短,单枝或分枝,或产生轮辐状排列的瓶形小梗。分生孢子无色,有大小两型:大型孢子多细胞,呈镰刀形;小型孢子单细胞,呈卵形或长圆形。

葡萄孢属(*Botrytis*):菌丝匍匐,灰色。孢梗细长,稍有色,不规则地呈树形,分枝或单生,顶端细胞膨大呈球形,上生小梗,梗上生分生孢子。孢子聚集成葡萄穗状,单胞,无色或灰色,卵圆形。菌核黑色,不规则形。如牡丹灰霉病菌、月季灰霉病菌等。

炭疽菌属(*Colletotrichum*):观察山茶炭疽病、泡桐炭疽病实物与玻片标本。又叫炭疽菌属,分生孢子盘垫状或盘状,有暗色刚毛或无刚毛,分生孢子梗短,无色,不分枝,分生孢子单胞无色,呈椭圆形、不规则圆筒形或弯月形,常发生粉红色黏质团,分生孢子萌发产生

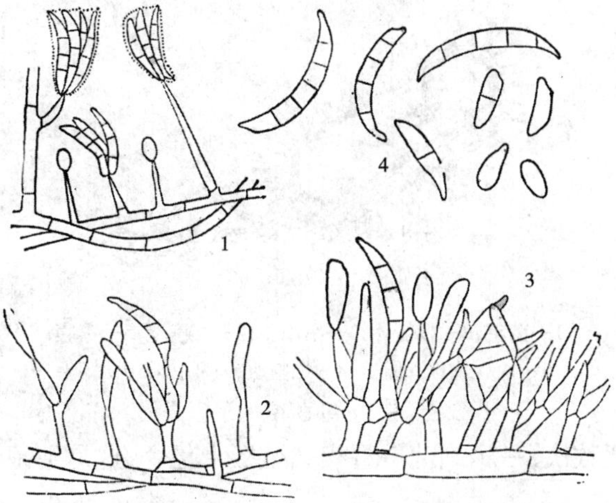

1—菌丝上生长的不分枝的孢梗和孢子;2—菌丝上生长的不定形的孢梗和孢子;
3—子座;4—大、小型分生孢子

图2-22　镰刀菌　(仿邵力平)

附着孢。有性世代属小丛壳属,引起植物炭疽病。

拟盘多毛孢属(*Pestalotiopsis*):观察松针赤枯病、山茶灰斑病的实物与玻片标本。分生孢子盘黑色,初埋生在寄主组织中,后外露,孢子堆胶漆状。分生孢子多细胞,两端细胞无色,中间细胞褐色,顶端有2~3根无色刺毛,是一种弱寄生菌。

大茎点属(*Macrophome*)(图2-23):观察茶枝枯病的实物与玻片标本。孢器黑色,圆形,有孔口,自寄主表面突出。孢梗单生,短或细长。孢子单胞,无色,长15 μm以上,卵形到宽圆筒形。

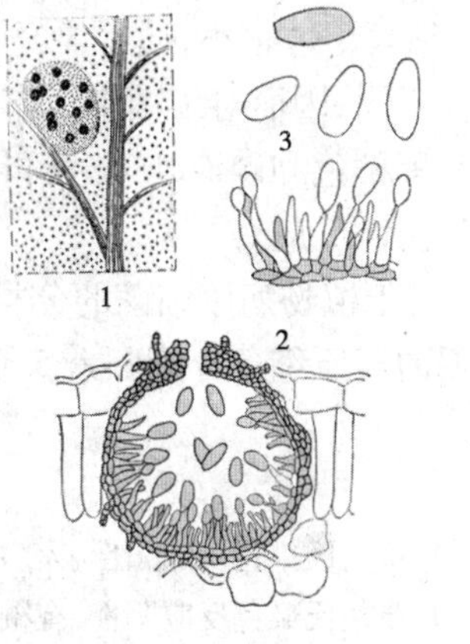

1—分生孢子器;2—分生孢子器断面;
3—分生孢子梗和分生孢子

图2-23　大茎点属　(仿邵力平)

2.2　植物其他病原生物形态观察

2.2.1　植物病原细菌及致病特点

2.2.1.1　细菌的一般性状

细菌(图2-24)属原核生物界,是单细胞生物,它们具有细胞壁,但无真正的细胞核(仅有核质而无核膜)。有些细菌细胞壁外有一层胶状的黏液层,通常称为荚膜,其厚度因菌而异。细菌的形状有球状、杆状和螺旋状。植物病原细菌都是杆状菌,一般大小为(1~3) μm×(0.5~0.8) μm;一般没有荚膜,也不形成芽孢;绝大多数植物病原细菌从细胞膜长出细长的鞭毛,伸出细胞壁外,它是细胞运动的工具。鞭毛通常3~7根,最少为1根。着生在菌体一端或两端的称极毛,着生在菌体周围的称周毛。鞭毛的有无、着生位置和数目是细菌分类的重要依据。

细菌一般是以裂殖的方式进行繁殖的,即细菌的细胞生长到一定限度时,在菌体中部产生隔膜,随后分裂成2个基本相同的新个体。细菌繁殖的速度很快,在适宜的条件下,

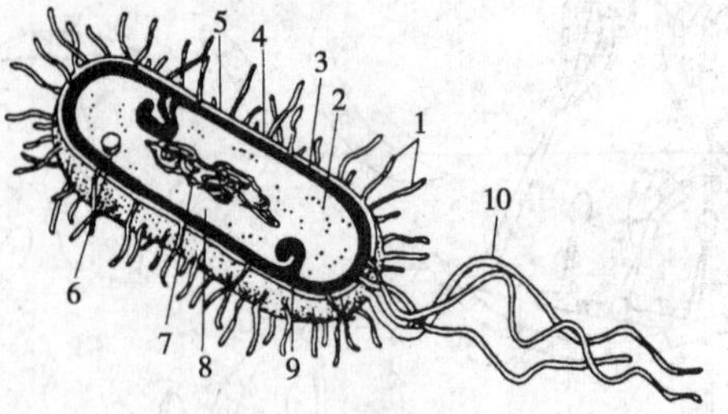

1—菌毛;2—核糖体;3—细胞膜;4—细胞壁;5—荚膜;
6—内含物;7—原核;8—细胞质;9—间体;10—鞭毛

图 2-24　细菌结构示意图

每小时可分裂 1 次至数次,一个细菌一昼夜繁殖数十亿个,这是细菌性病害发生迅速且严重的原因。

植物病原细菌都能在人工培养基上生长繁殖,培养基的酸碱度以中性或微碱性为宜。细菌种类不同,在固体培养基上的菌落形状和颜色也不同,常有圆形、不规则形,呈白色、黄色或灰色。培养适温 26 ~ 30 ℃,在 50 ℃下处理 10 min 后多数会死亡。病原细菌大多都是好气性的。

细菌个体很小,通常要经过染色才能在光学显微镜下观察到。不同的细菌对染料的反应不同,因而对细菌染色有鉴别作用。最重要的染色方法是革兰氏染色反应。细菌用结晶紫染色和碘液处理后,再用酒精或丙酮冲洗,不褪色的是革兰氏染色阳性反应,褪色的为阴性反应。

对于植物病原细菌的分类,现在一般采用伯杰氏(Bergey D H)提出的分类系统。将主要的病原细菌分别归入 5 个属,检索表如下:

植物病原细菌分类检索表

1. 革兰氏染色反应阳性,大多数无鞭毛 ………………………………… 棒杆菌属(*Corynebacterium*)
1. 革兰氏染色反应阴性,有鞭毛 ……………………………………………………………………… 2
2. 鞭毛极生……………………………………………………………………………………………… 3
2. 鞭毛周生……………………………………………………………………………………………… 4
3. 鞭毛数根,菌落白色,能产生荧光性色素 ……………………………… 假单胞杆菌属(*Pseudomonas*)
3. 鞭毛 1 根,菌落黄色,产生非水溶性黄色色素 ……………………… 黄单胞杆菌属(*Xanthomoas*)
4. 引起植物组织瘤肿或畸形 ……………………………………………… 野杆菌属(*Agrobacterium*)
4. 引起植物组织腐烂或萎蔫 ……………………………………………………… 欧氏杆菌属(*Erwinia*)

2.2.1.2　植物细菌病害的症状及发生特点

观察桃树细菌性穿孔病、木麻黄青枯病、桉树青枯病、樱花根癌病标本。

细菌引起的植物病害症状表现主要有斑点、溃疡、腐烂、枯萎、畸形。

植物病原细菌没有直接穿透寄主表皮而侵入的能力,它们主要通过寄主体表的自然孔口和伤口侵入。假单胞杆菌多从自然孔口侵入,也能从伤口侵入,而棒杆菌、野杆菌和欧氏杆菌则多从伤口侵入植物。

植物病原细菌的田间传播主要是通过雨水的飞溅、灌溉水、介体昆虫和线虫等,有些细菌还可通过田间作业活动工具,如嫁接刀具传播。有些则随着种子、球根、苗木等繁殖材料的调运而远距离传播。植物病原细菌没有特殊的越冬结构,必须依附于感病植物,不能离开感病植物而独立存活。因此,感病植物是病原细菌越冬的重要场所,病株残体、种子、球根等繁殖材料,以及杂草都是细菌越冬场所,也是初侵染的重要来源。一般细菌在土壤内不能存活很久,当植物残体分解后,它们也渐趋死亡。青枯病和根癌病的病原细菌在土壤中可以长期存活并作为侵染来源。

一般高温、多雨,尤以暴风雨后,湿度大、施氮肥过多等环境因素,均有利于细菌病害的发生和流行。

2.2.2　植物病原病毒及致病特点

2.2.2.1　病毒的一般性状

病毒是一类不具细胞结构的寄生物,体积极小,只有在电子显微镜下才能观察到。病毒粒子结构简单(图2-25),大多数都只由蛋白质衣和核酸两部分组成。病毒的蛋白质外壳由多种氨基酸形成的多肽链构成,在核酸外起保护作用;核酸由多核苷酸链构成,有单链和双链两种结构,而核酸又有核糖核酸(RNA)和脱氧核糖核酸(DNA)两种类型。植物病毒的核酸绝大部分为单链RNA。

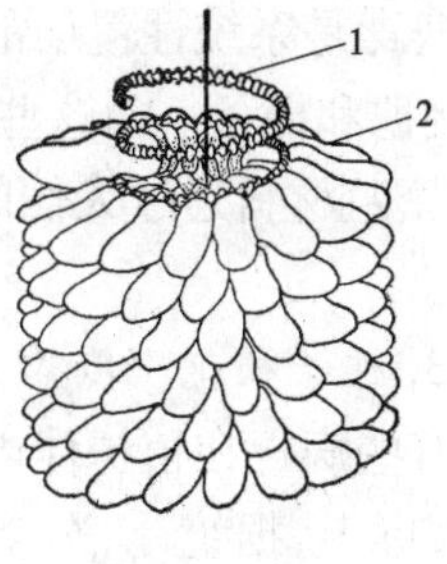

1—核酸;2—蛋白质亚基

图2-25　病毒粒子的结构

病毒的核酸有传染性,并携带着病毒的遗传信息。一定数量具有控制病毒某种遗传性状的核苷酸序列所构成的核酸链的小段,称为病毒的基因组。绝大多数植物病毒粒体具有相同的形状,也具有相同的基因组,但也有几种病毒可以具有两种不同的形态。形态不同的粒体可能具有不同的遗传分工。只有当不同形态的粒体共同进入寄主时,才能表现出病毒的全部侵染力、致病性及其他遗传特性。

病毒是活养生物,只存在于活体细胞中,迄今还没有发现能培养病毒的合成培养基。病毒具有很高的增殖能力,它的增殖方式显然不同于细胞的繁殖,而是采取核酸模板复制的方式。首先是病毒本身的核酸与蛋白质衣壳分离,在寄主细胞内可以分别复制出与它本身在结构上相对应的蛋白质和核酸,然后核酸进入蛋白质衣壳内形成新的病毒粒体。病毒在增殖的同时,也破坏了寄主正常的生理程序,从而使植物表现症状。

不同的病毒对外界环境条件变化的影响所呈现的稳定性不同。因此,这种特性可作为鉴定病毒的依据之一。

(1)钝化温度,即把病株组织的榨出液处理10 min,使病毒失去侵染力的最低温度,用摄氏温度表示,大多数植物病毒的钝化温度在55~70 ℃。

(2)稀释终点,即将病株组织的榨出液用无菌水稀释,超过一定限度时,便失去侵染力,保持病毒活力的最高稀释度。

(3)体外保毒期,即病株组织的榨出液在室温(20~30 ℃)下能保持其侵染力的最长时间,大多数病毒可存活数天到数月。

2.2.2.2　植物病毒病的症状及发生特点

病毒是活养生物,它不能在植物活细胞以外生存,这一特点决定了它的传播方式既不能像其他病原生物依靠自身的主动力量传播,也不能借气流、雨水和流水帮助传播。病毒的传播可分为非介体传播和介体传播两大类。非介体传播是指通过感病植物或带毒体本身的无性繁殖材料或有性繁殖材料来完成的传播方式。介体传播是指由带毒的或本身受感染的其他生物介体来完成的传播方式。

1. 机械传播

在自然界,通过病株与健株枝叶接触时相互摩擦,或人为的摩擦而产生轻微伤口,带有病毒的病株汁液从伤口流出而传入健株。接触过病株的手、工具也能间接将病毒传染给健株,称为机械传播,又称汁液传播。这类传播作用通常只发生在病毒存在于表皮薄壁细胞里的花叶型病毒病上。机械传播是病毒传播的一种重要的手段。

2. 植物无性繁殖器官的传播

病毒是系统性侵染的,在被侵染的植株各部位都可能含有病毒,包括鳞茎、球茎、根系、接穗和插条。由这些繁殖材料产生的新植株也将被病毒感染。同时,病毒可随着这些无性繁殖材料通过人们的栽培和贸易活动传到各地,这对常用无性繁殖的植物来讲,危害很大。

3. 种子和花粉传播

有些病毒在植株体内也可以进入种子和花粉。过去曾经认为,由种子传染的病毒不多,实际上,据统计,迄今由种子传染的病毒已有100多种,并且有些带毒率很高。能以种子传播的以花叶病毒为多。花粉传播的植物病害至少有11种以上,如桃环斑病毒,但在自然界对植物的危害并不大。

4. 介体传播

传播植物病毒的介体最重要的是昆虫,其次是线虫、螨类、真菌,还有菟丝子。昆虫介体中以蚜虫最为重要,其次为叶蝉。此外,还有飞虱、粉虱、粉蚧、蓟马等。植物病毒对介体的专化性很强,通常由一种介体传播的病毒就不能由另一种介体传播。据此,介体生物的种类在植物病毒的鉴定上具有重要的意义。

病毒侵入植物时,必须从植物表面轻微的伤口侵入。这种伤口既能造成细胞壁的破坏,为病毒的侵入打开门户,又不导致细胞死亡,这样病毒侵入后才能在活细胞中繁殖,然后侵染逐渐扩展到周围的细胞。当病毒进入韧皮部以后,多在筛管内移动,随同植物同化产物运输,先被带至植物根部,后向地上部分移动,病毒便扩展到植物全株,使植物表现症状,因此病毒病多为系统性侵染。

2.2.3　植物病原植原体及致病特点

2.2.3.1　植原体的一般性状

植原体构造(图2-26)介于细菌与病毒之间,它没有细胞壁,但有一个分为3层的单位膜,厚度为8~12 μm。细胞内含有大量呈双链的脱氧核糖核酸细链,这种脱氧核糖核酸呈环状,细胞内还含有类似核糖核蛋白颗粒,中部有些纤维状结构。

植原体的形态多种多样,最常见的有圆形、椭圆形或不规则形等。它的繁殖方式不同于病毒,是通过二均分裂、出芽生殖和形成小体后再释放出来三种形式繁殖的。植原体与病毒的另一个重要区别是,它们能在人工培养基上培养。

2.2.3.2　植物植原体病害的症状及发生特点

观察泡桐丛枝病、枣疯病、榆树黄化病、苹果簇叶病的标本。

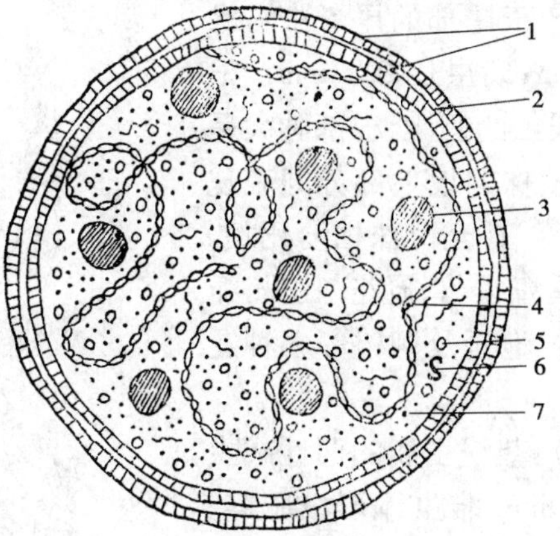

1—蛋白质膜;2—脂肪膜;3—核糖体;4—脱氧核糖核酸;
5—可溶性蛋白质;6—可溶性核糖核酸;7—代谢产物

图2-26 植原体构造模式图

植原体引起病害的主要症状表现为黄化、萎缩、丛生、花变叶及花、叶芽变小。

植原体只存在于韧皮部组织中和传毒昆虫体内,通过嫁接或菟丝子、叶蝉、飞虱、木虱等传播。引起的病害属黄化型系统性病害,对青霉素的抵抗能力很强,而对四环素族抗菌素敏感。

植原体引起病害的主要特点表现为系统侵染。它们侵入寄主后,大多数分布于感病植株韧皮部的筛管细胞中,但有时也在韧皮部的薄壁细胞和管胞中发现,或偶见于表皮薄壁细胞中。植原体在病株内的移动,主要是通过筛管细胞上筛板孔进行的。它们可随着植物体内营养液的流动,被运送到植物的其他部位。

2.2.4 植物病原线虫及致病特点

2.2.4.1 植物病原线虫的一般性状

线虫是一种低等动物,属于线形动物门,线虫纲。在自然界中分布广、种类多。线虫(图2-27)体呈圆筒形,细长,两头稍尖,体长差异较大,最大的是生活于海洋中的线虫,有几米长。而所有寄生在植物上的线虫都是非常微小的,一般体长在0.5~2 mm,宽为0.03~0.05 mm。大部分线虫两性异体同形。少数线虫两性异形,雌虫发育近球形或梨形,体壁常无色透明或呈乳白色。

线虫的生活史分为卵、幼虫、成虫三个发育阶段。除少数可营孤雌生殖外,绝大多数是产卵繁殖。一个成熟的雌虫一生可产卵500~3 000个。卵孵化为幼虫,幼虫形态与成虫相似,只是体形较小,生殖系统发育不完全。不易区别雌雄。幼虫经3~4次蜕皮后发育为成虫。每蜕皮1次增加一龄。从卵孵化到再产卵为一代。各种线虫完成生活史的时间不同,有的仅几天,有的几周。

2.2.4.2 植物寄生线虫的主要类群

根据侧尾线口的有无,线虫纲分为侧尾腺口亚纲(Phasmidia)和无侧尾腺口亚纲(Aylenchida)两大类。植物寄生线虫主要属于侧尾腺口亚纲中的垫刃目(Tylenchida)。危害植物的线虫,常见的有以下几类。

根结线虫属(*Meloidogyne*):根结线虫属的成虫为雌雄异形,雌虫体长0.8 mm,宽0.5

mm,有一个明显的颈;卵产于尾部的尾囊中。雄虫线形,体长 1.0~2.0 mm;幼虫长 0.5 mm。根结线虫为内寄生型,由于线虫的刺激,根部肿大呈瘤状,称为根结或虫瘿。植株的地上部分则表现为生长停滞,叶片变黄早落,甚至植株枯萎死亡。我国常见的有仙客来、四季海棠、鸡冠花、牡丹、栀子、月季、桂花、法桐、梓树、泡桐及柳树等多种花木的根结线虫病。

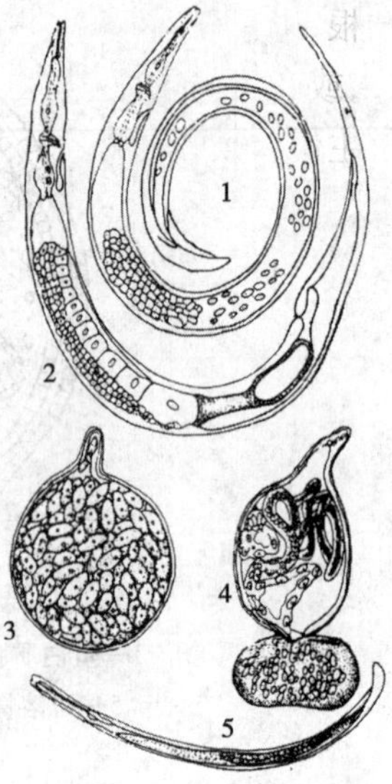

1—雄线虫;2—雌线虫;3—孢囊属线虫雌线虫;4—根结线虫属雌虫;5—根结线虫属雄虫

图 2-27 线虫的形态

茎线虫属(*Ditylenchus*):茎线虫属的两性成虫均呈线形,体长可达到 2 mm;雌虫体形极肥胖。本属为内寄生型,可危害茎(包括球茎、鳞茎)、叶和花等器官。引起组织坏死腐烂或植株短化变形,有病鳞茎横断面有褐色环斑。常见的有水仙、郁金香、福禄考等茎线虫病。

伞滑刃线虫属(*Bursaphelenchus*):雌虫卵巢前生,后阴子宫囊长,延伸到距阴肛 3/4 处。上阴唇长,向下覆盖,形成阴门垂体(或阴门盖)。卵母细胞通常单行排列。尾近圆柱形,尾端钝圆,或有短的尾尖突。雄虫尾尖,侧面观似爪状,精巢前伸。交合刺大,呈很独特的弓形,成对,不联合,基部有一大而尖的喙,交合刺末端有一几丁质凸出物。

观察松材线虫病、泡桐根结线虫病标本。

2.2.4.3 植物寄生线虫的致病特点

植物寄生线虫大部分生活在土壤耕作层。最适于线虫发育和孵化的温度为 20~30 ℃,最高温度为 45 ℃,最低为 10 ℃。最适宜的土壤温度为 10~17 ℃。适宜的温、湿度条件有利于线虫的生长和繁殖,多数线虫在沙壤土中容易繁殖和侵染植物。线虫一般以卵和幼虫在植物组织内或土壤中越冬。线虫在田间的传播主要是通过灌溉水、土壤、人的操作活动等,而远距离传播则是依靠种子、球根及花木的调运来实现的。

植物病原线虫大多数为活养生物,少数为半活养生物。根据其取食习惯,常将线虫分为外寄生型和内寄生型两大类。外寄生型的线虫以吻针刺入寄主的根,引起根上发生病斑,根尖干死,有时还造成根系过度分支。此外,还会招来次生菌,造成更严重的根腐;地上部则无特征性病状,仅表现为缺水、缺肥状。内寄生型线虫的寄生部位因线虫种类而异,有的从幼苗基部侵入进行系统侵染,最后蔓延到种子内部危害籽粒;有的从幼苗侵入达到生长点外,最后造成顶叶干枯和籽粒不实;有的只局部侵染,侵入叶片造成叶斑;还有许多线虫只危害地下部,造成根腐、根结或块根块茎腐烂。

2.2.5 寄生性种子植物及致病特点

种子植物(图 2-28)大多数为自养生物,其中有少数因缺乏叶绿素或某些器官的退化而成为异养生物,在其他植物上营寄生生活。根据其对寄主的依赖程度,可以分为半寄生性种子植物和全寄生性种子植物两大类。前者有叶绿素,能进行光合作用,自制养分,但无真正的根,以吸根伸入寄主木质部,与寄主的导管相连,吸取寄主体内的水分和无机盐。后者无叶,或叶片退化成鳞片状,没有足够的叶绿素,不能自营光合作用,也没有根,以吸器伸入寄主体内,并与寄主的导管和筛管相连,以吸取寄主植物的无机盐类、水分和有机营养物质。

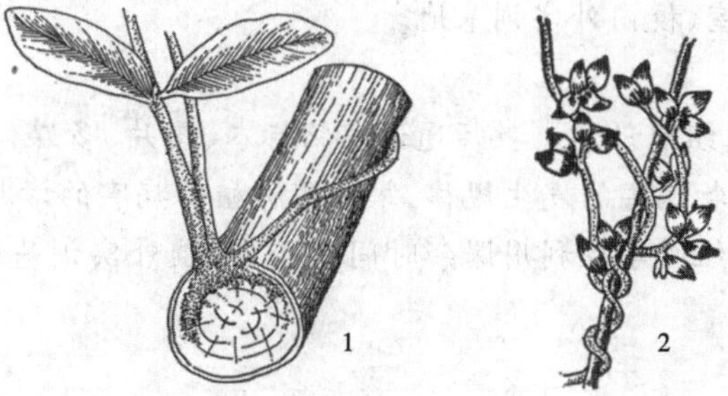

1—桑寄生;2—菟丝子

图2-28　常见寄生性种子植物　(仿中南林学院)

寄生性种子植物都是双子叶植物,估计在1 700种以上,属于12个科,其中对植物危害严重的主要有桑寄生科和菟丝子科。

桑寄生科:桑寄生科包括桑寄生、槲寄生等30属500多种,主要分布在热带、亚热带。其中最重要的是桑寄生属,其次是槲寄生属。

观察桑寄生标本或图片。桑寄生属多为常绿灌木,少数为落叶性的。茎褐色,圆筒形,有匍匐茎。叶全缘,对生或互生。两性花,紫红色,花被4~6枚,果实为浆果。寄生于柑、橙、柚、柠檬、油茶、板栗、油桐等植物上。

观察槲寄生标本或图片。槲寄生属是常绿灌木,叶革质,对生或互生,小茎作叉状分枝,不产生匍匐茎。花极小,单性花,槲寄生雌雄异株,果实为浆果。

桑寄生和槲寄生的浆果,鸟类喜欢啄食,但种子不能被消化,鸟吐出或经消化道排出的种子黏附在树皮上,在适宜条件下萌发,先长吸器,后产生吸根,侵入寄主枝条,发育成绿色丛枝状枝叶。

菟丝子科:观察菟丝子标本。菟丝子缠绕寄生于寄主植物上,没有根和叶,或叶片退化为鳞片状,无叶绿素。藤茎丝状,黄白色或稍带紫红色。花小,白色或黄色,球状花序。果为开裂的蒴果,内有种子2~4枚。

我国发现的10多种菟丝子中,以中国菟丝子和日本菟丝子最常见。中国菟丝子的茎细,花少,种子小,危害草本植物,以豆科植物为主;日本菟丝子的茎稍粗,花多,种子大,危害木本植物。

寄生性种子植物的识别比较简单,不论是全寄生还是半寄生性种子植物均与寄主植物有显著的形态区别。危害寄主植物时,营半寄生的种子植物都是常绿的,能开花结果。当寄主植物落叶后,树干上很明显有几簇丛生的小枝梢。营全寄生的菟丝子类呈金黄色或略带紫红色丝状藤茎,常缠绕寄主的部分枝条,甚至整个树冠,一眼就可看到。

防治寄生性种子植物,勤检查、勤清除是最有效的手段;用"鲁保一号"菌剂、五氯酚钠,防治效果较好。

学习任务3 园林植物病害发生规律及诊断方法

【学习场所】

教室、病虫害实训室、校内外实训基地。

【学习形式】

以学习小组为单位组织教学。教师通过实物标本、图片、多媒体课件演示与讲授相结合,使学生了解园林植物病害的发生规律,掌握园林植物病害的诊断方法及注意事项。在此基础上,每个学习小组的学生利用课余时间到校内、校外实训基地进行实地观察,按步骤亲自诊断所见病害。

【实训用品与材料】

病害标本采集箱、枝剪、放大镜、镊子、剪刀、显微镜、恒温培养箱、培养皿、三角瓶、滤纸、PDA 培养基、酒精、铅笔、笔记本等及相关参考资料。

【辅助学习资源】

◆ 园林植物病害彩色图谱

◆ 园林植物病害多媒体教学课件、视频等

3.1 园林植物病害发生规律

3.1.1 园林植物病害发生三要素

寄主植物、病原物、环境称为园林植物病害发生三要素。

寄主植物是保护的对象,同时也是病原物攻击的目标,病原物必须依赖寄主生存和繁衍。寄主植物可以影响病原物的生长发育和致病等生命活动,同时寄主植物也可以改变局部的环境,如降低土表温度、增大土表的湿度、过度密植有利于营造发病的小气候。

病原物是要控制的对象。某特定的病原物群体内部存在种种差异,其中有一种差异在病害系统中非常重要,即致病力的差异。由于病原物的群体数量大、繁殖快、后代多,病原物自身的变异积累是显著的,加上寄主植物品种和田间使用化学农药对病原物施加的定向选择压力,更加快了病原物的变异速度。

环境因素十分复杂,大体上可以分为生物环境因素和非生物环境因素。生物环境因素包括除寄主植物和病原物外的生物。生物因素对植物的影响因生物的种类不同而异,如非寄主植物(杂草)对寄主的影响包括竞争养分和空间;有些动物对寄主有破坏作用(如害虫),也有一些有促进作用(如传粉的昆虫);有的微生物,如菌根真菌、根瘤菌、内生菌等对寄主植物的生长有促进作用,可提高寄主植物的抗逆能力(如抗干旱、抗冻害和抗病虫害等)。生物因素对病原物的影响也是多种多样的,有些植物可以是病原物的桥梁寄主,有些动物(特别是昆虫)可以作为介体帮助病原物扩散、传播和侵染,当然动物也可以将病原物作为取食对象;有些微生物对病原物具有拮抗作用或寄生作用,可以抑制病原物的生长和繁殖或破坏和杀死病原物;也有一些微生物对病原物没有显著的影响,甚至可以作为病原物的介体等。非生物环境因素包括气象因素(温度、光照、气流、湿度和降雨量等)和土壤因素(土壤质地、通气、pH、矿物质和有机质含量等)等。任何植物的正常生长均需要适宜的温度、充足的光照、适宜的水分和丰富的营养等,非生物因素对植物正常生长的影响是显而易见的,它们同时也影响到病原物和环境中生物因素的生长、发育和存活等。可以说,环境因素对病害的发生有非常重要的作用,病害大面积的暴发流行与适宜的发病环境是分不开的。充分研究环境因素对寄主植物和病原物的影响是科学管理植物病害的前提条件。

寄主植物、病原物与环境的相互作用组成自然的病害系统,可以通过栽培措施或病害防治措施对三者进行合理的调控来控制或减轻病害的发生。

3.1.2　园林植物病害发生过程

从病原物与寄主感病部位接触,并侵入寄主,到引起植物表现症状所经历的全部过程,称为病害的发病过程,简称病程。病原物的发病过程是一个连续的过程,为了便于说明病原物的侵染活动,一般将病程划分为接触期、侵入期、潜育期和发病期四个时期。

3.1.2.1　接触期

接触期是指从病原物被动或主动地传播到植物的感病部位到侵入寄主为止的一段时间。它是病害发生的一个条件。

接触的概率受寄主植物和生态环境的影响。大多数病原物都是被动地被携带或传播,随机地落在寄主植物和其他物体上的,病原所在地与寄主的距离同传播体的降落量成反比,迎风面比背风面接触风传孢子的机会多。病原物的休眠体大多是随着气流或者雨水的飞溅落到植物上,还可以随着昆虫等媒介或者田间操作工具等传到植物上。

接触期的长短因病害种类而异。病毒、植原体和细菌从伤口侵入,接触和侵入是同时实现的,没有接触期。大多数真菌的孢子在具备萌芽条件时,几小时便完成侵入,最多不超过24 h,而桃缩叶病菌的孢子在芽鳞间越冬,至次年春新叶初发才萌芽侵入,接触期有几个月。

寄主体表环境影响病原物的生存和活动。许多真菌孢子要求高湿度,由于植物的蒸腾作用,叶面的温度常比大气的低,湿度比大气的高,这对孢子的萌芽和芽管的生长无疑是有利的。植物体表的外渗物质,有的可作为孢子萌芽的辅助营养,有的则对孢子萌芽有抑制作用。植物体表微生物群落对病原物的拮抗作用更有不可忽视的影响。

3.1.2.2　侵入期

侵入期是指从病原物侵入寄主到建立寄生关系为止的一段时间。园林植物病害的发生都是从侵入开始的。

1. 侵入途径

1)直接穿透侵入

有些真菌(以侵入丝穿透角质层溶解表皮细胞侵入寄主)、寄生性种子植物(吸根穿透力强)、线虫(口针穿刺)是直接穿透侵入的。

2)自然孔口侵入

有些园林植物病原细菌和真菌是从自然孔口侵入的。植物体表有气孔、水孔、皮孔和蜜腺等自然孔口,其中尤以气孔的关系最大。由于自然孔口含有较多的营养物质和水分,所以病原菌侵入自然孔口,一般认为是趋化性和趋水性的作用。

3)伤口侵入

植物表面的伤口有自然伤口、病虫伤口和人为伤口等,有些植物病毒、细菌、真菌和线虫是从伤口侵入的。从伤口侵入的病毒,伤口只是作为它们侵入细胞的途径。而有的细菌和真菌除将伤口作为侵入途径外,还可利用伤口的营养物质营腐生生活,而后进一步侵入健全组织。伤口侵入对枝干溃疡病菌和立木腐朽病菌特别重要。因为树木较大枝干没有自然孔口,皮层很厚,也不容易直接穿透侵入。

一般直接穿透侵入的病原物亦可从自然孔口和伤口侵入,而伤口侵入的多不能直接穿透或从自然孔口侵入。

2. 影响侵入的环境条件

真菌孢子萌发和侵入对外界条件有一定要求,其中影响最大的是湿度和温度。湿度决定孢子能否萌芽和侵入,温度则影响孢子萌芽和侵入的速度。

大多数真菌孢子,尤其是气流传播的孢子,只有在水滴中才能很好地萌芽,即使在饱和湿度下萌芽率也极低。细菌在水滴中最适宜于侵染。而白粉菌的分生孢子,因其细胞质稠,吸水性强,孢子萌芽时不膨大,需水量少,并且萌芽时需要氧气,故能在很低的相对湿度下萌芽。土传真菌,孢子在土壤中萌芽,若土壤湿度过高,造成土壤缺氧,对孢子萌芽和侵入不利。各种真菌孢子都有最低、最适和最高的萌芽温度,在最适温度下,孢子萌芽率高,萌芽快,芽管也较长。

在园林植物生长期间,尤其在其中某一阶段内,温度的变化是不大的,而湿度变化则很大,所以湿度是影响病原物侵入的主要条件。但这也不是绝对的,因为从孢子萌芽到完成侵入,不但需要一定的温度和湿度,而且还需要一段时间。植物表面饱和湿度和叶面结露一般只在降雨或夜间才能遇到。因此,从入夜到次日早晨,若气温低,侵入时间就要延长,如果超过所需保湿时间,则侵入就不能完成。

外界温、湿度不仅作用于病原菌,而且也影响寄主植物的抗病性,因而间接地对病原菌的侵入发生作用。如苗木猝倒病在幼苗出土后遇到寒潮,使幼苗木质化迟缓,容易发病。

在防治侵染性病害上,侵入期是个关键时期,一些主要防治措施,多在于阻止病原物的侵入,如生产上广泛使用保护性杀菌剂。

3.1.2.3 潜育期

从病原物与寄主建立寄生关系开始到表现症状为止的这一段时期称为潜育期。在此期间除极少数外寄生菌外,病原物都在寄主体内生长发育,消耗寄主体内养分和水分,并分泌多种酶、毒素、生长激素等,影响寄主的生理代谢活动,破坏寄主组织结构,并诱发寄主一系列保护反应。因此,潜育期是病原物与寄主矛盾斗争最激烈的时期。

病原物在寄主体内有主动扩展和被动扩展两种形式。前者是借病原物的生长和繁殖,如真菌主要依靠菌丝的生长,病毒、植原体、细菌等则依靠繁殖增加数量。后者是借寄主输导系统流动,寄主细胞分裂和组织生长而扩展。病原物在寄主体内的扩展范围,有的是局限在侵入点的附近,形成局部侵染,例如多种叶斑病、溃疡病、苗木茎腐病、根腐病、根结线虫病,以及寄生性种子植物所致的病害。但是对寄主的影响不一定是局部性的,如苗木白绢病菌只寄生在根部皮层上,但是由于造成根部皮层腐烂,导致全株枯死。有的则从侵入点向各个部位扩展，甚至扩展到全株，形成系统性侵染，例如病毒病、植原体病和枯萎病等。系统性病害的症状，有的在全株表现，如病毒病；有的则在局部表现，如泡桐丛枝病的早期病状。

不同病害潜育期的长短差别很大，叶斑病一般几天至十几天，枝干病害有的十几天至几十天，松瘤锈病为2~3年，活立木腐朽病则为几年至几十年。抗病树种和生长健壮的植物感病后，潜育期延长，发病也较轻。外界温度对潜育期影响很大，在适温下潜育期最短。潜育期缩短会增加再侵染次数，使病害加重。

有些病原有潜伏侵染的现象，即在不适于发病的条件下，暂时不表现症状，如苹果树腐烂病，这在植检和防治上是不可忽视的问题。

3.1.2.4 发病期

从寄主开始表现症状而发病到症状停止发展为止的这一段时期，称发病期。这一阶段由于寄主受到病原物的干扰和破坏，在生理上、组织上发生一系列的病理变化，继而表现在形态上，病部呈现典型的症状。植物病害症状出现后，病原物仍有一段或长或短的扩展时期。叶斑和枝干溃疡病斑都有不同程度的扩大，病毒在寄主体内增殖和运转，病原细菌在病部出现菌脓，病原真菌或迟或早都会在病部产生繁殖体和孢子。在外界环境条件中，温度、湿度、光照等对真菌孢子的产生都有一定影响。植物病害症状停止发展后，寄主病部组织呈衰退状态或死亡，侵染过程停止。病原物繁殖体进行再侵染，病害继续蔓延扩展。

3.1.3 园林植物病害的侵染循环

植物病害的侵染循环是指病害从寄主植物的上一个生长季节开始发病到下一个生长季节再度发病的过程。主要包括病原物的越冬和越夏、病原物的传播、病原物的初侵染与再侵染3个环节(图2-29)。不同的病害，其侵染循环的特点不同。了解各种病害侵染循环的特点是认识病害发生、发展规律的核心，也是对病害进行系统分析、预测预报及制定防治对策的依据。

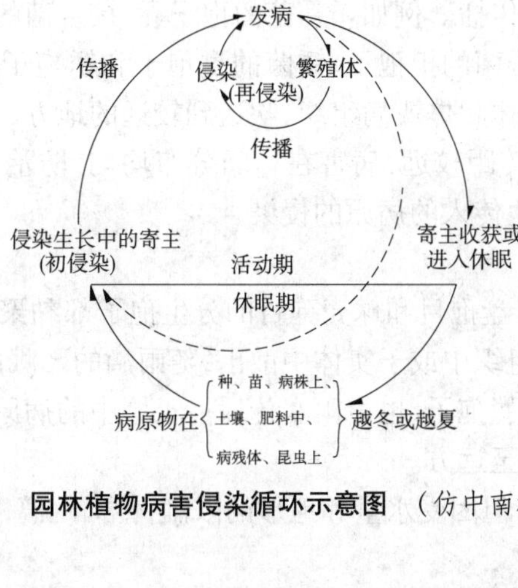

图2-29 园林植物病害侵染循环示意图 （仿中南林学院）

3.1.3.1 病原物的越冬

病原物的越冬场所是园林植物下一个生长季节病害的初侵染来源。病原物在此时呈休眠状态，且有一定的场所，是病原物的薄弱环节，为防治的关键时期。

1. 病株(包括其他园林植物、转主寄生)

病株是园林植物病害最重要的越冬场所。园林植物是多年生的,绝大多数病原物都能在病枝干、病根、病芽、病叶等组织内外越冬,成为下一个生长季节的侵染来源。枝干和根部病害病部的病原物,往往是这类病害多年的侵染来源。

2. 病残体

绝大多数非专性寄生的真菌、细菌都能在生病的枯立木、倒木、枯枝、落叶、落果、残根等病残体内存活。寄生性强的病原物在病残体分解以后,不久就逐渐死亡,而腐生性强的病原物脱离病残体之后,可以继续营腐生生活。

3. 土壤

病原物随着病残体落到土壤里成为下一季节的侵染来源,根病尤其如此。

4. 种苗和其他繁殖材料

种子带菌不是引起园林植物病害的主要途径。苗木、插条、接穗、种根和其他繁殖材料的内部和表面均可能带有病原物,而成为侵染来源。此外,还可以随着苗木和繁殖材料的调运,将病害传播到新的地区。

各种病原物的越冬场所不一定相同。有些病原物的越冬场所不止一处,不同越冬场所提供的侵染来源数量不同,因此要找到它们的主要越冬场所,以便采用经济有效的方法进行防治。

3.1.3.2　病原物的传播

各种病原物的传播方式是不同的。细菌和真菌的游动孢子可在水中游动,真菌菌丝的生长、线虫的爬行、菟丝子茎的生长等均可转移位置。但依靠病原物主动传播的距离有限,只起传播开端作用,再依传媒传到远处。病原物传播的主要途径是借气流、雨水、动物和人为传播。

1. 气流传播

有些真菌孢子产生在寄主体表,易于释放,或者在子实体内形成,借各种方法将孢子释放入空中作较长距离的传播。例如霜霉菌的孢子囊、接合菌的孢囊孢子、以缝裂或盖裂方式放射的子囊孢子、担子菌的担孢子、锈菌的夏孢子和锈孢子、半知菌丝孢目的分生孢子等。风也能将病原物的休眠体或病组织,吹送到较远的地方。

由气流传播的病原物传距较远,病害在林间分布均匀,防治比较复杂,除注意消灭当地侵染源外,还要防治外地传入的病原的侵染。

2. 雨水传播

园林植物病原细菌、黑盘孢目和球壳孢目的分生孢子都黏聚在胶质物内,必须利用雨水把胶质溶解,才能从病组织中或子实体中散出,随雨滴的飞溅而传播。游动孢子和以子囊壁溶解的方式放射的子囊孢子,也由雨水传播。土壤中的病原物还能随着灌溉水传播,病残体也能在流水中漂浮至远方。

雨水传播的方式虽多,但因受水量和地形的限制,传播距离一般不会很远。

3. 动物传播

能传播病原物的动物种类很多,有昆虫、螨类、线虫、鸟类、啮齿类等,但其中主要的是昆虫。昆虫传播病菌的方式分体外带菌和体内带菌两种,体外带菌是非专化性的,只是机械地携带,一般是接触传播;体内带菌一般为专化性的,是损伤传播。

传染病毒和植原体的昆虫,绝大多数是刺吸式口器,如蚜虫、叶蝉等。传毒昆虫有的获毒之后即可传染,但保持传毒时间较短,由蚜虫传染的大都属于此类;有的获毒之后要经过一个时期的循回期方可传毒,而且保持传毒时间较长,有的吸毒一次可以终身带毒,甚至可以传递给后代。

由于昆虫食性关系可将病原物传带到同一种植物,甚至同一个器官上去,所以虫传的效率较高。

4. 人为传播

人们在育苗、栽培管理及运输的各种活动中,常常无意识地帮助了病原物的传播,特别是调运种苗或其他繁殖材料,以及带有病原物的植物产品和包装材料,都能使病原物不受自然条件和地理条件的限制,而作远距离的传播,造成病区的扩大和新病区的形成。

3.1.3.3 初侵染和再侵染

越冬后的病原物,在植物生长期引起的首次侵染,称作初侵染。在初侵染的病株上又可以产生孢子或其他繁殖体,进行再次传播引起的侵染称为再侵染。在同一生长季节中,再侵染可能发生多次,病害的侵染循环,按再侵染的有无分为两种类型。

1. 多病程病害

在一个生长季节中发生初侵染后,还有多次再侵染。这类病害的病原物一年发生多代,潜育期短,侵染期长。多病程病害种类最多,如多数真菌、全部细菌、病毒、植原体、根结线虫和菟丝子等引起的病害,防治比较复杂,除注意防治初侵染外,还要解决再侵染问题。

2. 单病程病害

在一个生长季节中只有一次侵染过程,没有再侵染。这类病害有的是因为病原物一年只产生一次传播体;有的是侵入期固定,如毛竹枯梢病菌虽可产生子囊孢子和分生孢子,但它们只能在竹子发叶期,从嫩枝腋处侵入,因而不可能进行再侵染;有的是由于传播昆虫一年一代。这类病害防治比较容易,只要消灭初侵染来源或防治初侵染,就可以预防该类病害的发生。

3.1.4 园林植物病害的流行

植物病害在一个时期或一个地区大面积发生,造成经济上的严重损失,称为病害流行。

园林植物病害的流行需要大量的致病力强的病原物、大量的高度感病的寄主植物和有利于不断进行侵染的环境条件。三者缺一不可,必须同时存在。

3.1.4.1 病原物方面

在一个生长季节中,病原物的连续再侵染,使病原物迅速积累。感病植物的长期连作,病株及其残体不加清除或处理不当,均有利于病原物的大量积累。对于那些只有初侵染而没有再侵染的病害,每年病害流行程度主要取决于病原物群体最初的数量。借气流传播的病原物比较容易造成病害的流行。从外地传入的新的病原物,由于栽培地区的寄主植物对其缺乏适应能力,从而表现出极强的侵染力,常造成病害的流行。园林植物种苗调拨十分频繁,要十分警惕新病害的传入。对于本地的病原物,因某些原因产生的致病力强的新的生理小种，常造成病害的流行。

3.1.4.2　寄主植物方面

感病品种大面积连年种植可造成病害流行。植物感病性的增强，主要是栽培管理不当或引进的植物品种不适应当地气候而引起的。月季园、牡丹园等，如品种搭配不当，容易引起病害大发生。在城市绿化中，如将龙柏与海棠近距离配植，常造成锈病的流行。

3.1.4.3　环境条件方面

环境条件同时作用于寄主植物和病原物，其不但影响病原物的生长、繁殖、侵染、传播和越冬，而且也影响植物的生长发育和抗病力。当环境条件有利于病原物而不利于寄主植物的生长时，可导致病害的流行。在环境条件方面，最重要的是气象因素，如温度、湿度、降水、光照等。多数植物病害在温暖多雨雾的天气易于流行。此外，栽培条件、种植密度、水肥管理、土壤的理化性状和土壤微生物群落等，与局部地区病害的流行都有密切联系。

寄主、病原物和环境条件三方面因素的影响是综合的、复杂的。但对某一种病害而言，其中某一个因素起着主导作用。如梨桧锈病，只有梨树和桧柏同时存在时，病害才会流行，寄主因素起着主导作用。在连年干旱或冻害后，苹果腐烂病常常大发生，环境因素就起着主导作用。掌握各种条件下病害流行的决定因素，对搞好测报与防治工作具有重要意义。

3.2　园林植物病害诊断方法

3.2.1　园林植物病害的诊断步骤

3.2.1.1　园林植物病害的病情调查

根据症状特点区别是虫害、伤害还是病害，进一步区别是侵染性病害还是非侵染性病害，侵染性病害在田间可看到由点到面逐步扩大蔓延的趋势。虫害、伤害没有病理变化过程，而植物病害却有病理变化过程。注意调查和了解病株在田间的分布，病害的发生与气候、地形、地势、土质、水肥、农药及栽培管理的关系。

3.2.1.2　园林植物病害的症状观察

症状观察是首要的诊断依据，虽然简单，但需在比较熟悉病害的基础上才能进行。诊断的准确性取决于症状的典型性和诊断人的经验。观察症状时，注意是点发性症状还是散发性症状，病斑的部位、大小、长短、色泽和气味，病部组织的特点。许多病害有明显的病状，当出现病征时就能确诊，如白粉病。有些病害外表看不见病征，但只要认识其典型症状也能确诊，如病毒病。

3.2.1.3　园林植物病害的病原物显微观察

许多病害单凭病状是不能确诊的，因为不同的病原物可产生相似病状，病害的症状也可因寄主和环境条件的变化而变化，因此有时需进行室内病原物鉴定才能确诊。一般来说，病原物室内鉴定是借助放大镜、显微镜、电子显微镜、保湿和保温器械设备等，根据不同病原物的特性，采取不同手段，进一步观察病原物的形态、特征特性、生理生化等特点。新病害还须请分类专家确诊病原物。

3.2.1.4　侵染性病原物的分离培养和接种

有些病害在病部表面不一定能找到病原物，同时，即使检查到微生物，也可能是组织坏死之后长出的腐生物，因此病原物的分离培养和接种是植物病害诊断中最科学、最可靠的方法。柯赫氏法则又称柯赫氏假设，通常是用来确定侵染性病害病原物的操作程序。柯赫氏法则表述为：

(1)在病植物上常伴有某种微生物存在；

(2)从病植物上分离得到这种微生物的纯培养；

(3)将纯培养接种到相同品种的健株上，表现出相同症状的病害；

(4)从接种发病的植株上再分离到和(2)性状相同的微生物。

以上对新病害或疑难病害的确诊很重要。

3.2.1.5　提出诊断结论

根据上述各步骤的观察鉴定结果进行综合分析，提出诊断结论，并根据诊断结论提出防治建议。

3.2.2　园林植物病害的诊断要点

植物病害的诊断，首先要区分是侵染性病害还是非侵染性病害。许多植物病害的症状都有很明显的特点，这些典型症状可以成为植物病害的诊断要点。

3.2.2.1　非侵染性病害的诊断要点

非侵染性病害除植物遗传性疾病外，主要是由不良的环境因子所引起的。若在病植物上看不到任何病征，也分离不到病原物，且往往大面积同时发生同一病征，没有逐步传染扩散的现象，则大体上可考虑为非侵染性病害。大体上可从发病范围、病害特点和病史几方面分析来确定病因。下列几点有助于诊断其病因：

(1)病害突然大面积同时发生：发病时间短，只有几天。大多是由于三废污染或气候因子异常引起的病害，例如冻害、干热风、日灼所致。

(2)病害只限于某一品种发生：多有生长不良或系统性症状一致的表现，则多为遗传性障碍所致。

(3)有明显的枯斑或灼伤，枯斑或灼伤多集中在植株某一部分的叶或芽上，无继往病史：大多是由于农药或化肥使用不当所致。

3.2.2.2　侵染性病害的诊断要点

侵染性病害常分散发生，有时还可观察到发病中心及其向周围传播、扩散的趋向，侵染性病害大多有病征(尤其是真菌、细菌性病害)。有些真菌和细菌病害及所有的病毒病害，在植物表面无病征，但有一些明显的症状特点，可作为诊断的依据。

1. 真菌病害

许多真菌病害，如锈病、黑粉病、白粉病、霜霉病、灰霉病以及白锈病等，常在病部产生典型的病征，依照这些特征和病征上的子实体形态，即可进行病害诊断。对病部不易产生病征的真菌病害，可以用保湿培养镜检法缩短诊断过程。即摘取植物的病器官，用清水洗净，于保湿器皿内，适温(22～28 ℃)培养1～2昼夜，促使真菌产生子实体，然后进行镜检，对病原体做出鉴定。有些病原真菌在植物病部的植物内产生子实体，从表面不易观察，需用徒手切片法，切下病部组织做镜检。必要时，则应进行病原的分离、培养及接种实验,才能做出准确的诊断。

2. 细菌病害

植物受细菌侵染后可产生各种类型的症状,如腐烂、斑点、萎蔫、溃疡和畸形等;有的在病斑上有菌脓外溢。一些产生局部坏死病斑的植物细菌性病害,初期多呈水渍状、半透明病斑。腐烂型的细菌病害,一个重要的特点是腐烂的组织黏滑,且有臭味。萎蔫型细菌病害,剖开病茎,可见维管束变褐色,或切断病茎,用手挤压,可出现混浊的液体。所有这些特征,都有助于细菌性病害的诊断。切片镜检有无"喷菌现象"是简单易行又可靠的诊断技术,即剪取一小块(4 mm^2)新鲜的病健交界处组织,平放在载玻片上,加蒸馏水一滴,盖上盖玻片后,立即在低倍镜下观察。如果是细菌病害,则在切口处可看到大量细菌涌出,呈云雾状。在田间,用放大镜或肉眼对光观察夹在玻片中的病组织,也能看到云雾状细菌溢出。此外,革兰氏染色、血清学检验和噬菌体反应等也是细菌病害诊断和鉴定中常用的快速方法。

3. 植原体病害

植原体病害的特点是植株矮缩、丛枝或扁枝、小叶与黄化,少数出现花变叶或花变绿。只有在电镜下才能看到植原体。注射四环素以后,初期病害的症状可以隐退消失或减轻,但对青霉素不敏感。

4. 病毒病害

病毒病的特点是有病状,没有病征。病状多呈花叶、黄化、丛枝、矮化等。撕去表皮镜检,有时可见内含体。在电镜下可见到病毒粒体和内含体。感病植株,多为全株性发病,少数为局部性发病。田间病株多分散,零星发生,无规律性。如果是接触传染或昆虫传播的病毒,分布较集中。病毒病状有些类似于非侵染性病害,诊断时要仔细观察和调查,必要时还需采用枝叶摩擦接种、嫁接传染或昆虫传毒等接种实验,以证实其传染性,这是诊断病毒病的常用方法。此外,血清学诊断技术等可快速做出正确的诊断。

5. 线虫病害

线虫病害表现虫瘿或根结、胞囊、茎(芽、叶)坏死、植株矮化黄化或类似缺肥的病状。鉴定时,可剖切虫瘿或肿瘤部分,用针挑取线虫制片或用清水浸渍病组织,或做病组织切片镜检。有些植物线虫不产生虫瘿和根结,可通过漏斗分离法或叶片染色法检查。必要时可用虫瘿、病株种子、病田土壤等进行人工接种。

3.2.3 园林植物病害诊断注意事项

园林植物病害的症状是复杂的,每种病害虽然都有自己固定的典型的特征性症状,但也有易变性。因此,诊断病害时,要慎重注意如下几个问题:

(1)不同的病原可导致相似的症状,如萎蔫性病害可由真菌、细菌、线虫等病原引起。相同的病原在不同的寄主植物上表现不同的症状。

(2)相同的病原在同一寄主植物的不同发育期、不同的发病部位表现的症状不同,如炭疽病在苗期表现为猝倒,在成熟期危害茎、叶、果,表现为斑点型。

(3)环境条件可影响病害的症状,如腐烂病在潮湿时表现为湿腐型,在干燥时表现为干腐型。

(4)缺素症、黄化症等生理性病害与病毒、植原体引起的病害症状类似。

(5)在病部的坏死组织上,可能有腐生菌,容易混淆病原而误诊。

(6)注意虫害、螨害和病害的区别。

(7)注意并发病和继发病。

【理论与技能自测题】

(一)名词解释

症状　菌丝　真菌的营养体　真菌的繁殖体　有性繁殖　无性繁殖　真菌生活史　转主寄生　侵染性病害　寄生性　活养生物　半活养生物　死养生物　致病性　抗病性　病程　侵染循环　初侵染　再侵染　病害流行　病征　病状

(二)填空题

1. 植物病害病原按其性质可分为__________、__________两大类。

2. 非生物性病原包括影响植物正常生长发育的各种不适宜条件,主要指__________、__________、__________等因素。

3. 生物性病原包括各种有害生物,常见的有__________、__________、__________等。

4. 植物病害症状包括__________、__________。

5. 园林植物病害的病状可归纳为__________、__________、__________、__________、__________五种类型。

6. 病征主要表现为__________、__________、__________、__________、__________五种类型。

7. 无性孢子有__________、__________、__________、__________四种类型。

8. 有性孢子有__________、__________、__________、__________四种类型。

9. 按 Ainsworth 分类系统可将真菌门分为__________、__________、__________、__________、__________5个亚门。

10. 鞭毛菌亚门与园林植物病害关系密切的主要有__________、__________、__________、白锈菌。

11. 接合菌亚门的根霉菌能引起__________病。

12. 引起园林植物病害的子囊菌有半子囊菌纲、__________、__________、__________、盘菌纲、腔菌纲。

13. 担子菌亚门引起植物病害的主要有__________、__________、层菌类。

14. 植物病原细菌均为__________状,繁殖方式为__________。

15. 根据寄生性种子植物对植物的依赖程度,可将其分为__________、__________两类。

16. 病原物侵染过程包括__________、__________、__________、__________四个时期。

17. 真菌侵入的途径包括__________、__________和__________等。

18. 细菌侵入的途径包括__________、__________两种。

19. 病害的侵染循环包括病原物__________、__________以及病原物的__________等环节,切断其中任何一个环节,都能达到防病治病的目的。

20.病原物的传播主要有________、________、________、昆虫和其他介体传播。

21.植物病害流行的条件包括________、________、________三个方面。

(三)选择题

1.下列不能度过不良环境的菌丝体结构为(　　)。

A.菌核　B.菌索　C.吸器　D.厚垣孢子

2.引起非侵染性病害的因素有(　　)。

A.真菌　B.营养不良　C.线虫　D.类病毒

3.霜霉菌、腐霉菌、疫霉菌属于(　　)。

A.鞭毛菌亚门　B.接合菌亚门　C.子囊菌亚门　D.担子菌亚门

4. 白粉菌、小煤炱菌属于(　　)。

A.鞭毛菌亚门　B.接合菌亚门　C.子囊菌亚门　D.担子菌亚门

5.根霉菌属于(　　)。

A.鞭毛菌亚门　B.接合菌亚门　C.子囊菌亚门　D.担子菌亚门

6.锈菌、黑粉菌属于(　　)。

A.鞭毛菌亚门　B.接合菌亚门　C.子囊菌亚门　D.担子菌亚门

7.白粉菌和锈菌可以在植物体上寄生,(　　)。

A.可以人工培养　B.不能人工培养

C.可以在枯枝落叶上腐生　D.可以生活在死亡的植物组织上

8.下列选项中,(　　)不是真菌为度过不良环境而产生的繁殖体。

A.菌核　B.菌索　C.菌丝　D.厚垣孢子

9.真菌繁殖体的基本单位是(　　)。

A.菌丝　B.孢子　C.芽管　D.菌丝体

10.典型的锈病菌可产生5种类型的孢子,其中担孢子的产孢器官(　　)。

A.为担孢子堆　B.直接生在冬孢子上

C.直接生在夏孢子上　D.散生在锈孢子器中

(四)判断题

1.园林植物的病害以真菌病害为多。

2.园林植物的病害以细菌病害为多。

3.园林植物病害可分为侵染性病害和非侵染性病害。

4.非专性寄生物只能在死亡的病组织和人工培养基上生长。

5.病原物越冬(越夏)的场所往往比较集中,且处于相对静止状态,所以它在防治上是一个关键时期。

6.主动传播是病原真菌传播的主要方式。

7.侵染过程是指病原物与植物接触之后,引起病害发生的全过程。

8.气流是唯一能使病原物远距离传播的因素。

9.病原物的寄生性与致病性的强弱往往是一致的。

10. 植物的抗病性主要是指病原物无法侵入到植物体内。

11. 所有病原物都是异养生物。

(五)问答题

1. 园林植物病害与损伤有何本质区别?

2. 侵染性病害与非侵染性病害在发生特点上有什么不同?

3. 结合现场教学或实习,说明你所观察到的园林植物病害的典型症状。

4. 园林植物病害的病原物有哪几类? 分别包括哪些类群?

5. 园林植物病害的症状类型有哪些?

6. 病原物的传播方式有哪些? 如何通过切断病原物的传播防治园林植物病害?

7. 病原物的侵入途径有哪些? 真菌、细菌、病毒分别主要通过哪些途径侵入寄主?

8. 什么叫病害的流行? 园林植物病害流行的条件有哪些?

9. 画出病害侵染循环模式图。

参考文献

[1] 徐明慧. 园林植物病虫害防治[M]. 北京:中国林业出版社,1993.
[2] 叶建仁,贺伟. 园林植物病理学[M]. 北京:中国林业出版社,2011.
[3] 邵力平. 真菌分类学[M]. 北京:中国林业出版社,1983.
[4] 许志刚. 普通植物病理学[M]. 北京:中国农业出版社,1979.
[5] 江建国. 园林植物病虫害防治技术[M]. 郑州:黄河水利出版社,2010.
[6] 陈利锋,徐敬友. 农业植物病理学[M]. 北京: 中国林业出版社,2001.
[7] 李传仁. 园林植物保护[M]. 北京:化学工业出版社,2007.

学习项目 3　园林植物病虫害防治

【知识目标】

1. 理解园林植物病虫害的防治途径。
2. 理解植物检疫的基本原理,熟悉植物检疫性病虫害种类、检疫范围和检疫程序。
3. 熟悉园林技术防治措施的作用及运用。
4. 理解植物抗病虫机制,了解抗性育种的方法。
5. 熟悉生物防治的特点及途径与方法。
6. 熟悉物理机械防治的特点与方法。
7. 理解园林植物病虫害防治的策略与方针,掌握环境友好型防治技术体系的内容。
8. 了解林业有害生物工程治理的内容。
9. 掌握园林常用的农药施药方法。
10. 理解杀虫剂、杀菌剂作用方式原理,熟悉园林常用农药类别、品种的特性与使用技术。
11. 熟悉园林常用药械的工作原理。

【技能目标】

1. 会设置使用杀虫灯、诱捕器。
2. 会运用园林植物病虫害防治原理与策略进行防治工作。
3. 会识别农药剂型。
4. 能理解农药标签的内容、含义并能正确使用。
5. 能安全合理使用农药,会稀释配制农药。
6. 会根据园林植物病虫害特点、危害情况选择农药种类、剂型及施药方法。
7. 会使用与保养常用园林药械。

【内容结构】

园林植物病虫害防治
园林植物病虫害防治原理与方法
园林植物病虫害的防治途径
园林植物病虫害防治的方法原理
园林植物病虫害防治的策略
林业有害生物的工程治理
农药的使用
认识农药剂型与标签
农药的施用方法
农药合理使用与安全防护
杀虫剂
杀菌剂
园林常用药械的使用与保养
背负式手动喷雾器的使用与保养
背负式机动喷雾喷粉机的使用与保养
热力烟雾机的使用与保养
打孔注药机的使用与保养

学习任务1　园林植物病虫害防治原理与方法

【学习场所】

教室、昆虫实训室、空旷地、园林苗圃地。

【学习形式】

园林植物病虫害防治原理及策略的学习以课堂讲授为主，辅以图表归纳、各种防治方法视频展示等方式在教室进行；实训项目以4～6人为一组，在教师指导下操作，其中杀虫灯在校园附近空旷地安装使用，诱捕器在有相应虫种的园林苗圃地使用。

【实训用品与材料】

频振式杀虫灯、诱捕器及引诱剂、木杆、铁丝、钳子、镊子等。

【辅助学习资源】

◆ 关继东.浅谈植物病虫害防治原理的内容体系.中国森林病虫，2012，第4期

◆ 徐松惠，张海萍.园林植物病虫害防治原理及技术措施.现代园艺，2012，第6期

◆ 各种防治方法视频资料

1.1　园林植物病虫害的防治途径

园林植物病虫害防治可从环境条件、寄主植物、有害生物三个方面着手，调节生态系统中各组分的相对数量，创造不利于害虫或病原物繁衍而有利于天敌生存繁衍的生态环境，将植食性昆虫、病原微生物的数量水平控制在生境、经济、社会允许的范围内，从而促进园林植物健康生长。

1.1.1　环境条件方面

1.1.1.1　创造不利于有害生物生存繁衍的生态环境

改变园林植物生态系统中的物种组成，即尽可能减少园林生态系统中有害生物的种类，增加有益生物的种类。园林植物害虫的生存要有适宜环境条件，环境中的生态因子如气候等因子是很难人为改变的，但土壤的理化性质、植物树种的配置和树种周围的植被条件是可以通过园林技术措施加以改变的，使之向有利于天敌及目的树种的生长而不利于害虫的方向发展，从而降低害虫的种群密度。在园林植物病害方面，病原物、寄主和适宜环境条件之间，病原物是生态系统中自然存在的成分，寄主能否发病除取决于病原物的生活力和寄主的抗病性外，环境条件也起到重要作用。当环境条件有利于寄主生长而不利于病原物时，园林植物病害难以发生发展；反之，病害就容易发生。在大范围内，由于地理阻隔和有害生物扩散能力的限制，许多危险性有害生物不能自然侵入新的地区，只要防止人为的传播便可免受其害。在小范围内，利用防虫网或利用驱避剂以及喷洒高分子膜等手段阻止有害生物侵入，也能避免园林植物受害。同时，利用引进和释放天敌的方法，也可以增加园林系统有益生物的种类和数量。可见，采取园林技术措施创造不利于害虫或病原物发生发展而有利于寄主和天敌生存的生态环境是控制园林植物病虫害的重要途径。

1.1.1.2　规避有害生物危害

不同的有害生物占据的生态位不同，喜欢寄生的植物不同，危害的时间不同，在长期的自然选择中也形成了不同的趋避性。因此，在园林植物有害生物防治上，可以采用规避危害时期、危害场所、危害寄主的方式减少或免除有害生物的危害。例如：海棠锈病病原物要转主寄生，生活史需在两种寄主上完成，在植物配置时将两种寄主树种保持在一定距离栽植可避免锈病的发生。秋季播种高羊茅等禾本科草坪草，避开一年生禾本科草坪草的主要被害季节（春、夏季），可以大大减轻其被害程度。在园林苗圃育苗时合理轮作，避免连作都有利于减少病虫害的发生。

1.1.2　寄主植物方面

在自然界中，同一属内的不同树种之间，甚至同一树种的不同品系、不同个体之间，存在着抗逆性差异。其表现形式主要有3种：一是不选择性，由于树木在形态、生理、生化及发育期等方面不同步，使有害生物不予危害或很少危害。二是抗生性，即有害生物危害了该树种之后，树木本身分泌毒素或产生其他生理反应等使有害生物的生长发育受到抑制或不能存活。三是耐害性，树木本身的再生补偿能力强，对有害生物危害有很强适应性。如栽种抗白锈病的菊花品种，可以杜绝该锈病的为害。栽植转基因抗虫杨树也可以减少害虫为害。引进国外或国内其他地区具有优良性状的抗性树种，经驯化后推广利用，也是一条简易、有效的途径。还可以在有害生物发生严重的林分中选择抗性强的单株进行无性繁殖，再经过进一步的培育和选择，从中选出抗病虫的无性系。

1.1.3　有害生物方面

1.1.3.1　限制有害生物的传播蔓延

动植物在历史演化中，在一定的地域形成一定的动植物区系，昆虫、病原微生物都各自占据着不同的生态位，靠食物链维持着系统的稳定性。一旦外界环境条件发生改变，如适宜的气候、充足的食物、天敌的减少，就会导致有害生物种群数量的上升，给园林植物造成危害。对于能随植物及产品传播的病虫害实行人工封锁，划定疫区，限定在发生区范围内，防止其进一步传播蔓延。另外，从外地传入本地区的有害生物，由于寄主缺乏抗性或缺少天敌抑制，也需要实行人工封锁，防止传播蔓延，将有害生物控制在危害区域内。

1.1.3.2　直接消灭有害生物个体

在有害生物种群数量达到一定水平，园林植物有害生物大发生时，作为应急措施应使用高效低毒、低残留的化学药剂等直接消灭有害生物个体，降低有害生物种群数量，以减少对园林植物的危害损失。

1.2　园林植物病虫害防治的方法原理

1.2.1　植物检疫

1.2.1.1　植物检疫的概念及其原理

自然界中每一种病原物和害虫都有其各自原始的分布区，并可在一个相当长的时间内保持相对稳定的状态。每一种生物也都具有向外扩展蔓延的可能，当其繁殖的数量大大超过其栖息地所能容纳的限度时，就要冲出原来的地理分布区向周围扩展，在扩展中，由于受到寄主植物、气候条件和地理条件的限制，成功率极低。对于病原物和害虫而言，若不与寄主植物同步扩展，定居成功的机会则更小。因此，一种病原物或害虫如果人为活动不介入就只能被长期阻隔在原来分布区之中。

从病原物和害虫传播途径看，病原物和害虫自身的传播扩散能力有限，尤其是危险性害虫，靠风、雨、流水、昆虫等自然媒介传播扩散的范围也是有限的，因此人为活动在危险性病虫的传播扩散中起着极其重要的作用。病原物和害虫有很大一部分具有潜伏和依附于寄主植物并随植物及其产品进行远距离传播的本领，若在新的地区有寄主植物和适宜的环境条件，又失去原产地天敌的制约，则很容易成灾。植物检疫就是根据危险性有害生物的生态学的基本原理，以法律手段和行政措施防止危险性有害生物随植物及其产品人为引入和传播的一种强制性的植物保护措施。它的目的是切断危险性有害生物的传播途径，使其不能扩散蔓延。

病原物和害虫的传播必须具备三个环节：一是植物及其产品在原产地已经被害；二是能够通过被调运的植物及其产品所传带；三是种植地或使用地的生态环境条件适宜其生存繁殖。三个环节中切断任何一个都可终止危险性病虫的人为传播。

针对上述三个环节，人们制定了植物检疫的具体措施：一是建立无检疫对象的种苗基地，全面开展产地检疫，切断危险性病虫通过人为活动传播的第一个环节；二是要划定疫区和保护区，开展调运检疫，在运输的沿途和口岸设卡检查堵截，从而切断危险性病虫通过人为传播的第二个环节；三是在植物及其产品到达新的种植地或使用地点后，进行必要的复检、隔离试种、跟踪检疫、集中种植等，进一步达到发现和除治危险性病虫的目的。

植物检疫是一项根本性的预防措施，具有法制强制性特点，但由于其仅针对人为传播的危险性病虫害，因此也具有一定的局限性。

1.2.1.2 植物检疫的任务

植物检疫的任务主要包括以下四个方面：

第一是对外检疫，即禁止危险性病、虫、杂草随着林木及其产品由国外传入或由国内输出。一般是在口岸、港口、国际机场等场所设立检疫机构，对进出口货物、旅客携带的植物及邮件等进行检查。按照国际惯例，凡是输往我国的植物或植物产品，由输出国的植物检疫机关按照我国的植物检疫要求出具植物检疫证书。对那些引进的或旅客随身携带的植物或植物产品，在抵达我国口岸时，必须经过我国口岸植物检疫机关的检疫查验。经检疫合格的放行，不合格的依法处理。对从国外引进的可能潜伏有危险性有害生物的种子、苗木和其他繁殖材料，都必须隔离试种。

第二是对内检疫，即将在国内局部地区发生的危险性病、虫、杂草封锁，使它不能传到无病区，并在疫区将其消灭。

第三是当危险性病、虫、杂草侵入到新区时，应立即采取措施控制其蔓延或将其彻底消灭。

第四是保障园林植物及其产品的正常流通。

森林植物对内检疫的法规依据主要有：1992 年 5 月 13 日经国务院修改后重新颁布的《植物检疫条例》，1994 年 7 月 26 日林业部修订发布实施的《植物检疫条例实施细则（林业部分）》，2005 年国家林业局修订的《国内森林植物检疫性有害生物和应施检疫的森林植物、林产品名单》等。

1.2.1.3　林业检疫性有害生物与检疫范围

2013年1月9日，国家林业局2013年第4号公告发布了14种全国林业检疫性有害生物名单。按类别划分，有11种为有害昆虫，2种为有害微生物，1种为有害植物，名单如下：

全国林业检疫性有害生物名单

松材线虫 *Bursaphelenchus xylophilus*
美国白蛾 *Hyphantria cunea*
苹果蠹蛾 *Cydia pomonella*
红脂大小蠹 *Dendroctonus valens*
双钩异翅长蠹 *Heterobostrychus aequalis*
杨干象 *Cryptorrhychus lapathi*
锈色棕榈象 *Rhynchophorus ferrugineus*
青杨脊虎天牛 *Xylotrechus rusticus*
扶桑绵粉蚧 *Phenacoccus solenopsis*
红火蚁 *Solenopsis invicta*
枣实蝇 *Carpomlia vesuviana*
落叶松枯梢病菌 *Botryosphaeria laricina*
松疱锈病菌 *Cronartium ribicola*
薇甘菊 *Mikania micrantha*

检疫范围即应施检疫的植物和植物产品，也包括根据疫情应施检疫和除害处理的包装材料、运输工具、土壤等。目前，我国执行的是1996年1月5日林业部公布的应施检疫的森林植物及产品名单：

（1）林木种子、苗木和其他繁殖材料；

（2）乔木、灌木、竹子等森林植物；

（3）运出疫情发生县的松、柏、杉、杨、柳、榆、桐、桉、栎、桦、槭、槐、竹等森林植物的木材、竹材、根桩、枝条、树皮、藤条及其制品；

（4）栗、枣、桑、茶、梨、桃、杏、柿、柚、梅、核桃、油茶、山楂、苹果、银杏、石榴、荔枝、猕猴桃、枸杞、沙棘、芒果、肉桂、龙眼、橄榄、腰果、柠檬、八角、葡萄等森林植物的种子、苗木、接穗，以及运出疫情发生县的来源于上述森林植物的林产品；

（5）花卉植物的种子、苗木、球茎、鳞茎、鲜切花、插花；

（6）中药材；

（7）可能被检疫性有害生物污染的其他林产品、包装材料和运输工具。

1.2.1.4　植物检疫内容与程序

1. 疫区与保护区的划定

疫区和保护区是省级人民政府用行政手段划定的区域。根据《植物检疫条例》，局部发生检疫性有害生物的，应将发生区划为疫区，采取封锁、消灭措施，防止植物检疫性有害生物传出。发生地区已比较普遍的，则应将未发生的地区划为保护区，防止植物检疫性有害生物传入。

2. 产地检疫

产地检疫是指在植物生长和检疫性有害生物发生期间,由植物检疫人员到园林植物及其产品的产地所进行的检疫。具体程序是:生产、经营应施检疫的园林植物及产品的单位或个人,在生产期间或者调运之前向当地植物检疫机构申请产地检疫,然后由植物检疫机构指派检疫员到现场进行检疫。检疫人员应根据不同检疫对象的生物学特性,在病害发病盛期或末期、害虫危害高峰期或某一虫态发生高峰期进行。对种子园、母树林和采种基地也可在收获期、种实入库前进行。1 年中调查次数不少于 2 次。对于检验合格的和除害处理后复检合格的发给《产地检疫合格证》;对复检后仍不合格的,不签发《产地检疫合格证》,发给《检疫处理通知单》。《产地检疫合格证》有效期为 6 个月。在有效期内调运时,不再检疫,凭《产地检疫合格证》直接换取《植物检疫证书》。

3. 调运检疫

调运检疫是指园林植物及其产品在调出原产地之前、运输途中、到达新的种植或使用地点之后,根据国家或地方政府颁布的植物检疫法规,由专门的植物检疫机构,对应施检疫的园林植物及其产品所采取的检疫和严格的检疫处理措施。调运检疫是国内植物检疫工作的核心,也是防止危险性病虫随园林植物及其产品在国内人为传播的关键。根据调运园林植物及其产品的方向,调运检疫分为调出检疫和调入检疫。调出检疫的程序包括报检、现场检查或室内检验、检疫处理和签发证书 4 个环节。

调运园林植物及其产品的单位或个人,在货物调出前到当地植物检疫机构或指定的检疫机构报检,要填写报检单。调入单位有检疫要求的,还要提交调入地植物检疫机构签发的《植物检疫要求书》。对受检的园林植物及其产品,除依法可直接签发检疫证书外,都要经过现场检查或室内检验。发现检疫性有害生物或其他应检有害生物的,调出单位或个人,应按《检疫处理通知单》的要求作检疫处理,经复查合格后放行。植物检疫机构应从受理调运检疫申请之日起,于 15 天内实施检疫并核发检疫单证。情况特殊的,经省级林业主管部门批准,可延长 15 天。凡是属于应检物品范围内的园林植物及其产品,必须在取得植物检疫证书之后方可调出。从外地调入的园林植物及其产品,由调入地植物检疫机构验证或复检。

1.2.2 园林技术防治

园林技术防治是指在园林植物栽培管理的过程中融入有害生物统筹管理的理念,通过科学的栽培管理,协调园林植物—有害生物—环境所组成的生态系统的关系,使环境条件有利于园林植物的生长,增强园林植物的抗逆性,而不利于有害生物的生存,以达到消灭有害生物或抑制有害生物发生、发展的目的。

园林技术防治措施是在防治有害生物的意识下所采取的园林生产、栽培、管理措施,符合有害生物的综合治理和可持续治理的基本原则。同时,又不增加生产管理成本,既是一种古老、传统的管理方法,又具有科学的管理理念。但是,这种措施也有一定的局限性,当有害生物大发生时,必须利用其他防治手段来控制。

1.2.2.1 选用抗病虫品种

在园林植物病虫害防治中,选用抗病虫品种防治植物病虫害是一种安全、经济、有效的措施,培养和利用抗性品种在很多植物病虫害的综合防治中占有重要地位。对于一些难以防治的病害,如借风力传播、土壤传播引起的病害,以及病毒病害等,抗病品种的作用尤为突出。而且,园林植物品种资源也十分丰富,为抗病虫品种的选育提供了大量的种质资源。如当前世界上已培育出菊花、香石竹、金鱼草等抗锈病的新品种,抗紫菀萎蔫病的翠菊品种,抗菊花叶枯线虫病的菊花品种,抗黑斑病的杨树品种等。在抗虫基因工程研究方面,近年来,国内外在利用苏云金杆菌(Bt)分离得到的Bt毒蛋白基因开展杨树抗虫基因工程的研究中取得了重要成果。中国林业科学研究院和中国科学院微生物研究所合作,将控制生产毒蛋白的Bt毒蛋白抗虫基因导入欧洲黑杨的细胞中,培育出抗食叶害虫的抗虫杨12号新品种,现已推广种植。

1.2.2.2　选用无病虫的种苗及繁殖材料

园林植物中的许多病原物、害虫等可以通过种子、苗木及其他无性繁殖材料进行传播。因此,培育无病虫的健壮种苗,即可有效地控制该类病虫害的发生。

要想得到无病虫健康的繁殖材料,一是要选无病虫苗圃田育苗。选取土壤疏松、排水良好、通风透光、无病虫为害的场所作为育苗圃地。盆播育苗时,应注意盆钵、基质的消毒。同时,通过适时播种、合理轮作、整地施肥以及中耕除草等加强养护管理,使之苗齐、苗全、苗壮、无病虫为害。如菊花、香石竹等进行扦插育苗时,对基质及时消毒或更换新鲜基质,则可显著提高育苗的成活率。二是要在无病植株上采种(芽)。即从健康母株上采种(芽),以避免或减轻一些病害(由种子传播的百日草白斑病、由脚芽传播的菊花白锈病等)的发生。三是组培脱毒育苗。种苗一旦带毒,可利用组培技术进行脱毒处理,如培育脱毒香石竹苗等来防止病毒病发生已获成功。

1.2.2.3　采用合理的栽培措施

1. 园林植物合理布局,科学间作

多种园林植物的搭配,丰富多彩的立面结构层次,符合园林美学的要求。但是,设计人员除注意选择植物物种时要遵循树种的适应性(如乡土树种具有适应性强、抗旱、抗寒、抗热、抗有害生物等特点)、植物间的相生性(如皂荚和百里香一起栽植,植株能增高)和相克性(如榆树的分泌物能使栎树发育不良)、生态位等生态学原理外,还要注意避免混植有共同病虫的植物。如黑松、油松、马尾松等混栽将导致日本松干蚧的严重发生;桃、梅等与梨相距太近,则利于梨小食心虫的大量发生;在杨树栽植区不能栽种桑、构、栎及小叶朴,因为严重为害毛白杨的桑天牛成虫,只有在取食桑、构、栎、小叶朴后才能产卵;苜蓿与槐树为邻将为槐蚜提供传主寄主,导致槐树严重受害。要注意避免混植病害转主寄生植物,设计建园时,为了保证景观的美化效果,常采用多种植物搭配种植,往往会忽视病害之间的相互传染,人为地造成某些病害的发生和流行。如海棠与圆柏属树种、牡丹与松属树种近距离栽培易造成海棠锈病和牡丹锈病的严重发生。此外,树种单一容易造成病虫害的大面积危害,如白蜡蚧以女贞为专性寄主,如果大面积地种植女贞或小叶女贞作为绿化树种,将会导致白蜡蚧的大发生。

2. 合理轮作

生产实践已证明,将某病原物的寄主植物和非寄主植物在同一地块苗圃轮换种植,可以减少土中的病原物的数量,降低园林植物发病率。如温室中香石竹的多年连作,加重了镰刀菌枯萎病的发生,实行轮作可以减轻病害的发生。轮作时间视具体病害而定,如鸡冠花褐斑病实行 2 年轮作即有效,而胞囊线虫病则时间较长。

3. 科学地调整栽植时间

北方地区花木移植的最佳季节是萌芽前的早春季节,此时移栽成活率最高,因而最好集中在此季节将所有花木移栽完毕,尽量不要在花木的生长季节移栽。另外,有些需播种繁殖的禾本科草坪草如高羊茅等,最好避开一年生禾本科杂草大量萌发且旺盛生长的春、夏季节,改春播为秋播,可大大减轻牛筋草、马唐、狗尾草、稗、画眉草等杂草的为害。

4. 及时栽植,科学处理

从外地引进的花木,大都出现因运输距离远、时间长而导致挤压、摩擦、失水,引起烂根、干梢、破坨等现象。如果直接定植,不仅会影响花木的成活率,而且为以后的病虫防治埋下隐患。正确的做法是:花木卸车定植前,要按照科学合理的步骤进行补水、消毒、修根、修干等处理,并且要及时栽植,切勿假植时间过长。另外,异地调苗时,尽量就近解决,合理运输。如 2006 年春季潍坊城区暴发的窄冠毛白杨溃疡病、腐烂病,其根本原因就在于远距离调苗,失水严重,而栽植前又未进行妥善处理。

另外,苗木定植时,各类乔、灌木的定植地点以及定植密度一定要合理。不可随意背离设计方案,更改栽植地点或加大、减小栽植密度;否则,往往会使园林植物生长发育不良,容易引起各类为害(如白粉病、叶斑病、介壳虫等)的发生。

1.2.2.4　合理施肥浇水

合理施肥浇水能改善植物的营养条件,使植物生长健壮,提高植物抗病虫害的能力。施用有机肥时,应充分腐熟,且无异味。肥料在腐熟的过程中放出热量,把其中的病原菌及虫卵杀死,又可以避免烧根,或减少金龟甲等害虫在未腐熟的有机肥上产卵,而加重其危害。施用无机肥时,氮、磷、钾的比例要合理,不要偏施氮肥,以免植物徒长而导致食叶害虫和枝梢害虫如蚜虫的为害。适当增施磷、钾肥,以提高植物的抗病性和减少叶螨的为害。园林绿化植物的浇水方式、浇水量、浇水时间等都影响病虫害的发生。喷灌和滋水方式,会加重叶部病害的发生,最好采用沟灌、滴灌,沿盆钵边缘浇水。浇水量要适宜,水过多易烂根;过少易使植物缺水而影响植物的生长。浇水时间最好选择在晴天的上午,以便及时地降低叶片表面的湿度,减少病菌的侵入。此外,在干旱季节,对花木及时灌水,可减轻红蜘蛛的为害。

1.2.2.5　球茎等器官的收获及收后管理

大多花卉以球茎、鳞茎等器官越冬。为了保障这些器官的健康储存,收获前,要避免大量浇水,收获时间要选在晴天,挖掘过程中尽量减少伤口,挖出后剔除有病的器官,并在阳光下暴晒几天,以加速伤口(如机械创伤)的愈合、减少伤口数量,方可入窖。窖内必须预先清除杂物、植物残体,消毒后再通风去潮。入窖后,窖温一般控制在 5 ℃左右,湿度控制在 70% 以下。有条件时,球茎等器官最好单个装入尼龙网袋内悬挂在窖顶储藏。

1.2.2.6　加强园林管理

1. 清洁苗圃,清除病虫残体

清洁苗圃,清除病虫残体,是减少病虫源的重要措施。冬季及时清除园圃中的病虫害残体,包括刮除枝干翘皮与病疤、清除草坪的枯草层等,并将其进行深埋或烧毁,消灭越冬的有害生物。生长季节要及时摘除病、虫枝叶,清除因病虫或其他原因致死的植株。园林操作过程中还应避免人为传播,如在切花、摘心、除草时,一般先无病园圃,再有病园圃,先无病株,再有病株,防止工具和人手对病害的传播,避免重复侵染。温室中带有病虫的土壤、盆钵在未处理前不可继续使用。无土栽培时,被污染的营养液要及时清除,不得继续使用。

2. 改善环境条件

改善环境条件,可以影响园林植物病虫的发生、发展。尤其是温室、大棚种植花木,要经常开窗通风换气,降低棚室内湿度,以减轻灰霉病、霜霉病等病害的发生。注意开窗排湿,又要注意保持一定温度,温度不可忽高忽低,否则会导致各种生理性病害及侵染性病害的发生。

3. 合理修剪

冬、秋季节合理修剪,能增强树势。结合修剪,修去有病虫枝条,并及时销毁,可减少病虫传染源,减轻下一生长季节病虫的为害。如月季枝枯病、白粉病以及阔叶树腐烂病等。生产实践中,对天牛、透翅蛾等钻蛀性害虫以及袋蛾、刺蛾等食叶害虫,均把修剪虫枝等作为一种防治手段;对介壳虫、粉虱等害虫,则通过修剪、整枝达到通风透光的目的,从而抑制此类害虫的为害。

4. 中耕除草

适时中耕能保持地力、改善土壤、调节地温,从而促进花木的茁壮生长,又能破坏有害生物生存场所,减少有害生物数量,降低花木被害率。如褐刺蛾、绿刺蛾、扁刺蛾、丝棉木金星尺蠖、草履蚧等害虫的幼虫、蛹或卵生活在浅土层中,通过中耕,使其暴露于土表,便于天敌取食或经风吹日晒失水死亡。由于许多杂草是花木病害的野生寄主、贮主,如车前草等杂草是根结线虫的野生寄主,同时,杂草多,园圃内小气候可能保持高湿状态,有利于病原物侵染,因此除草要及时、彻底,这样能减少某些病害的侵染来源,恶化病原物侵染的环境,减轻病害的发生。

5. 保护伤口,树干涂白,防止病虫侵入

虫伤或机械伤等伤口,不仅容易感染病菌引起腐烂,而且常成为某些害虫的栖息场所,应及时进行保护处理。具体做法是:先刮净腐烂朽木,用快刃小刀削平伤口后,涂上5 °Bé(波美度5)的石硫合剂、波尔多液浆或其他伤口保护剂,以促进伤口早日愈合。刮下的残留物要及时清扫干净并烧毁。

树干涂白、树干基部涂白,不仅可以防止病菌侵入,而且能有效地防止天牛等害虫产卵,还能保护树体免受冻害或防止日灼病的发生。若在涂白剂中加入硫黄、蓝矾或其他药剂,还可消灭树体上潜伏的多种有害生物。

1.2.3　生物防治

1.2.3.1　生物防治的原理

生物防治是利用生物有机体或自然生物产物抑制病原生物生存活动和控制害虫种群数量的一种防治措施。生物防治的原理主要是根据生物间存在的捕食、重寄生、抗生作用、竞争和交叉保护等种间(或株系)关系。这里的捕食是指肉食性动物对植食性昆虫等动物的取食行为;重寄生是指一个寄主被第一种寄生物寄生,第二种寄生物又寄生在第一种寄生物上的现象;抗生作用多指抗生菌(如放线菌、真菌、细菌等)分泌的抗菌素抑制生物的存在和发展的现象;竞争是指其他生物与病原物或害虫为生存而争夺空间和营养的现象;交叉保护作用是指用非病原生物或病原生物的无毒系、弱毒系事先接种寄主植物,该植物则受到保护而不会被其他病原生物再侵染的现象。

自然界中捕食或寄生于有害生物的生物称为天敌,可用于生物防治的天敌生物主要为捕食或寄生于害虫、线虫等有害动物的昆虫、两栖类、爬行类、鸟类、兽类、原生动物、线虫等。自然生物产物主要是微生物产生的抗菌素、杀虫素、昆虫信息素以及植物分泌的趋避物质等。

1.2.3.2　生物防治的途径与方法

生物防治的途径与方法包括以下五个方面。

1. 保护和利用本地区捕食性与寄生性昆虫天敌

保护和利用本地区捕食性与寄生性昆虫天敌是生物防治害虫的基本措施,主要指捕食性昆虫、蜘蛛、食虫性脊椎动物、重寄生于昆虫各虫态的寄生蜂、寄生蝇等,给昆虫天敌提供适宜的替代食物寄主或越冬食物,提供昆虫天敌栖息场所(如林地放石堆、悬挂人工巢箱等)保护天敌越冬,避免农药对天敌昆虫杀伤,用栽培管理措施创造有利于天敌生存繁衍的环境条件。

园林植物上常见的寄生性昆虫主要是寄生蜂和寄生蝇。寄生蜂种类很多,是膜翅目的一类寄生性昆虫,如姬蜂、小蜂、小茧蜂、卵蜂等,其成虫将卵产在害虫的卵、幼虫和蛹内,使害虫不能发育而死亡。寄生蝇是双翅目的一类昆虫,它们将卵产在害虫的幼虫体上,蝇蛆孵化后钻入害虫体内,还有的将卵产在害虫取食的叶上,当害虫吃下这些卵后,这些卵在害虫体内孵化穿入害虫体腔。捕食性昆虫常见的有鞘翅目的瓢虫、步甲、虎甲等,脉翅目的草蛉,双翅目的食蚜蝇、食虫虻等,膜翅目的土蜂、蚂蚁,半翅目的猎蝽、花蝽等。

2. 人工移植或引进害虫天敌

人工移植是指在本国范围内移地繁殖,天敌引进是指把天敌昆虫从一个国家移入另一个国家。引进天敌要注意其在新环境下的生态适应和定殖能力及生态安全性。

3. 人工繁殖释放害虫天敌

自然界中天敌数量总是在害虫数量迅速上升时才上升,很难控制害虫对寄主的危害,人工大量繁殖害虫天敌在害虫大发生前释放,可有效解决害虫天敌的尾随效应,达到控制害虫数量的目的。

4. 开发利用生物代谢产物

提取或模拟合成防治病虫的生物代谢产物,包括昆虫信息素(种内外激素和种间他感作用物质)、抗生素(微生物次生代谢产物产生的杀虫、杀菌活性物质)、植物提取物(植物中的杀虫杀菌活性物质)。利用途径包括人工分离提取、工业生产制剂等。

5. 施用寄生性、重寄生性以及竞争性微生物控制病菌或害虫

害虫寄生性病原微生物主要有病毒、细菌、真菌、噬菌体等,园林植物上常见的昆虫病原物有苏云金杆菌、白僵菌及昆虫多角体病毒等,可用于防治松毛虫等多种园林植物害虫。

1.2.3.3 生物防治技术措施

1. 以虫治虫

1)天敌昆虫的分类

园林植物生态系统中,存在着多种天敌和害虫,它们之间通过取食和被取食的关系,构成了复杂的食物链和食物网。因此,可以利用生物物种间的相互关系,以一种生物抑制另一种生物,这种利用有益昆虫消灭害虫的方法称为以虫治虫。这种方法的最大优点是不污染环境,不受地形控制,在一定程度上还可保持生态平衡。许多害虫受到多种天敌的控制,种群数量一直处于较低的水平,不引起损失。以其他昆虫作为食料的昆虫称为天敌昆虫。它可分为捕食性天敌和寄生性天敌。

(1)捕食性天敌。

捕食性天敌是通过取食直接杀死害虫,分属于18目近200科,其中用于生物防治效果较好且常见的种类有瓢虫、草蛉、食蚜蝇、食虫虻、蚂蚁、食虫蝽、胡蜂、步甲等。捕食性昆虫一生要捕食很多昆虫。一般其猎物虫体较小,捕获后即咬食虫体或刺吸其体液。

(2)寄生性天敌。

寄生性天敌在生长发育的某一个时期或终生附着在害虫的体内或体外,并摄取害虫的营养物质来维持生长,从而杀死害虫,使害虫种群数量下降。分属于5目近90科,大多数种类属膜翅目和双翅目,即寄生蜂和寄生蝇。寄生性天敌昆虫一般一生仅寄生1个对象,其虫体较寄主体小,在幼虫期寄生于寄主体内或体外,最后寄主随天敌幼虫的发育而死亡,成虫则营自由生活。我国目前利用寄生性天敌昆虫防治害虫,最成功的事例是利用赤眼蜂防治多种鳞翅目害虫。

2)利用天敌昆虫的途径

(1)保护利用本地天敌昆虫。

自然界天敌资源丰富,但由于它们常受到不良环境条件如气候、生物及人为因素的影响,不能充分发挥对害虫的控制作用。因此,人们可以有意识地改善或创造有利于自然天敌昆虫的环境条件,促其繁殖发展。例如,保护天敌昆虫安全越冬,天敌昆虫常常由于冬天恶劣的环境条件而大量减少,因此采取措施使其安全越冬是非常必要的,如束草诱集,引进室内蛰伏等。七星瓢虫、异色瓢虫、大红瓢虫、螳螂等的利用,都是在解决了安全过冬的问题后才发挥更大的作用;人为创造条件使天敌昆虫增殖,如一些寄生蜂、寄生蝇,在羽化后常需补充营养而取食花蜜,必要时补充寄主,使其及时寄生繁殖;使用农药防治时,要选择对害虫选择性强的农药品种,尽量少用广谱性的剧毒农药和残效期长的农药。选择适当的施药时期和方法或根据害虫发生的轻重,重点施药,缩小施药面积,尽量减少对天敌昆虫的伤害。

(2)引进外地天敌昆虫。

引进天敌昆虫已成为生物防治中的一项十分重要的工作,早在19世纪80年代,美国从澳大利亚引进澳洲瓢虫控制了美国柑橘产区的吹绵蚧。目前,我国已与美国、加拿大、墨西哥、澳大利亚、法国、德国、瑞典等十多个国家进行了这方面的交流,引进各类天敌昆虫100多种,有的已发挥了较好的控制害虫的作用。例如,丽蚜小蜂(*Encarsia formosa* Gahan)于1978年底从英国引进后,经过研究,解决了人工大量繁殖的关键技术,在北方一些省、市推广防治温室白粉虱，效果十分显著；广东省从日本引进花角蚜小蜂（*Cocobius azumai* Tachikawa）防治松突圆蚧，已初步肯定其对松突圆蚧具有很理想的控制潜能，应用前景非常乐观。引进外地天敌昆虫防治本地害虫的成功事例虽然不少，但其成功率并不太大，一般在20%左右。因此，要做好这一工作，必须首先做好天敌的调查研究，制订引进方案，进行隔离饲养繁殖，以及必要的生态评估。

3）天敌的人工大量繁殖与释放

从国外或国内其他地区引进天敌时，都需要人工繁殖，扩大天敌种群数量，以增加其定殖的可能性。对于本地天敌，由于在自然环境中，种类虽多，但有时数量较小，特别是在害虫数量迅速上升时，天敌总是尾随其后，很难控制为害。采用人工大量繁殖，在害虫大发生前释放，就可以解决这种尾随效应，达到利用天敌昆虫有效控制害虫的目的。天敌昆虫饲养繁殖释放的方法，因种类而异。国内在这方面已有很多成功事例，如利用饲养释放赤眼蜂防治松毛虫和甘蔗螟虫等；利用平腹小蜂防治荔枝蝽等。目前，国际上有130余种天敌昆虫已经商品化生产，其中主要种类为赤眼蜂、丽蚜小蜂、草蛉、瓢虫、小花蝽、捕食螨等。这些天敌在害虫的综合治理中发挥了重要作用。

天敌的大量繁殖，取决于以下几个方面：

第一，要有合适的、稳定的寄主来源或者能够提供天敌昆虫的人工或半人工的饲料食物，并且成本较低，容易管理；

第二，天敌昆虫及其寄主，都能在短期内大量繁殖，满足释放的需要；

第三，在连续的大量繁殖过程中，天敌昆虫的生物学特性（寻找寄主的能力、对环境的抗逆性、遗传特性等）不会有重大的改变。

2. 以菌治虫

利用昆虫病原真菌、细菌防治害虫称为以菌治虫。以菌治虫的方法简便，效果一般较好，已得到国内外的广泛重视和利用。

1）以真菌治虫

全世界已知虫生真菌达800余种，我国已报道150种左右。昆虫病原真菌侵染昆虫的途径主要是通过表皮，其次是通过消化道、气管和伤口，其侵染并不完全以昆虫的取食活动为转移。昆虫病征因病原菌和昆虫种类的不同而异，被白僵菌感染的昆虫体表形成白色至淡黄色的菌丝层，绿僵菌则呈暗绿色，粉红拟青霉感染的病虫体表菌丝层则呈淡红褐色等。昆虫死后尸体僵化，变干变硬，体重减轻，体表形成大量分生孢子梗和分生孢子。某些真菌虽对昆虫有毒，但并不直接杀死昆虫，而是有利于细菌的侵入，导致综合病征，当初发真菌缓慢发展时，昆虫即可因细菌病而迅速死亡。

我国生产和使用的真菌杀虫剂有蚜霉菌、白僵菌、绿僵菌等。目前应用最多的是白僵菌，加工制剂有油剂、乳剂、颗粒剂、可湿性粉剂和粘胶制剂等，广泛用于防治松毛虫、玉米螟、蛴螬等。真菌制剂可用喷雾法、土壤处理、喷粉法、诱杀法等防治害虫。

2）以细菌治虫

昆虫病原细菌种类很多，生产上应用最多的是芽孢杆菌属的种类，最常用的是苏云金杆菌（Bt）。德国昆虫病理学家Berliner（1911）从德国苏云金地区的地中海粉螟罹病幼虫体中分离出一株致病芽孢杆菌，1915年定名为苏云金杆菌。我国是研究和应用苏云金杆菌(Bt)杀虫剂较早的国家,早在1958年便开始生产Bt杀虫剂(青虫菌),并用于农、林、卫生害虫的防治。苏云金杆菌是一类杆状的、含有伴孢晶体的细菌,伴孢晶体可通过释放伴孢毒素经昆虫吞食后通过消化道侵入体腔而发病,被细菌感染的昆虫死后体躯软化、变色、失去原形、内腔液化、带黏滞性,且具有臭味。

细菌制剂一般有乳剂和粉剂两种,采用喷雾、喷粉、灌心、颗粒剂、毒饵等方法防治害虫。为提高菌剂的效果,在进行喷雾时可适当加入可湿剂和黏附剂,也可采用不同亚种菌剂混用,与真菌制剂、病毒制剂或化学制剂混用,以取长补短,增强防治效果。

3)以病毒治虫

国际上已发现1 690余种昆虫病毒。约有11种商品病毒杀虫剂已登记注册,中国有20多种昆虫病毒杀虫剂已进入大田试验和生产示范,其中应用面积较大的有棉铃虫核型多角体病毒、油桐尺蠖核型多角体病毒、茶毛虫核型多角体病毒、斜纹夜蛾核型多角体病毒、菜粉蝶颗粒体病毒和小菜蛾颗粒体病毒等。正式登记的有菜青虫颗粒体病毒、棉铃虫核型多角体病毒、斜纹夜蛾核型多角体病毒(虫瘟1号)、苜蓿银纹夜蛾核型多角体病毒、蟑螂细小病毒5种。

在自然情况下,某种病原病毒往往只寄生一种害虫,不存在污染与公害问题,在自然界中可长期保存,反复感染,有的还可遗传感染,从而造成害虫流行病。目前发现不少园林植物害虫,如在南方危害园林植物的槐尺蠖、丽绿刺蛾、榕树透翅毒蛾、竹斑蛾、棉古毒蛾、樟叶蜂、马尾松毛虫、大袋蛾等,均能在自然界中感染病毒,对这些害虫的猖獗发生起到抑制作用。鳞翅目等幼虫被病毒感染后,初期无明显异常变化,渐而行动迟缓,食欲减退,体色变淡或呈油光,血淋巴由正常的清液渐变为乳白色,病虫常爬向寄主植物高处。死前体躯变软,体内组织液化,往往以臀足紧附枝叶倒挂而死。

目前,病毒杀虫剂的剂型有可湿性粉剂、乳剂、乳悬剂、水悬剂等,一般采用喷雾的方法,在害虫发生密度大的地点,于适当虫期喷布病毒制剂在被害植物上,以使害虫感染发病。

4)以激素治虫

那些经人工合成或从自然界的生物源中分离或派生出来的化合物,如昆虫信息素、昆虫的蜕皮激素及保幼激素等能用来治虫,称为激素治虫。在国外已有100多种昆虫激素商品用于害虫的预测预报及防治工作,我国已有近30种性激素用于梨小食心虫、白杨透翅蛾等昆虫的诱捕、迷向及引诱绝育法的防治。现在我国应用较广的昆虫生长调节剂有灭幼脲Ⅰ号、Ⅱ号、Ⅲ号等,对多种园林植物害虫如鳞翅目幼虫、鞘翅目叶甲类幼虫等具有很好的防治效果。

某些放线菌产生的抗生素对昆虫和螨类有毒杀作用。这类抗生素称为杀虫素或杀虫抗生素。常见的杀虫素有阿维菌素、杀蚜素、浏阳霉素、多杀菌素、南昌霉素等。生产上,阿维菌素可用于防治多种害螨和昆虫;多杀菌素则是目前防治抗性小菜蛾、甜菜夜蛾等最有效的替代品种;南昌霉素对菜青虫、松毛虫的防治效果可达90%以上;来自于浅灰链霉素抗性变种的杀蚜素,对蚜虫、红蜘蛛等有较好的毒杀作用。

3.其他有益动物的利用

其他有益动物主要有鸟类、两栖类、蜘蛛及螨类等。

1)利用鸟类治虫

据调查,世界上有9 020多种鸟,我国现有1 100多种,它们有60%以上是以昆虫为主要食料的。常见的种类有四声杜鹃、大杜鹃、大斑啄木鸟、红尾伯劳、黑枕黄鹂、灰卷尾、黑卷尾、红嘴蓝鹊、灰喜鹊、喜鹊、画眉、白眉翁、长尾翁、大山雀、戴胜、家燕等。很多鸟类一昼夜所吃的东西相当于自身的重量,一窝家燕一夏能吃掉6.5万只蝗虫,啄木鸟一冬可将附近80%树干中的害虫掏出来。广州地区1980~1986年对鸟类的调查发现,食虫鸟类达130多种,对抑制园林害虫的发生起到了一定作用。在山东日照市华山林场,20多年前就人工养育和驯化了大量灰喜鹊,在专人驯养下,通过人为发出的口哨等特定信号,使灰喜鹊形成条件反射,每天定时出笼和飞回巢穴,每头灰喜鹊能控制约70 m^2的松林以消灭松毛虫。目前以鸟治虫的主要措施是:给鸟类创造良好的栖息环境,人工悬挂鸟箱招引鸟类。在鸟类繁殖期间不修枝,不捡拾地面的枯枝落叶,禁止鸣枪打鸟、张网捕鸟、破坏鸟巢和掏鸟蛋、捉雏鸟,不得砍伐筑有鸟巢的树木。

2)利用蜘蛛和捕食螨等动物治虫

蜘蛛、捕食螨等动物,对害虫也有一定的控制作用。例如,蜘蛛对于控制南方观赏茶树(金花茶、山茶)上的茶小绿叶蝉起着重要的作用;而捕食螨对酢浆草岩螨、柑橘红蜘蛛等螨类也有较强的控制力。

4.以菌治病

利用有益微生物及其产物来抑制病原物的生存和活动,从而减轻病害的危害程度,这种防治病害的方法,称为以菌治病。这种现象称拮抗作用,拮抗作用的机制主要表现在抗菌、竞争、溶菌、重寄生、捕食和交互保护等方面。

1)抗菌作用

抗菌作用是指拮抗微生物(如真菌、细菌等)所产生的抗菌物质能有效地抑制病原生物的生存与活动。在土壤内或植物根际存有大量微生物种群,其中有些种群对病原物的生长发育产生不利影响,表现出很强的抗菌作用。如绿色木霉菌所产生的绿色菌素和枝霉粘毒素两种抗菌素对立枯丝核菌有拮抗作用。哈茨木霉所产生的抗生素,能杀死、抑制茉莉白绢病菌等。

2)竞争作用

竞争作用是指许多有益微生物与病原物除在寄主植物表面进行侵染位点的竞争外,也存在着对营养物质、氧气与水分的竞争,从而达到抑制植物病害发生发展的效果。如用野杆菌放射菌株84防治根癌病、用大隔孢状革菌防治松白腐病就是利用这种竞争作用的原理。

3)溶菌作用

病原真菌和细菌的溶菌现象很普遍,可分为非自溶和自溶两类。非自溶性的溶菌现象,主要是由于另一种不同的生物对病原生物侵染寄主所产生的溶菌作用,直接导致病原菌细胞组织的破坏。应用噬菌体防治植物细菌病害是利用溶菌作用的尝试。

4)重寄生作用

有些植物病原物出现可以被一些有益微生物寄生的现象。这些寄生于病原生物的微生物,可以抑制病原生物的生长发育,甚至能造成它们的死亡,植物病害自然也就得到了有效的控制。如木霉菌可寄生于丝核菌及齐整小核菌等。

5)捕食作用

捕食作用在病害防治中已有应用,迄今在耕作土壤中已发现了百余种捕食线虫的真菌,其菌丝特化为不同形式的捕虫结构。有的种类已投入商业化生产,在实践中已逐渐推广应用。

6)交互保护作用

寄主植物被病毒的无毒品系或弱毒品系感染后,可诱发寄主增强对强毒品系侵染的抗性或不被侵染。如花木的一些病毒病的防治,可先将弱毒品系接种到寄主植物上,之后当强毒品系去侵染时,寄主植物则表现出较强抗病作用,甚至免疫。

1.2.3.4　生物防治的特点

从保护生态环境和可持续发展的角度讲,生物防治是最好的有害生物防治方法之一。第一,生物防治对人、畜安全影响极小,对环境影响极小。尤其是利用活体生物防治病、虫、草害,由于天敌的寄主专化性,不仅对人、畜安全影响极小,而且也不存在残留和环境污染问题。第二,活体生物防治对有害生物可以达到长期控制的目的,而且不易产生抗性问题。第三,生物防治的自然资源丰富,易于开发。此外,生物防治成本相对较低。

但从园林植物有害生物防治和园林生产的角度看,生物防治仍具有很大的局限性。第一,生物防治的作用效果慢,在有害生物大发生后常无法控制。第二,生物防治受气候和地域生态环境的限制,防治效果不稳定。第三,目前可用于大批量生产使用的有益生物种类还太少,通过生物防治达到有效控制的有害生物数量仍有限。第四,生物防治通常只能将有害生物控制在一定的危害水平,对于防治要求高的园林植物有害生物,较难实施有害生物种群的整体治理。

1.2.4　物理机械防治

物理机械防治是指利用物理因子或机械作用对有害生物生长、发育、繁殖等进行干扰,以防治植物病虫害的方法。物理因子包括电、声、光、温度、湿度、射线、辐射能等。机械作用包括人力扑打,使用简易的器具、器械装置,或应用现代化的机具设备等。物理机械防治主要优点是见效快,适于应急救治,尤其是对一些用化学防治难以奏效的病虫害,缺点是费工,效率较低,是一种辅助的防治措施。物理机械防治常用方法可分为以下5类。

1.2.4.1　人工机械法

人工机械法是指通过汰除或捕杀防治有害生物的方法,对于病害而言,可拔除病株,剪除病枝叶,刮除茎干病斑,汰除带病种子;对于害虫可采取扑打、震落、网捕、摘除、刮树皮等方式直接捕杀。

人工直接捕杀适用于具有假死性、群集性或其他目标明显易于捕捉的害虫,如多数金龟甲、象甲的成虫具有假死性,可在清晨或傍晚将其震落杀死。榆蓝叶甲的幼虫老熟时群集于树皮缝、树疤或枝杈下方化蛹,此时可人工捕杀。冬季修剪时,剪去黄刺蛾茧、蓑蛾袋囊,刮除舞毒蛾卵块等。在生长季节也可结合苗圃日常管理,人工捏杀卷叶蛾虫苞、摘除虫卵、捕捉天牛成虫等。此法的优点是不污染环境,不伤害天敌,不需防治设备,便于开展群众性的防治,特别是在劳动力充足的条件下,更易实施。缺点是工效低。

1.2.4.2　诱杀法

诱杀法是指利用昆虫的趋性，配合一定的物理装置、化学毒剂或人工处理来防治害虫的方法，可细分为灯光诱杀、食饵诱杀、潜所诱杀等。利用昆虫对光的趋性，人为设置灯光诱杀害虫的防治方法称为灯光诱杀。利用害虫对食物气味的趋性，配置适当的食饵诱杀害虫的方法称为食饵诱杀，如配制糖醋液诱杀蛾类、新鲜马粪诱杀蝼蛄等。利用一些害虫具有选择特殊环境潜伏的习性，人工设置类似的环境诱杀害虫的方法称为潜所诱杀，如树干缚草诱集松毛虫幼虫进入越冬，苗床周围堆草诱集地老虎幼虫，放置木段供天牛产卵等。

以下简单介绍杀虫灯诱虫。

(1)杀虫灯诱虫原理。

自然界大多数昆虫的视觉神经对波长330～400 nm的紫外线特别敏感，具有较强的趋光性，生产上采用该波段制出来的灯用来诱杀害虫，称为黑光灯，也称为杀虫灯，它是一种特别的气体放电灯，与一般照明的萤光灯相似，但灯管内壁所涂的光粉不同，一般为磷涂层，能发出波长为360 nm的紫外光波。据统计，在森林中放置黑光灯，能诱杀10目100多个属1 300多种昆虫。灯光诱集通常在无风、无月、闷热的天气下效果最好，一夜中以19:00～21:00诱杀量最大。利用黑光灯诱虫，诱集面积大，成本低，能消灭大量虫源，降低下一代虫口密度；还可用于害虫种类、分布和虫口密度调查与预测预报。由于许多天敌昆虫也有趋光性而被杀死，同时使光源附近的害虫虫口密度增大，因此在杀虫灯附近地块应采取适当的补救措施。

(2)杀虫灯类型。

黑光灯按光源类型可分为高压汞灯黑光灯、荧光低压汞灯黑光灯和金属卤化物黑光灯；供电方式有市网交流电、电瓶、干电池和太阳能等；功率有20 W、22 W、30 W、40 W、50 W、150 W、200 W、250 W等；额定电压有220 V、380 V；灯开关有手动、光控、雨控、人工定时等多种。黑光灯由灯管及配件(整流器、继电器、开关等)、防雨罩、挡虫板(3～4片)、灯架等几部分组成。高压电网灭虫灯由黑光灯、变压器、电网及保护指示器等组成，工作时电网电压有3 000～5 000 V，诱来昆虫触网即被电击死。

(3)杀虫灯安装使用。

以Ps－15Ⅱ型佳多牌频振式杀虫灯为例进行说明。

在校园内或附近苗圃选择一块开阔地，在阅读完产品说明书、熟悉杀虫灯的构造性能及技术指标后，将箱内吊环固定在顶帽的圆孔内旋紧；将附带的边条用螺丝固定在接虫盘四周，接虫袋固定在接虫口上(最好采用专用接虫袋)；架设木制三角架，接虫口对地距离以1～1.5 m为宜(树高超过1.5 m时，灯的高度可略高于树木)；按照灯的指定电压接通电源后闭合电源开关，指示灯亮，经过30 s左右整灯进入工作状态；晚上开灯后(雷雨天气不要开灯)，观察统计诱集情况；收灯后，将灯擦干净再放入包装箱内，并用泡沫板垫在底部。如包装箱损坏，请将频振灯吊于室内保管。

注意事项：安装时，要做到线好、灯亮、有高压、接虫袋子按标准挂；接通电源后，切勿触摸高压电网，出现故障后务必切断电源进行维修；每天都要清理一次接虫袋和高压电网的污垢，清理时一定要切断电源，顺网横向清理，如污垢太厚，可更换新电网或将电网拆下,用清网剂清除污垢,然后重新绕好,绕制时一定注意高压电网不要短路。

1.2.4.3 温控法

温控法是指利用高温或低温来控制或杀死病菌、害虫的一类物理防治技术,如土壤热处理、阳光暴晒、繁殖材料热处理和冷处理等。

1.2.4.4 机械阻隔法

机械阻隔法是指根据病菌、害虫的侵染和扩散行为,设置物理性障碍,阻止病菌、害虫的危害与扩展的方法,如设防虫网、挖阻隔沟、堆沙、覆膜、套袋等。

1.2.4.5 射线物理法

射线物理法是指利用电磁辐射对病菌、害虫进行灭杀的物理防治技术,常用射线有电波、X射线、红外线、紫外线、激光、超声波等,多用于处理种子,处理昆虫可使其不育。

1.2.5 化学防治

化学防治是指用农药来控制园林植物病虫害的方法。农药是指用于预防、消灭或控制危害农林业的病、虫、草和其他有害生物以及有目的地调节植物、昆虫生长的化学合成的或者来源于生物、其他天然物质的一种或几种物质的混合物及其制剂。它们是在一定量或浓度下起杀死有害生物作用的物质。常可分为杀虫剂、杀螨剂、杀菌剂、除草剂和杀鼠剂等多种类型。按其来源,可分为矿物源农药、生物源农药和有机合成农药。

农药施用的部位为有害生物本体(直接靶标)和寄主植物及有害生物生存处所(间接靶标)。施药方法主要有喷雾法、施粒法、熏烟法、种苗处理法、喷粉法、撒滴法、泼洗法、滴加法、注射法、涂抹法、施饵法等。

化学防治是园林植物有害生物防治的急救措施,它具有收效快、防治效果好、使用方法简单、受季节限制较小、适合大面积使用等优点。但也有着明显的缺点,化学防治的缺点概括起来主要有三点:一是由于长期对同一种害虫使用相同类型的农药,使得某些害虫产生不同程度的抗药性。二是由于用药不当杀死了害虫的天敌,从而造成害虫的再度猖獗为害。三是由于农药在环境中存在残留毒性,特别是毒性较大的农药,对环境易产生污染,破坏生态平衡。

1.3 园林植物病虫害防治的策略

人们在防治园林植物病虫害的生产活动中必须遵守一定的准则,从而达到期望的目标。这些准则应依次从防治对象、寄主植物、成本核算和环境安全等四个方面考虑。随着人们防治理念的转变,科学技术进步和生产力水平的提高,在这四个方面可确定不同的防治标准及防治策略。在防治对象方面,由彻底消灭到允许有一定的种群数量的存在;在寄主植物方面,则要求尽可能不对寄主植物生长发育造成影响,不产生药害,不影响产品质量,食用的植物产品不能因采取防治措施而危害人畜的健康;在成本核算方面,经济收益应大于防治成本,但对于重大危险性病虫害要优先考虑环境安全;在环境安全方面,要考虑不污染环境,不伤害天敌,不破坏生物多样性,以维持生态系统的功能和结构的稳定性。在园林植物病虫害防治中,策略应是为达到某种防治目的而相应运用各种防治措施的方式。以下对园林植物病虫害可持续治理的策略、环境友好型防治技术体系、林业有害生物的分类治理进行简要介绍。

1.3.1 园林植物病虫害可持续治理策略

不同时期林业科技和社会发展的特点不同,园林植物病虫害防治的策略亦不同。20世纪50年代至70年代中期,我国采取的是单纯依靠化学农药消灭园林植物病虫害的防治策略,相继提出了“治早、治小、治了”“预防为主,积极消灭”等防治方针;20世纪70年代中期至90年代中期,由于化学农药的施用给环境带来污染和危害人类健康,人们提出了园林植物病虫害综合防治策略(IPM),其核心是从生态角度出发,通过多种技术的协调配合,控制园林植物病虫害的危害,而非单纯依靠化学农药。“预防为主,综合防治”成为园林植物病虫害防治的指导方针,园林植物病虫害综合治理策略在指导我国园林植物病虫害基础研究和防治工作方面发挥了极为重要的作用。

20世纪90年代后期,人类社会可持续发展理念逐渐被人们所接受,可持续治理策略(SPM)成为园林植物病虫害防治的主导策略。它所寻求的是园林植物病虫害防治工作既能满足当代社会对园林植物病虫害控制的需求,又不对满足今后社会对园林植物病虫害的控制能力构成危害,它是一种经济、社会、生态效益相互协调的防治策略,是在综合治理基础上的一次飞跃。它强调以整个生态系统为基础,通过对整个生态系统的维护与调控,增强系统结构和功能的稳定性,发挥生态系统对园林植物病虫害的制衡作用。具体而言,园林植物病虫害的可持续治理是在充分了解生态系统结构与功能的基础上,综合运用各种生态调控手段,通过综合、优化,将多种防治措施融为一体,对生态系统及其园林植物—有害生物—天敌三者关系进行合理调节,变对抗为利用,变控制为调节,充分调动系统内各种生物因子的作用,实现对园林植物病虫害的调控与管理。在园林植物病虫害的治理工作中,既要考虑治理对象与被保护对象,也要考虑生态系统中其他生物资源;既要考虑当前园林植物病虫害的发生危害,也要考虑其将来的发展动态;既要考虑满足当代人对园林景观的多样化需求,也要考虑不破坏后人赖以生存的资源基础和环境条件。在可持续治理策略指导下,“预防为主,科学防控,依法治理,促进健康”成为我国今后园林植物病虫害防治工作的指导方针。

1.3.2 环境友好型防治技术体系

在园林有害生物可持续治理策略框架下的防治技术是环境友好型防治,其技术体系由以园林植物栽培管理为主的园林技术措施、以预测预报和检疫为主的预防措施、以生物防治为主的调控措施、以物理防治为主的辅助措施和以化学防治为主的应急措施组成。

1.3.2.1 以园林植物栽培管理为主的园林技术措施

森林是相对较为持久的生态系统,为各种有害生物和天敌提供了生境连续性。通过抚育管理等一系列营林措施,调节生境,建立和保护森林生态系统的生物多样性,改善天敌栖息环境,增强生态对林业有害生物的整体控制能力。因此,营林措施在一定意义上也是治本措施。

对于尚未开发的或尚无人为直接干扰和破坏的天然林,应以自然控制为主,最大限度地不施加人为干扰,强调系统的自我调整;对于已遭到人为直接干扰和破坏的天然林,加强天然林系统的自我恢复和重建,提高和恢复其稳定性,达到自然控制的状态。

对于现有人工林,可根据具体情况,有针对性地实施相关营林措施,降低有害生物的基数,改善林分的卫生状况,促进林木的健康生长,提高林木的抗逆性和自我补偿能力,将林业有害生物危害程度控制在生态和经济阈值以内。对将要营造的林分,要多选择乡土树种,进行合理的混交,采用最佳的造林方式,逐步培育出自控能力强的森林。

在具体措施上,可营造各种类型混交林,对现有人工纯林予以改造,定期开展中幼龄林抚育,及时清理病死树和虫害木,有效开展封山育林,以及实施人工捕捉、砸卵、剪网幕、修枝等防治措施。另外,还要培育抗病虫树种或品系。

1.3.2.2　以预测预报和检疫为主的预防措施

预测预报和检疫是林业有害生物预防体系的重要组成部分,是实现由重除治向重预防转变的关键。预测预报是林业有害生物预防工作的基础,要建立以国家预测预报中心为龙头、省级预测预报中心和市地级测报站为枢纽、国家级中心测报点为骨干、县级测报点为支撑的预测预报体系,运用先进技术实现林业有害生物监测数据的规范采集、网络传输、智能处理,及时掌握发生动态,准确预报,为防治决策提供依据。林业植物检疫是阻止外来有害生物入侵、控制危险性林业有害生物传输扩散的关键措施和有效手段,要进一步完善林业植物检疫的法律法规体系,加强检疫隔离试种苗圃、检疫检查站、检疫除害设施、远程诊断系统的基础设施建设,加强行业间、部门间、区域间的密切合作,实现产地检疫、调运检疫和复检的全程监管。此外,还要定期进行疫情调查,开展风险评估,为检疫工作提供有力支持。

1.3.2.3　以生物防治为主的调控措施

生物防治具有对人畜安全、环境兼容性好、不杀伤天敌昆虫、选择性强、对生态影响小、不易使害虫产生抗药性等特点,是环境友好型防治体系中优先采用的方法。广义的生物防治不仅包括各种捕食性天敌、寄生性天敌,还包括生物源农药,以及昆虫信息素和昆虫生长调节剂、仿生制剂等。

目前,我国可选用的生物防治技术有:赤眼蜂、肿腿蜂、啮小蜂、蚜小蜂等天敌昆虫;多种食虫鸟、猛禽、蛇、鼬、狐等捕食性脊椎动物;昆虫病毒、苏云金杆菌、白僵菌、绿僵菌、粉拟青霉菌、昆虫病原线虫等微生物;阿维菌素、放线菌酮、农用链霉素等微生物源农药;性信息素、聚集信息素等昆虫信息素;灭幼脲、除虫脲、氟虫脲等仿生制剂。

1.3.2.4　以物理防治为主的辅助措施

物理防治虽然一般没有污染,对环境相对安全,但目前可在生产上使用的方法不是很多,因此它是环境友好型防治体系中的一类辅助措施。经常使用的物理防治法有:以频振式杀虫灯为代表的灯光诱杀法,除直接消灭害虫外,还能根据成虫的出现高峰期等数据进行害虫发生期预报;根据雌雄成虫数量、雌成虫腹中卵数等数据进行发生量预报;利用某些害虫下树越冬习性,在树干设置塑料环进行物理阻隔;利用捕鼠夹、捕鼠箭、地炮、灭鼠弹、灭鼠雷等防治害鼠。

1.3.2.5　以化学防治为主的应急措施

环境友好型防治要求使用高效、低毒、低残留的化学农药,并选择对环境影响最小的施药技术。化学防治作为应急措施一般只在林业有害生物突发时、高发期实施。要严格执行国家关于农药禁止和限制使用的相关规定。严格采用安全合理的施药方法,要做到对症用药、适时用药,严格掌握施药量,科学施药,合理混用农药,安全用药。

另外,在防治方法的选择上,要注意病害和虫害的防治途径的差异性,根据不同的防治途径选择不同的防治方法(图 3-1)。

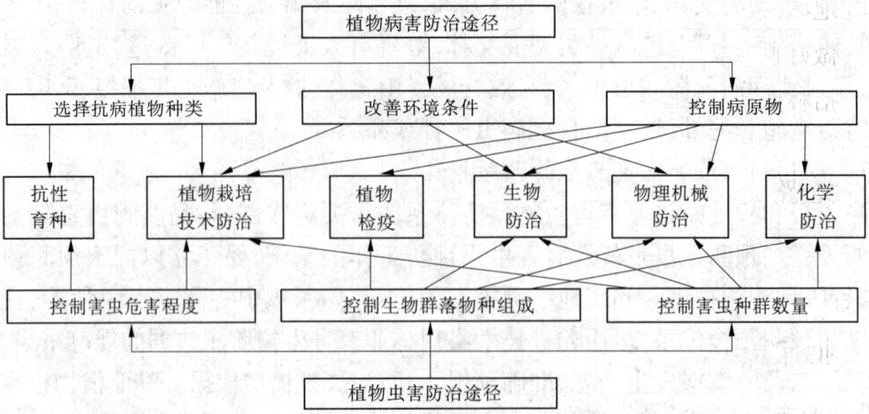

图 3-1　植物病害和虫害防治途径的关系

1.3.3　林业有害生物的分类治理

根据我国林业有害生物发生特点、森林资源分布现状和生态建设任务,林业有害生物防治要突出对重大危险性有害生物种类的防治,突出对主要造林林种的保护,突出对重点生态区域的防护。实行按有害生物危险性分级管理、按森林的不同用途的林种分类施策、按生态区位重要性分区治理的分类防治方式。

1.3.3.1　根据林业有害生物危险性分级管理

国家林业局将我国主要林业有害生物根据发生分布、潜在危险性、危害情况、寄生重要性和防治程度等 5 个方面内容,对其进行危险性分析,划分为 4 个等级:一级有害生物为极度危险的种类,应纳入国家林业生物灾害管理范围;二级有害生物为高度危险的种类,应由省级进行重点管理;三级有害生物为中度危险种类,应以地市级管理为主;四级有害生物为一般危险性的种类,主要以县级管理为主。

1.3.3.2　根据不同用途的林种分类施策

防护林病虫害防治策略是:要与生态建设任务相结合,因地制宜、因时制宜,强化林分改造、树种搭配和重灾木清理,全面监测,严格检疫,积极治理,实行动态管理。

用材林病虫害防治策略是:要围绕人工林健康经营,增强林木自身调控能力,强化预防性措施的运用,重点抓好枝干病虫害和叶部虫害的防治。

薪炭林(能源林)病虫害防治策略是:要围绕能源林开发利用,以健康培育和健康经营为手段,把林业有害生物的防范措施纳入到薪炭林(能源林)建设的各个环节,确保森林和生物能源一体化建设的健康发展。

特种用途林病虫害防治策略是:要健全管理体制,落实管理责任和各项技术措施,抓好预防和控制,保护珍贵树种和生物多样性。

1.3.3.3　根据生态区位重要性分区治理

不同地区的森林,发挥着不同的经济、社会和生态效益,在人力、物力有限的条件下,集中精力做好重点生态区位的林业有害生物防治工作,可收到事半功倍的效果。重点生态区位包括林业重点生态工程区、著名风景名胜区、重要口岸和主要中心城市的森林。构建以重要口岸和中心城市为主体的辐射若干城镇的"点"状防治区,构建以大江大河、海岸线、主要公路铁路两侧为主体的纵贯不同行政区域或生态区域的"线"状防治区,构建以林业重点工程区域、著名风景名胜区、自然保护区、生态脆弱区等为主体的"块"状防治区。

1.4　林业有害生物的工程治理

1.4.1　林业有害生物工程治理的概念

林业有害生物工程治理是指国家或各省(自治区、直辖市)组织有关单位,在一定时期和较大范围内,对某种危害严重、发生普遍或具有危险性的病虫害,运用工程项目管理模式,采收营林、生物、物理、化学等综合防治措施,有计划、有步骤、有重点地防治,把森林病虫灾害损失减小到最低水平的一种管理方式,它是我国林业有害生物防治管理机制创新的一项成功举措。开展工程治理有利于合理配置资源,强化政府行为,明确目标、任务和重点,集成、组装和配套使用先进实用技术,能提高管理水平和防治成效。

林业有害生物实行工程治理是在1997年5月13日经国务院批准,林业部下发的《关于进一步加强林业有害生物防治工作的决定》中正式提出来的。1998~2000年进行试点,2000~2004年全面实施,国家先后启动和实施了松材线虫病、红脂大小蠹、森林鼠害、杨树病虫害(包括美国白蛾)、纵坑切梢小蠹和萧氏松茎象等6个国家级治理工程,各项工程基本实现了预期目标,使我国主要林业有害生物成灾率由1999年的70‰降到了5‰。

1.4.2　确定工程治理对象的条件

应主要以生态意义重大的防护林、特种用途林和经济价值高的用材林、经济林为保护重点,选择对其危害严重和发生面广、具有危险性、有周期性猖獗危害特点,生物学、生态学特性和发生规律基本清楚,并具有效防治技术措施的病虫种类为工程治理对象。规划治理的区域面积,除松材线虫病、蛀干害虫等危险性病虫害外,集中连片的森林面积应超过3.33万hm^2。

1.4.3　申请林业有害生物工程治理可行性研究报告的主要内容

申请林业有害生物工程治理可行性研究报告的主要内容包括:立项的目的、意义,总体目标;工程治理项目区的森林经营状况,治理对象的发生、危害情况,工程治理项目区的区划;主要技术措施,各项经济技术指标,工程治理项目的起止时间,实施进度,资金预算及来源;省级林业主管部门和财政部门意见,专家论证意见;工程治理设计图表等。

林业有害生物工程治理项目的规划期一般为三年。

学习任务 2 农药的使用

【学习场所】

教室、园林植物病虫害防治实训室、学校附近园林苗圃、行道树旁和公园。

【学习形式】

农药作用原理内容在教室以班级为单位授课；农药剂型、常用种类识别内容在园林植物病虫害防治实训室以小组实训形式进行；农药使用宜由教师在园林植物病虫害防治实训室演示，并以实训小组形式在教师指导下在园林绿化地操作。

【实训用品与材料】

25%敌百虫粉剂、25%苯氧威可湿性粉剂、3%高渗苯氧威乳油、45%啶虫脒·杀虫单可溶性粉剂、25%灭幼脲悬浮剂、20%吡虫啉可溶性液剂、22.5%敌敌畏油剂、10%百菌清烟剂、8%氯氰菊酯触破式微胶囊剂、5%辛硫磷颗粒剂、5%辛硫磷乳油、1%甲维盐片剂、亚铁氰化钾、硫酸铜、生石灰（或熟石灰）、石蕊试纸。

每组配备手动喷雾器 1 个、500 mL 烧杯 3 个、100 mL 烧杯 2 个、250 mL 量筒 1 个、研钵 1 个、玻璃棒 1 根、试管 6 支、试管架 1 个、粗天平 1 台、试管刷 1 个、小铁刀 1 把、草席 2 片、木棒 1 根、木锨 1 把等。

【辅助学习资源】

◆ 袁会珠. 农药使用技术指南. 北京：化学工业出版社，2011

◆ 国家林业局森林病虫害防治总站. 林用药剂药械使用技术手册. 北京：中国林业出版社，2008

◆ 园林药械使用视频资料

◆ 农药合理使用准则 GB/T 18321.1—1987

◆ 农药安全使用规范总则 NY/T 1276—2007

◆ 农药贮运、销售和使用的防毒规程 GB 12475—2006

2.1 认识农药剂型与标签

2.1.1 农药的加工剂型

由工厂生产出来而未经过加工的农药产品统称为原药，其中固体状的称作原粉，呈油状液体的称作原油。由于原药产品中往往含有化学反应中的副产物、中间体及未反应的原料，并非纯净品，因此原药中真正有毒力、有药效的主要成分称作有效成分。为了让有效成分均匀分散，充分发挥药效，改进理化性质，减少药害，降低成本，提高工效，容易操作，必须在原药中加入一定比例的辅助剂，如填充剂、湿润剂、乳化剂等。农药的原药加入辅助剂后制成的药剂形态，称作剂型。农药的剂型有 50 多种，园林上常用的农药剂型有以下几种。

2.1.1.1 粉剂（DP）

粉剂（DP）是原药加入一定量的填充物（陶土、高岭土、滑石粉等），经机械加工粉碎后而成的粉状混合物,粉粒直径一般在 10~12 μm。粉剂使用方便、不需水源,适于干旱缺水地区使用,主要用于喷粉、拌种、毒饵和土壤处理等,但不能加水喷雾使用。粉剂要随用随买,不宜久储,以防失效。由于粉剂易于飘失,污染环境,将逐渐被颗粒剂和各种悬浮剂取代。观察25%敌百虫粉剂。

2.1.1.2 可湿性粉剂(WP)

可湿性粉剂(WP)是由原药、填充剂、分散剂和湿润剂(皂角、拉开粉等)经机械粉碎,混合制成的粉状制剂。质量好的可湿性粉剂粉粒直径一般在 5 μm 以下,兑水稀释后,湿润时间为 1~2 min,悬浮率可达 50%~70%。可湿性粉剂用于喷雾,要搅拌均匀,喷药时及时摇振,储存时不宜受潮受压。观察25%苯氧威可湿性粉剂。

2.1.1.3 乳油(EC)

乳油(EC)是由农药原药加乳化剂和溶剂制成的透明油状液体制剂。溶剂是用来溶解原药的,常用溶剂有苯、二甲苯、甲苯等。乳化剂可使溶有原药的溶剂均匀地分散在水中。土耳其红油就是一种乳化剂。乳油加水稀释,即可用来喷雾。乳油如果出现分层、沉淀、混浊等现象,则说明已变质,不能继续使用。使用乳油防治害虫的效果比其他剂型好,其耐雨水冲刷,易于渗透。由于生产乳油所需的有机溶剂易燃,对人畜有毒等,已逐渐向以水代替有机溶剂和减少有机溶剂用量的新剂型发展,如浓乳剂、微乳剂、固体乳油及高浓度乳油等。观察3%高渗苯氧威乳油。

2.1.1.4 可溶性粉剂(SP)

可溶性粉剂(SP)是用水溶性固体原药加水溶性填料及少量助溶剂制成的粉末状制剂,使用时按比例兑水即可进行喷雾。可溶性粉剂中有效成分含量一般较高,药效一般高于可湿性粉剂,与乳油接近。观察45%啶虫脒·杀虫单可溶性粉剂。

2.1.1.5 悬浮剂(SC)

悬浮剂(SC)是由固体原药、湿润剂、分散剂、增稠剂、防冻剂、消泡剂、稳定剂、防腐剂和水等配成的液体剂型,有效成分分散,粒径为 1~5 μm。施用时兑水喷雾,不会堵塞喷雾器的喷嘴。药效高于可湿性粉剂,接近于乳油。其是不溶于水的固体原药加工剂型的重要方向之一。悬浮剂应随用随买,配药时多加搅拌。观察25%灭幼脲悬浮剂。

2.1.1.6 可溶性液剂(SL)

可溶性液剂(SL)是由原药与任意所需的助剂及其他溶剂组成的液剂,不含可见的外来物和沉淀,用水稀释后有效成分形成真溶液。此剂型具有低药害、毒性小、易稀释、使用安全和方便等特点,具有良好的生物效应。观察20%吡虫啉可溶性液剂。

2.1.1.7 油剂(OL)

油剂(OL)是以低挥发性油做溶剂,加少量助溶剂制成的一种制剂,有效成分含量一般在 20%~50%,用于弥雾或超低容量喷雾。使用时不用稀释,不能兑水使用。每公顷用量一般为 750~2 250 mL。观察22.5%敌敌畏油剂。

另外,还有专用于烟雾机的油剂,称为油烟剂或热雾剂,其中的农药有效成分要有一定的热稳定性。使用时,通过内燃机的高温高速气流将其汽化,随即冷却呈烟雾状气溶胶,发挥杀虫杀菌作用。

2.1.1.8　烟剂(FU)

烟剂(FU)一般用原药(杀虫剂或杀菌剂)、氧化剂(硝酸铵、硝酸钾等)、燃料(木粉、木炭、木屑等)、降温剂(氯化铵等)和阻燃剂(滑石粉、陶土等)按一定比例混合、磨碎,通过80号筛目过筛而成。点燃后作无火焰燃烧,农药受热挥发,在空气中再冷却成微小的颗粒弥散在空中杀虫或灭菌。烟剂适用于森林和温室大棚。因烟剂易燃,在储存、运输使用时,应注意防火。观察10%百菌清烟剂。

2.1.1.9　微胶囊悬浮剂(CS)

微胶囊悬浮剂(CS)是近年来发展起来的固体颗粒分散在水中的新剂型,具有延长药效、降低毒性、减少药害等特点。它是用树脂等高分子化合物将农药液滴包裹起来的微型囊体,粒径一般在1~3 μm,由原药(囊心)、助溶剂、囊皮等制成。囊皮可控制农药释放速度。使用时兑水稀释,供叶面喷雾或土壤施用。农药从囊皮中逐渐释放出来,达到防治效果。观察8%氯氰菊酯触破式微胶囊剂等。

2.1.1.10　颗粒剂(GR)

颗粒剂(GR)是由农药原药、载体、填料及助剂配合经过一定的加工工艺制成的粒径大小比较均匀的松散颗粒状固体制剂。按粒径大小可分为大粒剂(5~9 mm)、颗粒剂(0.297~1.68 mm)和微粒剂(0.074~0.297 mm)。颗粒剂为直接施用的剂型,可取代施用不安全的药土,用于土壤处理、植物心叶施药等。其有效成分含量一般小于20%,常用加工方法有包衣法、浸渍法和捏合法。颗粒剂可使高毒农药制剂低毒化,可实现农药的针对性施用。施用颗粒剂可戴薄塑料手套徒手撒施,也可用具带孔瓶盖的塑料瓶撒施。观察5%辛硫磷颗粒剂。

2.1.1.11　片剂(锭剂)

片剂(锭剂)是将水溶性药剂制成片状的制剂,其优点是使用方便,容易计算药量。观察1%甲维盐片剂。

2.1.2　农药产品标签识别

在林业生产中要选择质量好的农药产品,做到科学、合理、安全使用农药,必须熟悉农药产品标签的主要内容。观察上述各种剂型农药的标签内容。

2.1.2.1　产品名称

农药产品的名称一般由农药有效成分含量、农药的原药名称(或通用名称)和剂型组成。其中有效成分含量的表示方法如下:

原药和固体制剂以质量分数表示,如40%福美砷可湿性粉剂:400 g a.i./kg意为每千克(kg)可湿性粉剂中含有效成分(a.i.)400 g;液体制剂原则上以质量分数表示,若需要以质量浓度表示,则用"g/L"表示,并在产品标准中同时规定有效成分的质量分数,如抗蚜威乳油:80 g a.i./L意为每升(L)药液中含有效成分(a.i.)80 g。

2.1.2.2　产品的批准证(号)

产品的批准证(号)包括该农药产品在我国取得的农药登记证号(或临时登记证号)、农药生产许可证号或农药生产批准文件号、执行的产品标准号。常说的农药"三证"就是指上述的农药登记证、准产证和标准证。

2.1.2.3　产品的使用范围

产品的使用范围包括适用园林植物、防治对象、使用时期、使用剂量和施药方法等。对于使用剂量，用于大田作物或苗圃的，一般采用每公顷(hm^2)使用该产品总有效成分质量(g)表示，或采用每公顷使用该产品的制剂量(g 或 mL)表示；用于园林植物时，一般采用总有效成分或制剂的质量分数(mg/kg)、质量浓度(mg/L)表示。

2.1.2.4　净含量

净含量一般采用克(g)、千克(kg)、吨(t)或毫升(mL)、升(L)、千升(kL)表示。

2.1.2.5　产品质量保证期

产品质量保证期有3种表示形式：第一种是注明生产日期(或批号)和质量保证期；第二种是注明产品批号和有效日期；第三种是注明产品批号和失效日期。

2.1.2.6　毒性标志

要求标明农药产品的毒性等级及标识。剧毒和高毒的农药要求有“骷髅骨”标记。

我国农药毒性分级标准是根据大白鼠1次口服农药原药急性中毒的致死中量(LD_{50})划分的。所谓致死中量，即毒死一半供试动物所需的药量，单位为 mg/kg，意思为每千克体重动物所需药剂的毫克数。致死中量≤5 mg/kg 的为剧毒农药；致死中量5～50 mg/kg 的为高毒农药；致死中量50～500 mg/kg 的为中等毒性农药；致死中量500～5 000 mg/kg 的为低毒农药；致死中量>5 000 mg/kg 的为微毒农药。农药标签上标明的农药毒性是按农药产品本身的毒性级别标示的，若毒性与原药不一致，一般用括号注明原药毒性级别。

2.1.2.7　注意事项

注意事项说明：该农药与某些物质不能混用；农药限用条件(包括时间、天气、温度、湿度、光照、土壤、地下水位等)、作物和地区(或范围)；该农药已制定国家标准的安全间隔期，一季作物最多使用的次数等；使用该农药时需穿戴的防护用品、安全预防措施及避免事项等；施药器械的清洗方法、残剩药剂的处理方法等；农药中毒急救措施以及对医生的建议等；禁止使用的作物或范围等；储存和运输方法，包括储存条件的环境要求及注意事项，安全运输和装卸的特殊要求和危险标识；生产者的名称和地址，包括生产企业的名称、详细地址、邮政编码、联系电话等；农药类别特征颜色标志带，在标签底部印制的与底边平行的、不褪色的一条颜色标志带，以表示不同类别的农药，除草剂为绿色，杀虫(螨、软体动物)剂为红色，杀菌(线虫)剂为黑色，植物生长调节剂为深黄色，杀鼠剂为蓝色。

2.2　农药的施用方法

由于农药的加工剂型、使用范围和防治对象不同，因此施用方法亦不同，以下介绍在园林上常用的施药方法。

2.2.1　喷粉法

喷粉法就是利用喷粉器械所产生的风力把低浓度的农药粉剂吹散后，使粉粒飘浮在空中再沉积到植物和防治对象上的施药方法。其特点是工效高，使用方便，不受水的限制，适合于封闭的温室、大棚以及郁闭度高的森林。喷粉法的缺点是用药量大，附着性差，粉粒沉降率只有20%，易飘失，污染环境。最好在无风的早晨或傍晚及植物叶片潮湿易黏着粉粒时作业。喷粉人员应在上风头(1～2级风时可喷粉)顺风喷，不要逆风喷。要求喷均匀，可用手指轻按叶片来检查，如看到只有一点药粒在手指上，表明喷施程度比较合适；如看到叶面发白，则说明药量过多。在温室大棚中喷粉时，宜在傍晚作业，采取对空均匀喷撒的方法，避免直接对准植物体，且应采取由棚内向外、边喷边向门口后退的作业方式。

2.2.2　喷雾法

喷雾法是利用喷雾器械将液态农药喷洒成雾状分散体系的施药方法，是园林植物病虫害防治使用最广泛、最重要的施药方法之一。根据单位面积施药液量的多少，划为4个容量级别（表3-1）。超低容量喷雾采用离心旋转式喷头，所使用的剂型为油剂。超低量喷雾的优点是工效高、省药、防治费用低、不用水或只用少量水，缺点是受风力影响大，对农药剂有一定的要求。

表3-1　我国农药喷雾法划分的容量级别

容量级别	喷布药液量（L/hm^2）	药液有效成分含量（%）	雾滴直径（μm）	施药方式针对性	农药利用率（%）
大容量（常量）	>150	0.01～0.05	250	飘移累积性	30～40
小容量（少量）	15～150	1～5	100～250	飘移累积性	60～70
低容量	5～15	5～10	15～75	飘移累积性	60～70
超低容量（微量）	<5	25～50	15～75	飘移累积性	60～70

根据喷雾方式可将喷雾法大致分为针对性喷雾和飘移性喷雾两种，前者是指作业时将喷头直接指向喷施对象，后者是指喷头不直接指向喷施对象，喷出的药液靠自然风力飘移，依靠自身重力沉降累积到喷施对象上。

喷雾的技术要求是药液雾滴均匀覆盖在植物体或防治对象上，叶面充分湿润，但不使药液形成水流从叶片上滴下。喷雾时间要选择1～2级风或无风晴天，中午不宜作业。

2.2.3　树干打孔注药法

打孔注药法是利用树干注药机具在树干上形成注药孔，通过药液本身重力或机具产生的压力将所用药液导入树干特定部位再传至内部器官而达到防治有害生物和树木缺素症的一种施药方法。这种方法具有效果好、药效长、不污染环境、不受环境条件限制等优点，适用于珍稀树种和零星树木的病虫害防治。但该法在短时间内控制大面积的病虫害比较困难，若药剂使用不当易对树木造成药害。

目前打孔注药的方法大致有三种：第一种是创孔无压导入法，即先用打孔注药机具在树干上钻、凿、剥、刮出创伤或孔，然后向创孔内涂、灌、塞入药剂或药剂的载体。第二种是低压低浓度高容量注射法，可用输液瓶挂于树上，药液凭重力徐徐注入树体内，或使用兽用注射器将配好的药液灌注到树木的木质部与韧皮部之间。第三种是高浓度低容量高压注射法，使用手压树干注射器，靠压力将高浓度的药液注入树干，一般平均1 cm胸径用药液0.5～1 mL。

打孔注药法的时间应在树液流动期，防治食叶害虫在其孵化初期注药；蚜、螨等在大发生前注药；蛀干天牛类在幼虫1～3龄和成虫羽化期注药。农药要选内吸剂（如吡虫林、印楝素等),以水剂最佳,原药次之,乳油必须选合格产品。配制时,宜用冷开水,药液配制有效成分含量应在15% ~20%,对于树干部病虫害严重地区药液中应加杀菌剂,以防伤口被病菌感染。注射位置在树木胸高以下。注药孔大小在5 ~8 mm;胸径小于10 cm者打1个孔,11 ~25 cm者对面打2个孔,26 ~40 cm者等分打3个孔,40 cm以上等分4个孔以上;最适孔深是针头出药孔位于2、3年生新生木质部处。注药量一般按每10 cm胸径用100%原药1 ~3 mL(稀释液为每厘米胸径1 ~3 mL)的标准,按所配药液有效成分含量和计划注药孔数计算确定每孔注药量。

2.2.4　涂抹法

涂抹法是用涂抹机具将药液涂抹在植株某一部位的一种局部直接施药的方法,以涂抹树干最为常用,用以防治病害、刺吸式口器害虫、螨类等。涂抹机具有手持式涂抹器、毛刷、排刷、棉球等。涂抹作业时间以在树木生长季节为宜。涂抹法无飘移,药剂利用率高,不污染环境,对有益生物伤害小,但是操作费事,直接施用高浓度高剂量药剂还应注意药害问题。

2.2.5　种苗处理法

种苗处理法是将药粉或药液在种子播种前或苗木栽植前使之黏附在种苗上用以防治种苗带菌或土壤传播的病害及地下害虫的一种施药方法。它可有效控制有害生物在种子萌发和幼苗生长期间的危害,其方法简便,用药量少,省工,但要掌握好剂量,防止产生药害。

常见的种苗处理有以下几种方法。

2.2.5.1　浸种法

浸种法是将种子浸渍在一定有效成分含量的药剂水分散液里,经过一定的时间使种子吸收或黏附药剂,然后取出晾干,从而消灭种子表面和内部所带病原菌或害虫的方法。操作时,将待处理的种子直接放入配好的药液中稍加搅拌即可。药液多少根据种子吸水量而定,一般高出浸渍种子10 ~15 cm。使用的农药剂型以乳油、悬浮剂为最佳,其次为水剂(国际代号为AS,是以水为溶剂的可溶性液剂)、可湿性粉剂。浸种温度一般在10 ~20 ℃。浸种时间以种子吸足水分但不过量为宜,其标志是种皮变软,切开种子后,种仁部位已充分吸水。一次药液可连续使用几次,但要补充减少的药液量。用甲醛等浸种后,需用清水冲洗种子,以免产生药害。

2.2.5.2　拌种法

拌种法是将选定数量和规格的拌种药剂与种子按照一定比例进行混合,使被处理种子表面都均匀覆盖一层药剂,并形成药剂保护层的种子处理方法。拌种可分为干拌和湿拌,一般以干拌为主。干拌种以粉剂、可湿性粉剂为宜,且以内吸性药剂为好,拌种的药量常以农药制剂占处理种子的质量百分比来确定,一般为种子质量的0.2% ~1%。拌种的器具可用比较原始的木锨,有条件时尽量采用拌种器。具体做法是将药剂和种子按比例加入滚筒拌种箱内,流动拌种,种子装入量为拌种箱最大容量的2/3 ~3/4,旋转速度以30 ~40转/min为宜,拌种时间3 ~4 min,可正反各转2 min,拌完后待一段时间取出。另外,还可以使用圆筒形铁桶,将药剂和种子按规定比例加入桶内,封闭后滚动拌种。拌好的种子直接用来播种,不需要再进行其他处理,更不能浸泡或催芽。

2.2.5.3　闷种法

闷种法是将一定量的药液均匀喷洒在播种前的种子上,待种子吸收药液后堆在一起并加盖覆盖物堆闷一定时间,以达到防止有害生物危害目的的一种种子处理方法,它是介于拌种和浸种之间的一种方法,又称作半干法。闷种使用的农药剂型为水剂、乳油、可湿性粉剂、悬浮剂等。最好选用有效成分挥发性强、蒸气压低的农药,如福尔马林、敌敌畏等,还可以用内吸性好的杀菌剂。药液的配制可按农药有效成分或农药制剂质量计算。闷过的种子即可播种,不宜久储,也不需要做其他处理。

另外,幼苗幼树移栽或插条扦插时,可用水溶液、乳浊液或悬浮液对其进行浸渍处理,达到预防或杀死携带的有害生物的目的。苗木处理的原则与种子处理基本相同,但要注意药害问题。

用闷种法(半干法)处理园林植物种子的步骤如下:

(1)选择本地区来源容易、价格便宜的园林植物种子50 kg(也可用玉米种子代替)。

(2)称取5 kg水放入喷雾器药桶内,然后称取0.1 kg 50%辛硫磷乳油放入水中,用木棒搅拌均匀。

(3)在地面放一片草席,其大小以能摊开种子为度。

(4)将种子摊铺在草席上,向种子喷施药液,边喷边用木锨搅拌,直至种子均匀受药为止。

(5)将拌匀的种子攒成堆,上盖草席,闷24 h即可。

2.2.6　土壤处理法

将药剂施于土壤中用来防治种传、土传、土栖的有害生物的方法称为土壤处理法。此法常在温室和苗圃中使用,用药量比较大。常用的有以下几种方法。

2.2.6.1　撒施法

撒施法是用撒布器具或徒手将颗粒剂或药土撒施到土壤中的一种方法。可佩戴塑料薄膜防护手套徒手撒施,也可用撒粒器撒施。使用的药剂为颗粒剂(粒径为297～1 680 μm)和大粒剂(粒径5 000 μm以上)。

2.2.6.2　浇灌法

浇灌法是以水为载体将农药施入土壤中的方法。可在播种或植前进行,也可在有害生物发生期间进行。操作时,将稀释后的农药用水桶、水壶等器具盛装泼洒到土壤表面或沟内,也可灌根,使药液自行下渗。还可采用滴灌、喷灌系统自动定量地往土壤中施药,也称为化学灌溉,使用时要对系统进行改装,增加化学灌溉控制阀和储药箱。

2.2.6.3　根区土壤施药法

根区土壤施药法是在树冠下部开环状沟、放射状沟或在树盘内开穴,将药粉撒施或把药液泼施于沟穴内的施药方法。应选择具有内吸、熏蒸作用的药剂。根部施药还可用土壤注射枪向树木根部土壤施药。

2.2.7　熏蒸法

利用常温下有效成分为气体的药剂或通过化学反应能生成具有生物活性气体的药剂,在密封环境下充分挥发成气体来防治有害生物的方法称为熏蒸法。常用来消灭种子、苗木、压条、接穗的有害生物。其优点是消灭有害生物较彻底,但操作时费事,有农药残留毒性问题和环境污染问题等。熏蒸要在密闭空间或帐幕中进行。常用于熏蒸的药剂有溴甲烷、氯化苦、硫酰氟、磷化铝等；熏蒸用药量以 g/m^3 表示，应用时要根据用药种类、熏蒸物品、防治对象、温度、密封程度等确定用药量和熏蒸时间。由于熏蒸剂对人畜有毒，在熏蒸场所周围30~50 m内禁止入内和居住，操作人员要戴合适的防毒面具和橡皮手套。

2.2.8　熏烟法

将农药加工成烟剂或油烟剂用人工点燃或烟雾机的汽化形成的烟雾来消灭有害生物的施药方法称为熏烟法。该法适用于郁闭度大的森林以及仓库、温室大棚等，在交通不便、水源缺乏的林区，熏烟法是有害生物防治的重要手段之一。熏烟法防治有害生物的时间应选择在害虫幼龄期、活动盛期、发病初期和孢子扩散期。下面介绍人工放烟法。

放烟的气象条件关键是"逆温层"现象出现和风速稳定在0.3~1 m/s。白天，由于受太阳辐射的影响，地面温度高于空中温度，气流直线上升，此时放烟，烟雾直向上空逸散，病菌、害虫和林木受烟时间很短，达不到防治目的。夜间，气流比较稳定，但天黑、山高、坡陡，也不宜放烟。日落后和日出前，林冠上的气温往往比林内略高，到一定高度气温又降低，产生"气温差逆增"现象，林内气流相对比较稳定，此时放烟，烟雾可较长时间停留在林内，或沿山坡、山谷随气流缓缓流动。烟雾在林内停留时间越长，杀虫灭菌的效果越好。一般只要烟雾在林内停留20 min以上，就可收到较好的防治效果。风速超过1.5 m/s时，应停止放烟，以免烟雾被风吹散。雨天也应停止放烟，这时放烟不易引燃，附着在林木上的烟剂颗粒也易被雨水冲掉，将降低防治效果。

在林区放烟，可采用定点放烟或移动放烟，或者两者配合使用的方法。定点放烟法就是按地形把烟筒设置在固定地点。此法适用于面积较大、气候变化较小、地形变化不大的林地。在山地傍晚放烟时，放烟带应布设在距山脊5 m左右的坡上，在山风控制下使烟云顺利下滑；早晨放烟时，放烟带应紧靠山脚布设，利用谷风使烟云沿坡爬上山。放烟带应与风向垂直。放烟带的距离依风力大小而定，但最宽不要超过300 m。放烟点的距离依单位用药量和地形而定，一般为15~30 m。坡地迎风面应密些，下风处可稀些，平地、无风处可均匀放置。放烟点不要设置在林缘外边，应设置在林内距林缘10 m左右，因为林外风向不定，影响放烟效果。放烟前，应清除放烟点周围的枯枝落叶，并将烟筒放稳，以免发生火灾。点燃顺序是从下风方向开始依次往上风方向进行。

流动放烟法就是把放烟筒拿在手中走动放烟。每人相距20 m，在林内逆风且与风向成垂直方向缓步行走。此法适用于地形复杂、面积不大、杂草灌木稀少、郁闭度较小、行走方便的林地。另外，流动放烟还可用来弥补定点放烟漏放的地块。

在郁闭的森林、果园和仓库，可用烟雾机喷烟，使油烟剂转化为气溶胶，滞留于空间，且具有一定的方向性和穿透性，能均匀沉积在靶标上，可保证药效的正常发挥。

2.3　农药合理使用与安全防护

2.3.1　农药的稀释计算

2.3.1.1　按单位面积施用农药的有效成分(或制剂量)计算

在进行低容量和超低容量喷雾时，一般先确定每公顷所需施用农药的有效成分或折算的制剂量，再根据所选定的施药机具和雾化方法确定稀释剂用量。计算公式为

单位面积稀释剂用量＝单位面积喷液量－单位面积施用的农药制剂量

2.3.1.2　按农药稀释倍数计算

稀释倍数表示法是指稀释剂(水或填充料等)的量为农药制剂量的多少倍,它只能表明农药成分的多少,不能表明农药进入环境的量,因此国际上早已废除,但我国在大容量喷雾法中仍然采用。固体制剂加水稀释,用质量倍数计算;液体制剂加水稀释,若不注明按体积稀释,一般也按质量倍数计算。而且生产上往往忽略农药和水的密度差异,即把农药的密度视为1。在实际应用中,常根据稀释倍数大小分为内比法和外比法。内比法适用于稀释倍数在100倍以下的药剂,计算时要在总份数中扣除原药剂所占份数;外比法适用于稀释100倍以上的药剂,计算时不扣除原药剂在总份数中所占份额。计算公式为

外比法：　稀释剂用量＝原药剂用量×稀释倍数

内比法：　稀释剂用量＝原药剂用量×稀释倍数－原药剂用量

药液中有效成分含量与稀释倍数的换算关系为

$$\text{药液中有效成分的含量}(\%)=\frac{\text{制剂的有效成分含量}}{\text{稀释倍数}}\times 100$$

其中,有效成分含量可为质量分数或质量浓度。

2.3.1.3　按质量浓度法、质量分数法或体积分数法计算

固体制剂与液体稀释剂之间常用质量浓度表示药液中有效成分含量,如50 g/L硫酸铜药液表示每升硫酸铜药液中含50 g硫酸铜;固体与固体制剂或液体与液体制剂和稀释液之间常用质量分数表示其药液中有效成分含量,如2%乐果药液表示在100 g乐果药液中含有2 g乐果原药。液体制剂与液体稀释液之间有时也用体积分数表示。以上3种表示法的通用计算公式为

原制剂有效成分含量×原制剂用量＝需配药液的有效成分含量×稀释剂用量

当稀释100倍以下时,则改为用下式计算:

(原制剂有效成分含量－需配药液的有效成分含量)×原制剂用量

＝需配药液有效成分含量×稀释剂用量

2.3.2　农药的合理使用

使用农药既要做到用药省,提高药效,又要对人畜安全,不污染环境,不伤害天敌,不产生抗性。概括起来应做到以下几点。

2.3.2.1　根据施药对象选择农药

不同的有害生物其生物学特性不同,如防治害虫不能选择杀菌剂而必须选择杀虫剂,防治刺吸式口器害虫不能选用胃毒剂而应选择内吸剂;再如拟除虫菊酯类是触杀剂,对蚜虫有效,但容易产生抗性,不适于防治蚜虫。当防治对象有几种农药可选择时,首先应选毒性最低的品种,在农药毒性相当的情况下,应选用低残留的品种。半衰期小于1年的称为低残留农药。

2.3.2.2　适时施药

要了解有害生物的不同生长发育阶段的发生规律和对农药的耐受力,如鳞翅目幼虫在3龄前耐药性低,此时施药不易产生抗性,天敌也少,用药量也小;对于介壳虫类,一定在未形成介壳前施药,对于病害应在发病初期或发病前喷药防治。施药还要考虑天气条

件,如有机磷制剂在温度高时药效好,拟除虫菊酯类在温度低时效果好。辛硫磷见光易分解,宜在傍晚使用。在雨天不宜喷药,以免药剂被雨水冲刷掉。

2.3.2.3 掌握有效用药量,交替用药

掌握有效用药量,交替用药主要指准确地控制药液的质量浓度、单位面积用药量和用药次数。每种农药对某种防治对象都有一个有效用量范围,在此范围内可根据寄主发育阶段和气温情况进行调节。也可根据防治指标,合理确定有效用药量,防治效果一般首次检查应达到90%以上。超量用药,不仅造成浪费,还会产生药害和发生人畜中毒事故,导致土壤污染。施药次数要根据有害生物和寄主的生物学特性及农药残效期的长短,灵活确定。为了防止抗药性的产生,通常一种农药在1年中使用不应超过2次,要与其他农药交替使用。

2.3.2.4 选择科学的施药方法,合理混用农药

要根据有害生物的危害特点选择施药方法,如北方春季松毛虫上树前,可选择绑毒绳方法阻止松毛虫幼虫上树,对蛀干害虫可采用在树干上堵孔施药。

合理混用农药和交替用药不仅能治多种有害生物,省药省工,而且还可防止抗药性的产生。农药能否混用,必须符合下列原则:一是要有明显的增效作用,如拟除虫菊酯类和有机磷混用都比单剂效果好;二是对植物不发生药害,对人畜的毒性不能超过单剂;三是能扩大防治对象,如三唑酮和氧化乐果混用,可兼治锈病和蚜虫;四是降低成本。

注意,以下几种情况下农药禁止混用:一是酸性农药不宜和碱性农药混用;二是混合后对乳剂有破坏作用的农药间不能混用;三是有机硫类和有机磷类农药不能与含铜制剂的农药混用;四是微生物类杀虫剂和内吸性有机磷杀虫剂不能与杀菌剂混用。

2.3.3 农药的安全使用

使用农药必须严格执行农药使用的有关规定。在农药运输过程中,运药车不要载人和混载食物、饲料、日用品;搬运要轻拿轻放,衣服上沾上有机磷药液,要立即脱下用50 g/L的洗衣粉浸泡1天后洗净。各类农药要分开存放,库房要通风、干燥、避光,不与粮食、饲料等混放。在配制农药时,要设专人;操作地点要远离居民点,并露天进行;操作者要在上风处,要戴胶皮手套,若偶然将药液溅到皮肤上,应及时用肥皂清洗。配制时,要用棍棒搅拌,不能用手代替;拌种时,不留剩余种子。施药作业人员要选择青壮年,并要穿戴好口罩、手套、长衣、长裤及风镜等;喷药时,要顺风操作,风大和中午高温时要停止施药;施药过程中不能吸烟和吃东西;要严格掌握喷药量。喷药结束后立即更衣,并用肥皂洗脸、洗手和漱口。喷洒剧毒农药每天工作不要超过6 h。喷过剧毒农药的地方要设置“有毒”标志,防止人畜进入。对剩余的药剂、器具要及时入库,妥善处理,不得随便遗弃。

在农药使用过程中,一旦发现如头昏头痛、恶心呕吐、无力、视力模糊、腹痛腹泻、抽搐痉挛、呼吸困难和大小便失禁等急性中毒症状时,首先应将中毒病人搀离接触农药场地,转移至通风处,脱去被农药污染的衣服,用肥皂水清洗被污染的皮肤,眼睛被污染后可用生理盐水或清水冲洗。如中毒病人出现呼吸困难可进行人工呼吸,心跳减弱或停跳时进行胸外心脏按摩。口服中毒者,可将两汤匙食盐加到1杯水中催吐,或用清洁的手指抠咽喉底部催吐。

有机磷、氨基甲酸酯类农药中毒时,用20 g/L小苏打洗胃(敌敌畏中毒时禁用),肌肉

注射阿托品 1 ~ 2 mL；拟除虫菊酯类中毒可吞服活性炭和泻药，肌肉注射异戊巴比妥钠。重度中毒者应进行胃管抽吸和灌洗清胃，中毒者一般在 1 ~ 3 周内恢复。有机氮农药中毒时，可用葡萄糖生理盐水、维生素 C、中枢神经兴奋剂、利尿剂等对症治疗。

2.4 杀虫剂

2.4.1 杀虫剂作用方式及类型

按作用方式和进入虫体的途径可将杀虫剂分为以下几种。

2.4.1.1 触杀剂

触杀剂是指通过与害虫虫体接触，药剂经体壁进入虫体内使害虫中毒死亡的药剂，如大多数有机磷杀虫剂、拟除虫菊酯类杀虫剂。触杀剂对各种口器的害虫均适用，但对体被蜡质分泌物的介壳虫、木虱、粉虱等效果差。

2.4.1.2 胃毒剂

胃毒剂是指通过消化系统进入虫体内，使害虫中毒死亡的药剂，如敌百虫，适合于防治咀嚼式口器的昆虫。

2.4.1.3 熏蒸剂

熏蒸剂是指药剂以气体分子状态充斥其作用的空间，通过害虫的呼吸系统进入虫体，而使害虫中毒死亡的药剂，如磷化铝等。熏蒸剂在密闭条件下使用，效果才好。如用磷化铝片剂防治蛀干害虫，要用泥土封闭虫孔。

2.4.1.4 内吸剂

内吸剂是指药剂易被植物组织吸收，并在植物体内运输，传导到植株的各部分，或经过植物的代谢作用而产生更毒的代谢物，当害虫取食时使其中毒死亡的药剂，如乐果等。内吸剂对刺吸式口器的昆虫防治效果好，对咀嚼式口器的昆虫也有一定效果。

2.4.1.5 其他杀虫剂

忌避剂，如驱蚊油、樟脑；拒食剂，如拒食胺；粘捕剂，如松脂合剂；绝育剂，如噻替派、六磷胺等；引诱剂，如糖醋液；昆虫生长调节剂，如灭幼脲等。这类杀虫剂本身并无很大毒性，而是以其特殊的性能作用于昆虫。一般将这些药剂称为特异性杀虫剂。

实际上，杀虫剂的杀虫作用并不完全是单一的，多数杀虫剂往往兼具几种杀虫作用，如敌敌畏具有触杀、胃毒、熏蒸 3 种作用，但以触杀作用为主。在选择使用农药时，应注意选用其主要的杀虫作用。

2.4.2 杀虫剂与害虫躯体结构的关系

2.4.2.1 体壁与防治害虫的关系

昆虫的体壁是包在整个昆虫体躯最外层的组织，它具有皮肤和骨骼两种功能，又称外骨骼。昆虫的体形和外部特征都取决于体壁的构造，昆虫的体壁又是阻止水分过量蒸发和外物侵入的屏障，是十分重要的保护组织。

昆虫的体壁可分为 3 个主要层次，由外向里依次为表皮层、皮细胞层和底膜（图 3-2）。

（1）底膜：是紧贴在皮细胞层下的一层薄膜，由血细胞分泌而成。

（2）皮细胞层：是一个连续的单细胞层，排列整齐，具有再生能力，可形成新的表皮。

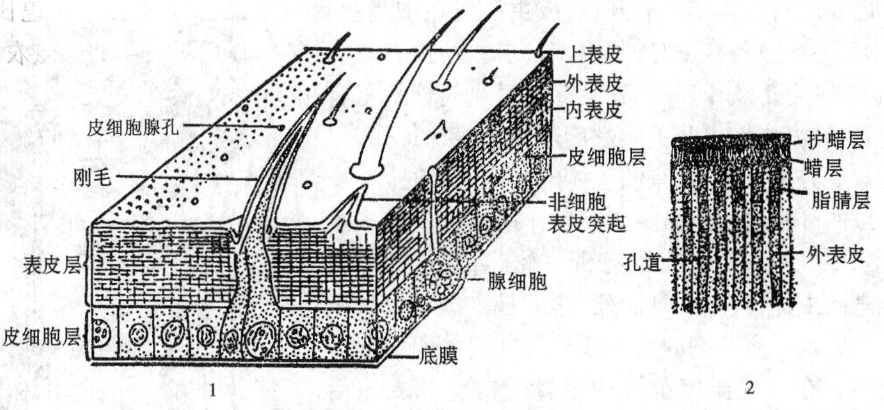

1—体壁的纵切;2—上表皮的纵切

图3-2　昆虫体壁的构造

昆虫体表的刚毛、鳞片、刺、距以及陷入体内的各种腺体都是由皮细胞特化成的。

(3)表皮层:在皮细胞层的上方,是由皮细胞层向外分泌而成的。昆虫的表皮由内表皮、外表皮和上表皮3层组成,其上表皮由内向外还分为角质精层(图中脂腈层)、蜡层和护蜡层。表皮层主要成分为几丁质、蛋白质、脂类及多元酚等物质。

昆虫的体壁结构及性能与杀虫剂有着密切的联系,认识昆虫体壁特性,目的是设法打破其保护性能,提高农药穿透体壁的能力,杀死害虫。如幼龄幼虫体壁较薄,易于毒杀,老龄昆虫体壁硬化,抗药性则增强;同一昆虫体躯的膜质部位药剂易进入虫体。表皮层的蜡层和护蜡层,是疏水性的,油乳剂杀虫效果比可湿性粉剂高。农药中加惰性粉能擦破表皮,使昆虫失水而死。灭幼脲能抑制昆虫表皮几丁质的合成,使幼虫蜕皮时不能形成新表皮,变态受阻或形成畸形,甚至死亡。近期研究发现,调节昆虫表皮和围食膜中几丁质的完整性和含量是很好的害虫防治策略,加之高等动物和树木均不含几丁质,以其为靶标的杀虫剂有着极为广阔的应用前景。

2.4.2.2　消化系统与杀虫剂的关系

消化系统包括消化道和唾腺。昆虫的消化道是一条从口到肛门、纵贯在体腔中央的管子,分为前肠、中肠和后肠三部分(图3-3)。

前肠由口开始,经过咽喉、食道、嗉囊,终止于前胃,前肠是食物通过或暂存的管道。中肠在前肠之后,又叫胃,是消化食物和吸收养分的主要部分。后肠前端以马氏管着生处与中肠分界,后端开口于肛门。后肠的主要功能是吸收水分,排除食物残渣。

中肠的消化作用,必须在稳定的酸碱条件下进行,所以昆虫中肠液常有较稳定的pH。一般蛾蝶类幼虫中肠pH在8~10。胃毒杀虫剂的作用与昆虫中肠pH有密切关系,因为药剂在中肠内的溶解与中肠内酸碱度有关,因此了解中肠液的pH,有助于正确选用胃毒剂。

2.4.2.3　呼吸系统与杀虫剂关系

大多数昆虫靠气管系统进行呼吸。气管系统由许多富有弹性和排列方式固定的气管组成,有成对的气门开口在身体两侧。纵贯体内两侧的是两条气管主干,主干间有横走气管相连,最终由气管末端的微气管将氧气直接输送到身体各部分(图3-4)。

气门是气管在体壁上的开口，成虫一般在中、后胸和腹部第1～8节各有1对，共10对；多数幼虫有气门9对，在前胸及腹部第1～8节各有1对。气管是富有弹性的管状物，内壁由几丁质螺旋丝作螺旋状加厚，保持气管扩展并增加弹性，有利于体内气体的流通。

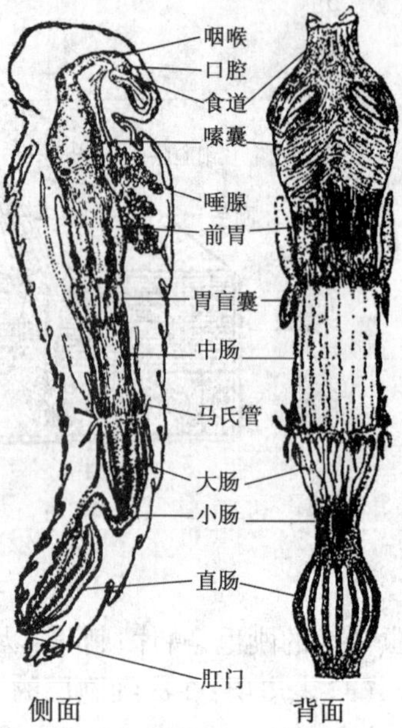

图3-3　蝗虫的消化系统

昆虫的呼吸主要是靠空气扩散作用由气门进入虫体的。当空气中含有一定的有毒气体时，毒气同样可随空气进入虫体，使其中毒而死，这就是熏蒸杀虫剂应用的基本原理。熏蒸剂的毒杀效果与气门关闭情况有密切关系。在一定温度范围内，温度愈高，昆虫愈活跃，呼吸作用愈强，气门开放也愈大，此时施药效果好。此外，若空气中二氧化碳增多，会迫使昆虫呼吸加强，引起气门开放。在气温低时，使用熏蒸剂防治害虫，除提高温度外，还可采用输送二氧化碳的办法，刺激害虫呼吸，促使气门开张，提高熏杀效果。同时，昆虫的气门一般是疏水性的，水滴本身的表面张力又较大，因此水滴不易进入气门，而油类制剂就比较容易渗入，油乳剂除能直接穿透体壁外，还能由气门进入虫体，如煤油。有些杀虫剂的辅助剂如肥皂水、面糊水等，能堵塞气门，使昆虫窒息而死。

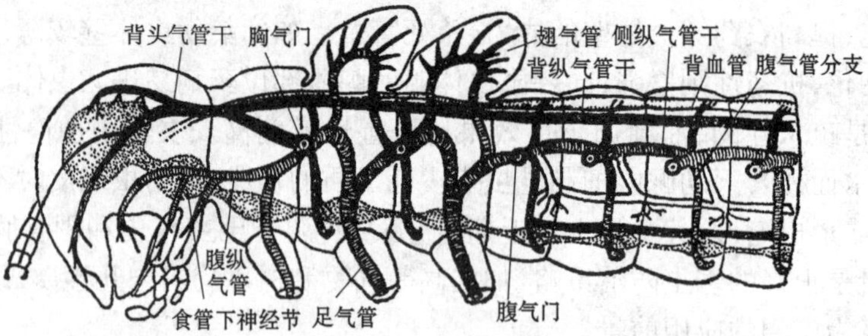

图3-4　气管系统

2.4.2.4　神经系统与杀虫剂关系

昆虫的一切生命活动都受神经系统的支配。昆虫的神经系统由中枢神经系统、交感神经系统和周缘神经系统构成，其中最主要的是担负感觉、联系和运动协调中心的中枢神经系统，包括脑和腹神经索等部位；交感神经系统受中枢神经系统支配，控制前肠、背血管、后肠和生殖器官的活动；周缘神经系统位于昆虫体壁下面，是传递外部刺激到中枢神经系统和由中枢神经系统传出命令至反应器的传递网络（图3-5）。

昆虫对外界环境的刺激，首先由感受器接收，经感觉神经纤维将兴奋传导到中枢神经系统，中枢神经系统的冲动由运动神经纤维传导到反应器（肌肉或腺体）作出反应。神经冲动的传导依靠乙酰胆碱的释放与分解而实现。目前用来防治害虫的大多数农药，如氨基甲酸酯类和有机磷杀虫剂均为神经毒剂，因为能抑制胆碱脂酶的作用，使乙酰胆碱不能水解消失，神经长期过度兴奋，导致虫体过度疲劳而死亡。

2.4.2.5　生殖系统与杀虫剂的关系

生殖系统是繁殖后代的器官。昆虫的雌、雄生殖器官，都位于腹部消化道的两侧或背侧面。雌性生殖器官包括1对卵巢以及输卵管、受精囊和附腺等部分。雄性生殖器官包括1对精巢以及输精管、贮精囊和附腺等部分。

可使用化学不育剂，影响昆虫的内生殖器官发育以及精子和卵的活力，使昆虫绝育。还可用辐射线（X射线或γ射线）处理雄虫使其性腺受破坏而绝育，或利用遗传工程，使害虫携带某种不育因子或有害基因，将其释放到林地，使其与正常的防治对象交尾，可造成害虫种群的自然削减。

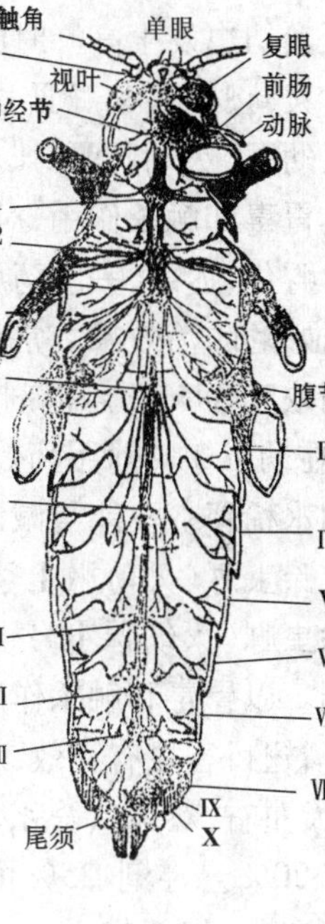

图3-5　神经系统

2.4.2.6　内分泌器官与杀虫剂的关系

内分泌系统主要包括脑神经分泌细胞群、咽下神经节、心侧体、咽侧体、前胸腺以及某些神经节、绛色细胞、睾丸顶端分泌细胞以及脂肪体等，其分泌的具有高度活性的化学物质，称为激素。激素分两类：一类统称内激素，经血液分布到作用部位，在不同的生长发育阶段，对昆虫的生长、发育、变态、滞育、交配、生殖和一般生理代谢等起调节和控制作用；另一类称外激素或信息素，是一类昆虫个体间的信息传递化合物，散布到虫体外，作个体间通信用，可调节或诱发同种昆虫间的特殊行为，如雌、雄虫间的性引诱、群体集结、标迹追踪、告警自卫等。

目前已经明确的主要有以下3种内激素：

(1)促前胸腺激素，主要由昆虫前脑侧区的神经分泌细胞产生，主要作用是激活前胸腺产生蜕皮激素。

(2)蜕皮激素，由昆虫前胸内的前胸腺产生，它有控制昆虫蜕皮与变态的功能。

(3)保幼激素，由咽喉两侧的咽侧体产生，它有维持幼虫特征、阻止变态发生的作用。若在昆虫幼虫期摄入保幼激素，则可引起幼虫期的延长，成为长不大的老幼虫而没有生命力趋向死亡，这在生产实践中有重要意义。

目前已经发现的昆虫信息激素主要有性信息素、聚集信息素、示踪信息素、报警信息素等，而研究最多的是性信息素。人工合成昆虫信息素作为特异杀虫剂已用于虫情调查与测报，大量诱捕或诱杀降低虫口密度，迷向干扰交配，海关检疫外来入侵虫种，驱避害虫等。

2.4.3　**园林常用化学杀虫剂**

2.4.3.1　昆虫生长调节剂类（苯甲酰脲类）

昆虫生长调节剂类（苯甲酰脲类）药剂是通过抑制昆虫生长发育，如抑制蜕皮，抑制新表皮形成，抑制取食等最后导致害虫死亡的一类药剂。化学结构多为苯甲酰脲衍生物，主要是胃毒作用，有一定触杀性能，无内吸活性。作用于幼虫、若虫，使其不能蜕皮而死亡；作用于卵，使其不能孵化。此类药剂毒性低，污染少，对天敌和有益生物影响小。一般应在低龄幼虫发生高峰时施药，由于杀虫作用缓慢，害虫大发生时应与速效型药剂混用。

1. 灭幼脲（灭幼脲Ⅲ号、苏脲Ⅰ号）

灭幼脲（灭幼脲Ⅲ号、苏脲Ⅰ号）为苯甲酰脲类昆虫生长调节剂，属几丁质合成抑制剂。具胃毒和触杀作用，对鳞翅目和双翅目幼虫有特效，不杀成虫，但能使成虫不育，卵不能正常孵化，迟效，一般药后3～4天，药效明显。对人畜低毒，对天敌安全。对鳞翅目幼虫有良好的防治效果。常见剂型有25%、50%悬浮剂，15%烟雾剂，25%可湿性粉剂。一般使用浓度为50%悬浮剂加水稀释1 000～2 500倍，每公顷施药量120～150 g（有效成分）。在幼虫3龄前用药效果最好，持效期15～20天。制剂有明显沉淀现象，使用时先摇匀再加水稀释。不能与碱性农药混用。对桑蚕有毒，避免在桑树上使用。

2. 除虫脲（灭幼脲Ⅰ号、伏虫脲、敌灭灵）

除虫脲（灭幼脲Ⅰ号、伏虫脲、敌灭灵）为苯甲酰脲类昆虫生长调节剂，属几丁质合成抑制剂。以胃毒和触杀作用为主，对人畜低毒。对已产生抗药性的害虫有明显的杀虫效果，对鳞翅目害虫有特效，对鞘翅目、双翅目多种害虫也有效。对卵有毒杀的作用。持效期40天左右，对害虫杀死缓慢，可与菊酯类混用。遇碱易分解，对光、热比较稳定。常见剂型有20%悬浮剂、25%可湿性粉剂。常在卵孵化盛期或低龄幼虫期，用20%除虫脲悬浮剂喷雾，施药量150 g/hm^2。制剂有沉淀现象，使用前应摇匀后稀释。不能与碱性农药混用。不能在桑树上使用。

3. 氟铃脲

氟铃脲为昆虫几丁质合成抑制剂，阻碍昆虫正常蜕皮。以胃毒作用为主，兼有触杀和拒食作用。具有很高的杀虫和杀卵活性，而且速效、高效、低毒、低残留，对高抗鳞翅目害虫尤为有效。常见剂型为5%乳油，可稀释2 000～3 000倍喷雾。防治叶面害虫宜在幼虫1～2龄盛发期施药，防治钻蛀性害虫宜在卵孵化盛期施用。不宜在桑园、鱼塘及其附近施药。

4. 苯氧威

苯氧威为萜烯类昆虫生长调节剂，对害虫具有触杀及胃毒作用。对害虫表现出强烈的保幼激素活性，可使卵不孵化，抑制成虫期变态及幼虫期的蜕皮，造成幼虫后期或蛹期死亡。该药对拟除虫菊酯药剂有增效作用。常见剂型有5%或25%可湿性粉剂、3%高渗苯氧威乳油。可防治木虱、蚧和多种鳞翅目害虫，用3%高渗苯氧威乳油稀释4 000～5 000倍喷雾，也可用1:8比例与柴油混配喷烟。使用时，不可与碱性农药混用。

2.4.3.2　拟除虫菊酯类杀虫剂

拟除虫菊酯类杀虫剂是模拟除虫菊花中所含的天然除虫菊素的化学结构而合成的昆虫神经性毒剂，具有高效、杀虫谱广、低毒，对人畜和环境较安全的特点。其主要作用方式是触杀和胃毒作用，无内吸作用。这类杀虫剂易使害虫产生抗药性。

1. 溴氰菊酯（敌杀死、凯素灵、凯安保）

溴氰菊酯（敌杀死、凯素灵、凯安保）以触杀和胃毒作用为主，对害虫有一定的驱避与拒食作用，但无内吸和熏蒸作用。对人畜低毒。杀虫谱广，击倒速度快，杀伤力大，对鳞翅目、同翅目、缨翅目昆虫效果好，对鞘翅目昆虫因种类不同药效差别大，可用于防治桑天牛、杨干象、杨梢叶甲、榆蓝叶甲等成虫，但对螨类效果差。常见剂型：2.5%乳油、5%微胶囊剂、2.5%可湿性粉剂。常用2.5%敌杀死乳油3 000 ~4 000倍液喷雾。不能与碱性农药等物质混用。

2. 氰戊菊酯(速灭杀丁、杀灭菊酯、敌虫菊酯)

氰戊菊酯(速灭杀丁、杀灭菊酯、敌虫菊酯)具有触杀和胃毒作用，无内吸传导和熏蒸作用。杀虫谱广，对天敌无选择性。对人畜中毒。对鳞翅目幼虫效果好，对同翅目、直翅目、半翅目害虫也有较好效果，对螨类无效，易诱发害虫抗药性。常见剂型：20%乳油。常用20%乳油3 000 ~4 000倍液喷雾。不能与碱性农药等物质混用。在茶树上禁用，以防污染茶叶。

3. 氯氰菊酯

氯氰菊酯具有触杀和胃毒作用，药效比氰戊菊酯高1倍，抗药风险比氰戊菊酯低。将氯氰菊酯化学结构中对害虫生物活性低的异构体，通过"转位"反应成为活性高的异构体，其产品即是高效氯氰菊酯，其药效比一般氯氰菊酯高1倍。常见剂型有10%乳油、8%氯氰菊酯微囊悬浮剂、3%高效氯氰菊酯微囊悬浮剂等。8%氯氰菊酯微囊悬浮剂又称为绿色威雷，主要用于防治多种天牛成虫以及其他鞘翅目昆虫成虫。在天牛踩触时，微胶囊立即破裂，释放出的药剂黏附于天牛足部并进入体内而杀死天牛，对天牛成虫4 h防效可达90%以上，持效期1 ~2个月。在天牛羽化出孔时，用8%氯氰菊酯微囊悬浮剂稀释300 ~400倍常规喷雾，药量以树皮湿润为宜。勿与碱性农药混用，使用中不可污染水域及饲养蜂、蚕场地。

4. 高效氟氯氰菊酯(功夫菊酯)

高效氟氯氰菊酯(功夫菊酯)具有强烈的触杀和胃毒作用，击倒迅速，持效期长，可防治鳞翅目幼虫和部分甲虫，还可单治蚜虫、螨类。常见剂型有2.5%乳油和微囊悬浮剂。常用2.5%乳油稀释1 000 ~2 000倍防治食叶低龄幼虫。不能与碱性物质混用，不宜在桑园、鱼塘及河流、养蜂场使用。

5. 甲氰菊酯(灭扫利、杀螨菊酯)

甲氰菊酯(灭扫利、杀螨菊酯)具有触杀、胃毒作用及一定的驱避作用，杀虫谱广，对多种害虫有效，并对多种叶螨的成螨、若螨、螨卵有一定的效果，但因易诱发叶螨抗药性，不作为专用杀螨剂。持效期10天左右。常见剂型有10%或20%乳油。防治蛾类、蚜虫、天牛成虫等可用20%乳油稀释2 000 ~4 000倍喷雾，在低温条件下施药药效更高，残效期更长，提倡早春和秋冬施药。为延缓抗药性产生，可与有机磷农药交替使用。对鱼、蚕、蜂高毒。

2.4.3.3 有机磷酸酯类杀虫剂

有机磷酸酯类杀虫剂简称有机磷杀虫剂，其主要杀虫作用机制是抑制昆虫体内神经组织中胆碱酯酶的活性，破坏神经信号的正常传导，引起一系列神经系统中毒症状，导致昆虫死亡。有机磷杀虫剂有如下共同特点：药效较高，一般随气温上升毒力增强；有触杀、胃毒、熏蒸及内吸等多种杀虫作用方式；化学性质不稳定，一般可水解、氧化、热分解，易在动植物体内及自然环境下降解；一般不能与碱性农药混用；一般对植物安全，不致发生药害；有许多品种对人畜等毒性大。

1. 辛硫磷(肟硫磷、倍腈松)

辛硫磷(肟硫磷、倍腈松)具触杀和胃毒作用。对人畜低毒。可用于防治鳞翅目幼虫及蚜、螨、蚧等,对蛴螬及鳞翅目幼虫有特效,很适合地下害虫防治。常见剂型有3%和5%颗粒剂、25%微胶囊剂、50%和75%乳油。一般使用50%乳油稀释1 000~1 500倍喷雾或浇灌,5%颗粒剂每公顷30 kg防治地下害虫。该药剂遇光照易分解,最好在傍晚和夜间施用。叶面喷雾残效期2~3天,但施入土中可达1~2个月。对铁有腐蚀作用。在林木幼苗上慎用。

2. 敌百虫

敌百虫具有强烈的胃毒和触杀作用,兼有熏蒸作用。对人畜低毒。主要用于防治鳞翅目、鞘翅目等咀嚼式口器害虫,对蝇类害虫最为有效,而对蚜虫、红蜘蛛等防效较差。常见剂型有2.5%粉剂、25%油剂、80%晶体、50%和80%可溶性粉剂。常用2.5%粉剂喷粉,50%、80%可溶性粉剂1 000~1 500倍液喷雾,也可灌土、拌种、制备毒饵和烟剂等。在弱碱液中可转化成敌敌畏,但不稳定,很快分解失效。对金属有腐蚀作用。对高粱、玉米、瓜类和豆类幼苗敏感。

3. 敌敌畏

敌敌畏具有触杀、熏蒸和胃毒作用,残效期12天。对人畜中毒。对鳞翅目幼虫、花蝇成虫、叶蜂幼虫、蛀干害虫的幼虫等均有良好的防治效果,击倒迅速。常见加工剂型有50%和80%乳油、2%烟剂、22.5%油剂。用80%乳油1 000~1 500倍液喷雾可防治食叶害虫;用80%乳油1 000倍液喷雾可防治蚜虫、叶蜂、蝉、粉虱等。在樱花及梅花、桃花上等禁用。温室、大棚内可用于熏蒸杀虫,用量为0.26~0.30 g/m^3。注意事项与敌百虫相同。

4. 乐果

乐果是内吸杀虫杀螨剂,也具有良好的触杀和胃毒作用。毒性中等。乐果在生物体内可通过氧化生成毒力更强的氧化乐果。乐果主要制剂为40%乳油。防治鳞翅目害虫和球蚜等可用40%乳油稀释1 000倍喷雾;防治蛀干害虫在幼虫期可稀释5~10倍注入虫孔,也可掺和适量水和黄泥涂干。乐果对一些果树和高粱品种以及烟草等易产生药害。

5. 杀螟硫磷(杀螟松)

杀螟硫磷(杀螟松)具触杀和胃毒作用,无内吸和熏蒸作用。杀虫谱广,能渗入植物组织,杀伤低龄期的钻蛀性害虫,但杀卵活性低。对人畜毒性中等。残留期与敌敌畏相同。常见剂型为20%、50%乳油。对刺吸式口器、咀嚼式口器害虫和钻蛀性害虫均有较好防效。防治天牛、杨干象等用50%乳油稀释1 000~2 000倍喷洒树干,10~15天1次;在介壳虫壳形成前杀初孵幼虫用25%油剂超低量喷雾,一般用药量为1 500~3 000 mL/hm^2。杀螟硫磷不能与碱性药剂混用,对十字花科蔬菜和高粱较敏感,不宜使用。

6. 三唑磷

三唑磷具有强烈的触杀和胃毒作用,杀虫效果好,杀卵作用明显,渗透性较强,无内吸作用。中等毒性。常见剂型为13.5%高渗乳油、20%或40%乳油。对鳞翅目幼虫防效显著,杀卵作用明显,对螟蛾、松毛虫等多种害虫有特效。防治马尾松毛虫、茶毛虫、舟蛾等幼虫用20%乳油稀释300~1 600倍使用。

7. 杀扑磷(速扑杀)

杀扑磷(速扑杀)具有触杀、胃毒和渗透作用,能渗透入植物组织内,对咀嚼式和刺吸式口器害虫均有杀虫效力,尤其对介壳虫有特效,对螨类有一定的控制作用。可以杀死叶背及隐藏在叶丛中的害虫,适宜防治各种介壳虫,兼治蚜虫、粉虱及鳞翅目害虫。常见剂型为40%乳油,防治介壳虫幼虫可稀释1 000～1 500倍,防治介壳虫成虫稀释800～1 000倍,在植物开花前施药。该药剂对人畜高毒。

8. 毒死蜱(乐斯本)

毒死蜱(乐斯本)具触杀、胃毒及熏蒸作用。对人畜中毒。是一种广谱性杀虫剂,对鳞翅目幼虫、蚜虫、叶蝉及螨类效果好,也可用于防治地下害虫。常见剂型有48%、40%乳油,20%微乳剂,30%水乳剂。一般使用40%乳油稀释1 000～2 000倍喷雾或用40%乳油150～200 mL,兑水200 kg,浇灌根部防治地下害虫。

2.4.3.4　其他化学合成杀虫剂

1. 吡虫啉(蚜虱净、咪蚜胺)

吡虫啉(蚜虱净、咪蚜胺)为一全新结构的超高效内吸性神经毒剂。对传统杀虫剂有抗药性的害虫,使用吡虫啉仍可取得优异的效果,因此吡虫啉为蚜虫等刺吸式口器害虫的首选杀虫剂。不能用于防治线虫和螨类。对人畜低毒。常见的剂型有10%可湿性粉剂、20%可溶性粉剂、5%或20%乳油。一般使用10%可湿性粉剂稀释2 000～4 000倍喷雾。

2. 氟虫腈(锐劲特)

氟虫腈(锐劲特)属苯基吡唑类杀虫剂。以胃毒作用为主,兼有触杀和一定的内吸作用,其杀虫机制在于阻断昆虫4－氨基丁酸和谷氨酸介导的氯离子通道,造成昆虫神经系统过度兴奋而亡。对鳞翅目、蝇类和鞘翅目等一系列重要害虫有很高的杀虫活性,也可防治蚜虫、叶蝉等。对有机磷、氨基甲酸酯、拟除虫菊酯等有抗性的害虫均有效。常用剂型为50 g/L氰虫腈悬浮液,防治松毛虫、舞毒蛾、舟蛾、天幕毛虫、美国白蛾等森林食叶害虫可稀释3 000～4 000倍喷雾。中等毒性,对鱼类、甲壳类和蜜蜂毒性较高。

3. 噻虫啉

噻虫啉原药由德国拜耳农化公司和日本拜耳农化公司合作开发,是新型氯代烟碱类杀虫剂。噻虫啉的作用机制与其他传统杀虫剂有所不同。它主要作用于昆虫神经接合后膜,通过与烟碱乙酰胆碱受体结合,干扰昆虫神经系统正常传导,引起神经通道的阻塞,造成乙酰胆碱的大量积累,从而使昆虫异常兴奋,全身痉挛、麻痹而死。具有较强的内吸、触杀和胃毒作用,与常规杀虫剂如拟除虫菊酯类、有机磷类和氨基甲酸酯类没有交互抗性,因此可用于抗性治理,是防治刺吸式口器害虫和天牛、松毛虫、美国白蛾等咀嚼式口器害虫的高效药剂,尤其对松褐天牛有很高的杀虫活性。毒性极低,对人畜具有很高的安全性,而且药剂没有臭味或刺激性,不会污染空气。由于半衰期短,噻虫啉残质进入土壤和河流后也可快速分解,对环境造成的影响很小。对鱼类和其他水生生物的毒性也很低,通常情况下对水生生物基本上没有影响。常用剂型有1%、1.5%、2%噻虫啉微囊粉剂,3%噻虫啉微囊悬浮剂。防治蚜虫可用4 000～8 000倍液喷雾,防治松褐天牛可用1%噻虫啉微囊粉剂7.5 kg/hm^2。

2.4.3.5　熏蒸杀虫剂

药剂以气态经害虫呼吸系统进入虫体而使害虫中毒死亡的作用方式称为熏蒸杀虫作用。熏蒸杀虫剂一般具有杀虫谱广,兼治其他有害生物、杀虫较彻底等特点。施用熏蒸剂必须在封闭环境下,并有较高的环境温度和湿度,较高温度有利于药剂扩散,对于土壤熏蒸,较高温度有利于增加有害生物的敏感性。林业植物检疫除害处理,防治蛀干害虫和木材害虫多用熏蒸杀虫剂。

1. 磷化铝

磷化铝为无机熏蒸杀虫剂,易吸水分解释放出磷化氢气体,空气中含量为0.14 mg/L时人会有死亡危险。磷化氢气体浓度高时,昆虫会产生保护性昏迷,呼吸率降低,吸收量减少而影响药效,应以低浓度长时间熏蒸为原则。另外,磷化铝浓度较高会抑制植物种子的呼吸作用。常见剂型有56%的片剂、丸剂及粉剂,在林业上主要用于防治天牛、吉丁虫等蛀干害虫。用磷化铝片剂0.22~0.33 g塞入蛀道内,或用薄纸将更少量的药剂卷成小药捻儿,插入小蛀孔内,然后用黄泥抹上,磷化铝在吸收树体内水分后释放磷化氢气体毒杀幼虫。磷化铝要放阴凉处在密封容器中保存,并远离火源。施药过程动作要迅速。

2. 硫酰氟(熏灭净)

硫酰氟(熏灭净)为广谱性液体熏蒸杀虫剂,不燃不爆,很少吸附在熏蒸物上,特别适合防治蛀干害虫,容易扩散和渗透,尤其适于低温使用。毒性中等,对生长中的植物有毒。硫酰氟以5 kg、10 kg原液储于钢瓶中。防治蛀干害虫,在被害树蛀孔部位,除去虫粪,用0.1 mm厚塑料薄膜围住树干,接头部位折叠几层贴近树干,用绳捆扎两头并用泥封严。根据捆扎部位计算体积,用100 mL注射器经气垫注射入所需药量,20 ℃下用药40 g/m^3。施药后轻拍塑料膜使药分布均匀。或用树干高压注射器,从蛀孔或排粪孔注入药剂,然后用泥封口,3 g硫酰氟可注射35~40株树。装硫酰氟钢瓶应放在干燥阴凉、通风良好仓库中,严防受热,搬运时轻拿轻放,防止剧烈震荡和日晒。

2.4.3.6　杀螨剂

防治作物害螨常用杀螨剂哒螨灵。哒螨灵又名速螨酮、哒螨酮、哒螨净,是广谱、高效杀螨、杀虫剂。具有触杀作用,无内吸传导作用。对螨的各个发育阶段都有很高的活性,且不受温度变化影响,早春或秋季均可使用。具有击倒速度快、持效期长、低毒的特点。用于防治红蜘蛛、叶螨、全爪螨、小爪螨和瘿螨,并可兼治同翅目、缨翅目害虫(如粉虱、叶蝉、棉蚜、蓟马、白背飞虱、桃蚜等)。常用剂型有15%乳油、20%可湿性粉剂。通常用15%乳油1 500倍液或20%可湿性粉剂2 000倍液喷雾,并着重喷叶背面。该药因易诱发抗药性,一年内最多使用两次。该药不宜与石硫合剂和波尔多液等强碱性药剂混用。

2.4.4　生物农药类杀虫剂

生物农药是指利用微生物活体或生物代谢过程产生的具有生物活性的物质,或从生物体中提取的物质防治植物病虫害的农药,它包括植物源农药(植物提取物)、微生物(病毒、细菌和真菌)、微生物的次生代谢产物(抗生素)和昆虫信息素等。

生物农药具有以下特点:

(1)对哺乳动物毒性低,使用中对人、畜比较安全;

(2)防治谱较窄,甚至有明显选择性,对非靶动物安全;

(3)生物农药都是自然界存在的生物体或天然产物,在环境中易被分解或降解,不产生残毒和生物富集现象,不破坏环境;

(4)对靶标生物作用缓慢,遇到有害生物大发生时不能及时控制危害。

2.4.4.1　植物源杀虫剂

植物源杀虫剂是将具有杀虫作用的植物体内的活性物质用化学溶剂提取出来加工成合适的剂型的一类药剂,具有毒性低、不污染环境、害虫不易产生抗药性、对植物安全等特点。

1. 苦参碱(苦参、蚜螨敌、苦参素)

苦参碱是从苦参等植物中用乙醇等有机溶剂提取制成的植物碱类生物杀虫剂,以苦参碱、氧化苦参碱含量为最高,使害虫神经中枢麻痹而死。具有触杀、胃毒作用,对鳞翅目幼虫、蚜虫、螨类等多种害虫有效。对人畜安全。常见的剂型为1%可溶性液剂、0.2%或0.3%水剂、0.3%乳油、1.1%粉剂。一般使用0.2%水剂稀释100~300倍喷雾。制剂应置于阴凉、通风处;不得与碱性药物混用。在使用过化学农药5天后可施用此药,以防酸碱中和影响药效。

2. 烟碱

烟碱从烟草中提取制成,烟碱麻痹昆虫神经使其中毒死亡。以触杀作用为主,兼有胃毒、熏蒸作用,对鳞翅目、半翅目、缨翅目、双翅目等多种害虫有效。对人畜低毒。常见的剂型为10%乳油。一般使用10%乳油稀释1 000~1 500倍喷雾,使用时,在稀释液中加入一定量肥皂和碱能提高药效。烟碱易挥发,残效期短,应密封存放,配成药剂应立即使用。另外,用0.5%苦参碱与0.7%烟碱配成的1.2%苦烟乳油复配制剂可用于喷烟、喷雾防治多种森林食叶害虫。

2.4.4.2　微生物杀虫剂

微生物杀虫剂包括利用真菌、细菌、病毒等微生物及其发酵产物抗生素等,具有毒性低、选择性强、不污染环境、药效高等特点,不足之处是应用效果受环境影响大,药效发挥慢,防治暴发性害虫效果差。

1. 苏云金杆菌

苏云金杆菌,是目前用于制备微生物杀虫剂最普遍的一种昆虫致病细菌。该菌为好气性产晶体的芽孢杆菌,菌落灰白色,它寄生于昆虫体内,引起昆虫发病的原因主要是菌体在产生繁殖孢子的同时能产生一种有毒物质——伴孢晶体。伴孢晶体是内毒素,是一种碱溶性的蛋白质,含有18种氨基酸,能在多种鳞翅目害虫肠道内溶解,使昆虫肠道麻痹,停止取食,并破坏肠道内膜,造成营养细胞易于侵袭和穿透肠道底端膜进入血淋巴,使昆虫表现食欲不振,活动力减弱,最后因饥饿和败血症,体内流出黑色臭水,倒挂于树上死亡。常见剂型有8 000 IU/mg或16 000 IU/mg苏云金杆菌可湿性粉剂,8 000 IU/mg苏云金杆菌油悬浮剂。

目前,我国林业上用于防治松毛虫、美国白蛾、春尺蛾、黄褐天幕毛虫等,我国生产的Bt乳剂大多加入0.1%~0.2%拟除虫菊酯类杀虫剂,以加快害虫死亡速度。主要用于防治鳞翅目的幼虫,尤其是低龄幼虫,昆虫取食死亡后,虫体破裂可感染其他害虫,但对蚜类、螨类、蚧类完全无效。防治松毛虫等森林食叶害虫需要在2~3龄幼虫期用

8 000 IU/mg可湿性粉剂800～1 200倍液喷雾。

施药时间可比用化学农药提早3～4天，以傍晚或阴天为好，在中午强光下不宜喷药，以免紫外线杀死细菌。在气温30 ℃以上效果最好，不能与内吸性杀虫剂或杀菌剂混用，要现配现用，要避免在养蚕区使用。制剂保存温度为25 ℃以下。

2. 白僵菌

白僵菌是一种隶属于半知菌亚门的虫生真菌，目前分离得到的均为球孢白僵菌 *Beauveria bassiana*（Bals.）Vuill。该菌的菌丝为白色，成丛，形成孢子后变成白色粉末状，分生孢子顶生于成丛的分生孢子梗上。

白僵菌可以寄生在很多昆虫体上，主要依靠孢子扩散或感病虫体接触传染。在适宜的温湿度条件下，孢子接触虫体后，即可通过气孔、口腔、跗节侵入虫体，继而产生大量菌丝和分泌物，菌丝和内生孢子从虫体内吸收养分和水分，并分泌毒素破坏虫体组织和结构，使昆虫僵硬死亡。菌丝从虫体伸出，体表形成白色粉状物即分生孢子，再进行重复侵染。白僵菌在温度13～36 ℃条件下菌丝均能生长，24 ℃最为适宜，30 ℃最适宜孢子产生。其对湿度的要求很高，相对湿度90%左右生长繁殖最为适宜；在相对湿度75%以下，孢子几乎不能萌发。

白僵菌制剂主要剂型有500亿孢子/g母粉、80亿孢子/g粉剂或可湿性粉剂、400亿孢子/g可湿性粉剂等。产品外观为白色或灰白色粉状物，适用于鳞翅目、同翅目、膜翅目、直翅目等害虫的防治，尤其对松毛虫防治效果突出，对人畜安全，但对人皮肤有过敏反应，对蚕感染力很强。

使用白僵菌防治害虫，应在幼虫发生期进行。时间可在阴天、雨后或早晨。由于白僵菌具有重复感染、扩散蔓延的特点，可根据虫口密度大小分别采取全面喷菌、带状喷菌或点状喷菌方式。喷粉可直接喷50亿孢子/g的菌粉，并加入1%～2%的化学杀虫剂；喷雾一般为0.5亿～2亿孢子/mL，加入0.01%～0.1%的化学杀虫剂。为了提高菌液黏着力，可加入0.002%洗衣粉或茶枯粉。菌液要随配随用，在2 h内用完，以免孢子失去致病力。南方应用白僵菌防治松毛虫可在越冬代的8月中、下旬或翌年的2～4月放菌，每亩施菌量为1.5万亿～5.0万亿，北方防治松毛虫需要气温24 ℃以上的连续雨天或露水较大的天气条件，施菌量适当增加3～4倍。白僵菌不可与杀菌剂混用，也不宜在蚕区使用。

2.4.4.3 抗生素杀虫剂（微生物源杀虫剂）

1. 阿维菌素（灭虫灵、7051杀虫素、爱福丁）

阿维菌素（灭虫灵、7051杀虫素、爱福丁）是土壤放线菌在发酵过程中产生的代谢产物，具触杀和胃毒作用，但杀虫作用较慢，一般药后2～4天死亡。对于鳞翅目、鞘翅目、同翅目、斑潜蝇及螨类有高效。对人畜高毒。常见剂型有1.0%、0.6%、1.8%乳油等。一般使用1.8%乳油稀释1 000～3 000倍喷雾，或与零号柴油按照1:(20～40)比例混合喷烟。对蜜蜂有毒，对水生浮游生物敏感，对其他类杀虫剂产生抗性的害螨仍有效。

2. 甲氨基阿维菌素苯甲酸盐（甲维盐）

甲氨基阿维菌素苯甲酸盐（甲维盐）是由阿维菌素为原料的高活性的半合成抗生素杀虫杀螨剂，具有高效、广谱、残效期长的特点。作用方式以胃毒为主，兼具触杀作用，幼虫接触药剂后停止进食，发生不可逆转的麻痹，在3～4天内达到最高死亡率。由于它极易渗透到植物表皮细胞中，使施药植物有长期残效，在10天以上又出现第二个杀虫高峰，同时很少受环境因素如风、雨及细菌等影响。主要剂型有0.5%或1%乳油，0.5%、1%、5%、20%片剂。对鳞翅目、双翅目、蓟马类害虫有特效，施药时期危害虫孵化盛期和1~3龄幼虫期。常用1%甲维盐稀释8 000~12 000倍喷雾，该药剂需在酸性或中性条件下施用，避免高温和避光储存。对鱼类、蜜蜂、家蚕高毒。

2.4.4.4　昆虫信息素杀虫剂

用昆虫信息素防治害虫具有高效、无毒、没有污染、不伤益虫等优点，研究最多的是雌性信息素，目前我国林业生产上使用的性信息素引诱剂有松毛虫、美国白蛾、松叶蜂、落叶松鞘蛾、小蠹虫，苹果蠹蛾、白杨透翅蛾、槐小卷蛾、桃蛀螟、松梢螟等。它们在园林上的应用有如下几个方面。

1. 虫情监测

利用性信息素引诱剂可准确地对某种害虫的发生时间、发生程度做出预报，具有灵敏度高、准确性好、使用简便、费用低廉等优点，现已获得广泛应用。

2. 大量诱杀

利用性信息素引诱昆虫交配，与配套诱捕器结合使用，利用物理方法杀死雄虫，降低下一世代虫口密度；或应用聚集信息素和植物源引诱剂大量诱捕雌、雄成虫，降低虫口数量。

3. 干扰交配

成虫发生期，在林间普遍设置性信息素散发器，使其弥漫在大气中，使雄蛾无法定向找到雌蛾，从而干扰正常的交尾活动。或者由于雄虫的触角长时间接触高浓度的性信息素而处于麻痹状态，失去对雌虫召唤的反应能力。如防治黄杉毒蛾，飞机喷洒9~36 g/hm^2剂量，可使交配率下降80%~100%。

利用昆虫信息素防治害虫要注意以下几点：

第一，要根据害虫诱捕情况及时更换引诱剂，一般引诱剂的使用时间为35~40天，高温、高湿、大风等情况均会较大幅度地缩短引诱剂的使用寿命。

第二，诱捕器要放在通风较好的位置，充分发挥引诱剂的作用，各诱捕点的间距最好保持在20~40 m，以防各诱捕点间相互干扰。

第三，每隔一个月左右应按一定方向移动各诱捕点5~10 m，因为长期固定的诱捕点四周会产生“陷阱”效应，从而降低诱捕效果。

第四，引诱剂（诱芯）与诱捕器配套使用，针对不同的虫种使用不同的诱捕器，常用的诱捕器有三角形、船形、桶形、黑色十字交叉板漏斗式等。

以下以松褐天牛诱捕器为例进行安装说明：

YB-50型松褐天牛诱捕器与A-3型松褐天牛引诱剂配合使用，主要用于诱捕松褐天牛等鞘翅目昆虫成虫。诱捕器近圆锥形，高50 cm，遮雨盖外径50 cm，镀锌板厚度为0.5 mm，诱芯瓶为PVC塑料，可装各种溶剂配置的引诱剂。

安装方法：先将吊环固定在遮雨盖顶部；再将3块挡板上端与遮雨盖相连，下端与集虫漏斗相连；把套筒置于3块挡板中间，将集虫器挂到集中漏斗的悬钩上；把诱捕器悬挂于树枝或捆绑在树干上；将诱芯瓶装300 mL A-3型松褐天牛引诱剂后，置于套筒下方；

关上活页及压片;添加 200 mL 清水到集虫器中(若不加水可诱捕天牛活虫)。

2.5 杀菌剂

2.5.1 杀菌剂防治病害的基本原理

杀菌剂是指能够抑制病菌生长、保护植物不受侵害或能够渗进植物内部杀死病菌的化学药剂。抑菌是杀菌剂抑制病菌生命活动的某一过程,抑制菌丝生长、细胞产生与分裂、细胞壁形成等,在此期间使病菌失去致病能力,而寄主继续生长,当药剂被洗除和分解后病菌仍能恢复生命。杀菌是把病菌杀死,主要是使孢子不能萌发。杀菌剂种类主要有杀真菌剂和杀细菌剂,作用方式分为保护作用、治疗作用、铲除作用、免疫作用及钝化作用 5 种。

2.5.1.1 保护作用

在病原物侵入寄主植物之前使用化学药剂,阻止病原物的侵入,使植物得到保护。具有保护作用的药剂称为保护剂。保护剂中的金属离子能凝固病菌中的蛋白质,破坏细胞中酶的活性及氧化还原作用。这一类药剂在植物体表面形成一层薄膜,抑制病原菌的孢子萌发或将病原菌细胞杀死,控制病害的发生和蔓延。由于不能进入植物体内,对已侵入的病原物无效,必须在病原物侵入之前使用。在病害流行季节,及时喷药预防病原物的侵入至关重要。根据不同病害的发病特点,保护剂有不同的用药时期和施药地点。

2.5.1.2 治疗作用

当病原物已经侵入植物或植物已经发病时,使用化学药剂处理植物,使体内的病原物被杀死或抑制,终止病害发展过程,使植物恢复健康的作用,称为化学治疗作用。该类药剂作用于病原物的酶系统,具有改进新陈代谢,或破坏病原物分泌毒素的机能,使植物免受毒害。用作化学治疗的药剂一般在病原菌侵入植物体后施用,此类药剂具有内吸传导作用,称为内吸治疗剂,简称内吸剂。这类药剂的特点是对侵入寄主体内的病原物有效,但这类药剂一般都有较强的专化性,长期连续使用同一类药剂时,容易诱发病原菌产生抗药性,使药剂防治效果降低,甚至完全失去作用。

对于有良好内吸及传导性能的内吸治疗剂来说,在病原物侵入寄主体内以后使用,应该有良好的治疗效果;施药不均匀也应该有良好的治疗效果。但是,目前常用的内吸治疗剂,其内吸性还不理想,其传导性能,尤其是向植物根部传导的性能更不理想。所以,在使用这类药剂时,施药应尽量均匀周到。由于以上缺点,化学治疗在病害防治中应用还不够广泛。但近几年随着新的内吸治疗剂的研制成功,使化学治疗在防治某些重大病害方面获得成功,因此内吸治疗剂在植物病害防治中起着越来越重要的作用。

2.5.1.3 铲除、免疫及钝化作用

铲除作用是病原物已在植物的某部位表面或植物的生存环境中,施药后将其杀死,使植物不受病原物侵染。此类药剂多有强渗透性,杀菌力强,但持效期短,有的易产生药害,因此很少直接施予植物体。

免疫作用是将化学药剂引入健康植物体内,诱导植物体本身产生对病原物的抵抗力,从而减轻病害的发生。化学药剂可诱导寄主产生有杀菌或抑菌作用的植物保护素,改变寄主的形态结构,使之不利于病原物的侵染和扩展。

钝化作用是指有些金属盐、氨基酸、维生素、植物生长调节素和抗菌素能够影响植物

病毒的活性，使其被钝化，侵染力和增殖力降低，从而减轻病毒的侵害。

2.5.2 常用杀菌剂

2.5.2.1 无机杀菌剂

1. 波尔多液

波尔多液是用硫酸铜、生石灰和水配制成的天蓝色的悬浮液，有效成分为碱性硫酸铜，是良好的保护剂，对防治多种林木真菌病害有良好效果，但对锈病和白粉病防治效果差。常用剂型：1% 等量式（硫酸铜∶生石灰∶水 =1∶1∶100）。每隔 15 天喷雾 1 次，共 1 ~ 3 次。现配现用，对金属有腐蚀作用，不宜在桃、李、梅、杏、梨、柿子上使用。

2. 石硫合剂

石硫合剂是生石灰、硫黄粉熬制成的红褐色透明液体，呈强碱性，有强烈的臭鸡蛋气味，杀菌有效成分为多硫化钙。低毒。可防治多种林木病害，尤其对锈病、白粉病最有效，对介壳虫、虫卵和其他一些害虫也有较好的防治效果，但不能防治霜霉病。常见剂型为 29% 水剂、30% 固体剂、45% 结晶。生长季节 0.2 ~ 0.5 °Bé，半个月喷 1 次，至发病期结束；植物休眠期 3 ~ 5 °Bé，南方可用 0.8 ~ 1 °Bé 喷雾，铲除越冬病菌、介壳虫、虫卵等；不宜与其他乳剂混用，气温 32 ℃以上不宜使用。储存母液应在容器内滴入一层煤油等，并密封器口。

2.5.2.2 有机合成杀菌剂

1. 代森锌

代森锌原药为淡黄色或灰白色粉末，有臭鸡蛋味，难溶于水，吸湿性强，且在日光下不稳定，但挥发性小，遇碱或含铜药剂易分解，对人、畜低毒，为广谱性保护剂，对多种霜霉病菌、炭疽病菌等有较强的触杀作用。对植物安全，残效期为 7 天。常用剂型有 65%、80% 可湿性粉剂。常用稀释倍数为 65% 可湿性粉剂 500 倍，80% 可湿性粉剂 800 倍。

2. 代森锰锌

代森锰锌原药为灰黄色粉末，不溶于水。遇酸碱均易分解，高温时遇潮湿也易分解，对人、畜低毒，为广谱保护性杀菌剂。常用剂型为 70% 可湿性粉剂、25% 悬浮剂。用 70% 可湿性粉剂稀释 400 ~ 600 倍喷药 3 ~ 5 次，可防治炭疽病、霜霉病、灰霉病、叶斑病、锈病等。该药剂常用来与内吸杀菌剂混配，用于延缓抗性产生。

3. 百菌清

百菌清为广谱性保护剂，低毒，耐雨水冲刷，不溶于水。无内吸作用，药效期 7 ~ 10 天。可防治落叶病、赤枯病、枯梢病等多种病害。常用剂型：75% 可湿性粉剂，外观白色至灰色；10% 油剂；2.5% 烟剂。可用 75% 可湿性粉剂 500 ~ 800 倍液喷雾，10% 油剂超低量喷雾，2.5% 烟剂 15 kg/hm^2 林间放烟。该药剂对人的皮肤和眼睛有刺激作用。

4. 多菌灵

多菌灵为广谱内吸性杀菌剂，具有保护和治疗作用。耐雨水冲洗。低毒。对某些子囊菌和大多数半知菌引起的病害有效，对锈菌无效，药效期 7 天。常用剂型：40% 悬浮剂，25%、50% 可湿性粉剂，外观褐色。可湿性粉剂的常用稀释倍数为 400 ~ 1 000 倍。涂刷树木伤口可用 25% 可湿性粉剂 100 ~ 500 倍液。可与一般杀菌剂混用，但不能与碱性及铜制剂混用，不宜在一种林木的 1 个生长季节连续使用。

5. 甲基硫菌灵(甲基托布津)

甲基硫菌灵(甲基托布津)为内吸性杀菌剂,具有保护及治疗作用,在植物体内转化为多菌灵而起杀菌作用,有促进植物生长作用。低毒。可防治白粉病、炭疽病等多种病害,药效期5~7天。对霜霉病无效。常用剂型:70%可湿性粉剂,外观灰棕色或灰紫色。用70%可湿性粉剂1 000倍液喷雾。不能与碱性和无机铜制剂混用。

6. 三唑酮(粉锈宁)

三唑酮(粉锈宁)是一种高效低毒、药效期长、内吸性强的杀菌剂,具有保护、治疗、铲除等作用,可防治白粉病、锈病等。常用剂型:15%、25%可湿性粉剂,外观白色至浅黄色;20%乳油。可湿性粉剂可稀释700~2 000倍喷雾;用于拌种时,应严格掌握用量,防止产生药害。该药剂易燃,应远离火源,用后密封。

7. 烯唑醇(速保利)

烯唑醇(速保利)是具有保护、治疗、铲除作用的广谱内吸性杀菌剂,对白粉病、锈病、黑粉病、黑星病等有特效。对人、畜有毒。常见剂型:12.5%超微可湿性粉剂。一般使用方法为12.5%超微可湿性粉剂稀释2 000~3 000倍喷雾。

2.5.2.3 抗生素类杀菌剂

农用链霉素为放线菌所产生的代谢物,具有内吸作用,能传导到植物体其他部位,杀菌谱广。革兰氏阳性细菌对链霉素的反应比革兰氏阴性细菌更为敏感。对人、畜低毒,无慢性毒性。外观为白色粉末,易溶于水。常用剂型有15%~20%可湿性粉剂、0.1%~8.5%粉剂等,用于喷雾。注射有效成分含量为100~400 μg/g;灌根为1 000~2 000 μg/g。可与其他抗菌素、杀菌剂等混用,但不能在酸性和碱性条件下混用。

2.5.3 配制波尔多液

2.5.3.1 配制方法

分组用以下方法配制1%等量式波尔多液(硫酸铜:生石灰:水=1:1:100)。

(1)两液同时注入法:用1/2水溶解硫酸铜,用另1/2水溶化生石灰,待冷却,然后同时倒入第三个容器中,边倒边搅拌即成。

(2)稀硫酸铜溶液注入浓石灰水法:用4/5水溶解硫酸铜,用另1/5水溶化生石灰,然后以稀硫酸铜溶液倒入石灰水中,边倒边搅拌即成。

(3)用浓石灰水注入稀硫酸铜法:原料准备同方法(2)。将石灰水倒入稀硫酸铜溶液中,边倒边搅拌即成。

(4)各用1/5水稀释硫酸铜和生石灰,两液混合后,再加3/5水稀释。搅拌方法同前。

(5)用风化已久的石灰代替生石灰,配制同方法(2)。

2.5.3.2 质量鉴定方法

药液配好后,用以下方法鉴定质量。

(1)观察颜色:比较不同方法配制的波尔多液颜色是否一致。

(2)检查水溶性铜:取波尔多液少许,滴入2~3滴黄血盐。若有赤褐色出现,表示石灰不足,而水溶性铜过多。也可用磨亮的小刀插入波尔多液片刻,观察刀面有无镀铜现象。

(3)检查酸碱性:用石蕊试纸,分别投入制成的波尔多液中,测定其酸碱性。

(4)检查沉降速度:将不同方法配制的波尔多液分别装入试管中,静置0.5 h,观察波尔多液的沉降速度和沉降体积。沉降以越慢越好，沉淀后上部清水层越薄越好。

2.5.3.3　注意事项

配制少量波尔多液时，硫酸铜和生石灰要研细。如无生石灰，也可用熟石灰代替，但用量应增加1/3。波尔多液应现配现用，最好在0.5 h内用完。对易受硫酸铜药害的园林植物，可用石灰多量式或倍量式配方，对易受石灰药害的林木可用石灰半量式配方。

学习任务3　园林常用药械的使用与保养

【学习场所】

森林病虫害防治实训室或苗圃、幼林地。

【学习形式】

在教师指导下，以小组为单位进行药械使用训练。

【实训用品与材料】

工农－16型背负式手动喷雾器及随机工具、3MF－16型喷雾喷粉机及随机工具、6HYB－25型热力烟雾机及随机工具、BG305D型打孔注药机。

100 mL量桶、塑料桶、木棒、手套、口罩。

供试的15%辛硫磷乳油、油烟剂1瓶、内吸性农药、水、90号以上汽油。

【辅助学习资源】

◆ 张灿峰．林业有害生物防治药械使用指南．北京：中国林业出版社，2010

◆ 袁会珠．农药使用技术指南．北京：化学工业出版社，2011

◆ 背负式喷雾喷粉机 GB/T 7723.2

◆ 通用小型汽油机 GB/T 5135.14

◆ 农林机械安全 GB 10395.1

3.1　背负式手动喷雾器的使用与保养

3.1.1　认识背负式手动喷雾器主要工作部件

背负式手动喷雾器具有结构简单、使用方便、价格低廉等特点，适合草坪、花卉、小型苗圃等较低矮的植物使用。主要型号有工农－16型（3WB－16型），改进型有3WBS－16、3WB－10等型号。

工农－16型喷雾器为背负式手动喷雾器，主要由药液箱、液泵、空气室及喷射部件组成（图3-6）。

3.1.1.1　药液箱

药液箱多由聚氯乙烯材料制成，容积16 L。药液箱加水口内装有滤网，箱盖中心有一连通大气的通气孔，药液箱上标有水位线。

3.1.1.2　液泵

液泵为喷雾器的心脏部件，作用是给药液加压，迫使药液通过喷头雾化并喷洒在施药对象上，液泵分活塞泵、柱塞泵和隔膜泵3种。工农－16型喷雾器采用皮碗活塞式液泵，

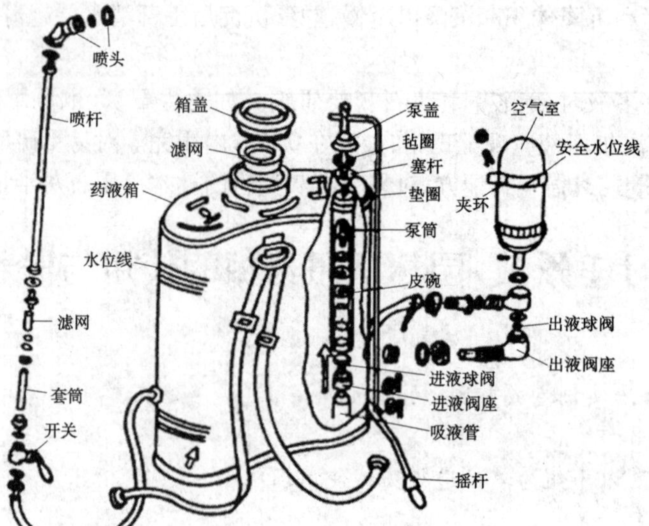

图 3-6　工农 -16 型喷雾器

由泵筒、塞杆、皮碗、进液球阀和出液球阀等组成。

3.1.1.3　空气室

空气室是储存空气的密闭耐压容器。其作用是消除往复式压力泵的脉动供液现象，稳定药液的喷射压力。进液口与压力泵相通，出液口与喷射管路相接。喷雾器长时间连续工作时，有压力的空气会逐渐溶于药液中，使空气室内的空气越来越少，药液压力的稳定性变差。因此，长时间连续工作的喷雾机(器)要定时排除空气室中的药液。目前生产的一些喷雾机，空气室用橡胶隔膜将药液与空气隔开，克服了这一缺点。

3.1.1.4　喷头

喷头是喷雾器的主要部件，作用是使药液雾化和使雾滴分布均匀。工农 -16 型喷雾器配有侧向进液式喷头，也可换装涡流片式喷头，这两种喷头均为圆锥雾式喷头。

3.1.2　工作原理

观察工农 -16 型喷雾器，用手上下揿动摇杆手柄，活塞杆便带动皮碗活塞，在泵筒内做上下往复运动。当活塞杆带动皮碗活塞向上行时，皮碗活塞下面的腔体容积增大，形成负压，在压力差的作用下，药箱内的药液经吸液管上升，顶开进液球阀进入泵筒，完成吸液过程。当活塞杆带动皮碗活塞从上向下运动时，泵筒内的药液压力增高，将进液球阀关闭，出液球阀被顶开，压力药液经出液球阀进入空气室。空气室内的空气被压缩，形成对药液的压力。当每分钟掀动摇杆 18 ~25 次时，药液可达正常工作压力(196 ~392 kPa)，打开开关，药液即经输液管，由喷头以雾状喷出，使用喷孔直径 1.3 mm 的喷孔片时，喷药量为0.6 ~0.7 L/min(图 3-7)。

3.1.3　使用方法练习

3.1.3.1　安装

先把零件揩擦干净，再把卸下的喷头和套管分别连在喷管的两端，然后把胶管分别连接在直通开关和出水接头上。安装时，要注意检查各连接处垫圈有无漏装，是否放平，连

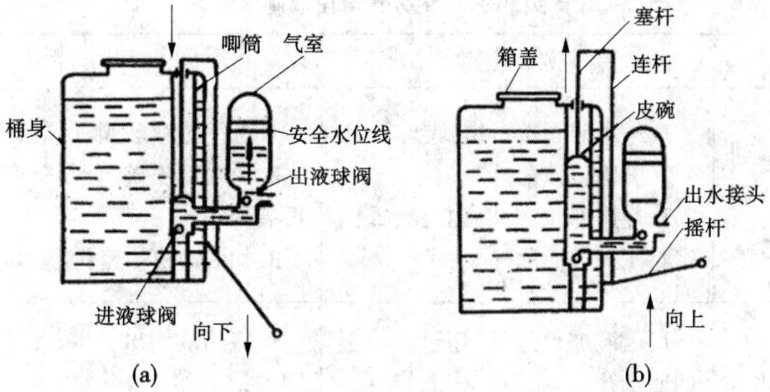

图3-7　背负式喷雾器工作原理示意图

接是否紧密。要根据防治对象、用药量、林木种类和生长期选用适当孔径的喷孔片和垫圈数目。1.3～1.6 mm孔径喷片适合常量喷雾,0.7 mm孔径喷片适宜低容量喷雾。

3.1.3.2　检查气筒

先检查气筒是否漏气。可抽动几下塞杆。如果手感到有压力,而且听到喷气声音,说明气筒完好不漏气,这时在皮碗上加几滴油即可使用。如果情况相反,说明气筒中的皮碗已变硬收缩,取出放在机油或动物油中浸泡,待胀软后,再装上使用。安装皮碗时,将皮碗的一半斜放气筒内,边转边插入,切不可硬塞。

3.1.3.3　试喷

方法是在药液箱内加入清水,装上喷射部件,旋紧拉紧螺帽,抽拉塞杆,打气至一定压力,进行试喷。检查各连接部位有无漏气、漏水现象,观察喷出雾点是否正常。如有故障,查出原因,加以修复再喷洒药液。

3.1.3.4　添加药液

在放入药液前,做好药液的配制和过滤工作。添加药液时,要关闭直通开关,以免药液流出,注意应添至外壳标明的水位线处。如超过此线,药液会经唧筒上方的小孔进入唧筒上部,影响工作。另外,药液装得多,压缩空气就少,喷雾就不能持久,要增加打气次数。最后盖好箱盖(放平、放正、紧抵箱口),旋紧,拉紧螺帽,防止盖子歪斜,造成漏气。

3.1.3.5　喷药作业

喷药前,先扳动摇杆6～8次,使气室内的气压达到工作压力后,再进行喷雾。如果扳动摇杆感到沉重,就不能过分用力,以免气室外爆炸,而损伤人、物。打气时,要保持塞杆在气筒内竖直上下抽动,不要歪斜。下压时,要快而有力,使皮碗迅速压到底。这样,压入的空气量就多。上抽时要缓慢,使外界的空气容易流入气筒。背负作业时,每分钟揿动拉杆18～25次为宜,一般走2～3步,就要上下扳动摇杆1次。

3.1.3.6　日常保养

喷药完毕后,要倒出残液,妥善处理,要清洗喷雾器各部所有零件(如喷管、摇杆等),涂上黄油防锈。零部件不能装入药液箱内,以防损坏防腐涂料,影响使用寿命。拆卸后再装配时,注意气室螺钉上的销钉滑出,同时不要强拧气室螺钉,以免损坏。

3.1.4　常见故障排除

在操作中遇到故障可按表3-2所示方法进行排除。

表 3-2 背负式手动喷雾器常见故障及排除方法

故障现象	故障原因	排除方法
打气时,手不感到吃力,喷雾压力不足,雾化不良	1. 进水球阀被污物搁起; 2. 皮碗破损; 3. 连接部位未装密封圈,或因密封圈损坏而漏气	1. 拆下进液球阀,用布清除聚集的污物; 2. 更换新皮碗,调换前必须先用油浸透再装配; 3. 加装或更换密封圈
打气时泵盖漏水	1. 药液加得过满,超过泵筒上的回水孔; 2. 皮碗损坏	1. 将药液倒出一些,使药液在水位线范围内; 2. 更换皮碗
喷不成雾状	1. 喷头体的斜孔被污物堵塞; 2. 喷孔堵塞; 3. 进液球阀被污物搁起; 4. 套筒的滤网堵塞	1. 疏通斜孔; 2. 拆开清洗,但不要使用铁丝或钢针等硬物,以免孔眼扩大,使喷雾质量变差; 3. 拆下,用布清除污物; 4. 清洗
开关漏水或拧不动	1. 开关帽未旋紧; 2. 开关芯上的垫圈磨损; 3. 开关芯表面的油脂涂料少,拧不动或使用过久,开关芯因药剂的侵蚀而黏结	1. 旋紧开关帽; 2. 更换垫圈; 3. 拆下零件在煤油或柴油中清洗浸泡若干时间,再拆卸,涂一层厚油脂

3.2 背负式机动喷雾喷粉机的使用与保养

3.2.1 认识主要部件

背负式机动喷雾喷粉机既可喷雾,又可喷粉,把喷雾喷头换成超低量喷头时,还可进行超低量喷雾,适用于林业有害生物的防治。背负式机动喷雾喷粉机由动力部分、药械部分、机架部分组成。动力部分包括小型汽油发动机、油箱;药械部分包括单极离心式风机、药箱和喷洒部分;机架部分包括上机架、下机架和背负装置、操纵装置等(图 3-8)。

3.2.1.1 药箱

药箱是盛装药粉的装置。根据喷雾或喷粉作用的不同,药箱中的装置也不一样。喷雾作业时的药箱装置由药箱、箱盖、箱盖胶圈、进气软管、进气塞、进气胶圈及粉门等组成。需要喷粉时,不需调换药箱,只要将过滤网连同进气塞取下换上吹粉管即可。

3.2.1.2 风机

风机为高压离心式,用铁皮制成,它包括风机壳和叶轮。风机壳呈涡壳形,叶轮为封闭式,在叶轮中心有轮轴,通过键固定在发动机曲轴尾端。当发动机运转时,叶轮也一起旋转。这种风机叶轮采用径向前弯式的叶片装置,外形尺寸较小,质量较轻,风量大,风压高,所以吹扬药粉均匀,特别是在用长塑料薄膜喷管作业时,粉剂能高速通过被喷植物,形

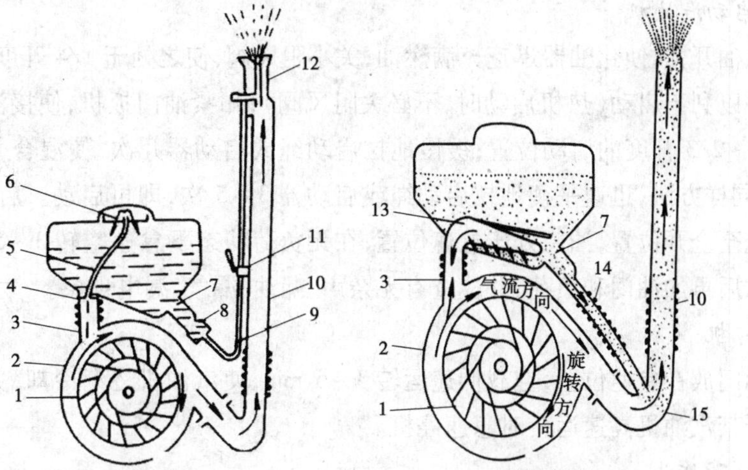

(a) 喷雾原理　　(b) 喷粉原理

1—轮装组;2—风机壳;3—出风筒;4—进风筒;5—进气管;
6—过滤网组合;7—粉门;8—出水塞;9—输液管;10—喷管;
11—开关;12—喷嘴;13—吹粉管;14—输粉管;15—弯头

图3-8　喷雾喷粉机工作原理结构图

成一片烟雾。

3.2.1.3　喷射部件

喷射部件包括弯管、软管、直管、喷头、输液管和输粉管等。根据作业项目的不同,安装相应的工作部件,以适应喷雾和喷粉的需要。当进行喷雾作业时,喷射部件由弯管、软管、直管、输液管、手把开关和喷头组成。当进行喷粉作业时,将输液管和喷头去掉,换装输粉管。

另外,对于小型汽油机的主要部件也应有所了解,以便于掌握喷雾喷粉机的操作。

3.2.2　了解工作原理

3.2.2.1　喷雾工作过程

发动机带动风机叶轮旋转,产生高速气流,并在风机出口处形成一定压力。其中大部分高速气流经风机出口流入喷管,而少量气流经过风阀、进气塞、软管,经过滤网出气口返入药箱内,使药液形成一定的压力。药箱内药液在压力作用下,经粉门、输液管接头进入输液管,再经手把开关直达喷头,从喷头嘴周围的小孔流出。在喷管高速气流的冲击下,药液弥散成细小雾点,吹向被喷雾的植物。

3.2.2.2　喷粉工作过程

发动机带动风机叶轮旋转,产生高速气流,大部分流经喷管,一部分经进气阀进入吹粉管,起疏松和运输粉剂作用。进入吹粉管的气流速度高,而且有一定的压力,气流便从吹粉管周围的小孔钻出,使药粉松散,并吹向粉门口。由于输粉管出口为负压,有一定的吸力,药粉流向弯管内,这时正遇上风机吹来的高速气流,药粉便从喷管吹向被喷植物。

3.2.3　使用方法练习

由教师做好汽油发动机的启动前准备工作,由学生进行使用方法练习。

3.2.3.1　启动汽油机

打开燃油开关，使化油器迅速充满燃油；关小阻风阀，使之处于 1/4 开度，保证供给较浓的混合气以利于启动（热机启动时，不必关阻风阀）；扣紧油门扳机，使接流阀或风门活塞处于 1/2 ~ 2/3 开度的启动位置；缓慢地拉启动绳或启动器几次，使混合气进入汽缸或油箱；再按同样方法，迅速平衡地拉启动绳或启动器 3 ~ 5 次，即可启动。启动后，将阻风阀立即恢复至全开位置，油门处于怠速位置，在无负荷状态下怠速空转 3 ~ 5 min，待汽油机温度正常后再加油门和负荷，并检查有无杂声、漏油、漏气、漏电现象。

3.2.3.2　停机

将手油门放在怠速位置，空载低速运转 3 ~ 5 min，使汽油机逐渐冷却，关闭手油门使之停机。严禁汽油机高速运转时急速停机。

3.2.3.3　喷雾作业

使机具处于喷雾状态，然后用清水试喷 1 次，检查各连接处有无渗漏。加药时必须用过滤器滤清，防止杂物进入造成管路、孔道堵塞。药液不要加得过满，以免药液从引风压力管流入风机。加药液后，应旋紧药箱盖，以防漏气、漏液。药液质量浓度应较正常喷药浓度大 5 ~ 10 倍。可不停机加药液，但汽油机应处于怠速状态。药液不可漏洒在发动机上，以防损坏机件。汽油机启动后，逐渐开大油门，以提高发动机的转速至 5 000 r/min，待稳定片刻后，再喷洒。行进中应左右摆动喷管，以增加喷幅。行进速度应根据单位面积所喷药量的多少，通过试喷确定。喷洒时，喷管不可弯折，应稍倾斜一定角度，且不要逆风进行喷药。

3.2.3.4　喷粉作业

全机结构应处于喷撒粉剂作业状态。粉剂要干燥，结块要碾碎，并除去杂草、纸屑等杂物。最好将药粉过筛后加入粉箱旋紧药箱盖，防止漏气。不停机加药粉，汽油机应处于怠速运转状态，并把粉门关闭好。背机后，油门逐渐开到最大位置，待转速稳定片刻后，再调节粉门的开度。使用长薄膜喷管时，先将薄膜管全部放出，再加大油门，并调节粉门喷撒。前进中应随时抖动喷管，防止喷粉管末端积存药粉。另外，喷粉作业时，粉末易吸入化油器，切勿把化油器内的空气过滤网拿掉。

3.2.3.5　日常保养

作业结束后，清除药箱内的残药，清除外部污物，清洗空气滤清器的滤网，检查并排除漏油、漏药现象，清理粉门定极与动极之间的积粉，检查、调整、紧固各连接件，检查维修电路系统可能出现的断路、短路现象。

3.2.4　故障排除

在操作过程中，遇到故障可按表 3-3 所示进行排除。

表3-3　背负式机动喷雾喷粉机常见故障及排除方法

现象	原因	排除方法
喷粉时产生静电	喷管为塑料制作,喷粉时粉剂在管内高速冲刷摩擦会产生静电	在卡环之间连接一根铜线,或用一根金属链一端接在机壳上,另一端拖在地上
喷雾量减少或喷不出雾	1. 喷嘴堵塞; 2. 开关堵塞; 3. 进风阀未打开; 4. 药箱盖漏气; 5. 发动机转速下降; 6. 药箱内进气管拧成螺旋形; 7. 过滤网组合通气孔堵塞	1. 拧下喷嘴清洗; 2. 拧下转芯清洗; 3. 打开进风阀; 4. 盖严,检查胶圈是否垫正; 5. 查明原因后排除故障; 6. 重新安装好; 7. 清除堵塞物,使通气孔畅通
输液管各接头漏药液	塑料管因使用日久而老化,使连接处松动	用铁丝拧紧接头或换新塑料管
手把开关漏水	1. 开关压盖未拧紧; 2. 开关芯上的垫圈磨损; 3. 开关芯表面油脂涂得少	1. 拧紧; 2. 更换垫圈; 3. 在开关芯表面涂一层油脂
药液进入风机	1. 进气塞与进气胶圈之间间隙过大; 2. 进气胶圈被药液腐蚀; 3. 进气塞与过滤网组合之间的进气管脱落	1. 将机器倾斜倒出药液,更换进气胶圈,或在进气塞周围缠一层胶布,使它与进气胶圈密合; 2. 更换胶圈; 3. 重新安装好,用铁丝扎紧
药箱盖漏水	1. 药箱盖未拧紧; 2. 垫圈不正或胀大	1. 拧紧; 2. 重新垫正或更换垫圈
喷粉量减少或喷不出粉	1. 粉门未全部打开; 2. 药粉潮湿; 3. 粉门堵塞; 4. 进风阀未全部打开; 5. 发动机未达到额定转速; 6. 吹粉管脱落	1. 全部打开; 2. 换用干燥药粉; 3. 清除堵塞物; 4. 全部打开; 5. 查明原因后排除故障; 6. 重新安装好
药箱跑粉	1. 药箱盖未盖正; 2. 胶圈未垫好; 3. 垫圈损坏	1. 盖正药箱盖; 2. 垫好胶圈; 3. 更换垫圈
药粉进入风机	1. 吹粉管脱落; 2. 吹粉管与进气胶圈密封不严	1. 重新安装好; 2. 封严; 3. 关严粉门
叶轮组装与风机壳摩擦	1. 装配间隙不对; 2. 叶轮组装变形	1. 加减垫片来调整间隙; 2. 用木锤调整叶轮组装

3.3　热力烟雾机的使用与保养

3.3.1　认识基本构造

热力烟雾机是利用内燃机排气管排出的废气热能使油剂农药形成微细液化气滴的气雾发生机,实际没有固体微粒产生,但习惯上,一直称为热力烟雾机。按其移动方式,可分为手提式、肩挂式、背负式、担架式、手推式等多种;按照工作原理可分为脉冲式、废气舍热式、增压燃烧式等形式。

6HYB－25 型热力烟雾机为背负弯管式,净质量为 11～11.5 kg,油箱容积为 1.6 L,耗油量为 2.0 L/h,药箱容积为 6 L,额定喷药量为 25 L/h,最大为 42 L/h。整机由脉冲喷气式发动机和供药系统组成。前者主要由燃烧室、喷管、冷却系统、供油系统、点火系统及启动系统构成。供油系统主要由油箱、管路、化油器等组成,化油器用于产生发动机工作需要的混合气,化油器包括化油器盖(上有进气孔)、进气膜片、气阀挡板、进气管、化油器体、油喷嘴、油针阀、内置供油单向阀。气阀挡板与化油器盖内表面构成进气间隙,工作时空气由化油器盖上的气孔经此间隙进入化油器体内。油喷嘴和油针阀控制油量。启动系统由打气筒、单向阀、集成在化油器体上的启动气流孔道及管路组成。点火系统由电池盒、导线、开关、高压发生器、火花塞等组成。供药系统由增压单向阀、开关、药管、药箱、喷药嘴及接头等构成。

认识上述主要工作部件:油箱、副油箱、化油器(化油器盖、进气膜片、气阀挡板、进气管、化油器体、油喷嘴、油针阀、内置供油单向阀)、气筒、单向阀、喷药嘴、药箱、药开关、增压单向阀等。

3.3.2　了解工作原理

3.3.2.1　发动机启动(带副油箱一体化化油器)

打气筒打气(或气泵打气),一定流量和压力的空气通过单向阀和管路进入化油器体上的集成孔道,一路进入副油箱,将副油箱中的油压至油嘴;另一路进入化油器体内,喷油嘴喷出的燃油在喉管处与进入喉管中的空气气流混合,并进入燃烧室的进气管中。与此同时,点火系统开关接通,产生高压电,火花塞放出高压电弧,点燃混合气。混合气点火“爆炸”,燃烧室及化油器内压力迅速增高。这股高压气体使进气阀片关闭进气孔,并以极高的速度冲出喷管。

3.3.2.2　正常工作循环

在前一工作循环排气惯性力作用下,进气阀片打开进气孔,新鲜空气吸入,燃油也从油嘴吸入。混合气进入燃烧室,与前一循环残留的废气混合形成工作混合气。同时,该混合气又被炽热废气点燃,接着进行燃烧—排气过程,脉冲式发动机就按进气—燃烧—排气的循环过程,不断地工作。

3.3.2.3　喷烟雾过程

由化油器引压管引出一股高压气体,使它经增压单向阀、药开关,加在药箱液面上,产生一定的正压力。药液在压力的作用下经输药管、药开关、喷药嘴量孔流入喷管内。在高温、高速气流作用下,药液中的油烟剂被蒸发,破碎成直径 50 μm 的烟雾,从喷管喷出,并迅速扩散弥漫，与靶标接触（图3-9）。

3.3.3　使用练习

（1）将机器置于平整干燥处，距喷口2 m内不得有易燃易爆物品。

（2）检查管路、电路、电池、火花塞、进气阀挡板螺母、进气膜片等部件是否完好。

（3）在药箱中加入成品油烟剂，药箱加药后盖子必须旋紧，保证密封，不泄漏。

一台机次药量（mL）为步行速度（m/s）、喷药时间（s）、喷幅（m）、单位面积用药量（mL/667 m^2）的乘积。

（4）将纯净的汽油加入油箱。加汽油的容器必须干净密封，严防杂物和水混入。

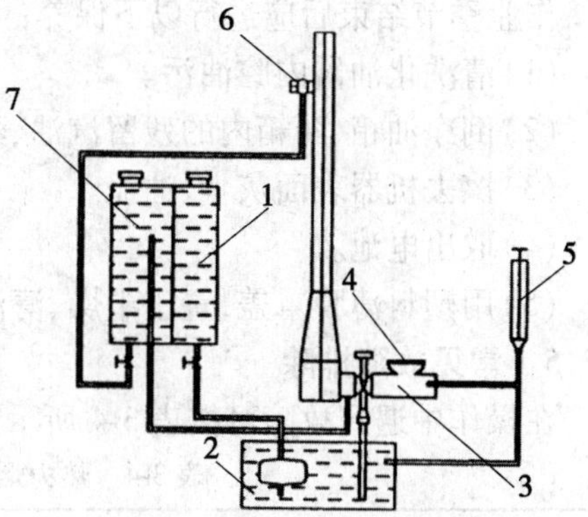

1—油箱；2—副油箱；3—化油器；
4—化油器盖；5—气筒；6—喷药嘴；7—药箱

图3-9　烟雾机原理图

（5）在电池盒内装1号干电池（根据型号不同有2节电池和3节电池），安装时注意极性，电池容量要足。

（6）将电开关置于开的位置，这时火花塞应发出清脆的火花声音；机器启动后立即将电开关置于关的位置。

（7）将油门旋钮调至最小位置，而后推动气筒手柄，打气时用力不能过猛，抽动手柄不宜过长（只需气筒1/3长），每打一下，停3 min再重复动作（注意压气时速度要快），使汽油充满喷油嘴入口油管中，直至发动机发出连续爆炸声音，停止打气。再细调油门旋钮，至发动机发出频率均匀稳定的声音。

（8）若1次启动不成功，可能是化油器内汽油过多，可揿压油针按钮，用气筒打气把油吹干，再重新启动。严禁在打开化油器盖的情况下，接通电源，检视火花塞发火状况，以免化油器内残留汽油着火。

（9）打开药开关喷烟。喷烟时，林内风速在1.0 m/s内为宜，喷幅10～12 m，在30°坡度以下地形，步行速度为0.8～1.0 m/s；在30°以上坡度林地，步行速度为1.0～1.2 m/s。行走方向与风向垂直。机器在水平位置上倾斜不得超过±15°。喷烟时，若发动机突然熄火，应迅速关闭药开关，选择安全地带，重新启动发动机，以避免喷管中残余药剂，导致喷火。机器运行时，不能加油、加药。

（10）关机前或中途停机前应先关上药开关，让发动机运转1 min，用手揿压油针按钮即可停机。

3.3.4　保养

每天作业结束后应进行以下保养：

（1）检查进气膜片，清除膜片及化油器盖上的油污。

（2）清洗药箱过滤网，去除箱内沉积物。

（3）擦去机器表面灰尘、油泥。

（4）清除火花塞积炭，擦洗干净。

（5）清除喷管及烟化管内和药喷嘴处积炭，清洗化油器内腔。

作业季节结束后应进行以下保养：

(1)清洗化油器内腔油污。

(2)倒净油箱、药箱内的残留汽油、药液，并用柴油清洗药箱及药液管路等零件。

(3)擦去机器表面灰尘、油泥。

(4)取出电池。

(5)用塑料薄膜罩盖，置于干燥、清洁处保存。

3.3.5　常见故障排除

在操作中遇到故障可按表3-4所示方法进行排除。

表3-4　热力烟雾机常见故障及排除方法

<table>
<tr><th>类别</th><th>现象</th><th>原因</th><th>排除方法</th></tr>
<tr><td rowspan="9">(一)不点火</td><td rowspan="4">1. 揿压电源开关，无任何声音</td><td>电池中的电用完</td><td>更换</td></tr>
<tr><td>电池未装紧，电路未通</td><td>装紧电池</td></tr>
<tr><td>电池极性接反</td><td>按指示装好</td></tr>
<tr><td>电开关失灵</td><td>排除或更换</td></tr>
<tr><td rowspan="5">2. 电源开关接通无正常蜂鸣声，只有微弱的叽叽声</td><td>线头脱落、松动</td><td>检查、接好</td></tr>
<tr><td>电池弱</td><td>更换</td></tr>
<tr><td>火花塞可能由于积炭受潮、油和药液玷污、内部击穿等引起失效</td><td>消除积炭，用汽油洗刷，并烘干火花塞或更换</td></tr>
<tr><td>高压发生器失效</td><td>更换</td></tr>
<tr><td>火花塞间隙不对</td><td>调整至1.5～2 mm</td></tr>
<tr><td rowspan="7">(二)点火正常但不能启动</td><td rowspan="4">3. 化油器无油</td><td>副油箱无油</td><td>检查主副油箱通道、开关</td></tr>
<tr><td>供油单向阀不通或漏油</td><td>排除或更换</td></tr>
<tr><td>油箱中滤网或管道堵塞</td><td>清洗导通</td></tr>
<tr><td>油嘴通道堵塞</td><td>清洗或更换</td></tr>
<tr><td>4. 启动时，化油器进油管中，油位不能保持</td><td>进油单向阀失效</td><td>清洗或更换</td></tr>
<tr><td rowspan="2">5. 化油器中汽油过多</td><td>由于打气未使发动机启动，积油过多</td><td>关闭油嘴量孔，打气，吹干多余燃油。接通电源点火，当发动机发出断续的爆炸声音后，打开油门，重新启动</td></tr>
<tr><td>油嘴量孔被扩大</td><td>更换</td></tr>
</table>

续表3-4

类别	现象	原因	排除方法
(三)不能稳定工作	6.油路里有气泡	一般油管中的油用完后重新加油都会使油管里产生气泡	打开油门,让机器前倾,连续打气、抽油,直到油管中无气泡为止,然后继续启动
		油管接头松	上紧
		油管破裂	更换
	7.供油单向阀油嘴堵塞或两面都通了	油中有脏物	清洗或更换单向阀油嘴
	8.功率减小或不稳	喷管中积炭增多	用刮子清除积炭
		油中有水	更换汽油、清洗油箱
		油门开度不合适	调整针阀
	9.新鲜空气不能顺畅地通过化油器进气单向阀	进气阀片太脏或已损坏或安装不正确	清洗,更换或重新安装进气阀片
	10.油路中燃油供应不稳定	副油箱中燃油供应跟不上	排除,检查副油箱进油阀
(四)运行中突然熄火	11.油管中无油	油箱中的油耗尽	加油
		进油单向阀突然被堵塞	清洗或更换单向阀
	12.油路中有气泡	清除气泡不彻底	排除气泡
	13.供油太多或太少	油门开度不合适	调整
	14.油路堵塞	量孔进油单向阀堵塞或连接松动	排除
	15.新鲜空气不能进入或化油器盖上进气孔不能关严	进气阀片损坏	更换
(五)完全不喷药	16.药箱内没有压力	药箱盖没有盖紧或盖子垫片已损坏	上紧药箱盖,更换垫片
		增压单向阀失效	更换
	17.药开关通路堵塞	药液阀阀片已经损坏	更换
	18.管道泄漏	管道接头脱落或松动	上紧,安装好
	19.喷药嘴量孔堵塞		清洗或更换

续表 3-4

类别	现象	原因	排除方法
(六)部分不喷药	20. 发动机功率下降,使喷药量减少	喷管中大量积炭	清除
	21. 箱内压力不足	增压单向阀失灵,但没有完全失效	清洗或更换
	22. 可听到断续的漏气声	管道接头松动	重新安装好
	23. 药开关通路部分堵塞	通道内有沉积物	清洗
	24. 药开关漏气	开关触头的压力弹簧压力不足	调紧
		阀体或阀片磨损	更换
(七)中途喷火		机器过热	停机休息
		烟量过少	开始偶然喷火,可立即关闭药开关,然后马上开启即可消除。若重复上述操作数次无效,应停机检查排除

3.4 打孔注药机的使用与保养

3.4.1 认识主要部件

BG－305D 背负式打孔注药机为创孔无压导入法注药方式。它由两部分组成:一是钻孔部分,由 1E36FB 型汽油机通过软轴连接钻枪,钻头可根据需要在 10 mm 以内调换;二是注药部分,由金属注射器通过软管连接于药箱,可连续注药,注药量可在 1～10 mL 范围内调节。

该机净质量为 9 kg,最大输出功率为 8 kW,6 000 r/min,油箱容积为 1.4 L,使用(25～30):1的燃油,点火方式为无触点电子点火。钻枪长 450 mm,适于杨树和松树,最大钻孔深度为 70 mm。药箱容积为 5 L,定量注射器外型尺寸为 200 mm × 110 mm × 340 mm。

观察汽油机、化油器、油箱、油管、软轴、钻枪、钻头、金属注射器、软管、药箱等。

3.4.2 使用方法练习

(1)安装好机器,加好 90 号汽油和药剂。

(2)将停车开关推至启动位置。

(3)打开油开关,垂直位置为开,水平位置为关。

(4)适当关闭阻风门(冬天全关闭,夏天部分关闭,热机不用关闭)。

(5)拉启动绳直至启动为止。

(6)启动后怠速运转 5 min 预热汽油机。

(7)同时按下自锁手柄和油门手柄,使汽油机高速运转。

(8)在树下离地面0.5～1 m处向下倾斜15°～45°钻孔,不宜用力压,时刻注意拔钻头,孔径为10 mm或6 mm,孔深30～50 mm。如果出现钻头卡在树中,要马上松开油门控制开关,使机器处于怠速状态,然后停机,左旋旋出钻头。

(9)用注射器将一定量的药液注入孔中。

(10)停机时,松开油门手柄使汽油机低速运转30 s以上,再将停车开关推至停机位置。

3.4.3　日常保养

(1)清理汽油机上的油污和灰尘。

(2)拆除空气滤清器,用汽油清洗滤芯。

(3)检查油管接头是否漏油,接合面是否漏气,压缩是否正常。

(4)检查汽油机外部紧固螺钉,如松动要旋紧,如脱落要补齐。

(5)每天工作完毕用清水清洗注射器。

(6)每使用50 h向硬轴及软轴外表面补加耐高温润滑脂。

(7)钻头磨钝及时更换或调整。

【理论与技能自测题】

(一)名词解释

产地检疫　调运检疫　致死中量　原药　剂型　昆虫内激素　昆虫外激素　闷种

(二)填空题

1.根据林业有害生物的________、________、________、________、________,按危险性将其分为4个等级。

2.林业有害生物的防治途径可从________、________、________等3个方面予以考虑。

3.农药产品质量保证期的表示形式有________、________、________。

4.昆虫内激素主要有________、________、________。

5.杀虫剂按其化学成分可分为________、________、________和其他化学合成杀虫剂。

6.生物农药杀虫剂可分为________、________、________和________。

7.林业常用杀菌剂可分为________、________和________。

8.杀虫剂按作用方式和进入虫体途径可分为________、________、________、________和其他杀虫剂。

9.2013年,国家林业局公布的林业检疫性有害生物共有________种,其中森林害虫________种,森林病害________种。

10.森林植物及其产品的调运检疫分为________和________。

11.森林植物及其产品的调出检疫程序包括________、________或________、________和签发检疫证书等4个环节。

12.林业有害生物主要防治对象有________、________、________、________等。

13. 森林中有益生物主要包括________和________昆虫、食虫和食肉类陆生脊椎动物以及病原微生物等。

14. 农药按防治对象及用途常可分为________、________、________、杀线虫剂、杀鼠剂、除草剂和植物生长调节剂等多种类型。

15. 农药产品名称,如40%福美砷可湿性粉剂,由3部分组成。其中40%是指________,福美砷是________,可湿性粉剂是________。

16. 林木病虫害常用的物理机械防治方法有________、________、________、________和________等。

17. 农药的"三证"是指________、________和执行的产品标准证。

18. 环境友好型防治要求使用________、________、________的化学农药,并选择对环境影响最小的施药技术。

(三)选择题

1. 下列属于国内检疫性有害生物的是( )。

A. 松毛虫　B. 杨干象　C. 松疱锈病　D. 光肩星天牛

2. 某农药毒性致大白鼠1次口服农药原药急性中毒的致死中量(LD_{50})为500~5 000 mg/kg,此农药毒性为( )。

A. 低毒农药　B. 剧毒农药　C. 高毒农药　D. 微毒农药

3. 杀菌剂农药类别特征颜色标志带为( )。

A. 红色　B. 黑色　C. 黄色　D. 蓝色

4. 杀虫剂农药类别特征颜色标志带为( )。

A. 红色　B. 黑色　C. 黄色　D. 蓝色

5. 林中放烟剂,要求林间产生"气温差逆增"现象和风速稳定在0.3~1 m/s。因此,林中放烟剂时间最好在( )。

A. 上午10时左右　B. 阴天　C. 日落后和日出前　D. 下午3时左右

6. 林间放烟点不要设置在林缘外边,应设在林内距林缘( )处。

A. 25 m　B. 40 m　C. 10 m左右　D. 50 m

(四)问答题

1. 什么是林业植物检疫?其原理如何?

2. 林业植物检疫的任务有哪些?

3. 林业植物检疫的内容是什么?

4. 用林业技术法控制林业有害生物,应在哪些生产环节上采取措施?

5. 生物防治的原理是什么?其优缺点有哪些?

6. 化学防治的优缺点有哪些?

7. 简述合理使用农药的基本原则。

8. 环境友好型防治技术体系是什么?

9. 农药常用剂型有哪些?

10. 林业有害生物防治措施有哪些?

11. 农药产品标签主要内容有哪些?

12. 农药施用方法有哪些?

13. 我国今后森林有害生物防治工作的指导方针是什么?

14. 什么是林业有害生物工程治理?

15. 简述林业有害生物防治途径。

16. 简述植物的抗病机制。

17. 简述生物防治的途径与方法。

(五)实训题

1. 用50%的DDV乳油1 500倍液来防治松毛虫,问2 kg该乳油需加水多少千克?

2. 配制40%乐果乳油50倍液涂干,问15 kg该乳油需兑水多少千克?

3. 用5%吡虫啉乳油配制7.5 kg(手动喷雾器1药箱容量)2 000倍的药液,问需要原液多少毫升?

4. 背负式机动喷雾喷粉机使用要点及注意事项有哪些?

5. 怎样安装使用杀虫灯?

6. 怎样设置和使用诱捕器?

7. 如何配置波尔多液?

8. 如何用闷种法处理林木种子?

9. 怎样给树木打孔注药?

10. 怎样使用背负式手动喷雾器?

11. 怎样使用背负式机动喷雾喷粉机?

12. 怎样使用背负式热力烟雾机?

学习项目4　园林植物常见害虫类群及防治

【知识目标】

1. 了解当地园林害虫的种类。

2. 掌握园林植物主要食叶害虫、蛀干害虫、吸汁害虫、地下害虫的形态特征、危害、生物学特性及防治措施。

【技能目标】

1. 能根据园林植物的被害情况准确判断园林害虫的类别。

2. 能正确识别园林植物主要食叶害虫、蛀干害虫、吸汁害虫、地下害虫的代表性种类。

3. 根据园林植物害虫的发生规律，制订适合当地特点的综合治理方案，并能组织实施。

【内容结构】

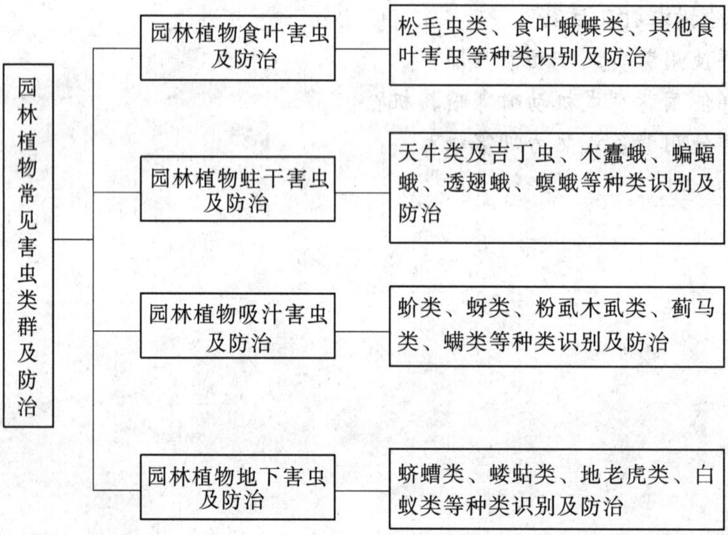

学习任务1　园林植物食叶害虫及防治

【学习场所】

植保实训室、理实一体化教室、校内外实训基地、园林植物生产棚室、植物园等。

【学习形式】

以班级分组的形式组织教学。教师通过实物标本、多媒体课件演示、视频资源、讲授等引领方式，按照工作任务流程，使学生熟悉园林常见食叶害虫的形态特征、生物学特性和发生规律，提出食叶害虫的识别及防治计划。实施过程中分小组进行讨论交流，最后通过让学生独立完成任务，使学生能够根据食叶害虫的为害状或形态特征准确地进行当地典型食叶害虫的识别及其种类的鉴定，有效制订综合防治方案并付诸实施，达到识虫治虫的目的。

【实训用品与材料】

马尾松毛虫、油松毛虫、赤松毛虫、落叶松毛虫、云南松毛虫、思茅松毛虫、舞毒蛾、杨毒蛾、黄刺蛾、大袋蛾、国槐尺蛾、大叶黄杨尺蛾、油桐尺蛾、春尺蛾、杨扇舟蛾、杨小舟蛾、杨二尾舟蛾、美国白蛾、柑橘凤蝶、玉带凤蝶、落叶松叶蜂、蔷薇三节叶蜂、白杨叶甲、东亚飞蝗、黄脊竹蝗等常见食叶害虫的生活史标本，卵、幼虫(若虫)、蛹浸渍标本和成虫针插干制标本及危害状标本或彩色挂图。也可临时采集新鲜食叶害虫标本。

双目实体显微镜、体视解剖镜、放大镜、镊子、解剖针、镜头纸、培养皿、泡沫板、蜡盘等。

【辅助学习资源】

◆ 各类食叶害虫多媒体课件
◆ 食叶害虫及防治视频影像资料
◆ 中国园林网 http://www.yuanlin.com
◆ 中国林业网 http://www.forestpry.gov.cn
◆ 中国森防信息网 http://www.forestpest.org

食叶害虫一般指以咀嚼式口器危害叶片的害虫，在园林植物上最为常见。使被害叶片形成缺刻、孔洞，严重时可将叶片吃光，仅留叶柄、枝杆或叶片主脉。有些种类还有钻蛀嫩梢危害的特点，有的有潜叶危害的特性。

园林植物食叶害虫种类很多，主要分属于四个目，其中以鳞翅目所属的枯叶蛾、毒蛾、刺蛾、袋蛾、尺蛾、舟蛾、灯蛾、天蛾、夜蛾、螟蛾、卷蛾、大蚕蛾、斑蛾及蝶类等十多类害虫危害最重，其次为鞘翅目的叶甲，膜翅目的叶蜂、直翅目的蝗虫等也常暴发危害。

这类害虫的发生特点是：以幼虫(鳞翅目和膜翅目)或成、幼(若)虫(鞘翅目、直翅目)危害健康的植株，导致植株生长衰弱，为天牛、小蠹等次期性害虫的入侵提供了适宜的条件；大多数食叶害虫营裸露生活，易受环境条件的影响，天敌种类多，虫口数量波动明显；繁殖能力强，产卵集中，易暴发成灾，并能主动迁移扩散；某些害虫的发生表现为周期性。

1.1　松毛虫类

松毛虫是鳞翅目枯叶蛾科松毛虫属昆虫的统称。体中到大型，粗壮多毛，灰褐色至赤褐色；无单眼，喙退化；前翅中、外横线和斑纹明显，亚外缘斑列深色，中室白斑明显；无翅缰，后翅肩角扩大，有1~2条肩脉。幼虫全体布满白、黑、棕色长毛或短毛，中、后胸有毒毛；腹足趾钩2序中带。

下面主要介绍马尾松毛虫 *Dendrolimus punctatus* Walker。

(1)形态识别(图4-1)。

取马尾松毛虫生活史标本，观察虫态特征：

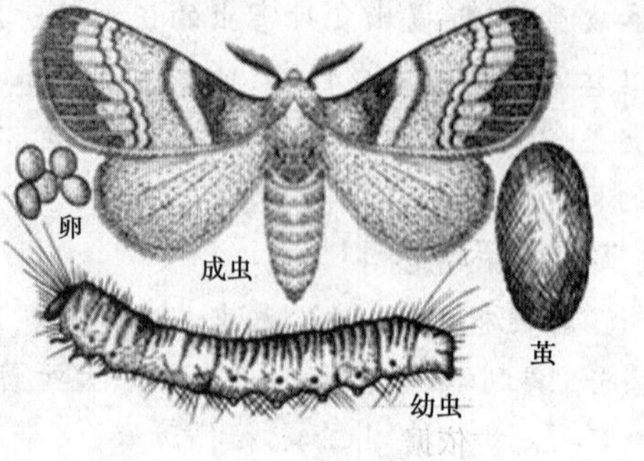

图4-1 马尾松毛虫

成虫：体长20～30 mm，体色变化较大，有灰白、灰褐、茶褐、黄褐等色。雌蛾色浅。头小，下唇须突出，复眼黄绿色，雌蛾触角短栉齿状，雄蛾触角羽毛状，雌蛾展翅60～70 mm，雄蛾展翅49～53 mm。前翅较宽，外缘呈弧形拱出，前翅表面有3、4条不很明显而向外拱起的横条纹。雄蛾前翅中室末端具1白点。后翅呈三角形，无斑纹，暗褐色。

卵：椭圆形，长1.5 mm，初产时为淡红色，近孵化时紫褐色。

幼虫：多为6龄。4龄幼虫头宽1.9～2.4 mm，体长17～32 mm；体色黄褐，有纺锤形倒伏鳞毛贴体，鳞毛色泽有银白和银黄2种。头黄褐色；胸部第2、3节为蓝黑色，毒毛带之间长满杏黄色的毛；老熟幼虫体色棕红或黑褐，体长47～61 mm，被满白色或黄色的鳞毛。

蛹：纺锤形，长19～33 mm，棕色，茧灰白色。

（2）寄主及危害特点。

马尾松毛虫分布于我国秦岭至淮河主流以南各省区，是我国南方重要的森林害虫，主要危害马尾松，也危害湿地松、油松、黑松、火炬松。

以幼虫取食松树针叶，初龄幼虫群聚危害，松树针叶呈团状卷曲枯黄；4龄以上食量大增，轻者常将松针食光，呈火烧状，重者致使松树生长极度衰弱，甚至枯死。马尾松毛虫危害后容易招引松墨天牛、松纵坑切梢小蠹、松白星象等蛀干害虫的入侵，造成松树大面积死亡。

（3）生物学特性。

马尾松毛虫1年发生2～4代，发生世代的多少随不同地区而异。在河南南部以1年2代为主，在长江流域各省1年2～3代，在广东、广西、福建、台湾和珠江流域各省区1年3～4代。同一地区不同年份因气候、树势和被害等情况不同发生代数可相差1代。各代发生时期在同一地区各年之间相对稳定。一般于11月间以4、5龄幼虫聚集在树皮缝隙间、树下杂草内、石块或叶丛中越冬。在长江流域一带5月中、下旬第1代幼虫孵化，7月下旬孵化出第2代幼虫：一部分第2代幼虫于9月上旬结茧化蛹，产生下一代，而另一部分第2代幼虫于8月中、下旬滞育，生长发育缓慢，延续至11月越冬。卵大多产于树冠中下部的松针或小枝上，聚集成块。初孵幼虫嚼食卵壳，然后在附近的针叶上群集取食。1、2龄幼虫有群集和受惊吐丝下垂的习性，并可借风传播。3、4龄幼虫分散危害，遇惊即弹跳掉落。幼虫一般喜食老叶。成虫有趋光性，以20时活动最盛。成虫、幼虫扩散迁移能力都很强。

马尾松毛虫的天敌种类多达258种，卵期有赤眼蜂、黑卵蜂，幼虫期有红头小茧蜂、两色瘦姬蜂，幼虫和蛹期有姬蜂、寄蝇和螳螂、胡蜂、食虫鸟等捕食性天敌，以及真菌（白僵菌）、细菌（松毛虫杆菌等）、病毒等寄生性天敌，其中许多种类对其发生有一定的抑制作用，应注意保护和利用。

(4)防治策略。

①划分发生类型。

在虫情调查的基础上,综合考虑林分状况、林内植物多样性和个体数量、天敌及其控制害虫能力以及人为破坏轻重、松毛虫发生特点诸因素,按相对集中的原则,将松毛虫发生区划分为常发区、偶发区和安全区3种不同类型区。松毛虫发生类型区划分标准如表4-1所示。

表4-1 松毛虫发生类型区划分标准

划类依据	常发区	偶发区	安全区
发生特点	在一个大发生周期内频繁发生	偶然发生,发生年间隔在2~3年以上	虫口密度在自然调控下对松林不造成损害的水平
林分状况	中幼林、人工纯林集中连片在5 000亩以上	纯林集中连片在5 000亩以下	针阔混交林
植被覆盖率	60%以下	60%~90%	90%以上
天敌	种类和数量低于本地区松林内的平均值,控制能力低	种类和数量高于本地区的平均值,有一定控制能力	种类和数量丰富
人为破坏	管理粗放,人为破坏严重	人为破坏较轻	人为破坏很少
多样性指数	低于本地区松林内的平均值	高于本地区松林内的平均值	高
海拔	400 m以下	400~600 m	600 m以上

②分类施策。

不同的发生类型区因其松林状况、地理气候环境、人为活动以及监测防治技术水平等因素有较大差异,制定防治措施时要区别对待。要贯彻“预防为主,综合治理”的方针,坚持从生态学角度出发,以虫情监测为依据,以营林措施为基础,以生物防治为主导,集成、组装、配套使用先进科研成果和成功经验,在有效控制松毛虫虫口密度的同时,保护和利用害虫天敌资源,提高林分质量,改善生态条件,逐步实现可持续控制。原则上把常发区划为重点治理区,偶发区划为一般治理区,安全区划为生态保护区。各区采取的防治策略如下:

对于常发区,以林分改造和封山育林为基本的策略,加强监测预报,采取措施控制虫口密度,使生态环境不断得到改善,逐步向偶发区过渡。具体措施:一是全面封山育林。二是改造虫源地。三是对松毛虫重度、中度危害林区,采取喷施苏云金杆菌(Bt)、白僵菌、松毛虫病毒制剂、阿维菌素、仿生药剂压低虫口密度,有限度地在小范围内使用触杀性的低毒化学药剂。四是对轻度危害、有一定自控能力的林分采用封山育林、施放白僵菌等生物药剂、招引益鸟等措施或相结合的措施。

对于偶发区,注重虫情监测,严密监视虫源,定期调查和执行林农查虫报虫制度。采取预防为主,重点除治的策略。实施封山育林,加大管护力度,培育混交林,保护利用天敌,稳定虫口密度,提高林分自控能力,逐步实现由偶发区向安全区转化。对偶发区大面积的治理主要采用施放白僵菌、招引益鸟、释放(招引)寄生蜂等预防性措施;发现虫源中心,及时用仿生制剂、松毛虫病毒、Bt 制剂、阿维菌素等控制。

对于安全区,加强林木保护管理和合理经营利用,保持和完善森林生态环境,防止现有的生态环境受到破坏。加强监控,不轻易施以药剂防治。

③确定防治指标。

防治指标以发生虫口密度(虫情级)为主,结合林间天敌状况和林分被害情况而定。一般虫情级为 3 级以上,当代可能造成松针损失 30% 以上,而目前松林未出现严重为害的发生区作为当代防治重点;越冬代防治的虫情级可适当低 1 ~ 2 级;一般蛹、卵期天敌寄生率达 80% 以上,或松针被害已超过 80% 的林分可暂不考虑防治。根据防治区情况,选择最可行的防治措施,一般要求是经济、有效,不杀伤天敌,能确保控制当代或下代不成灾。

④防治效果要求。

防治后要做好效果检查及评估,一般要求生物防治的有效防治面积和杀虫效果均达到 80% 以上,仿生物及化学防治效果达到 95% 以上。

(5)防治措施。

①农业防治。

营造针阔叶混交林,改造马尾松纯林为混交林,做好封山育林工作,防止强度修枝,提高林木自控能力。

②人工防治。

注意剪除受害枝,集中烧毁;在幼虫大发生时,可人工进行捕捉,捕捉时注意毒毛。

③物理防治。

根据成虫趋光性,在成虫盛发期设置黑光灯诱杀。

④生物防治。

保护和利用天敌,招引益鸟。在松毛虫卵期释放赤眼蜂,每亩 5 万 ~ 10 万头;在低龄幼虫期用苏云金杆菌(Bt)300 ~ 500 倍液或松毛虫杆菌液喷雾,大龄幼虫可用核型多角体病毒或每克含孢子 50 亿 ~ 70 亿的白僵菌粉剂 50 倍液喷雾,用白僵菌防治幼虫,也可利用林间自然感染病毒死亡的虫尸捣烂加水进行喷雾使其幼虫染病。

⑤化学药剂防治。

尽量选择在低龄幼虫期防治。此时虫口密度小,危害小,且虫的抗药性相对较弱。防治时用国光依它(45% 丙溴辛硫磷)1 000 倍液,或国光乙刻(20% 氰戊菊酯)1 500 倍液 + 乐克(5% ~ 7% 甲维盐)2 000 倍混合液,国光必治(40% 啶虫毒)1 500 ~ 2 000 倍液喷杀幼虫,可连用 1 ~ 2 次,间隔 7 ~ 10 天。可轮换用药,以延缓抗性的产生。

1.2 食叶蛾蝶类

1.2.1 舞毒蛾 *Lymantria dispar* Linnaeus

舞毒蛾又名秋千毛虫、柿毛虫,属鳞翅目毒蛾科。

1.2.1.1　形态识别(图4-2)

取舞毒蛾生活史标本,观察虫态特征:

成虫:成虫雌、雄异型。雄蛾体长约20 mm,翅展45 mm,前翅茶褐色,有深色锯齿状横线,中室中央有一黑褐色点,横脉上有弯曲的黑褐色纹。雌蛾体长约30 mm,翅展60 mm,头部色略深,腹末有黄褐色绒毛。前翅灰白色,前翅面斑纹与雄蛾相似,前、后翅外缘每两条脉纹间有一个黑褐色斑点。

卵:圆形,两侧稍扁,直径1.3 mm,初产为杏黄色,近孵化时为褐色。卵聚产成块,其表面覆盖有很厚的黄褐色绒毛。

幼虫:老熟幼虫体长50~70 mm,头黄褐色,正面有八字形黑色纹。自胸部到腹部末端有纵向毛瘤6列,毛瘤上生有刚毛,背面两列毛瘤上的刚毛短,黑褐色。气门下面一列毛瘤上的刚毛最长,灰褐色。背上两列毛瘤色泽鲜艳,前5对为蓝色,后7对为红色。

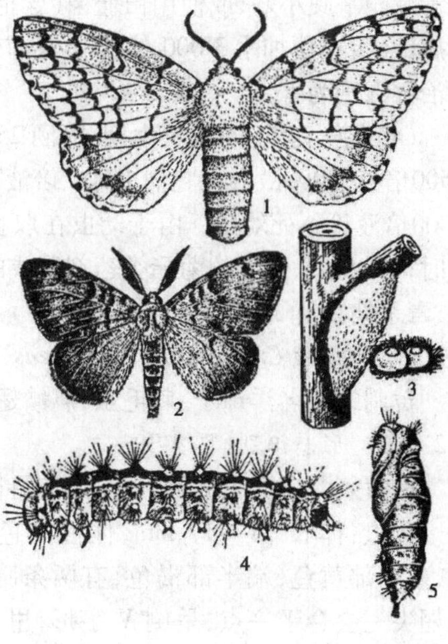

1—雌成虫;2—雄成虫;3—卵;4—幼虫;5—蛹

图4-2　舞毒蛾

蛹:体长19~34 mm,雌蛹大,雄蛹小。体红褐色或黑褐色,被有锈黄色毛丛。

1.2.1.2　寄主及危害特点

舞毒蛾分布于黑龙江、吉林、辽宁、内蒙古、陕西、宁夏、甘肃、新疆、青海、四川、贵州、江苏、台湾、湖南、河南、河北、山东、山西等省区。幼虫主要危害叶片,该虫食量大,食性杂,严重时可将全树叶片吃光。幼虫可取食500多种植物,以杨、柳、榆、栎、桦、落叶松受害最重。

1.2.1.3　生物学特性

1年发生1代,以卵块在树体上、石块、梯田壁等处越冬。4月底至5月上旬幼虫孵出后上树取食幼芽及叶片。幼龄幼虫可借风力传播,2龄后白天潜伏于枯叶或树皮裂缝内,黄昏时上树为害,受惊扰后吐丝下垂。6月中旬老熟幼虫于枝叶、树洞、树皮裂缝处、石块下吐少量丝缠固其身化蛹。6月底成虫开始羽化。雄蛾白天在林间成群飞舞,雌蛾对雄蛾有较强的引诱力,卵产在树干、主枝、树洞、电线杆、伐桩、石块及屋檐下等处,每头雌蛾可产卵400~1 000粒。舞毒蛾的主要天敌,卵期有舞毒蛾卵平腹小蜂、大蛾卵跳小蜂;幼虫和蛹期有梳胫饰腹寄蝇、敏捷毒蛾蜉寄蝇、毛虫追寄蝇、古毒蛾追寄蝇、毒蛾内茧蜂、毒蛾绒茧蜂、中华金星步甲、蠋蝽、双刺益蝽、暴猎蝽、核型多角体病毒及山雀、杜鹃等几十种。这些天敌对舞毒蛾的种群数量有明显的控制作用。

1.2.1.4　防治措施

(1)人工防治:卵期可人工刮除树干、墙壁上的卵块,集中烧毁。

(2)物理防治:成虫羽化期安装杀虫灯诱杀成虫。

(3)生物防治:释放舞毒蛾天敌如黑瘤姬蜂、卷叶蛾姬蜂、毛虫追寄蝇、广大腿小蜂、舞毒蛾卵平腹小蜂，或使用白僵菌（含孢量100亿/g，活孢率90%以上）、舞毒蛾核型多角体病毒（每单位加水3 000倍，3龄虫前使用）、苏云金杆菌液加水1 000倍喷布均可有效防治舞毒蛾为害。

（4）化学防治：幼虫发生期，喷洒25%灭幼脲Ⅲ号悬浮剂1 500倍液、5%定虫隆乳油1 500倍液、80%敌敌畏乳剂1 000倍液、10%广效敌杀死乳剂2 500倍液、40%乐果乳剂1 000倍液等杀死幼虫。由于幼虫在取食、化蛹等活动过程中常沿树干迁移，当虫口密度大时，可用触杀性强的菊酯类药剂制成的毒笔、毒纸、毒绳等在树干上画毒环，缚毒纸、毒绳，毒杀幼虫。

1.2.2　黄刺蛾 *Cnidocampa flavescens* Walker

黄刺蛾又名洋辣子、刺毛虫，属鳞翅目刺蛾科。

1.2.2.1　形态识别（图4-3）

取黄刺蛾生活史标本，观察虫态特征：

成虫：体长13～17 mm，体橙黄色，前翅黄褐色，基半部黄色，端半部褐色，有两条暗褐色斜线，在翅尖上会合于一点，呈倒V字形，里面一条伸到中室下角，为黄色与褐色的分界线，后翅灰黄色。

卵：椭圆形，扁平，长1.4 mm，表面有线纹，初产时黄白，后变黑褐。

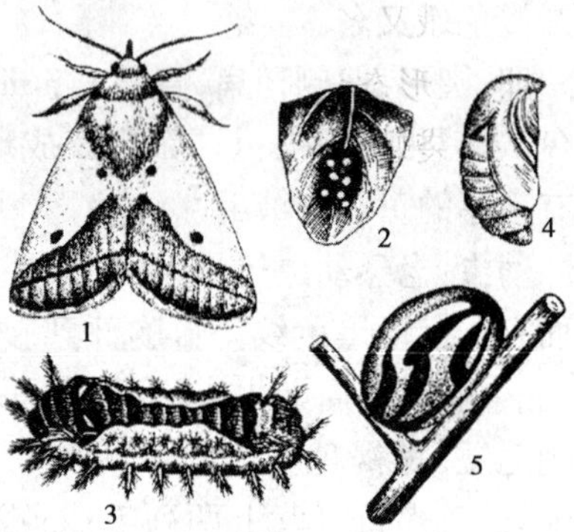

1—成虫；2—卵；3—幼虫；4—蛹；5—茧

图4-3　黄刺蛾

幼虫：老熟幼虫体长16～25 mm，肥大，呈长方形，黄绿色，头黄褐色，体背面有1紫褐色哑铃形大斑，各节背侧有1对枝刺。

蛹：体长11～13 mm，黄褐色。茧灰白色，质地坚硬，表面光滑，茧壳上有黑褐色纵条纹，形似雀蛋。

1.2.2.2　寄主及危害特点

黄刺蛾分布几乎遍及全国。我国除宁夏、新疆、贵州、西藏外均有分布。是一种杂食性食叶害虫，主要危害重阳木、三角枫、刺槐、梧桐、梅花、月季、海棠、紫薇、杨、柳等120多种植物。初龄幼虫只食叶肉，4龄后蚕食整片，常将叶片吃光。严重影响植物生长和观赏效果。

1.2.2.3　生物学特性

在北方1年发生1代，在北京、河北的中部及山东、河北、江苏、安徽等省1年发生2代。以老熟幼虫在枝叉等处结茧越冬。1年1代区，5～6月化蛹，成虫于6月中旬出现，产卵于叶背，常数十粒连成一片。卵期7～10天。幼虫于6月中旬至8月下旬为害。1年2代区，越冬代成虫于4月下旬至6月上旬开始出现，第一代幼虫于5月中旬孵化为害，6月上旬为为害盛期，第二代幼虫于6月底开始为害，7月上中旬为为害盛期，7月下旬老熟幼虫在树上结茧越冬。黄刺蛾的天敌有上海青蜂和黑小蜂等，其幼虫及蛹被寄生率较高。

1.2.2.4　防治措施

（1）人工防治：秋冬季摘除虫茧，及时摘除虫叶，杀死刚孵化尚未分散的幼虫。

(2)物理防治:利用黑光灯诱杀成虫。

(3)生物防治:保护天敌,除茧时注意保护寄生蜂类天敌,如青蜂、姬蜂等。于低龄幼虫期喷洒10 000倍的20%除虫脲(灭幼脲Ⅰ号)悬浮剂,或于较高龄幼虫期喷500~1 000倍每毫升含孢子100亿以上的Bt乳剂等。

(4)化学防治:3龄幼虫期前,使用20%除虫脲、25%灭幼脲Ⅲ号、25%苯氧威喷雾防治。必要时在幼虫盛发期喷洒80%敌敌畏乳油1 000~1 200倍液或50%辛硫磷乳油1 000~1 500倍液、50%马拉硫磷乳油1 000倍液、5%来福灵乳油3 000倍液。

1.2.3　大袋蛾 *Cryptothelea variegata* Snellen

大袋蛾又名大蓑蛾、避债蛾,俗名吊死鬼,属鳞翅目袋蛾科。

1.2.3.1　形态识别(图4-4)

取大袋蛾生活史标本,观察虫态特征:

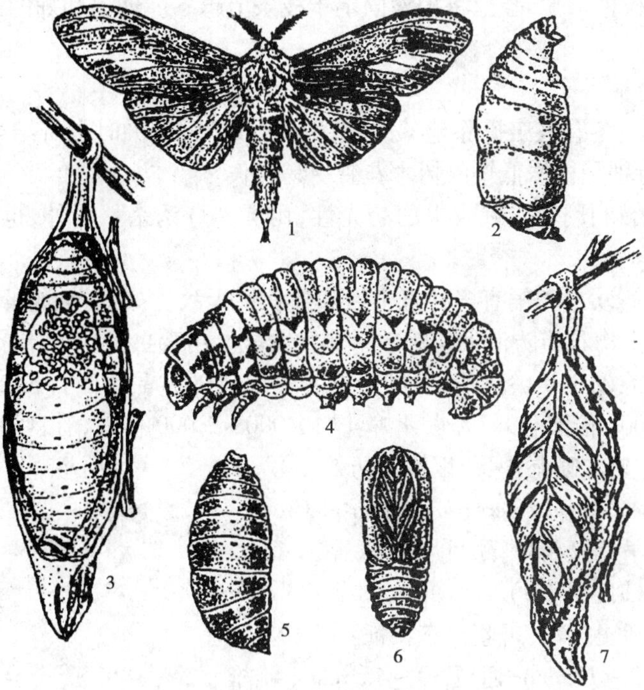

1—雄成虫;2—雌成虫;3—雌成虫在囊内产卵状;4—幼虫;5、6—蛹;7—护囊

图4-4　大袋蛾

成虫:雌雄异型。雌虫无翅,雌蛾长22~30 mm,蛆型、粗壮、肥胖、头小,口器退化,全体光滑柔软,乳白色。雄蛾长15~20 mm,黑褐色,触角羽毛状。前翅翅脉黑褐色,翅面前、后缘略带黄褐色至黑褐色,有4~5个透明斑。

幼虫:体长32~37 mm,头赤褐毛,体黑褐色,胸部背面骨化强,具2条棕色斑纹,腹部各节有横皱。

袋囊:长约60 mm,灰褐色,袋囊外常包有1~2片枯叶,袋囊丝质较疏松。

1.2.3.2　寄主及危害特点

大袋蛾分布于华东、中南、西南等地,山东、河南发生严重。该虫食性杂,以幼虫取食茶、樟、杨、柳、榆、桑、槐、栎(栗)、乌柏、悬铃木、枫杨、木麻黄、扁柏等多种植物的树叶、嫩枝皮。大发生时,几天能将全树叶片食尽,残存秃枝光干,严重影响树木生长,使枝条枯萎或整株枯死。易暴发成灾,对城市绿化影响很大。

1.2.3.3　生物学特性

多数1年1代。以老熟幼虫在袋囊内越冬,次年不再取食。3月下旬开始出蛰,4月下旬开始化蛹,5月下旬至6月羽化,卵产于护囊蛹壳内,每头雌虫可产卵2 000 ~ 3 000粒。6月中旬开始孵化,初龄幼虫从护囊内爬出,靠风力吐丝扩散。取食后吐丝并咬啮碎屑、叶片筑成护囊,袋囊随虫龄增长扩大而更换,幼虫取食时负囊而行,仅头胸外露。初龄幼虫剥食叶肉,将叶片吃成孔洞、网状,3龄后食叶咬孔,或仅留叶脉。7 ~ 9月幼虫老熟,多爬至树冠上部枝梢末端,吐丝将护囊固定于枝条上越冬。幼虫和蛹的天敌有鸟类、寄生蜂、白僵菌等。

1.2.3.4　防治措施

(1)人工防治:冬春人工摘除越冬虫囊,消灭越冬幼虫,平时也可结合日常管理工作,顺手摘除护囊,特别是植株低矮的树木花卉更易操作。

(2)物理防治:利用大袋蛾成虫的趋光性,用黑光灯诱杀。此外,也可用大袋蛾或性激素诱杀雄成虫。

(3)生物防治:幼虫和蛹有多种寄生性和捕食性天敌。如鸟类、姬蜂、寄生蝇等,应注意保护利用。微生物农药防治大袋蛾效果非常明显。用青虫菌或Bt制剂500倍液喷雾。

(4)化学防治:幼虫初龄阶段,喷洒低毒的胃毒剂90%晶体敌百虫1 200倍液、2.5%溴氰菊酯乳油2 000倍液、40.7%毒死蜱乳油1 000 ~ 2 000倍液,有良好的防效。喷药时应注意喷施均匀,要求喷湿护囊,以提高防效。

1.2.4　**槐尺蛾** *Semiothisa cinerearia* Bremer et Grey

槐尺蛾又名吊死鬼,属鳞翅目尺蛾科。

1.2.4.1　形态识别(图4-5)

取槐尺蛾生活史标本,观察虫态特征:

成虫:体长12 ~ 17 mm,翅展30 ~ 45 mm。雌雄相似,全体灰黄色。前翅有三条明显的黑色横线,近顶角处有一近长方形褐色斑纹。后翅只有2条横线,中室外缘上有一黑色斑点。

卵:扁椭圆形,长约0.6 mm,宽约0.4 mm,初产时鲜绿色,孵化时灰黑色。

幼虫:老熟幼虫体长19.5 ~ 39.6 mm,初孵时黄绿色,老熟时绿色,体背灰白色或带有些红色。

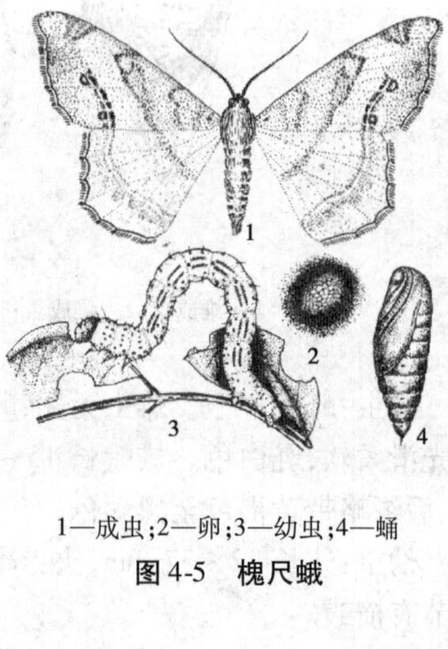

1—成虫;2—卵;3—幼虫;4—蛹

图4-5　槐尺蛾

蛹:长16.3 mm,紫褐色。初为绿色,渐变为红褐色。

1.2.4.2　寄主及危害特点

槐尺蛾分布于北京、河北、山东、江苏、浙江、江西、台湾、陕西、甘肃、西藏等地,国外主要分布于日本。主要危害国槐、龙爪槐，食料不足时也危害刺槐。以幼虫取食叶片，严重时可使植株死亡。是我国庭园绿化，行道树种主要食叶害虫。1999 年曾在全国各分布区大发生。

1.2.4.3 生物学特性

1 年 3 ~ 4 代。以蛹越冬。北京 1 年发生 3 代，有时部分 4 代。以蛹在树下松土中越冬。4 月中旬羽化为成虫。成虫具有趋光性。白天多在墙壁上、树干上或灌木丛里停落。夜晚活动，喜在树冠顶端和外缘产卵，卵多散产在叶片正面主脉上，5 月上、中旬第 1 代幼虫孵化为害，初孵幼虫啃食叶肉，留下叶脉呈白色网点，3 龄后蚕食叶片。幼虫受惊吐丝下垂，过后再爬上去，化蛹前在树下乱爬。6 月下旬第 2 代幼虫孵化为害。8 月上旬第 3 代幼虫孵化为害。老熟幼虫吐丝下垂入土化蛹。

1.2.4.4 防治措施

(1) 人工防治：晚秋或早春用人工挖土杀蛹，或于幼虫期在地下铺以薄膜，摇动树干，将落下的幼虫消灭。

(2) 物理防治：利用成虫的趋光性，用黑光灯诱杀。

(3) 生物防治：保护和利用天敌。如凹眼姬蜂、细黄胡蜂、赤眼蜂、两点广腹螳螂等。成片国槐林或公园内可释放赤眼蜂，其寄生率在 40% ~ 77%。低龄幼虫期，使用苏云金杆菌、白僵菌防治。

(4) 化学防治：对低龄幼虫可用 80% 敌敌畏、2.5% 溴氰菊酯喷雾防治，无翅雌成虫上树前于树干基部用毒笔画双环毒杀。当虫害大面积发生时，可使用敌敌畏插管烟雾剂熏杀 2 ~ 3 龄幼虫。

1.2.5 大叶黄杨尺蛾 *Abraxas miranda* Butler

大叶黄杨尺蛾又名丝棉木金星尺蛾、卫矛尺蛾，属鳞翅目尺蛾科。

1.2.5.1 形态识别（图 4-6）

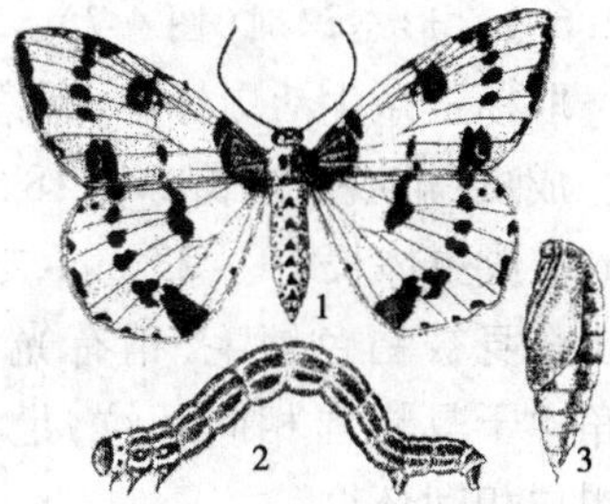

1—成虫；2—幼虫；3—蛹

图 4-6 大叶黄杨尺蛾

取大叶黄杨尺蛾生活史标本，观察虫态特征：

成虫：雌成虫体长 13 ~ 15 mm，翅展 37 ~ 43 mm。翅底银白色，具淡灰色纹，大小不等，排列不规则。前翅外缘有连续的淡灰色纹，外横线呈 1 行淡灰色斑，上端分叉，下部有一大黄褐色斑。中线不成行，在中室端有一大斑，翅基有一深黄、褐、灰色花斑。后翅斑与前翅斑纹相连接，仅在翅基无花斑，腹部金黄色，有由黑斑点组成的条纹 9 行。雄蛾体长 10 ~ 13 mm，翅展 33 ~ 43 mm。腹部条纹 7 行，后足胫节内侧有黄色毛丛。

卵：椭圆形，黄绿色。

幼虫：老熟幼虫体长 33 mm 左右，体黑色，前胸背板黄色，有 5 个近方形的黑斑。臀板、胸足及腹足黑褐色。背线、亚背线、气门上线及腹线较宽，为黄色。胸部及腹部第 6 节以后的各节上有黄色横纹。

蛹：棕褐色，纺锤形，长 13 ~ 15 mm。

1.2.5.2　寄主及危害特点

大叶黄杨尺蛾分布于华北、华南、华东、西北等地。主要危害丝棉木、大叶黄杨、卫矛、榆树、杨、柳等多种园林植物。该虫是黄杨的主要害虫之一,幼虫群集取食叶片,将叶片吃光后则啃食嫩枝皮层,导致植株死亡。

1.2.5.3　生物学特性

在江西南昌1年发生3~4代,以蛹在寄主根际表土中越冬。第2代7月初以前化蛹的,于7月中旬至8月上旬羽化;7月初以后的,因遇高温,即滞育越夏,于9月中旬至10月下旬才羽化、产卵。全年以第2代为害最烈。成虫白天栖息于枝叶隐蔽处,夜出活动、交尾、产卵,卵产在叶背,呈双行或块状排列,每块有卵数十至百余粒。初孵幼虫群集叶背为害,咀食叶片、嫩枝皮层,老熟幼虫吐丝飘落入土化蛹。成虫飞翔能力不强,具较强趋光性。

1.2.5.4　防治措施

(1)人工防治:于产卵期铲除卵块。冬季翻根部土壤,杀死越冬虫蛹。

(2)物理防治:成虫有趋光性,在成虫期用黑光灯诱杀。

(3)生物防治:幼虫发生期,喷洒青虫菌液,每克含孢子100亿的可湿性粉剂100倍液,杀虫效果达85%以上。

(4)化学防治:幼虫发生期,喷90%晶体敌百虫、50%杀螟松乳油、80%敌敌畏乳油1 000倍液,杀虫效果可达95%以上。

1.2.6　**杨毒蛾 *Stilpnotia candida* Staudinger**

杨毒蛾又名杨雪毒蛾,属鳞翅目毒蛾科。

1.2.6.1　形态识别(图4-7)

取杨毒蛾生活史标本,观察虫态特征:

成虫:雄成虫体长14~18 mm,翅展35~42 mm;雌成虫体长19~23 mm,翅展48~52 mm。成虫全身被白色绒毛,稍有光泽,复眼漆黑色,触角主干具黑白相间环纹,足黑色,胫节、跗节具黑白相间环纹。

卵:馒头形,初产为灰褐色,孵化前为黑褐色。卵成块状,表面覆盖灰白色泡沫状物,较粗糙。

幼虫:老熟幼虫体长30~50 mm。体黑褐色,头棕色,背中线黑色,两侧黄棕色,各体节均生有黑色或棕色毛瘤8个,上密生黄褐色毛,腹部暗棕色。

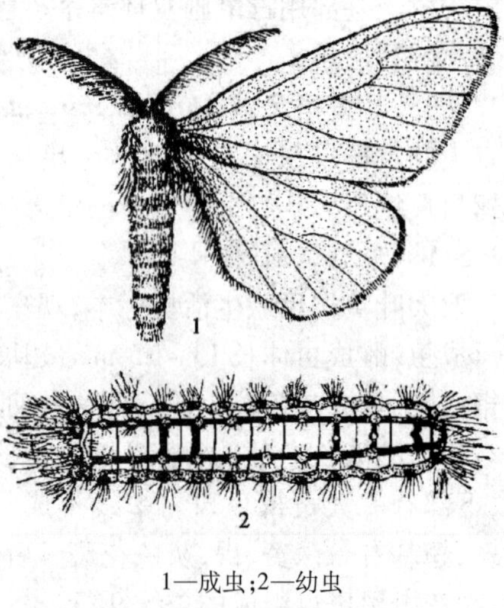

1—成虫;2—幼虫

图4-7　**杨毒蛾**

蛹:长20~25 mm,棕褐色有棕黄色刚毛,表面粗糙。

1.2.6.2　寄主及危害特点

杨毒蛾分布于北京、河北、山西、内蒙古、东北、山东、江苏、河南、湖南、陕西、青海、新疆等地。危害杨、柳、白桦、榛子等,是杨、柳的主要害虫之一,可将叶片吃光,影响树木生长甚至导致树木死亡。在北方一些地区常与柳毒蛾伴随发生。猖獗时,短期内能将整个林木叶片吃光。

1.2.6.3　生物学特性

在东北1年发生1代,华北、华东、西北1年发生2代。以2～3龄幼虫在树皮缝中越冬。4月下旬杨树展叶时越冬幼虫开始活动,5月上中旬为越冬代幼虫为害盛期,6月上旬老熟幼虫在隐蔽场所群集作茧化蛹,6月下旬为化蛹盛期,6月中旬成虫开始羽化,7月上旬幼虫孵化,为害至8月下旬或9月上旬,在树冠下隐蔽处越冬。

1.2.6.4　防治措施

(1)人工防治:于化蛹、产卵时,人工铲除卵块和摘蛹。

(2)物理防治:用杀虫灯或性诱捕器诱杀成虫。

(3)生物防治:参照舞毒蛾。

(4)化学防治:低龄幼虫期,用1%苦参碱、25%灭幼脲Ⅲ号、35%吡虫啉乳油或20%杀灭菊酯乳油等。

1.2.7　杨扇舟蛾 *Clostera anachoreta* Fabricius

杨扇舟蛾又名杨天社蛾,属鳞翅目舟蛾科。

1.2.7.1　形态识别(图4-8)

取杨扇舟蛾生活史标本,观察虫态特征:

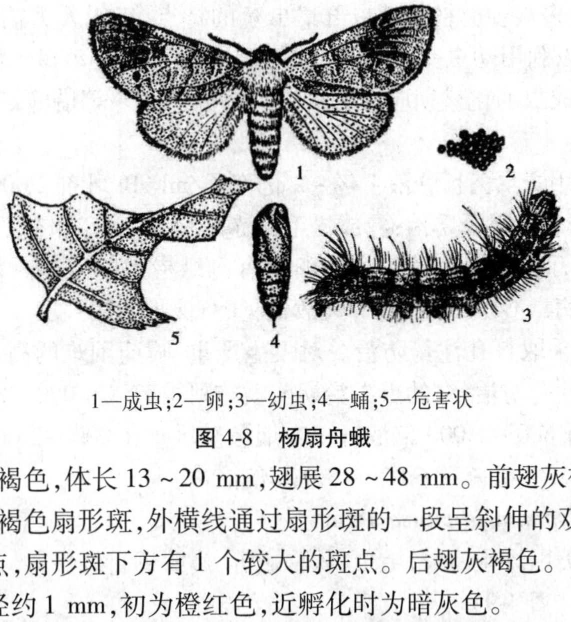

1—成虫;2—卵;3—幼虫;4—蛹;5—危害状

图4-8　杨扇舟蛾

成虫:成虫体灰褐色,体长13～20 mm,翅展28～48 mm。前翅灰褐色,有4条灰白色波状纹,顶角有1暗褐色扇形斑,外横线通过扇形斑的一段呈斜伸的双齿形,外侧有2～3个黄褐带锈红色斑点,扇形斑下方有1个较大的斑点。后翅灰褐色。

卵:扁圆形,直径约1 mm,初为橙红色,近孵化时为暗灰色。

幼虫:老熟幼虫体长32～38 mm。头部暗褐色,体灰白色或灰绿色,密被灰色长毛,各节横生橙红色肉瘤8个。其上具有长毛,两侧各有1个较大黑瘤,其上着生白色细毛1束,向外放射,腹部第1节和第8节背面中央有较大红黑色毛瘤。

蛹:长13～18 mm,褐色,尾端具分叉的臀棘。茧椭圆形,灰白色。

1.2.7.2　寄主及危害特点

杨扇舟蛾分布广泛。中国除新疆、贵州、广西和台湾尚无记录外,几乎遍布各地。是杨树的主要害虫,以幼虫危害杨树和柳树叶片。春夏之间,幼虫取食叶片,1～2龄幼虫仅啃食叶的下表皮,残留上表皮和叶脉;2 龄以后吐丝缀叶,形成大的虫苞,白天隐伏其中,夜晚取食;3 龄以后可将全叶食尽,仅剩叶柄。严重时,在短期内将叶吃光,影响树木生长,整年都为害,无越冬现象。

1.2.7.3　生物学特性

发生代数因地而异,越往南发生代数越多。从北至南 1 年发生 2 ~ 9 代不等。辽宁、甘肃 1 年 2 ~ 3 代,华北 1 年 3 ~ 4 代,华东 1 年 5 ~ 6 代,华南 1 年 6 ~ 7 代,以蛹越冬。海南 1 年 8 ~ 9 代,整年都为害,无越冬现象。3 月中下旬越冬代成虫开始羽化、产卵,4 月上旬为羽化盛期,4 月下旬第 1 代幼虫开始孵出,5 月上旬为盛期。6 月上中旬第 1 代成虫开始羽化,第 2 代成虫出现于 7 月上中旬,第 3 代成虫出现于 8 月上中旬,8 月下旬出现第 4 代幼虫,为害至 9 月上旬开始化蛹越冬,个别延至 10 月上旬。越冬代成虫卵多产于枝干上,以后各代主要产于叶背面,常百余粒产在一起,单层块状,每头雌虫可产卵 100 ~ 600 余粒,卵期 7 ~ 11 天。幼虫共 5 龄,幼虫期 33 ~ 34 天。一般蛹期 5 ~ 8 天,最后 1 代幼虫老熟后,多在土表 3 ~ 5 cm 深处化蛹越冬。

1.2.7.4　防治措施

(1)人工防治:越冬(越夏)是应用人工措施防治的有利时机。由于杨树树体高大,加强对蛹和成虫的防治会取得事半功倍的效果。人工收集地下落叶或翻耕土壤,以减少越冬蛹的基数,根据大多数种类初龄幼虫群集虫苞的特点,组织人力摘除虫苞和卵块,可杀死大量幼虫。也可以利用幼虫受惊后吐丝下垂的习性通过震动树干捕杀下落的幼虫。

(2)物理防治:成虫羽化盛期应用杀虫灯(黑光灯)诱杀等措施,有利于降低下一代的虫口密度。

(3)生物防治:用青虫菌稀释液 1 亿 ~ 2 亿孢子/mL、Bt 乳剂 2 000 倍液喷施树冠。片林和海防林,卵期释放赤眼蜂防治:释放松毛虫赤眼蜂,害虫产卵初期,50 个/hm^2 放蜂点,放蜂量 25 万 ~ 150 万头/hm^2。杨扇舟蛾卵期有舟蛾赤眼蜂、黑卵蜂、毛虫追寄蝇、小茧蜂、大腿蜂、颗粒体病毒 G. V、灰椋鸟等天敌,要注意保护利用。

(4)化学防治:采取打孔注药防治。对发生严重、喷药困难的高大树体,可用 40% 氧化乐果乳油等打孔注药防治;在幼虫 3 龄期前喷施阿维菌素 6 000 ~ 8 000 倍液。2 ~ 3 龄期树,喷 25% 灭幼脲 800 ~ 1 000 倍液、1.2% 烟参碱乳油 1 000 ~ 2 000 倍液、80% 敌敌畏 800 ~ 1200 倍液或 2.5% 敌杀死 6 000 ~ 8 000 倍液。

1.2.8　美国白蛾 *Hyphantria cunea* Drury

美国白蛾又名美国灯蛾、秋幕毛虫、秋幕蛾等,属鳞翅目灯蛾科。

1.2.8.1　形态识别(图 4-9)

取美国白蛾生活史标本,观察虫态特征:

成虫:体白色,雄蛾体长 9 ~ 13 mm,翅展 25 ~ 42 mm,前翅具褐色斑点(可分不同斑型)或无斑点;雌蛾体长 9.5 ~ 17 mm,翅展 30 ~ 46 mm,前翅斑点少,越夏代大多数无斑点;复眼黑褐色,下唇须小,侧面黑色。

卵:圆球形,直径 0.4 ~ 0.5 mm,初产时呈黄绿色,不久颜色渐深,孵化前呈灰黑色,点端黑褐色,有光泽,卵面多凹陷刻纹;卵多产于叶背,成块状,常覆盖雌蛾体毛(鳞片)。

幼虫:分黑头型和红头型两个类型,我国仅有黑头型。老熟幼虫体长 28 ~ 35 mm,体

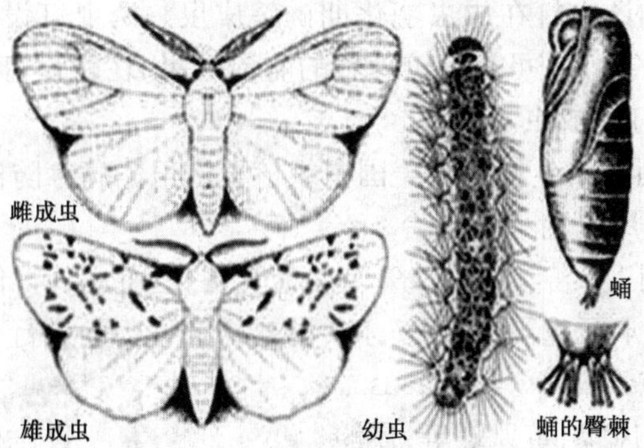

图4-9　美国白蛾

黄绿色至灰黑色，背中央有1条深色宽纵带，两侧各有1排黑色毛瘤，毛瘤上有白色长毛丛。

蛹：蛹长8～15 mm，暗红色，臀棘8～15根。茧椭圆形，灰白色，很薄，被稀疏丝毛组成的网状物。

1.2.8.2　寄主及危害特点

美国白蛾在我国主要分布于北京、天津、河北、辽宁、山东、河南、陕西。美国白蛾属典型的多食性害虫，可危害200多种林木、果树、农作物和野生植物，其中主要危害多种阔叶树。寄主有悬铃木、樱花、五角枫、刺槐、糖槭、白蜡、杨树、栎、臭椿、桦、柳、连翘、榆、桑、杏、丁香、苹果、海棠、爬山虎等。最嗜食的植物有桑、糖槭，其次为胡桃、苹果、梧桐、李、樱桃、柿、榆和柳等。繁殖量大，适应性强，传播途径广，是危害严重的世界性检疫害虫，它喜爱温暖、潮湿气候，在春季雨水多的年份，危害特别严重。叶部受害表现有缺刻、结网、食光等。

1.2.8.3　生物学特性

1年发生2～3代，以蛹在老树皮下、地面枯枝落叶和屋檐内、墙缝、地面表土内越冬。1年发生2代的，成虫5月开始羽化，成虫期为5月中旬至6月下旬、7月下旬至8月中旬，幼虫发生期分别在5月下旬至7月下旬、8月上旬至10月上旬。9月初开始陆续化蛹越冬。1年发生3代的，成虫4月开始羽化，成虫期为4月上旬到5月下旬、6月底至7月上旬、8月中旬，幼虫期分别为5月上旬至6月上旬、7月上旬至8月下旬、8月下旬至10月下旬。成虫喜夜间活动和交尾，交尾后即产卵于叶背，卵单层排列成块状，一个卵块有数百粒，多者可达千粒，卵块上覆被有一层雌成虫体毛，卵期15天左右。幼虫孵出几个小时后即吐丝结网，开始吐丝缀叶1～3片，随着幼虫生长，食量增加，更多的新叶被包进网幕内，网幕也随之增大，最后犹如一层白纱包缚整个树冠，幼虫共7龄，4龄前幼虫在网幕内取食，5龄以后进入暴食期，并分散活动，把树叶食光后，转移为害。周氏啮小蜂是其重要天敌。

1.2.8.4　防治措施

（1）加强检疫：美国白蛾是检疫对象，严禁从疫区调动苗木，防止其扩散蔓延。

（2）人工防治：在美国白蛾幼虫3龄前发现网幕后人工剪除网幕，并集中处理；如幼虫已分散，则在幼虫下树化蛹前采取树干绑草的方法诱集下树化蛹的幼虫，定期定人集中处理。

(3)物理防治:利用诱虫灯在成虫羽化期诱杀成虫。诱虫灯设在上一年美国白蛾发生比较严重、四周空旷的地块,可获得较理想的防治效果,在距设灯中心点 50 ~ 100 m 的范围内进行喷药毒杀、灯诱成虫。

(4)生物防治:可用苏云金杆菌和美国白蛾核型多角体病毒防治,也可在美国白蛾老熟幼虫期释放美国白蛾周氏啮小蜂防治。

(5)化学防治:使用 1% 苦参碱、1.2% 烟参碱乳油,也可用森得保可湿性粉剂、灭幼脲Ⅲ号、24% 米满胶悬剂、卡死克乳油、20% 杀铃脲悬浮剂等药剂进行喷雾防治。

1.2.9 柑橘凤蝶 *Papilio xuthus* Linnaeus

柑橘凤蝶又名花椒凤蝶、黄凤蝶等,属鳞翅目凤蝶科。

1.2.9.1 形态识别(图 4-10)

取柑橘凤蝶生活史标本,观察虫态特征:

成虫:体白色,体长 25 ~ 30 mm,翅展 70 ~ 100 mm,体黄绿色,背面有黑色的直条纹,腹面和两侧也有同样的条纹。翅绿黄色或黄色,沿脉纹两侧黑色,外缘有黑色宽带;带的中间前翅有 8 个、后翅有 6 个绿黄色新月斑;前翅中室端部有 2 个黑斑,基部有几条黑色纵线;后翅黑带中有散生的蓝色鳞粉,臀角有橙色圆斑,中间有一小黑点。

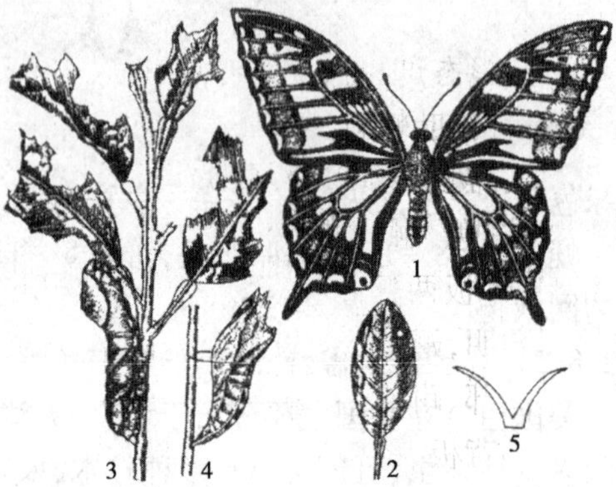

1—成虫;2—卵;3—幼虫及危害状;
4—蛹;5—幼虫前胸翻缩腺

图 4-10 柑橘凤蝶

卵:圆球形,直径约 1 mm,初产时淡黄色,孵化前呈灰黑色,微有光泽,不透明。

幼虫:老熟幼虫体长约 40 mm,体绿色,体表光滑。后胸背面两侧有蛇眼纹,中后胸有眼状纹及弯曲成马蹄形的细线纹。第 1 腹部背面后缘有 1 条粗黑带,第 4、5 腹节和第 6 腹节两侧各有蓝黑色斜行带纹 1 条,在背面相交。前胸背面翻缩腺橙黄色。

蛹:长 28 ~ 32 mm,纺锤形,头部分两叉,胸部稍突起。

1.2.9.2 寄主及危害特点

柑橘凤蝶分布几乎遍及全国。危害柑橘、金橘、柠檬、佛手、花椒、黄波罗等。以幼虫取食幼芽及叶片,是园林中常见的蝶类。

1.2.9.3 生物学特性

每年发生 1 ~ 6 代,各地发生代数不一,东北 1 年 2 代,长江流域及其以南地区 1 年 3 ~ 4 代,福建、台湾 5 ~ 6 代,广东 6 代。各地均以蛹附着在橘树叶背、枝干及其他比较隐蔽场所越冬。以 3 代为例,4 月出现成虫,5 月上中旬为第 1 代幼虫,7 月中旬至 8 月中旬为第 2 代幼虫,9 月上旬至 10 月为第 3 代幼虫。有世代重叠现象。成虫白天活动,卵单个产于嫩叶及枝梢上。初孵幼虫茶褐色,似鸟粪。幼虫老熟后吐丝缠绕于枝条上化蛹。成虫春、夏二型颜色有差异。天敌有凤蝶金小蜂和广大腿小蜂等。

1.2.9.4 防治措施

(1)人工防治:结合花木修剪,摘除越冬蛹,平时注意随时摘除虫卵、杀死幼虫或蛹体,并将摘除的卵和蛹放入纱网中,让寄生蜂羽化飞出,以保护天敌。

(2)生物防治:保护利用凤蝶金小蜂、广大腿小蜂、姬蜂等天敌。

(3)化学防治:严重发生时喷施20%除虫菊酯乳油2 000倍液、2.50%溴氰菊酯乳油3 000倍液、20%杀灭菊酯2 000倍液。

1.3　其他食叶害虫

1.3.1　落叶松叶蜂 *Pristiphora erichsonii*(Hartig)

落叶松叶蜂又名落叶松红腹叶蜂,属膜翅目叶蜂科。

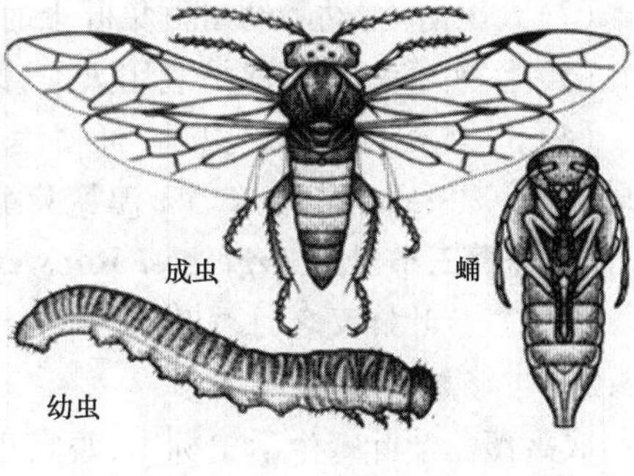

图4-11　落叶松叶蜂

1.3.1.1　形态识别(图4-11)

取落叶松叶蜂生活史标本,观察虫态特征:

成虫:雌虫体长8.5~10 mm。体黑色,有光泽。头黑色,触角茶褐色,唇基黑色,上唇黄色。前胸背板两侧黄褐色,中胸、后胸黑色,翅淡黄色,透明,翅基片黄色,足黄色,前足、中足基节,中足胫节端部,后足基节基部、腿节端部、胫节端部、跗节,均为黑色,爪褐色。腹部第二至第五背板、第六背板前缘均为橘红色,第一、第六背板大部分和第七至第九背板黑色,第二至第七腹板中央橘红色。雄虫体长8 mm,黑色,触角黄褐色,腹部第二背板两侧、第三至第五节及第六节背板中央均为橘红色。

卵:长卵形,长约1.3 mm,宽约0.4 mm。初产时淡黄色,半透明;孵化前暗色。

幼虫:老熟幼虫体长12~16 mm,黑褐色,胸部和腹部背面墨绿色,腹面灰白色,胸足黑褐色。

蛹:茧初为白色,3~5天后变为橘黄色,逐渐变为暗褐色。蛹体长9~10 mm,初化蛹淡青色,透明,后变为黑褐色。

1.3.1.2　寄主及危害特点

落叶松叶蜂分布于东北、陕西、甘肃、内蒙古、山西等地,主要危害落叶松。以幼虫食害叶片,大发生时可将成片落叶松林针叶食光,尤其对幼树危害极大,可使新梢弯曲,枝条枯死,树冠变形,难以成林郁闭。成虫产卵时刺伤嫩梢皮层,致使枝梢弯曲枯萎,严重影响树木生长,落叶松叶蜂是落叶松人工林的重要害虫。

1.3.1.3　生物学特性

1年1代,以老熟幼虫结茧于落叶层下越冬。翌年5月中旬开始化蛹,下旬成虫开始羽化,6月中、下旬为羽化高峰期,成虫羽化后即可产卵。卵期10~20天,6月下旬、7月上旬卵孵化为幼虫。幼虫期18~25天,7月中旬至9月上旬老熟幼虫下树结茧越冬。越冬茧壳坚韧,越冬时间可长达10个月。成虫羽化时,用上颚将茧壳顶部咬一小孔爬出,待翅干后在林地中飞翔,寻找新梢产卵,成虫喜在强光下飞翔,多云天或阴天在树枝上静伏,成虫主要营孤雌生殖,不需补充营养。雌虫产卵量为20~110粒。幼虫共5龄,1~4龄幼虫群集危害,先取食产卵枝附近的针叶,逐渐向枝条的基部扩散,5龄幼虫开始分散危害,但分散能力较弱,很少由一株树上迁移到另一株树上。幼虫受惊后胸足紧抓住针叶,腹部向背面弯曲静伏不动。5龄幼虫取食3天后食量逐渐减弱或不再取食,下树结茧。蛹期约40天。林分连续几年遭受虫害后,生长衰弱,发芽吐绿比未受害的林分晚15~20

天。在成虫产卵高峰期,由于新梢长度不够,则成虫很少在此新梢上产卵。

1.3.1.4 防治措施

(1)林业防治:营造混交林,加强抚育,增强树势,减少危害。

(2)人工防治:幼龄幼虫群集叶上时,可采取人工捕捉方法。

(3)生物防治:注意保护利用天敌,幼虫期可喷洒0.5亿~1.5亿孢子苏云金杆菌。

(4)化学防治:幼龄幼虫期,可喷洒90%敌百虫晶体、80%敌敌畏乳油、50%马拉硫磷乳油、50%杀螟松乳油、2.5%溴氰菊酯、15%毒赛灵喷雾,或使用DDV插管烟剂防治。

1.3.2 蔷薇三节叶蜂 *Arge geei* Rohwer

蔷薇三节叶蜂又名月季叶蜂、蔷薇叶蜂,属膜翅目叶蜂科。

1.3.2.1 形态识别

取蔷薇三节叶蜂生活史标本,观察虫态特征:

成虫:体长7~9 mm,雄虫略比雌虫小。头胸部黑色,带有光泽,腹部橙黄色。触角鞭状,由3节组成,第1、2节短,第3节长,触角基突上具Y形凸纹。中胸翅基片黑褐色,小盾片两侧凹窝内黑褐色。翅浅黄色半透明。

卵:椭圆形,长约1 mm,初产淡黄色,孵化前为绿色。

幼虫:老熟幼虫体长约20 mm,1~4龄幼虫微带淡绿色,头部及胸足黑色,5龄幼虫头红褐色,老熟幼虫头橘红色,胸腹部黄色或橙黄色,胸、腹部各节有三条黑点线,上生短毛。

1.3.2.2 寄主及危害特点

蔷薇三节叶蜂分布于华北、华东、华南等地。寄主为月季、玫瑰、蔷薇、黄刺梅、榔榆、刺梨、多花蔷薇、野蔷薇等。以幼虫取食寄主叶片,常被蚕食殆尽,仅残留主脉或叶柄。且成虫产卵于嫩枝形成棱形伤口而不能愈合,极易被风折枯死,严重影响植株生长、开花,降低了观赏价值及商品价值。

1.3.2.3 生物学特性

1年发生代数因地区而异。华北1年2代,河南3代,浙江2~4代,南京5~6代,广东8代。均以老熟幼虫在土中作茧越冬,3月上、中旬化蛹、羽化、交尾和产卵,10月中下旬幼虫陆续老熟入土越冬。有世代重叠现象。成虫用产卵管将月季、蔷薇等寄主植物的新梢纵向切开一开口,产卵于其中,使茎部纵裂,并变黑倒折,幼虫孵化后,爬出来为害叶片,初龄幼虫有群集取食习性,先啃食叶肉,后吞食叶片。幼虫老熟后在附近草丛或浅土层中结薄茧化蛹。该蜂的天敌有中华大刀螂、三突花蛛、土黄逍遥蛛、大草蛉等。

1.3.2.4 防治措施

(1)人工防治:冬春季结合土壤翻耕消灭越冬茧,幼虫群集为害时,摘除虫叶,捕杀幼虫。

(2)生物防治:幼虫发生期喷施每毫升含孢量100亿以上的苏云金杆菌制剂400倍液。

(3)化学防治:幼虫危害期喷洒Bt乳剂500倍液、2.5%溴氰菊酯乳油3 000倍液、20%杀灭菊酯2 000倍液、25%灭幼脲Ⅲ号胶悬剂1 500倍液。

1.3.3 白杨叶甲 *Chrysomela populi* Linnaeus

白杨叶甲又名白杨金花虫,属鞘翅目叶甲科。

1.3.3.1　形态识别(图4-12)

取白杨叶甲生活史标本,观察虫态特征:

成虫:成虫体长9～12 mm,近椭圆形。体蓝黑色,具金属光泽,鞘翅橙红色或橙褐色。触角短,11节。前胸背板蓝紫色,两侧有纵沟,纵沟之间较平滑,其两侧有较粗大的刻点。小盾片蓝黑色,三角形。鞘翅比前胸宽,密布刻点,沿外缘有纵隆线。

卵:长约2 mm,宽约0.8 mm。长椭圆形。初产时为淡黄色,后变橙黄色或褐色。

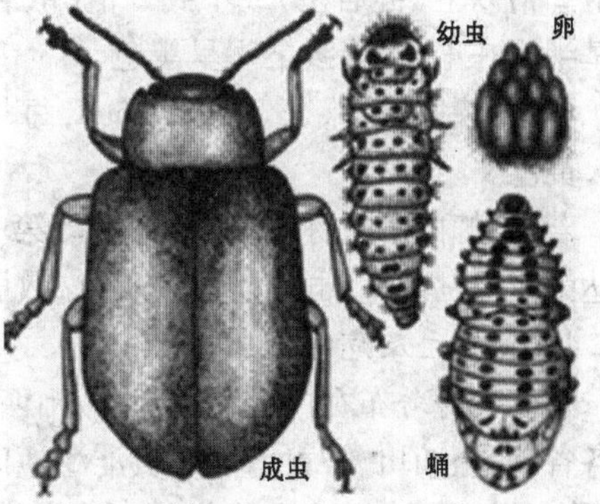

图4-12　白杨叶甲

幼虫:老熟幼虫体长15～17 mm。体扁平,近椭圆形。头部黑色,胸及腹部灰白色,背面有黑点2列。第2、3节两侧各有一个黑色刺状突起。

蛹:长9～14 mm。初为白色,近羽化时变成橙黄色。背面有成列的黑点。

1.3.3.2　寄主及危害特点

白杨叶甲分布于东北、华北,陕西、内蒙古、河南、湖北、新疆等地。幼虫及成虫危害多种杨柳的叶片。

1.3.3.3　生物学特性

1年发生1～2代,以成虫在枯枝落叶层下面或表土中越冬。越冬成虫4月下旬上树,5月上旬在叶面上产卵。卵竖立排列呈块状,每块粒数不等,少则几粒,多达74粒。成虫平均产卵695粒。经7～8天孵化,幼虫经两次蜕皮,历期20天左右便以尾端黏着于叶面上悬垂化蛹。蛹期5天。气温高时6月上旬即有第一代成虫,6月下旬亦可见第二代成虫。早期羽化的成虫,于7月中旬至8月中旬,当温度超过25 ℃时有入土休眠的现象。入土深度为2～4 cm。8月下旬至10月上旬又飞出取食。第二代成虫当年只交尾不产卵,近9月中旬下树越冬。

1.3.3.4　防治措施

(1)园林技术防治:清除园林内杂草,减少潜伏隐蔽场所。于早春越冬成虫上树时,利用其假死性,将其震落捕杀。

(2)化学防治:成虫和幼虫发生期,可喷洒国光依它(45%丙溴辛硫磷)1 000倍液、国光必治(40%啶虫毒)1 500～2 000倍液、国光乙刻(20%氰戊菊酯)1 500倍液+乐克(5.7%甲维盐)2 000倍混合液进行防治。郁闭度较大的林分可施用杀虫烟剂。

1.3.4　东亚飞蝗 *Locusta migratoria manilensis* (Meyen)

东亚飞蝗又名蚂蚱、蝗虫,属直翅目蝗总科。

1.3.4.1　形态识别

取东亚飞蝗生活史标本;观察虫态特征:

成虫:雄虫体长33～48 mm,雌虫体长39～52 mm,有群居型、散居型和中间型3种类型,体灰黄褐色(群居型)或头、胸、后足带绿色(散居型)。头顶圆。颜面平直,触角丝状,前胸背板中降线发达,沿中线两侧有黑色带纹。前翅淡褐色,有暗色斑点,翅长超过后足股节2倍以上(群居型)或不到2倍(散居型)。胸部腹面有长而密的细绒毛,后足股节内侧基半部在上、下降线之间呈黑色。

卵:卵囊圆柱形,长53~67 mm,每块有卵40~80余粒,卵粒长筒形,长4.5~6.5 mm,黄色。

若虫:蝗的若虫称作蝻,共5龄。第5龄蝗蝻体长26~40 mm,触角22~23节,翅节长达第4~5腹节。群居型体红褐色,散居型体色较浅,在绿色植物多的地方为绿色。

1.3.4.2 寄主及危害特点

东亚飞蝗分布在中国北起河北、山西、陕西,南至福建、广东、海南、广西、云南,东达沿海各省,西至四川、甘肃南部。黄淮海地区常发。为害小麦、玉米、高粱、粟、水稻、稷等多种禾本科植物,也可为害棉花、大豆、蔬菜等,喜食草坪禾草植物。成、若虫咬食植物的叶片和茎,大发生时成群迁飞,把成片的农作物吃成光秆。中国史籍中的蝗灾,主要是东亚飞蝗,先后发生过800多次。

1.3.4.3 生物学特性

长江流域1年发生2~3代,全国各地均以卵在土中越冬。越冬卵于4月底至5月上中旬孵化为夏蝻,经35~40天羽化为夏蝗,7月上中旬进入产卵盛期,孵出若虫称为秋蝻,又经25~30天羽化为秋蝗。9月进入产卵盛期后开始越冬。个别高温干旱的年份,于8月下旬至9月下旬又孵出第3代蝗蛹,多在冬季冻死。飞蝗密度小时为散居型,密度大时可逐渐聚集成群居型。群居型飞蝗有远距离迁飞的习性。飞蝗喜欢栖息在地势低洼、易涝易旱或水位不稳定的海滩或湖滩及大面积荒滩或耕作粗放的夹荒地上、生有低矮芦苇、茅草或盐蒿、莎草等嗜食的植物。

1.3.4.4 防治措施

(1)兴修水利,稳定湖河水位,大面积垦荒种植,减少蝗虫发生基地。

(2)植树造林,改善蝗区小气候,消灭飞蝗产卵繁殖场所。

(3)因地制宜种植飞蝗不食的作物,如甘薯、马铃薯、麻类等,断绝飞蝗的食物来源。

(4)药剂防治要根据发生的面积和密度,飞机防治与地面机械防治相结合,全面扫残与重点挑治相结合,夏蝗重治与秋蝗扫残相结合,准确掌握蝗情,歼灭蝗蝻于3龄以前,每公顷用50%马拉硫磷乳油900~1 350 mL或40%乐果乳油750~1 050 mL,或25%敌马乳油2 250~3 000 mL,也可每公顷用4%敌马粉剂30 kg喷粉防治。采用微量喷雾防治。

1.3.5 黄脊竹蝗 *Ceracris kiangsu* Tsai

黄脊竹蝗俗称竹蝗、蝗虫,属直翅目蝗科。

1.3.5.1 形态识别(图4-13)

取黄脊竹蝗生活史标本,观察虫态特征:

成虫:长29~40 mm,雄虫略小,体色以绿、黄为主,额顶突出使额面成三角形,由额顶至前胸背板中央有一黄色纵纹,愈向后愈宽。触角丝状,复眼卵圆形,深黑色。后足腿节黄绿色,中部有排

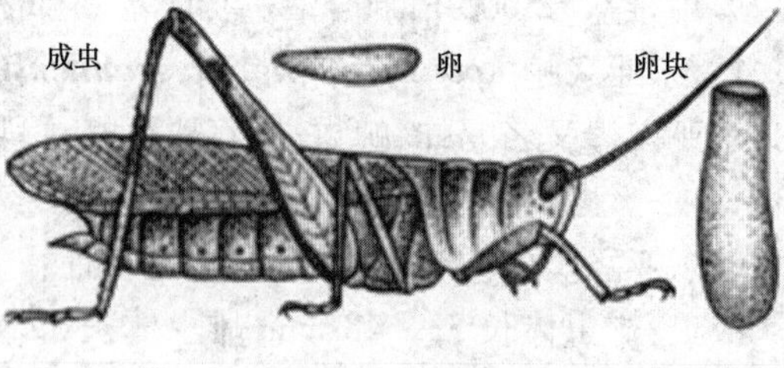

图4-13 黄脊竹蝗

列整齐“人”字形的褐色沟纹；胫节蓝黑色，有刺两排。

卵：长椭圆形，上端稍尖，中间稍弯曲，长径6～8 mm，棕黄色，有巢状网纹。卵囊圆筒形，长18～30 mm，土褐色。

若虫：蝗的若虫称作蝻，共5龄。第5龄蝻体翠绿色，前胸背板后缘覆盖后胸大部分。

1.3.5.2　寄主及危害特点

黄脊竹蝗分布于江苏、浙江、安徽、福建、江西、湖北、湖南、广东、广西、重庆、四川、贵州、云南等地。主要危害毛竹，其次危害簕竹属、刚竹属植物。竹蝗大发生时，可将竹叶全部吃光，竹林如同火烧，竹子当年枯死，第二年竹林很少出笋，竹林逐渐衰败，被害毛竹枯死。

1.3.5.3　生物学特性

1年1代，以卵在土中越冬。越冬卵于5月初开始孵化，孵化期可延续到6月上旬，卵孵化盛时为每日的14～16时，初孵跳蝻有群聚特性，多群聚于小竹及禾本科杂草上，1龄末2龄初开始上竹，3龄后全部上大竹，5龄跳蝻食量最大，约占总食量的60%以上。成虫羽化时间以8～10时为最盛，产卵多在2～6时。跳蝻和成虫有嗜好咸味和人尿的习性。

1.3.5.4　防治措施

(1)人工防治：竹蝗产卵集中，可于11月发动群众至产卵多的地点人工挖除卵块。

(2)生物防治：保护和人工繁殖红头芫菁，捕食卵块，或使用蜡状芽孢杆菌、枯草芽孢杆菌和白僵菌，使初生跳蝗感染而亡。

(3)物理防治：用新鲜人粪尿加少量农药配成药液，用药液浸泡稻草把24 h后将稻草把散放在竹林中，或将竹子一劈为二后，直接将液体盛放在竹腔内，置于竹林内诱杀成蝗。

(4)化学防治：在1～2龄跳蝻期，用25%灭幼脲Ⅲ号胶悬剂、2.5%吡虫啉乳剂喷雾防治，或用25%灭幼脲Ⅲ号粉剂喷粉防治；跳蝻上竹后，竹腔注射5%吡虫啉，或用1%阿维菌素油剂与柴油按1∶15的比例混合后喷烟。

学习任务2　园林植物蛀干害虫及防治

【学习场所】

植保实训室、理实一体化教室、校内外实训基地、园林植物生产棚室、植物园等。

【学习形式】

以班级为单位组织教学。教师通过蛀干害虫各类标本、多媒体课件演示、视频资源、讲授等引领方式，按照工作任务流程，使学生熟悉园林常见蛀干害虫的形态特征、生物学特性和发生规律，提出蛀干害虫的识别及防治计划。实施过程中分小组进行讨论交流，最后让学生通过独立完成任务，能够根据蛀干害虫的危害状或形态特征准确地进行当地典型蛀干害虫的识别及其种类的鉴定，有效制订综合防治方案并付诸实施，达到识虫治虫的目的。

【实训用品与材料】

天牛类(星天牛、光肩星天牛、桑天牛、青杨天牛、云斑天牛)、杨十斑吉丁虫、合欢吉丁虫、芳香木蠹蛾、蝙蝠蛾、白杨透翅蛾、松梢螟、杨干象等重要蛀干害虫生活史标本、幼虫浸渍标本、成虫针插标本及危害状标本或彩色挂图。

体视显微镜、镊子、解剖针、放大镜、标本瓶、泡沫板等。

【辅助学习资源】

- ◆ 各类蛀干害虫多媒体课件
- ◆ 蛀干害虫及防治视频影像资料
- ◆ 中国园林网 http://www.yuanlin.com
- ◆ 中国林业网 http://www.forestpry.gov.cn
- ◆ 中国森防信息网 http://www.forestpest.org

蛀干害虫是指以幼虫或成虫钻蛀植物的枝干、茎、嫩梢及果实、种子，匿居其中的昆虫。常见的蛀干害虫有鞘翅目的天牛类、小蠹虫类、吉丁类、象甲类，鳞翅目的木蠹蛾类、辉蛾类、透翅蛾类、夜蛾类、螟蛾类、卷蛾类，膜翅目的茎蜂类、树蜂类，双翅目的瘿蚊类、花蝇类。

2.1　天牛类

天牛类属鞘翅目天牛科。成虫体中至大型，长筒形。触角鞭状，常超过体长，着生于额的突起上。复眼肾形，包围于触角基部。跗节5节，似为4节。幼虫圆筒形，粗肥稍扁，体软多肉，白色或淡黄色，头小，胸部大，胸足极小或无。成虫产卵一般咬刻槽后产于树皮下，少数产于腐朽孔洞内及土层内。幼虫钻蛀树干、树根或树枝，为重要蛀干害虫。主要种类有星天牛、光肩星天牛、桑天牛、青杨天牛、云斑天牛等。

2.1.1　星天牛 *Anoplophora chinensis* (Forster)

星天牛又名白星天牛、银星天牛、柑橘星天牛和白皇天牛等，属鞘翅目天牛科。

2.1.1.1　形态识别(图4-14)

取星天牛生活史标本，观察虫态特征：

成虫：体长19～41 mm，漆黑色有光泽。头部和身体腹面被银白色和部分蓝灰色细毛。触角鞭状，第1～2节黑色，第3～11各节基半部有淡蓝色毛环。雌虫触角超出身体1、2节，雄虫触角超出身体4、5节。前胸背板中央有3个瘤突，侧刺突粗壮。鞘翅基部具黑色颗粒状小突起，每翅具大小白斑约20个。

卵：长椭圆形，长5～6 mm，初产时乳白色，后渐变为黄白色。

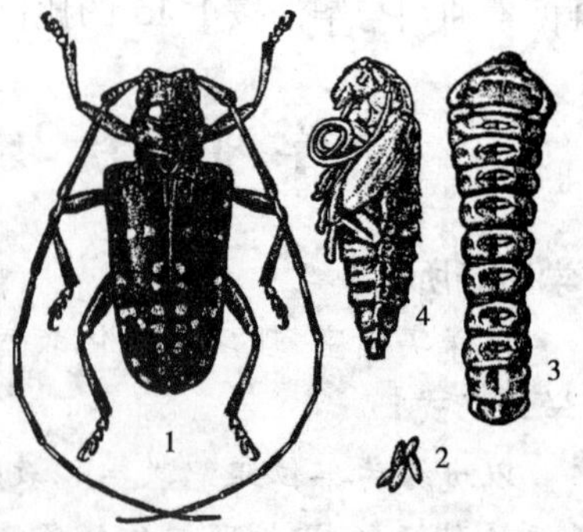

1—成虫；2—卵；3—幼虫；4—蛹

图4-14　星天牛

幼虫：老熟幼虫体长38～67 mm，扁圆筒形，乳白色至淡黄色。头部褐色。前胸背板后部有1个明显的凸形纹，其前方有1对形似飞鸟的黄褐色斑纹，足略退化。

蛹：纺锤形，体长30～38 mm，初为黄白色，羽化前逐渐变为黄褐色。

2.1.1.2　寄主及危害特点

星天牛分布很广，几乎遍及全国。主要分布于南方各柑橘产区及辽宁、山东、河北、山西、河南、陕西、甘肃等地。食性杂,危害的主要寄主有杨、柳、榆、槐、乌桕、相思树、樱花、海棠、苦楝、罗汉松、桉树、木麻黄、龙眼、荔枝、柑橘等50多种林木、果树及花卉植物。成虫啃食枝条嫩皮,食叶成缺刻;幼虫蛀食树干和主根,于皮下蛀食数月后蛀入木质部,并向外蛀一通气排粪孔,推出部分粪屑,削弱树势,于皮下蛀食环绕树干后常使整株枯死。

2.1.1.3 生物学特性

南方1年1代,北方2~3年1代,以幼虫在被害枝干内越冬。越冬幼虫翌年3月开始活动。4月上、中旬陆续化蛹,蛹期20~30天。4月下旬至5月上旬始见成虫,5~6月为成虫羽化盛期,8~9月仍有少量成虫出现,成虫寿命40~50天。成虫羽化后取食叶片和幼枝嫩皮补充营养,产卵时先咬1个“T”形或“人”字形刻槽,再将产卵管插入刻槽一边,产卵于树皮夹缝中,每处产1粒,卵多产于距地面10 cm范围内的树干皮层中,产卵后分泌一种胶状物质封口,每雌虫可产卵23~32粒。卵期9~15天。初孵幼虫在产卵处皮层下盘旋蛀食,被害处有白色泡沫状胶质物或酱油状液体流出,2~3个月后蛀入木质部,开有通气孔1~3个,虫粪及木屑则从近地面处的通气孔排出,老熟幼虫化蛹前爬到近地面的蛀道内做一宽大蛹室,11月初开始越冬。幼虫期约10个月。主要危害1年生以上寄主树,郁闭度大、通风透光不良、管理粗放、周围有喜食寄主的林分受害重。

2.1.1.4 防治措施

(1)园艺防治。选用抗虫、耐虫树种,营造混交林,加强管理,增强树势,及时清除虫害木。

(2)人工防治。利用天牛成虫飞翔力不强和具有假死性的特点,人工捕杀成虫;6~7月寻找产卵刻槽,可用锤击、刀刮等方法击打产卵痕消灭杀卵;及时剪除被害枝条或伐除虫害木;用小刀挑开被害木表皮层杀死初孵幼虫。树干涂白,防止成虫产卵。

(3)饵木诱杀。对公园及其他风景区古树名木上的天牛,可采用饵木诱杀,并及时修补树洞,干基涂白等,以减少虫口密度,保证其观赏价值。

(4)保护和利用天敌。如人工招引啄木鸟,利用寄生蜂、天牛肿腿蜂、啮小蜂等天敌。

(5)药剂防治。成虫期在寄主树干上喷施威雷(8%氯氰菊酯、45%高效氯氰菊酯触破式微胶囊水悬剂)、2.5%溴氰菊酯乳油或20%菊杀乳油等500~1 000倍液;对尚在韧皮部下为害未进入木质部的低龄幼虫,可用20%益果乳油或50%杀螟松乳油100~200倍液喷涂树干,防效显著;对已进入木质部的大龄幼虫,可用50%辛硫磷乳油或40%乐斯本乳油20~40倍液,用注射器注入或用药棉蘸药塞入蛀道毒杀幼虫。树干基部涂白,可防产卵。涂白剂配方:生石灰10份、硫黄1份、食盐1份、水20份,搅拌均匀即可。

2.1.2 光肩星天牛 *Anoplophora glabripennis* (Motschulsky)

光肩星天牛又名柳星天牛、光肩天牛、亚洲长角天牛、花牛等,属鞘翅目天牛科。

2.1.2.1 形态识别(图4-15)

取光肩星天牛生活史标本,观察虫态特征:

成虫:体长17~39 mm,漆黑色,带紫铜色光泽。前胸背板有皱纹和刻点,两侧各有一个棘状突起。鞘翅上各有大小不等的白色或乳黄色毛斑约20个,其基部光滑,无瘤状颗粒。

卵:长5~6 mm,长椭圆形,两端稍弯曲,初产时乳白色,孵化前淡黄色。

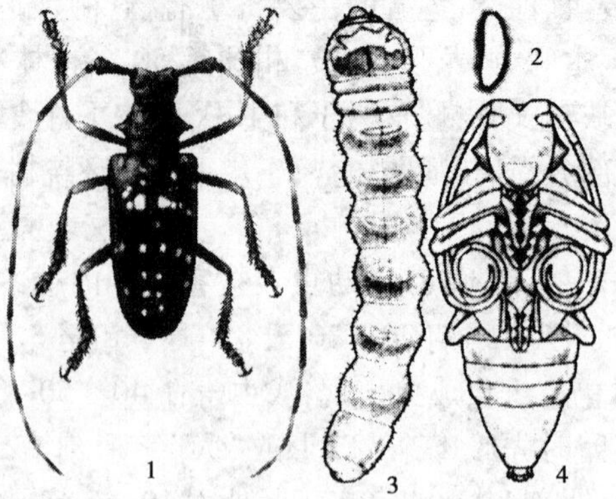

1—成虫;2—卵;3—幼虫;4—蛹

图4-15 光肩星天牛

幼虫:体长50~60 mm,初孵幼虫乳白色,老熟幼虫略带黄色,无足,前胸背板有凸形纹。

蛹:体长30~38 mm,纺锤形,裸蛹,初为黄白色,羽化前逐渐变为黄褐色。

2.1.2.2 寄主及危害特点

光肩星天牛分布很广,几乎遍及全国。主要分布于华北、东北、西北、华中、华东和华南等地。危害杨、柳、糖槭、元宝枫、榆、七叶树、悬铃木。在"三北"防护林及华北平原绿化区广泛发生,严重危害杨树和柳树。幼虫蛀食树干韧皮部和边材,受害树木的木质部被蛀成不规则坑道,致使树干风折或整株死亡。

2.1.2.3 生物学特性

南方1年1代,北方2~3年1代,多以幼虫在隧道内越冬,也可以卵及卵壳内发育完全的幼虫、蛹越冬。越冬的老熟幼虫翌年直接化蛹;其他越冬幼虫于3月下旬开始活动取食。4月底5月初开始在坑道上部做蛹室。成虫羽化后在蛹室内停留7天,然后在侵入孔上方咬羽化孔飞出。6月中、下旬为化蛹盛期。成虫于6月上旬开始出现,盛期为6月中旬至7月上旬。至10月上旬仍有个别活动。飞翔力不强,趋光性弱,白天活动,成虫取食杨、柳等叶片和嫩枝皮补充营养,补充营养2~5天后交尾。3~4天后开始产卵。产卵前成虫先咬1个椭圆形刻槽,然后将产卵管插入韧皮部与木质部之间产卵,每刻槽产1粒,产卵后分泌胶状物质封塞产卵孔,每雌虫可产卵23~32粒。刻槽的部位主要集中在树杈和萌生枝条的地方。树越大,刻槽的部位越高。树皮刻槽并非全部产卵,空槽无胶状物堵孔,易区别。9~10月产的卵少数在第2年才孵化。幼虫孵化后,开始取食腐坏的韧皮部,排出褐色粪便;2龄幼虫开始向旁边取食健康树皮和木质部,并将褐色粪便及蛀屑从产卵孔中排出;3龄末或4龄幼虫蛀入木质部,排出白色木屑。起初隧道横向稍有弯曲,然后向上。在蛀入木质部后往往仍回到韧皮部与木质部之间取食,使树皮陷落。其天敌斑啄木鸟和花绒坚甲对其发生有较好的抑制作用。

2.1.2.4 防治措施

(1)园林技术防治。合理选用树种,营造混交林,加强管理,增强树势,提高树木抗病虫能力,以减轻天牛的危害;及时剪除被害枝梢,砍伐虫害木,以减少天牛的产卵场所及虫源。

(2)人工防治。在5~6月成虫发生期,人工捕杀成虫。对树冠上的成虫,可利用其假死性震落后捕杀,也可在晚间利用其趋光性诱集捕杀。在成虫产卵期或产卵后,检查树干基部,寻找产卵刻槽,用刀将被害处挖开,也可用锤敲击,杀死卵和幼虫。

(3)饵木诱杀。利用天牛等蛀干害虫喜欢在新伐倒木上产卵繁殖的特性,于6~7月繁殖期,在苗圃园内适当地点设置一些木段(如桑、杨、柳、梨、栎等),供害虫大量产卵,待新一代幼虫全部孵化后,剥皮捕杀。

(4)保护和利用天敌。保护和利用好斑啄木鸟、花绒坚甲等天敌。

(5)药剂防治。一是树干基部涂白,可防产卵。秋、冬季至成虫产卵前,将国光糊涂(树干涂白粉剂)与水按1∶1比例混配好,加入200倍国光必治涂于树干基部(2 m以内),防止产卵。二是利用打孔注药法,在树干基部注射6%吡虫啉乳油(1.5 mL/cm胸径),或护树宝注干剂(1.0~1.5 mL/cm胸径),防治幼虫。三是用棉签蘸白僵菌粉剂20~50倍液塞入蛀入孔防治幼虫。四是成虫发生期,向树干喷洒40%国光必治乳油800倍液、国光依它(45%丙溴辛硫磷)800~1 000倍液,或者国光Bt、国光苏松质病毒等杀灭成虫。

2.1.3　桑天牛 *Apriona germari* (Hope)

桑天牛又名粒肩天牛,属鞘翅目天牛科。

2.1.3.1　形态识别

取桑天牛生活史标本,观察虫态特征:

成虫:体长26~51 mm,体宽16~18 mm。成虫体和鞘翅黑色,被黄褐色短毛。头顶隆起,中央有1条纵沟。前胸近方形,背面有横皱纹,两侧中间各有1个刺状突起。鞘翅基部密布小颗粒(图4-16)。

卵:长5~7 mm,长椭圆形,黄白色,前端较细,略弯曲。

幼虫:老熟幼虫体长60 mm左右,圆筒形,黄白色。头小,隐入前胸内。前胸特大,背板后半部密生棕色颗粒小点,显现3对尖叶状空白纹。

蛹:体长50 mm,纺锤形,黄白色。

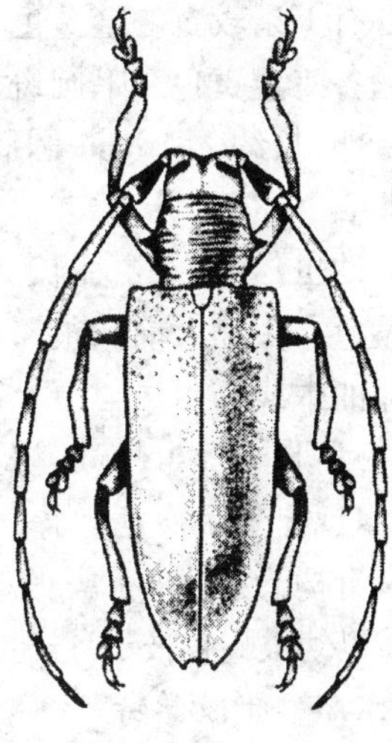

图4-16　桑天牛成虫

2.1.3.2　寄主及危害特点

我国南北各地均有发生,在我国长江一带发生严重。主要危害桑、杨、柳、榆、枫杨、油桐、山核桃、柑橘、枇杷、苹果、梨、枣、海棠、樱花、紫荆、无花果等园林树木和果树。以幼虫蛀食枝干,桑天牛幼虫危害杨树,幼虫蛀食树干木质部,使树干内部成隧道状,在为害时,每隔一定距离即向外咬一圆形排粪孔,向外排出红褐色虫粪和蛀屑,成虫啃食嫩枝皮层,造成枝枯叶黄,幼虫蛀食枝干木质部,降低工艺价值,轻则影响树体营养吸收,重则导致树体枯死。

2.1.3.3　生物学特性

南方1年1代或2年1代,在北方2~3年1代,以幼虫在树干孔道中越冬,2~3年1代时,幼虫期长达2年,至第2年6月初化蛹,下旬羽化,7月上、中旬开始产卵,下旬孵化。在广东、台湾1年1代的地区,越冬幼虫5月上旬化蛹,下旬羽化,6月上旬产卵,中旬孵化。

成虫于6、7月间羽化后,一般晚间活动有假死性,喜吃新枝树皮、嫩叶及嫩芽。被害伤痕边缘残留绒毛状纤维物,伤痕呈不规则条块状。卵多产在直径10~30 mm的一年生枝条上。先咬破树皮和木质部,成"U"字形伤口,然后产入卵粒。一头雌虫产卵100多粒。卵经两周左右孵化,初孵幼虫即蛀入木质部,逐渐侵入内部,向下蛀食成直的孔道,每隔一定距离向外有一排粪孔。幼虫化蛹时,头向上方,以木屑填塞蛀道上、下两端。蛹经20天左右羽化,蛀圆形孔外出。该虫的天敌有卵期的寄生蜂、啄木鸟等。

2.1.3.4　防治措施

参考光肩星天牛。

2.1.4　青杨天牛 *Saperda populnea* (Linnaeus)

青杨天牛又名青杨楔天牛,属鞘翅目天牛科。

2.1.4.1　形态识别(图4-17)

取青杨天牛生活史标本,观察虫态特征:

成虫:体长11~14 mm,黑色,密被金黄色绒毛。前胸两侧各有1条较宽的金黄色纵带。鞘翅布满黑色粗糙刻点,每鞘翅各有金黄色绒毛圆斑4~5个。幼虫老熟时深黄色。

卵:长约2.4 mm,圆筒形,黄白色,一端稍尖锐,中间略弯曲。

幼虫:老熟幼虫体长10~15 mm,初孵化乳白色,老熟时深黄色。头缩入前胸很深。前胸背面有凸形纹,背部有1条明显的中线。

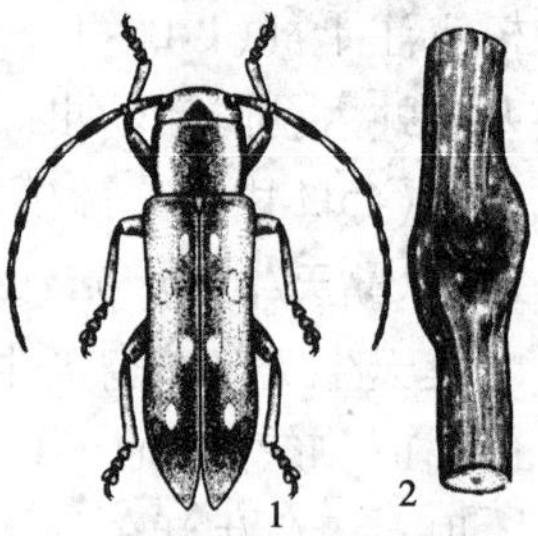

1—成虫;2—危害状

图4-17　青杨天牛

蛹:长11~15 mm,初乳白色,后渐变为褐色,腹部背中线明显。

2.1.4.2　寄主及危害特点

青杨天牛分布于华北、东北、西北、华中等地。危害毛白杨、银白杨、加杨、垂柳等杨柳科植物。以幼虫蛀食枝干,被害处形成纺锤状瘤,易遭风折,造成枝干畸形,甚至导致树体枯死。

2.1.4.3　生物学特性

1年1代,以老熟幼虫在树枝的虫瘿内越冬。翌年越冬老熟幼虫在河南3月上旬、北京3月下旬、沈阳4月初开始化蛹。成虫在河南3月下旬、北京4月中旬、沈阳5月上旬开始出现成虫。在北京,在2、3年生幼树主干或大树侧枝上做刻槽产卵,刻槽呈马蹄形,卵期约10天,5月中、下旬相继孵化为幼虫,幼虫孵化后蛀食韧皮部,10天以后逐渐蛀入枝干的髓心,被害部分组织增生肿大,逐步形成直径15~20 mm椭圆形肿瘤。10月上、中旬幼虫先后老熟,在蛀道内越冬。

天敌主要有寄生于幼虫和蛹的青杨楔天牛姬蜂、寄生于幼虫的管氏肿腿蜂,为该天牛生物防治中非常有效的天敌。

2.1.4.4　防治措施

(1)植物检疫。严格执行检疫制度,对可能携带天牛传播的苗木、种条、原木、幼树,一定要加强检疫,检验有无天牛的卵槽、入侵孔、羽化孔、虫瘿、虫道和活虫体,一经发现严格按检疫规定处理。

(2)伐根嫁接技术。选用抗青杨天牛的新疆杨、小黑杨、银中杨等品种,对林相较好、虫害严重的过熟林、低产低效林改造时宜采取伐根嫁接,杜绝青杨天牛的危害,更新造林。合理选用树种,营造混交林,加强管理,增强树势,提高树木抗病虫能力,以减轻天牛的危害;及时剪除被害枝梢,砍伐虫害木,以减少天牛的产卵场所及虫源。

(3)人工防治。被害较重的杨树林,每年幼虫活动以前采用人工剪除受害枝梢集中烧毁,减少虫害。

(4)保护和利用天敌。保护和利用好姬蜂、寄生于幼虫的管氏肿腿蜂等天敌。

(5)药剂防治。幼虫在韧皮部为害期间,采用36%虫杀星乳油10倍液点涂法,或吡虫啉10倍液主干涂抹法防治幼虫。

2.1.5　云斑天牛 *Batocera horsfieldi* (Hope)

云斑天牛又名多斑白条天牛,属鞘翅目天牛科。

2.1.5.1　形态识别(图4-18)

取云斑天牛生活史标本,观察虫态特征:

成虫:体长34～61 mm,体宽9～15 mm。黑褐色或黑色,密布灰白色和灰褐色绒毛。前胸背板中央有1对白色或浅黄色肾形斑;侧刺突大而尖锐。每个鞘翅上有由白色或浅黄色绒毛组成的云片状斑纹,斑纹大小变化较大。体两侧自复眼后方起至最后1个腹节有由白色绒毛组成的阔纵带1条。

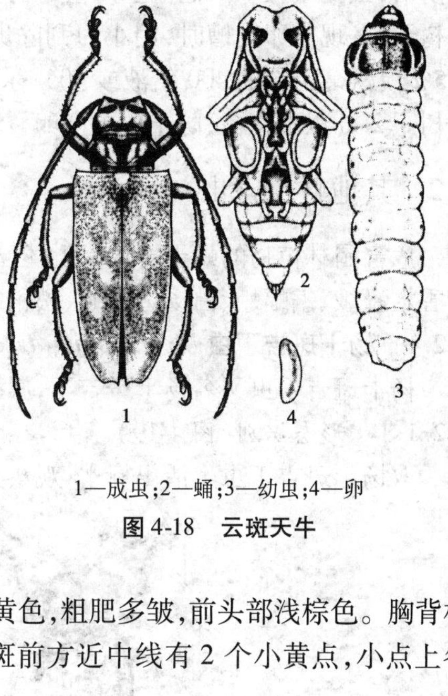

1—成虫;2—蛹;3—幼虫;4—卵

图4-18　云斑天牛

卵:长约8 mm,椭圆形,乳白色至黄白色,一端略细,稍弯。

幼虫:老熟幼虫体长70～80 mm,乳白色至淡黄色,粗肥多皱,前头部浅棕色。胸背板略呈方形,浅棕色,前胸背板有"凸"字形褐斑,褐斑前方近中线有2个小黄点,小点上各有刚毛1根。

蛹:长40～70 mm,浅黄白色。

2.1.5.2　寄主及危害特点

云斑天牛分布于江西、山东、安徽、广东等省;危害油桐、乌桕、栗(栎)类,泡桐、杨、柳、榆、桑、梨等树种,成虫啃食新枝嫩皮,使新枝枯死。幼虫蛀食韧皮部,后钻入木质部,被害严重的树可整株枯死。

2.1.5.3　生物学特性

2～3年1代,以幼虫和成虫在树干蛀道或蛹室内越冬。越冬成虫翌年4月中旬咬一圆形羽化孔,5～6月陆续飞出树干。成虫以取食叶片或新枝嫩皮补充营养。幼虫为害后受害处变黑,树皮破裂,有树胶流出,并有虫粪和木屑排出。昼夜均能飞翔活动,但晚间活动最多。产卵前,成虫先在树皮上咬1个椭圆形蚕豆大的浅穴,在浅穴上方产卵1粒,然后把浅穴四周的树皮咬成细木屑堵住产卵口。每雌虫产卵40粒左右。卵经12天孵化，初孵幼虫在韧皮部取食，后蛀入木质部，并排出虫粪木屑，被害部分树皮外胀，纵裂、变黑，流现树液，木屑外露。蛀孔梢弯曲，排泄孔大，老熟幼虫在虫道末端做蛹室化蛹。

2.1.5.4 防治措施

(1)植物检疫。严格执行检疫制度，防止苗木、木材传播。

(2)农业防治。营造混交林，加强抚育，增强树势；木材采伐在成虫不活动期进行，夏季采伐原木要及时运出林外；对储木场的原木应及时剥皮，减少天牛的适生寄主。

(3)人工防治。危害较重的杨树林，每年幼虫活动以前采用人工剪除受害枝梢集中烧毁，减少虫害。

(4)保护和利用天敌。保护和利用花绒坚甲等天敌。

(5)药剂防治。在小面积发生时可用打孔机注射国光防蛀液剂等内吸性强的药物进行防治；虫孔喷入 1.6 亿孢子/mL 的白僵菌或绿僵菌菌液防治幼虫；6 ~ 7 月检查 2 m 以下树干，发现产卵刻槽时，用小刀刮除卵粒或初孵幼虫；对已蛀入木质部的大龄幼虫，用 2.5% 溴氰菊酯乳油 400 倍液或 40% 乐斯本乳油 20 ~ 40 倍液，进行药棉塞孔防治；5 ~ 6 月树干 2 m 以下涂白，防止成虫产卵。

2.2 其他蛀干害虫

危害园林植物的蛀干害虫除上述已介绍外，重要的还有杨十斑吉丁虫、合欢吉丁虫、芳香木蠹蛾、蝙蝠蛾、白杨透翅蛾、松梢螟、杨干象等。

2.2.1 杨十斑吉丁虫 *Melanophila decastigman* Fabr

杨十斑吉丁虫又名杨十斑吉丁，属鞘翅目吉丁甲科。

2.2.1.1 形态识别(图 4-19)

取杨十斑吉丁虫生活史标本，观察虫态特征：

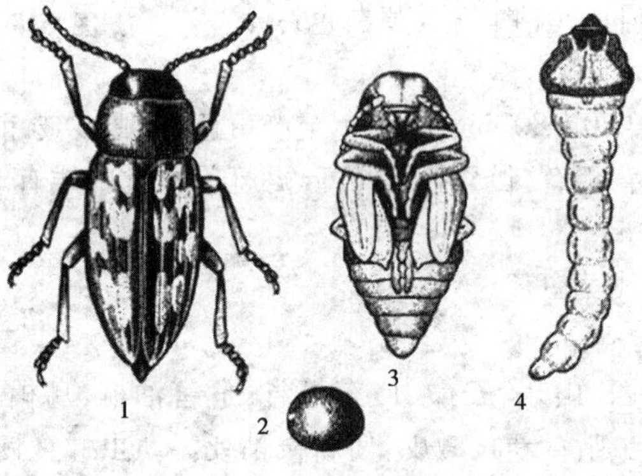

1—成虫；2—卵；3—蛹；4—幼虫

图 4-19 杨十斑吉丁虫

成虫：体长 11 ~ 23 mm，黄褐色或紫褐色，具金属光泽。雄虫体瘦小，雌虫肥大。额前缘有黄色绒毛，后缘有细小刻点，复眼肾脏形，明显突出。触角锯齿状，11 节。额前缘有黄色绒毛，后缘有细小刻点。前胸背板紫褐色，具古铜光泽，有均匀的小刻点。腹部腹面 5 节，末腹节两侧端各 1 小刺。鞘翅黄褐或褐色，每翅鞘上有明显的纵线 4 条及黄色斑点 5 个，所以称作十斑吉丁虫。

卵:长约1.5 mm,椭圆形,初产时为淡黄色,近孵化时灰色。

幼虫:老熟幼虫体长17~27 mm,淡黄色,头黄色,扁平状,口器黑褐色,前胸膨大扁平,中、后胸窄细,前胸背板黄褐色,中央有1个"∧"形沟纹,腹部12节,前胸腹板点状突起区约呈方形,中央有一条纵沟。无足。

蛹:长11~19 mm,裸蛹,黄白色,头向下垂,触角向后,复眼黑褐色,胸足3对,翅芽2对,腹部可见9节,气孔6对。

2.2.1.2 寄主及危害特点

杨十斑吉丁虫分布于宁夏、内蒙古、甘肃、新疆等省区。幼虫蛀食杨、柳科植物。成虫啃食新枝嫩皮,使新枝枯死。幼虫取食枝干,初龄幼虫在韧皮部及木质部之间取食为害,老熟幼虫进入木质部内为害。被害处树皮留有小粪粒和少量褐色胶液,树皮变为暗褐色或黑色,皮下形成不规则扁平虫道,并充塞黑褐色粪屑。受害幼龄树长势衰弱,严重时整株干枯死亡,死亡株直立,浇水后有倒伏的现象。

2.2.1.3 生物学特性

1年1代,以老熟幼虫在虫道内越冬。4月中旬化蛹,下旬羽化为成虫。5月中、下旬成虫大量出现。5月下旬至6月上旬为产卵盛期,6月中旬幼虫大量孵化,10月老熟幼虫开始越冬。成虫羽化出孔后取食叶片、叶柄和嫩枝皮补充营养,然后交尾产卵。成虫喜光,飞翔力强。夜晚及阴雨天静伏在树杈处和树皮下,易于捕捉。每头雌虫可产卵23~34粒,大多产在树干阳面的树皮裂缝中,卵期约15天。幼虫孵出后侵入树皮内,孔口有黄褐色分泌物溢出,随后排出粪屑。6月下旬蛀入木质部为害,虫道似"L"形。10月幼虫老熟越冬,翌年4月在木质部靠边材处做椭圆形蛹室在内化蛹,蛹期约15天。幼虫期的天敌有寄生蝇和白僵菌。

2.2.1.4 防治措施

(1)加强检疫。严格执行检疫制度,加强苗木、种条的检疫工作,防止苗木、木材传播。发现有受害木时,需经剥皮、火烤或熏蒸处理,以防止害虫的传播和蔓延。

(2)园林技术防治。因地制宜地选择抗虫品种(如新疆杨、小叶杨)栽植,营造混交林。加强抚育,提高植株抵抗力。对新植林进行树干涂白,防止产卵。发现虫害发生时,应及时伐除受害严重植株并烧毁。

(3)人工防治。利用成虫的假死性、喜光性在成虫盛发期进行人工捕杀。发现虫害发生时,应及时伐除受害严重植株并烧毁,减少源数量。

(4)保护和利用天敌。保护和利用猎蝽、啮小蜂及啄木鸟等天敌,斑啄木鸟是控制杨十斑吉丁虫最有效的天敌。

(5)药剂防治。幼虫孵化期,幼虫可用国光必治200倍+国光毙克200倍混合液高浓度涂干,连涂2~3次后用塑料薄膜封包可提高防效;也可用50%1059乳剂加柴油配成1:40的溶液,涂侵入孔;大龄幼虫用毒签插孔毒杀幼虫。

2.2.2 合欢吉丁虫 *Acacia tree* Borer

合欢吉丁虫属鞘翅目吉丁虫科。

2.2.2.1 形态识别

取合欢吉丁虫生活史标本,观察虫态特征:

成虫：雌虫体长 3.9～5.1 mm，雄虫体长 3.8～4.5 mm，宽 1.6～1.8 mm，紫铜色，稍带金属光泽，鞘翅无色斑。头部铜绿色，具蓝色金属光泽，有均匀小突起，颜面密生淡黄白色细毛。复眼肾形，深褐色，明显突出，下缘稍尖。触角黑色，锯齿状，11 节，比头胸部略短。前胸背部密布小纹突，后缘呈"^－^"状，小盾片钻石状。鞘翅密布小突点，末端略钝圆。雄虫腹部末端略尖，雌虫腹部末端稍钝圆。

卵：长约 1.5 mm，椭圆形，黄白色，略扁。

幼虫：老熟时体长 8～11 mm，扁平，由乳白色渐变成黄白色，无足。头小，黑褐色；前胸膨大，背板中央有一褐色纵凹纹；腹部细长，分节明显。

蛹：裸蛹长 4.2～5.5 mm，宽 1.6～1.9 mm，初乳白色，后变成紫铜绿色，略有金属光泽。

2.2.2.2　寄主及危害特点

合欢吉丁虫是华北地区合欢树的主要蛀干害虫之一，其幼虫蛀食树皮和木质部边材部分，破坏树木输导组织，严重时造成树木枯死。

2.2.2.3　生物学特性

北京 1 年 1 代，以幼虫在被害树干内过冬。5 月下旬老熟幼虫在隧道内化蛹。6 月上旬（合欢树花蕾期）成虫开始羽化外出，常在树皮上爬动，在树冠上咬食树叶，补充营养。多在干和枝上产卵，每处产卵 1 粒，幼虫孵化潜入树皮为害，至 9、10 月被害处流出黑褐色胶，一直为害到 11 月幼虫开始过冬。

2.2.2.4　防治措施

（1）加强检疫。严格执行检疫制度，防止吉丁虫随着绿化苗木传播蔓延。

（2）加强养护管理。对树木，尤其是新栽苗木，应加强养护管理，不断补充水分，使之生长旺盛，保持树干光滑，以杜绝成虫产卵或抑制卵的孵化；在成虫羽化前，及时清除枯枝、死树或被害枝条，以减少虫源和蔓延。

（3）人工捕虫。在成虫发生期于早晨露水未干前震动树干，震落后将其踩死或用网捕处死；在发现树皮翘起，一剥即落并有虫粪时，立即掏去虫粪，捕捉幼虫，如幼虫已钻入木质部，可顺隧道勾除幼虫，或用小刀戳死。

（4）保护和利用天敌。保护和利用猎蝽、啮小蜂及啄木鸟等天敌，斑啄木鸟是控制合欢吉丁虫最有效的天敌。

（5）药剂防治。于幼虫初在树皮内为害时，往被害处（如已流胶应刮除）涂煤油溴氰菊酯混合液（1:1混合），杀树皮内的虫。于成虫羽化期往树冠上和干、枝上喷 1 500～2 000倍的 20% 菊杀乳油等杀成虫。

2.2.3　芳香木蠹蛾 *Cossus cosus orientalis* Gaede

芳香木蠹蛾又名杨木蠹蛾，属鳞翅目木蠹蛾科。

2.2.3.1　形态识别（图 4-20）

取芳香木蠹蛾东方亚种生活史标本，观察虫态特征：

成虫：体长 24～40 mm，翅展 80 mm，体灰乌色，雌虫头部前方淡黄色，雄虫色稍暗。头、前胸淡黄色，中后胸、翅、腹部灰乌色，触角栉齿状，前翅翅面布满呈龟裂状的黑色横纹。

卵:近圆形,初产时白色,孵化前暗褐色。

幼虫:老龄幼虫体长80~100 mm,初孵幼虫粉红色,大龄幼虫体背紫红色,侧面黄红色,头部黑色,有光泽,前胸背板淡黄色,有两块黑斑,体粗壮,有胸足和腹足,腹足有趾钩,体表刚毛稀而粗短。

蛹:长约50 mm,赤褐色,稍向腹面弯曲。

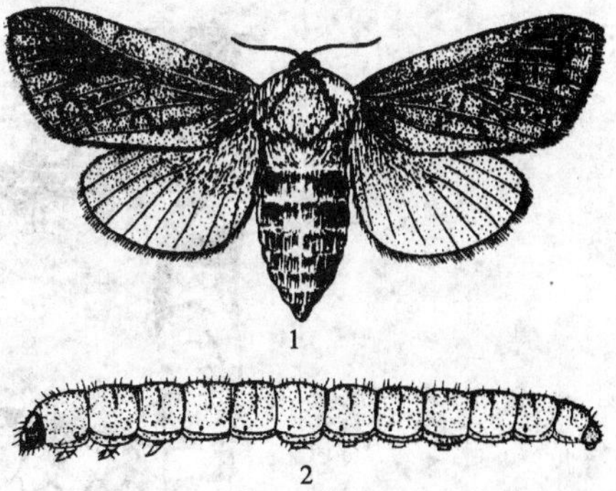

1—成虫;2—幼虫

图4-20　芳香木蠹蛾东方亚种

2.2.3.2　寄主及危害特点

芳香木蠹蛾分布于东北、华北、西北、华东、华中、西南。寄主有柳、杨、榆、桦、白蜡、槐树、丁香、核桃、山荆子等。幼虫蛀入枝干和根际的木质部,蛀成不规则坑道,使树势衰弱,严重时能造成枝干甚至整株树枯死。

2.2.3.3　生物学特性

2~3年1代,以幼龄幼虫在树干内及末龄幼虫在附近土壤内结茧越冬。第2年老熟后离开树干入土越冬。第3年5月间化蛹,6月出现成虫。成虫寿命4~10天,有趋光性。卵产于离地1~1.5 m的主干裂缝,每处产卵十几粒,多成堆、成块或成行排列。幼虫孵化后,常群集10余头至数十头在树干粗枝上或根际爬行,寻找被害孔、伤口和树皮裂缝等处相继蛀入,先取食韧皮部和边材,以后蛀入木质部,向上向下穿凿不规则虫道,被害处可有十几条幼虫,蛀孔堆有虫粪,幼虫受惊后能分泌一种特异香味。

2.2.3.4　防治措施

(1)园林技术措施。培育抗性品种;营造多树种的混交林;加强抚育管理,避免在木蠹蛾产卵前修枝,及时发现和清理被害枝干,消灭虫源。

(2)物理防治。在成虫羽化期,用黑光灯和性引诱剂诱杀成虫,夜间使用捕虫器诱杀成虫。

(3)人工防治。在成虫产卵期,用树干涂白剂防止成虫产卵。

(4)生物防治。保护和利用天敌。如姬蜂、寄生蝇、蜥蜴、燕、啄木鸟、白僵菌和病原线虫等。或以1亿~8亿孢子/g白僵菌黏膏涂排粪孔或用1 000条/mL斯氏属线虫防治幼虫。

(5)化学防治。低龄幼虫期可用50%辛硫磷乳油1 000~1 500倍液,2.5%溴氰菊酯乳油3 000~5 000倍液喷洒;对已蛀入树干内的老龄幼虫,可用50%马拉硫磷乳油、20%氰戊菊酯乳油100~300倍液注入虫孔;树干基部钻孔注药,春季在树干基部钻孔灌入35%甲基硫环磷内吸剂原液。

2.2.4　蝙蝠蛾 *Phassus excrescens* Butler

蝙蝠蛾又名柳蝙蝠蛾、东方蝙蝠蛾、疣纹蝙蝠蛾,属鳞翅目蝙蝠蛾科。

2.2.4.1　形态识别(图4-21)

取蝙蝠蛾生活史标本,观察虫态特征:

成虫:体长35~44 mm,翅展66~85 mm,体褐色。头部小,口器退化。触角细而短,线状。前翅狭长、黄褐色,前缘有7个环形斑,中央有1个深色稍带绿色的三角形斑,斑纹

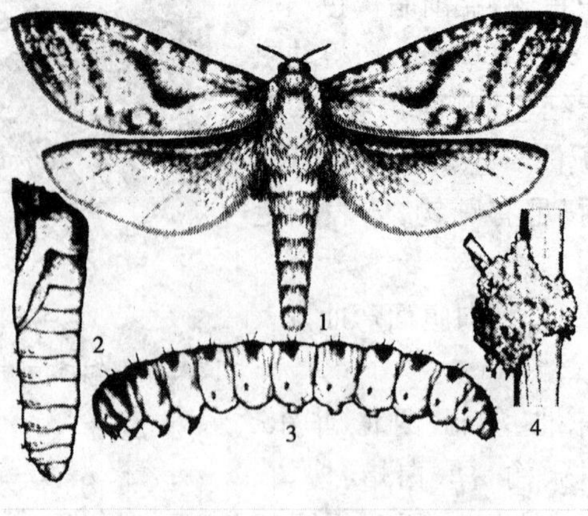

1—成虫;2—蛹;3—幼虫;4—危害状

图4-21　蝙蝠蛾

外缘有2条宽的褐色斜带。后翅狭小、灰褐色,边缘稍黄。腹部长筒形,略短于前翅。前中足发达,爪较长,雄蛾后足腿节背面密生橙黄色刷状长毛。

卵:直径约0.7 mm,球形,初产时乳白色,稍后变成黑色,微具光泽。

幼虫:老熟幼虫体长约50 mm,头部红褐色至深褐色,胴部污白色,体表有黄褐瘤突和毛片,大且明显。有腹足。

蛹:体长30 ~40 mm,圆筒形,黄褐色。头部深褐色,中央隆起,形成一条纵脊,两侧生有数根刚毛。腹部着生数列倒刺,形成突起状,可在虫道内上下蠕动。

2.2.4.2　寄主及危害特点

寄主除有百合,还有丁香、大丽花、桃等。是一种重要害虫。主要分布在我国东北。危害杨树、刺槐、糖槭、旱柳、蒿柳、家柳、臭椿、臭梧桐、白桦、怀槐、桐树、文冠果、枫树、银杏、胡桃楸、卫矛、水杉、枫杨、榆、桑、构树、悬铃木、白蜡、花椒、鼠李、连翘、丁香、紫穗槐、接骨木、沙棘等乔灌木以及苹果、梨、桃、樱桃等果树,寄主植物200余种。该蛾以幼虫在茎内钻蛀为害,蛀入时先吐丝结网将虫体隐蔽,然后边蛀食边将咬下的木屑送出,粘在丝网上,最后连缀成包,将洞口掩住。从外观可见有丝网粘满木屑缀成的木屑包。幼虫钻蛀性强,造成坑道面积较大,树木易从蛀孔处风折或难成材,易造成茎叶枯黄,影响植株的生长。

2.2.4.3　生物学特性

在辽宁大多1年1代,少数2年1代,以卵在地上或以幼虫在枝干髓部越冬。5月中旬开始孵化,初孵幼虫以腐殖质为食,6月上旬转向木本植物或杂草茎中为害。8月上旬开始化蛹,8月下旬羽化为成虫,9月进入盛期,终见于10月中旬。成虫羽化后即可交尾、产卵,昼伏夜出,卵产在地面上,以卵越冬。部分后期孵化的幼虫,或受其他干扰发育迟缓的幼虫以幼虫越冬,越冬后第2年7月上旬化蛹,8月中旬开始羽化、交尾、产卵,2年完成1代。成虫白天多悬挂于树干、下木或杂草上不动,直到日落后才开始飞翔、交尾和产卵。成虫具背光性。

2.2.4.4　防治措施

(1)园林技术措施。加强园内管理,合理施肥灌水,及时清理病残物,如黄荆、野桐等寄主植物。减少虫源。

(2)人工防治。人工剪除有虫苗木、枝条;在幼虫及蛹期,用细铅丝或竹签,沿虫道直接捅杀。

(3)生物防治。保护和利用天敌,主要有食虫鸟、捕食性步甲虫和寄生蝇等。

(4)化学防治。低龄幼虫钻蛀树干前,用20%速灭杀丁乳油2 000倍液进行地面或树干基部喷药防治,每隔7天喷药1次,连续2~3次即可;已蛀入为害的幼虫,利用上述药剂浸蘸棉球塞住虫道或沿虫道直接注入1~2 mL药剂触杀幼虫。

2.2.5　透翅蛾类

透翅蛾类属鳞翅目透翅蛾科。成虫小至中型,色彩鲜艳。翅狭长,大部分透明,外形似胡蜂类。触角棍棒状,顶端生1刺或毛丛。腹末有1个特殊的扇状鳞簇。白天飞翔活动。幼虫唇基长达头长的1/2或伸至头顶。腹足5对,前4对趾钩为单序二横带,臀足为单序单横带。

以幼虫钻蛀树干和顶芽,抑制顶芽生长,徒生侧枝,形成秃梢。蛀入树干后,被害组织增生成瘤状虫瘿,因此易造成枯萎或风折。

下面主要介绍白杨透翅蛾 *Parathrene tabaniformis* Rottenberg。

白杨透翅蛾又名杨透翅蛾,属鳞翅目透翅蛾科。

(1)形态识别(图4-22)。

取白杨透翅蛾生活史标本,观察虫态特征:

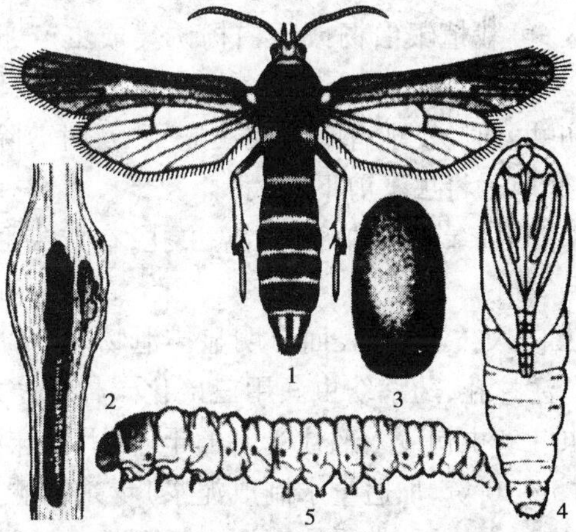

1—成虫;2—危害状;3—茧;4—蛹;5—幼虫

图4-22　白杨透翅蛾

成虫:体长11~20 mm,翅展22~38 mm。头半球形,外形似胡蜂。头和胸之间有橙黄色鳞片围绕,头顶有一束黄色毛簇,其余密布黄白色鳞片。前翅纵狭,有赭色鳞片,中室与后缘略透明。后翅透明,缘毛灰褐色。腹部圆筒形,黑色,有5条橙黄色环带。老熟幼虫体长30 mm,圆筒形。

卵:椭圆形,黑色,上有灰白色不规则多角形刻纹。

幼虫:初龄幼虫淡红色,老熟幼虫体长30~33 mm,黄白色。臀节略骨化,背面有2个深褐色的刺，略向背上前方勾起。

蛹：体长 12 ~ 23 mm，近纺锤形，褐色。腹部第 2 ~ 7 节背面各有横列的刺 2 排，第 9、10 节各具刺 1 排，腹末具臀棘。

(2)寄主及危害特点。

白杨透翅蛾分布于东北、华北、西北、华东等地。危害杨、柳科植物，以银白杨、毛白杨受害最重。幼虫危害枝干和嫩芽，由嫩芽侵入时能穿透整个组织，使嫩芽由被害处枯萎下垂或徒生侧枝，形成秃梢；如侵入侧枝和主干，则在木质部与韧皮部之间围绕枝干蛀隧道为害，形成虫瘿，极易被风折断，成残次苗或影响造林质量。

(3)生物学特性。

白杨透翅蛾多为 1 年 1 代，少数 1 年 2 代。以幼虫在枝干隧道内越冬。4 月初取食为害，4 月下旬幼虫开始化蛹，成虫 5 月上旬开始羽化，盛期在 6 月中旬到 7 月上旬，10 月中旬羽化结束。卵始见于 5 月中旬，少部分孵化早的幼虫，若环境适合，当年 8 月中旬还可化蛹，并羽化为成虫，发生第 2 代。成虫飞翔力强而迅速，夜间静伏。卵多产于叶腋、叶柄、伤口处及有绒毛的幼嫩枝条上。卵细小，不易发现。卵期 7 ~ 15 天。幼虫 8 龄。初龄幼虫取食韧皮部，4 龄以后蛀入木质部为害。幼虫蛀入后，通常不再转移。9 月底，幼虫停止取食，以木屑将隧道封闭，吐丝做薄茧越冬。

(4)防治措施。

①加强检疫。在引进或输出苗木时，严格检验，发现虫瘿要剪下烧毁，以杜绝虫源。

②园林技术措施。选择抗虫树种，合理搭配树种。如有些杂交杨树有较强的抗性。加强苗木管理。在重灾区，可栽植银白杨或毛白杨诱集成虫产卵，待幼虫孵化后彻底销毁。

③人工防治。幼虫初蛀入时，发现有蛀屑或小瘤，要及时剪除或削掉，或向虫瘿的排粪处勾、刺杀幼虫。秋后修剪时将虫瘿剪下烧毁。

④生物防治。用蘸白僵菌、绿僵菌的棉球堵塞虫孔；在成虫羽化期，用性信息素诱杀成虫，效果明显。

⑤化学防治。在幼虫侵入枝干后，表面有明显排泄物时，可用 50% 磷胺乳油20 ~ 30倍液涂一环状药带，或滴、注蛀孔，药杀幼虫。用三硫化碳棉球塞蛀孔，孔外堵塞黏泥，能杀死潜至隧道深处的幼虫。幼虫初侵入期往受害的干、枝上涂抹溴氰菊酯泥浆(2.5% 溴氰菊酯乳油 1 份，黄黏土 5 ~ 10 份，加适量水制成泥浆)毒杀初孵化的幼虫。抓住初孵幼虫尚未钻入树干的有利时机，在树干、枝干上喷洒 1:(500 ~ 1 000)的敌敌畏液，每 9 天喷 1 次，毒杀效果良好。

2.2.6　螟蛾类

螟蛾类属鳞翅目螟蛾科。成虫小至中型，体瘦长。上唇须发达，常向前伸；触角丝状。前翅狭长，或呈三角形；后翅较宽。腹基部有鼓膜器，腹端小而尖削。幼虫体细长，体上刚毛稀少，生在骨片或小型的突起上。腹足趾钩多为 2 序环，少数种类为 3 序或缺环。

幼虫喜隐蔽生活，有卷叶，钻蛀嫩梢、枝干和果实、种子等习性，以苗木及幼树受害最重。

下面主要介绍松梢螟 *Dioryctria rubella* Hampson。

松梢螟又名松梢斑螟、微红梢斑螟、松干螟、云杉球果螟、钻心虫，属鳞翅目螟蛾科。

(1)形态识别(图4-23)。

取松梢螟生活史标本，观察虫态特征：

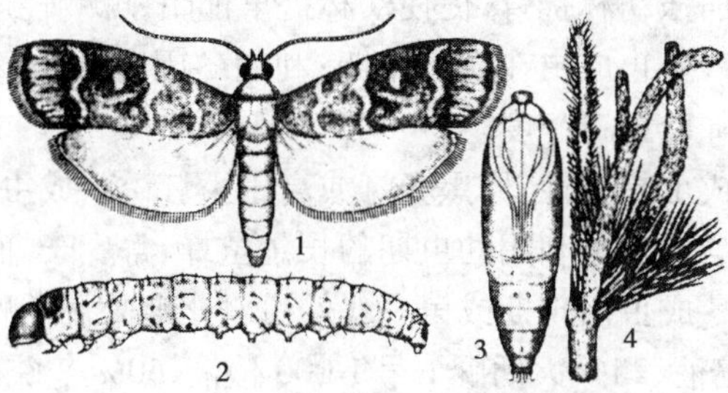

1—成虫；2—幼虫；3—蛹；4—危害状

图4-23　松梢螟

成虫：雌虫体长10～16 mm，翅展20～30 mm，雄虫略小。灰褐色。触角丝状，雄虫触角有细毛，基部有鳞片状突起。前翅暗褐色，中室端部有1个灰白色肾形斑，翅基部及白斑两侧有3条灰白色波状横带，后缘近内横线内侧有1个黄斑，外缘黑色。后翅灰白色，无斑纹。

卵：椭圆形，有光泽，长约0.8 mm，黄白色，将孵化时变为樱红色。

幼虫：体淡褐色，少数为淡绿色。头及前胸背板褐色，中、后胸及腹部各节有4对褐色毛片，背面的2对较小，呈梯形排列，侧面的2对较大。

蛹：黄褐色，体长11～15 mm。腹端有3对钩状臀棘。

(2)寄主及危害特点。

松梢螟分布于东北、华北、西北、西南及南方地区，主要危害马尾松、油松、黑松、赤松、黄山松、华山松、火炬松、湿地松、雪松等松类。以幼虫钻蛀主梢，引起侧梢丛生，树冠呈扫帚状，严重影响树木生长。幼虫蛀食球果，影响种子产量，也可蛀食幼树枝干，造成幼树死亡。

(3)生物学特性。

吉林1年1代，辽宁、北京、河南、陕西1年2代，南京1年2～3代，广西1年3代，均以幼虫在被害枯梢及球果中越冬，部分幼虫在枝干伤口皮下越冬。越冬幼虫于4月初至中旬开始活动，继续蛀食为害，向下蛀到2年生枝条内，一部分转移到新梢为害。各代出现期分别为越冬代5月中旬至7月下旬，第1代8月上旬至9月下旬，第2代9月上旬至10月中旬，11月幼虫开始越冬。各代成虫期较长，其生活史不整齐，有世代重叠现象。

成虫羽化时，蛹壳仍留在蛹室内，不外露。羽化多在11时左右，成虫昼伏夜出，有趋光性。卵散产于嫩梢针叶、凹槽、球果鳞脐或树皮伤疤处。每梢1～2粒，雌蛾产卵量最多78粒，卵期6～8天，成虫寿命3～5天。幼虫5龄，初孵化幼虫迅速爬到旧虫道内隐蔽，取食旧虫道内的木屑等。寻找新梢为害，被害处有松脂凝聚，之后蛀入髓心，形成1条长15～30 cm的蛀道。蛀孔圆形，蛀孔内堆积大量蛀屑及粪便。3龄幼虫有迁移习性，从原被害梢转移到新梢为害。老熟幼虫化蛹于被害梢虫道上端。蛹期平均16天左右。该虫多发生于郁闭度小、生长不良的4～9年生幼林中。在一般情况下，国外松受害比国内松严重，以火炬松受害最重。

(4)防治措施。

①加强林区管理。加强幼林抚育，促使幼林提早郁闭，可减轻危害；修枝时留茬要短，切口要平，减少枝干伤口，防止成虫在伤口产卵；利用冬闲时间，组织人员摘除被害干梢、虫果，集中处理，可有效降低虫口密度。

②诱杀成虫。利用成虫趋光性，用黑光灯或高压汞灯诱杀成虫。

③保护和利用天敌。保护和利用幼虫期的长足茧蜂、寄生于蛹的广大腿蜂。

④药剂防治。于越冬成虫出现期或第一代幼虫孵化期采用杀螟松乳油1 000倍液或30%桃小灵乳油2 000倍液、25%灭幼脲1号1 000倍液、50%辛硫磷乳油1 500倍液喷雾防治。

2.2.7　杨干象 *Cryptorrhynchus lapathi* Linnaeus

杨干象又名杨干隐喙象，属鞘翅目象虫科。

2.2.7.1　形态识别(图4-24)

取杨干象生活史标本，观察虫态特征：

成虫：体长8～10 mm，长椭圆形，黑褐色；全体密被灰褐色鳞片，其间散生白色鳞片，形成不规则横带；前胸背板两侧和鞘翅后端1/3处及腿节上的白色鳞片较密；黑色毛束在喙基部有3个横列，前胸背板前方2个、后方3个，鞘翅第2及第4刻点沟间部6个。喙弯曲，中央具1条纵隆线；前胸背板短宽，前端收窄，中央有1条细纵隆线；鞘翅后端1/3向后倾斜，逐渐收缩成1个三角形斜面。臀板末端雄虫为圆形，雌虫为尖形。

卵：椭圆形，长1.3 mm，宽0.8 mm。乳白色。

幼虫：老熟幼虫体长约9 mm，乳白色，全体疏生黄色短毛。头部黄褐色，前缘中央有2对刚毛，侧缘有3个粗刚毛，背面有3对刺毛。胸足退化，退化痕迹处有数根黄毛。气门黄褐色。

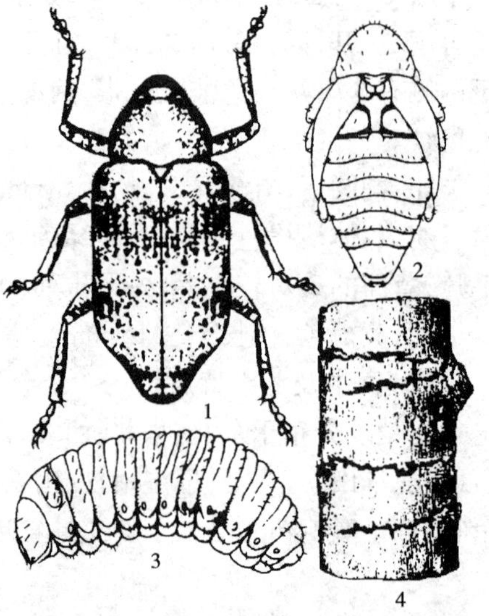

1—成虫；2—蛹；3—幼虫；4—危害状

图4-24　杨干象

蛹：体长8～9 mm，乳白色。前胸背板有数个刺突，腹部背面散生许多小刺，末端具1对向内弯曲的褐色小钩。

2.2.7.2　寄主及危害特点

杨干象分布于东北及陕西、甘肃、新疆、河北、山西、内蒙古。寄主多为杨柳科树种，以杨树为主，主要危害甜杨、小黑杨、北京杨、桤木和矮桦，是杨树的毁灭性害虫。幼虫取食木栓层，然后逐渐深入韧皮部及木质部之间，环绕树干蛀食，形成圆形坑道，蛀孔处的树皮常裂开呈刀砍状，部分掉落而形成伤疤。该虫被列入全国林业检疫性有害生物名单。

2.2.7.3　生物学特性

1年1代，以卵或1龄幼虫在寄主枝干上越冬。翌年4月中旬越冬幼虫开始活动，卵也相继孵化。幼虫先在韧皮部和木质部之间蛀食为害,后蛀成圆形坑道,蛀孔处的树皮常裂开如刀砍状,部分掉落而形成伤疤。5月中、下旬在坑道末端向上钻入木质部,做成蛹室,6月中旬开始羽化。羽化后经6~10天爬出羽化孔,羽化盛期在7月中旬,7月末羽化终了。成虫到嫩枝条或叶片上补充营养,形成针刺状小孔,7月下旬开始交尾产卵,卵多产在树干2 m以下的叶痕、枝痕、树皮裂缝、棱角、皮孔处,雌虫一次产卵1粒,平均卵量44粒,卵期14~21天,当年孵化的幼虫,将卵室咬破,不取食,在原处越冬,部分后期产下的卵,不孵化,在卵室内越冬。

2.2.7.4　防治措施

(1)加强检疫。加强对苗圃3年生大苗严格检疫,对幼林地及时进行跟踪检疫,对林地周围杨树做到全面监测,及时发现,及时预防,及时消灭虫源地。

(2)栽培抚育防治。采用多树种混合栽植,营造混交林。因地制宜选择抗性强的树种,加强抚育管理,清理林木病虫枝,增强通风透光,创造有利于林木生长和天敌繁衍的生态条件,控制病虫害的发生,增强林木自控能力。

(3)人工防治。在成虫期,利用成虫震落下地后的假死性,进行人工捕杀,或在初孵幼虫期用刀片将虫挖出后消灭。

(4)生物防治。保护鸟类天敌,采取人工招引啄木鸟等,以保护和促进其天敌资源,抑制虫害的发生。

(5)药剂防治。在幼虫2~3龄时,采用2.5%溴氰菊酯乳油或20%氰戊菊酯乳油30~50倍液点涂枝干受害部位防治,或用100~200倍液喷干防治。对老龄幼虫采用磷化铝颗粒剂塞入排粪孔防治,剂量0.05 g/孔。在成虫期用25%灭幼脲油剂、15%~25%灭幼脲油胶悬剂,或1%抑食肼油剂进行喷雾防治,可以降低产卵量。

学习任务3　园林植物吸汁害虫及防治

【学习场所】

植保实训室、理实一体化教室、校内外实训基地、园林植物生产棚室、植物园等。

【学习形式】

以班级为单位组织教学。教师通过吸汁害虫各类标本、多媒体课件演示、视频资源、讲授等引领方式,按照工作任务流程,使学生熟悉园林常见吸汁害虫的形态特征、生物学特性和发生规律,提出吸汁害虫的识别及防治计划。实施过程中分小组进行讨论交流,最后通过让学生独立完成任务,能够根据吸汁害虫的危害状或形态特征准确地进行当地典型吸汁害虫的识别及其种类的鉴定,有效制订综合防治方案并付诸实施,达到识虫治虫的目的。

【实训用品与材料】

蚧类(吹绵蚧、松突圆蚧、日本松干蚧、紫薇绒蚧等)、蚜类(桃蚜、棉蚜、绣线菊蚜、月季长管蚜等)、蝽类(梨网蝽、杜鹃冠网蝽)、粉虱木虱类(黑刺粉虱、石楠盘粉虱、梧桐木虱、合欢木虱)、蓟马类(花蓟马)、螨类(榆全爪螨、山楂红蜘蛛、柑橘红蜘蛛)等重要吸汁害虫生活史标本、浸渍标本、针插标本及危害状标本或彩色挂图。

体视解剖镜、体视显微镜、放大镜、镊子、挑针、小剪刀、解剖针、泡沫板、喷雾器、农药等。

【辅助学习资源】

◆ 吸汁害虫多媒体课件

◆ 吸汁害虫及防治视频影像资料

◆ 中国园林网 http://www.yuanlin.com

◆ 中国林业网 http://www.forestpry.gov.cn

◆ 中国森防信息网 http://www.forestpest.org

吸汁害虫是指成、若虫以刺吸或锉吸式口器取食植物汁液为害的昆虫，是园林植物害虫中较大的一个类群，其中以刺吸口器害虫种类最多。常见的吸汁害虫有同翅目的蚧类、蚜类、木虱类、粉虱类，半翅目的蝽类，缨翅目的蓟马，蜱螨目的螨类等。其发生特点如下：一是以刺吸式口器吸取幼嫩组织的养分，导致枝叶枯萎；二是发生代数多，高峰期明显；三是个体小，繁殖力强，发生初期危害状不明显，易被人忽视；四是扩散蔓延迅速，借风力、苗木传播到远方；五是多数种类为媒介昆虫，可传播病毒病和植原体病害。

3.1 蚧类

蚧类属同翅目蚧总科，又称介壳虫，体型微小。园林植物上的介壳虫种类很多，据估计有700多种。植物的根、茎、叶、果等部位都有不同种类的介壳虫寄生。树木被害后，树势衰弱，生长不良，树叶枯黄，芽梢枯萎。在园林植物上常见的有吹绵蚧、松突圆蚧、日本松干蚧、紫薇绒蚧等。

3.1.1 吹绵蚧 *Icerya purchasi* Maskell

吹绵蚧又名绵团蚧、白条蚧，属同翅目蛛蚧科。

3.1.1.1 形态识别

取吹绵蚧生活史标本，观察虫态特征：

成虫：雌成虫体长4~7 mm，橘红色，椭圆形，腹面扁平，背面隆起，呈龟甲状；体外被有黄白色的蜡质粉，腹末具白色U形卵囊，甚小，随产卵而增大，卵囊表面有脊状隆起线15条。雄成虫体小细长，橘红色，体长2.9 mm，黑色前翅长而狭，翅展6 mm，口器退化；腹部8节，末节具肉质状突2个，其上各长毛3根；黑色触角10节，各节轮生刚毛。

卵：长0.65 mm、宽0.29 mm，长椭圆形，初产橙黄色，日久渐变橘红色。

若虫：体椭圆形，触角、复眼和足均为黑色。初孵若虫橘红色，长0.66 mm，体外覆盖黄白色蜡粉及蜡丝。2龄后雌雄异形，2龄雌若虫体椭圆形、橘红色，长2 mm，背面隆起，散生黑色细毛；雄若虫体狭长，体被薄蜡粉。3龄雌若虫体毛更长，长3~3.5 mm，体色暗淡。

蛹：仅雄虫有蛹，椭圆形，橘红色，长2.5~4.2 mm，宽1~1.4 mm，腹末凹入呈叉状。预蛹和蛹皆藏于白色椭圆形茧内。

3.1.1.2 寄主及危害特点

我国除西北外，各地都有分布。主要危害金橘、佛手、海桐、月季、桂花、含笑、山茶、棕榈、牡丹、柠檬、常春藤、海棠、鞭蓉、石榴等250多种植物,以成、若虫群集在植物的叶背、嫩芽、新梢及枝条上吸食汁液造成危害。发生严重时,叶色发黄,造成落叶和枝梢枯萎,以致整株枯死,即使尚存部分枝条,亦因其排泄蜜露,诱发煤污病,致使被害部位一片灰黑,严重影响观赏价值。

3.1.1.3　生物学特性

每年发生代数各地不一,一般1年2~4代。我国南部多数1年3~4代,长江流域1年2~3代,华北1年2代。以若虫、成虫或卵越冬。发生期不整齐,世代重叠严重。

初孵若虫活跃,1、2龄若虫向树冠外层迁移,多寄居于新梢及叶背的叶脉两旁。2龄后,渐向大枝及主干爬行。成虫喜群集于主梢阴面、枝叉、枝条及叶片上等处吸取树液,并营囊产卵,雌虫在原地不再移动。2龄雄若虫在枝条裂缝、杂草等处结茧化蛹,雄虫数量不及雌虫的1%,营两性生殖或孤雌生殖。每雌产卵数百粒,最多达2 000粒。温暖高湿气候有利于该虫发生危害,过于干旱及霜冻天气对其不利;在木麻黄林内多发生在林木过密、潮湿、通风透光性差的地方,每年4、5月间发生数量最多。由于其若虫和成虫均分泌蜜露,常导致被害林木发生煤污病。天敌种类很多,主要有澳大利亚瓢虫、大红瓢虫、红环瓢虫等。

3.1.1.4　防治措施

(1)园林技术防治。冬季植株修剪及清园,并保持植株生长地通风透光,可减轻虫口危害。

(2)人工防治。随时检查,用手或用镊子捏去雌虫和卵囊,或剪去虫枝、叶。

(3)生物防治。保护和利用天敌昆虫,例如澳大利亚瓢虫、大红瓢虫,因其捕食作用强,可以达到有效的抑制作用。另外,尚有小红瓢虫、黑缘红瓢虫、红环瓢虫等。

(4)化学防治。在初孵若虫活动期,可喷施50%杀螟松乳油,或40%氧化乐果,或25%喹硫磷乳油各1 000倍液;每隔10天喷1次,连续喷2~3次;冬季可选用波美度3~5石硫合剂,或10倍液的松脂合剂,均有良好效果。

3.1.2　松突圆蚧 *Hemiberlesia pitysophila* Takagi

松突圆蚧又名松栉圆盾蚧、松节盾蚧,属同翅目盾蚧科。

3.1.2.1　形态识别(图4-25)

取松突圆蚧生活史标本,观察虫态特征:

成虫:雌成虫体梨形,淡黄色;体长0.7~1.1 mm,体外被有介壳,雌介壳圆形或椭圆形,灰白色或浅灰黄色,背面稍隆起,壳点位于中心或略偏,介壳上有3圈明显轮纹;雌成虫2~4腹节侧边稍突出;触角疣状,上有毛1根。雄成虫橘黄色,长约0.8 mm,翅1对,膜质,上有翅脉两条,体末端交尾器发达,长而稍弯曲。

卵:椭圆形,无雕刻纹,长约0.35 mm,宽约0.14 mm。卵壳白色透明,其表面有细颗粒。在卵巢中为淡黄色,不透明。雌虫产卵于腹膜内,卵表面被有细小分泌物。

若虫:若虫泌蜡,蜡丝封盖全身后增厚变白,形成圆形介壳。触角呈不规则的圆锥形。

雄蛹:预蛹黄色,棒锤状,后端略小,长约0.72 mm,宽约0.40 mm,前端出现眼点。在前蛹期出现了一些成虫器官芽体,如触角、复眼、翅、足和交配器。蛹淡黄色,棒锤状,长约0.75 mm,宽约0.41 mm。触角、足及交配器淡黄色而稍显透明。口器完全消失。

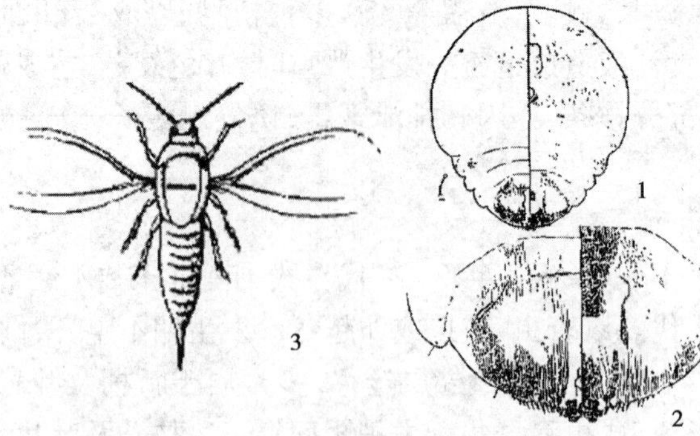

1—雌成虫;2—雌成虫臀板;3—雄成虫

图 4-25　松突圆蚧

3.1.2.2　寄主及危害特点

松突圆蚧主要危害马尾松、湿地松、加勒比松、黑松等松属植物,其中马尾松受害最重。以若虫及雌成虫刺吸针叶、嫩梢、新鲜球果果鳞的汁液造成危害,受害处变色发黑,缢缩或腐烂。一般在老叶的基部虫口最多,可造成大量针叶枯黄脱落,影响松树生长,植株连续几年受害,可引起全株死亡。

3.1.2.3　生物学特性

该虫在广东 1 年 5 代,以 4 代为主。每年的 3 ~5 月是该蚧发生的高峰期,9 ~11 月为低峰期。3 月中旬至 4 月中旬为第 1 代若虫出现的高峰期,以后各代依次为 6 月初至 6 月中旬,7 月底至 8 月中旬,9 月底至 11 月中旬。3 ~6 月是全年虫口密度最大、危害最严重时期。世代重叠,同一时期可见各虫态的蚧虫。以成虫和若虫越冬,越冬种群中以 2 龄若虫为主。自然传播依靠初孵若虫随风力传播。远距离传播以成虫、若虫、卵随盆景、苗木、球果、新鲜枝丫的调运而传播。天敌种类很多,主要有红点唇瓢虫、圆果大赤螨、花角蚜小蜂等。

3.1.2.4　防治措施

(1)检疫控制措施。要严禁疫区或疫情发生区内的苗木、盆景或特殊用苗及松属植物的枝条、针叶和鲜球果等调出,疫区或疫情发生区内砍伐的原木或枝丫一律就地作薪炭材、纸浆材使用,或就地销毁。原木调运要作剥皮处理。

(2)营林技术措施。在该蚧虫危害的松林应适当进行修枝间伐,保持冠高比为 2∶5,侧枝保留 6 轮以上,以降低虫口密度,增强树势。修剪下的带蚧枝条要集中销毁。

(3)人工防治。随时检查,用手或镊子捏去雌虫和卵囊,或剪去虫枝、叶。

(4)生物防治。在疫情发生区,采用林间繁殖花角蚜小蜂种蜂,在林间人工释放就地繁育的种蜂,并加强对当地天敌的保护和促进,实现可持续控制该蚧的目标。

(5)化学防治。采用 50% 杀扑磷、25% 喹硫磷药剂 50 倍液,防治效果均达 80% 以上,对雌蚧的杀伤力也远优于其他农药。使用松脂柴油乳剂可在 10 ~11 月进行飞机喷洒,或在 4 ~5 月地面喷洒。

3.1.3　日本松干蚧 *Matsucoccus matsumurae* (Kuwana)

日本松干蚧又名赤松干蚧、松干蚧、松干介壳虫,属同翅目珠蚧科。

3.1.3.1　形态识别(图 4-26)

取日本松干蚧生活史标本,观察虫态特征:

成虫:雌雄异性。雌成虫体长 2.5 ~ 3.3 mm,卵圆形,橙褐色,体壁柔弱,体节不明显,头端较窄,腹端肥大,胸足 3 对,腹部末端钝圆,有一纵裂 A 形生殖孔。雄虫体长 2 mm,头、胸部黑褐色,腹部淡褐色。前翅发达,半透明,具有明显的羽状纹,后翅退化成平衡棒,触角丝状,10 节。腹部第 8 节背面有一马蹄形的硬片,其上生有柱状管腺 10 ~ 18 根,分泌白色长蜡丝。腹末有一个钩状的交尾器。

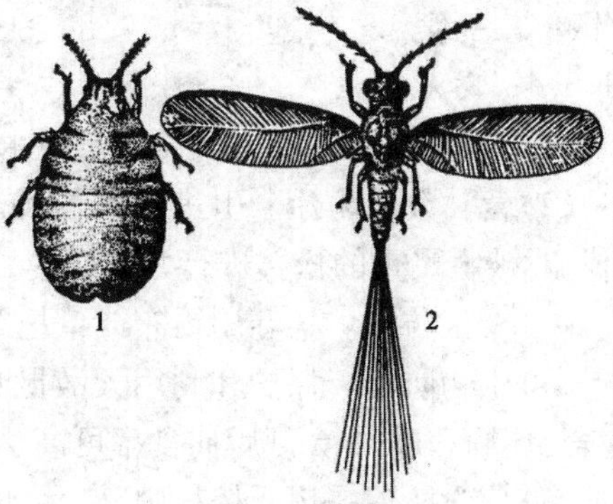

1—雌成虫;2—雄成虫

图 4-26　日本松干蚧

卵:长约 0.24 mm,宽约 0.14 mm。椭圆形,初产时黄色,后变为暗黄色,孵化前卵的一端可透见 2 个黑色眼点。

若虫:初孵若虫长 0.26 mm,长椭圆形,橙黄色,胸足发达,腹末有长短尾毛各 1 对。1 龄寄生若虫梨形或心脏形,橙黄色。2 龄无肢若虫触角和足消失,口器特别发达,虫体周围有长的白色蜡丝。3 龄雄若虫长椭圆形,口器退化,触角和胸足发达,外形与雌成虫相似。

蛹:雄蛹包被于椭圆形白色小茧中,分预蛹和蛹两个时期,预蛹与雌若虫相似,胸背隆起,形成翅芽。蛹头部淡褐色,眼器紫褐色,跗肢灰白色。腹部 9 节,褐色,末端呈圆锥形。

3.1.3.2　寄主及危害特点

日本松干蚧主要危害赤松、油松、马尾松,也危害黄山松、千山赤松及黑松等,5 ~ 15 年生松树受害最重。松树被害后生长不良,树势衰弱,针叶枯黄,芽梢枯萎,皮层组织破坏形成污烂斑点,树皮增厚硬化,卷曲翘裂。

3.1.3.3　生物学特性

1 年 2 代,以 1 龄寄生若虫越冬或越夏,各代的发生期因气候而异。成虫第 1 次集中出现在 5 月中旬至 6 月上旬。第 2 次集中出现在 8 月上旬至 9 月中旬。若虫每个世代各有一次隐蔽期和显露期。越冬代(第 2 代)若虫的隐蔽期,自 9 月上旬开始,到翌年 3 月下旬及 4 月上旬。4 月中旬至 6 月上旬为越冬代若虫的显露期,此期各虫态均大量出现,比较集中。第 1 代若虫的隐蔽期在 6 月上旬至 8 月上旬,显露期在 7 月下旬至 9 月中旬。此期各虫态参差不齐。3 龄雄若虫经结茧化蛹羽化为成虫;雌若虫最后一次脱皮后即为成虫。

成虫一般在晴朗、气温高的天气羽化数量较多,雄成虫羽化后,多沿树干爬行或作短距离飞行,寻觅雌成虫交尾。雌成虫交尾后,第 2 天开始产卵于轮生枝节、树皮裂缝、球果鳞片、新梢基部等处,雌虫分泌丝质包裹卵形成卵囊。孵出若虫沿树干上爬活动 1 ~ 2 天后,即潜于树皮裂缝和叶腋等处固定寄生,成为寄生若虫。此时虫体小,隐蔽,难发现与识别。寄生若虫脱皮后,触角和足等附肢全部消失,雌、雄分化,虫体迅速增大而显露于皮缝外,是为害最严重的时期。日本松干蚧天敌种类很多,如异色瓢虫、蒙古光瓢虫、盲螟蛉、松干蚧花蝽等。

3.1.3.4 防治措施

(1)植物检疫。严禁疫区苗木、原木向非疫区调运。

(2)营林技术防治。引进抗虫树种。对长势好、虫口密度小的松林,及时进行修枝、间伐;对被害严重的松林进行营林改建,适当补植阔叶树,大力营造针阔叶混交林。

(3)人工防治。早春用粗布或草把等抹杀树干周围的初孵若虫。

(4)生物防治。保护和利用天敌昆虫,如红点唇瓢虫,其成虫、幼虫均可捕食此蚧的卵、若虫、蛹和成虫;6月后捕食率可高达78%。此外,还有寄生蝇和捕食螨等。

(5)化学防治。树干树枝喷药,用40%乐果乳油、50%马拉硫磷乳油、40%亚胺硫磷乳油、80%磷胺乳油、50%甲胺磷乳油500~1 000倍液或80%敌敌畏1 000~1 500倍液喷杀初孵若虫;用50%杀虫净油剂超低容量喷杀1龄寄生若虫;根施3%陕哺丹颗粒剂,每株150~300 g;用波美度1~1.5石硫合剂,喷杀雄茧蛹。

3.1.4 紫薇绒蚧 *Eriococcus legerstroemiae* Kuwana

紫薇绒蚧又名石榴毡蚧、紫薇绒粉蚧,属同翅目绒蚧科。

3.1.4.1 形态识别

取紫薇绒蚧生活史标本,观察虫态特征:

成虫:雌成虫卵圆形,暗红色,体长3 mm,外有白色绒质介壳包裹。雄成虫紫红色,长1.3 mm。

卵:长约0.25 mm,卵圆形,紫红色。

若虫:长0.6 mm,椭圆形,紫红色,虫体周缘有刺突。

蛹:雄蛹紫褐色,长卵圆形,外包以袋状绒质白色茧。

3.1.4.2 寄主及危害特点

该虫在中国许多地区均有发生,尤其在华北、华中地区,已成为园林植物的重要害虫。危害紫薇、石榴等花木,主要以若虫、雌成虫聚集于小枝叶片主脉基部和芽腋、嫩梢或枝干等部位刺吸汁液,常造成树势衰弱,生长不良;而且其分泌的大量蜜露会诱发严重的煤污病,会导致叶片、小枝呈黑色,失去观赏价值。如虫口密度过大,枝叶会发黑,叶片早落,开花不正常,甚至全株枯死。

3.1.4.3 生物学特性

该虫发生代数因地区而异,1年2~4代;如北京地区一年2代,上海1年3代,山东1年4代。绒蚧越冬虫态有受精雌虫、2龄若虫或卵等,各地不尽相同,通常在枝干的裂缝内越冬。每年的6月上旬至7月中旬以及8月中、下旬至9月为若虫孵化盛期,但像上海、山东等1年3~4代的地区,在3月底4月初就能发现第1代若虫危害。绒蚧在温暖高湿环境下繁殖快,干热对它的发育不利。

3.1.4.4 防治措施

(1)园林技术防治。冬季植株修剪及清园,消灭在枯枝落叶杂草与表土中越冬的虫源。

(2)人工防治。虫量少时,可用麻布刷、钢刷等工具刷去虫体,清除卵囊,集中销毁;于早春若虫上树前,在树干离地约60 cm处,缠绕一周30~40 cm宽的光滑塑料薄膜带,或涂 20 cm 宽的粘虫胶，阻止若虫上树，及时伐除严重被害树并烧毁处理。

（3）生物防治。保护和利用天敌昆虫，例如红点唇瓢虫，其成虫、幼虫均可捕食此蚧的卵、若虫、蛹和成虫；6 月后捕食率可高达 78%。此外，还有寄生蝇和捕食螨等。

（4）化学防治。对发生严重的地区，可在早春萌芽前喷洒波美度 3 ~ 5 石硫合剂，杀死越冬若虫。苗木生长季节，要抓住若虫孵化期用药，可喷洒 40% 速蚧克（速扑杀）乳油 1 500 倍液，或 48% 毒死蜱乳油（乐斯本）1 200 倍液，或 40% 氧化乐果乳油 1 000 倍液，或 50% 杀螟松乳油 800 倍液等。

3.2　蚜类

蚜类属同翅目蚜总科，为小型多态昆虫，同种有无翅型和有翅型。腹部有一对管状突起称“腹管”，末节背板和腹板分别形成尾片和尾板。繁殖方式有两性生殖和孤雌生殖，卵生或卵胎生。蚜虫的直接危害是刺吸汁液，使叶片褪色、卷曲、皱缩，甚至发黄脱落，形成虫瘿等症状。同时，排泄蜜露诱发煤污，其间接危害是传播多种病毒，引起病毒病。在园林植物上常见的有桃蚜、绣线菊蚜、月季长管蚜、棉蚜、菊小长管蚜等。

3.2.1　桃蚜 *Myzus persicae* Suzer

桃蚜又名烟蚜、桃赤蚜、菜蚜、温室蚜，俗称赋虫，属同翅目蚜科。

3.2.1.1　形态识别（图 4-27）

取桃蚜生活史标本，观察虫态特征：

成虫：分有翅和无翅两种。无翅胎生雌蚜体长约 2 mm，黄绿色或赤褐色，卵圆形。复眼红色，额瘤显著，腹管较长，圆柱形。有翅胎生雌蚜体型及大小似无翅蚜，头及中胸黑色，腹部深褐色、绿色、黄绿或赤褐色，腹背有黑斑。

卵：卵体较小，长约 1 mm，椭圆形，初为绿色后变黑色。

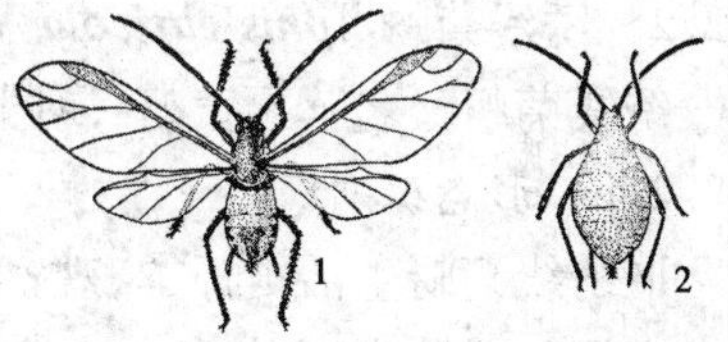

1—有翅胎生雌蚜；2—无翅胎生雌蚜

图 4-27　桃蚜

若虫：若蚜和无翅成蚜相似，身体较小，淡红色或黄绿色。

3.2.1.2　寄主及危害特点

桃蚜分布广泛，是植物上危害最普遍的一种蚜虫。除危害百合外，还危害万寿菊、香石竹、蔷薇、樱花、晚香玉、梅、瓜叶菊、木芙蓉、玫瑰、鸡冠花、报春花等花卉。

主要是以成虫、若虫为害，刺吸枝、叶的汁液，使被害叶向背面做不规则的卷曲，导致枝枯叶黄。同时，该蚜虫也是传播病毒病的主要传播媒介。

3.2.1.3　生物学特性

桃蚜发生的代数各地不同。北方 1 年 20 多代，南方 1 年 30 ~ 40 代。各虫态均可越冬，主要是在桃、十字花科的花及蔬菜上越冬，春季条件适宜时产生有翅蚜迁出，3 ~ 6 月主要在百合上为害，当百合现蕾及成熟后，又产生有翅蚜迁出，在菊花和茄子等植物上为害，随后再转到小白菜和芥菜上为害，10 月后产卵越冬。成虫及若虫群集叶片背面及嫩梢吸取汁液为害。被害叶片向背面卷曲、皱缩。冬季温暖，春暖早，雨水均匀的年份发生严重，高温高湿不利发生。春末夏初及秋季是桃蚜为害严重的季节。

桃蚜的天敌很多,如蚜茧蜂、瓢虫、食蚜蝇、草蛉、小花蝽和蚜霉菌等。作用较大的有菜蚜茧蜂和烟蚜茧蜂等寄生性天敌,以及异色瓢虫、龟纹瓢虫等捕食性天敌。

3.2.1.4 防治措施

(1)园林技术措施。加强田间管理,结合园林抚育、花圃管理、清洁圃地、铲除杂草,清除虫源植物,并集中烧毁,防止扩散。

(2)物理防治。利用涂有黄色和胶液的纸板或塑料板,诱杀有翅蚜虫;采用铝箔或银白色反光锡纸,拒避迁飞的蚜虫。

(3)保护和利用天敌。蚜虫的天敌很多,应注意保护利用。如蚜茧蜂、瓢虫、食蚜蝇、草蛉、小花蝽和蚜霉菌等。瓢虫、草蛉等天敌已能大量人工饲养后适时释放。另外,蚜霉菌等亦能人工培养后稀释喷施。

(4)预测预报。蚜虫的防治关键时期是第1代若虫为害期及为害前期。鉴于蚜虫繁殖快,世代多,经常成灾的可能性大,因此蚜虫的测报显得十分重要。

(5)化学防治。可于寄主植物休眠期,喷洒石硫合剂晶体100倍液或波美度3~5石硫合剂,消灭芽腋和皱缝处的越冬卵;在大发生期喷洒50%灭蚜松乳油1 000~1 500倍液或50%抗蚜威可湿性粉剂1 000~1 500倍液、2.5%溴氰菊酯乳油3 000~5 000倍液、10%吡虫啉可湿性粉剂2 000~2 500倍液、40%氧化乐果乳油1 000~1 500倍液。盆栽植物可根埋15%铁灭克颗粒剂2~4 g(根据盆大小决定用药量)或8%氧化乐果颗粒剂。施药后覆土浇水。在树木上亦可打孔注射或刮去老皮涂药环。

3.2.2 绣线菊蚜 *Aphis citricola* Van der Goot

绣线菊蚜又名苹果黄蚜,属同翅目蚜科。

3.2.2.1 形态识别

取绣线菊蚜生活史标本,观察虫态特征:

无翅孤雌胎生蚜:体长约1.7 mm,宽约0.95 mm。体近纺锤形,多为黄色,有时黄绿或绿色。头浅黑色,具10根毛。口器、腹管、尾片黑色。体表具网状纹,体侧缘瘤馒头形,体背毛尖;腹部各节具中毛1对,除第1和第8节有1对缘毛外,第2~7节各具2对缘毛。触角6节,丝状,无次生感觉圈,短于体躯,基部浅黑色,3~6节具瓦状纹。尾板端圆,生毛12~13根,腹管长,亦生瓦状纹。

有翅孤雌胎生蚜:体长约1.5 mm,翅展4.5 mm左右。体近纺锤形,头、胸、口器、腹管、尾片均为黑色,腹部绿、浅绿、黄绿色,复眼暗红色,口器黑色,伸达后足基节窝,触角丝状6节,较体短,第3节有圆形次生感觉圈6~10个,第4节有2~4个,体两侧有黑斑,并具明显的乳头状突起。尾片圆锥形,末端稍圆,有9~13根毛。

卵:椭圆形,长径约0.5 mm,初产浅黄色,渐变黄褐、暗绿色,孵化前漆黑色,具光泽。

若虫:鲜黄色,复眼、触角、足、腹管黑色。无翅若蚜体肥大,腹管短。有翅若蚜胸部较发达,具翅芽。

3.2.2.2 寄主及危害特点

绣线菊蚜在我国各地均有分布。主要危害白玉兰、广玉兰、榆叶梅、樱花、银柳、柑树、脐橙、海棠、苹果、含笑、海桐、石楠、南蛇藤、枇杷和绣线菊等80余种。以成、若蚜群集危害新梢、嫩芽和新叶,受害叶片向背面横卷。

3.2.2.3　生物学特性

1年10余代,以卵在枝杈、芽旁及皮缝处越冬。翌春寄主萌动后越冬卵孵化为干母,4月下旬于芽、嫩梢顶端、新生叶的背面为害10余天即发育成熟,开始进行孤雌生殖直到秋末,只有最后1代进行两性生殖,无翅产卵雌蚜和有翅雄蚜交配产卵后越冬。为害前期因气温低、繁殖慢,多产生无翅孤雌胎生蚜;5月下旬开始出现有翅孤雌胎生蚜,并迁飞扩散;6~7月繁殖最快,枝梢、叶柄、叶背布满蚜虫,是虫口密度迅速增长的为害严重期,致叶片向叶背横卷,叶尖向叶背、叶柄方向弯曲。8~9月雨季虫口密度下降,10~11月产生有性蚜交配产卵,一般初霜前产下的卵均可安全越冬。天敌有瓢虫、草蛉、食蚜蝇、蚜茧蜂等。

3.2.2.4　防治措施

参考桃蚜。

3.2.3　月季长管蚜 *Macrosiphoniella rosivorum* Zhang

月季长管蚜属同翅目蚜科。

3.2.3.1　形态识别(图4-28)

取月季长管蚜生活史标本,观察虫态特征:

成虫:无翅胎生雌蚜体长4.2 mm,长卵形,头部土黄或浅绿色,胸、腹部草绿色,少数橙红色。额瘤隆起外倾。腹管长圆筒形,尾片长圆锥形,有曲毛7~9根。有翅胎生雌蚜体长3.5 mm,长卵形,草绿色,中胸土黄色。第8腹节有块横带斑。尾片有曲毛9~11根。其他与无翅胎生雌蚜相似。

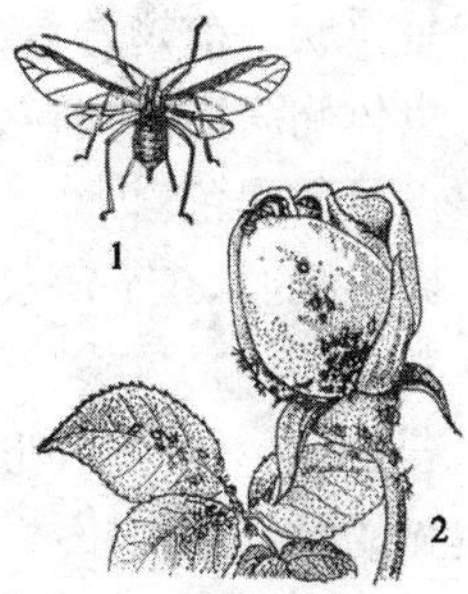

1—成虫;2—危害状

图4-28　月季长管蚜

若虫:初孵若蚜体长1.0 mm左右,初孵出时白绿色,渐变为淡黄绿色。

3.2.3.2　寄主及危害特点

月季长管蚜分布于东北、华北、华东、华中等地。危害月季、野蔷薇、玫瑰、丰花月季、藤本月季、百鹃梅、七里香、梅花等。以成虫、若虫群集于寄主植物的新梢、嫩叶、花梗和花蕾上刺吸为害。植物受害后,枝梢生长缓慢,花蕾和幼叶不易伸展,花朵变小,并且诱发煤污病,使枝叶变黑,严重影响观赏价值。

3.2.3.3　生物学特性

1年10~20代,以成蚜和若蚜在月季、蔷薇的叶芽和叶背上越冬。营孤雌生殖。无翅胎生雌蚜4月初开始发生,4月中、下旬至5月发生数量和被害株数均明显增多。7~8月高温天气对其不适宜,9~10月发生量又增多。平均气温在20 ℃左右,气候又比较干燥时,利于其生长和繁殖。

3.2.3.4　防治措施

参考桃蚜。

3.3　蝽类

蝽类属半翅目。体小至大型。体扁平而坚硬。触角线状或棒状,前翅为半鞘翅。该类害虫刺吸寄主植物汁液,被害的叶片常变色,引起落叶、落花,会使花木生长衰弱。危害园林植物的蝽类主要有网蝽科的梨网蝽、杜鹃冠网蝽,蝽科的荔枝蝽,盲蝽科的绿盲蝽,缘蝽科的瓦同缘蝽等。其中危害园林植物普遍而严重的种类有梨网蝽、杜鹃冠网蝽。

3.3.1 梨网蝽 *Stephanitis nashi Esaki et* Takeya

梨网蝽又名梨冠网蝽、梨军配虫，属半翅目网蝽科。

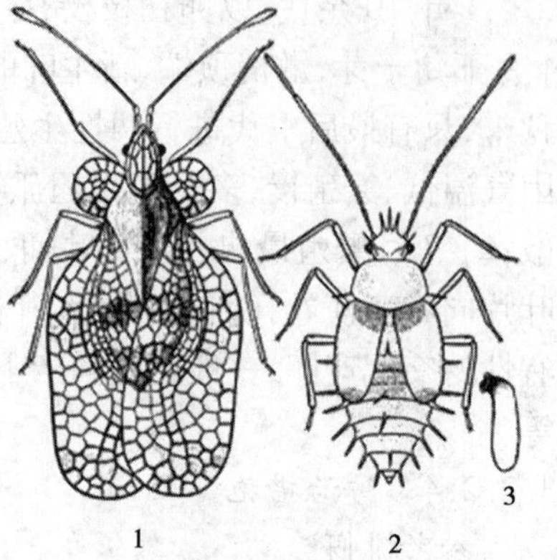

1—成虫；2—若虫；3—卵

图 4-29 梨网蝽

3.3.1.1 形态识别(图 4-29)

取梨网蝽生活史标本，观察虫态特征：

成虫：体长约 3.5 mm，外形似成虫，扁平，黑褐色。头小，复眼暗黑色，触角丝状，翅上布满网状纹。前胸背板隆起，向后延伸呈扁板状，盖住小盾片，两侧向外突出呈翼状。前翅合叠，其上黑斑构成“X”形黑褐斑纹。虫体胸腹面黑褐色，有白粉。腹部金黄色，有黑色斑纹。足黄褐色。

卵：长约 0.6 mm，长椭圆形，一端弯曲，初淡绿色，后淡黄色。

若虫：共 5 龄。外形似成虫，初孵若虫乳白色，最后变成深褐色。翅芽明显，身体两侧有明显的锥状刺突。

3.3.1.2 寄主及危害特点

梨网蝽分布广泛。主要危害月季、海棠、杜鹃、梅花、樱花、含笑、茶花、茉莉、蜡梅、桑、泡桐、桃、苹果等花木。成、若虫在叶背吸食汁液，被害叶正面形成苍白点，叶片背面有褐色斑点状虫粪及分泌物，使整个叶背呈锈黄色，严重时被害叶早落。

3.3.1.3 生物学特性

世代数因地而异，华北 1 年 3 ~4 代，华中和华南 1 年 5 ~6 代，以成虫在树皮裂缝、枯枝落叶、杂草丛中或土块缝隙中越冬。翌年 4 月上、中旬，越冬成虫开始活动。4 月下旬开始产卵，卵产在叶背组织里，上面覆有黄褐色胶状物。有世代重叠现象，在 7 ~9 月危害严重。10 月中、下旬以后成虫开始越冬。

3.3.1.4 防治措施

(1)园林技术措施。冬季彻底清除杂草、落叶，集中烧毁，减少虫源，可有效降低虫口密度。深翻园地土壤。对茎干较粗并较粗糙的植株，涂刷白涂剂。注意通风透光，合理安排水肥，增强树势，创造不利于该虫的生活条件。

(2)绑草诱集越冬成虫。利用梨网蝽在杂草上越冬的习性，于成虫越冬前在花木基干束草，诱集越冬成虫。

(3)生物防治。利用和保护天敌，草蛉、蜘蛛、蚂蚁等都是蝽类的天敌。如释放军配盲蝽防治，根据害虫的虫口密度确定释放比例。

(4)化学防治。1 代若虫孵化盛期及越冬成虫出蛰后及时喷洒 50% 马拉硫磷乳油或 40% 乐果乳油 1 000 ~1 500 倍液、50% 敌敌畏乳油或 90% 敌百虫 800 ~1 000 倍液、2.5% 敌杀死(溴氰菊酯)乳油或 2.5% 功夫乳油或 20% 灭扫利乳油 3 000 倍液。

3.3.2 杜鹃冠网蝽 *Stephanitis pyrioides* (Scott)

杜鹃冠网蝽又名拟梨冠网蝽，属半翅目网蝽科。

3.3.2.1　形态识别(图4-30)

取杜鹃冠网蝽生活史标本,观察虫态特征:

成虫:体长3.5~4 mm,体形扁平,黑褐色。前胸背板发达,具网状花纹。向前后延伸分别盖住头部和小盾片。前翅宽大、质薄透明,具网状花纹,两前翅中间结合成明显的“X”形斑纹。

卵:长约0.6 mm,长椭圆形,一端弯曲,呈香蕉形,初淡绿色,半透明,后变淡黄色。

若虫:长约1.9 mm,初孵若虫乳白色,后渐变成深褐色。3龄时翅芽明显,外形似成虫,在前胸、中胸和腹部3~8节的两侧均有明显的锥状刺突。

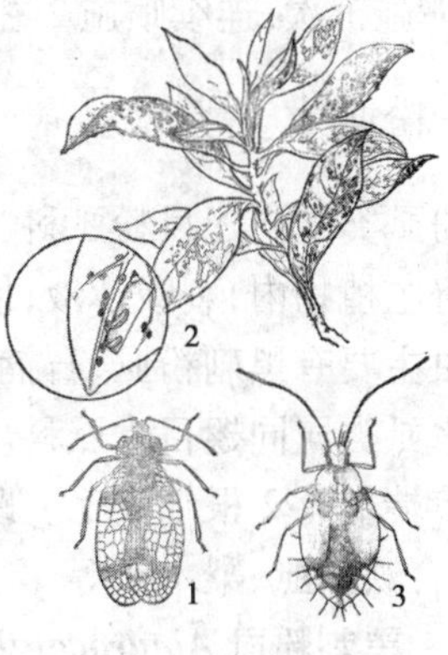

1—成虫;2—卵及危害状;3—若虫

图4-30　杜鹃冠网蝽

3.3.2.2　寄主及危害特点

杜鹃冠网蝽分布极为广泛,是杜鹃花卉的主要害虫。危害杜鹃、茉莉、榆、马醉木、紫藤等盆栽花木。其寄主植物主要为杜鹃和马醉木,在广州多危害杜鹃。以成、若虫群集在叶背面刺吸汁液,受害叶背面出现很像被溅污的黑色黏稠物。这一特征易区别于其他刺吸害虫。整个受害叶背面呈锈黄色,正面形成很多苍白斑点,受害严重时斑点成片,以至于全叶失绿,远看一片苍白,提前落叶,不再形成花芽。

3.3.2.3　生物学特性

世代数因地而异,年发生代数长江流域4~5代,华北地区3~4代,广州10代,各地均以成虫在枯枝、落叶、杂草、树皮裂缝以及土、石缝隙中越冬。4月上、中旬越冬成虫开始活动,集中到叶背取食和产卵。卵产于叶背主脉旁的叶组织内,上面附有黄褐色胶状物,卵期半个月左右。初孵若虫多数群集在主脉两侧为害。若虫脱皮5次,经半个月左右变为成虫。第1代成虫6月初发生,以后各代分别在7月上旬、8月初、8月底、9月初发生,因成虫期长,产卵期长,世代重叠,各虫态常同时存在。一年中7~8月危害最重,9月虫口密度最高,10月下旬后陆续越冬。成虫喜在中午活动,每头雌成虫的产卵量因寄主不同而异,可由数十粒至上百粒,卵分次产,常数粒至数十粒相邻,产卵处外面都有1个中央稍微凹陷的小黑点。高温干燥、通风的环境容易引起该虫大量繁殖。

3.3.2.4　防治措施

(1)园林措施。冬季彻底清除盆花、盆景园周围的落叶、杂草,及时中耕除草,可消灭大量越冬虫源;选择无害虫苗栽植,也可减少害虫的发生。

(2)人工捕杀。利用杜鹃冠网蝽的群集性,在盆栽杜鹃上发生少量害虫时,可用手捏杀。

(3)保护和利用天敌。杜鹃冠网蝽的天敌有草蛉、蜘蛛、蚂蚁等。草蛉是其中的优势种,一株盆栽杜鹃上有4~5头草蛉,即可降低虫口密度,不需防治。因而,害虫发生时,要注意调查天敌的种类和数量,如果发现有草蛉等捕食性天敌,应少用或不用农药,以保护天敌。

(4)化学防治。对茎干较粗并较粗糙的植株,涂刷白涂剂。在越冬成虫出蛰活动到第1代若虫开始孵化的阶段,是药剂防治的最有利时机。可喷50%杀螟松1 000倍液,或40%氧化乐果1 000~1 500倍液,或10%~20%拟除虫菊酯类1 000~2 000倍液,每隔10~

15 天喷施 1 次，连续喷施 2～3 次。

3.4　粉虱木虱类

粉虱类属同翅目粉虱科。体微小，两性成虫均有翅，体翅均有白色蜡粉。粉虱用口针插入寄主植物内，刺吸汁液，使叶片萎黄脱落，甚至导致整株枯死。危害园林植物的粉虱类害虫主要有黑刺粉虱、石楠盘粉虱、温室白粉虱、烟粉虱、柑橘粉虱等。

木虱类属同翅目木虱科。体小型，形状如小蝉，善跳能飞。触角绝大多数为 10 节，最后一节端部有 2 根细刚毛。跗节 2 节。危害园林植物的木虱类害虫主要有梧桐木虱、樟木虱、合欢木虱、梨木虱等。

3.4.1　黑刺粉虱 *Aleurocanthus spiniferus* Quaintance

黑刺粉虱又名橘刺粉虱、刺粉虱，属同翅目粉虱科。

3.4.1.1　形态识别（图 4-31）

取黑刺粉虱生活史标本，观察虫态特征：

成虫：体长 0.96～1.3 mm，橙黄色，覆有白色蜡质状物。复眼肾形红色。前翅紫褐色，上有 7 个白斑；后翅小，淡紫褐色。

卵：长 0.25 mm，新月形，基部有一小柄粘于叶背面。初产时淡黄色，孵化前呈紫黑色。

若虫：共 3 龄。体长 0.7 mm，黑色，体背上具刺毛 14 对，体周缘泌有明显的白蜡圈。

蛹：黑色椭圆形，有光泽，长约 1 mm。蛹壳边缘锯齿状并附有白色蜡质。蛹背中央具一纵脊，蛹两侧边缘有刺毛，雌蛹 11 对，雄蛹 10 对。

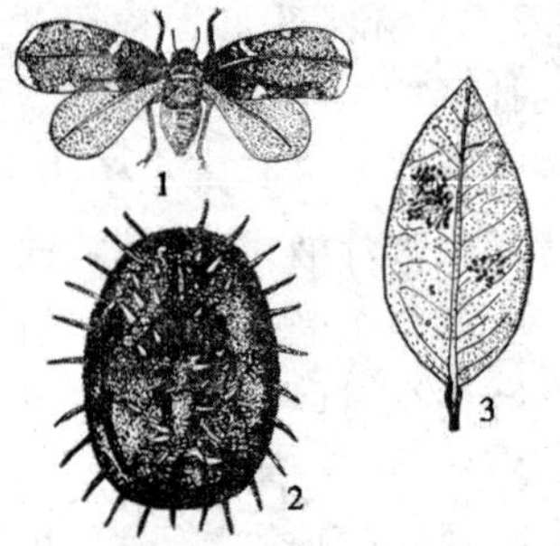

1—雌成虫；2—雌蛹壳；3—危害状

图 4-31　黑刺粉虱

3.4.1.2　寄主及危害特点

黑刺粉虱分布于江苏、安徽、河南以南及台湾、广东、广西、云南。危害月季、白兰、榕树、樟树、山茶、柑橘等。常以若虫群集在植株叶背吸食汁液，叶片受害后形成黄斑。其排泄物易诱发某些真菌侵染而发生煤污病，使枝叶变黑枯死。

3.4.1.3　生物学特性

1 年 4 代左右。以老熟幼虫在叶片背面越冬。翌年 3 月在原处化蛹，4 月左右成虫羽化。成虫白天活动，群集于枝叶上交尾产卵。卵多产于叶背，老叶上为多。若虫孵化后不久，便吸汁为害。各代若虫盛发期约在 5 月下旬、7 月中旬、8 月下旬、9 月下旬至 10 月上旬，除 1、2 代较整齐外，其余各代发生均不整齐，有世代重叠现象。成虫有趋光性。天敌有寄生蜂、寄生菌、瓢虫和草蛉等。

3.4.1.4　防治措施

（1）园林措施。加强养护管理，适当修剪、疏枝、清除杂草、合理施肥，改善通风透光条件，抑制粉虱发生，减轻危害程度。

（2）生物防治。粉虱类的天敌主要有丽蚜小蜂、刺粉虱黑蜂、中华草蛉、黄色跳小蜂、红点唇瓢虫等，应加以保护和利用。

(3)化学防治。于低龄幼虫盛发期喷药防治,重点喷施叶背防治第1代幼虫。可喷洒20%氰戊菊酯乳油3 000倍液、2.5%溴氰菊酯乳油3 000倍液、2.5%三氟氯氰菊酯乳油3 000倍液、80%敌敌畏乳油1 000～1 500倍液、10%吡虫啉可湿性粉剂2 000～3 000倍液、0.26%苦参碱水剂1 000～1 500倍液。3龄及其以后各虫态的防治,最好将含油量0.4%～0.5%的矿物油乳剂与上述药剂混用,可提高杀虫效果。单用化学农药效果不佳。

3.4.2　石楠盘粉虱 *Aleurocanthus photiniana* Young

石楠盘粉虱属同翅目粉虱科。

3.4.2.1　形态识别

取石楠盘粉虱生活史标本,观察虫态特征:

成虫:体长约1.7 mm,翅展约41 mm,乳黄色,雌虫比雄虫略大。触角7节,翅2对,翅膜质透明,第1、2代成虫翅面具黑色斑纹,越冬代成虫翅面不具黑色斑纹。成虫有分泌蜡粉的蜡板,产卵时在叶片上覆盖蜡粉。

卵:近香蕉形,由浅绿色逐渐变为乳黄色,卵基部后缘有1个卵柄,深埋在叶片背面组织内。

若虫:共3龄。1龄若虫触角、足均发达,2、3龄若虫触角和足均退化,营固定生活。

蛹:椭圆形,雌蛹长约1.1 mm,雄蛹长约0.8 mm,头、胸部背面有倒"T"形的羽化缝。

3.4.2.2　寄主及危害特点

石楠盘粉虱主要危害石楠,1985年在上海首次发现,现全国大部分地区都有分布。以若虫和蛹在石楠等寄主叶背刺吸汁液,使被害叶片发黄,提早落叶。成虫、若虫和蛹均能分泌出蜜露及大量的蜡粉,可诱发煤污病,严重时影响石楠的生长及观赏价值。

3.4.2.3　生物学特性

石楠盘粉虱1年3～4代。以蛹在叶片背面越冬,从第2代后开始出现世代重叠。越冬代蛹于3月下旬开始羽化,3月下旬至4月上旬为羽化高峰期,初羽化的成虫不被蜡粉,全身透明,翅折叠,羽化后约5小时成虫开始从腹部腹面蜡板分泌白色蜡粉,羽化1天后,成虫开始产卵。成虫喜结对飞行,栖于下部嫩叶背面交配产卵,产卵处微被白色蜡粉,卵不成块,相对集中产在一起。第1代卵于4月中、下旬开始孵化,孵化高峰在4月底至5月初,经1、2、3龄若虫,5月中、下旬出现第1代蛹。6月上、中旬第1代蛹开始羽化。第1代成虫盛发期在6月中旬,并产下第2代卵,7月下旬出现第2代成虫,8月下旬出现第3代成虫,10月出现第4代成虫。11月中旬开始出现越冬代蛹。冬季,蛹仍不断分泌蜡粉。石楠盘粉虱的天敌主要有细蜂、草蛉、捕食螨等。

3.4.2.4　防治措施

(1)人工摘除有虫叶片。该粉虱若虫和蛹均能分泌蜡粉,尤其在蛹期,有的叶片大部分被蜡粉覆盖,极易找到、摘除。

(2)趋性诱杀成虫。利用该粉虱成虫对黄色的趋性,对于成片种植的石楠,在成虫发生期,尤其在较为集中的越冬代成虫发生期,进行黄色板诱杀,能很好地抑制其种群基数,防止大量发生。

(3)生物防治。目前发现石楠盘粉虱的天敌主要有细蜂、瓢虫、草蛉、捕食螨等,而以内寄生天敌细蜂为天敌优势种。

(4)药剂防治。于冬代成虫发生期,用 20% 杀灭菊酯乳油 2 000 倍液、20% 万灵水剂 1 500倍液等药剂进行喷洒,7 ~ 10 天喷一次,连续喷 2 ~ 3 次;对于若虫的防治,可用 10% 吡虫啉 2 000 倍液喷雾防治。

3.4.3　梧桐木虱 *Thysanogya limbata* Enderlein

梧桐木虱又名青桐木虱、梧桐裂头木虱,属同翅目木虱科。

3.4.3.1　形态识别(图 4-32)

取梧桐木虱生活史标本,观察虫态特征:

成虫:雌虫体长 4 ~ 5 mm,翅展约 13 mm,黄绿色,中胸背板大部为黄色,头顶两侧陷入。前胸背板弓起,前后缘黑褐色。翅透明,脉纹茶黄色。触角丝状,黄色,最后 2 节黑色。足淡黄色。雄虫体色和斑纹与雌虫相似,体稍小。

卵:略呈纺锤形,一端稍尖,长约 0.7 mm,初产时黄白色或黄褐色,孵化前变为淡红褐色。

若虫:体长 3.4 ~ 4.9 mm,末龄若虫体略呈圆筒形,被较厚的白色蜡质物,全体灰白而微带绿色,若虫共 3 龄,虫体扁,略呈长方形,末龄近圆筒形,茶黄而微带绿色,体被较厚的白色蜡质层,翅芽发达,透明,淡褐色。

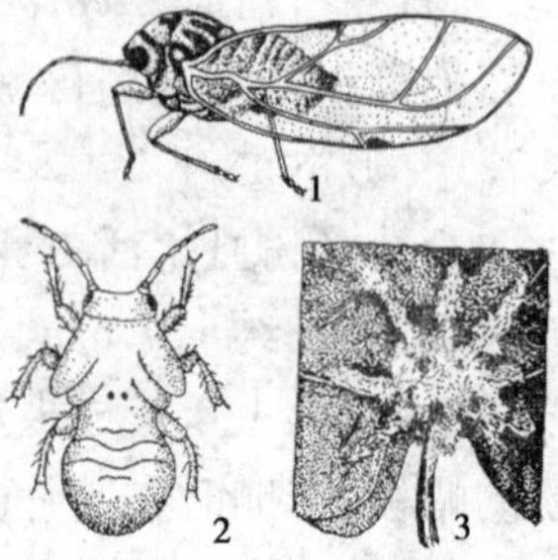

1—成虫;2—若虫;3—被害状

图 4-32　梧桐木虱

3.4.3.2　寄主及危害特点

梧桐木虱以成、若虫群集于叶背、幼芽、嫩枝吸食汁液,危害梧桐,使叶片变黄、凋萎、早落。若虫分泌大量白色絮状蜡丝,覆盖枝叶,诱导煤污病发生,影响树木生长,且蜡絮易从树上落下,影响环境。

3.4.3.3　生物学特性

1 年多发生 2 代,以卵在枝干上越冬。4 月下旬至 5 月上旬越冬卵开始孵化,6 月上、中旬羽化成虫,下旬为羽化盛期。第 2 代若虫 7 月中旬发生,8 月上、中旬羽化,8 月下旬成虫开始产卵,卵散产于枝叶等处。成虫产卵前需补充营养,成虫寿命约 42 天。若虫潜居于白色棉絮状蜡丝中,行动迅速,无跳跃能力。若、成虫均有群聚性,往往几十头群聚在嫩梢或棉絮状白色蜡质物中。成虫羽化 1 ~ 2 天后,移至无分泌物处继续吸食汁液。喜爬行,如受惊扰,则以跳跃助飞翔。

3.4.3.4　防治措施

(1)加强检疫。苗木调运时加强检查,禁止带虫材料外运。

(2)园林措施。结合冬剪,剪除带卵枝条。另外,可用涂白剂涂抹树干,消灭过冬卵。

(3)生物防治。注意保护和利用天敌,如赤星瓢虫、黄条瓢虫、草蛉等,它们对梧桐木虱的卵和若虫都能捕食。

(4) 药剂防治。于 1 ~ 2 龄若虫期,喷施 3% 啶虫脒乳油、5% 高渗吡虫啉可湿性粉剂、30% 乙酰甲胺磷乳油、25% 扑虱灵可湿性粉剂、40% 速扑杀乳油或 1% 杀虫素 2 000 倍液。

3.5　蓟马类

蓟马类属缨翅目蓟马总科。体小型或微小型,细长,黑、褐或黄色。口器锉吸式。触角线状,6~9节。翅狭长,边缘有很多长而整齐的缨毛。种类很多,食性较杂,多为植食性。在园林植物上常见的有花蓟马、烟蓟马、黄胸蓟马、茶黄蓟马等。

下面以花蓟马为代表种介绍其危害特点、生物学特性及防治措施。

花蓟马(*Frankliniella intonsa* Trybom)又名台湾蓟马,属缨翅目蓟马科。

(1)形态识别(图4-33)。

取花蓟马生活史标本,观察虫态特征:

成虫:雌成虫体长1.3~1.5 mm,雌虫褐色,雄虫黄白色。触角8节,念珠状。头部短于前胸,前胸背板前缘角具1对长鬃,后角具2对长鬃,前翅上脉鬃连续,20~21根,后脉鬃14~16根,均匀排列。

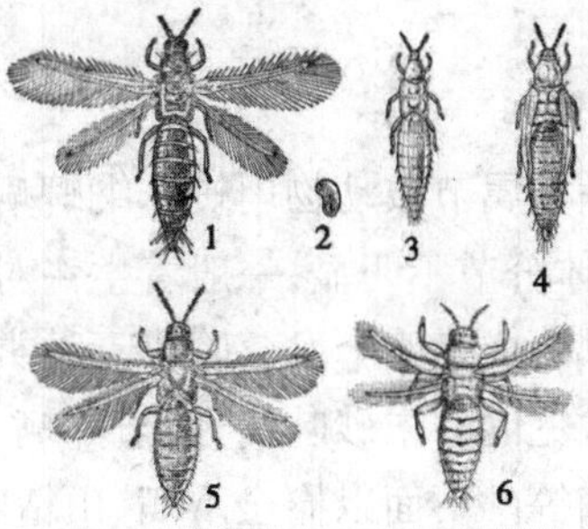

1~4—花蓟马(1.成虫,2.卵,3.若虫,4.蛹);
5—烟蓟马;6—茶黄蓟马

图4-33　蓟马

卵:肾形,长约0.3 mm,孵化前显现出2个红色眼点。

若虫:2龄若虫长1 mm,黄色,复眼红色,触角7节,3、4节最长,第3节有覆瓦状环纹,第4节有环状排列的微鬃;胸、腹部背面体鬃尖端微圆钝;第9腹节后缘有一圈清楚的微齿。

(2)寄主及危害特点。

花蓟马在全国各地均有分布。危害石竹、唐菖蒲、大丽花、美人蕉、木槿、菊花、紫薇、兰花、荷花、夹竹桃、月季、茉莉、橘等。成、若虫多群集于花内取食为害,花器、花瓣受害后白化,经日晒后变为黑褐色,受害严重的花朵萎蔫。叶受害后呈现银白色条斑,严重的枯焦萎缩。

(3)生物学特性。

花蓟马发生代数各地不同。一般1年6~14代,南方1年11~14代,华北、西北1年6~8代。以成虫在枯枝落叶层、土壤表皮层中越冬。世代重叠严重。翌年4月中、下旬出现第1代。6~7月、8~9月下旬是花蓟马的危害高峰期。10月下旬、11月上旬进入越冬代。成虫羽化后2~3天开始交配产卵。成虫有很强的趋花性,卵多产于花内植物组织中,如花瓣、花丝、花膜、花柄,一般产在花瓣上。每雌产卵约180粒。产卵历期长达20~50天。

(4)防治措施。

①加强检疫。移栽或运输植物之前,事先进行药剂熏蒸消毒处理,严格控制有害蓟马随植物运输而广泛传播。

②人工防治。春季彻底清除田间及周围杂草。害虫初发期,结合修剪,摘除虫瘿叶、花,集中销毁,以减少化蛹和越冬场所。

③生物防治。蓟马的天敌很多,如小花蝽、中华微刺盲蝽等。在天敌活动期,不能喷

杀虫剂。

④药剂防治。蓟马危害高峰初期喷洒10%吡虫啉可湿性粉剂2 500倍液、40%七星保乳油600～800倍液；也可用2.5%保得乳油2 000～2 500倍液、40%乐果乳油或50%辛硫磷乳油或95%巴丹可溶性粉剂1 000～1 500倍液；还可用番桃叶、乌桕叶或蓖麻叶兑水5倍煎煮，过滤后喷洒；盆栽花木可用3%呋喃丹颗粒剂3～5 g、15%铁灭克颗粒剂1～2 g施入盆土中。

3.6　螨类

螨类属节肢动物门蜘蛛纲蜱螨目，俗称红蜘蛛。螨类体长小于1 mm，常为圆形或椭圆形，体分节不明显，一般着生4对足，无触角、无翅，一般为卵生，多为两性生殖，经卵、幼螨、若螨、成螨4个发育阶段。种类多，危害广，常于叶、芽或果实上吸取汁液。在园林植物上常见的有朱砂叶螨、山楂叶螨、二点叶螨、柑橘全爪螨、史氏始叶螨、榆全爪螨、侧多食跗线螨等。下面以榆全爪螨、山楂叶螨和柑橘全爪螨作为螨类代表种介绍其危害特点、生物学特性及防治措施。

3.6.1　榆全爪螨 *Panonychus ulmi* Koch

榆全爪螨又名苹果全爪螨、苹果叶螨、苹果红叶螨，属蜱螨目叶螨科。

3.6.1.1　形态识别

取榆全爪螨生活史标本，观察虫态特征：

成螨：雌成螨体长约0.45 mm，体深红色，从侧面看呈半球形，背毛刚毛状，26根。雄螨体长0.30 mm左右，体稍小，菱形，初脱皮时为浅橘红色，取食后呈深橘红色，刚毛的数目与排列同雌成螨。

幼螨：足3对。由越冬卵孵化出的第1代幼螨呈淡橘红色，后变为暗红色；夏卵孵出的幼螨初孵时为黄色，后变为橘红色或深绿色。

若螨：足4对。有前期若螨与后期若螨之分。前期若螨体色较幼螨深；后期若螨体背毛较为明显，体形似成螨，已可分辨出雌雄。

卵：直径0.13～0.15 mm，葱头形，两端略显扁平，顶部中央具一短柄。夏卵橘红色，冬卵深红色，卵壳表面布满纵纹。

3.6.1.2　寄主及危害特点

榆全爪螨分布广泛。主要寄主有榆、桑、一品红、月季海棠、樱花、紫藤、红叶李等。雌成螨多在叶正面为害，若螨多在叶背面为害，严重时使刚萌发的嫩芽枯死。

3.6.1.3　生物学特性

榆全爪螨发生代数各地不同。辽宁、内蒙古1年6～7代，山东、河南、河北1年7～9代。以卵在短果枝、果台和2年生以上的小枝上越冬。翌年5月初越冬卵孵化，从越冬卵开始孵化至全部孵化结束，历时9～14天，开始孵化后3～5天即进入盛期，孵化时间较为集中，是防治的关键时期。6～7月是全年发生危害高峰期，世代重叠现象严重，雌成螨多在叶片正面活动为害，一般无吐丝结网习性。在种群密度过高、营养条件不良时，成螨常吐丝下垂，借风扩散。

3.6.1.4 防治措施

(1)预测预报。在苹果树萌芽、越冬卵临近孵化之前,进行调查,预测监测螨类的发生。在生长季必须加强害螨与天敌数量的动态监测。

(2)园林措施。合理修剪,剪除病、虫枝条,使之通风透光。及时清除杂草和枯枝落叶,销毁残枝落叶,以减少螨源。

(3)生物防治。榆全爪螨的天敌种类很多,应注意保护和利用天敌。

(4)药剂防治。早春萌芽前,喷洒波美度3~5石硫合剂,杀灭在枝干上的成螨、若螨和卵。危害期可喷洒20%速螨酮3 000倍液、5%噻螨酮(尼索朗)2 000倍液、5%浏阳霉素1 000倍液、25%螨烷锡(托尔克)1 000倍液、20%三氯杀螨醇1 000~1 500倍液、20%四螨嗪(螨死净)悬浮剂2 000~3 000倍液等。注意各种杀螨剂的交替使用,以降低螨类抗药性。

3.6.2 山楂红蜘蛛 *Tetranychus viennensis* Zacher

山楂红蜘蛛又名山楂叶螨,属蜱螨目叶螨科。

3.6.2.1 形态识别

取山楂红蜘蛛生活史标本,观察虫态特征:

成螨:雌成螨椭圆形,体长0.54~0.59 mm,冬型鲜红色,夏型暗红色。雄成螨体长0.35~0.45 mm,体末端尖削,橙黄色。

卵:圆球形,春季产的卵呈橙黄色,夏季产的卵呈黄白色。

幼螨:3对足。初孵幼螨体圆形,黄白色,取食后为淡绿色。

若螨:4对足。前期若螨体背开始出现刚毛,两侧有明显墨绿色斑,后期若螨体较大,体形似成螨。

3.6.2.2 寄主及危害特点

山楂红蜘蛛分布广泛,以北方梨、苹果产区受害较重。主要危害樱花、海棠、桃、榆叶梅、锦葵等花木。成、若、幼螨刺吸芽、果的汁液,叶受害初期呈现很多失绿小斑点,逐渐扩大连片。严重时全叶苍白,枯焦早落。

3.6.2.3 生物学特性

世代数因地区气候条件和其他因素的影响而有差异。辽宁1年5~6代,山东1年7~9代,河南1年12~13代。以受精雌成螨在枝干树皮裂缝、粗皮下或干基土壤缝隙等处越冬。翌年3月下旬至4月上旬,越冬雌成螨出蛰为害。出蛰后一般多集中于树冠内膛局部为害,以后逐渐向外膛扩散。常群集叶背为害,有吐丝拉网习性。当日均温达15 ℃时成虫开始产卵,5月中、下旬为第1代幼螨和若螨的出现盛期。6~7月危害最重。进入雨季后种群密度下降,8~9月出现第二次危害高峰,10月底以后进入越冬状态。高温干旱条件下发生并危害重。

3.6.2.4 防治措施

(1)园林措施。加强养护管理,萌芽前刮除翘皮、粗皮,清除枯枝、落叶、杂草等,并集中烧毁,减少越冬场所和虫源地。

(2)生物防治。保护和利用天敌,如植绥螨、钝绥螨、草蛉、六点蓟马、粉蛉、花蝽等。

(3)药剂防治。早春花灌木发芽前,喷洒波美度3~5石硫合剂,消灭越冬雌成螨。

危害期可喷洒5%噻螨酮2 000 倍液、20%哒螨酮净乳油2 000 倍液、5%霸螨灵乳油4 000 倍液、10%浏阳霉素2 000 倍液等。

3.6.3 柑橘红蜘蛛 *Panonychus citri* Me Gregor

柑橘红蜘蛛又名柑橘全爪螨，属蜱螨目叶螨科。

3.6.3.1 形态识别 （图4-34）

取柑橘红蜘蛛生活史标本，观察虫态特征：

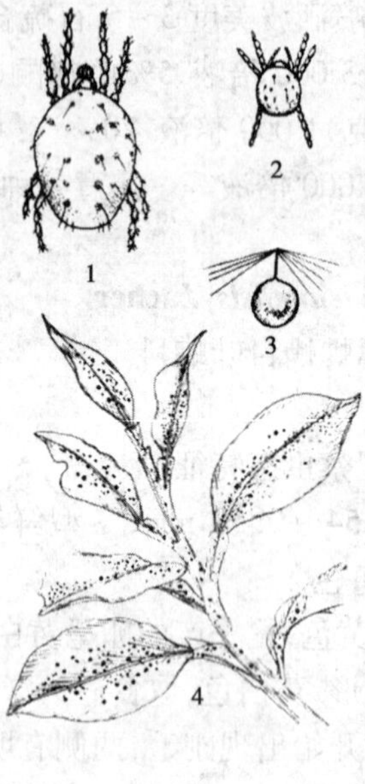

1—雄成虫；2—幼虫；3—卵；4—危害状

图4-34 柑橘红蜘蛛

成螨：雌成螨长0.4～0.45 mm，宽0.27～0.35 mm，近椭圆形，紫红色，背面有13对瘤状小突起，每一突起上长有1根白色长毛，足4对。雄成螨长0.3～0.35 mm，宽0.27～0.3 mm，雄成螨与雌成螨相比，体略小，鲜红色，腹部末端部分较尖，足较长。

卵：扁球形，直径约为0.13 mm，鲜红色，有光泽，后渐褪色。顶部有一垂直的长柄，柄端有10～12根向四周辐射的细丝，可附着于叶片上。

幼螨：体长0.2 mm，色较淡，有3对足。

若螨：与成螨极相似，但身体较小，1龄若螨体长0.2～0.25 mm，2龄若螨体长0.25～0.3 mm，均有4对足。

3.6.3.2 寄主及危害特点

柑橘红蜘蛛除危害柑橘外，还可危害黄皮、无花果、苦楝、桂花、蔷薇、沙梨、椰子、油梨、杨桃、桃、柿、苹果、葡萄、核桃、樱桃、枣等。以成、幼螨群集叶片、嫩梢、果皮上吸汁为害，导致落叶、落果，尤以叶片受害为重，被害叶面密生灰白色针头大小点，甚至全叶灰白，失去光泽，终致脱落，严重影响树势和产量。

3.6.3.3 生物学特性

柑橘红蜘蛛1年发生代数因各地温度高低而异。在年平均气温15 ℃地区，1年12～15代；18 ℃地区，1年16～17代；20 ℃地区，1年18～24代。世代重叠。常以卵和成螨在柑橘叶背及枝条裂缝中越冬。冬季温暖地区无明显越冬现象。一年中一般以春、秋两季发生最严重。即3月开始为害繁殖。4~5月春梢时期,种群数量迅速增加达到高峰,从老叶向春梢嫩叶转移为害,1个月左右便会成灾。6月螨口密度开始下降,7~8月由于高温影响数量很少。秋季9~10月气温渐降,种群数量上升,严重危害秋梢。每头雌螨一生平均可产卵31.7~62.9粒。产卵量以春季最多,秋季较少,夏季最少。卵多产在叶片、果实及嫩枝上,但以叶背中脉两侧最多。

3.6.3.4　防治措施

(1)检疫措施。柑橘红蜘蛛属国内检疫对象,能随苗木或接穗的调运而传播。应以产地检疫为主。禁止从疫区调运苗木、接穗或果实,以免传播扩展。

(2)园林措施。结合冬季修剪,刮除粗皮内的越冬卵及清除枯枝和细弱枝,可减少部分越冬卵,压低螨口基数。

(3)生物防治。柑橘红蜘蛛的天敌很多,如钝绥螨、长须螨、食螨瓢虫、六点蓟马、中华草蛉等,若能加以保护和利用,就能有效地控制柑橘红蜘蛛的发生。采用繁殖、保护和利用钝绥螨(一种捕食螨)的方法防治柑橘红蜘蛛,有较好的防治效果。

(4)化学防治。2月下旬为越冬卵盛孵期,在幼螨未上新梢叶片为害时,喷第一次药消灭幼螨。红蜘蛛发生严重时,可喷洒松脂合剂,使用浓度视季节不同而改变,冬季10~12倍,夏季20~25倍。还可喷20%速螨酮2 000~3 000倍液,或73%克螨特,嫩梢期2 000~2 500倍液,新梢老熟后1 500~2 000倍液,浓度过高时会产生药害。10~15天喷1次,连续喷2~3次。

学习任务4　园林植物地下害虫及防治

【学习场所】

植保实训室、理实一体化教室、校内外实训基地、园林植物生产棚室、植物园等。

【学习形式】

以班级为单位组织教学。教师通过地下害虫各类标本、多媒体课件演示、视频资源、讲授等引领方式,按照工作任务流程,使学生熟悉园林常见地下害虫的形态特征、生物学特性和发生规律,提出地下害虫的识别及防治计划。实施过程中分小组进行讨论交流,最后通过让学生独立完成任务,能够根据地下害虫的危害状或形态特征准确地进行当地典型地下害虫的识别及其种类的鉴定,有效制订综合防治方案并付诸实施,达到识虫治虫的目的。

【实训用品与材料】

铜绿丽金龟、黑绒鳃金龟、苹毛丽金龟、华北蝼蛄、东方蝼蛄、小地老虎、大地老虎、黄地老虎、家白蚁、黑翅土白蚁等地下害虫生活史标本、浸渍标本、针插标本及危害状标本或彩色挂图。

体视显微镜、镊子、解剖针、放大镜、尺子、泡沫板等。

【辅助学习资源】

◆ 各类地下害虫多媒体课件

- ◆ 地下害虫及防治视频影像资料
- ◆ 中国园林网 http://www.yuanlin.com
- ◆ 中国林业网 http://www.forestpry.gov.cn
- ◆ 中国森防信息网 http://www.forestpest.org

地下害虫又称根部害虫，在苗圃和一二年生的园林植物中，常常危害幼苗、幼树根部或近地面部分，种类很多。常见的有鞘翅目的蛴螬（金龟子幼虫），直翅目的蝼蛄，鳞翅目的地老虎，等翅目的白蚁等。

4.1　蛴螬类

蛴螬是金龟类幼虫的总称，又名白土蚕，属于鞘翅目金龟甲科，为地下害虫种类最多、分布最广、危害最重的一个类群。蛴螬类食性杂，除少数为腐食性外，大部分为植食性，危害多种农、林、牧场和花卉植物的幼苗和根部。成虫主要啃食各种植物叶片，形成孔洞缺刻或秃枝。幼虫危害多种植物的根茎及球茎。腐食性的种类则以腐烂有机物为食。在园林植物上危害较重的种类主要有铜绿丽金龟、黑绒鳃金龟、苹毛丽金龟等。

4.1.1　铜绿丽金龟 *Anomala corpulenta* Motschulsky

铜绿丽金龟属鞘翅目丽金龟科。

4.1.1.1　形态识别（图 4-35）

取铜绿丽金龟生活史标本，观察虫态特征：

成虫：体长 19 ~ 21 mm，宽 8 ~ 10 mm。背面铜绿色，有金属光泽。头部较大，深铜绿色，前胸背板为闪光绿色，密布刻点。两侧边缘有黄边，鞘翅为黄铜绿色，有光泽，鞘翅上有 3 条不甚明显的隆起线。触角 9 节，雄虫腹面棕黄色，密生细毛，雌虫腹面乳白色且末节横带棕黄色。臀板黑斑近三角形，体腹面及足黄褐色。足的胫、跗节深褐色，前足胫节外侧 2 齿、内侧 1 棘刺。

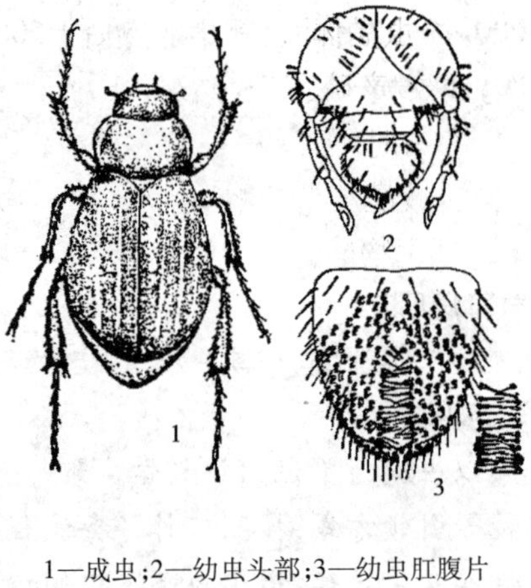

1—成虫；2—幼虫头部；3—幼虫肛腹片

图 4-35　铜绿丽金龟

卵：白色，初产时为长椭圆形，以后逐渐膨大至近球形，卵壳表面光滑。

幼虫：老熟幼虫体长 29 ~ 33 mm，头黄褐色。头部前顶毛列各 8 根，后顶毛列 10 ~ 14 根，额中侧毛列各 2 ~ 4 根。臀腹面具刺毛列，多由 13 ~ 14 根长锥刺组成，肛门孔横裂状。

蛹：长约 18 mm，略呈扁椭圆形，土黄色。

4.1.1.2　寄主及危害特点

铜绿丽金龟分布广。危害杨、柳、榆、松、杉、栎、油桐、油茶、乌桕、板栗、核桃、柏、枫杨等多种林木和果树，尤其对小树幼林危害严重。成虫和幼虫均能为害，而以幼虫为害最为严重。成虫取食叶片，常造成被害叶片呈孔洞缺刻状或被食光。幼虫取食多种苗木的根和茎，造成缺苗断垄。

4.1.1.3　生物学特性

1年1代,以3龄幼虫在土中越冬。翌年5月开始化蛹,成虫一般在6~7月出土为害。7月中旬逐渐减少,8月下旬终止。成虫昼伏夜出,白天隐伏于地被物或表土,出土后在寄主上交尾、产卵、取食为害。5、6月雨量充沛时,成虫羽化出土较早,盛发期提前。成虫有假死性和趋光性,卵散产,多产于5~6 cm深土壤中。卵期10天。1、2龄幼虫多出现在7、8月,食量较小,9月后大部分变为3龄,食量猛增,11月进入越冬状态。越冬后又继续为害到5月。幼虫一般在清晨和黄昏由深处爬到表层,咬食苗木近地面的基部、主根和侧根。

4.1.1.4　防治措施

当虫口密度达到防治指标3~5头/m^2,作物受害率达10%~15%时,及时进行药剂防治。未达指标时加强管理,采用诱杀、生物防治等控制危害。

(1)园林措施。苗圃地及时清除杂草;利用铜绿丽金龟不耐水淹的特点,适时灌水,对初龄幼虫有一定防治效果;使用充分腐熟的厩肥作底肥,不施用未腐熟的秸秆肥,否则极易滋生蛴螬;圃地周围或苗木行间种植蓖麻,对多种金龟有诱食毒杀作用。

(2)人工防治。利用成虫的假死性,早晚震落捕杀成虫。

(3)诱杀成虫。利用成虫的趋光性,可设黑光灯诱杀成虫。

(4)药剂防治。在成虫发生期,可用50%杀螟松乳油或50%辛硫磷乳油1 500倍液、90%敌百虫晶体或80%敌敌畏乳油1 000倍液,于天黑前对树冠喷雾。除治幼虫时,播种前可用5%辛硫磷微颗粒剂30 kg/hm^2拌细土300~750 kg制成毒土,撒于种苗穴中进行防治;育苗时用50%辛硫磷乳油拌种;苗木生长期若发现蛴螬危害根部,可用50%辛硫磷1 000倍液灌注苗木根际。

(5)生物防治。保护和利用天敌,如各种益鸟、刺猬、青蛙、蟾蜍、步甲及寄生蜂、寄生蝇和乳状芽孢杆菌等。

4.1.2　黑绒鳃金龟 *Maladera orientalis* Motschulsky

黑绒鳃金龟又名天鹅绒金龟子、东方金龟子,属鞘翅目金龟甲科。

4.1.2.1　形态识别

取黑绒鳃金龟生活史标本,观察虫态特征:

成虫:体长7~9 mm,略呈卵圆形,前窄后宽;体黑褐或黑紫色,密被灰黑色短绒毛,具光泽。两鞘翅上各有细刻点组成的9条纵纹,侧缘具1列刺毛。前胫节有2个齿,后胫节细长,其端部内侧有沟状凹陷。

卵:长1.2 mm,椭圆形,初产时乳白色,表面光滑,有光泽,后变淡黄色,近孵化前褐色。

幼虫:老熟幼虫体长16~20 mm,头黄褐色,胸部和腹部乳白色,多皱褶,被有黄褐色细毛。肛腹片上约有刺毛28根,横向弧形单行排列。

蛹:长约8 mm,裸蛹,黄褐至黑褐色。腹部末端有臀棘1对。

4.1.2.2　寄主及危害特点

黑绒鳃金龟分布广,食性杂,危害100多种植物,主要危害杨、柳、榆、桑、重阳木、米兰、菊花、梅花、月季、紫荆、柳、桃等的花和叶片。成虫、幼虫均能为害,而以幼虫为害最严重。幼虫栖息在土壤中，取食萌发的种子，造成缺苗断垄；咬断根茎、根系，使植株枯死，且伤口易被病菌侵入，造成植物病害。

4.1.2.3　生物学特性

1 年 1 代，一般以成虫在土中越冬。翌年 4 月中旬出土活动，4 月末至 6 月上旬为成虫盛发期，有雨后集中出土的习性。6 月末虫量减少。成虫有夜出性，飞翔力强，傍晚多围绕树冠飞翔。5 月中旬为交尾盛期。雌虫产卵于 10 ~ 20 cm 深的土中，卵散产或 10 余粒集于一处，卵期 5 ~ 10 天。幼虫以腐殖质及少量嫩根为食，共 3 龄，老熟后在 20 ~ 30 cm 深土层中化蛹，蛹期 11 天。成虫羽化盛期在 8 月中、下旬，当年羽化成虫大部分不出土即蛰伏越冬。

4.1.2.4　防治措施

参考铜绿丽金龟。

4.1.3　苹毛丽金龟 *Proagopertha lucidula* Faldermann

苹毛丽金龟又名茶色金龟子，属鞘翅目丽金龟科。

4.1.3.1　形态识别

取苹毛丽金龟生活史标本，观察其虫态特征：

成虫：体长 10 mm 左右，卵圆形，头胸背面紫铜色，并有刻点。鞘翅为茶褐色，透明，具光泽。由鞘翅可以看出后翅折叠，呈“V”字形。鞘翅无毛，其余各部有灰黄色绒毛，腹部两侧有明显的黄白色毛丛，尾部露出鞘翅外。后足胫节宽大，有长、短距各 1 根。

卵：椭圆形，乳白色。临近孵化时，表面失去光泽，变为米黄色，顶端透明。

幼虫：老龄幼虫体长为 20 mm 左右，全身被有黄褐色细毛。

蛹：长 12.5 ~ 13.8 mm，裸蛹深红褐色。

4.1.3.2　寄主及危害特点

苹毛丽金龟主要分布于华北、东北等地。以成虫取食梅花、樱花、杨、柳、槐、小叶朴、五角枫、黄杨等多种树木和苹果、海棠、梨、葡萄、樱桃、杏等果树的花蕾、花芽、嫩叶等。

4.1.3.3　生物学特性

1 年 1 代。以成虫在土中越冬。翌年随着土温回升，成虫向表土移动，4 月为成虫出土盛期。成虫中午活动最盛，危害新芽、幼叶、花和花芽以补充营养，卵产于 9 ~ 15 cm 深土中，多产在荒草地、植被较密、湿度较大的疏松土中，卵期为 25 天左右。成虫为日出型，有假死性，5 月中旬绝迹。5 月中、下旬幼虫孵化，在地下食植物细根和腐殖质。8 月进入化蛹期，9 月成虫羽化，羽化后的成虫随着土温下降，向深土层移动并越冬。

4.1.3.4　防治措施

（1）药剂防治。发生量较大时，在开花前 2 ~ 3 天喷施 50% 对硫磷乳油 2 000 倍液，或 50% 马拉硫磷乳油 1 000 倍液，或 75% 辛硫磷乳油 1 000 倍液，消灭上树成虫。此虫除危害果树外，还危害果园附近杨、柳、榆等树木，也需进行防治，减少往果树上转移的虫量。

（2）诱杀成虫。利用性诱散发器诱杀雄虫。散发器的制作方法是：用普通试管（18 mm × 30 mm 或 15 mm × 20 mm）或用塑料窗纱卷成 20 mm × 40 mm 大小的圆筒状，将雌成虫放入其内，里面放少许鲜树叶或蕾、花，用细纱布封口。另将诱杀盆（普通脸盆）埋在果园中，盆面与地面相平，盆内盛水，切忌过满，以防引诱到的成虫逃逸，水中加入少许洗衣粉。将散发器置于诱杀盆中央水面上,早晨挂出,晚上收回。从4月中旬开始诱捕雄虫,除下雨、降温天气外,每日诱杀效果均好。单雌1日次的诱杀量可达600余头。

4.2　蝼蛄类

蝼蛄类属直翅目蝼蛄科,俗名拉拉蛄、土狗、地狗等,是典型的地下害虫。国内分布有4种,其中分布较普遍、危害较严重的是华北蝼蛄和东方蝼蛄。此外,普通蝼蛄只在新疆有分布,危害不重;台湾蝼蛄分布在我国台湾、广东和广西等地,危害重。

4.2.1　华北蝼蛄 *Gryllotalpa unispina* Saussure

华北蝼蛄又名土狗、蝼蝈,属直翅目蝼蛄科。

4.2.1.1　形态识别(图4-36)

取华北蝼蛄生活史标本,观察虫态特征:

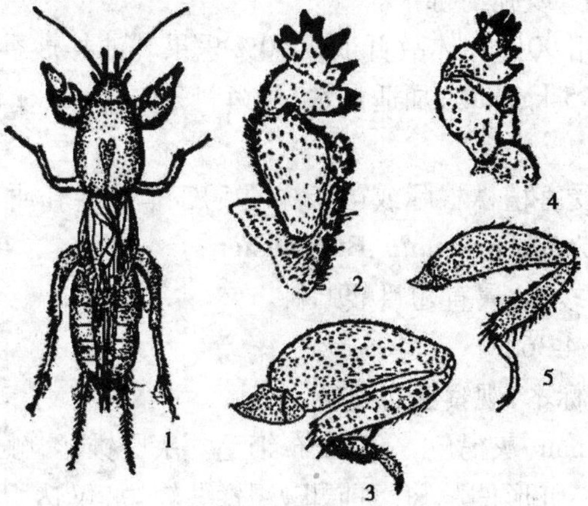

1—华北蝼蛄成虫;2—华北蝼蛄前足;3—华北蝼蛄后足;4—东方蝼蛄前足;5—东方蝼蛄后足

图4-36　华北蝼蛄、东方蝼蛄

成虫:体长36~55 mm。体浅黄褐至黄褐色,腹部近圆筒形,前翅短,前足腿节下缘弯曲,前胸背板中央有1个心脏形红色斑点,后足胫节背侧内缘有棘1个或消失。

卵:椭圆形。初产时乳白色,后变黄褐色,孵化前呈暗灰色。

若虫:形似成虫,体较小,初孵时体乳白色,1龄以后变为黄褐色,5~6龄后基本与成虫同色。

4.2.1.2　寄主及危害特点

华北蝼蛄分布于北方。食性杂,寄主多。主要以成、若虫在土中活动,取食植物幼芽或将幼苗咬断致死,受害的根部呈乱麻状。由于蝼蛄的活动将表土层窜成许多隧道,苗根脱离土壤,致使幼苗因失水而枯死。

4.2.1.3　生物学特性

华北蝼蛄3年完成1代,若虫13龄,以成虫及8龄以上的各龄若虫在土中越冬。翌年3~4月开始活动,5~6月进入为害期。6月上旬开始产卵,6月下旬至7月中旬为产卵盛期,8月为产卵末期。越冬成虫于6~7月交配,卵期20~25天。初孵若虫最初较集中,后分散活动,至秋季达8~9龄时即入土越冬;第二年春季,越冬若虫出土为害,到秋季达 12 ~ 13 龄时,又入土越冬;第三年春再出土为害,8 月上、中旬开始羽化,入秋即以成虫越冬。成虫具有较强的趋光性,但体形大,飞翔力差,灯下的诱杀率不如东方蝼蛄高。对香甜物质和炒香的豆饼、麦麸及马粪灯有强烈趋性。华北蝼蛄多发生在轻盐碱地,其卵也喜产于此地区。

4.2.1.4　防治措施

(1)肥料腐熟。施用厩肥、堆肥等有机肥料要充分腐熟,可减少蝼蛄的产卵。

(2)灯光诱杀成虫。一般在晚上 7 ~ 10 时用黑光灯诱杀成虫。特别在闷热天气、雨前的夜晚更有效。

(3)生物防治。鸟类是蝼蛄的天敌,可在苗圃周围栽植杨、刺槐等树林,招引喜鹊、黄鹂、红脚隼等食虫益鸟控制虫害。

(4)堆马粪或鲜草诱杀。在苗床的步道上每隔 20 m 左右挖一小土坑,将马粪、鲜草放入坑内,次日清晨捕杀,或施药毒杀。

(5)毒饵诱杀。使用 90% 晶体敌百虫或 50% 乐果乳油拌炒香的饵料(麦麸、豆饼、玉米碎粒或谷秕),用药 1.5 kg/hm^2,加适量水,拌饵料 30 ~ 37.5 kg 制成毒饵,在无风、闷热的傍晚施于苗穴里。

(6)灌药毒杀。在受害植株根际或苗床浇灌 50% 辛硫磷乳油 1 000 倍液。

4.2.2　东方蝼蛄 *Gryllotalpa orientalis* Burmeister

东方蝼蛄原名非洲蝼蛄,属直翅目蝼蛄科。

4.2.2.1　形态识别(图 4-36)

取东方蝼蛄生活史标本,观察虫态特征:

成虫:体长 30 ~ 35 mm,灰褐色,全身密布细毛。头圆锥形,触角丝状。前胸背板卵圆形,中间具一暗红色长心脏形凹陷斑。前翅灰褐色,较短,仅达腹部中部。后翅扇形,较长,超过腹部末端。腹末具 1 对尾须。前足为开掘足,后足胫节背面内侧有 4 个距,区别于华北蝼蛄。

卵:椭圆形,初产黄白色,后变黄褐色,孵化前暗紫色。

若虫:共 8 ~ 9 龄,末龄若虫体长 25 mm,2 ~ 3 龄后体色、体形与成虫相近。腹部末端近纺锤形,但翅未发育完全,仅有翅芽。

4.2.2.2　寄主及危害特点

东方蝼蛄分布几乎遍及全国,以长江流域及南方各省较多。危害杨、柳、松、柏、海棠、悬铃木、雪松、香石竹、鸢尾等幼苗根部。成、若虫在土中挖掘隧道,咬断苗木根茎,食害种子,造成大片苗木死亡。危害造成的枯心苗,其植株基部被咬,严重的被咬断,呈撕碎的麻丝状,心叶变黄枯死,受害植株易拔起,茎上无蛀孔,无虫粪。

4.2.2.3　生物学特性

东方蝼蛄在南方 1 年 1 代,在北方 2 年 1 代,以成虫或若虫在地下越冬。清明后上升到地表活动,在洞口可顶起一小虚土堆。5 月上旬至 6 月中旬是蝼蛄最活跃的时期,也是第一次为害高峰期,6 月下旬至 8 月下旬,天气炎热,转入地下活动,6 ~ 7 月为产卵盛期。9 月气温下降,再次上升到地表,形成第二次为害高峰,10 月中旬以后,陆续钻入深土层中越冬。蝼蛄昼伏夜出,以夜间 9 ~ 11 时活动最盛,特别是在气温高、湿度大、闷热的夜晚,大量出土活动。早春或晚秋因气候凉爽,仅在表土层活动,不到地面上,在炎热的中午常潜至深土层。蝼蛄具趋光性,并对香甜物质,如半熟的谷子、炒香的豆饼、麦麸以及马粪等有机肥,具有强烈趋性。成、若虫均喜松软潮湿的壤土或沙壤土,20 cm 表土层含水量 20% 以上最适宜,小于 15% 时活动减弱。当气温在 12.5 ~ 19.8 ℃,20 cm 土温为 15.2 ~ 19.9 ℃时,对蝼蛄最适宜,温度过高或过低时,则潜入深土层中。

4.2.2.4　防治措施

参考华北蝼蛄。

4.3　地老虎类

地老虎类属鳞翅目夜蛾科,俗称地蚕、切根虫。危害幼嫩植物,切断根茎取食。危害园林植物的地老虎类害虫主要有小地老虎、大地老虎和黄地老虎。其中以小地老虎分布最广,危害最严重。其次为黄地老虎、大地老虎。

4.3.1　小地老虎 *Agrotis ypsilon* Rottemberg

小地老虎别名土蚕、地蚕,属鳞翅目夜蛾科。

4.3.1.1　形态识别(图 4-37)

取小地老虎生活史标本,观察虫态特征:

成虫:体长 16 ~ 23 mm,翅展 42 ~ 54 mm。深褐色,前翅由内横线、外横线将全翅分为 3 段,具有显著的肾状斑、环形纹、棒状纹和 2 个黑色剑状纹;后翅灰色,无斑纹。

卵:半球形,表面具纵横隆纹,初产乳白色,渐变黄褐色,有红色斑纹,孵化前灰黑色。

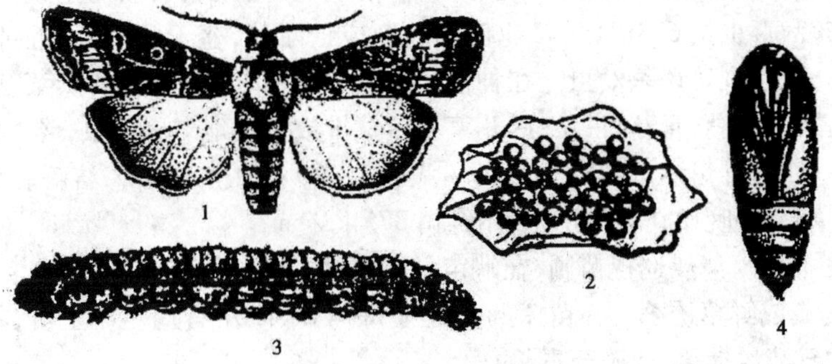

1—成虫;2—卵;3—幼虫;4—蛹

图 4-37　小地老虎

幼虫:老熟幼虫体长 37 ~ 50 mm,圆筒形,体黄褐至黑褐色,表皮粗糙,背面有明显的淡色纵纹,布满黑色小颗粒; 腹部 1 ~ 8 节,背面各节上均有 4 个毛片,后两个比前两个大 1 倍以上;臀板黄褐色,具 2 条明显的深褐色纵带。

蛹:长 18 ~ 24 mm,赤褐色,有光泽。腹部第 4 ~ 7 节基部有圆刻点,背面大而深。腹末端具短臀棘 1 对。

4.3.1.2　寄主及危害特点

小地老虎分布比较普遍,以长江流域及南部沿海各省最多,是牡丹生长过程中一种重要的地下害虫,食性杂。许多花木、幼苗均受其害,除危害牡丹外,还危害松、杉、罗汉松苗及菊花、一串红、万寿菊、孔雀草、百日草、鸡冠花、香石竹、金盏菊、羽衣甘蓝等花卉。幼虫危害寄主的幼苗，从近地面咬断植株或咬食未出土幼苗及生长点，使整株死亡，造成缺苗断垄，严重影响植株的生长发育。

4.3.1.3　生物学特性

1 年 1 ~7 代，年发生代数随各地气候不同而异，发生代数自南向北逐渐减少。在北方以蛹越冬，在南方以老熟幼虫或蛹越冬。1 年中常以第 1 代幼虫在春季发生数量最多，造成危害最重。早春 3 月上旬成虫开始出现，一般在 3 月中、下旬和 4 月上、中旬会出现两个发蛾盛期。成虫夜间活动，补充营养后 3 ~4 天交配产卵，卵产在 5 cm 以下矮小杂草上，尤其在贴近地面的叶背或嫩茎上，卵散产或成堆产，每雌平均产卵 800 ~1 000 粒。成虫对黑光灯及糖醋酒等趋性较强。幼虫共 6 龄，3 龄前在地面、杂草或寄主幼嫩部位取食，危害不大；3 龄后昼间潜伏在表土中，夜间出来为害。老熟幼虫有假死习性，受惊缩成环形。老熟幼虫于土中筑土室化蛹。小地老虎喜温暖及潮湿的条件，最适发育温度为 13 ~25 ℃，在河流湖泊地区或低洼内涝、雨水充足及常年灌溉地区，如土质疏松、团粒结构好、保水性强的壤土、黏壤土、沙壤土均适于小地老虎的发生。尤其早春菜田及周缘杂草多，可提供产卵场所；蜜源植物多，在为成虫提供补充营养的情况下，将会形成较大的虫源，发生严重。

4.3.1.4　防治措施

（1）除草灭虫。移栽或春播前要清除大田杂草及田埂杂草，可消灭杂草上的卵和幼虫。

（2）诱杀成虫、幼虫。一是用黑光灯诱杀成虫。二是用糖醋液诱杀成虫。将糖、醋、白酒、水、90% 敌百虫按 6:3:1:10:1 比例调匀制成糖醋液，盛于盆中，于近黄昏时放于苗圃地中诱杀。三是堆草诱杀幼虫。在种苗定植前，选择地老虎喜食的灰菜、刺儿菜、苦卖菜、小旋花、苜蓿、艾蒿、青蒿、白茅、鹅儿草等杂草堆放诱集地老虎幼虫，或人工捕捉，或拌入药剂毒杀。四是毒饵诱杀幼虫。用 90% 敌百虫 300 g 加水 2.5 kg，溶解后喷在 50 kg 切碎的新鲜杂草上，傍晚撒在大田诱杀，用毒饵 375 kg/hm^2。

（3）人工捕杀。清晨巡视苗圃，在缺苗、缺株的根际附近挖土捕杀幼虫。

（4）堆马粪或鲜草诱杀。在苗床的步道上每隔 20 m 左右挖一小土坑，将马粪、鲜草放入坑内，次日清晨捕杀，或施药毒杀。

（5）药杀幼虫。幼虫危害期，喷洒 2.5% 溴氰菊酯乳油 3 000 倍液、90% 敌百虫晶体 800 倍液，或 75% 辛硫磷乳油 1 000 倍液。也可用 50% 辛硫磷乳油 1 000 倍液喷浇苗间及根际附近的土壤。

4.3.2　大地老虎 *Agrotis tokionis* Butler

大地老虎别名黑虫、地蚕、土蚕、切根虫、截虫，属鳞翅目夜蛾科。

4.3.2.1　形态识别（图 4-38）

取大地老虎生活史标本，观察虫态特征：

成虫：体长 20 ~23 mm，翅展 45 ~48 mm，头部、胸部褐色，腹部、前翅灰褐色，外横线以内前缘区、中室暗褐色，内横线波浪形，双线黑色，剑纹黑边窄小，环纹具黑边，圆形、褐色，肾纹大，具黑边，褐色，外侧具 1 黑斑，近达外横线，中横线褐色，外横线锯齿状，双线褐色，亚缘线锯齿形，浅褐色，缘线呈1列黑色点，后翅浅黄褐色。

图4-38　大地老虎

卵：半球形，卵长1.8 mm，高1.5 mm，初淡黄色，后渐变黄褐色，孵化前灰褐色。

幼虫：老熟幼虫体长40～60 mm，黄褐色，体表皱纹多，颗粒不明显。头部褐色，中央具黑褐色纵纹1对，额（唇基）三角形，底边大于斜边，各腹节2毛片与1毛片大小相似。臀板除末端2根刚毛附近为黄褐色外，几乎全为深褐色，且全布满龟裂状皱纹。

蛹：长23～29 mm，初浅黄色，后变黄褐色。

4.3.2.2　寄主及危害特点

大地老虎分布范围北起黑龙江、内蒙古，南至福建、江西、湖南、广西、云南。危害菊花、香石竹、月季、罗汉松等。幼虫取食近地面的叶片或将幼苗咬断拖到土穴内潜伏在土中取食。常将花圃内的月季茎基部皮层组织咬坏，呈环状后枯萎死亡。

4.3.2.3　生物学特性

1年1代，以3～6龄幼虫在土表或草丛越冬，越冬幼虫在4月开始活动为害，6月中、下旬老熟幼虫在土壤3～5 cm深处筑土室越夏，越夏幼虫对高温有较高的抵抗力，但由于土壤湿度过干或过湿，或土壤结构受耕作等生产活动田间操作破坏，越夏幼虫死亡率很高；越夏幼虫至8月下旬化蛹，9月中、下旬羽化为成虫。卵散产于土表或生长幼嫩的杂草茎叶上，每雌产卵量648～1 486粒，卵期11～24天，孵化后，常在草丛间取食叶片，如气温上升到6 ℃以上时，越冬幼虫仍活动取食，抗低温能力较强，在－14 ℃情况下越冬幼虫很少死亡。

4.3.2.4　防治措施

参考小地老虎。

4.3.3　黄地老虎 *Agrotis segetum*（Schiffermuller）

黄地老虎别名土蚕、地蚕、切根虫、截虫，属鳞翅目夜蛾科。

4.3.3.1　形态识别（图4-39）

取黄地老虎生活史标本，观察虫态特征：

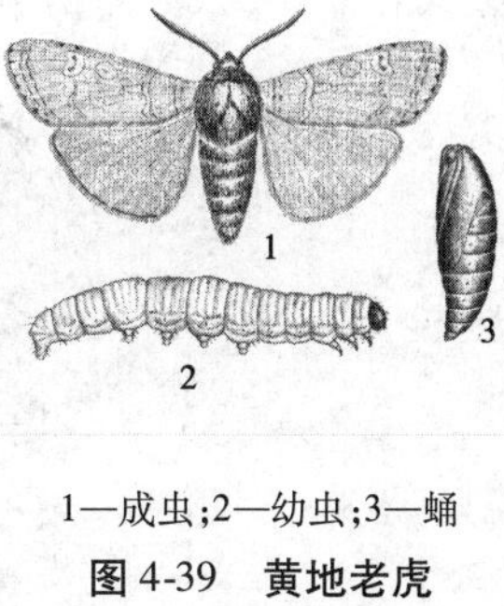

1—成虫；2—幼虫；3—蛹
图4-39　黄地老虎

成虫：体长14～19 mm，翅展32～43 mm，全体黄褐色。前翅亚基线及内、中、外横纹不很明显；肾形纹、环形纹和楔形纹均很明显，各围以黑褐色边，后翅白色，前缘略带黄褐色。

卵：半圆形，底平，直径约0.5 mm。初产乳白色，以后渐现淡红色波纹，孵化前变为黑色。

幼虫：老熟幼虫体长33～43 mm，体黄褐色，体表颗粒不明显，有光泽，多皱纹。腹部背面各节有4个毛片，前方2个与后方2个大小相似。臀板中央有黄色纵纹，两侧各有1个黄褐色大斑。

蛹：长16～19 mm，红褐色，腹部末节有臀刺1对，腹部背面第5～7节刻点小而多。

4.3.3.2 寄主及危害特点

除广东、海南、广西未见报道外,我国其他省区均有分布。该虫食性广,为多食性害虫,危害花卉、林木等。1 龄幼虫取食叶肉,留下表皮,也可聚于嫩尖取食,咬断嫩尖。3 龄幼虫咬断嫩茎,6 龄幼虫食量剧增。可造成大量断苗、缺株,危害很大。

4.3.3.3 生物学特性

1 年 2 ~4 代,以老熟幼虫(少数为蛹)在土中越冬。一年中春秋两季为害,但春季为害重于秋季。黄地老虎严重危害区多系干旱的地区或季节。一般以 4 ~6 龄幼虫在 2 ~15 cm 深的土层中越冬,以 7 ~10 cm 最多,翌春 3 月上旬越冬幼虫开始活动,4 月上、中旬在土中做室化蛹,蛹期 20 ~30 天。成虫昼伏夜出,具较强趋光性和趋化性。习性与小地老虎相似,幼虫以 3 龄以后危害最重。

4.3.3.4 防治措施

参考小地老虎。

4.4 白蚁类

白蚁类属等翅目昆虫,全世界白蚁有 2 000 种左右,我国有 350 种以上。分土栖、木栖和土木栖三大类。它除危害房屋、桥梁、枕木、船只、仓库、堤坝等外,还是园林植物的重要害虫。危害园林植物的白蚁类害虫主要有鼻白蚁科的家白蚁和白蚁科的黑翅土白蚁。

4.4.1 家白蚁 *Coptotermes formosanus* Shiraki

家白蚁属等翅目鼻白蚁科。

4.4.1.1 形态识别(图 4-40)

取家白蚁生活史标本,观察虫态特征:

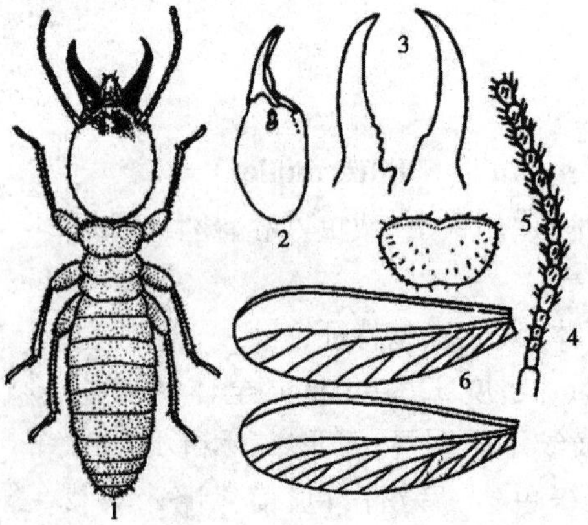

1—兵蚁;2—兵蚁头侧面;3—兵蚁上颚;4—兵蚁触角;
5—兵蚁前胸背板;6—有翅成虫前、后翅

图 4-40 家白蚁

兵蚁:体长 5.3 ~5.9 mm,头及触角浅黄色,卵圆形,腹部乳白色。头部椭圆形,上颚镰刀形,前部弯向中线。左上颚基部有 1 个深凹刻,其前方另有 4 个小突起,颚面其他部分光滑无齿。上唇近于舌形。触角 14 ~16 节。前胸背板平坦,较头狭窄,前缘及后缘中央有缺刻。

有翅成虫：体长 7.8 ~ 8.0 mm，翅长 11 ~ 12 mm。头背面深黄色。胸腹部背面黄褐色，腹部腹面黄色。翅为淡黄色。复眼近于圆形，单眼椭圆形，触角 20 节。前胸背板前宽后狭，前后缘向内凹。前翅鳞大于后翅鳞，翅面密布细小短毛。

工蚁：体长 5 ~ 5.4 mm。头淡黄色，胸腹部乳白色或白色。头后部呈圆形，前部呈方形。后唇基短，微隆起。触角 15 节。前胸背板前缘略翘起。腹部长，略宽于头，被疏毛。

卵：长径 0.6 mm，短径 0.4 mm，乳白色，椭圆形。

4.4.1.2 寄主及危害特点

家白蚁分布于北京、河北、山东、陕西、安徽以南的各省（区、市），是危害房屋建筑、桥梁和四旁绿化树木最严重的一种土、木两栖白蚁。危害的树种主要有樟树、檫木、柳树、杨树、刺槐、枫杨、银杏、悬铃木、柏木、重阳木、柳杉等，尤喜在古树名木及行道树内筑巢，使之生长衰弱，甚至枯死。

4.4.1.3 生物学特性

家白蚁分飞季节为 4 ~ 6 月，多在气候闷热的傍晚成群分飞，尤其是在大雨前后闷热时更为显著，有翅繁殖蚁有强烈的趋光性。家白蚁是明显的社会性害虫，有大型的主巢和若干副巢，巢常筑于大树树干内、夹墙内、木梁与墙交接处、门楣旁、木柱与地面相接部分、楼梯靠近地层部分，以及锅灶下等处，也可筑巢于地下 1.3 ~ 2 m 深的土壤中。巢由土、木质、粪便和唾液组成。外围有 5 ~ 6 cm 泥壳状的防水层，内有一层层作同心圆排列呈蜂窝状的巢片，在主巢近中央有半月形的"王室"。

4.4.1.4 防治措施

（1）人工防治。一是挖巢除蚁。根据林木和房屋木结构受害后暴露的蚁路、分飞孔、通气孔、排泄物等迹象，结合周围地形条件判断蚁巢所处位置。挖巢最好冬季进行，这时白蚁高度集中巢内，可一网打尽。二是深翻除蚁。播种前于冬季进行深翻改土，挖毁蚁巢。

（2）诱杀。一是灯光诱杀。在白蚁分飞季节用黑光灯诱杀有翅繁殖蚁。二是毒饵诱杀。毒饵的配制方法是将 0.1 g 的 75% 灭蚁灵粉、2 g 红糖、2 g 松花粉、水适量，按质量称好，先将红糖用水溶开，再将灭蚁灵粉和松花粉拌匀倒入，搅拌成糊状，用皱纹卫生纸包好，或直接涂抹在卫生纸上揉成团即可。将带有灭蚁灵毒饵的卫生纸塞入有白蚁活动的部位，如蚁路、分飞孔、被害物的边缘或里面。也可用面粉、米粉和甘蔗渣粉代替松花粉。三是潜所诱杀。于白蚁活动季节，在其活动区域设诱集坑、箱，放置劈开的松木、甘蔗渣、芒萁等，横竖排好，上洒稀薄的红糖水或米汤，上面再覆一层草。待 7 ~ 10 天挖开检查，如有白蚁诱来，可向坑内喷灭蚁灵，使蚁带药回巢，可大量杀死白蚁。

（3）药剂防治。播种前种子用 75% 辛硫磷乳油 300 ~ 400 倍液或 40% 甲基异柳磷乳油或 50% 氯丹乳油 400 倍液浸 1 ~ 2 分钟后播种；发现树木受害时，可用 75% 辛硫磷乳油 400 ~ 500 g 兑水 1 000 kg 浇施；还可压烟灭蚁。找到通向蚁巢的主道后，将压烟筒的出烟管插入主道，用泥封住道口，以防烟雾外逸，再将杀虫烟剂（如敌敌畏插管烟剂）放入压烟器内点燃，扭紧上盖，烟便从蚁道自然压入主巢内。

4.4.2 黑翅土白蚁 *Odontotermes formosanus*（Shiraki）

黑翅土白蚁又名黑翅大白蚁、白蚂蚁，属等翅目白蚁科。

4.4.2.1　形态识别(图 4-41)

黑翅土白蚁属多型性昆虫,分有翅型的雌、雄繁殖蚁(蚁后、蚁王)和无翅型的非繁殖蚁(兵蚁、工蚁)等。

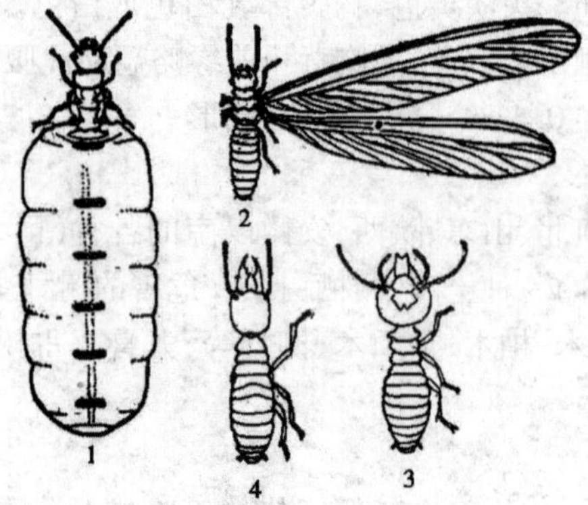

1—蚁后;2—有翅成虫;3—工蚁;4—兵蚁

图 4-41　黑翅土白蚁

取黑翅土白蚁生活史标本,观察虫态特征:

兵蚁:发育共 5 龄,体长 5.44 ~ 6.03 mm。头暗黄色,被稀毛,胸腹部淡黄至灰白色,有较密集的毛。头背面卵形,上颚镰刀状,在上颚中部前方有一明显的刺。触角 15 ~ 17 节,第 2 节长度相当于第 3 节与第 4 节之和。前胸背板元宝状,前窄后宽,前部斜翘起,前、后缘中央皆有凹刻。兵蚁有雌雄之别,但无生殖能力。

有翅成虫:发育共 7 龄,体长 12 ~ 14 mm,翅长 24 ~ 25 mm。头、胸、腹背面黑褐色,腹面棕黄色,全体密被细毛。头圆形,复眼黑色,单眼橙黄色,均略呈椭圆形。触角 19 节,第 2 节长于第 3、4、5 节中的任何一节。前胸背板前宽后窄,后缘中央向前凹入,背板中央有一淡色"十"字形纹。两侧各有一椭圆形淡色点,其后有一小而带分支的淡色点。

蚁王:为雄性有翅繁殖蚁发育而成,体较大,翅翼脱落,体壁较硬,体略有收缩。

蚁后:为雌性有翅繁殖蚁发育而成,体长 70 ~ 80 mm,体宽 13 ~ 15 mm。无翅,色较深,体壁较硬,腹部特别大,白色腹部上呈现褐色斑块。

工蚁:发育共 5 龄,末龄工蚁体长 4.6 ~ 4.9 mm,头黄色,胸腹灰白色。囟位于头顶中央,呈小圆形的凹陷。后唇基显著隆起,中央有缝。触角 17 节,第 2 节长于第 3 节。

卵:乳白色。椭圆形,长径 0.6 mm,短径 0.4 mm,一边较为平直。

4.4.2.2　寄主及危害特点

黑翅土白蚁主要分布在我国黄河、长江以南各省区。食性杂,主要危害松、杉、油茶、泡桐、板栗等林木以及樱花、梅花、桂花、海棠、蔷薇、蜡梅等多种花木。还能危害堤坝安全。此虫营土居生活,是一种土栖性害虫。主要以工蚁危害树皮及浅木质层,以及根部。造成被害树干外形成大块蚁路,长势衰退。当侵入木质部后,则树干枯萎;尤其对幼苗,极易造成死亡。采食时做泥被和泥线,严重时泥被环绕整个干体周围而形成泥套,危害特征十分明显。

4.4.2.3　生物学特性

黑翅土白蚁的有翅成蚁一般叫作繁殖蚁。每年 3 月开始出现在巢内,4 ~ 6 月出现在近蚁巢的地面上。每巢有1群或多群,在羽化孔下有候飞室。羽化孔突圆锥状,数量很多。候飞室与主巢相距3~8 m。在闷热天气或雨前傍晚7时左右,爬出羽化孔穴,群飞天空,停下后即脱翅求偶,成对钻入地下建筑新巢,成为新的蚁王、蚁后,繁殖后代。繁殖蚁从幼蚁初具翅芽至羽化共7龄,同一巢内龄期极不整齐。兵蚁专门保卫蚁巢,工蚁担负筑巢、采食和抚育幼蚁等工作。蚁巢位于地下0.3~2.0 m深处,新巢仅是一个小腔,3个月后出现菌圃——草裥菌体组织,状如面包。在新巢的成长过程中,不断发生结构上和位置上的变化,蚁巢腔室由小到大,由少到多,个体数目达200万以上。黑翅土白蚁具有群栖性,无翅蚁有避光性,有翅蚁有趋光性。天敌有螳螂、山青蛙、蝙蝠以及各类蚂蚁、蜘蛛等。

4.4.2.4　防治措施

(1)人工挖巢。根据地形特征、受害树木分布状况、泥被泥线和分群孔、鸡枞菌出现的位置等判断巢位。在追挖过程中,要掌握挖大不挖小、挖新不挖旧,对白蚁追进不追出、追多不追少的原则,一定要挖到主巢,消灭蚁王、蚁后和有翅繁殖蚁,才能达到追挖的目的。

(2)灯光诱杀。在每年4~6月有翅繁殖蚁的分群期,利用有翅蚁的趋光性,在蚁害发生区域采用黑光灯诱杀。

(3)药剂防治。当发现蚁路和分群孔时,可选用70%灭蚁灵粉剂喷施蚁体,达到传播灭蚁的功能。还可压烟灭蚁,方法是:将压烟筒的出烟管插入主道,用泥封严道口,再把杀虫烟剂放入筒内点燃,扭紧上盖,烟便自然沿蚁道压入蚁巢,杀虫效果良好。

(4)园艺防治。清除园圃中枯枝落叶。在被害植株基部附近用氯丹乳剂50~100倍液喷施或灌浇,可防治白蚁危害。

【理论与技能自测题】

(一)填空题

1. 园林植物食叶害虫是危害针、阔叶树最为常见的重要害虫类群之一。其中以鳞翅目所属的__________和其他食叶蛾类害虫危害最重,其次为鞘翅目的__________,膜翅目的__________、直翅目的__________等常暴发危害。

2. 松毛虫是鳞翅目__________科__________属昆虫的统称。体中到大型,粗壮多毛,后翅肩角扩大,有1~2条__________。

3. 园林蛀干害虫主要有__________、__________、__________、__________、__________、__________等。

4. 星天牛与光肩星天牛的形态区别:后者成虫鞘翅基部没有__________;幼虫前胸背板后半部的"凸"形纹的前方没有__________形纹。

5. 松突圆蚧一般在老叶的__________虫口最多,可造成大量针叶__________脱落。天敌主要有__________、__________、__________等。

6. 蚜虫以成、若虫群集在树木的嫩梢、嫩叶上刺吸汁液,致叶片__________,或形成虫瘿,或使林木长成畸形,枝干枯死。蚜虫还传播__________,分泌蜜露,诱发__________。

7. 金龟类的幼虫总称为____________,属于____________目昆虫。

8. 蝼蛄对播种苗造成极大危害。国内分布有4种:____________分布在我国台湾、广东和广西;____________只在新疆有分布,危害不重;分布较普遍、危害较严重的是____________和____________。

9. 地老虎俗称____________、____________。危害幼嫩植物,切断____________取食。主要有3种,即____________、____________和____________。其中以____________最为重要,分布最广。

10. 白蚁为"社会性"多形态昆虫,蚁群包括____________、____________、____________、____________和____________。

(二)单项选择题

1. 以下食叶害虫中,属于重要的检疫害虫的是(　　)。

A. 美国白蛾　　B. 马尾松毛虫　　C. 黄刺蛾　　D. 黄脊竹蝗

2. 舞毒蛾以(　　)越冬。

A. 卵　　B. 幼虫　　C. 蛹　　D. 成虫

3. 白杨叶甲前胸背板为(　　)。

A. 红色　　B. 蓝紫色　　C. 橙黄色　　D. 黄色

4. 成虫羽化后取食叶片和幼枝嫩皮补充营养,产卵时一般在枝干表皮上先咬1个刻槽,再将产卵管插入刻槽中产卵。具有这一产卵习性的害虫是(　　)。

A. 天牛类　　B. 小蠹虫类　　C. 象甲类　　D. 透翅蛾类

5. 成虫和幼虫在林木韧皮部与边材之间蛀食,构成各种图案的密集坑道。具该危害状的害虫是(　　)。

A. 天牛类　　B. 小蠹虫类　　C. 象甲类　　D. 木蠹蛾类

6. 柑橘红蜘蛛以成螨、幼螨群集在叶片、嫩梢、果皮上吸汁为害,引致落叶、落果,尤以(　　)受害为重。

A. 叶片　　B. 叶柄　　C. 嫩梢　　D. 果皮

7. 用炒香的饵料诱杀蝼蛄时加入(　　)效果好。

A. 敌百虫　　B. 氧化乐果　　C. 磷化铝　　D. 敌杀死

8. 小地老虎1~2龄幼虫群集在(　　)昼夜取食。

A. 幼苗顶心嫩叶处　　B. 根际　　C. 土表杂草上　　D. 树叶

9. 前翅短小,后翅扇形,较长,超过腹部末端,后足胫节背面内侧有4个距的是(　　)。

A. 华北蝼蛄　　B. 东方蝼蛄　　C. 大蟋蟀　　D. 地老虎

10. 铜绿丽金龟1年1代,以老熟幼虫在(　　)越冬。

A. 落叶层中　　B. 树洞内　　C. 土中　　D. 粪肥中

(三)问答题

1. 园林食叶害虫的发生特点是什么?

2. 如何识别天牛类的成虫和幼虫?怎样控制其危害?

3. 蚧类有何危害与发生特点?什么时期是防治蚧类害虫的最佳时期?

4. 危害园林植物的螨类主要有哪些种类？危害特点及防治方法是什么？

5. 如何区别华北蝼蛄和东方蝼蛄？它们的习性有何异同？如何防治？

6. 黑翅土白蚁和家白蚁的生物学特性有何异同？目前采用的防治措施有哪些？

(四)技能训练

1. 调查本地区常见的园林食叶害虫、吸汁害虫种类及其生活习性并制订防治方案。

2. 结合校内外实训基地或现场教学识别本地区常见的蛀干害虫，并谈谈如何进行综合治理。

3. 对本地区经常发生的金龟种类进行识别，根据其生物学特性制订防治方案。

4. 针对本校园园林植物害虫发生现状，谈谈如何组织防治。

参考文献

[1] 王西坡，程维国. 园林植物病虫害防治[M]. 西安：陕西师范大学出版社，2013.
[2] 李淑芬. 园艺植物病虫害防治技术[M]. 重庆：重庆大学出版社，2013.
[3] 罗先湖. 植物病虫害防治技术技能训练[M]. 重庆：重庆大学出版社，2013.
[4] 李本鑫，张清丽. 园林植物病虫害防治[M]. 北京：机械工业出版社，2012.
[5] 陈雅君，李永刚. 园林植物病虫害防治实训[M]. 北京：化学工业出版社，2012.
[6] 何承苗. 园艺植物病虫害防治技术[M]. 厦门：厦门大学出版社，2011.
[7] 费显伟. 园艺植物病虫害防治[M]. 北京：高等教育出版社，2010.

学习项目5 园林植物常见病害及防治

【知识目标】

1. 了解园林植物常见病害的种类及危害特点。
2. 熟悉园林植物病害的发生发展规律。
3. 掌握本地区园林植物常见病害的防治时机与防治措施。

【技能目标】

1. 能根据病害症状及病原特性来识别诊断常见园林植物病害。
2. 能根据病害发生规律制订综合防治方案。
3. 能按技术规程要求开展病害防治作业。

【内容结构】

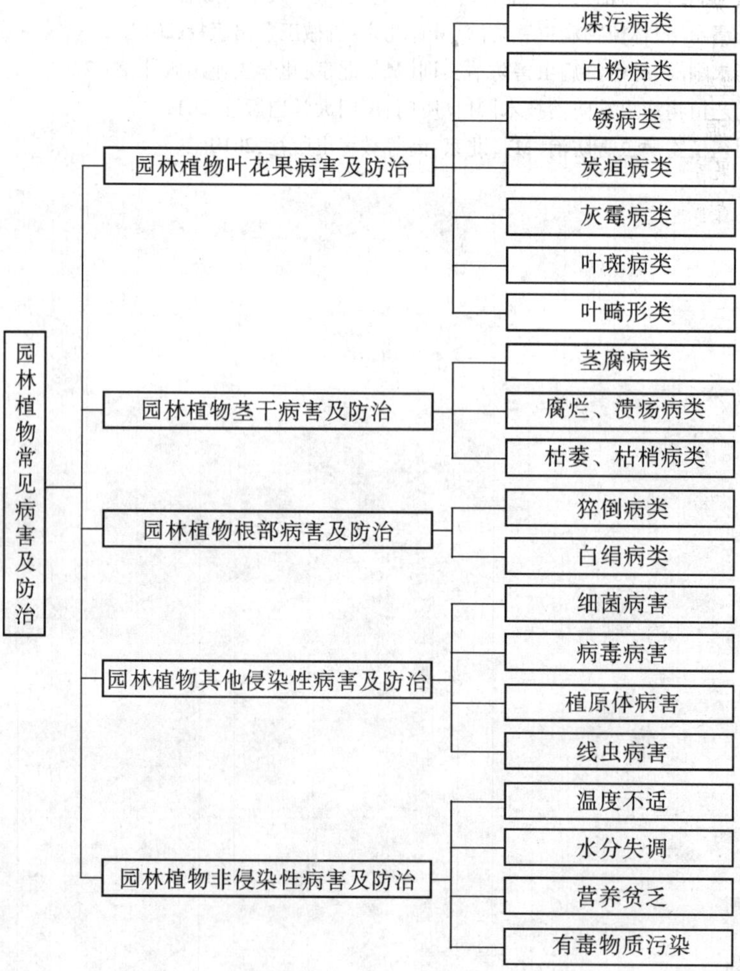

学习任务1　园林植物叶花果病害及防治

【学习场所】

教室、植物病虫害防治实训室。

【学习形式】

以班级为单位组织教学。教师通过园林植物病害蜡叶、新鲜实物标本及多媒体课件演示与讲授相结合,使学生理解各种叶花果病害危害特点、症状与病原菌特征相关知识,在此基础上,每个学习小组的学生利用为其提供的一套园林植物叶花果病害实物与病原菌标本,借助生物显微镜、放大镜等工具观察实物症状与病原菌并开展讨论,教师给予点拨指导。

【实训用品与材料】

园林植物煤污病类(紫薇煤污病、扶桑煤污病)、白粉病类(黄栌白粉病、月季白粉病)、锈病类(毛白杨锈病、鸢尾锈病)、炭疽病类(兰花炭疽病、牡丹炭疽病)、灰霉病类(仙客来灰霉病、美女樱灰霉病)、叶斑病类(月季黑斑病、芍药褐斑病)、叶畸形类(杜鹃花叶肿病、桃缩叶病)蜡叶或新鲜实物标本与病原菌玻片标本或病原菌纯培养菌落。

生物显微镜、放大镜、镊子、解剖针、载玻片、盖玻片、蒸馏水、吸水纸、擦镜纸。

【辅助学习资源】

◆ 叶花果部病害及防治多媒体课件、视频影像资料

◆ 中国森防信息网 http://www. forestpest. org

1.1　煤污病类

1.1.1　紫薇煤污病

1.1.1.1　危害特点

煤污病又名煤烟病,在我国各地园林植物中普遍发生。紫薇煤污病侵害紫薇主要是在其遭受紫薇绒蚧和紫薇长斑蚜危害以后,以它们排泄出的黏液为营养,诱发煤污病菌的大量繁殖。发病后病株叶面布满黑色煤粉状物,不仅影响紫薇的观赏价值,而且影响叶片的光合作用,导致植株生长衰弱,提早落叶。

1.1.1.2　症状病原

紫薇煤污病主要侵害紫薇叶片和枝条,黑色煤粉层是该病的重要特征,病害先是在叶片正面沿主脉产生,后逐渐覆盖整个叶面,严重时叶片表面、枝条甚至叶柄上都会布满黑色煤粉状物。这些黑色煤粉状物会阻塞叶片气孔,妨碍正常的光合作用。

病原为小煤炱菌 *Copnodium* sp.(图5-1),隶属于子囊菌亚门腔菌纲座囊菌目的真菌。

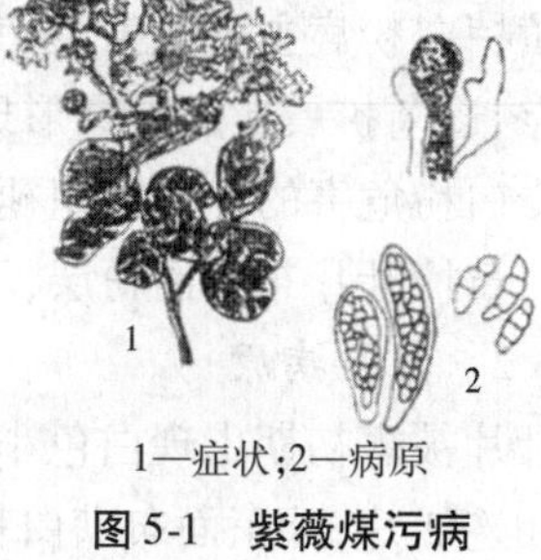

1—症状;2—病原

图5-1　紫薇煤污病

1.1.1.3　发病规律

煤污病的病原菌是以菌丝体或子囊座的形式在病叶、病枝上越冬，因为紫薇长斑蚜和紫薇绒蚧排泄的黏液会为其提供营养，所以一般在这两种虫害发生后，煤污病都会大量发生。而6月下旬至9月上旬是紫薇绒蚧和紫薇长斑蚜的为害盛期，此时的高温、高湿也有利于此病的发生，故春（越冬病菌引起）、秋（紫薇绒蚧和紫薇长斑蚜引起）季是紫薇煤污病的盛发期。

1.1.1.4　防治措施

加强栽培管理，合理安排种植密度，及时修剪病枝和过密枝条，以利于通风透光，减少发病。在调运和移植紫薇过程中应注意该病的检疫工作，在未发现病原的地区切实做好隔离，防止带病菌的紫薇植株进入无病地区。做好对紫薇长斑蚜和紫薇绒蚧的防治，是预防煤污病的关键因素，发现这两类虫害，及时喷洒40%高效氧化乐果800倍液或20%杀灭菊酯2 000倍液；对发病较重者，可在春季萌芽前喷洒波美度3～5石硫合剂，以消灭越冬病原。对生长期遭受煤污病侵害的植株，可喷洒70%甲基托布津可湿性粉剂1 000倍液，或喷洒80%代森锌可湿性粉剂500倍液，每隔10天喷1次，共需喷3～4次。

1.1.2　其他煤污病

其他煤污病见表5-1。

表5-1　其他煤污病

名称	危害特点	症状病原	发病规律	防治措施
扶桑煤污病	主要危害叶片，煤斑覆盖叶表	煤粉层较厚硬。病原为散播烟霉菌	高温、高湿、通风不良、光照不足时发病重	消灭刺吸式害虫，适度疏植、修剪
山茶煤污病	危害山茶和嫩梢，煤粉层覆盖病部大部分	煤粉层较厚，发病后期叶发黄。病原为山茶小煤炱菌	通风差、湿度高是滋生介壳虫等的条件，也有利于发病	防治刺吸式害虫，喷45%代森铵水剂500倍液

1.2　白粉病类

1.2.1　黄栌白粉病

1.2.1.1　危害特点

黄栌白粉病主要危害黄栌叶片，也可危害嫩枝，发病初期，感病叶片上产生白色针尖状斑点，逐渐扩展形成近圆形斑，病斑周围呈放射状，至后期病斑连成片，叶面上布满了白粉。受白粉危害的叶片组织褪绿，影响叶片的光合作用，使叶片干枯早落，秋天叶片不能变红。黄栌叶片布满白粉层，不但影响树木生长，而且影响观赏效果。

1.2.1.2　症状病原

叶片被害初期出现白色小斑点，逐渐扩大为近圆形病斑，表面有白色粉状物，严重时病斑相连成片，叶正面布满白粉，叶片褪绿以至干枯，秋季叶片上逐渐形成黄色至黄褐色，最后变为黑褐色的颗粒状子实体，即为病原菌的闭囊壳（图5-2）。

病原为黄栌钩丝壳菌 *Uncinula verniciferae* P. Henn,隶属于子囊菌亚门核菌纲白粉菌目的真菌。

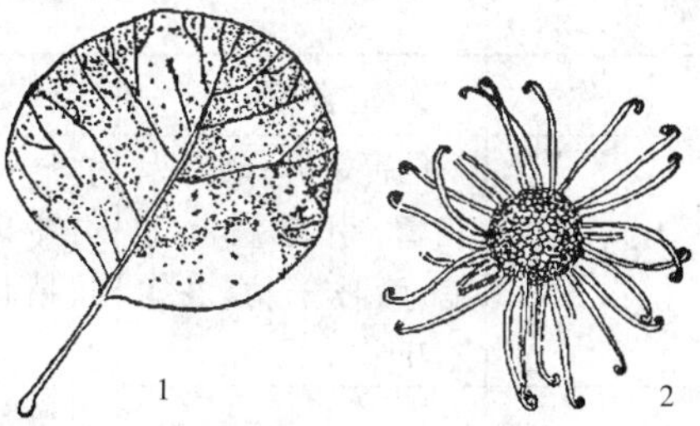

1—症状;2—白粉病闭囊壳

图5-2　黄栌白粉病

1.2.1.3　发病规律

病菌多以闭囊壳在落叶和病枝上越冬或以菌丝在病枝上越冬,翌年夏初闭囊壳吸水开裂放出子囊孢子进行初传染,子囊孢子借风吹、雨溅等传播,多先从树冠下部的叶片开始侵染,病害由下往上发展,孢子萌发最适温度为25~30℃,子囊孢子萌发后,菌丝在叶片表面生长,以吸器插入寄主表皮细胞吸取营养,菌丝上不断生出分生孢子梗和分生孢子,借风、雨、昆虫等传播,多次进行再侵染,7~8月为发病盛期。多雨、过湿、过密、纯林发病较重。

1.2.1.4　防治措施

科学养护,减少侵染来源。晚秋至次春越冬期间,彻底清除枯枝落叶,春季抽梢前剪除病芽、病枝和病梢,及时疏除病枝和过密枝,可以有效降低病害的扩散率。积极营造混交林,引进其他红叶树种,既有利于控制病害的发生和传播,又增加和保护了生物多样性。休眠期仔细喷洒一遍波美度3~5石硫合剂,消灭越冬病原;在发病初期,可人工喷洒内吸性杀菌剂,如50%多菌灵可湿性粉剂500倍液,70%甲基托布津可湿性粉剂800倍液。

1.2.2　其他白粉病

其他白粉病见表5-2。

表5-2　其他白粉病

名称	危害特点	症状病原	发病规律	防治措施
芍药白粉病	主要危害叶片,叶茎表面覆盖白粉	白粉斑多圆形。病原为蓼白粉菌	密度大、长势弱、排水不良、偏施氮肥发病重	清除病弱残体,喷洒25%粉锈宁可湿性粉剂1 500倍液
瓜叶菊白粉病	主要危害叶片,叶茎表面覆盖白粉	白粉斑不规则形。病原为二孢白粉菌	温度高、湿度大易发病,管理差、长势弱发病重	注意通风透光,喷洒70%甲基托布津1 000倍液
菊花白粉病	主要危害叶片,叶茎表面覆盖白粉	叶片布满白粉层并扭曲变形。病原为二孢白粉菌	温度高、湿度大、种植密、通风差、偏施氮肥发病重	加强栽培管理,清除病枝落叶,喷洒15%粉锈宁可湿性粉剂1 000倍液
月季白粉病	危害叶片、花器、嫩梢,引起早落叶、枯梢、花蕾畸形	叶片、花朵布满白粉层。病原为蔷薇单丝壳菌	初夏、仲秋时节为发病盛期,高氮肥、低钾肥利于发病	剪除病株残体,多施磷肥、钾肥,喷洒50%多菌灵可湿性粉剂1 000倍液

续表 5-2

名称	危害特点	症状病原	发病规律	防治措施
紫薇白粉病	危害嫩叶、幼茎及花蕾，引起病叶皱缩、嫩枝干枯、花蕾不开张	病部呈现不规则白粉斑，叶片早落、新梢枯死。病原为紫薇白粉菌	栽植过密、通风不良、光照不足、偏施氮肥以及夏季干旱闷热利于发病	加强栽培管理，减少侵染来源，喷洒25%粉锈宁可湿性粉剂1 500倍液
大叶黄杨白粉病	危害叶片和枝梢，表面褪色、扭曲，布满白粉	病部呈现不规则白粉斑，病叶逐渐褪色变黑。病原为粉孢霉菌	树荫下种植、阴雨连绵发病重，嫩叶新梢发病较重	加强栽培管理，减少侵染来源，喷洒70%甲基托布津可湿性粉剂1 000倍液

1.3 锈病类

1.3.1 毛白杨锈病

1.3.1.1 危害特点

毛白杨锈病分布于全国各毛白杨栽植区，尤其在黄河以北地区更为严重。主要危害毛白杨、新疆杨、山杨、银白杨等杨树。受害植株嫩叶背面生满黄粉，正面及嫩梢亦黄斑累累，新叶不断感染，病株不断蔓延，这样一直发展到7月中旬使整个树冠一片黄绿，尤以2~5年生苗木特别严重，经盛夏雨水冲刷，病叶逐渐变黑脱落、嫩梢枯死，严重影响毛白杨的生长。

1.3.1.2 症状病原

毛白杨萌芽时，在芽背面即出现黄色粉状物，顶芽呈黄色锈球状，不久后病芽即枯死。叶片感病后在背面出现小黄点，叶背形成黄色散生小粉堆，为病原菌的夏孢子堆，严重时叶背布满黄粉，病叶提前脱落。落地病叶上可见到许多近圆形或多角形的凸起，为病原菌的东孢子堆。叶柄及嫩枝上的病斑椭圆形至梭形（图5-3）。

病原为马格栅锈菌 *Melampsora magnusiana* Wagner、杨栅锈菌 *Melampsora rostrupii* Wagner和圆痂夏孢锈菌 *Uredo tholopsora* Cummis，隶属于担子菌亚门冬孢菌纲锈菌目的真菌。

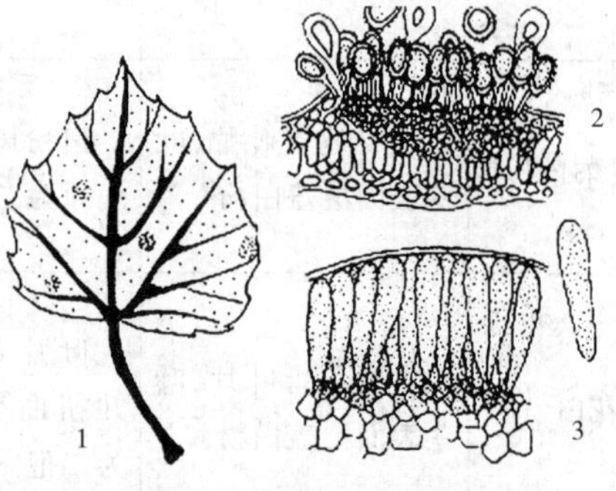

1—叶片上的夏孢子堆；2—夏孢子堆；3—冬孢子堆

图5-3 毛白杨锈病

1.3.1.3 发病规律

病原菌主要以菌丝在冬芽内越冬，翌春温度增高，杨树萌芽时，菌丝发育形成黄色的夏孢子堆，借风传播，能连续产生，逐渐蔓延扩散成灾，5~6月为第1次发病高峰，8月以后长新叶，又出现1次发病高峰。最后，病叶呈黑色，干枯脱落。苗木过密、通风透光不良时，病害发生得早而且严重。灌水过多或地势低洼、雨水偏多时，病害发生较重。

1.3.1.4 防治措施

在初春病芽出现的时候，可以利用病芽的颜色和形状，及时发现并摘除；清除田地间的病枝、病叶集中烧毁,也可以减少病原菌的来源。在休眠期喷洒波美度3石硫合剂,可以消灭隐藏在冬芽内及在病部越冬的菌丝体;生长季节喷洒25%粉锈宁可湿性粉剂1 500～2 000倍液、65%代森锌可湿性粉剂500倍液,可以起到较好的防治作用。

1.3.2　其他锈病

其他锈病见表5-3。

表5-3　其他锈病

名称	危害特点	症状病原	发病规律	防治措施
鸢尾锈病	鸢尾重要病害,分布于多个省份,危害严重	在叶片上先后出现黄褐色、黑褐色粉状物。病原为柄锈菌	栽植过密、排水不良、偏施氮肥、长势衰弱发病重	清除病弱残体,喷洒25%萎锈灵乳油400倍液
菊花锈病	菊花常见病害,导致大量落叶,不能正常开花	在叶背上先后出现浅褐色、深褐色粉状物。病原为柄锈菌	病原潜伏在新芽中越冬,随菊苗传播蔓延,秋末多雨条件下易发病	加强栽培管理,喷洒65%代森锌可湿性粉剂1 000倍液
月季锈病	月季主要病害,多地都有发生,危害月季、玫瑰	叶片布满锈粉,先后出现浅褐色、深褐色粉状物。病原为多孢锈菌	病原潜伏在病芽病斑内越冬,温暖、多雨、多雾情况下发病重	加强栽培管理,清除病枝落叶,喷洒97%敌锈钠可湿性粉剂300倍液
海棠锈病	危害各种海棠,各地均有发生,引起叶片枯黄、早落	病部病斑上着生针头大小橙黄色、后变为黑色的小颗粒。病原为胶锈菌	病原菌是转主寄生,春侵海棠,秋侵松柏,春季多雨、气温偏高时发病重	避免将海棠、松柏种在一起,减少侵染来源,喷洒50%退菌特可湿性粉剂800倍液

1.4　炭疽病类

1.4.1　兰花炭疽病

1.4.1.1　危害特点

兰花炭疽病是兰花发生普遍且严重的病害,在我国兰花栽培地区均有发生,危害春兰、墨兰、蕙兰、建兰、寒兰等兰属植物,还危害虎头兰、宽叶兰、广东万年青等多种花卉,严重时叶片斑痕累累,影响兰花的正常生长。

1.4.1.2　症状病原

兰花炭疽病主要危害叶片,也危害嫩茎和果实。叶片上的病斑在叶缘和叶尖较为普遍,为长圆形、梭形或不规则形大斑,有深褐色不规则线纹数圈,病斑中央灰褐色至灰白色,边缘黑褐色,后期病斑上散生有黑色小点,即分生孢子器。病斑多发生于上中部的叶片。果实上的病斑为不规则、长条形黑褐色病斑。病斑的大小、形状因兰花品种不同而有差异(图5-4)。

病原为兰炭疽菌 *Colletotrichum orchidearum* Allesch，隶属于半知菌亚门腔孢纲黑盘孢目的真菌。

1.4.1.3 发病规律

以菌丝体和分生孢子盘在病株残体或土壤中越冬，翌年气温回升，兰花展开新叶时，分生孢子进行初次侵染。病菌借风、雨和昆虫传播，进行多次再侵染。一般自伤口侵入，在嫩叶上可以直接侵入，潜育期 2～3 周，可多次再侵染。病菌适宜生长条件为温度 22～28 ℃，空气相对湿度 95% 以上，土壤 pH5.5～6.0。如果雨水多，放置过密，发病常较严重。每年 3～11 月均可发病，4～6 月梅雨季节发病最重。老叶 4～8 月易发病，新叶 8～11 月易发病。

品种不同，抗病性有差异，墨兰较抗病，春兰、寒兰、大富贵等较易感病，蕙兰适中。

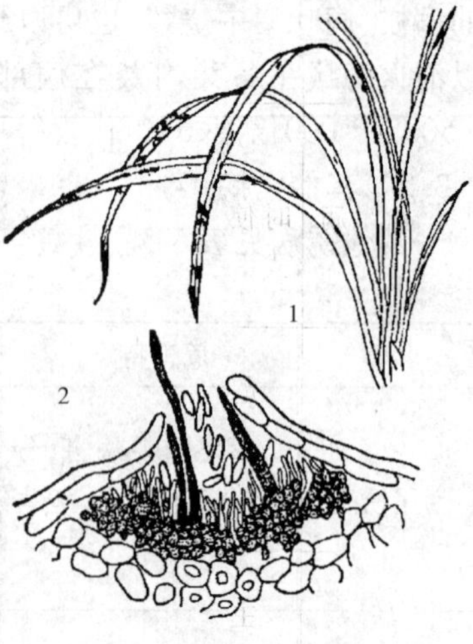

1—症状；2—分生孢子盘

图 5-4 兰花炭疽病

1.4.1.4 防治措施

冬季彻底清除病株残体并集中烧毁，发病初期及时摘除病叶、剪除枯枝，能减少侵染来源；控制栽植密度，保持通风透光，多施磷钾肥，适当控制氮肥，加强栽培管理，营造不利于病害发生的环境条件，能提高寄主植株的抗病力；当新叶、新梢抽出后，喷洒 1% 的等量式波尔多液，发病初期喷洒 65% 代森锌可湿性粉剂 500 倍液，或 50% 多菌灵可湿性粉剂 800 倍液，每隔 7～10 天喷 1 次，连续喷 3～4 次，可交替用药，也可混合用药。

1.4.2 其他炭疽病

其他炭疽病见表 5-4。

表 5-4 其他炭疽病

名称	危害特点	症状病原	发病规律	防治措施
梅花炭疽病	主要危害叶片和嫩梢，引起叶早落、花不开、长势衰弱	灰褐色椭圆形斑上着生轮纹状排列的小黑点。病原为梅小丛壳菌	管理粗放、过干过湿、偏施氮肥的情况下易发病	清除病弱残体，喷洒 25% 多菌灵可湿性粉剂 500 倍液
山茶花炭疽病	主要危害叶片和花器，引起叶、花早落、长势衰弱	褐色不规则形斑上散生许多黑色小点。病原为茶长盘孢菌	阴湿多雨是大量发生的主要条件，有潜伏侵染现象	清除枯枝落叶，喷洒 70% 甲基托布津可湿性粉剂 800 倍液
广玉兰炭疽病	危害苗木、幼树和大树，引起大量落叶，影响开花和观赏	叶片不规则形病斑上散生有小黑点。病原为围小丛壳菌	在夏季干热和秋季高温高湿时期发病较重	加强栽培管理，清除病枝落叶，喷洒 75% 百菌清可湿性粉剂 800 倍液

续表 5-4

名称	危害特点	症状病原	发病规律	防治措施
牡丹炭疽病	危害茎、叶,严重时使病茎扭曲畸形或枯萎死亡	病部出现不规则形大斑并皱缩畸形。病原为牡丹炭疽病菌	高温多雨年份发病较多,每年8~9月雨水多时发病较重	剪除病株残体,发病初期喷洒50%多菌灵可湿性粉剂1 500倍液
金橘炭疽病	危害叶片、嫩梢及果实,引起叶早落、梢枯死	病叶褐色斑不规则形,病梢褐色斑梭形。病原为盘长孢状刺盘孢菌	冬春受冻和夏秋多雨有利于发病,树势衰弱的发病较重	加强栽培管理,清除病枝落叶,喷洒50%退菌特可湿性粉剂500倍液
鸡冠花炭疽病	主要危害叶片,盆栽、地栽鸡冠花均有发生	病斑不规则形,后生黑色小点,叶片扭曲或皱缩。病原为刺盘孢菌	病株上越冬,借雨水传播,高温多雨季节发病严重	摘除病叶、拔除病株,减少侵染来源,喷洒75%百菌清可湿性粉剂600倍液

1.5 灰霉病类

1.5.1 仙客来灰霉病

1.5.1.1 危害特点

各仙客来栽培地区均有发生,尤以温室栽培发病重。该病主要危害叶柄和花器,除危害仙客来外,还危害月季、百合、扶桑、樱花、芍药、白兰花、瓜叶菊、紫罗兰、大丽花等多种园林植物。可造成叶、茎、花各部位霉烂,严重时使植株死亡。

1.5.1.2 症状病原

叶片、茎和花上均可发病。叶片上先由叶缘出现水浸状暗绿色斑纹,逐渐扩大到全叶,使叶片变成褐色腐烂,最后全叶褐色干枯。叶柄和花梗受害后,发生水浸状腐烂并软化,产生灰霉层。花器受害后,同样也腐烂并长出灰霉层。在湿度大的条件下,发病部位密生灰霉层,即病原菌的分生孢子梗和分生孢子。发病严重时,叶片枯死,花器腐烂,霉层密布(图5-5)。

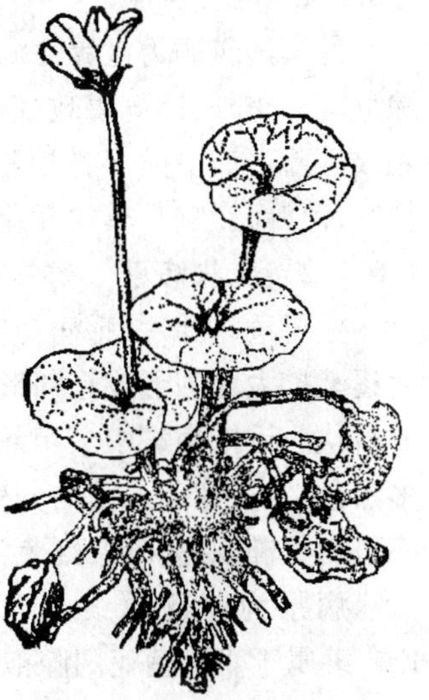

图5-5 仙客来灰霉病

病原为灰葡萄孢菌 *Botrytis cinerea* Pers. ex Fr.,隶属于半知菌亚门丝孢纲丝孢目的真菌。

1.5.1.3 发病规律

病原菌以菌核、菌丝或分生孢子随病残物在土中越冬。翌年,当气温达20 ℃,湿度较大时,可产生大量分生孢子,借风雨、气流等传播侵染,一年中有两次发病高峰期,即2~4月和7~8月。适温高湿有利于该病的发生,湿度小时病害发展慢且灰霉少。在湿度大的温室内该病可常年发生,因此在温室内仙客来易造成重复侵染。

1.5.1.4 防治措施

及时清除病花、病叶，拔除重病植株，集中销毁，减少侵染来源；加强栽培管理，改善通风透光条件，温室内要适当降低湿度，减少伤口，合理施肥，增施钙肥，控制氮肥用量；在生长季节喷药保护，可选用50%速克灵可湿性粉剂2 000倍液、70%甲基托布津可湿性粉剂800倍液进行叶面喷雾，每2周喷1次，连续喷3~4次；在温室大棚内使用烟剂和粉尘剂防治，用50%速克灵烟剂、45%百菌清烟剂熏烟，每100 m^2 的用药量为40 g，傍晚点燃后封闭温室大棚过夜即可，烟剂和粉尘剂每7~10天用1次，连续用2~3次，效果很好。

1.5.2 其他灰霉病

其他灰霉病见表5-5。

表5-5 其他灰霉病

名称	危害特点	症状病原	发病规律	防治措施
美女樱灰霉病	主要危害花叶，产生褐色病斑	着生灰霉层病部后出现灰色粉状物。病原为灰葡萄孢菌	病原菌以菌核越冬，湿度高时容易发病	喷洒50%扑海因或50%速克灵可湿性粉剂1 000倍液
牡丹灰霉病	可发生于牡丹整个生长期，能危害叶、茎、花各部分	褐色病斑上潮湿时会出现灰色霉状物。病原为灰葡萄孢菌	花后、梅雨季节发病重，植株幼嫩、花圃连作较易发病	喷洒65%代森锌或75%百菌清可湿性粉剂500倍液

1.6 叶斑病类

1.6.1 月季黑斑病

1.6.1.1 危害特点

月季黑斑病为世界性病害，在全国各地均有发生。除危害月季外，还危害玫瑰、蔷薇、山玫瑰、金樱子、黄刺玫等蔷薇属中的多种植物。常造成受害植株黄叶、枯叶、落叶，影响月季的开花和生长及观赏价值。

1.6.1.2 症状病原

主要危害叶片，感病初期叶片上出现褐色小点，以后逐渐扩大为圆形或近圆形的斑点。边缘呈不规则的放射状。后期病斑中央组织变为灰白色，其上着生许多黑色小点，即病原菌的分生孢子盘。嫩枝、叶柄上的病斑为长椭圆形，暗紫红色，稍下陷（图5-6）。

病原为蔷薇放线孢菌 *Actinonema rasae*（Lib.）Fr.，隶属于半知菌亚门腔孢纲黑盘孢目的真菌。

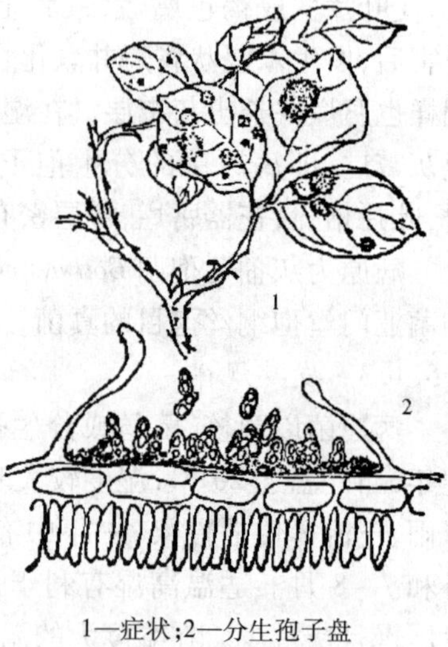

1—症状；2—分生孢子盘

图5-6 月季黑斑病

1.6.1.3　发病规律

病原菌以菌丝体在病枝和落叶上越冬。翌年 4 ~ 5 月，病菌产生分生孢子，借风雨、浇水等方式传播。温度适宜、叶面有水滴时即可侵入危害，潜伏期一般为 7 ~ 10 天。病菌多从下部叶片开始侵染，多雨天气有利于发病。在北方地区，5 ~ 6 月开始发病，8 ~ 9 月为发病盛期。在长江流域一带，5 ~ 6 月和 8 ~ 9 月，会出现两次发病高峰。温室内可常年发病。雨水是病害流行的主要条件。低洼积水、通风不良、光照不足、肥水不当、卫生状况不佳，都利于发病。月季不同品种间抗病性也有差异，一般浅色黄花品种易感病。

1.6.1.4　防治措施

冬季对重病株进行重度修剪，清除病茎上的越冬病原。秋季彻底清除月季园内的带病落叶、病枝，集中销毁，以减少越冬病原菌。生长期应及时修剪，避免徒长，创造良好的通风、透光条件，以从根部灌水为好，减小湿度。施足底肥，盆栽要及时更换新土。秋季彻底清除枯枝落叶，并结合冬季修剪剪除有病枝条，及时清除枯叶、残枝，集中烧毁，减少侵染源。改善环境条件，控制病害的发生。灌水最好采用滴灌、沟灌或沿盆边浇水，切忌喷灌，灌水时间最好是晴天的上午，以便使叶片保持干燥。发病初期，喷洒 80% 代森锌可湿性粉剂 600 ~ 800 倍液，每周 1 次，喷 2 ~ 3 次能预防病害的发生。发病期间，喷洒 70% 甲基托布津可湿性粉剂 800 倍液，或 50% 多菌灵可湿性粉剂 500 ~ 1 000 倍液，7 ~ 10 天喷 1 次，连喷 3 ~ 4 次。

1.6.2　其他叶斑病

其他叶斑病见表 5-6。

表 5-6　其他叶斑病

名称	危害特点	症状病原	发病规律	防治措施
芍药褐斑病	危害芍药、牡丹，导致叶片枯焦	病斑褐色、圆形或不规则形。病原为牡丹枝孢霉菌	春雨早发病早，病残体多发病重，种植过密、排水不良易于发病	清除病株残体，喷洒 50% 多菌灵可湿性粉剂 1 000 倍液
翠菊黑斑病	危害翠菊叶片，导致叶黄枯萎	病斑近圆形、黄褐色，后出现小黑点。病原为翠菊壳针孢菌	高温多雨发病严重，种植过密易于发病	清除病株残体，喷洒 50% 多菌灵可湿性粉剂 1 000 倍液
大丽花褐斑病	危害大丽花叶片，导致叶片产生灰褐色病斑	病斑中央灰褐色，后出现淡黑色霉状物。病原为大丽花尾孢菌	多雨季节、湿度过大、种植过密、通风不良时发病重	加强栽培管理，清除病枝落叶，喷洒 50% 代森锰锌可湿性粉剂 500 倍液
鸡冠花褐斑病	危害鸡冠花叶片，使受害叶片枯黄，影响观赏	病斑近圆形、紫褐色，潮湿时出现粉红色霉状物。病原为硫色镰刀菌	气温高、雨水多时节为发病盛期，土壤板结、透水性差利于发病	剪除病株残体，进行土壤消毒，喷洒 25% 多菌灵可湿性粉剂 500 倍液

续表 5-6

名称	危害特点	症状病原	发病规律	防治措施
百合叶枯病	危害百合叶、茎、芽及花,影响光合作用,妨碍生长	病部产生近圆形浅色斑,潮湿时覆盖灰色霉层。病原为椭圆葡萄孢菌	栽植过密、通风不良、湿度过大、偏施氮肥有利于发病	加强栽培管理,减少侵染来源,喷洒25%多菌灵可湿性粉剂500倍液
菊花黑斑病	危害菊花、甘菊、除虫菊等菊科植物,受害植株叶片枯焦、脱落	病斑不规则形、黑褐色,后期产生小黑点。病原为菊壳针孢菌	菊花生长期均可发病,植株种植过密、高温多雨季节发病较重	加强栽培管理,清除病株残体,喷洒75%百菌清可湿性粉剂500~800倍液
山茶灰斑病	危害山茶、茶树等,使受害植株叶片脱落、生长衰弱	病斑不规则形、灰褐色,后期产生黑色小点。病原为茶褐斑盘多毛孢菌	高温日灼伤易造成侵染,长势弱、排水差、高温、高湿利于发病	加强栽培管理,清除病株残体,喷洒50%退菌特可湿性粉剂1 000倍液
杜鹃花褐斑病	主要危害杜鹃花叶片,导致叶片枯黄、早落	病斑圆形或多角形、黑褐色,后生灰褐色霉层。病原为杜鹃花尾孢菌	高温多湿环境、通风透光不良、植株生长衰弱有利于发病	加强栽培管理,清除病株残体,喷洒65%代森锌可湿性粉剂500~600倍液
紫薇褐斑病	主要危害紫薇叶片,导致叶片提早脱落、植株生长不良	病斑不规则形、紫褐色,后生暗色绒毛状物。病原为千屈菜科尾孢菌	高温高湿利于发病,下部叶片比上部叶片发病重	清除病株残体,喷洒70%百菌清可湿性粉剂600倍液
樱花褐斑病	主要危害樱花叶片和嫩梢,造成叶穿孔早落、枝条枯死	病斑近圆形、褐色,后生灰褐色霉状物。病原为核果尾孢菌	大风多雨、栽植过密、土壤瘠薄、树势衰弱发病重	加强栽培管理,清除病株残体,喷70%甲基托布津可湿性粉剂700~1 000倍液
大叶黄杨褐斑病	主要侵染大叶黄杨新叶,传染率高,危害较重	病斑褐色、近圆形,后生黑色绒毛状小点。病原为坏损尾孢菌	粗放管理、肥水不足、多雨、有刺吸式害虫危害时发病重	及时清除病落叶,喷洒50%多菌灵可湿性粉剂500倍液
广玉兰褐斑病	危害广玉兰、含笑等,引起大量落叶,影响美观	病部可融合成不定形大型坏死斑,后生黑色小点。病原为叶点霉属真菌	日灼伤、虫咬伤口有利于侵染,雨水多、雨季长容易发病	及时清除病落叶,喷洒50%甲基托布津可湿性粉剂800倍液

1.7 叶畸形类

1.7.1 桃缩叶病

1.7.1.1 危害特点

桃缩叶病在我国各地均有发生,除危害桃树外,还危害山桃、碧桃、樱花、李、杏、梅等。

发病后引起叶、花早落，减少新梢的生长量，影响开花。发病严重时，造成树势衰弱、易受冻害，甚至枯死。

1.7.1.2　症状病原

主要危害叶片，严重时也可危害花、幼果和枝梢。叶片感病后，一部分或全部皱缩扭曲，由绿色变为黄色至紫红色，病处肥大增厚，质地变脆。春末夏初时，被害叶部表面出现一层灰白色粉层，即病原菌的子实体。后期病叶变褐干枯脱落，嫩梢发病后变为灰绿色或黄色，并呈现节间缩短肿胀现象，叶片多呈丛生状、卷曲，严重时枝梢枯萎死亡（图5-7）。

病原为畸形外囊菌 *Taphrina deformans* (Berk) Tul.，隶属于子囊菌亚门半子囊菌纲外子囊菌目的真菌。

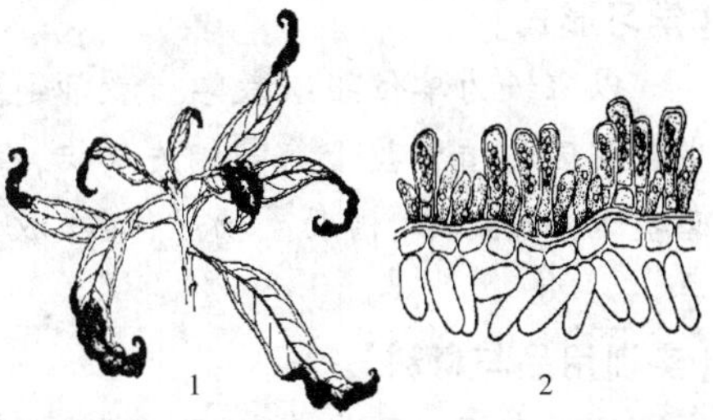

1—症状；2—子囊及子囊孢子

图5-7　桃缩叶病

1.7.1.3　发病规律

病原菌以厚壁芽孢子在树皮、芽鳞上越夏或越冬。翌年春天，成熟的子囊孢子或芽孢子随气流等传播到新芽上，自气孔或上下表皮侵入。病菌侵入后，在寄主表皮下或在栅栏组织的细胞间隙中蔓延，刺激寄主组织细胞大量分裂，细胞壁加厚，病叶肥厚、皱缩、卷曲并变红。此病的发生与早春气候密切相关，若早春桃芽膨大期或展叶期雨水多、湿度大，则发病重，若早春温暖干旱则发病较轻。此病于4月末至5月初为发病盛期，进入6月则停止发病。桃缩叶病一年只有一次侵染。从品种上看，早熟桃发病较重，晚熟桃发病轻。

1.7.1.4　防治措施

发病重、落叶多的桃园，要增施肥料，加强栽培管理，以促使树势恢复。在早春桃芽开始膨大但未展开时，喷波美度5石硫合剂1次，这样连喷2～3年，就可彻底防治桃缩叶病。发病严重的，也可在当年落叶后喷2%～3%硫酸铜1次，以杀灭黏附在冬芽上的大量芽孢子。到第二年早春再喷波美度5石硫合剂1次，使防治效果更加稳定。早春萌芽期喷用的药剂，除波美度5石硫合剂外，也可喷1%波尔多液。喷药后，如有少数病叶出现，应及时摘除，集中烧毁，以减少翌年侵染来源。

1.7.2　其他叶畸形病

其他叶畸形病见表5-7。

表5-7　其他叶畸形病

名称	危害特点	症状病原	发病规律	防治措施
杜鹃花叶肿病	危害杜鹃花属植物的叶片、嫩梢、幼芽和花器	受害部位肿大肥厚，形成肉质菌瘿。病原为日本外担子菌	担孢子由风雨传播，一年有春、秋两次发病高峰期	清除病株残体，喷洒50%退菌特可湿性粉剂500倍液

学习任务2　园林植物茎干病害及防治

【学习场所】

教室、植物病虫害防治实训室。

【学习形式】

以班级为单位组织教学。教师通过实物标本及多媒体课件演示与讲授相结合,使学生理解园林植物茎干病害相关知识,在此基础上,每个学习小组的学生利用为其提供的一套茎干病害标本,借助生物显微镜、放大镜等工具观察实物并展开讨论,教师给予点拨指导。

【实训用品与材料】

仙客来镰刀菌枯萎病、百合茎腐病、杨树溃疡病、槐树腐烂病、湿地松枯梢病、毛竹枯梢病等园林植物茎干病害实物标本与病原菌玻片标本或病原菌纯培养菌落。

生物显微镜、解剖镜、放大镜、镊子、解剖针、载玻片、盖玻片、蒸馏水、吸水纸、擦镜纸等。

【辅助学习资源】

◆ 园林植物茎干病害及防治多媒体课件、视频影像资料

◆ 中国森防信息网 http://www.forestpest.org

2.1　茎腐病类

2.1.1　仙客来镰刀菌枯萎病

2.1.1.1　危害特点

该病危害仙客来,是仙客来盆栽或无土栽培中的常见病害。受害后的仙客来,病害迅速蔓延,出现茎腐等症状,维管束系统受侵染,输导组织被破坏,最后造成萎蔫死亡,并影响产量和品质。

2.1.1.2　症状病原

生长季节植株块茎外围的叶片发病,先是叶片基部失绿变黄,随着病情的发展,最后除中心顶端叶片正常外,其他叶片全部变黄,或上有不规则黄色斑会合成的大斑,或开花期植株突然萎蔫枯死。一般病株叶片向内扩展逐渐发病。横剖块茎可看见维管束出现褐色环状病变,病根变色腐烂。发病重时叶、花枯萎,植株死亡(图5-8)。湿度大时茎基部出现红色霉层。

图5-8　仙客来镰刀菌枯萎病病状

病原为仙客来尖镰孢菌 *Fusarium oxysporum* f. sp. Cyclaminis,隶属于半知菌亚门丝孢纲瘤座孢目的真菌。

2.1.1.3　发病规律

该病为土传病害，仙客来尖镰孢菌为土壤习居菌，可以在土壤中存活多年。病原菌以菌丝体、厚垣孢子随病残体在土壤中越冬，可在土壤中腐生多年，菌丝体产生分生孢子，借助雨水及灌溉水传播，从生长期间的根茎部伤口侵入，在维管束中萌发产生菌丝，菌丝分泌出毒素阻塞导管，导致细胞死亡或植株枯萎，全株枯萎后，菌丝体在根部出现。连作地及土壤湿润易发病，土壤带菌率高、棚室升温、仙客来抽薹开花时湿度大则发病重。

2.1.1.4　防治措施

选用抗病、适于集约化栽培的优良品种，播种前进行种子消毒处理。控制相对湿度为60%～70%、温度在10～25 ℃，能防止发病条件出现，增强生长势，减轻病害发生程度。发病初期及时喷药，喷洒50%多菌灵可湿性粉剂600～800倍液，或75%百菌清可湿性粉剂500～800倍液，每周1次，连喷2～3次。必要时可浇灌上述杀菌剂，每株灌100～200 mL，隔7～10天1次，连续2～3次。

2.1.2　其他茎腐病

其他茎腐病见表5-8。

表5-8　其他茎腐病

名称	危害特点	症状病原	发病规律	防治措施
百合茎腐病	主要危害根茎，轻者生长不良，重者倒伏枯死	病斑浅褐色、水渍状，呈纵向扩展，后湿腐、缢缩，出现白色霉层。病原为恶疫霉菌	栽植过密、排水不良、地下水位偏高、春季多雨发病重；低洼积水、鳞茎伤口多易发病	注意土壤排水，尽量减少伤口，及时清除病株，用75%敌克松可湿性粉剂处理土壤
一串红茎腐病	主要危害茎枝，为毁灭性病害，导致大量死亡	病斑暗绿色，向上蔓延，致植株上部变黄枯萎。病原为寄生疫霉菌	高温、高湿利于发病；地势低洼、排水不良、种植过密会加重发病	注意通风透光，及时清除病株，用70%五氯硝基苯粉剂处理土壤
仙人掌茎腐病	危害仙人掌类，轻者茎部腐烂，重者全株死亡	茎部组织腐烂失水，后出现霉状物或颗粒状物。病原为尖镰孢菌等	伤口过多、偏施氮肥或未腐熟肥料利于发病，高温、高湿环境发病较重	注意通风、合理施肥、土壤消毒，喷洒50%多菌灵可湿性粉剂500倍液
银杏茎腐病	危害银杏、杜仲等树木的茎部，引起叶片变黄或全株枯死	病部外皮层肥肿脱离，内皮层腐烂，着生黑色小菌核。病原为菜豆壳球孢菌	盛夏高温、太阳光照强、日灼伤口多，利于病菌的侵入	注意合理施肥，降低土壤温度，喷洒1%的波尔多液

2.2　腐烂、溃疡病类

2.2.1　杨树溃疡病

2.2.1.1　危害特点

该病是杨树的主要枝干病害，又名水泡型溃疡病，主要分布在东北、华北、西北和华东地区，受害树种有杨树、柳树、核桃树等，从苗木、幼树到大树均可被害，以苗木、幼树受害重，能造成大苗及新造的杨树林枯梢或全株枯死。

2.2.1.2　症状病原

此病有溃疡和枯梢两种症状类型。

溃疡型：3 月中、下旬感病植株的干部出现褐色病斑，圆形或椭圆形，大小在 1 cm 左右，质地松软，手压有褐色臭水流出。有时出现水泡，泡内有略带腥味的黏液。5、6 月水泡自行破裂，流出黏液，随后病斑下陷，很快发展成长椭圆形或长条形斑，病斑无明显边缘。4 月上、中旬，病斑上散生许多小黑点，即病菌分生孢子器，并突破表皮。当病斑包围树干时，上部即枯死。5 月下旬病斑停止发展，在周边形成隆起的愈伤组织，此时中央裂开，形成典型的溃疡症状。11 月初在老病斑处出现粗黑点，即病菌的子座及子囊壳（图 5-9）。

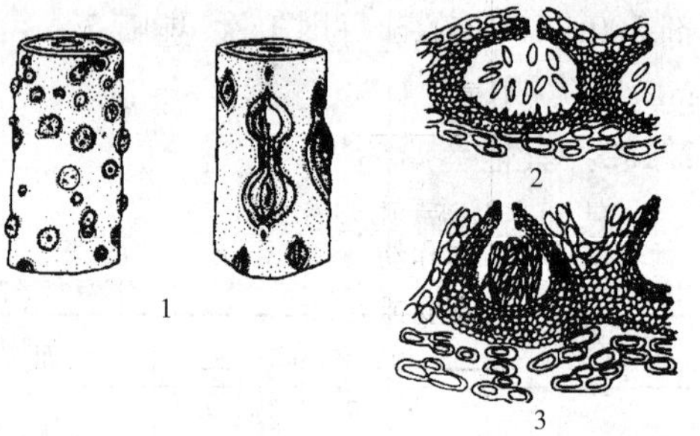

1—病害症状；2—分生孢子器；
3—子囊壳、子囊及子囊孢子

图 5-9　杨树溃疡病

枯梢型：在当年定植的幼树主干上先出现不明显的小斑，呈红褐色，2 ~ 3 月后病斑迅速包围主干，致使上部梢头枯死。有时在感病植株的冬芽附近，会出现成段发黑的斑块，剥开树皮可见里面已腐烂，引起梢枯。随后在枯死部位出现小黑点。这种类型发生普遍，危害性也大。

病原为子囊菌亚门茶藨子葡萄座腔菌 *Botryosphaeria ribis*（Tode）Grosssenb. et Dugg.，无性世代为半知菌亚门群生小穴壳菌 *Dothiorella gregaria* Sacc.。

2.2.1.3　发病规律

病原菌以菌丝在寄主体内越冬，翌年春天气温 10 ℃以上时开始活动。江淮地区病害于 3 月下旬开始发病，4 月中旬至 5 月上旬为发病盛期，5 月中旬后病害发展逐渐缓慢，至 6 月初基本停止，10 月病虫害又有发展，可出现第二次发病高峰。病害发生轻重与气象因子、立地条件和造林技术等密切相关。春寒、西北风次数多则病害发生重；沙丘地比平沙地发病重，苗木生长不良病害发生重；苗木假植时间长、根系受伤多发病重。观察表明，在起苗、运输、栽植等生产过程中创伤苗木，有利于病害发生。栽培管理不善、水分肥力不足、养分失调、生长衰弱等条件下均易发病。

2.2.1.4　防治措施

重视苗木来源，严禁带病苗木出圃，对插条进行消毒处理；适地适树，随起随栽，严禁假植期过长；在起苗、运输、假植、栽植等生产过程中，应尽量避免根部和干部皮层损伤；栽植后及时浇透水，保证栽植苗成活；加强栽培管理，提高抗病力。注意选用抗病品种，白杨派、黑杨派、意大利214杨、毛白杨、中林46等树种抗病能力较强。树干发病时可喷洒50%代森铵或50%多菌灵可湿性粉剂200倍液,或用波美度2石硫合剂涂抹病斑;枝梢发病时可喷洒50%退菌特可湿性粉剂或70%百菌清可湿性粉剂600~800倍液,也可用65%代森锌与50%苯来特可湿性粉剂混合液(1:1)1 000倍液。

2.2.2　其他腐烂、溃疡病

其他腐烂、溃疡病见表5-9。

表5-9　其他腐烂、溃疡病

名称	危害特点	症状病原	发病规律	防治措施
杨树腐烂病	杨树常见病和多发病,常引起杨树大量枯死,新栽杨树尤重	病部皮层先变软后干裂,出现针头状黑色小突起。病原为黑腐皮壳菌	立地条件不良或栽培管理不善,削弱了树势,有利于病害的发生	加强栽培管理,喷洒50%多菌灵可湿性粉剂200倍液
槐树腐烂病	主要危害槐树苗木和幼树,引起树势衰弱或死亡	病斑黄褐色水渍状,后扩展为梭形中央凹陷。病原为三隔镰孢菌	易从伤口侵入,早春低温冻害、土壤pH值偏高都是发病诱因	减少伤口产生,用40%乙磷铝250倍液喷涂枝干

2.3　枯萎、枯梢病类

2.3.1　雪松枯梢病

2.3.1.1　危害特点

该病分布于我国浙江、江苏、上海等地,主要危害雪松,还能危害马尾松、火炬松等松树,以1年生针叶林发病较多,造成枝条枯萎,甚至引起半截枯死,严重影响被害植株的生长发育和观赏价值。

2.3.1.2　症状病原

病害多发生于成年树,初期侵染新萌发的树梢,主梢、侧梢均可受害。发病初期针叶失绿变色,并逐渐向下蔓延,当病斑环绕皮层后,小枝随之枯死,其上部的针叶呈赤褐色,并迅速脱落,仅残存枯死的小枝,在侵染点附近针叶上首先看到黑色颗粒状的病原菌子实体,之后在枯死的小枝其他部位也可发现子实体的存在。若寄主长势旺盛,被害嫩梢枯死后暂停蔓延,其下方腋芽处可萌发出新梢,往往在病健交界处可见到梭状溃疡病斑,并伴有明显的松脂外溢。若寄主长势衰退,病害可不断地蔓延发展,危及整个枝条,引起全枝枯死,但其间有一个较长的时间过程(图5-10)。

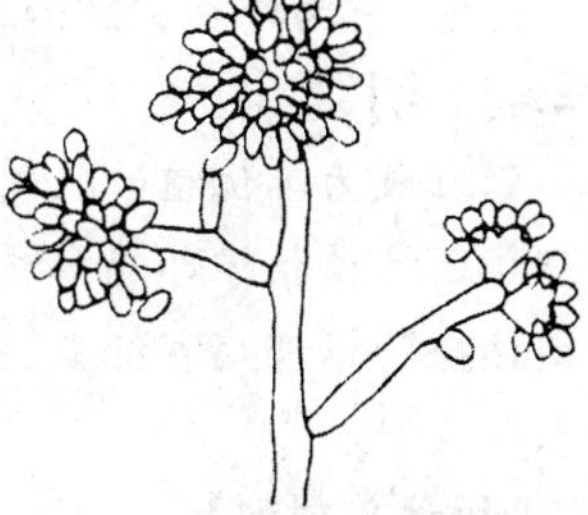

图5-10　雪松枯梢病分生孢子梗和分生孢子

病原为蝶形葡萄孢菌 *Botrytis latebyicola* Jaap.,隶属于半知菌亚门丝孢纲丝孢目的真菌。

2.3.1.3　发病规律

病原菌以菌丝体主要在发病的小枝溃疡斑和病落叶上越冬,翌年春天条件适宜时产生分生孢子,分生孢子借风雨传播,从嫩梢、嫩叶上直接侵染或从伤口进行侵染危害。4～5月雪松新梢和针叶萌发期,也是发病的高峰期。此时若低温多雨,阴雨绵绵,则加速病害的发生与发展。6月上旬以后,随着气温升高,病害停止发展。主要发生在成年雪松树上,苗木和幼龄雪松很少发病,在春季春梢生长期和秋季秋梢生长期有2次侵染高峰。

2.3.1.4　防治措施

剪除病枝,增施肥料,加强管理,以促进树体的生长势。进行松土、除草和排水,能抑制病原菌繁殖扩散,促进植株迅速恢复生长。化学防治可在新梢(春梢和秋梢)刚抽梢时和新梢已抽出一半时用75%百菌清、50%托布津500～1 000倍液或1∶1∶100波尔多液定期喷雾防治。每隔10～15天喷1次,连喷2～3次。

2.3.2　其他枯萎、枯梢病

其他枯萎、枯梢病见表5-10。

表5-10　其他枯萎、枯梢病

名称	危害特点	症状病原	发病规律	防治措施
湿地松枯梢病	危害湿地松和火炬松等,多在嫩梢上发病,引起枯叶死亡	病针叶短而黄,枯死不落,后产生黑色小颗粒。病原为松色二胞菌	土壤瘠薄、虫害、积水等,可削弱树势,加重病情	剪除病枝梢烧毁,喷洒50%多锰锌可湿性粉剂400～600倍液
毛竹枯梢病	危害当年新竹的枝梢,发病后轻者枝梢枯死,重者整株死亡	病斑舌状或梭形、褐色,叶片变黄、纵卷、枯落。病原为竹喙球菌	雨水多、湿度大、光照少利于发病,风口、林缘、阳坡、瘠薄处的竹林发病较重	清除病竹枝梢,加强检疫,喷洒50%多菌灵可湿性粉剂1 000倍液

学习任务3　园林植物根部病害及防治

【学习场所】

教室、植物病虫害防治实训室。

【学习形式】

以班级为单位组织教学。教师通过实物标本及多媒体课件演示与讲授相结合,使学生理解园林植物根部病害相关知识,在此基础上,每个学习小组的学生利用为其提供的一套园林植物根部病害标本,借助生物显微镜、放大镜等工具观察实物并展开讨论,教师给予点拨指导。

【实训用品与材料】

幼苗猝倒病、翠菊枯萎病、水仙基腐病、兰花白绢病等园林植物根部病害实物标本与病原菌玻片标本或病原菌纯培养菌落。

生物显微镜、解剖镜、放大镜、镊子、解剖针、载玻片、盖玻片、蒸馏水、吸水纸、擦镜纸等。

【辅助学习资源】

◆ 园林植物根部病害及防治多媒体课件、视频影像资料

◆ 中国森防信息网 http://www.forestpest.org

3.1　猝倒病类

3.1.1　幼苗猝倒病

3.1.1.1　危害特点

该病是世界各国苗圃中最常见的病害，我国各地苗圃中均有发生。危害针叶树和阔叶树，以松杉类针叶树幼苗最易感病，发病率达30%～60%不等，严重时达70%～90%，能在短期内引起苗木大量死亡。

3.1.1.2　症状病原

该病症状类型(图5-11)有以下几种。

种芽腐烂型：种芽还未出土或刚露出土，即被病原菌侵染死亡。

猝倒型：幼苗出土不久，嫩茎尚未木质化，病原菌自茎基部侵入，受侵部位呈现水渍状腐烂，幼苗迅速倒伏，此时嫩叶仍呈绿色，随后病部向两端扩展，根部相继腐烂，而后全苗干枯。多发生于4月中旬至5月中旬的多雨时期，是最严重的一种类型。

立枯型：幼苗木质化后，苗根染病腐烂，茎叶枯黄，但死苗站着不倒，易拔起，也称根腐型。

叶枯型：发生在苗木生长后期，由于苗木过于密集、光照不足，苗木下部叶片染病腐烂枯死，常造成苗木成簇死亡。

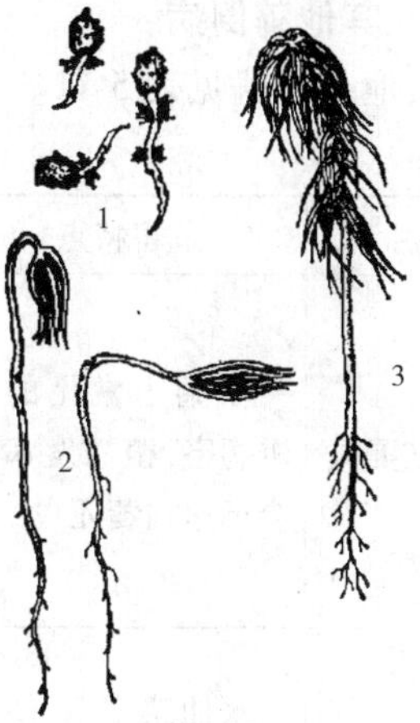

1—种芽腐烂型；2—猝倒型；3—立枯型

图5-11　幼苗猝倒病症状

引起幼苗猝倒病的病原有非侵染性和侵染性两类。非侵染性病原包括以下因素：圃地积水，造成根系窒息；土壤干旱，表土板结；地表温度过高，根颈灼伤。侵染性病原主要是真菌中的腐霉菌 *Pythium* spp.、丝核菌 *Rhizoctonia* spp. 和镰刀菌 *Fusarium* spp.。

3.1.1.3　发病规律

腐霉菌、丝核菌、镰刀菌都有较强的腐生习性，平时能在土壤的植物残体上腐生。它们分别以卵孢子、厚垣孢子和菌核度过不良环境，一旦遇到合适的寄主和潮湿的环境，便侵染危害。腐霉菌和丝核菌的生长温度为4～28 ℃。腐霉菌多在土温12～23 ℃时危害严重；丝核菌生长适温为24～28 ℃，在温度稍低时危害严重。镰刀菌的生长适温为10～32 ℃，以土温20～30 ℃时致病较多。引起幼苗猝倒病的病原菌腐生性很强，可在土壤中长期存活，所以土壤带菌是最重要的侵染来源。病原菌可借雨水、灌溉水传播，在适宜条件下进行再侵染。发病严重一般与以下因素有关：长期连作感病植物，土壤中积累了较多的病原菌；种子质量差，发芽势弱，发芽率低；幼苗出土后遇连续阴雨，光照不足，幼苗木质化程度差、抗病力低；在栽培上播种迟、覆土深、揭草不适时、施用生肥等。

3.1.1.4 防治措施

应采取以栽培技术为主的综合治理措施,培育壮苗,提高抗病性。不选用瓜菜地和土质黏重、排水不良的地块作为圃地。精选种子,适时播种。推广高床育苗和营养钵育苗,加强苗期管理,培育壮苗。土壤消毒可选用以色列生产的听装溴甲烷进行熏蒸处理,用药量为50 g/m^2。消毒时一定要在密闭的小拱棚内进行,熏蒸2~3天,揭开薄膜通风14天以上。该法不仅可以杀死土壤中的各种病菌,而且对地下害虫、杂草种子也十分有效;用72.2%普力克水剂400~600倍液浇灌苗床、土壤,用以防治腐霉病及疫病,用量为3 L/m^2,间隔15天。此外,还可选用以五氯硝基苯为主的混合药剂处理土壤,如五氯硝基苯与代森锰锌或敌克松(比例为3∶1),4~6 g/m^2,以药土沟施,或用2~3%硫酸亚铁浇灌土壤。种子消毒用0.5%高锰酸钾溶液(60 ℃)浸泡2小时。幼苗出土后,可喷洒64%杀毒矾可湿性粉剂300~500倍液或喷洒1∶1∶200倍波尔多液,每隔10~15天喷洒1次。

3.1.2 其他猝倒病

其他猝倒病见表5-11。

表5-11 其他猝倒病

名称	危害特点	症状病原	发病规律	防治措施
翠菊枯萎病	翠菊上常见的严重病害,植株发病后会迅速枯萎死亡	叶变黄萎蔫,根系腐烂,全株枯死,病茎基部可见粉红色霉菌。病原为尖孢镰刀菌的变种	病菌可在土中存活,多从伤口侵入,连作、过量施氮、生长弱、湿度高、土壤黏重易发病	加强栽培管理,施用50%多菌灵可湿性粉剂500倍液灌根
水仙基腐病	水仙感病后,鳞茎表面完好,但基部腐烂,水养时影响长根和开花	鳞茎基部腐烂或开裂,鳞片之间有白色或红色霉层。病原为水仙尖镰孢菌	植株伤口多易发病,储藏场所通风不好易发病,多雨潮湿、氮肥过多都利于病害发生	加强栽培管理,施用25%多菌灵可湿性粉剂800倍液灌根

3.2 白绢病类

下面主要介绍兰花白绢病。

(1)危害特点。

兰花白绢病又称白丝病、菌核病,是兰花的常见病害之一。该病在长江流域以南兰花种植地区多有分布,发生发展迅速,能导致被害兰花植株烂枯死亡。

(2)症状病原。

发病从近地茎叶基部开始,初呈黄色至淡褐色的水渍状病斑,后变褐至黑褐色腐烂,在根际土壤表面及茎基部蔓延,破坏茎部并感染幼叶和根部。发病后期,病部产生白色绢丝状菌丝体,呈辐射状在根际土表蔓延,最后导致整株叶丛枯死(图5-12)。在白色菌丝体中,还产生油菜籽状,初为白色,后为黄色,最后变为褐色的菌核。

病原为小菌核属的一种真菌 *Sclerotium rolfsii* Sacc.，隶属于半知菌亚门丝孢纲无孢目的真菌。

(3)发病规律。

病菌以菌核在土中或肥中及未腐烂的残体上越冬，在冬季温度较高的地区菌丝也可在未腐烂的残体上越冬，菌核翌年萌发，在土中蔓延，从兰叶的基部侵入为害。菌核对不良环境抵抗力强，在土中可存活数年，借流水、灌溉水、雨水溅射和施肥传播。高温多雨、土壤偏酸、连作易加重发病。此病4～5月开始侵染，6～8月是发病高峰期，病害发生迅速，常导致被害植株烂枯死亡。

图5-12　兰花白绢病症状

(4)防治措施。

在基质中拌入1/10体积比的草木灰，或浇施0.3%石灰水将pH值调高，使之达到6.5左右，可减少兰花白绢病的发生。基质土壤用0.2%五氯硝基苯500倍液、50%多菌灵可湿性粉剂600倍液消毒，可抑制病情蔓延传播。改善通风条件，及时剪去病叶，可有效控制病情。发病后喷50%多菌灵可湿性粉剂500倍液，或70%百菌清可湿性粉剂800倍液，每7～10天喷1次，连喷2～3次，防治效果良好。

学习任务4　园林植物其他侵染性病害及防治

【学习场所】

教室、植物病虫害防治实训室。

【学习形式】

以班级为单位组织教学。教师通过实物标本及多媒体课件演示与讲授相结合，使学生理解园林植物其他侵染性病害相关知识。在此基础上，每个学习小组的学生利用为其提供的一套园林植物其他侵染性病害标本，借助生物显微镜、放大镜等工具观察实物并展开讨论，教师给予点拨指导。

【实训用品与材料】

樱花根癌病、仙人掌细菌性软腐病、郁金香碎色病、月季花叶病、翠菊黄化病、泡桐丛枝病、菊花叶枯线虫病、牡丹根结线虫病等园林植物其他侵染性病害实物标本与病原菌玻片标本。

生物显微镜、解剖镜、放大镜、镊子、解剖针、载玻片、盖玻片、蒸馏水、吸水纸、擦镜纸等。

【辅助学习资源】

◆ 园林植物其他侵染性病害及防治多媒体课件、视频影像资料

◆ 中国森防信息网 http://www.forestpest.org

4.1 细菌病害

4.1.1 樱花根癌病

4.1.1.1 危害特点

根癌病又称冠瘿病、根瘤病，是一种世界性病害，在日本十分普遍，在我国分布也很广泛。寄主范围广，除危害樱花外，还危害菊花、大丽菊、石竹、天竺葵、桃、月季、蔷薇、梅、夹竹桃、杨柳、核桃、花柏、南洋杉、银杏、罗汉松等。

4.1.1.2 症状病原

该病主要发生在根颈处，也可发生在主根、侧根以及地上部的主干与侧枝上，发病初期病部膨大呈球形或半球形的瘤状物，幼瘤初为白色、质地柔软、表面光滑，以后肿瘤逐渐增大、质地变硬、褐色或黑褐色、表面粗糙龟裂。由于根系受到破坏，发病轻的植株生长缓慢、叶色不正，严重者引起全株死亡。苗木受害后根系发育不良、植株矮化、树势衰弱，严重时叶片黄化、早落，甚至全株枯死。肿瘤可达 2 倍或几倍于生长部位的茎和根的粗度，有时可大到拳头状，引起幼苗迅速死亡（图 5-13）。

病原是细菌中的土壤杆菌 *Agrobacterium tumefaciens* (Smith et Towns.) Conn.。

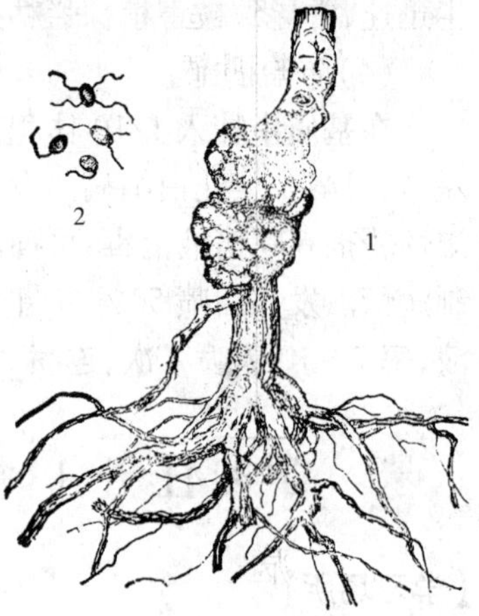

1—根颈部被害症状；2—病原细菌

图 5-13 樱花根癌病

4.1.1.3 发病规律

病原细菌可在病瘤内或土壤病株残体上存活 1 年以上。病菌可由灌溉水、雨水、采条嫁接、园艺工具、地下害虫等进行传播。远距离传播由病种苗和种条的运输造成。病原细菌通过各种伤口侵入植株，通常土壤潮湿、积水、有机质丰富时发病严重，经数周或 1 年以上就可出现症状。碱性大、湿度大的沙壤土地上发病率较高。连作有利于病害的发生。嫁接时切接比芽接发病率高。苗木根部伤口多时发病重。不同品种的樱花抗病性有明显差异，如染井吉野、八重垂枝樱易发病，而关山、菊樱较抗病。

4.1.1.4 防治措施

病土须经热力或药剂处理后方可使用，对病株周围的土壤，可按每平方米 50 ~ 100 g 的用量撒入硫黄粉消毒，也可利用腐叶土、木炭粉及微生物进行土壤改良。细心栽培，避免各种伤口，嫁接用具可用 0.5% 高锰酸钾消毒。病苗须经药液处理后方可栽植，可选用 500 ~ 2 000 mg/kg 链霉素处理 30 min 或在 1% 硫酸铜溶液中浸泡 5 min。轻病株可用 300 ~ 400倍的“402”浇灌，或切除肿瘤后用 500 ~ 2 000 mg/kg 链霉素、500 ~ 1 000 mg/kg 土霉素涂抹伤口。发现病株集中销毁，对于初起病株，用刀锯切除病瘤，然后用石灰乳或波尔多液涂抹伤口，或用甲冰碘液（甲醇 50 份、冰醋酸 25 份、碘片 12 份）涂瘤，可使病瘤消除。

4.1.2 其他细菌病害

其他细菌病害见表 5-12。

表5-12　其他细菌病害

名称	危害特点	症状病原	发病规律	防治措施
仙人掌细菌性软腐病	主要发生在盆栽仙人掌上,危害肉质茎。该病扩展很快,致整株死亡	病斑不规则形,后呈黑褐色腐烂状,散发出臭味。病原为欧氏杆菌属的细菌	盆土过湿、通风不畅、温度偏高、地下害虫危害易诱发该病	加强栽培管理,用硫酸链霉素2 000倍液浸泡1小时
鸢尾细菌性软腐病	主要危害块茎,严重时植株枯死	病斑由水渍状逐渐变色腐烂,病部腐烂发黏。病原为欧氏杆菌属的细菌	高温、土壤潮湿、种植过密、绿荫覆盖度大、连作地块发病严重	加强栽培管理,喷洒100～150单位农用链霉素
仙客来细菌性软腐病	危害仙客来花梗、叶柄,并使块茎腐烂,降低其经济、观赏价值	病斑由水渍状变褐软腐,后产生白黏糊状物。病原为欧氏杆菌属的细菌	高温多雨、植株伤口多易发病,多湿发病重。温室可全年发病	加强栽培管理,喷洒1 000单位农用链霉素
大丽花青枯病	危害根和块根,病部变褐腐烂,叶片萎蔫,下垂枯死	横切病根茎呈黄褐色,并有菌脓溢出。病原为假单胞杆菌属的细菌	高温高湿病原繁殖快,易从伤口侵入。移栽时若土壤或肥料带菌最易发病	加强栽培管理,喷洒100～200单位农用链霉素

4.2　病毒病害

4.2.1　郁金香碎色病

4.2.1.1　危害特点

郁金香碎色病又称郁金香碎锦病,是一种世界性病害。该病在各郁金香种植区普遍发生,使郁金香切花失去商品价值,也是造成郁金香种球退化的重要原因之一。该病的病毒除危害郁金香外,还可危害百合、水仙、风信子等。

4.2.1.2　症状病原

该病主要侵染郁金香的叶片及花冠。主要症状表现在花上,同一朵花上花瓣的颜色产生深浅不同的变化,有的颜色加深,有的颜色维持正常,有的颜色变浅等,有的碎色或碎锦呈斑驳状,或呈条纹状。感病的叶片上出现浅绿色或灰白色条斑,有时形成花叶(图5-14)。严重时植株生长不良。花瓣畸形、单色花的花瓣上出现淡黄色、白色条纹或不规则的斑点。感病的鳞茎退化变小,植株生长不良、矮化,花变小,开花期延迟。

图5-14　郁金香碎色病症状

病原为郁金香碎色病毒 *Tulip breaking virus*。

4.2.1.3　发病规律

该病毒在病鳞茎内越冬,成为来年侵染源,由桃蚜和其他蚜虫传播,汁液摩擦和嫁接也可以传播病毒。传毒蚜虫种群密度大,会加速该病的发生,尤其是郁金香生长早期蚜虫多,往往造成该病的流行,田间种植的鳞茎带毒率高,发病率也高,此病毒也可以危害百合,百合受侵染后产生花叶或隐症现象。在自然栽培条件下,重瓣郁金香比单瓣郁金香更易感病。

4.2.1.4　防治措施

注意选择和保存无毒植株作繁殖材料,采用茎尖培养脱毒和组织培养繁殖无毒苗,尽可能减少病毒再次感染。加强检疫,控制病害的扩展和蔓延。田间种植期间,及时除去重病株和瘦弱退化株。避免和百合种植过近,防止相互传染。喷洒 40% 氧化乐果乳油1 000 倍液或 2.5% 鱼藤精 800 倍液防治蚜虫,以减少蚜虫传毒机会。挖收时,将带病的鳞茎、叶片集中焚毁,并将附近土壤打扫干净彻底消毒。在切花等操作过程中,注意人手和工具的消毒,以减少汁液接触传染。在鳞茎储藏前,用 80% 敌敌畏乳油 80 倍液喷洒储藏地点和器具等,或用 2.5% 溴氰菊酯乳油 2 000 倍液喷洒,杀死存在的蚜虫,以防传毒。

4.2.2　其他病毒病害

其他病毒病害见表 5-13。

表 5-13　其他病毒病害

名称	危害特点	症状病原	发病规律	防治措施
菊花番茄斑萎病	危害菊花等多种花卉,导致茎叶产生三角形坏死,丧失观赏价值	花叶变形、斑驳,后产生枯死斑,不能显花。病原为番茄斑萎病毒	容易汁液接种,传毒昆虫主要为蓟马、叶蝉,蚜虫也能传毒	及时拔除病株,防治传毒昆虫,选择无毒繁殖材料
美人蕉花叶病	危害美人蕉叶、花,造成块根退化、植株矮小、叶片撕裂、开花少、花朵小	叶片呈现花叶状,花瓣上表现为杂色条纹。病原为黄瓜花叶病毒	传播途径主要是蚜虫和汁液接触传染,蚜虫多、密度大、伤口多利于发病	及时拔除病株,防治传毒昆虫,选择无毒繁殖材料
仙客来病毒病	危害仙客来叶、花,造成种质退化、叶片皱缩、花少花小	叶片皱缩卷曲,花畸形或退化。病原为黄瓜花叶病毒	带毒种球是主要传播途径,棉蚜也能传毒,蚜虫发生数量大时发病重	加强栽培管理,防治传毒昆虫,干热处理种子
月季花叶病	危害月季叶、花,造成叶片花叶、花瓣褪色、长势衰弱	病斑失绿色浅、有纹饰,还有的为黄脉和矮化。病原为蔷薇花叶病毒	病毒通过病芽、接穗和砧木传播,夏季强光和干旱有利于病害发生和扩展	及时拔除病株,培育无毒苗,选择无毒繁殖材料

4.3　植原体病害

4.3.1　泡桐丛枝病

4.3.1.1　危害特点

泡桐丛枝病又名泡桐扫帚病或泡桐疯病,分布极广,一旦染病,影响枝条、侧干生长量和形状,常引起树势衰退,材积生长量大幅度下降,严重者甚至死亡。

4.3.1.2　症状病原

常见的泡桐丛枝病有以下两种类型：

丛枝型：发病开始时，个别枝条上大量萌发腋芽和不定芽，抽生很多的小枝，小枝上又抽生小枝，抽生的小枝细弱，节间变短，叶序混乱，病叶黄化，至秋季簇生成团，小枝愈来愈细，叶也愈来愈小，外观似鸟巢，小枝多直立，冬季落叶后呈扫帚状，小枝不脱落，但冬季常枯死，次年又会产生更多的小枝（图5-15）。

图5-15　泡桐丛枝病症状

花变枝叶型：花瓣变成小叶状，花蕊形成小枝，小枝腋芽继续抽生形成丛枝，花萼明显变薄，色淡无毛，花托分裂，花蕾变形，有越冬开花现象。

病原为植原体 *Mycoplasma – Like organism*。

4.3.1.3　发病规律

该病主要通过病苗、带病原的茎、根或嫁接传播。在自然情况下，已有证明证实可以由烟草盲蝽、茶翅蝽在取食过程中传播。用实生苗繁殖的泡桐幼树发病率较低，成片林及行道树的发病率较高。

4.3.1.4　防治措施

采用种子育苗或严格挑选无病的泡桐根育苗。尽量选用抗病品种，白花泡桐、毛泡桐、兰考泡桐抗病能力较强；山明泡桐和楸叶泡桐抗病能力较差。修除病枝和环状剥皮。秋季发病停止后、树液回流前修除病枝，或春季树液流动前进行环剥，能防止病原向其他部位转移、扩散。加强管理。不损坏树根、树皮和枝条，初发病的枝条应及早修除；改善水肥条件，增施磷肥，少施钾肥，丛枝病发生较轻。还可以药物治疗。用兽用注射器，把每毫升含有10 000单位的盐酸四环素药液注入主干距地面10～20 cm处的髓心内，每株注入30～50 mL，两周后可见效，注药时间在5～7月。也可直接对病株叶面每天喷200单位的四环素药液，连续5～6次，半月之后效果显著。

4.3.2　其他植原体病害

其他植原体病害见表5-14。

表5-14　其他植原体病害

名称	危害特点	症状病原	发病规律	防治措施
翠菊黄花病	翠菊重要病害，使植株矮小、萎缩、花小、变色，对切花用品种危害更大	叶片变黄，叶芽增多或丛生，花朵亦小、褪色。重者植株矮小或不能开花。病原为植原体	病原在寄主上越冬，通过二点叶蝉、菟丝子或嫁接传播，种子和土壤不传毒。7～8月发病重	及时铲除病株，清除附近杂草，喷洒50%马拉松乳油1 000倍液防治传毒昆虫
枣疯病	枣树严重病害，枣区均有发生，病树很少结果，最后整株死亡	花器反常生长成浅绿色小叶，枝条上抽生出黄绿色细小枝丛。病原为植原体	金丝小枣最易感病。土壤干旱瘠薄及管理粗放的枣园发病严重	及时剪除病枝，培育无病壮苗，滴注浓度0.1%的四环素药液

4.4 线虫病害

4.4.1 菊花叶枯线虫病

4.4.1.1 危害特点

菊花叶枯线虫病是菊花的重要病害之一。分布于世界各地，在我国河北、河南、安徽、江苏、上海、浙江、江西、广东、湖南、四川、云南、福建等地均有发生。主要危害菊花叶片，导致叶片变黄早落。还危害翠菊、金光菊、大丽菊等多种菊科植物，以及牡丹、百合、马鞭草、夹竹桃等花卉植物。

4.4.1.2 症状病原

主要危害叶片，同时也能侵染花芽和花。一般植株下部叶片最先受害。受线虫侵染的叶片，侵入点处很快变褐。以后褐色斑逐渐扩大，受叶脉限制而形成多角形或不规则形褐色病斑。最后叶片卷缩、凋萎，并沿茎干下垂，造成大量落叶。花器受侵染后，花不发育，即使开花，也长得细小畸形。花芽、花蕾干枯或退化，有的花芽膨大而不能成蕾。发病严重植株，开花前即枯死。

病原为里泽马斯博滑刃线虫 *Aphelenchoides ritzemabosi* (Schwartz) Steiner，俗称菊花叶枯线虫（图 5-16），隶属线虫动物门侧尾腺口纲垫刃目的滑刃线虫属。

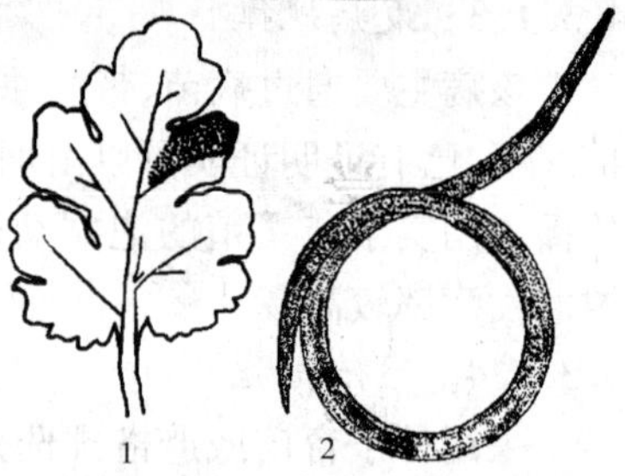

1—症状；2—病原线虫雌虫

图 5-16 菊花叶枯线虫病

4.4.1.3 发病规律

菊花叶枯线虫具有寄生在多种野生植物上的能力，能长期生活在菊花残留株的地上部分，甚至在极小的残叶上，还可在土壤中存活 6 ~ 7 个月。整个发育周期可在被害组织内完成。只要温、湿度适宜，该线虫全年都可繁殖为害，在足够的湿度和 22 ~ 25 ℃适温范围内，完成 1 代需 10 ~ 14 天，整个发育阶段都有很大的活动性。如天气潮湿、叶面有水滴时则更加活跃。一般通过水滴、灌溉水和被害的叶、花、茎、扦插条以及土壤等传播，气流刮起的碎叶细土也可传播。远距离传播主要靠苗木、插条、切花的长距离调运。从叶面上的气孔侵入取食叶肉组织引起发病。土质疏松对线虫活动有利，一般秋季多雨季节发病较为严重。

4.4.1.4 防治措施

加强检疫，防止病苗、病株及其繁殖材料进入无病区。繁殖时选用无病健康的插条，如可利用顶芽作繁殖材料。工作时不使用与病原体、病土接触过而未经消毒的工具。摘除病株集中销毁，对种过有病植株的土壤和花盆可用福尔马林熏蒸，或用加热处理法消毒。种苗处理扦插之前用 50 ℃温水浸泡插枝 10 分钟。露地栽培时避免大水漫灌，防止浇水传播。病区的土壤在种植前，可选用 3% 米乐尔 6 ~ 10 g/m^2、D - D 混剂 50 ~ 100 g/m^2、福尔马林 50 倍液 6 kg/m^2 进行土壤消毒。定期用 10% 苯线磷颗粒剂施在根附近的土壤中。发病早期喷洒 10% 克线磷 3 ~ 6 kg/hm^2。

4.4.2 其他线虫病害

其他线虫病害见表 5-15。

表5-15　其他线虫病害

名称	危害特点	症状病原	发病规律	防治措施
仙客来根结线虫病	危害球茎及根系，造成植株矮小、叶色发黄，严重者枯死	根、茎瘤初色淡光滑，后色褐粗糙，切开可见发亮白点，即为雌虫体。病原为南方根结线虫	线虫2龄幼虫直接侵入寄主幼根形成根结。通过流水、肥料、种苗传播	用克线磷进行土壤处理，用46.6 ℃的水浸泡染病球茎60分钟，与禾本科植物轮作
牡丹根结线虫病	危害牡丹须根，造成植株矮小、叶片枯萎、生长衰弱	根瘤绿豆大小，上生有细根毛，叶片皱缩变黄枯落。病原为北方根结线虫	以卵或雌虫随病残体在土中越冬，病土、病苗及灌溉水是主要传播途径	实行轮作种植，清除感病植株，每病株周围施用15%涕灭威颗粒剂5～10 g

学习任务5　园林植物非侵染性病害及防治

【学习场所】

教室、植物病虫害防治实训室。

【学习形式】

以班级为单位组织教学。教师通过实物标本及多媒体课件演示与讲授相结合，使学生理解园林植物非侵染性病害相关知识。在此基础上，每个学习小组的学生利用为其提供的一套园林植物非侵染性病害标本，借助肉眼、放大镜等工具观察实物并展开讨论，教师给予点拨指导。

【实训用品与材料】

高温引起的银杏苗木基腐病、低温引起的毛白杨破腹病、旱害引起的杜鹃叶褐病、涝害引起的女贞枯萎病、缺氮引起的栀子花黄化病、缺镁引起的月季小叶病、氟化物引起的雪松落叶病、硫化物引起的香石竹坏死病等园林植物非侵染性病害实物标本。

放大镜、镊子等。

【辅助学习资源】

◆ 园林植物非侵染性病害及防治多媒体课件、视频影像资料

◆ 中国森防信息网 http://www.forestpest.org

5.1　温度不适

园林植物必须在适宜的温度范围内才能正常生长发育，温度过高或过低，超过了它们的适应能力，其代谢过程将受到阻碍，组织将受到伤害，严重时还会引起死亡。

高温能破坏园林植物正常的生理生化过程，使原生质中毒凝固，导致细胞死亡，最后造成茎、叶或果实发生局部的灼伤等。木本植物的日灼通常发生在树干的南面或西南面。日灼造成的伤口，往往给蛀干害虫和枝干真菌病害打开了方便之门。在苗圃，夏季的高温

常使土壤表面温度过高,而引起幼苗茎基部灼伤。如银杏苗木茎基部受到灼伤后,引起基腐病的真菌趁机而入,因而夏季高温使银杏苗木基腐病严重。针叶树幼苗受土壤高温的灼伤,茎基部出现白斑,幼苗即会倒伏,易与侵染性的猝倒病混淆。预防苗木的灼伤,可进行适时的遮阴和灌溉以降低土壤温度。高温使光合作用迅速下降,呼吸作用上升,因而消耗园林植物体内大部分碳水化合物,引起生长减退。如果高温伤害持续加强,受害植株即会枯死。即使在荫处,当气温超过 32 ℃时,新栽植的铁杉、紫藤和绣球花等花木,也容易受到高温的伤害。

低温同样会使园林植物受到伤害。低温可以引起霜害和冻害，这是温度降低到冰点以下，使植物体内发生冰冻而造成的危害。低温造成伤害的原因,首先是使植物细胞内含物结冰,从而引起细胞间隙脱水,或使植物细胞原生质受到破坏。通常温度下降愈快和结冰愈迅速,对植物产生的危害也就愈严重。

霜冻是常见的低温伤害。晚秋的早霜常使花木未木质化的枝梢及其他器官受到冻害;早春的晚霜在植物冬芽萌动后发生,使幼芽、新叶和新梢冻死,花芽和花受害引起脱落,这对春季观赏花木危害甚大。而冬季的反常低温,对一些常绿观赏植物及落叶花灌木等未充分木质化的嫩梢、叶片等组织造成冻害。露地栽培的花木受霜冻后,常自叶尖或叶缘产生水渍状斑,有时叶脉间的组织也产生不规则形状的斑块,严重时全叶坏死,解冻后叶片变软下垂。树干涂白是保护树木免受灼伤和冻害的有效措施。

温室花卉若因管理不善,偶然受到低温袭击也同样会受到伤害。针叶树受冻害一般表现为叶先端枯死并呈红褐色。树木干部受到冻害,常因外围收缩率大于内部而引起树干纵裂,这种现象多发生在树干中下部的南面和西南面,这主要是昼夜温差较大所致,如在华北一带普遍发生的毛白杨破腹病。

低温还能引起苗木冻拔害。尤以新栽植的苗木易受其害。其原因是土壤中的水分结冰,冰柱体积不断增大,将表层土壤抬起,苗木便随着土壤的抬起而上升,当结冰融化时,表土下沉恢复原状,而苗木则不能随之复位,如经冻拔,苗木则可能被拔出而与土壤分离遭受损害。这在我国南方和北方地势较高的山区都有发生。

温度是草坪生长因子之一,温度过高或过低均会影响草坪生长,甚至造成危害。盛夏全日照会使草坪叶表面温度升高,使其过度蒸发蒸腾,从而影响内酶的正常功能,进而影响光合和呼吸作用,甚至使叶部细胞和组织死亡。这种损伤也称日灼。如大气湿度高、土壤缺水会使其危害加重。盛夏午时用水冲射草坪可以降低叶温。因强日照作用土温过高,会使根系微生物呼吸作用增强,使土壤中累积有毒物质,影响草坪根系生长发育,这在板结的土壤上尤易产生危害。

低温对草坪的影响主要有两种情况:一种是冬寒造成枯死,冬寒枯死的危害程度,取决于冰冻、融化的频率和速率以及草本植物组织的耐寒程度、水分含量和土壤水分情况;另一种情况为霜冻,霜冻发生在生长季节早期和晚期,此时当温度骤降时,因草本植物耐寒性已降低、消失或还未完全发展起来,故易被冻伤。其危害机制与冬寒枯死的危害机制相同。

5.2　水分失调

植物的正常生理活动,需要在体内水分充足的状态下进行。水是原生质的组成成分,在植物活跃生长组织中占鲜重的80%以上,具有高度生理活性的部分含水量均很高,如植物的根部及茎尖。水是植物生长发育不可缺少的条件,植物营养物质的吸收和运输以及各种生理作用,都必须在水分参与下才能进行。因此,土壤水分供应失调、不足或过多,都会对园林植物产生不良影响。

土壤干旱缺水,植物蒸腾作用消耗的水分多于根系吸收的水分,一切代谢作用均衰弱,会产生脱水现象,即出现萎蔫。如梨树、桃树缺水时,气孔关闭,二氧化碳进入细胞量减少,影响光合作用;茶树缺水时,蔗糖合成下降,水解作用增高。植物长期处于干旱缺水状态下,生长发育受抑制,组织纤维化加强。较严重的干旱,将引起植株矮小、叶片变小黄化或红化,这种现象常由基部叶片逐渐发展到顶部叶片,引起早期落叶、落花、落果,花芽分化也减少。受旱害叶出现坏死褐色斑块。移栽后的花木及一些草本花卉,在严重干旱条件下往往会发生萎蔫或死亡,如花旗松的焦萎病即因缺水所致,杜鹃在干旱缺水时叶尖及叶缘会变褐色坏死。

土壤水分过多,往往发生水涝现象,使植物根系首先受到伤害。因土壤空隙中氧气减少,植物根部呼吸受到阻碍,易发生窒息,引起腐烂,水分过多则缺氧嫌气性细菌活跃,会使土壤中一些有机物产生醛、醇等有毒物质,毒害植物根系,引起根部腐烂。根系受损后,地上部分叶片发黄脱落,生长受阻,严重时植株死亡。水涝对根系的损害程度,与植物种类、土壤因子、涝害时间等条件有关。草本花卉和幼苗幼树易受到涝害。一些木本大树如女贞、合欢、青桐、核桃等也易受涝害,而枫杨、杨树、柳树、乌桕等树木及火炬松幼苗对水涝有很强的忍耐性和抵抗力。在土壤水分过多时,多种园林植物易发生叶发黄、花色浅、花香淡、株幼嫩、根茎有胀裂现象等情况,引起落叶、落花、落果,严重时根系腐烂甚至死亡。江南地区常因春季雨水过多,影响到开花树种的花器发育,授粉不良,易落花。同时,高湿易引起真菌性病害的发生。

没有水就没有生命,植物生长需要空气湿度和土壤湿度,各种植物对湿度需求量不同,阴生植物要求较高,阳生植物则相反。热带地区植物,长期生活在多雨条件下,要求的空气湿度更高。按照植物对水分的需求程度不同,可将其分为旱生植物、中生植物、湿生植物和水生植物。植物在不同生育期内,对水分的要求量也不同。早春树木开始萌芽、花芽分化时需水量相对较少,旺盛生长期、开花期、结实期需水量较多。应根据植物的不同生长期,来进行水分调节。

园林植物对空气湿度也有要求,空气湿度影响植物蒸腾作用,湿度小则蒸腾快。植物移栽、嫁接时需80%以上的空气湿度,以减少蒸腾作用,提高成活率。一些阴生植物如兰花、蕨类等,如果空气湿度低于60%,就会发黄或干焦。为了养好园林植物,可调节小环境的空气湿度,将喜阴湿种类放在树阴或小荫棚下,以避免强光直射和干热风,还可经常洒水或进行叶面喷雾,增加湿度、降低温度。对大部分中生及旱生植物来说,空气湿度过大,易使枝叶徒长、花瓣霉烂,引起落花落蕾,并易滋生病虫害,影响开花结实。所以,当空气湿度过大时,要及时通风以降低湿度。

5.3　营养贫乏

园林植物生长发育需要多种营养元素。如需要量较大的元素有氮、磷、钾、钙、镁、硫,需要量较小的元素有铁、锰、锌、铜、硼、钼等，它们对植物有着极为重要的作用。缺乏某些营养元素，会影响植物正常的生理机能。当然，如某些元素含量过多，也会对植物产生毒副作用。园林植物缺少下列营养元素时，常常会表现出一些缺素症状。

(1)缺氮。植物一旦缺乏氮素，首先生长受阻，叶片小且色淡，稀疏易落，影响植物光合作用，因而表现出生长不良，植株矮小，分枝较少，结果少且小。在严重缺氮情况下植株最终死亡。如栀子缺氮时，叶片普遍黄化，生长发育受抑制。菊花缺氮时，叶片变小，呈灰绿或淡绿色，下部老叶脱落，茎木质化，节间短。月季缺氮时，叶片黄化但不脱落，植株矮小，叶芽发育不良，花小色淡。防治可及时追施氮肥。

(2)缺磷。植物缺磷时，生长受抑制，植株矮小，叶片变成深绿色，灰暗无光泽，具有紫色素，然后枯死脱落。如香石竹缺磷时，基部叶片变成棕色而死亡，茎纤细柔弱，节间短，花较小。月季缺磷时则表现为老叶凋落，但仍呈现绿色，茎瘦弱，芽发育缓慢，根系较小，影响花的质量。瓜叶菊缺磷时，叶片呈深绿色，老叶干枯死亡，尚未完全变黄则凋落，植物生长发育受抑制。防治可及时追施磷肥。

(3)缺钾。植物缺钾时，发病初期，老叶叶尖和上部叶缘开始发黄，逐步向叶片中部发展，叶片往往出现棕色斑点，发生不正常的皱纹，叶缘卷曲，最后焦枯，似火烧过的状态。红壤中一般含钾较少，通常易发生缺钾症。如洋秋海棠缺钾时，叶缘焦枯乃至脱落。菊花缺钾时，叶片小，呈灰绿色，叶缘呈现典型的棕色，并逐渐向内扩展，发生一些斑点，终至脱落。香石竹缺钾时，植株基部叶片变棕色而死亡，茎秆瘦弱，易罹病。防治可增施有机肥和复合肥或喷施硫酸钾肥。

(4)缺钙。当植物缺钙时，根系生长受抑制，根系多而短，根尖细胞遭受破坏，以致腐烂。种子在萌发时如缺钙，则植株柔弱，幼叶尖端多呈钩状，新生叶片很快枯死。如栀子缺钙后，叶片黄化，顶芽尖端死亡，上部叶片边缘及尖端产生明显坏死区，叶面皱缩，根部受伤显著，在两星期内就会死亡。月季缺钙时，根系和植株顶部死亡，提早落叶。菊花缺钙时，顶芽及顶部叶片死亡，有些叶子缺绿，根短粗，呈棕褐色，常腐烂，通常两三周内大部分根系死亡，植物严重缺钙则不易开花。防治可多施有机肥料或磷酸钙肥。

(5)缺镁。植物缺镁时，主要引起缺绿病，或称黄化病、白化病。缺镁时常从植株下部叶片开始褪绿、黄化，逐渐向上部叶片蔓延，最初叶脉保持绿色，不久变褐枯落，枝条细长且脆弱，根系长，但须根稀少，开花受抑制，花色较苍白。如金鱼草缺镁时，基部叶片黄化，随后叶片上出现白色斑点，叶缘向上卷曲，叶尖向下勾弯，叶柄及叶片皱缩、干焦，不脱落，花色变白。八仙花在缺镁时，基部叶片的叶脉间黄化，不久即死亡。月季在缺镁时，基部叶片变小，根变粗，侧根少，生长发育受阻，花较小。防治可增施钙镁磷肥或喷施硫酸镁肥。

(6)缺铁。植物缺铁时，首先是枝条上部的嫩叶受害，下部老叶仍保持绿色。缺铁轻微的，叶肉组织淡绿色，叶脉保持绿色，严重时，嫩叶全部呈黄白色，并出现枯斑，逐渐焦枯脱落。栀子花缺铁引起的黄化病是极为普遍的，首先由幼叶开始黄化，然后向下扩展到植株基部叶片，严重时全叶变白色，由叶尖发展到叶缘，逐渐枯死，植株生长受抑制。菊花、山茶花、海棠花等多种花木均发生相似症状。在我国北方偏碱性土壤中缺铁症较为普遍。防治可增施有机肥或喷施硫酸亚铁肥。

(7)缺锰。植物缺锰时,叶片变苍白或灰色,黄化程度较轻,后在叶尖处发生褐色斑点并逐渐散布,最后叶片迅速凋萎,植株生长变弱,花也不能形成。如洋秋海棠缺锰时,顶部叶片叶脉失绿,随后枯腐,并呈水渍状,老叶则呈现灰绿色。菊花缺锰后,首先是叶尖表现症状,叶脉间变成枯黄色,叶缘及叶尖向下卷曲,以致叶片几乎卷曲,花呈紫色。栀子缺锰时,植株上部叶片的叶脉黄化,但叶肉仍保持绿色,致使叶脉呈清晰的网状,随后发生小型的棕色坏死斑点,以致叶片皱缩、畸形而脱落。防治可增施硫酸锰肥或喷施高锰酸钾肥。

(8)缺锌。植物缺锌时,体内生长素将受到破坏,生长受到抑制,并产生病害。桃树缺锌时,其典型症状为顶部簇生许多小叶片,因此称为"簇叶病"或"小叶病"。缺锌的桃树通常在夏末从植株基部到顶部的叶片均出现缺绿的斑点,病叶坚硬,无叶柄,有些枝条屈曲;春天发芽很迟缓,病害严重时常引起大面积死亡。苹果小叶病也是常见的缺锌症,病树新枝节间缩短,叶片小且黄,结果量少,根系发育不良。防治可施用硫酸锌肥。

(9)缺硫。植物缺硫时,也引起缺绿病,但它与缺镁和缺铁的症状有别。缺硫时叶脉发黄,叶肉组织却仍然保持绿色,从叶片基部开始出现红色枯斑。通常植株顶端幼叶受害较早,叶坚厚,枝细长,呈木质化。如一品红缺硫时,叶呈淡暗绿色,后黄化,在叶片的基部产生枯死组织,这种枯死组织沿主脉向外扩展。八仙花缺硫时,幼叶呈淡绿色,植株生长缓慢,易感染霉菌病害,生长受到严重抑制。防治可施用含硫微肥。

5.4 有毒物质污染

自然界中存在有毒气体、固体颗粒物、农药等污染物,对植物会产生不良影响,严重时会使植物死亡。

大气污染物种类很多,主要有硫化物、氟化物、氯化物、氮氧化物、臭氧、粉尘及带有各种金属元素的气体。大气污染物对植物的危害,是由多种因素决定的,首先取决于有害气体的浓度及作用延续时间,其次取决于污染物的种类、受害植物种类及不同发育时期、外界环境条件等。大气污染物除直接对植物生长有不良影响外,同时还降低了植物的抗病力。

植物受大气污染物危害有三种情况,即急性危害、慢性危害及不可见危害。急性危害表现为受害叶片最初叶面呈水渍状,叶缘或叶脉间皱缩,随后叶片褪色、干枯。慢性危害主要表现为叶片褪绿近乎白色,这主要是叶片细胞中的叶绿素受破坏而引起的。不可见危害是在大气污染物浓度较低的影响下,植物受害轻微,表现为新陈代谢受干扰,体内组织变性,细胞产生质壁分离,色素下沉等。总之,大气污染物往往延迟植物抽芽发叶,造成叶片失绿或有坏死斑,严重时大量落叶、落果,甚至使植物死亡。

氟化物危害的典型症状,是受害植物叶片顶端和叶缘处出现灼烧现象,这种伤害的颜色因植物种类而异。在叶的受害组织与健康组织之间有一条明显的红棕色带。尚未成熟的叶片容易受氟化物危害,常常使植物枝梢顶端枯死。如黄花唐菖蒲受氟化物污染后,首先是叶尖产生灼烧现象,然后逐渐向下延伸;玉簪受氟化物危害时,在叶尖和叶缘处产生半圆形浅棕褐色或乳黄色的坏死斑,受害组织与正常组织之间有一条棕褐色条痕。

硫化物是我国主要大气污染物。植物对二氧化硫敏感,当受到二氧化硫危害时,叶脉间出现不规则形、失绿的坏死斑,但有时也呈红棕色或深褐色。危害多发生在叶缘、叶尖等部位的叶脉间,周围绿色组织仍可保持正常功能,若受害严重,全叶亦枯死。如百日草在二氧化硫浓度为1/1 000 mL/L时,经6小时熏气于1周后叶片大部坏死,花瓣前端边缘也产生坏死斑。针叶树受害常从叶尖端开始逐渐向下发展,呈红褐色坏死。美人焦、香石竹、丁香、山茶、桂花、桧柏等对二氧化硫有较强抗性。

臭氧主要危害植物栅栏组织层,表现为叶片出现坏死斑和褪绿斑。美洲五针松对臭氧很敏感,在浓度为7/1 000 mL/L时,延续4小时就受害。对臭氧有抗性的有百日草、一品红、草莓和黑胡桃等植物。杜鹃花对氮化物很敏感,在二氧化氮浓度为1/100～25/100 mL/L时,往往在1小时内,叶缘和叶脉间便出现坏死,叶片皱缩,随后叶面布满了斑纹。叶子花、木槿、球根秋海棠、金鱼草、蔷薇、翠菊等观赏花木对氮化物都是很敏感的。

氯化物对植物细胞杀伤力很强,能很快破坏叶绿素,使叶片产生褪色伤斑,伤斑多分布于叶脉间。有些植物受氯化物危害后会出现其他颜色的伤斑,如枫杨和绣球呈棕褐色,女贞、杜仲呈深灰褐色,广玉兰呈红棕色。成熟已充分伸展的叶片最易受害,老叶次之。因此,植物受到氯化物危害后,枝条先端的幼叶仍可继续生长,这和氟化物的危害正相反。各种植物对氯化物的敏感性是有差异的,在园林植物中,水杉、枫杨、木棉、樟子松、紫椴等对氯化物敏感,银杏、紫藤、刺槐、丁香、无花果、瓜子黄杨等抗性强。

除了大气污染,土壤中的水污染及土壤残留物的污染也能引起植物的非侵染性病害,如土壤中残留的一些农药、石油、有机酸、酚、氰化物及重金属(汞、铬、镉、铝、铜)等,这些污染物往往使植物根系生长受到抑制,影响水分吸收,同时叶片往往褪绿,影响生理代谢,植物即死亡。由于大气中含有二氧化硫等,造成降雨的pH值偏低,即酸雨,对植物也会产生严重的危害。

杀虫剂、杀菌剂或除草剂等化学药剂,如浓度过高、使用不当,可直接对园林植物产生药害,形成各种枯斑或使全株受害。农药在土壤中积累到一定浓度,便可使植物根系受到毒害,影响生长,甚至死亡。药害分为急性药害和慢性药害两类情况。急性药害一般在喷药后2～5天出现,其症状表现为叶面或叶柄茎部出现烧伤斑点或条纹,叶子变黄、凋萎、脱落。慢性药害即施药后症状并不很快出现,有的甚至1～2个月后才有所表现,但影响植物正常生长发育,造成枝叶稀疏、生长缓慢,叶片逐渐变黄、扭曲、畸形或脱落,花少果小等。拌种用的砷、铜和汞剂侵入土壤后,可破坏其中的有益微生物或毒杀蚯蚓,造成土壤中元素的不平衡和土壤结构的改变,也可使植物生长不良或茎叶失绿。

当然,种类繁多的园林植物,对不同有毒物质污染的忍受程度是不同的,有的具有较强的抗性,有的则容易受害。因此,可选择抗性较强的园林植物用于园林绿化,以便防治污染、改善环境。

【理论与技能自测题】

(一)填空题

1. 白粉病的典型症状是受害嫩叶、新枝梢、花蕾等部位表面出现白色粉状物,是____________,后病部皱缩枯萎,后期白粉层中出现的黄褐色至黑褐色小颗粒是____________。

2. 海棠锈病叶正面产生的黑色小粒点是＿＿＿＿＿＿,其背面产生的灰白色毛状物是＿＿＿＿＿＿。

3. 兰花炭疽病在新老叶发病时间上有差异,上半年一般＿＿＿＿＿＿为发病时间,下半年一般＿＿＿＿＿＿为发病时间。

4. 仙客来灰霉病发病后期在湿度大的条件下其发病部位密生灰色霉层,这是病原菌的＿＿＿＿＿＿和＿＿＿＿＿＿。

5. 月季黑斑病引起月季叶片＿＿＿＿＿＿,后期病斑上产生许多黑色小点,这是病原菌的＿＿＿＿＿＿。

6. 桃缩叶病主要危害桃树的叶片、＿＿＿＿＿＿,＿＿＿＿＿＿也可以受侵害。春末、夏初叶片正面出现一层灰白色粉层,即为病原菌的＿＿＿＿＿＿。

7. 杨树溃疡病幼树受害时溃疡斑主要发生在树干的＿＿＿＿＿＿部,秋季在老病斑处出现小黑点,即病原菌的＿＿＿＿＿＿。

8. 幼苗猝倒病的症状类型可以分为＿＿＿＿＿＿型、＿＿＿＿＿＿型、＿＿＿＿＿＿型、＿＿＿＿＿＿型4种。

9. 郁金香碎色病除危害郁金香外,还可危害＿＿＿＿＿＿、风信子、百合等花卉,郁金香碎色病毒主要由＿＿＿＿＿＿传播。

10. 氯化物对植物细胞杀伤力很强,能很快破坏＿＿＿＿＿＿,使叶片产生＿＿＿＿＿＿,且多分布于叶脉间。

(二)选择题

1. 炭疽病类的病原菌多是(　　)。

A. 镰刀菌属　　B. 刺盘孢属　　C. 腐霉属

2. 紫薇煤污病病原为(　　)。

A. 尾孢菌　　B. 盘多毛孢菌　　C. 球腔菌　　D. 小煤炱菌

3. 仙客来灰霉病病原为(　　)。

A. 尾孢菌　　B. 灰葡萄孢菌　　C. 球腔菌　　D. 座盘孢菌

4. 杜鹃花叶肿病病原为(　　)。

A. 尾孢菌　　B. 盘多毛孢菌　　C. 外担子菌　　D. 座盘孢菌

5. 大叶黄杨褐斑病病原为(　　)。

A. 尾孢菌　　B. 盘多毛孢菌　　C. 球腔菌　　D. 座盘孢菌

6. 雪松枯梢病病原为(　　)。

A. 尾孢菌　　B. 多毛孢菌　　C. 球腔菌　　D. 葡萄孢菌

7. 有关樱花根癌病的描述,正确的是(　　)。

A. 由病毒引起,没有病症　　B. 由真菌引起,病症为小黑点

C. 由细菌引起,病症为菌脓

8. 泡桐丛枝病由(　　)引起,常造成枝叶黄花、变小、密生呈鸟巢状。

A. 细菌　　B. 病毒　　C. 真菌　　D. 植原体

9. 月季花叶病病原为(　　)。

A. 细菌　　B. 病毒　　C. 真菌　　D. 植原体

10. 真菌叶部病害自然传播主要靠(　　)。

A. 风雨　　B. 昆虫　　C. 菟丝

(三)问答题

1. 如何识别芍药白粉病的症状?
2. 如何识别鸢尾锈病的症状?
3. 怎样防治煤污病?
4. 如何识别月季黑斑病的症状?
5. 简述防治叶斑病的方法。
6. 如何防治牡丹灰霉病?
6. 如何识别槐树腐烂病的症状?
7. 怎样防治杨树溃疡病?
8. 缺镁和缺硫引起的黄化有何不同?

(四)拓展题

结合校园或周边园林植物病害的发生,观察识别真菌叶部病害症状。

学习项目 6　草坪病虫害及防治

【知识目标】

1. 了解草坪常见病虫害的种类及危害特点。

2. 掌握草坪食叶害虫主要危害种类发生规律、防治时机及防治方法。

3. 掌握草坪吸汁害虫主要危害种类发生规律及防治方法。

4. 掌握草坪地下害虫主要危害种类发生规律及防治方法。

5. 熟悉草坪常见病害发生发展规律。

6. 掌握本地区常见草坪病害的防治时机与防治措施。

【技能目标】

1. 能根据草坪植物的被害情况准确判断草坪害虫的类别。

2. 会正确识别草坪食叶害虫、吸汁害虫、地下害虫的常见代表性种类。

3. 会制订本地区常见草坪害虫的防治技术方案,会编制防治作业设计书,并能组织防治施工。

4. 会根据病害症状及病原物特征识别诊断常见草坪病害。

5. 会根据病害发生规律制订草坪综合防治方案。

6. 能按技术规程要求开展草坪病害防治作业。

【内容结构】

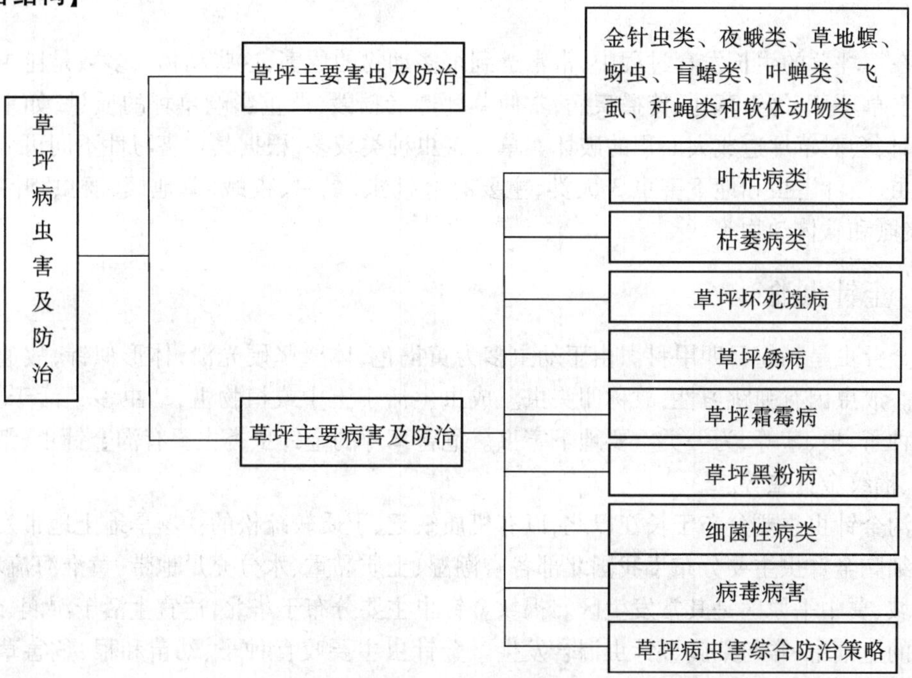

学习任务1　草坪主要害虫及防治

【学习场所】

教室、森林昆虫实训室。

【学习形式】

以班级为单位组织教学。教师通过草坪病虫标本和多媒体课件演示与讲授相结合，使学生认识草坪的主要害虫，了解本地区主要害虫的生物学特性、危害特点，能根据其危害特性学会防治措施的运用，以小组为单位观察害虫标本，识别草坪的各种害虫。

【实训用品与材料】

按组配备体视显微镜、镊子、解剖针、尺子等；每组1套危害草坪的金针虫、黏虫、斜纹夜蛾、草地螟、麦长管蚜、麦二叉蚜、禾谷缢管蚜、三点盲蝽、苜蓿盲蝽、中黑盲蝽、叶蝉、白背飞虱等针插标本，本地区草坪主要害虫的生活史及危害状标本。

【辅助学习资源】

◆ 草坪主要害虫及防治多媒体课件

◆ 草坪主要害虫及防治视频

绿草茵茵的草坪在保护环境、绿化和美化环境方面发挥着重要的作用。随着人们生活水平的提高，一些具有各种各样功能的草坪如球场草坪、城市大型公共草坪、公园草坪、住宅小区草坪、河流公路护坡草坪等相继建成，草坪已成为现代社会的重要组成部分。然而，由于受病虫害危害，草坪长势衰弱甚至成片死亡，直接影响草坪的观赏价值和使用价值。

在草坪草的生长发育过程中，常常遭到很多动物的危害，这些动物大多数是昆虫。昆虫取食草坪草、污染草地、传播疾病，常使草坪遭受损毁，严重影响草坪的质量，如果防治不及时，会对草坪造成大面积的破坏。草坪害虫种类较多，根据其危害习性不同可分为食叶害虫、吸汁害虫和地下害虫3大类，主要有金针虫、黏虫、夜蛾、草地螟、蚜虫、叶蝉、蝗虫、飞虱和软体动物等。

1.1　金针虫类

金针虫是鞘翅目叩甲科。由于幼虫多为黄褐色，体壁坚硬光滑，体形似针，故通称金针虫。成虫因有弹跳习性，故称叩头虫。成虫生活于土中或植物上，幼虫多生活于土中，危害种子、根、茎等，为一类重要地下害虫。危害草坪的金针虫类主要有沟金针虫、细胸金针虫、褐纹金针虫等。

沟金针虫主要分布于长江以北，以有机质缺乏、土质较疏松的沙壤旱地土地带发生较多。细胸金针虫主要分布于我国北部各省潮湿、土质黏重、水分充足地带，黄淮海流域、渭河流域、冀中平原区是其常发生区。褐纹金针虫主要分布于华北，适宜生活于湿润、疏松、肥沃的土壤中，常与细胸金针虫混合发生。金针虫主要咬食种子、幼苗和根，危害草坪草须根、根茎和分蘖节，也可将身体钻入根或根茎内，使幼苗枯萎甚至死亡。

1.1.1　沟金针虫 *Pleonomus canaliculatus* Faldermnn

1.1.1.1　虫态识别(图6-1)

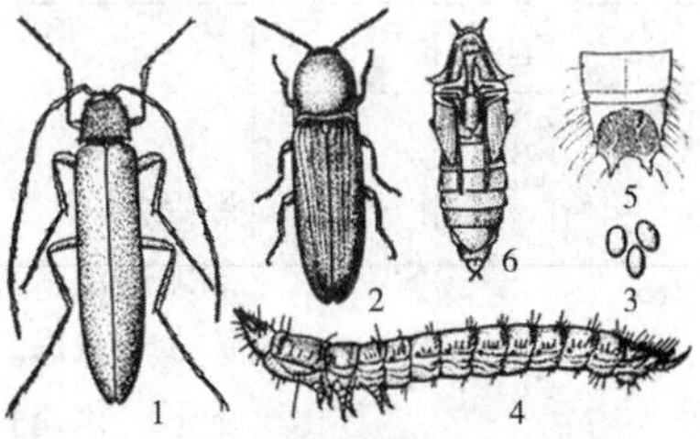

1—雄成虫;2—雌成虫;3—卵;
4—幼虫;5—幼虫腹部末端;6—蛹
图6-1　沟金针虫

取沟金针虫的生活史标本,观察虫态特征:

成虫:雌虫体长14～17 mm,宽约5 mm,体扁平。雄虫体长14～18 mm,宽约3.5 mm,体形较细长。体深紫色,密被黄色细毛。头扁平,头顶呈三角形凹陷,密布刻点。雌虫触角短粗,11节,锯齿状,长约为前胸的2倍,前胸背板发达,背面为半球形拱起,前窄后宽,密被刻点,中部有细小纵沟,后缘角稍向后方突出,鞘翅长约为前胸的4倍,其上纵沟不明显,后翅退化。雄虫触角12节,丝状,长及鞘翅末端,鞘翅长约为前胸长度的5倍,其上纵沟明显,后翅退化。

卵:近椭圆形,长径0.7 mm,短径0.6 mm,乳白色。

幼虫:老熟幼虫体长20～30 mm,体形宽,稍扁平,金黄色,被黄色细毛。口部及前头部暗褐色,体背正中有一明显的细纵沟,背面稍呈凹陷,且密布粗刻点,尾节末端分为尖锐而向上弯曲的二叉,每叉内侧各有1小齿。

蛹:长纺锤形,乳白色。雌蛹长16～22 mm,宽约4.5 mm;雄蛹长15～19 mm,宽约3.5 mm。腹部细长,尾端自中间裂开,有刺状突起,蛹初期淡绿色,后期渐变深。

1.1.1.2　生物学特性

在华北地区2～3年完成1代,以成虫、幼虫在地下20～30 cm深处越冬。越冬的成虫于3月上旬开始活动,4月上旬为活动盛期。成虫白天躲藏在土表、杂草或土块下,傍晚爬出土面活动和交配。雌虫行动迟缓,不能飞翔,有假死性,无趋光性;雄虫飞翔力较强,有趋光性。3月下旬至6月上旬为产卵期,卵产在土下3.7 cm深处,1头雌虫可产卵110余粒。卵经35～42天孵化为幼虫,开始危害植物。幼虫期长,直至第3年8～9月在土中化蛹,化蛹深度为13～20 cm,蛹期16～20天,9月初开始羽化为成虫,当年不出土越冬。

1.1.2　其他金针虫简介

其他金针虫虫态识别和生物学特性见表6-1。

1.1.3　防治措施

(1)农业防治。沟金针虫发生较多的草坪应适时灌水,保持草坪湿润状态可减轻危害;而细胸金针虫较多的草坪,要保持草坪适当的干燥度以减轻危害。

(2)诱杀。利用细胸金针虫对杂草有趋性,可在草坪周围堆草(酸模、夏志草)诱杀,堆成面积40～50 cm^2、高10～16 cm的草堆,在草堆内撒入触杀型农药,可以毒杀成虫。

(3)药剂拌种。用种子质量1%的25%对硫磷微胶囊缓释剂、25%辛硫磷微胶囊缓释剂或40%甲基异柳磷乳油拌种。

(4)药剂防治。用5%辛硫磷颗粒剂撒施,每公顷30～45 kg。若个别地段发生较重,可用40%乐果乳剂或50%辛硫磷乳剂1 000～1 500倍液灌根。灌根前需要将草坪打孔通气,以便药剂渗入草皮下。

表6-1　细胸金针虫和褐纹金针虫虫态识别和生物学特性

害虫名称	虫态识别	生物学特性
细胸金针虫 *Agriotes fuscicollis* Miwa （图6-2）	成虫：体长4～9 mm，宽约2.5 mm。黑褐色，密被灰色短毛，有光泽。头、胸部黑褐色，鞘翅、触角和足红褐色，触角第2节球形。前胸背板长大于宽，略呈圆形。鞘翅狭长，约为头胸部的2倍，每翅具9条纵列刻点，足赤褐色。 卵：乳白色，近圆形。 幼虫：淡黄色，光亮。老熟幼虫体长约23 mm，体较细长，尾节末端不分叉，呈圆锥形，近基部背两侧各有2个褐色圆斑和4条褐色纵纹。蛹体长8～9 mm，纺锤形，初期乳白色，后期颜色变深	在我国华北、西北、东北等地2年完成1代，以幼虫、成虫交替越冬。越冬的成虫于3月中、下旬出蛰，4月盛发，5月终见。卵始见于4月下旬，5月下旬卵开始孵化。幼虫共10龄。当年以幼虫越冬，越冬后的幼虫于6月下旬开始化蛹，蛹多在7～10 cm深的土层中。6月中、下旬羽化为成虫，当年以成虫越冬。直至第2年3月中、下旬出蛰，完成1个世代。成虫活动能力较强，对禾本科草类刚腐烂发酵时的气味有趋性。幼虫要求偏高的土壤湿度；耐低温能力强
褐纹金针虫 *Melanotus caudex* Lewis （图6-3）	成虫：体长约9 mm，宽约2.7 mm。体细长，黑褐色并覆有灰色短毛，头部突出、黑色，唇基分裂。前胸黑色，刻点较头部的小。鞘翅与体色同色，各有9条纵列刻点，腹部暗红色，触角、足暗褐色。 幼虫：老龄幼虫体长25 mm，宽为1.7 mm，体细长，圆筒形，茶褐色并有光泽。头扁平呈梯形，上具纵沟并有小刻点。从第2胸节到第8腹节的各节前缘两侧均有新月形斑纹。尾节扁平而长，尖端有3个小齿状突起。幼虫共7龄	陕西3年发生1代，以成、幼虫在20～40 cm深的土层里越冬。翌年5月上旬土温17 ℃、气温16.7 ℃时越冬成虫开始出土，成虫活动适温20～27 ℃，下午活动最盛，产卵在麦根10 cm处，成虫寿命250～300天，5～6月进入产卵盛期，卵期16天。第2年以5～6龄幼虫越冬，第3年7龄幼虫在7、8月于土中20～30 cm深处化蛹，蛹期17天左右，成虫羽化，在土中越冬

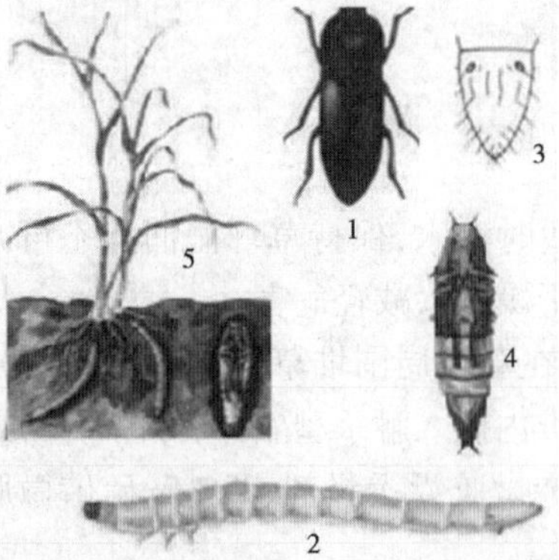

1—成虫；2—幼虫；3—幼虫腹部末端；
4—蛹；5—金针虫在土内化蛹及危害

图6-2　细胸金针虫

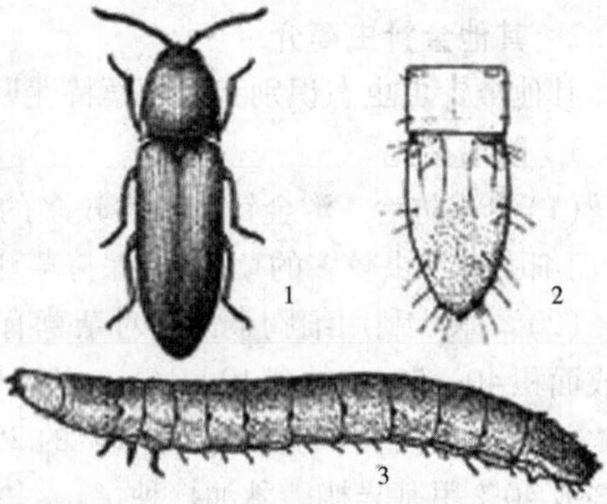

1—成虫；2—幼虫腹部末端；3—幼虫

图6-3　褐纹金针虫

1.2　夜蛾类

夜蛾类属鳞翅目夜蛾科，危害草坪的夜蛾类很多，主要有黏虫、斜纹夜蛾、贪夜蛾等。危害方式有食叶性、切根（茎）性及钻蛀性等，此外还可危害蕾及花等。

1.2.1　黏虫 *Mythimna separata*（Walker）

1.2.1.1　虫态识别（图6-4）

取黏虫生活史标本，观察虫态特征：

成虫：体长16～20 mm，翅展40～45 mm。体淡褐色或淡灰褐色，雄蛾色常较深。触角丝形。前翅与体同色，散布细微黑褐色小点；翅中央有淡黄色近圆形斑2个，且在外斑下方还有1个白点，其两侧各衬以小黑斑；翅尖有黑纹1条，斜伸至内缘末端1/3处；翅外缘有7个小黑点。雄蛾翅僵1根，雌蛾3根。

卵：馒头形，稍带光泽，表面有许多网状细脊纹。初为白色，渐变成黄褐色。将近孵化前变成黑色。卵粒排列成块，呈2～4行或重叠排列。

幼虫：体长约38 mm，体色变化很大，且发生量多时色较深。头部有明显的网状纹和"凸"形纹。体表有5条纵纹，背中线白色，边缘有细黑线，背中线两侧各有2条红褐色纵纹，近背面的较宽。腹面污黄色，腹足外侧区有黑褐色斑。幼虫一般有6龄。

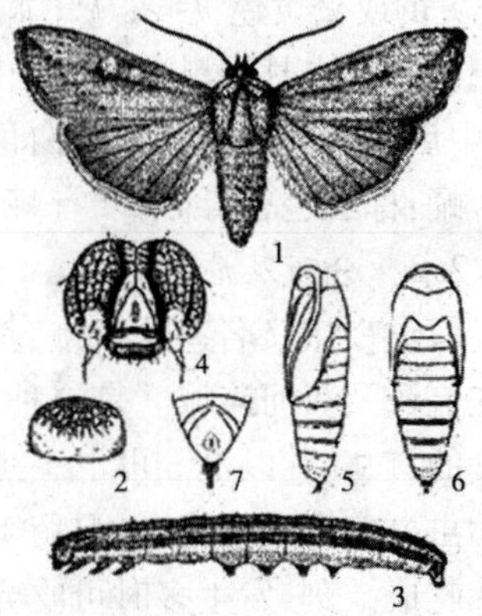

1—成虫；2—卵；3—幼虫；4—幼虫头部；5、6—蛹（腹面及背面）；7—蛹腹部末端

图6-4　黏虫

1.2.1.2　分布及危害特点

黏虫是世界性分布的、对禾本科植物危害极大的害虫，在我国分布也较广，除西北局部地区外，其他各地均有分布。该虫幼虫危害较大，是一种暴食性害虫，大量发生时常把叶片吃光，甚至把整片地吃成光秃。能危害黑麦草、早熟禾、剪股颖、结缕草、高羊茅等多种草坪草。

1.2.1.3　生物学特性

1年发生多代，从东北的2～3代至华南的7～8代。成虫有较强的趋化性和趋光性，幼虫共6龄，昼伏夜出为害，1～2龄幼虫白天潜藏在植物心叶及叶鞘中，高龄幼虫白天潜伏于表土层或植物茎基处，夜间出来取食植物叶片。有假死性和群体性，虫口密度大时可群集迁移为害。黏虫1～2龄幼虫只啃食叶肉，呈现半透明的小斑点，3～4龄时，把叶片咬成缺刻，5～6龄的暴食期可把叶片吃光，虫口密度大时能把整块草地吃光。黏虫喜欢较凉爽、潮湿、郁闭的环境，高温干旱对其不利。卵多产在叶片尖端，边产边分泌胶质，将卵粒黏连成行或重叠排列黏在叶上，形成卵块。

1.2.2　斜纹夜蛾 *Prodenia litura*（Fabricius）

1.2.2.1　虫态识别（图6-5）

取斜纹夜蛾生活史标本，观察虫态特征：

成虫：体长14～20 mm，全体灰褐色；前翅黄褐色至淡黑褐色，多斑纹，以前缘近中部至后缘外方有3条白色斜纹而得名，雄蛾这3条灰白色斜纹不明显，为1条阔带；后翅白色半透明，前后翅有紫红色闪光。

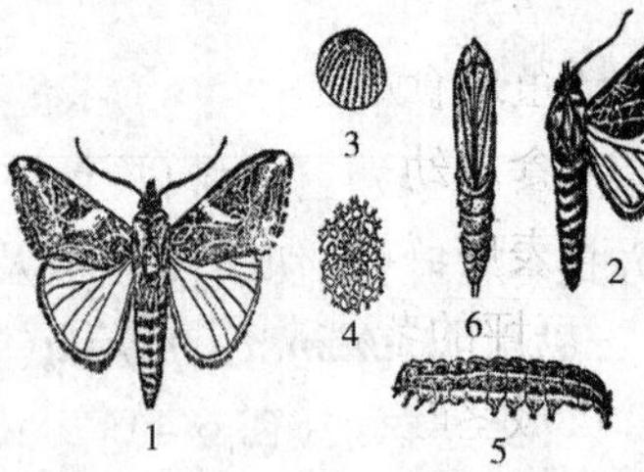

1—雌成虫；2—雄成虫；3—卵；4—卵壳上花纹；5—幼虫；6—蛹

图6-5　斜纹夜蛾

卵：半球形，直径约0.5 mm，表面有纵横脊纹，黄白色，近孵化时暗灰色。卵块上覆有黄白色绒毛。

幼虫：老熟幼虫体长38～51 mm，头部褐色，胸腹部颜色变化大，为土黄、青黄、灰褐或暗绿色；背面有5条灰黄或橙黄色纵线，从中胸至第9腹节在亚背线内侧各有一半月形黑斑或三角形黑斑；第1、8腹节最大，中后胸的黑斑外侧有黄白色小点；气门黑色。

蛹：棕红色，腹部末端有棘1对。

1.2.2.2　分布及危害特点

斜纹夜蛾又名莲纹夜蛾、斜纹夜盗，属世界性害虫，国内各地均有发生，主要危害区在长江流域及黄河流域。是一种暴食性害虫，已知可以危害的植物达99科290多种，其中喜食的有90种以上。可危害黑麦草、早熟禾、剪股颖、结缕草、高羊茅等多种草坪草。初孵幼虫群集在叶背啃食，只留上表皮和叶脉，被害处好像纱窗一样。3龄后分散为害，将叶片吃成缺刻，发生多时可吃光叶片，甚至咬食幼嫩茎秆。大发生时幼虫吃光一草坪后能成群迁移到邻近的草坪为害。

1.2.2.3　生物学特性

1年发生多代，一般4～8代，各地不一。大部分地区以蛹，少数地区以幼虫在土中越冬，也有在杂草间越冬的。在华南地区可终年繁殖。成虫昼伏夜出，取食花蜜来补充营养，具有较强的趋光性和趋化性。成虫产卵于叶背，幼虫多在晚上孵化，初孵的幼虫群集在叶背啃食，取食下表皮和叶肉，留下叶脉和上表皮。2龄末期吐丝下垂，随风转移扩散。3龄后分散为害，4龄以上的幼虫白天躲在草层基部或土缝中，傍晚出来取食。5～6龄为暴食阶段，6～7月阴湿多雨，常会暴发成灾，长江流域一带6月中、下旬和7月中旬草坪受害最重。幼虫有假死性和群集迁移习性。

1.2.3　淡剑夜蛾 *Spodoptera frugiperda*

1.2.3.1　虫态识别（图6-6）

取淡剑夜蛾的生活史标本，观察虫态特征：

成虫：淡灰褐色，前翅灰褐色，后翅淡灰褐色，比前翅阔。雄成虫触角羽状，雌成虫触角丝状。

卵：馒头形，直径0.3～0.5 mm，有纵条纹，初为淡绿色，后渐变深，孵化前灰褐色。

幼虫：老熟幼虫为圆筒形，体长13～20 mm，头部为浅褐色椭圆形，腹部青绿色，沿蜕裂线有黑色“八”字纹。

蛹：体长12～14 mm，初化蛹时为绿色，后渐变为红褐色，具有光泽。

1.2.3.2　分布及危害特点

淡剑夜蛾也叫淡剑袭夜蛾、淡剑贪夜蛾、小灰夜蛾。主要危害草地早熟禾、高羊茅、黑麦草等禾本科冷季型草坪，是草坪的主要害虫之一。据调查，在部分早熟禾地里幼虫和蛹的数量每平方米高达 80～90 头，致使草坪斑秃，甚至死亡。幼虫取食植物叶片，为暴食性害虫，孵化后即在附近取食。幼虫 1～2 龄时，只取食嫩叶叶肉，留下透明的叶表皮。2 龄后分散，3 龄以后取食叶片，吃成缺刻，在草坪的茎部啃食嫩茎。5～6 龄后为暴食期，把叶脉及嫩茎吃光，阴雨天昼夜咬食为害。轻者造成草坪发黄，如不及时防治，严重时会造成草坪整片死亡，严重影响草坪的观赏性和正常生长。

1.2.3.3　生物学特性

淡剑夜蛾的老熟幼虫在草坪、杂草等处越冬。6 月上、中旬，越冬幼虫化蛹陆续羽化、产卵，5～10 月均有此虫危害。幼虫有假死性，受惊动卷曲成"C"形，白天、夜间均取食，以夜间为主。高龄幼虫在草坪根际活动多，虫粪较明显，多在早晚和夜间取食。成虫喜欢夜间活动，白天潜伏在草坪丛中，静伏时两翅呈屋脊状，受惊时短距离飞翔。成虫具有很强的趋光性，它们夜出活动，进行交配，上半夜扑灯较盛，次日下午至傍晚产卵，将卵产于草坪叶尖背面或中上部及分杈处，成块或数粒，卵块长条形，外覆灰绒毛，每块粒数不等，少则 70～80 粒，多则上百粒。成虫一生平均可产卵 350 粒左右。

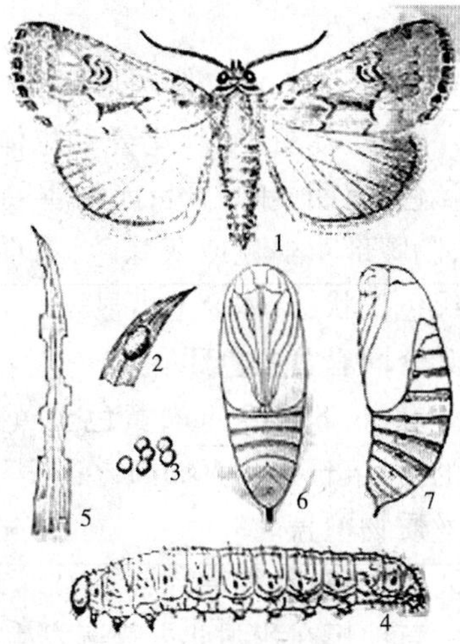

1—成虫；2—卵块；3—卵；4—幼虫；5—危害状；6—蛹－腹面观；7—蛹－背面观

图6-6　淡剑夜蛾

1.2.4　**防治措施**

(1)农业方法。

①减少草坪枯草层，防止草坪长时间积水。

②选择种植带有内生真菌的草坪品种，提高草坪对夜蛾类的抗性。

③对已发生危害的草坪尽快施肥和灌水，刺激草坪草的再生长。

(2)诱杀成虫。利用成虫具有趋光性和趋化性的习性，用黑光灯或谷草把诱杀，每公顷设置 120～150 个草把。还可用红糖 6 份、白酒 1 份、米醋 3 份加少量敌百虫混合液或用胡萝卜、红薯、豆饼等发酵液放在大碗和小盆里，在黄昏时放入草坪上诱杀成虫，每 5～7 天换剂一次。

(3)药物防治。初孵幼虫期及时喷药。喷洒 40.7% 毒死蜱乳油 1 000 倍液、50% 辛硫磷乳油 1 000 倍液，或用每克菌粉含 100 亿个活孢子的杀螟杆菌菌粉或青虫菌菌粉 2 000～3 000倍液喷雾。

1.3　草地螟 *Loxostege sticticalis* Linnaeus

1.3.1　**虫态识别(图 6-7)**

取草地螟生活史标本，观察虫态特征：

成虫：体较细，长 8 ～12 mm，翅展 20～26 mm，全体灰褐色，触角丝状；前翅灰褐色至暗褐色，中央稍近前缘有一个近似长方形的淡黄或淡褐色斑，翅外缘黄白色并有一串淡黄色小点组成的条纹；后翅黄褐色或灰色，沿外缘有两条平行的黑色波状纹。静止时，双翅折合成三角形。

卵：长约1 mm，椭圆形，乳白色，有光泽。

幼虫：幼虫5龄。老熟幼虫体长16～25 mm；头部黑色，有明显的白斑；前胸盾黑色，有3条黄色纵纹；胸腹部黄褐色或灰绿色，有明显的暗色纵带间黄绿色波状纹；体上毛瘤显著，刚毛基部黑色，外围有2个同心黄白色环。

蛹：长8～15 mm，黄色至黄褐色，蛹外有口袋形的茧，茧长20～40 mm，在土表下直立，上端开口用丝质物覆盖。

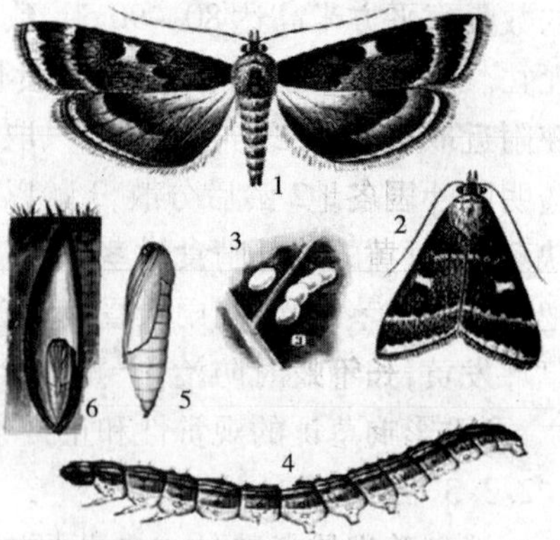

1、2—成虫；3—卵；4—幼虫；5—蛹；6—土中化茧

图6-7　草地螟

1.3.2　分布及危害特点

草地螟在我国北方普遍发生。食性广，可危害多种草坪禾草，也危害甜菜、苜蓿、大豆、马铃薯、亚麻、向日葵、胡萝卜、葱、玉米、高粱、蓖麻，以及藜科、苋科、菊科等植物。初孵幼虫取食幼叶的叶肉，残留表皮或叶脉，并常在植株上结网躲藏，在草坪上称为"草皮网虫"，3龄后可食尽叶片，将叶片吃成缺刻、孔洞，使草坪失去应有的色泽、质地、密度和均匀性，甚至造成光秃，降低观赏和使用价值。是间歇性大发生的重要害虫，大发生时能使作物绝收。

1.3.3　生物学特性

每年2～4代，以老熟幼虫在土中吐丝做茧越冬。幼虫发生期在6～9月，幼虫活泼、性暴烈，稍被触动即可跳跃，高龄幼虫有群集迁移习性。幼虫最适发育温度为25～30 ℃，高温多雨年份有利于发生。成虫昼伏夜出，趋光性很强，有群集远距离迁飞的习性，在天气晴朗的傍晚，成群随气流远距离迁飞，喜食花蜜。卵多产于野生寄主植物的叶茎上，常3～4粒在一起，以距地面2～8 cm的茎叶上最多。

1.3.4　防治措施

(1)农业方法。

①打孔通气、减少草坪枯草层，促进肥料、水分下渗，使草坪保持旺盛健康的生长状态。

②及时灌水和施肥可刺激受害草坪的恢复。

③选择含真菌量高的禾草品种。

④及时清除杂草，减少虫源。

(2)人工防治。利用成虫白天不远飞的习性，采用拉网法捕捉。一般在羽化后5～7天第一次拉网，以后每隔5天拉网一次。

(3)药剂防治。在幼虫危害期，用90%敌百虫1 000倍液、50%辛硫磷乳油1 000倍液喷雾，也可用2.5%敌百虫粉剂喷粉，每公顷22.5～30 kg；还可喷施每克含100亿个活孢子的杀螟杆菌菌粉或用青虫菌菌粉2 000～3 000倍液喷雾。

(4)保护和利用天敌。螟蛾类各虫期均有天敌寄生或捕食，如卵期释放寄生天敌赤眼蜂每公顷30万头，幼虫期释放纵卷叶螟绒茧蜂，捕食性天敌如蜘蛛、青蛙等，对稻纵卷叶螟都有很强的控制作用。

1.4　蚜虫

危害草坪严重且发生普遍的蚜虫主要有麦长管蚜、麦二叉蚜、禾谷缢管蚜等。这3种蚜虫在我国各地均有分布。以成蚜与若蚜群集于植物叶背刺吸为害,严重时导致植株生长停滞,发黄、枯萎。蚜虫排出的蜜露会引发煤污病、污染植株,并招来蚂蚁,造成进一步危害。

1.4.1　麦长管蚜 *Macrosiphum avenae* Fabriciu

1.4.1.1　虫态识别(图6-8)

取麦长管蚜生活史标本,观察虫态特征:

无翅胎生雌蚜:体长2.3~2.9 mm,长卵形,体色淡绿色至绿色,腹部常有褐斑,复眼赤褐色。额瘤显著外倾。触角与身体等长或稍长,黑色。腹管长圆筒形,稍长,有瓦纹。腹背光滑。尾片圆锥形,有刚毛6~7根。

有翅胎生雌蚜:体形及大小与无翅型相似。头、胸部多呈暗褐色至绿色,复眼赤褐色,额瘤明显。腹部黄绿色至绿色,有时桃红色,背侧有褐色斑纹。触角第3节有圆形感觉圈6~18个,排成1行。第6节鞭部长为基部的3倍以上。腹管、尾片形状同无翅型。

卵:椭圆形,长0.7~1.2 mm,初期为绿色,后期为黑色。

幼虫:似无翅成蚜,身体较小,淡红色或黄绿色,只有翅蚜。

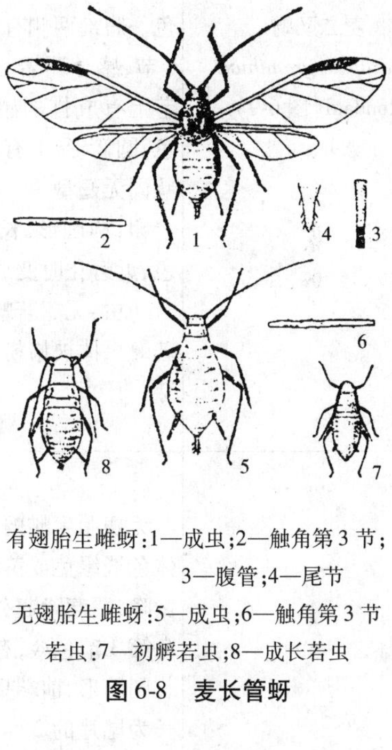

有翅胎生雌蚜:1—成虫;2—触角第3节;3—腹管;4—尾节

无翅胎生雌蚜:5—成虫;6—触角第3节

若虫:7—初孵若虫;8—成长若虫

图6-8　麦长管蚜

1.4.1.2　生物学特性

在我国不同地区每年可发生20~30代,在华北和西北地区以卵越冬。3月中旬卵孵化后,先在越冬寄主上为害。4月中旬后产生有翅蚜向外扩散,6月中旬越夏,9月初迁回或在扩散地结束越夏,又开始为害。9月底出现性蚜,10月中旬开始产生越冬卵(受精卵),11月底越冬。在我国中部和南部地区属不全周期性,即全年营孤雌生殖,不发生性蚜世代,以孤雌成虫、若蚜在禾本科植物上越冬。每年春、秋两季出现蚜量高峰,夏季和冬季数量很少,危害不太严重,11月下旬进入越冬状态。春季当气温达6 ℃时,越冬虫体即开始活动;15 ℃以上蚜量迅速上升;当气温超过22 ℃时,出现有翅蚜向外迁飞或越夏。麦长管蚜适生温区为10~30 ℃,最适温区为18~23 ℃。

1.4.2　其他蚜虫简介

麦二叉蚜、禾谷缢管蚜虫态识别和生物学特性见表6-2。

表 6-2　麦二叉蚜、禾谷缢管蚜虫态识别和生物学特性

种类	虫态识别	生物学特性
麦二叉蚜 *Schizaphis graminum* Rondani(图 6-9)	无翅胎生雌蚜:体长 1.7 mm 左右,夏季黄绿色,春、秋季棕色至黑色,体外被蜡粉。复眼黑色。触角 6 节,仅第 5 节端部有一感觉圈。腹管长筒圆形,有瓦纹,基部较宽,尾片圆锥形,近中部收缩。 有翅胎生雌蚜:体长 2.0 mm 左右,夏季多黄色,春、秋季深绿色。前胸背板黑色。腹部两侧有 3 ~ 4 对黑色斑纹。触角 6 节,感觉圈着生在第 3、5、6 节上,第 3 节上有成排的感觉圈 5 ~ 8 个。腹管黑色,圆筒形,上有覆瓦状纹。尾片黑色,形状同无翅型。 卵:椭圆形,长约 0.5 mm,初产时橙黄色,近孵化时变成黑色,有光泽。 幼虫:无翅若蚜复眼红色,无尾片,有翅若蚜虫体被蜡粉,体两侧有短小的褐色翅芽	每年发生 20 多代。中部平原地区以成虫、若虫在寄主的心叶及根茎部越冬,以北地区主要以卵在寄主的根茎及根部周围的残叶等处越冬。翌春 3 ~ 4 月越冬卵孵化为无翅孤雌蚜,在越冬寄主上进行孤雌胎生,繁殖 3 ~ 4 代,4 ~ 5 月产生有翅蚜,飞到夏寄主上为害。晚秋 10 月产生有翅蚜,从夏寄主迁移到越冬寄主上,产生有性无翅雌蚜和有翅雄蚜,交配后产卵,以卵越冬。每年春天 4 月中旬和 5 月上旬出现一个蚜量大高峰,秋天 9 ~ 10 月出现一个蚜量小高峰。最适温度为 22 ~ 30 ℃。该蚜繁殖力强,发育期短,故往往在蚜口基数不大的情况下,只要条件适宜,虫口密度会迅速上升
禾谷缢管蚜 *Rhopalosiphum padi* Linnaeus. (图 6-10)	无翅胎生雌蚜:体长卵形,长约 3 mm,体色淡绿色或黄绿色,少数橙红色。中额微隆,恶瘤隆起外倾,呈浅"W"字形。触角第 3 节色淡,有感觉圈 6 ~ 12 个。腹管长圆筒形,前端呈网眼状,其余有瓦纹,其长为尾片的 2.5 倍。尾片表面有小圆突起构成的横纹,有曲毛 7 ~ 9 根。 有翅胎生雌蚜:体长卵形,体长略短于无翅蚜,草绿色,中胸土黄色,腹部各节有中、侧缘斑,第 8 节有 1 个大的宽横带斑。触角第 3 节有圆形感觉圈 40 ~ 45 个,分布于全节,重叠排列。腹管长为尾片的 2 倍。尾片有长毛 9 ~ 11 根。腹管及尾片形状同无翅型。 卵:椭圆形,长约 1.6 mm,紫红色。 若虫:椭圆形,初龄时体橙红色,后变暗紫色,上分泌有白色蜡丝	每年发生 20 代左右,以卵在植物上越冬,翌年 5 月初产生有翅蚜迁飞到黑麦草、羊茅、狗牙根等禾草上为害。6 ~ 7 月还可迁飞到越夏寄主玉米、高粱上为害,春、秋发生数量多、危害重。该蚜怕光喜湿,多分布于下部叶片、叶鞘甚至根茎部分,发生时间较迟,5 月后期才明显上升。一般于潮湿、遮阳的禾草坪上发生量大

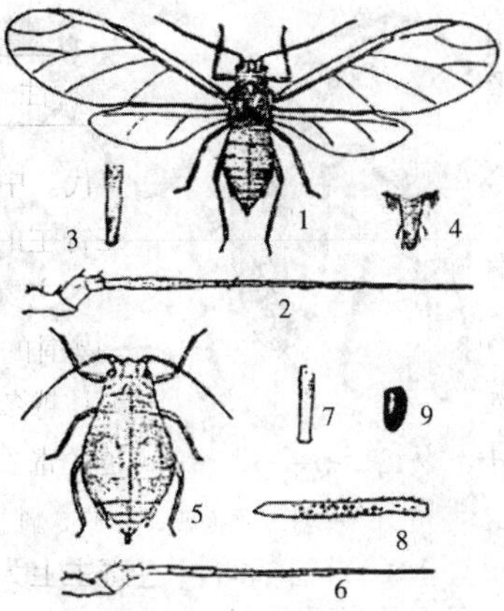

有翅胎生雌蚜:1—成虫;2—触角;3—腹管;4—尾片
无翅胎生雌蚜:5—成虫;6—触角;7—腹管
无翅有性雌蚜:8—成虫后足胫节;9—卵

图6-9　麦二叉蚜

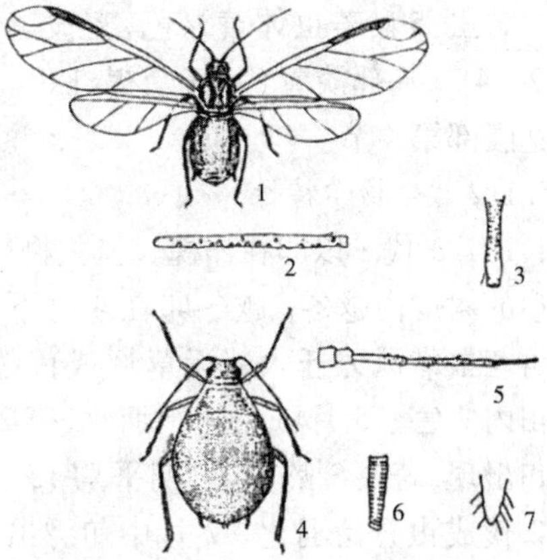

有翅胎生雌蚜:1—成虫;2—触角第3节;3—腹管
无翅胎生雌蚜:4—成虫;5—触角;6—腹管;7—尾片

图6-10　禾谷缢管蚜

1.4.3　防治措施

(1)冬灌。冬灌可降低地面温度,对蚜虫越冬不利,能大量杀死蚜虫;有翅蚜大量出现时及时喷灌可抑制蚜虫发生、繁殖及迁飞扩散;趁有翅蚜尚未出现时,将无翅蚜碾压而死,减轻危害。

(2)保护和利用天敌。蚜虫的天敌很多,最常见的有瓢虫、草蛉、食蚜蝇、蚜茧蜂、蚜小蜂、蚜霉菌等,应加以保护和利用。

(3)物理防治。对小块草坪,在有翅蚜迁飞高峰期,用黄色粘虫板,可诱到大量有翅蚜;也可利用银白色锡纸的反光特性,拒栖迁飞的蚜虫。

(4)药剂防治。喷洒50%辟蚜雾可湿性粉剂3 000~4 000倍液、40.7%乐斯本乳油1 000~2 000倍液、30%伏杀硫磷乳油1 000~3 000倍液等。蚜虫也可用烟草石灰水防治,即烟草末40 g加水1 kg,浸泡48小时后过滤制得原液,使用时加水1 kg稀释,再加2~3 g洗衣粉或肥皂少许,搅匀后喷洒植株,有较好效果。

1.5　盲蝽类

盲蝽属半翅目盲蝽科,多为小型种类。危害草坪草的主要种类有三点盲蝽、苜蓿盲蝽和中黑盲蝽等。盲蝽成、若虫均以刺吸式口器吸食草坪嫩茎、叶、花蕾和子房,受害部分先褪绿变黄或叶子出现黄色小斑点,后逐渐扩大成黄褐色大斑并皱缩,继而逐渐凋萎,最后干枯脱落。

1.5.1　三点盲蝽 *Adelphocoris fasciaticollis* Reuter

1.5.1.1　虫态识别(图6-11)

取三点盲蝽生活史标本,观察虫态特征:

成虫:体长7 mm左右,黄褐色,被黄毛。触角黄褐色,约与身体等长。前胸背板紫色,后缘具一黑横纹,前缘具黑斑3个,小盾片及2个楔片具3个明显的黄绿色三角形斑。

卵:长1.2 mm,茄形,淡黄色,卵盖一端有白色丝附属物,中央有两个小突起。

若虫:5龄若虫体黄绿色,密被黑色细毛,触角第2~4节基部淡青色,其余褐红色。翅芽末端黑色达腹部第4节。

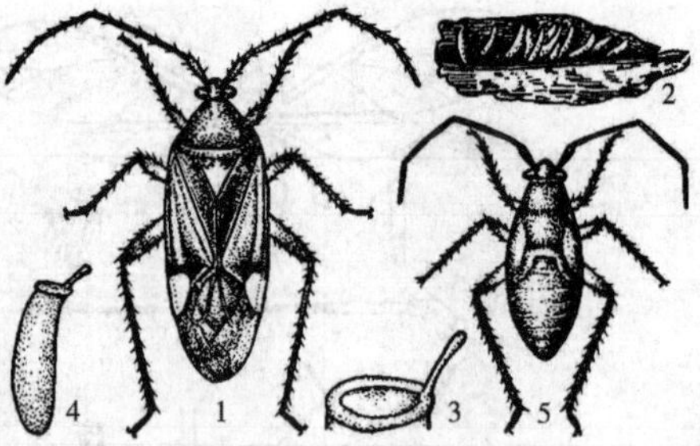

1—成虫;2—树皮内越冬卵;3—卵;4—盖-顶面观;5—第5龄若虫

图6-11 三点盲蝽

1.5.1.2 生物学特性

1年3代。以卵在洋槐、杨树、柳树等树干上有疤痕的树皮内越冬,越冬卵在4月下旬开始孵化,初孵若虫借风力迁入邻近草坪或苜蓿地、棉田、豌豆田内为害。5月下旬开始羽化,第2代若虫6月下旬出现,若虫5龄,若虫期平均15天。7月上旬第2代成虫开始羽化。7月中旬孵出第3代若虫,若虫期15.5天,第3代成虫8月上旬羽化,8月下旬开始在寄主上产卵越冬,后期世代重叠。

1.5.2 其他草坪盲蝽简介

其他草坪盲蝽虫态识别和生物学特性见表6-3。

表6-3 其他草坪盲蝽虫态识别和生物学特性

种类	虫态识别	生物学特性
苜蓿盲蝽 *Adelphocoris lineolat us* (Goeze)(图6-12)	体长6.5 mm,宽3.2 mm,全体黄绿色至枯黄色,春夏青绿色,秋冬棕褐色,头部略呈三角形,头顶后缘隆起,触角4节丝状。前胸背板上具橘皮状刻点,两侧边缘黑色,后缘生2条黑横纹,背面中前部具黑色纵纹2~4条,小盾片三角形,基部中央、革片顶端、楔片基部及顶端黑色,基部中央具2条黑色并列纵纹,卵长1.5 mm,长卵形,浅黄绿色。若虫与成虫相似,黄绿色,翅芽伸达第4腹节,体背5个黑色圆点	北方1年3~4代,以成虫在杂草、枯枝落叶、土石块下越冬。翌春寄主发芽后出蛰活动,喜欢在嫩叶、嫩茎、花蕾上刺吸汁液,取食一段时间后开始交尾、产卵,卵多产在嫩茎、叶柄、叶脉或芽内,卵期约10天。若虫共5龄,经30多天羽化为成虫。成、若虫喜白天活动,早、晚取食最盛,活动迅速,善于隐避。发生期不整齐,6月常迁入棉田,秋季又迁回到木本植物或秋菜上。天敌主要有卵寄生蜂、捕食性蜘蛛、姬猎蝽、花蝽等
中黑盲蝽 *Adelphocoris suturalis* Jakovlev (图6-13)	体长6~7 mm,褐色。触角比身体长。前胸背板中央具2个小圆黑点,小盾片、爪片大部为黑褐色。卵长1.2 mm,茄形,浅黄色。若虫全体绿色,5龄时为深绿色。具黑色刚毛,触角和头部赭褐色。眼紫色,腹部中央色深	黄河流域棉区1年4代,长江流域1年5~6代,以卵在苜蓿及杂草茎秆或棉叶柄中越冬。翌年4月,越冬卵孵化,初孵若虫在苜蓿、苕子、蒿类杂草上活动。第1代成虫5月上旬出现,第2代6月下旬出现,第3代8月上旬出现,第4代9月上旬出现。卵的发育起点温度5.4 ℃,有效积温217 ℃。若虫发育起点温度9 ℃,有效积温329 ℃

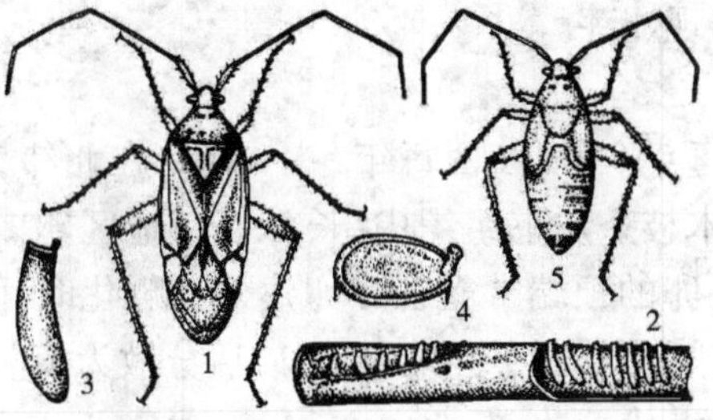

1—成虫;2—产卵状;3—卵
4—卵盖－顶面观;5—第5龄若虫

图6-12　苜蓿盲蝽

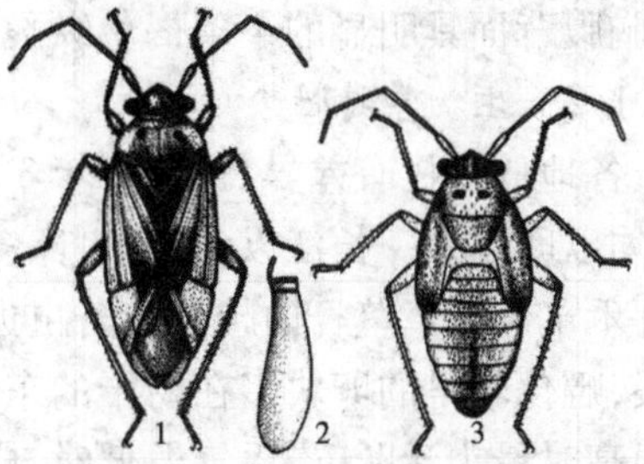

1—成虫;2—卵;3—若虫

图6-13　中黑盲蝽

1.5.3　防治措施

(1)人工防治。冬春季节清除草坪及其附近的杂草,可减少越冬虫源。

(2)药剂防治。应选择在若虫初孵盛期或若虫期施药防治,可用2.5%敌百虫粉剂、1.5%乐果粉剂或3.5%甲敌粉剂喷粉,每公顷用量30 kg喷撒防治,也可用40%乐果乳油、50%马拉硫磷乳油或50%辛硫磷乳油1 500～3 000倍液喷雾防治。

1.6　叶蝉类

叶蝉类属同翅目叶蝉科。危害草坪草的种类主要有大青叶蝉、小绿叶蝉和黑尾叶蝉等。大青叶蝉分布很广,我国各地多有发生,主要取食禾草和牧草,还可食害豆科、十字花科植物、林木等。小绿叶蝉全国各地均有分布,主要危害禾本绿地草坪草。黑尾叶蝉分布于全国各地,但以南方各省发生较多,除危害结缕草等禾草和其他牧草外,还可危害麦类、水稻、稗草等。各种叶蝉均以成、若虫群集于叶背及茎秆上刺吸汁液,使寄主生长发育不良,叶片受害后褪绿、变黄、变褐,有的出现畸形卷缩甚至全叶枯死。此外,叶蝉还能传播植物病毒。

1.6.1　大青叶蝉 *Cicadella viridis* Linnaeus

1.6.1.1　虫态识别(图6-14)

取大青叶蝉的生活史标本,观察虫态特征:

成虫:体长7～10 mm,青绿色,头部颜面淡褐色,颊区在近唇基缝处有1个黑斑,触角窝上方有1块黑斑。复眼黑褐色,两单眼间有2个多边形黑斑点。前胸背板淡黄绿色,后半部深青绿色,前翅绿色带有青蓝色光泽,后翅及腹部背面烟熏色,腹部两侧、腹面及胸足均为橙黄色。

卵:白色微黄,长卵圆形,长1.6 mm,中间微弯曲,一端稍尖,表面光滑。

若虫:老熟若虫体长6～7 mm,除翅尚未发育完全外,形似成虫。初孵化时灰白色,稍带黄绿色。头大,胸、腹背面有不显著的条纹,3龄后体色转为黄绿

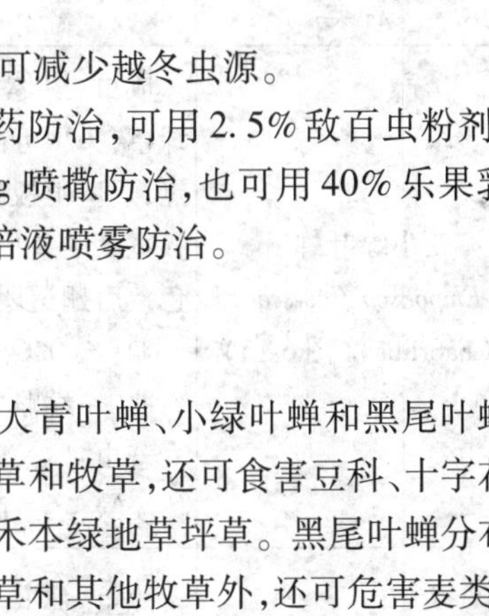

1—成虫;2—雌成虫腹末;3—雄成虫腹末;
4—卵在植物内;5、6—1、3龄若虫;7—危害状

图6-14　大青叶蝉

色,胸腹背面具明显的4条褐色纵裂条纹并出现翅芽。

1.6.1.2 生物学特性

各地的世代有差异,华北每年3代,湖北每年5代,江西每年5~6代。在北纬25°以北,均以卵越冬。长江以北地区,卵多产在树木枝条皮下组织内,长江以南地区卵多产在草坪禾草及杂草茎秆内越冬。若虫近孵化时,卵的顶端常露在产卵痕外。孵化时间均在早晨,孵化较早的卵块多在树干的东南向。初孵若虫常喜群聚取食,以后分散为害。中午气温高时最为活跃,晨昏气温低时,成、若虫多潜伏不动。

1.6.2 其他叶蝉简介

其他叶蝉虫态识别及生物学特性见表6-4。

表6-4 其他叶蝉虫态识别及生物学特性

种类	虫态识别	生物学特性
小绿叶蝉 *Empoasca flavescens* (Fabriius)(图6-15)	成虫:虫体小型,体长3~5 mm。淡绿色,头顶近前缘处有2个深绿色小圆点;下生殖板的长度大于最后1腹节腹板宽度的2倍。前翅近透明,微带黄绿色。后翅透明,具有珍珠光泽。 卵:长0.6~0.15 mm,长椭圆形,略弯曲,一端略尖,乳白色。 若虫:体长约3 mm,与成虫相似,全体淡绿色,复眼紫黑色	一年5~12代,世代重叠。以成虫越冬,潜伏于枯草落叶下或植株丛中,翌年早春先在萌发早的寄主上取食,而后扩展到其他寄主。卵散产于新梢或叶脉内。成虫怕光直射,无趋光性。成、若虫多隐蔽于新梢或叶背,用口器刺吸汁液。寄主被害后叶片变黄乃至凋萎。若虫行动活泼,常将尾端举起,静止时不时由肛门排出蜜露
黑尾叶蝉 *Nephotettix cincticeps* (Uhler)(图6-16)	成虫:体长约4.5 mm。黄绿色。最大特征是后脚胫节有2排硬刺。头与前胸背板等宽,向前成钝圆角突出,头部复眼间有1条黑色横凹沟,内有1条黑色亚缘横带。前胸背板为黄绿色。小盾片黄绿色。前翅鲜绿色,前缘淡黄绿色,雄虫翅末1/3处为黑色,雌虫为淡褐色。雄虫胸、腹部腹面及背面黑色。各足黄色。 卵:长椭圆形,长约1 mm;末龄若虫体长3.5~4 mm,若虫共5龄	江浙一带1年5~6代,以3~4龄若虫及少量成虫在绿肥田边、塘边、河边的杂草上越冬。成虫把卵产在叶鞘边缘内侧组织中,每雌产卵100~300多粒,若虫喜栖息在植株下部或叶片背面取食,有群集性,3~4龄若虫尤其活跃。越冬若虫多在4月羽化为成虫,迁入稻田或茭白田为害,少雨年份易大发生

1.6.3 防治措施

(1)物理防治。利用叶蝉的趋光性,设置黑光灯诱杀或用普通灯诱杀。

(2)保护和利用天敌。叶蝉主要天敌有褐腰赤眼蜂、捕食性蜘蛛等。

(3)化学防治。在若虫盛发期及危害严重时,可用40%乐果乳油1 000倍液,50%叶蝉散乳油、50%马拉硫磷乳油1 000倍液或25%亚胺硫磷400~500倍液喷雾。

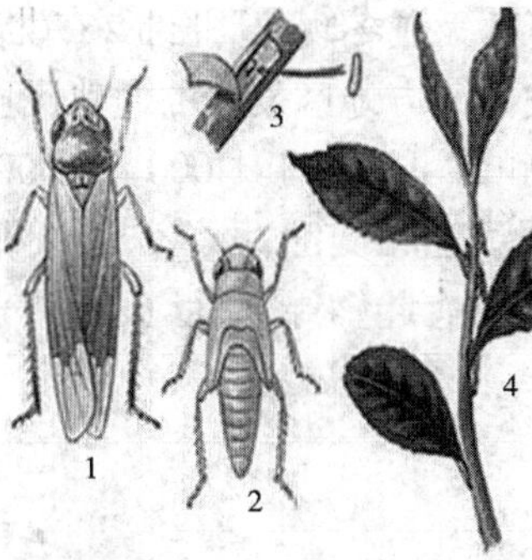

1—成虫;2—若虫;3—产卵状及卵;4—危害状

图6-15　小绿叶蝉

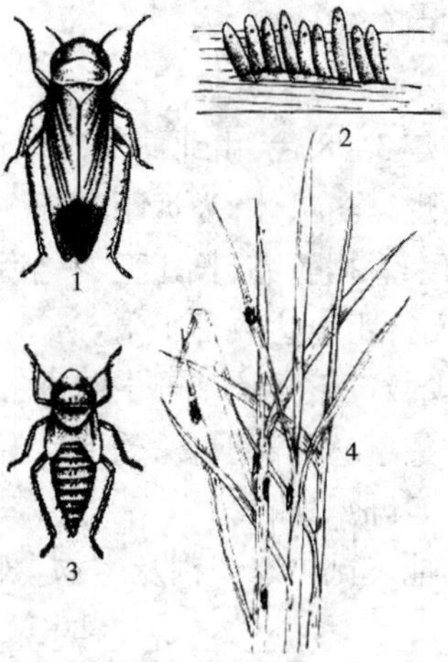

1—雌成虫;2—卵;3—若虫;4—危害状

图6-16　黑尾叶蝉

1.7　飞虱

飞虱属同翅目飞虱科,主要取食禾本科杂草。危害草坪草的种类主要有白背飞虱、灰飞虱、褐飞虱等。飞虱常与叶蝉混合发生,体形似小蝉。与叶蝉的主要区别是:触角短,锥形;后足胫节末端有一显著的能活动的扁平大距,善跳跃。白背飞虱在我国各地普遍发生,灰飞虱主要发生在北方地区和四川盆地,褐飞虱以淮河流域以南地区发生较多。飞虱1年发生多代,从北向南代数逐渐增多,以卵、若虫或成虫越冬。成、若虫均聚集于寄主下部刺吸汁液,产卵于茎及叶鞘组织中,被害部位出现不规则的褐色条斑,叶片自下而上逐渐变黄,植株萎缩,成丛成片的植株被害,严重时可使植株下部变黑枯死。

1.7.1　白背飞虱 *Sogatella furcifera* Horvath

1.7.1.1　虫态识别(图6-17)

取白背飞虱的生活史标本和照片,观察虫态特征:

成虫:雌虫有长翅型、短翅型之分,雄虫只有长翅型,长翅型体长3.8～4.6 mm,短翅型体长2.7～3.5 mm。雄虫体背白色,前胸背板前侧区有一新月形暗褐色斑纹;中胸背板侧区黑褐色,腹面黑褐色;雌虫腹面黄褐色,背面黄白色,中胸背侧区为浅黑褐色。雌雄虫前翅微黄褐,几乎透明,有时端部具烟褐晕,2翅合拢时,在结合缘的中部有一短条形的黑褐色翅斑。后足胫节间有一可活动的片状距。

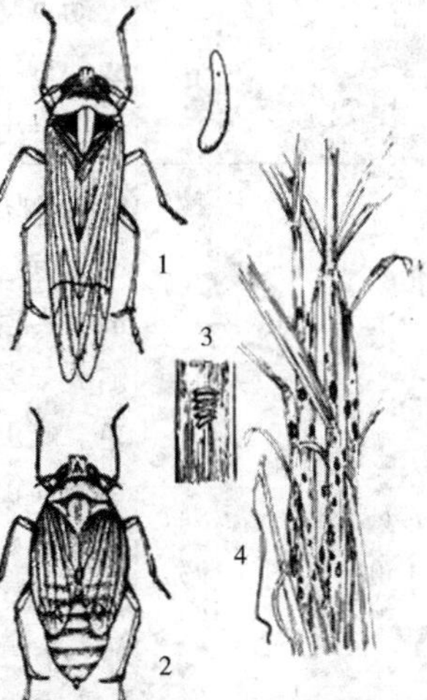

1—长翅雌成虫;2—短翅雌成虫;
3—产在叶鞘组织内的卵;4—危害状

图6-17　白背飞虱

卵:长0.8～10 mm,长椭圆形,微弯曲。初产时黄白色,后变为黄色。卵块为黄色。卵块由卵粒单行松散排列。

若虫:5～6龄,有深色型和浅色型,体淡灰褐色,背部有灰白色云纹斑。

1.7.1.2　生物学特性

每年3~8代，由北向南发生代数递增。在广东南部无越冬现象，北纬26 ℃以北地区尚未发现越冬虫体，为远距离迁飞性害虫，现已证实我国北方地区发生的白背飞虱由南方迁飞而来。据研究，长翅型羽化后2~6天达到迁飞高峰，可群集于1 000~2 000 m高空飞行，飞行距离达数百千米。长翅型、短翅型成虫雌雄可互相交配，卵多产在叶鞘肥厚组织内，少数产于叶片基部中肋内，以下部叶鞘最多。成虫有趋嫩绿习性，也具趋光性。若虫多群集草丛下部取食，受惊后有横走习性。

1.7.2　其他飞虱简介

其他飞虱虫态识别及生物学特性见表6-5。

表6-5　其他飞虱虫态识别及生物学特性

种类	虫态识别	生物学特性
褐飞虱 *Nilaparvata lugens* (Stal)(图6-18)	长翅型体长3~5 mm，黄褐、黑褐色，有光泽，面部有3条凸起的纵脊，中脊连续，额、颊区均为黄褐色。小盾片褐色至暗褐色，3条隆线明显。前翅半透明带有褐色斑纹，翅斑明显。胸、腹部腹面暗黑色，后足第1跗节内侧有2~3个小刺。短翅型雌虫体长约4 mm，雄虫约2.5 mm。体形短，腹部肥大，腹末圆钝，前翅端部超过腹部，后翅短小，雄虫翅较雌虫更短。余均似长翅型。 卵长0.8 mm，长卵圆形，微弯，初产乳白色，后期变为淡黄色并出现红点。 幼虫共5龄，老熟若虫体灰白色至黄褐色，腹部背面有2对清晰的三角形白色斑纹。形均似成虫	每年2~11代，发生代数由北向南逐渐递增，在北纬23°以北不能越冬，在此线以南以成、若虫或卵在寄主草丛间越冬。该虫为远距离迁飞性害虫，但迁飞能力不及白背飞虱。性喜阴湿，喜在寄主基部栖息取食，在田块中间发生严重，亦有趋嫩绿习性。长翅型成虫具趋光性。卵多产于寄主基部第2、第3叶鞘和叶片正面的组织内，卵呈条状，产卵痕呈褐色条斑
灰飞虱 *Laodelphax striatellus* (Fallen)(图6-19)	长翅型雄虫体长3.5 mm，雌虫体长4.0 mm；短翅型雄虫体长2.3 mm，雌虫体长2.5 mm，头顶与前胸背板黄色，头顶稍突出，长度略大于或等于两复眼之间的距离，额颊区黑色。雌虫小盾片中央淡黄，两侧暗褐色，胸、腹部腹面黄褐色。雄虫小盾片及胸、腹部腹面皆黑褐色。前翅较透明，中间生1褐翅斑。 卵长0.7 mm，长卵圆形，弯曲，前端细于后端，初产时乳白色，后期淡黄色，双行排成块。 末龄若虫体长2.7 mm，体灰黄至黄褐色，腹部两侧色深、中央色浅，第3、4节各有3对淡色“八”字形斑纹，共5龄	每年发生4~8代，由北向南发生代数逐渐递增，以成、若虫在寄主枯叶上及草丛间越冬。有世代重叠现象。灰飞虱属温带昆虫，耐低温能力较强，不耐高温，也是迁飞性害虫。翅型变化较稳定，越冬代以短翅型为多，其余各代长翅型较多，雄成虫仅越冬代有短翅型，其余各代均为长翅型。该虫在寄主上栖息部位较高，且有向田边集中的习性

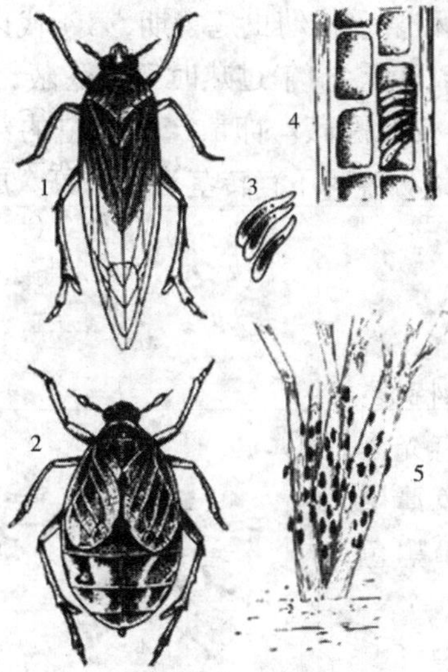

1—长翅型雌成虫;2—短翅型雌成虫;3—卵;
4—产在植物组织内的卵块;5—危害状

图6-18　褐飞虱

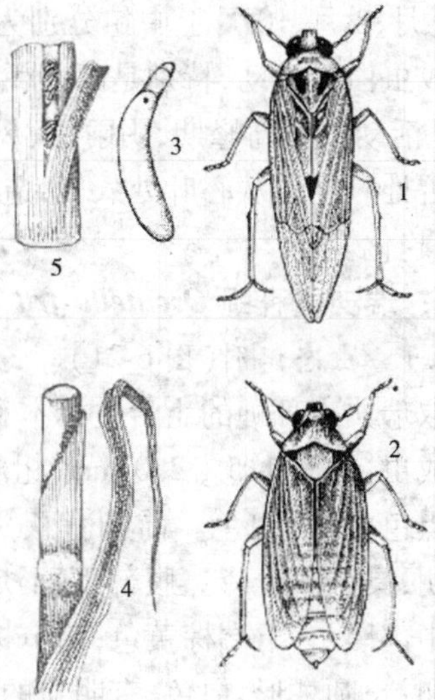

1—长翅型雌成虫;2—短翅型雌成虫;3—卵;
4—产在叶鞘组织内的卵;5—危害状

图6-19　灰飞虱

1.8　秆蝇类

1.8.1　麦秆蝇 *Meromyza saltatrix* Linnaeus

1.8.1.1　虫态识别(图6-20)

取麦秆蝇的生活史标本和照片,观察虫态特征:

成虫:雄虫体长3.0~3.5 mm,雌虫体长3.7~4.5 mm,体黄绿色,复眼黑色,有青绿光泽。翅透明,有光泽,翅脉黄色。胸部背面有3条纵线,中央一条纵线直达棱状部的末端,两侧的纵线各在后端分叉。越冬代成虫胸背纵线为深褐色至黑色,其他代成虫则为土黄色至黄棕色。后足腿节显著膨大,内侧有黑色刺列,胫节显著弯曲。腹部背面亦有纵线,越冬代成虫其色泽与胸背纵线相同,其他代成虫腹背线仅中央一条明显。

卵:长约1 mm,长椭圆形,两端瘦削,白色,表面具纵纹10条。

幼虫:末龄幼虫体长6.0~6.5 mm,黄绿色至淡黄绿色,蛆形,细长。

蛹:围蛹,雄蛹体长4.3~4.7 mm,雌蛹体长5.0~5.3 mm,初期色淡,后期黄绿色,蛹壳透明,可见复眼、胸、腹部等。

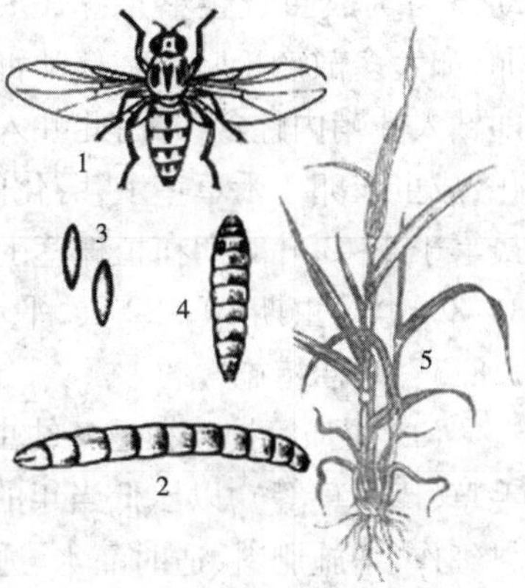

1—成虫;2—幼虫;3—卵;
4—蛹;5—危害状

图6-20　麦秆蝇

1.8.1.2　生物学特性

在华北地区1年2代,在山西晋南、陕西关中地区1年4代,均以幼虫在禾草茎内越冬。在4代区,2~3月越冬代幼虫开始化蛹,蛹期10~12天,4月中、下旬为成虫羽化盛期。6 月、8 月、10 月上中旬分别为第 1 代、第 2 代和第 3 代幼虫危害期,第 4 代以幼虫越冬。成虫白天活动,特别是晴朗无风的上午、下午较活跃,中午过热时暂时隐蔽,傍晚 5 ~ 6 时是活动产卵高峰期,阴雨、大风天气活动减弱,夜间隐蔽。卵散产于幼苗的芽鞘和叶片叶舌处。幼虫从心叶处入侵,造成心叶发黄枯死,幼苗期还有转茎为害现象。成虫有趋光性、趋化性。

1.8.2 **瑞典麦秆蝇 *Oscinella frit* Linnaeus**

1.8.2.1 虫态识别(图 6-21)

取瑞典麦秆蝇的生活史标本和照片,观察虫态特征:

成虫:体长 1.5 ~ 2.0 mm,粗壮,全身黑色而有光泽。触角黑色,口器白色。前胸背板黑色,表面有红色薄层。翅透明,具金属光泽。腹部下面淡黄色。足的腿节黑色,胫节中部黑色,下端棕黄色,跗节棕黄色。

卵:长圆柱形,白色,有明显的纵脊和纵肋。

幼虫:老熟幼虫体长约 4.5 mm,黄白色,圆柱形,蛆式。初孵时体长约 1 mm,无色透明。

蛹:体长 2 ~ 3 mm,棕褐色,圆柱形,前端有 4 个乳突起,后端有 2 个乳突起。

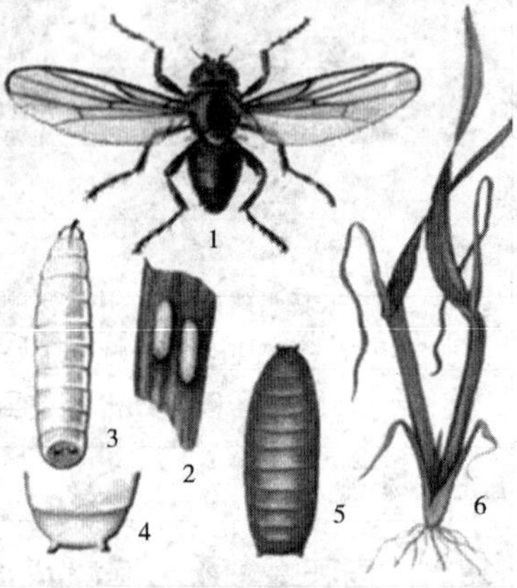

1—成虫;2—卵;3—幼虫;
4—幼虫尾部;5—蛹;6—危害状

图 6-21 瑞典麦秆蝇

1.8.2.2 生物学特性

在华北地区 1 年 2 代,以老熟幼虫在禾草、冬麦根茎部越冬。越冬幼虫于第 2 年春季温度达到 12 ℃时开始活动,6 月为成虫发生盛期。16 ~ 30 ℃成虫活动旺盛并产卵,卵大多散产于叶面基部叶舌处。气温超过 35 ℃时,成虫活动受到抑制。幼虫孵化后即钻入叶鞘内蛀食,并由此蛀入茎内为害。6 ~ 7 月为为害盛期,7 月中、下旬大量化蛹、羽化,成虫产卵于禾草茎上,孵化的幼虫即蛀入寄主茎内越冬。成虫羽化后 10 天开始产卵,最喜于 2 ~ 3 叶时期在植株茎上产卵,1 头雌虫在 1 个月左右的一生可产卵 70 粒。卵期 3 ~ 8天。幼虫期 10 ~ 22 天,平均 14 天左右,幼虫 3 龄。完成一个世代约需 45 天。

1.8.3 **防治措施**

(1)加强管护。在越冬幼虫化蛹、羽化前,及时清除越冬幼虫的杂草寄主(看麦娘、猫毛草、棒头草等),以压低当年的虫口基数;另外,因地制宜地采取深翻土地、消灭杂草、精耕细作、增施肥料、适时灌水、适当浅播、合理密植等一系列生产措施,都能创造对草坪生长发育有利、对秆蝇繁殖危害不利的条件,从而达到减轻危害的效果。

(2)药剂防治。关键时期为越冬代成虫盛发期至第 1 代初孵幼虫蛀入茎之前这段时间,此时发生整齐,有利于药剂防治。

①用 1.5% 的 1605 粉剂或 4% 甲敌粉喷粉,每公顷 22.5 ~ 30 kg,杀虫效果很好。

②用 50% 甲基对硫磷乳油 3 000 倍液喷雾,对成虫和卵效果都很好,但要注意防治期和防治后的安全,或用 50% 敌敌畏乳油 1 000 倍液和 40% 乐果乳油 1 000 倍液混合喷雾。

③用 80% 敌敌畏乳油 75 g 与干细土均匀混合后撒施于 0.07 hm^2 草坪上。

1.9　软体动物类

除前面介绍的危害草坪的各种昆虫外,还有其他一些软体动物也对草坪造成危害。危害草坪的软体动物最常见的是蜗牛和野蛞蝓。

1.9.1　蜗牛类

蜗牛属软体动物门腹足纲柄眼目巴蜗牛科。蜗牛常把植物咬成不规则的孔洞或缺刻,并在叶片上留下许多椭圆形稍弯曲的黑绿色虫粪,外表包有一层白色黏液状物黏附在叶片上。嫩梢受害则被啃掉一块块不规则皮层,呈灰白色。蜗牛足上的腺体可分泌黏液,在爬过的茎叶上多留下银灰色痕迹。危害草坪的种类主要有同型巴蜗牛和灰巴蜗牛。

下面主人介绍同型巴蜗牛 *Bradybaena similaria* Ferus. 。

(1)虫态识别(图6-22)。

取同型巴蜗牛标本,观察其下列形态:

成贝:体外螺壳高12 mm,宽16 mm,有5~6层螺层,呈扁球形,黄褐色或红褐色。螺旋部低矮,螺层较宽大,缝合线深,有稠密而细致的生长线,周缘常有1条暗褐色带。壳口呈马蹄形,脐孔圆孔状,小而深,其形状在个体之间差异较大。头部发达,在身体前端。头上有2对触角,眼在触角顶端,口位于头部腹面,并具有触唇。足在身体腹面。

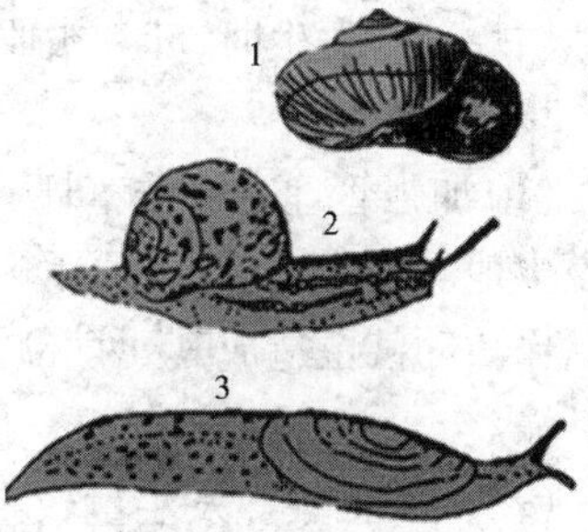

1—蜗牛壳;2—蜗牛成贝;3—野蛞蝓

图6-22　同型巴蜗牛与野蛞蝓

卵:圆球形,直径2 mm,初产时乳白色,有光泽,后期变成淡黄色。孵化前变为土黄色。

幼贝:形态与成贝相似,仅体形较小。

(2)生物学特性。

1年1代,以成贝、幼贝越冬,越冬场所多在潮湿阴暗处的草根根部、草堆石块下、土缝里。越冬蜗牛于第2年3月初开始取食,4~5月交配产卵,并危害多种植物幼苗。夏季常隐蔽起来不吃不动,干旱过后又恢复活动,继续为害,最后转入越冬状态。蜗牛是雌雄同体异体受精,亦可自体受精繁殖。喜阴湿,如遇雨天,昼夜活动为害。在干旱情况下,白天潜伏,夜间活动。蜗牛是否大发生与温度、雨量有直接关系,雨量充足时可促进其大发生。

1.9.2　蛞蝓类

蛞蝓属软体动物门腹足纲柄眼目蛞蝓科。蛞蝓食性很杂,除草坪外,还可危害菊花、海棠、唐菖蒲、豆类、烟草等及禾本科草类。

下面主要介绍野蛞蝓 *Agriolimax agrestis* Linnaeus。

(1)虫态识别(图6-22)。

取野蛞蝓标本,观察其下列形态:

成虫:体长20~25 mm,爬行时可伸长达30 mm以上,长梭形,虫体柔软、光滑而无外壳,呈灰褐色,头前端有2对暗黑色触角,后触角较前触角长,能伸缩。眼在后1对触角顶端,口在前方,口腔内有1对胶质的齿舌。在右后触角的后侧方,具有2个生殖孔。体背前 1/3 处具外套膜,遮盖于体背,约占体长的一半。当体背受触动时,可见外套膜的前部及两侧缘向上翻起。

卵:椭圆形,直径约 2.3 mm,淡黄白色,透明,能见里面卵核,近孵化时颜色变深。

幼虫:初孵幼虫体长约 2.3 mm,淡褐色,体形同成虫体。

(2)生物学特性。

在我国全年至少可发生 2 ~ 6 代,世代重叠。以成虫体或幼虫体在寄主根部湿土下越冬,以成虫体为主。一年四季均能产卵繁殖,孵化为害,但以春、秋两季繁殖最盛,也是其为害最严重的季节。雌雄同体,异体受精,也可同体受精繁殖。卵产于湿度大、隐蔽的土块缝隙内,每隔 1 ~ 2 天产卵 1 次。卵若暴露在日光下或干燥空气中,能很快自行爆裂,土壤干燥时不能孵化。夏季气温高、天气干旱时,可潜入植物根部、草丛中、石缝间越夏,但遇阴雨天气、气温下降时,仍能活动为害。怕光,白天多藏于阴暗、潮湿、背光处,夜间出来活动为害。以齿舌刺刮叶片,受害植物叶片被刮食,并被排留的粪便污染,使菌类易侵入,叶片腐烂。大发生时,叶片被吃光,仅剩叶脉。严重时可导致植物枯死。

1.9.3 防治措施

(1)加强管理。清洁草坪、铲除杂草、撒施石灰粉等保护草坪,以减少蜗牛和野蛞蝓的滋生地。傍晚时,每公顷用 75 ~ 112 kg 新鲜石灰在草坪中撒施石灰带,能阻碍蜗牛和野蛞蝓活动甚至造成其死亡,减轻危害。或每公顷撒施 45 ~ 75 kg 茶枯粉可毒杀蜗牛和野蛞蝓。

(2)人工捕捉。发生量较小时,可人工捡拾,集中杀灭。

(3)施氨水。夜晚喷施 70 ~ 100 倍氨水,既可毒杀蜗牛和野蛞蝓,又可同时施肥。

(4)堆草诱杀。用树叶、杂草、绿肥、菜叶等于傍晚设置诱集堆,次日清晨可将潜伏在诱集堆中的蜗牛和野蛞蝓集中杀死。

(5)化学防治。

①用四聚乙醛 0.3 kg、砂糖 0.1 kg、硝酸钙 0.3 kg 混合后,再拌以磨碎的豆饼 4 kg,加入适量的水,制成颗粒状毒饵,于傍晚时撒在草坪中进行诱杀。

②喷施灭蛭灵 800 ~ 1 000 倍液,或用茶枯粉 0.5 kg 加水 5 kg 浸泡一夜,过滤再加水至 50 kg 制成液剂,在野蛞蝓早晚活动时喷洒或浇洒,毒杀效率高。

③每公顷用 7 ~ 10 kg 6% 四聚乙醛颗粒剂混合 150 ~ 225 kg 的干沙土制成毒饵撒施。

学习任务 2 草坪主要病害及防治

【学习场所】

教室、森林病害防治实验室。

【学习形式】

以班级为单位组织教学。教师通过病害标本、多媒体课件演示与讲授相结合,使学生掌握草坪病害症状、病原物特征、发生规律、防治方法知识。每个学习小组利用所提供的 1 套病害标本,观察记录病害典型特征,借助放大镜、显微镜等仪器观察病原物形态并展开讨论,教师给予指导。做到会识别草坪病害、会分析病害发生原因、会制订病害防治方案、会实施防治操作,培养学生综合运用所学知识技能解决林业生产中病害防治方面实际问题的能力。杀菌药剂配土以小组为单位进行,教师予以指导。

【实训用品与材料】

配备草坪褐斑病、炭疽病、霜霉病、细菌性萎蔫、腐霉病、镰刀菌枯萎病、锈病、白粉病、黑粉病、白绢病等蜡叶或新鲜实物标本与病原菌玻片标本或病原菌纯培养菌落。

生物显微镜、放大镜、镊子、解剖针、载玻片、盖玻片、蒸馏水、吸水纸、擦镜纸等。

【辅助学习资源】

◆ 草坪病害及防治多媒体课件

◆ 草坪病害及防治视频影像资料

我国气候条件复杂,在南北不同的城市里,草坪病害都不同程度地对草坪草造成危害,而且草坪病害危害重,且具有代表性。草坪病害发生的原因与其他植物病害一样,有生物因素和非生物因素。已知草坪病害有50多种,其中侵染性病害以真菌病原物所致的病害为主。真菌病害是影响草坪质量和景观的一类重要病害,它主要危害种子和植株的叶、鞘、茎、根、花、穗等各个部位,造成烂种、苗腐、叶枯和其他部位的腐烂坏死,甚至整株死亡。

病毒和细菌所致的草坪病害数量较少,本书不做具体介绍。

2.1　叶枯病类

2.1.1　草坪褐斑病(立枯丝核病菌综合征)

2.1.1.1　危害特点

草坪褐斑病是所有草坪病害中分布最广的病害之一,能够侵染所有已知的草坪草,如草地早熟禾、羊茅草、多年生黑麦草、细弱剪股颖、匍匐剪股颖、结缕草、野牛草、狗牙根等250余种禾草,致使草坪大面积枯死。凡是在草坪能生长的地方,都会有这种病的发生与危害。

2.1.1.2　症状及病原识别

立枯丝核菌褐斑病主要危害叶片、叶鞘和茎,引起苗枯、叶腐、根腐、茎基腐。危害严重时根部和根茎部也可变褐腐烂。染病的草坪形成大小不等的不规则形枯草圈,圈中央仍为绿色,边缘呈黄色环带,呈现“蛙眼”状。在清晨有露水或高湿时,枯草圈外缘(与枯草圈交界处)由萎蔫的新病株组成暗绿色至黑褐色的侵润圈,即病菌菌丝形成的“烟圈”,叶片干燥时,“烟圈”消失。在修剪高度较高的草坪上,一般没有“烟圈”形成。另外,若病株数量大,在病害出现的前12~14小时,草坪会散发出一股霉味。草坪草染上该病,草死后会被藻类所代替,使地面形成蓝色硬皮。该病还可在冷凉的春季和秋季引致黄斑症状。褐斑病的症状表现变化很大,往往受草种类型(如冷季型或暖季型)、不同品种组合、不同立地环境和养护管理水平(如修剪高度、次数)、不同的气象条件及病原菌的不同株系等的影响,不一定都表现为典型症状。

观察草坪褐斑病标本和照片,认识病原特点。

病原:为立枯丝核菌(*Rhizoctonia solani* Kuhn)(图6-23),属于半知菌亚门无孢目丝核菌属。该病原菌菌丝的主要特点是初期无色，后变淡褐色至褐色，呈近直角分枝，分枝处缢缩，其附近形成隔膜，不产生分生孢子。初生菌丝较细，老熟后常形成粗壮的念珠状菌丝。易形成菌核，直径为 1 ~ 10 mm，表面粗糙，形状不规则。

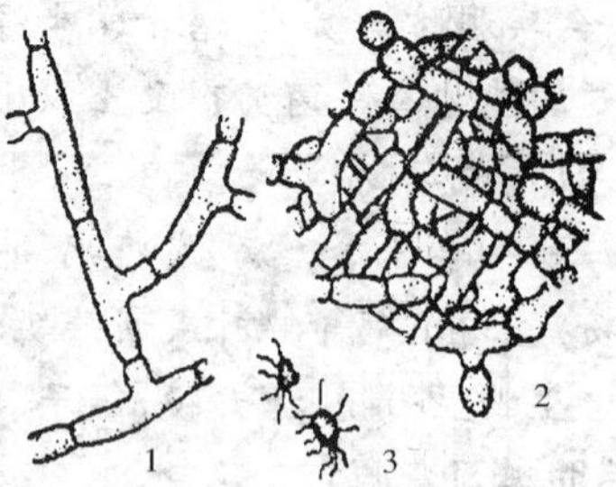

1—直角状分枝菌丝；2—纠结菌组织；3—菌核

图 6-23　立枯丝核菌

2.1.1.3　发病规律

病菌以菌核或在植物残体上的菌丝度过不良的环境条件。菌核有很强的耐高低温能力。春季，当土壤温度升至 15 ~ 20 ℃时，病菌产生大量菌丝。当白天气温升至 30 ℃，同时空气湿度很高，且夜间温度高于 20 ℃时，病菌开始侵染寄主。暖季性禾草，在高温高湿条件下，病害发生发展的速度很快，草坪开始大面积发生，枯草层厚的老草坪受害较重。

2.1.1.4　防治措施

（1）加强草坪管理。及时清除枯草层和病残体，减少侵染源，改善通风透光条件，避免大水灌漫，早上浇水比晚上浇水好，均衡施氮、磷、钾肥，避免炎热高温时施肥、剪草。夏季剪草不要过低。

（2）选育和种植耐病草种（品种）。

（3）药物防治。用 40% 菌核净、70% 代森锰锌、50% 扑海因 1 000 倍液，均匀喷雾。

2.1.2　草坪德氏霉叶枯病

2.1.2.1　危害特点

草坪德氏霉叶枯病是一类引起多种草坪禾草发生叶斑、叶枯、苗枯、根腐和茎基腐等复杂症状的世界性病害，又有根腐病之称。该病病情发展迅速，造成草坪早衰、秃斑。寄生禾草的德氏霉种类很多，由于寄主与病原菌之间的专化性，症状表现不同。

2.1.2.2　症状及病原识别

（1）早熟禾叶斑病。主要危害草地早熟禾。病叶和病叶鞘上，先出现很多水浸状椭圆形小病斑，继而变褐色，周围有黄色晕圈。以后病斑沿平行于叶轴方向伸长，病斑中央坏死，多个病斑愈合成较大的坏死斑。老叶比嫩叶容易被侵染。当整个叶片或叶鞘受害时，维管束系统被环割，整个叶子或分蘖死亡。潮湿条件下病斑上有黑色霉状物。发病严重时，产生大量的死叶、死蘖，使草坪变得稀疏，瘦弱早衰。通常在春、秋季，或温暖干燥时期，或寒冷过后马上出现干旱时期，叶斑发生以后还可发生枯焦及根、根茎和茎基部变褐腐烂。

（2）羊茅和黑麦草网斑病。主要危害黑麦草、羊茅等禾草。在细叶羊茅叶片上产生红褐色、不规则形的小斑。病斑很快环割叶片，引起黄化并由尖端向基部枯死。发病严重时，草坪上产生很多直径 2 ~ 10 cm 的褐色枯草斑。在春、秋两季的潮湿时期，在高羊茅和多年生黑麦草上，引起网纹状的褐色条纹。随着病情发展，网斑会合形成深褐色的病斑，病叶枯死，草坪黄化褐变。病株还会发生根腐和茎基腐。

（3）黑麦草大斑病。主要侵染意大利黑麦草、多年生黑麦草，也侵染早熟禾、羊茅、鸭茅等。常见症状是出现大量的卵圆形褐色的小斑。随着病斑的增大，病斑的中央变成浅褐色至白色，边缘深褐色。另外，还可形成深褐色的长条大斑（有时还会出现浅褐色的网纹），大小可达（17～45）mm×（10～20）mm，可横断病叶，使之变黄枯死。

（4）剪股颖赤斑病。主要危害匍匐剪股颖、细弱剪股颖、红顶草、普通剪股颖。常发生在高温湿润天气下，叶片上产生多个圆形、卵圆形褐色病斑，扩大后病斑中部呈枯黄色，可相互会合使草坪呈现红褐色枯草斑。病情严重时，叶片枯萎死亡。

（5）狗牙根环斑病。在狗牙根叶部形成环状病斑。病斑最初小、褐色，扩大后呈长圆形或长椭圆形，病斑中部漂白成浅黄褐色，边缘褐绿色。病斑迅速增大，病组织上有时会形成漂白色和褐色的同心环斑，因此又称为轮纹斑病。严重发病的草坪随着病叶的干枯死亡，草坪稀疏早衰。

观察草坪德氏霉叶枯病的标本与照片，识别其病原特点。

病原：均属德氏霉属真菌（*Drechslera poae*），隶属半知菌亚门丝孢目暗色菌科。其分生孢子梗分化明显，单生或簇生，直和弯，不分枝，褐色具隔，上部曲膝状。分生孢子圆柱形，两端钝圆，淡褐色，具多个假隔膜，脐凹陷于基细胞内（图6-24）。草坪德氏霉叶枯病5种症状的病原分别为早熟禾德氏霉（*Drechslera poae*（Baudys）Shoem）、干枯德氏霉（*Drechslera Siccans*（Drechsler））、网斑德氏霉（*Drechslera dictyoides* f. sp. perennis（Braverman & Graham）Shoem）、红斑德氏霉（*Drechslera erythrospila*（Drechsler）Shoem）、巨德氏霉（*Drechslera gigantean*（Heald & Wolf）Ito）。

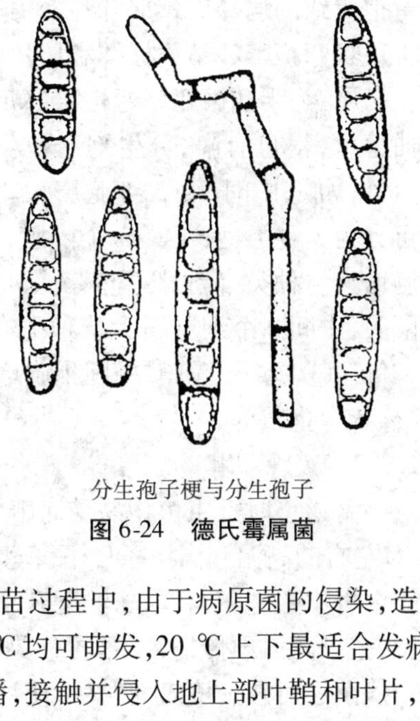

分生孢子梗与分生孢子

图6-24　德氏霉属菌

2.1.2.3　发病规律

德氏霉叶枯病初侵染源主要来自于病种子和带菌土壤，病原菌主要以菌丝体潜伏在种皮内或以分生孢子附着在种子表面和颖壳上。该病原菌只能在土壤中植物残体内存活。在草坪种子萌发、出苗过程中，由于病原菌的侵染，造成乱芽、烂根、苗腐等复杂症状。其分生孢子在3～27 ℃均可萌发，20 ℃上下最适合发病。病苗产生大量分生孢子，经气流、水流、工具、人畜传播，接触并侵入地上部叶鞘和叶片，使发病部位上移，持续再侵染导致叶枯病流行。

2.1.2.4　防治措施

（1）把好种子关。播种抗病和耐病的无病种子，提倡不同草种或品种混合种植。

（2）加强养护管理。春季以前清除病残体和清理枯草层。加强草坪水肥管理，配合施用氮、磷、钾肥，避免植株旺而不壮。灌溉时应灌深、灌透，减少灌水次数，避免草坪积水，浇水应在早上进行，避免频繁浅灌。及时修剪，保持植株适宜高度为5～6 cm。

（3）化学防治。播种时用种子质量0.2%～0.3%的25%三唑酮可湿性粉剂或50%福美双可湿性粉剂拌种；草坪发病初期用25%敌力脱乳油，或25%三唑酮可湿性粉剂、70%代森锰锌可湿性粉剂、50%福美双可湿性粉剂、25%速保利可湿性粉剂等药剂喷雾。喷药量和喷药次数可根据草种、草高、植株密度以及发病情况不同，参照农药说明确定。

2.1.3　弯孢霉叶枯病

2.1.3.1　危害特点

弯孢霉叶枯病也称凋萎病，是草坪上普遍发生的病害，主要侵染早熟禾、匍匐剪股颖、细叶羊茅和黑麦草等。

2.1.3.2　症状及病原识别

发病草坪衰弱、稀薄，有不规则形枯草斑，枯草斑内草株矮小，呈灰白色枯死。在草地早熟禾和细叶羊茅上，病叶由叶尖向叶基褪绿变黄至变棕色后变灰，直到最后整个叶片皱缩凋萎枯死，病健组织间形成红褐色边缘。匍匐剪股颖病叶从黄色变到棕褐色，最后凋落。在紫羊茅和草地早熟禾上有时能观察到中心棕褐色、边缘红色到棕色的叶斑。在潮湿条件下，病斑上生成黑色霉状物，有时出现灰白色气生菌丝。不同种的弯孢病菌所致症状也有所不同，如新月弯孢侵染草地早熟禾，病叶上生椭圆形、梭形病斑，长 0.3 ~ 0.7 cm，病斑中部灰白色，周边褐色，外缘有明显黄色晕圈，数个病斑会合造成叶片枯死。不同弯孢所致的病株根颈部叶片变褐、腐烂，病叶上生褐色病斑，中部青灰色，有黄色晕。

观察弯孢霉叶枯病标本和照片，认识其病原特点。

病原：为半知菌亚门弯孢霉（*Curvularia* spp.）（图 6-25）。分生孢子梗分化明显，顶部呈曲膝状，褐色有隔，分生孢子单生，弯曲，近纺锤形，具 3 ~4 个隔膜，中间 1 ~3 细胞膨大，色深。草坪草上弯孢霉可分为 3 种类型：①具 3 个隔膜，从基部开始的第 3 个细胞增大。种类有新月弯孢霉、三叶草弯孢霉等。②具 3 个隔膜，中间 2 个细胞增大。种类有间型弯孢霉、苍白弯孢霉等。③具 4 个隔膜，中间细胞增大。种类有膝曲弯孢霉、棒状弯孢霉等。

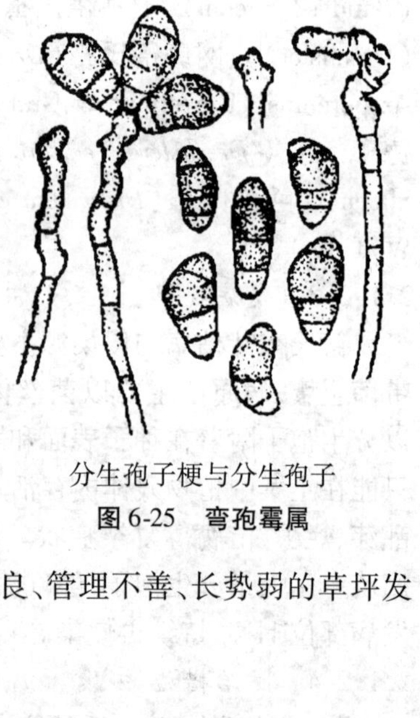

分生孢子梗与分生孢子

图 6-25　弯孢霉属

2.1.3.3　发生规律

高温逆境时寄主植物易受病菌侵染，病害主要发生在 30 ℃左右的高温和高湿条件下。弯孢霉以菌丝体或分生孢子在寄主上越冬，春季随温度升高，迅速侵染发病，大量产孢，孢子随风雨传播，频繁再侵染，夏季、秋季可持续发生。病菌还可在土壤表面腐生，使种子普遍带菌。生长不良、管理不善、长势弱的草坪发病均重。潮湿和过量施用氮肥有利于病害发生。

2.1.3.4　防治措施

防治措施同德氏霉叶枯病。

2.2　枯萎病类

2.2.1　草坪腐霉枯萎病

2.2.1.1　危害特点

腐霉枯萎病又称油斑病，是一种毁灭性病害，在全国各地普遍发生，可以侵染所有草坪草。如冷季型的早禾、草地早熟禾、细弱剪股颖、匍匐剪股颖、高羊茅、细叶羊茅、粗茎早熟禾、多年生黑麦草、意大利黑麦草和暖季型的狗牙根、红顶草等。其中以冷季型草坪草受害最重。

2.2.1.2 症状及病原识别

草坪草的各个部位都受其危害，造成烂芽、苗腐、幼苗猝倒和整株腐烂死亡，尤其是在高温高湿季节，对草坪破坏最重。成株受害，一般自叶尖向下枯萎或自叶鞘基部向上呈水渍状枯萎，病斑青灰色，后期有的病斑边缘变棕红色。根部受侵染，产生褐色腐烂斑，根系发育不良，病株发育迟缓，分蘖减少，下部叶片变黄或变褐，草坪稀薄。高温高湿条件下，对草坪的破坏最甚。常会使草坪突然出现直径 2 ~ 5 cm 的圆形黄褐色枯草斑。清晨有露水时，病叶呈水浸状暗绿色，变软、黏滑，连在一起，用手触摸时，有油腻感，腐烂叶片成簇趴在地上且出现一层绒毛状的白色菌丝层，在枯草病区的外缘也能看到白色或紫灰色的菌丝体（依不同病菌种而不同）。

观察草坪腐霉枯萎病标本和照片，认识其病害特点。

病原：有 20 种腐霉菌可寄生于禾草引起腐霉枯萎病，其为鞭毛菌亚门腐霉属真菌（*Pythium aphanidermatum*）。丝状、裂瓣状、球状或卵形的孢子囊着生在菌丝上，萌发时，孢子囊顶端膨大成近球形的泡囊。在泡囊内分化形成许多游动孢子，释放出的游动孢子为肾脏形，凹处有两根鞭毛。有性生殖是从菌丝体的顶端形成球形的藏卵器，在藏卵器的侧面形成雄器。藏卵器内只有 1 个卵孢子。卵孢子有厚壁，球形（图 6-26）。

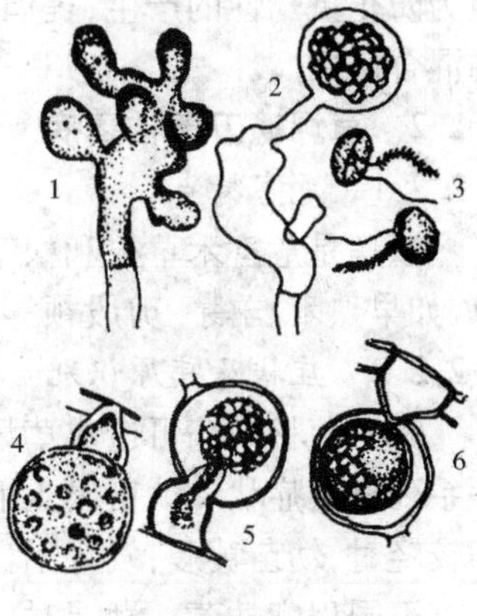

1—孢子囊；2—泡囊；3—游动孢子；
4—发育期的藏卵器和雄器；
5—藏卵器与雄器交配；
6—藏卵器、雄器和卵孢子

图 6-26 腐霉枯萎病病原

2.2.1.3 发病规律

腐霉菌为土壤习居菌，有很强的腐生性。可以卵孢子和菌丝体的形式在土壤和病残体中存活多年。土壤和病残体中的卵孢子是最重要的初侵染菌源。腐霉菌的菌丝体也可在存活的病株和病残体中越冬。在适宜条件下，卵孢子萌发后产生游动孢子囊和游动孢子，游动孢子形成休眠孢子后萌发产生芽管和侵染菌丝，侵入禾草的各个部位，在寄主细胞间隙扩展。卵孢子萌发也可直接生成芽管和侵染菌丝。各种来源的菌丝体在适宜条件下迅速生长并侵染植株，以后病株又可产生大量菌丝体以及无性繁殖器官（孢囊梗和孢子囊），造成多次再侵染。此菌能在冷湿环境中侵染为害，也能在高温高湿条件下猖獗流行。病害主要有两个发病高峰：一个是在苗期，尤其是秋播的苗期（8 月 20 日至 9 月上旬）；另一个是在高温高湿的夏季，以后者对草坪的危害最大。高温高湿时，它能在一夜间毁坏大面积草皮。

2.2.1.4 防治措施

（1）改善草坪立地条件。建植前要平整土地，黏重土壤或含沙量高的土壤均需改良，设置地下或地面排水设施，避免雨后积水，降低地下水位。

（2）合理灌水。要求土壤见湿见干，无论是采用喷灌、滴灌还是用皮管灌水，均要灌透水，尽量减少灌水次数，降低草坪小气候相对湿度。不干不浇，灌水时间最好在清晨或午后。避免傍晚和夜间灌水。

(3)加强草坪管理。清除枯草层,枯草层厚度超过2 cm后及时清除;高温季节不要过多过频地剪草,剪草高度不要过低,一般保持3~4 cm较好,增加通风透光,抑制再侵染。

(4)种植耐病品种。耐病品种有较强的生理补偿作用,发病时通过增强根系发育而减轻损失;提倡用不同草种或不同品种混合建植。

(5)药剂防治。

①药剂拌种、土壤处理是防治烂种和幼苗猝倒的简单、易行和有效的方法。选用的药剂品种有多菌灵、灭霉灵、代森锰锌等。

②发病初期,尤其是高温高湿季节,要及时使用杀菌剂控制病害。保护性杀菌剂地茂散、多菌灵和内吸性杀菌剂甲霜灵、乙磷铝或甲霜灵锰锌等药剂都具有较好的防治效果。但为防止抗药性的产生,提倡药剂的混合使用或交替使用,如代森锰锌—甲霜灵—乙磷铝的混合使用。

2.2.2 草坪镰刀菌枯萎病

2.2.2.1 危害特点

该病是危害禾草根和根茎部位的一类重要病害,在全球分布很广,可侵染多种草坪禾草,如早熟禾、羊茅、剪股颖等。

2.2.2.2 症状及病原识别

镰刀菌枯萎病可造成草坪草苗枯、根腐、茎基腐、叶斑和叶腐、匍匐茎和根状茎腐烂等一系列复杂症状。幼苗出土前后被侵染,种子根腐烂变褐色,严重时造成烂芽和苗枯。发病较轻时,幼苗黄瘦,发育不良。成株根、根茎、匍匐茎和茎基部干腐,变褐色或红褐色,叶片有不同程度枯萎。潮湿时,根茎和茎基部叶鞘与茎秆间出现白色、粉红色、赭石色等霉状物,即病菌的分生孢子座和分生孢子。

通常草坪染病后,在草坪草地上出现圆形和不规则形草地斑,起初仅有直径数厘米至十几厘米的病区,红褐色、淡黄褐色;之后会合,病区扩大,内部黄褐色,边缘3~6 cm为红褐色,斑内植株几乎全部发生根腐和茎基腐,最终使大片草坪枯死。

病株老叶和叶鞘上还可出现不规则形叶斑,初期水渍状墨绿色,后变为枯黄色或褐色。3年以上的草地早熟禾草坪被镰刀菌侵染后,可出现直径达1 m左右的呈条形、新月形、近圆形的枯草斑,枯草斑边缘多为红褐色。由于枯草斑中央为正常植株,整个枯草斑呈“蛙眼”状。这一症状统称镰刀菌枯萎综合征,多发生在夏季湿度过高或过低时。在冷凉多湿季节,可单独或与雪腐捷氏霉并发,引起雪腐病或叶枯病。

观察镰刀菌枯萎病标本和照片,认识其病原特点。

病原:为多种镰刀菌(*Fusarium* spp.),属半知菌亚门瘤座孢目镰刀菌属。此真菌的菌丝体初期为白色絮状,后颜色加深。分生孢子有两种:大分生孢子多为镰刀状、梭形、多孢、无色,基部细胞常有明显突起;小分生孢子多为卵形、柠檬形、椭圆形,单孢或双孢,有0~1个隔膜,有些种还可在菌丝或大分生孢子上形成厚垣孢子,该种孢子壁厚,球形或近球形,单生或串生,顶生或间生,单孢或双孢。分生孢子梗无色,分隔或不分隔,常下端结合形成分生孢子座(图6-27)。

2.2.2.3 发病规律

病土、病残体和病种子是镰刀菌的主要初侵染来源。病菌除以菌丝体在病草和病残体上越冬外，有些还可以厚垣孢子在土壤中或土壤顶层枯草层中越冬。厚垣孢子有很强的抗逆性，可随病残体在土壤中存活2年以上。春天当温度回升，湿度和营养条件适宜时，病菌迅速生长，厚垣孢子也很快萌发产生新的菌丝体，并产生大量孢子。分生孢子随气流传播，不断进行再侵染，导致草株大量受害，或造成叶斑、冠部、根部腐烂。冠部腐烂可导致整个分蘖死亡，引起植株腐烂死亡。如果环境条件不适宜，在死亡病株的腐烂组织中可形成大量的厚垣孢子越夏，散入土壤传播。土壤含水量过低或过高都有利于镰刀菌枯萎综合征严重发生，干旱后长期高温或枯草层温度过高时发病尤重。长期高湿条件有利于叶斑病的发生。冠腐、根腐、叶斑和冷湿季节的雪腐、叶枯等症状可在任何龄期的草坪上发生。

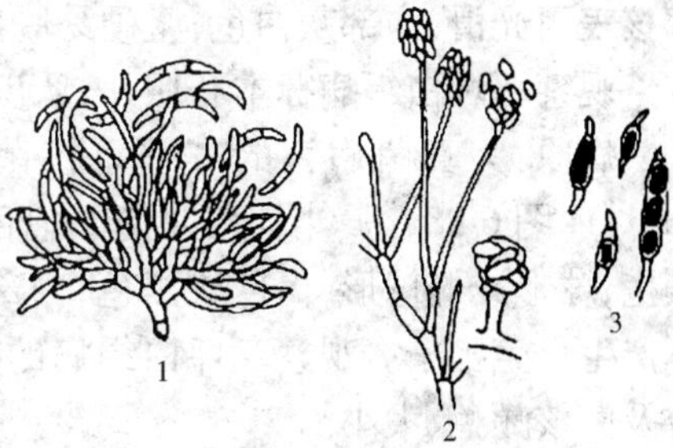

1—分生孢子梗及大分生孢子；
2—小分生孢子及分生孢子梗；
3—厚垣孢子
图6-27　镰刀菌

2.2.2.4　防治措施

(1)种植抗病、耐病草种或品种。草种间的抗病性差异明显，如剪股颖大于草地早熟禾大于羊茅。提倡草地早熟禾与羊茅、黑麦草等混播。病草坪补种时首先考虑黑麦草或草地早熟禾等抗病品种，高尔夫球场可改种剪股颖。

(2)引种。由于种子带菌率高，因此要尽量从无病的原产地引种。

(3)药剂拌种。播种时进行药剂拌种或种子包衣：选择的药剂有草病灵2、3、4号，或乙磷铝、代森锰锌、甲基托布津等，通常用种子质量的0.2%～0.3%。

(4)科学施肥。提倡重施秋肥，轻施春肥。增施有机肥和磷、钾肥，控制氮肥用量。

(5)合理灌溉。减少灌溉次数，控制灌水量，以保证草坪既不干旱亦不过湿。斜坡易干旱，需补充灌溉。

(6)加强草坪管理。及时清理枯草层，使其厚度不超过2 cm。病草坪剪草高度应不低于4～6 cm。保持土壤pH值在6～7。

(7)药剂防治。在发生根茎腐烂症状初期，可用多菌灵、甲基硫菌灵等内吸性杀菌剂喷雾或灌根。使用方法可参考褐斑病。

2.2.3　草坪白绢病

2.2.3.1　危害特点

草坪白绢病又称南方枯萎病或南方菌核腐烂，主要发生在我国中南部多雨高温地区。寄主范围广泛，多达500余种，主要危害剪股颖、羊茅、黑麦草、早熟禾等多种禾本科和阔叶草坪草，其中包括许多重要农作物，南方马蹄金草坪受害非常严重。

2.2.3.2　症状及病原识别

病株叶鞘和茎上出现不规则形或梭形病斑，茎基部产生白色棉絮状菌丝体，叶鞘和茎秆间有时亦有白色菌丝体和菌核。病株瘦弱、早衰，严重时皮层撕裂，露出内部机械组织，变褐枯死。最终造成苗枯、根腐、茎基腐等症状。发病草坪开始出现圆形、半圆形，直径可达20 cm的黄色枯草斑。以后枯草斑边缘病株呈红褐色枯死，中部植株仍保持绿色，使枯草斑呈现明显的红褐色环带。天气高温多湿时这种环带迅速扩大，直径可达1 m以上。在枯草斑边缘枯死植株上及附近土表枯草层上生有白色绢状菌丝体和白色至褐色菌核。

菌核表面光滑，内部灰白色，坚硬易脱落。

观察草坪白绢病标本和照片，认识其病原特点。

病原：为真菌病害的齐整小核菌（*Sclerotium rolfsii* Sacc.）（图 6-28），属半知菌亚门无孢目小核菌属。菌核表生，球形或椭球形，褐色或黑色，内部浅色，组织紧密，不产生分生孢子。观察草坪白绢病的症状，注意受害部位及菌核颜色、大小。

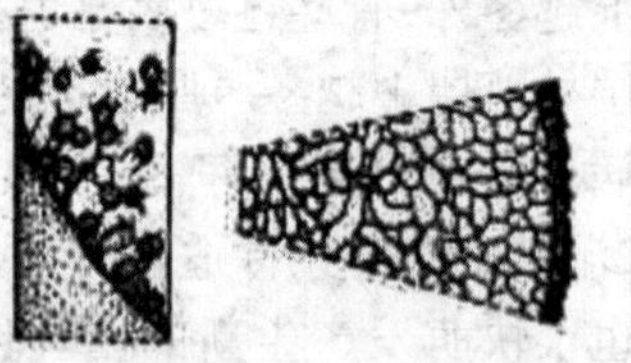

1—菌核；2—菌核切面

图 6-28 齐整小核菌

2.2.3.3 发生规律

菌核是主要初侵染菌源，在土壤和枯草层中越冬（夏），菌丝可在土壤和枯草层中生长蔓延。高温（25 ~ 35 ℃）、高湿、土壤富含有机质等都有利于病菌生长。23 ℃以上菌核萌发。低温（15 ℃以下）、土壤通气性差、碱性土壤均不利于病菌生长。该病菌不耐低温，轻霜即能杀死菌丝体，菌核经受短时间 -20 ℃后死亡。

2.2.3.4 防治措施

（1）加强草坪管理。改善草坪的立地条件，在草坪中忌大肥、大水，同时定期对过厚草坪进行清理，并及时清除枯草层，提高土壤通气性，施用石灰改良酸性土壤，将土壤酸碱度提高到 pH 值 8.0 以上，加强水肥管理，提高植株生活力。

（2）清除病株、处理土壤。在生长期发现病株立即拔除，并用五氯硝基苯药土撒于病株根部，也可用石灰撒于穴内进行土壤处理。

（3）药剂防治。在发病前或发病期间可用扑海因 50% 悬浮剂、12.5% 烯唑醇可湿性粉剂 1 500 ~ 3 000 倍液喷雾防治，或用恶霜灵等杀菌剂喷雾或灌根。7 ~ 10 天喷 1 次，连喷 3 ~ 4 次，能有效控制其蔓延。

2.3 草坪坏死斑病

2.3.1 危害特点

春季坏死斑病是发生在狗牙根和杂交狗牙根 3 年期或更长期草坪上的一种典型的、最重要的真菌病害，也危害结缕草。多在种植狗牙根较多的南方地区发生。

2.3.2 症状及病原识别

春季休眠的草坪草恢复生长后（秋季和夏季异常凉爽、潮湿的天气后也可以看到），草坪上出现环形的、漂白色的死草斑块。斑块直径几厘米至 1 m，3 年或更长时间内枯草斑往往在同一位置上重新出现并扩大。2 ~ 3 年之后，斑块中部草株存活，枯草斑块呈现"蛙眼"状环斑。多个斑块会合在一起，使草坪总体上表现出不规则形、类似冻死或冬季干枯的症状。狗牙根根部和匍匐茎严重腐烂。坏死斑块中补播的新草生长仍然十分缓慢。

观察草坪坏死斑病标本和照片，认识其病原特点。

病原：是草地小球腔菌（*Leptosphaeria narmari* L. Korrae）（图 6-29），分类归属于子囊菌小球腔菌属。此菌有三种类型的子实体，在 20 ~ 24 ℃时，产生壳多孢型分生孢子。分生孢子器暗褐色，有长颈或嘴突和稍呈长形的孔口，直径为 120 ~ 300 μm。分生孢子长形、柱形、两端圆，直或稍弯，0 ~ 3 个隔膜。秋末气温 8 ~ 12 ℃时，产生茎点霉型（Phoma type）分生孢子，单胞，无色。次春，在病茎上产生子囊壳，内含子囊和有隔的子囊孢子，在培养中不形成有性阶段。

2.3.3　发病规律

病菌在土壤中存活，秋季和春季当温度较低、土壤湿度较高时生长最活跃，10～20 ℃时生长速度最快，适温为15 ℃（狗牙根根部35 ℃时生长最快，15 ℃时生长极其缓慢）。因此，从秋季至春季，危害最严重。

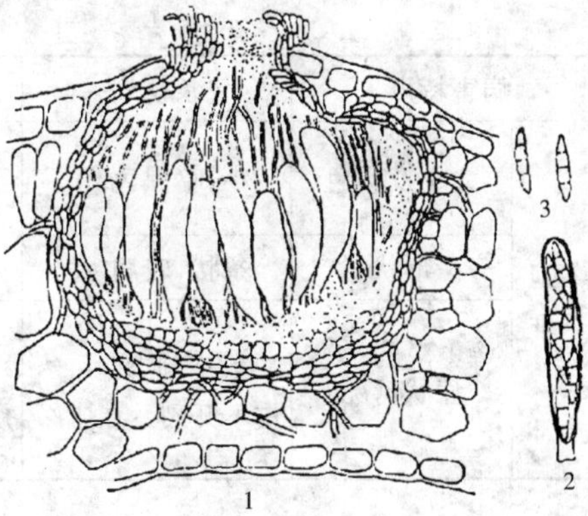

1—子囊腔；2—子囊；3—子囊孢子

图6-29　小球腔菌

2.3.4　防治措施

（1）种植抗病品种。种植抗寒的狗牙根品种，或改种多年生黑麦草、高羊茅和草地早熟禾。

（2）合理施肥。保证充足的肥料和氮、磷、钾肥的合理施用，特别强调铵态氮与钾肥的混合施用。

（3）化学防治。可选用桑田1号——褐斑消、桑田5号——土传克星、桑田6号——桑田绿株喷雾。

2.4　草坪锈病

2.4.1　危害特点

锈病是草坪禾草最常见、最重要的茎叶类病害，几乎每种禾草上都有一种或几种锈菌危害，其中最主要的病害有条锈病、叶锈病、秆锈病和冠锈病。锈病发生后，持续时间长，从4月至11月。锈菌主要危害草地早熟禾、多年生黑麦草、狗牙根及高羊茅等叶片、叶鞘或茎秆，在感病部位生成黄色至铁锈色的夏孢子堆和黑孢子堆。在适宜的环境条件下，几天内就会大面积发生，严重影响草坪景观。

2.4.2　症状及病原识别

草坪锈病症状的共同点是：病斑主要出现在叶片、叶鞘或茎秆上，在发病部位生成鲜黄色至黄褐色夏孢子堆，并在后期出现暗黑色至深褐色的冬孢子堆。由于各种锈病夏孢子堆和冬孢子堆的形状、大小、色泽和着生部位等存在差异，因此可以根据表6-6进行诊断。

表6-6　四种常见、危害严重的草坪锈病症状

病害特点		条锈病	叶锈病	冠锈病	秆锈病
发病时间		最早	较晚	较晚	最晚
危害部位		叶片为主，其次为叶鞘、茎秆	叶片为主，其次为叶鞘，茎秆很少	茎秆为主，其次为叶鞘和叶片	叶片
夏孢子堆	大小及颜色	最小，鲜黄色	中等，橘黄色	中等，橘黄色	最大，褐黄色
	形状	卵圆形至椭圆形	圆形或近圆形	长圆形，严重时病斑会合，病叶枯死	长椭圆形至长方形
	症状情况	沿叶脉成行排列，互不愈合，呈虚线状，表皮开裂不明显	散生、不规则，表皮开裂1圈	散生、不规则，表皮中裂	散生，常愈合成大块病斑，大块表皮破裂，呈窗口状两侧翻卷

续表 6-6

病害特点		条锈病	叶锈病	冠锈病	秆锈病
冬孢子堆	大小及颜色	小,暗黑色	中等,黑色	小,黑褐色	较大,锈色至黑色
	形状	条状,较扁	卵圆形至长圆形	稍隆起的丘斑	长椭圆形
	症状情况	基本排成行,表皮不开裂	散生、不规则,表皮不开裂	散生、不规则,后期表皮开裂	散生,常愈合成大块病斑,后期表皮开裂

观察草坪锈病标本和照片,认识下面 4 种类型的特点。

病原:条锈病(*Puccinia striiformis* West)为条形柄锈菌,叶锈病(*Puccinia recodite* Rob. ex Desm)为隐匿柄锈菌,秆锈病(*Puccinia graminis* Rers)为禾柄锈菌,冠锈病(*Puccinia coronata* Cda)为冠柄锈菌(图 6-30)。这 4 种锈病的病原菌均属担子菌亚门锈菌目柄锈属。其特征见表 6-7。

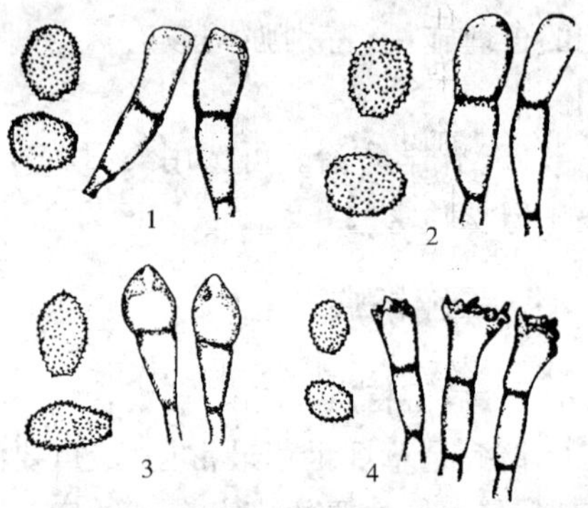

1—条形柄锈菌;2—隐匿柄锈菌
3—禾柄锈菌;4—冠柄锈菌

图 6-30　锈菌夏孢子和冬孢子

2.4.3　发病规律

锈菌是严格的专性寄生菌,夏孢子离开寄主仅能存活 1 个月左右,主要禾草都是以夏孢子世代不断侵染的方式在禾草寄主上存活的,转主寄

表 6-7　锈病 4 种病原菌的特征

锈菌种类	夏孢子	冬孢子
条形柄锈菌	单孢,球形、近球形或卵形,橙黄色,表面有细刺,大小(0.5 ~ 42)μm × (19 ~ 34.5)μm,壁厚 1 ~ 2 μm,芽孔散生,7 ~ 11 个,间有菌丝状侧丝	双孢,隔膜处稍有缢缩,棍棒状,暗褐色,顶端平切成圆形,大小(35 ~ 66)μm × (12 ~ 28)μm,壁厚 4 ~ 6 μm,柄短,无色
隐匿柄锈菌	单孢,球形或宽椭圆形,表面有细刺,橙黄色,大小(20 ~ 34)μm × (17 ~ 26)μm,壁厚 1.5 ~ 2.5 μm,芽孔散生,6 ~ 10 个	双孢,隔膜处稍有缢缩,棍棒形,暗褐色,顶端平切,大小(29 ~ 50)μm × (12 ~ 27)μm,壁厚,栗褐色,柄短,无色
禾柄锈菌	单孢,椭圆形,黄褐色,壁上有细刺,大小(26 ~ 40)μm × (16 ~ 23)μm,芽孔散生,4 个	双孢,隔膜处稍有缢缩,棍棒形或纺锤形,暗褐色,顶端平切,大小(40 ~ 60)μm × (16 ~ 23)μm,顶端圆形或略尖,顶端孢壁较厚,5 ~ 11 μm,色深,侧壁厚 1.5 μm,色较淡

续表 6-7

锈菌种类	夏孢子	冬孢子
冠柄锈菌	单孢,圆形或椭圆形,淡黄色,壁深黄色,厚 1 ~ 1.5 μm,有细刺,大小(15 ~ 25) μm × (19 ~ 25) μm,芽孔散生,6 ~ 8 个	双孢,隔膜处稍有缢缩,长圆形、棍棒形,大小(12 ~ 23) μm × (36 ~ 67) μm,有短而无分枝的角状突起 3 ~ 10 个,分节处无明显收缩,壁栗黄色,厚 1 ~ 1.5 μm,柄略带褐色,很短

主在病害循环中不起作用或作用不大。在草坪禾草茎叶周年存活的地区,锈菌以菌丝体和夏孢子在病部越冬;否则不能越冬,而只能在次年春季由越冬地区传播而来的夏孢子引起新的侵染。夏季禾草正常生长的地区,除条形柄锈菌外,一般均能越夏。锈菌夏孢子主要通过气流进行远距离传播,此外,还可通过雨水飞溅、人畜活动及机具等途径在草坪内和草坪间传播。在温度适宜时,侵染的病菌一般 6 ~ 10 天就可发病,10 ~ 14 天后产生夏孢子,随风传播,不断造成新的侵染,使病害迅速扩展蔓延。该病 4 月就可见发病中心,7 ~10月均可发生。植株下部位叶片发病重。

影响锈病发生的因素很多,主要是温、湿度。条锈病的发生适温较低,一般为 9 ~ 16 ℃,条件适宜时潜育期为 6 ~ 8 天,多于生育中前期就开始流行,且在早春和晚秋寒冷潮湿气候条件下发生。叶锈病的夏孢子萌发和侵入适温是 15 ~22 ℃,条件适宜时潜育期是 8 ~12 天。萌发时相对湿度为 100% 且需有液态水膜,同时也必须有充足的光照才能正常生长和发育。秆锈病流行需要较高的温湿度,发病适温为 20 ~ 25 ℃,条件适宜时潜育期一般为 5 ~8 天。夜间气温 15.6 ~21.1 ℃,植株表面有液态水膜时最适宜夏孢子萌发和侵染。冠锈病夏孢子萌发和侵入适温范围相对较宽,但在 10 ~20 ℃时产生孢子最快。

2.4.4 防治措施

(1)选育使用抗病品种。由于锈病的病原种类很多,变化较大,必须不断进行抗锈病品种选育工作。

(2)加强科学的养护管理。不可过量施入氮肥,保持正常的磷、钾肥比例;合理浇水,避免草地湿度过大或过于干燥,要见干见湿,避免傍晚浇水。保证草坪通风透光,以便抑制锈菌的萌发和侵入。

(3)化学防治。可用萎锈灵、氧化萎锈灵、粉锈宁、立克秀、福美双、硫酸锌、代森锰锌、百菌清、叶锈敌、麦锈灵、甲基托布津等拌种或喷雾。喷施间隔期依药剂种类而定,一般 7 ~14 天施药一次。

2.5 草坪霜霉病

2.5.1 危害特点

在我国分布颇广,华东、西北、华北、西南、青藏、台湾均有发生。此病在许多种草坪草上发生,造成严重危害。霜霉病除危害燕麦草、早熟禾、羊茅、剪股颖等多种禾草外,还危害小麦、大麦、玉米、水稻等农作物。

2.5.2　症状及病原识别

春季、秋季症状比较明显，感染霜霉病早期植株略矮，叶片变厚或变宽，叶色淡绿，有黄白色条纹。发病严重时，草坪上出现直径为 1～10 cm 的黄色枯草斑。受害植株根黄且短小，很容易被拔起。在潮湿条件下，感病叶片出现白色霜状霉层。

观察草坪霜霉病标本和照片，认识其病原特点。

病原：是大孢指疫霉（*Sclerophthora macrospora*（Sacc.）Thirum. Shaw et Naras）（图 6-31），属鞭毛菌亚门霜霉目指疫霉属。菌丝体系统地寄生于寄主全株，无色、无隔、多核；孢子囊梗很短，无色，有少数分枝，其上着生孢子囊；孢子囊，单孢，柠檬形，淡黄色，顶端有乳头状突起；藏卵器球形，褐色；卵孢子外有永久性藏卵器外壁，近球形。

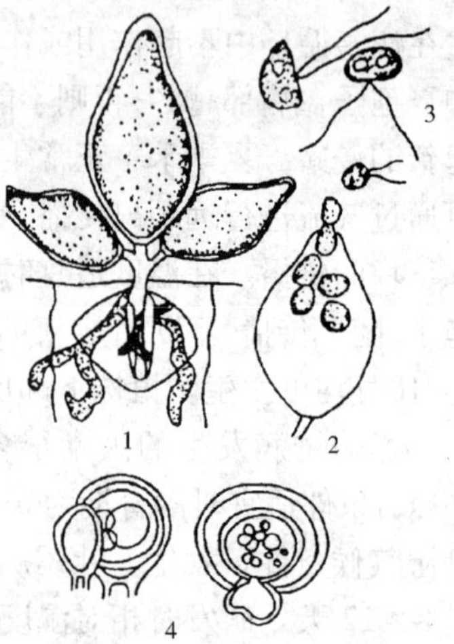

1—孢子囊；2—孢子囊萌发；3—游动孢子；4—卵孢子

图 6-31　大孢指疫霉

2.5.3　发病规律

病原菌以土壤和病残组织内的卵孢子越冬或越夏，或以系统性寄主的菌丝体在多年生禾草体内越冬或越夏。卵孢子于 10～26 ℃（最适 19～20 ℃）在水中萌发后产生孢子囊，孢子囊萌发产生游动孢子随水流传播，接触寄主后产生菌丝并侵入寄主体内。在寄主体内休眠的菌丝体一旦条件适宜，便产生大量的孢子囊和孢子囊梗。孢子囊借风、雨传至新的侵染点，萌发后侵入。修剪机具、践踏、灌溉水均可传播此病。远距离传播是借助于草坪移植，引入带病残体的种子。此病在 10～25 ℃均可发生，发病适温为 15～20 ℃。高温多雨、低洼积水、大水漫灌等均利于病害流行。

2.5.4　防治措施

（1）确保良好的排水条件。保证灌溉或降雨后能及时排除草坪表面过多的水分。

（2）合理施肥。避免偏施氮肥，增施磷、钾肥。

（3）发现病株及时拔除。

（4）药物防治。用 0.2%～0.3% 的瑞毒霉、乙磷铝、杀毒矾等药剂进行拌种，或用上述药剂的 1 500～2 000 倍液喷雾，都可取得较好的防治效果。

2.6　草坪黑粉病

2.6.1　危害特点

黑粉病在世界各地均有分布，以条形黑粉病的分布最广、危害性最大。黑粉菌是一种高度寄生专化性的病原物，可以在植物的叶片、叶鞘、茎以及花序等部位引起特异性症状。条形黑粉病可侵染 26 属 48 种禾本科植物，其中剪股颖、黑麦草、早熟禾易感病，尤以草地早熟禾最易感病。秆黑粉病可在 8 个属的禾本科植物及小麦等农作物上寄生。叶黑粉病主要寄生在早熟禾属、剪股颖属、羊茅属等植物上。

2.6.2　症状及病原识别

条形黑粉病和秆黑粉病症状基本相同，植株矮化、叶片变黄，随病害的发展，叶片卷曲并在叶片和叶鞘上出现沿叶脉平行的长条形、黑色冬孢子堆，以后孢子堆破裂，散出黑粉，如果用手触摸这些黑色的或烟灰状的粉末会被抹掉。被害严重病株叶片卷曲并从顶向下碎裂，甚至整个植株死亡。由于被侵染植株分蘖少和病株的死亡，草坪变稀，造成秃斑，引起杂草侵入。

叶黑粉病症状主要表现在叶片上，病叶背面有黑色椭圆形疱斑，即冬孢子堆，长度不超过2 mm，疱斑周围褪绿。严重时，整个叶片褪绿，变成近白色。冬孢子堆始终埋在寄主叶表皮下。

观察草坪黑粉病标本和照片，认识其病原特点。

病原：为担子菌亚门冬孢菌纲黑粉菌目（*Ustilago* spp.），该菌产生黑色冬孢子集团，状如黑粉（图6-32）。冬孢子为二倍体，多球形，有各种颜色，孢壁有刺、疣，单生或结合成对或成球。孢子球易分离，或永久结合不分离。引起上述草坪黑粉病症的病原分别是：①条形黑粉菌（*Stilago striiformis*（Westend）Niess），冬孢子单胞，球形或椭球形，表面生细刺；②冰草条黑粉菌（*Urocystis agroryri*（Preuss）Schroter），冬孢子团球形、椭球形，中心1～5个冬孢子；③鸭茅叶黑粉菌（*Entyloma dactylidis*（Pass）Cif）。

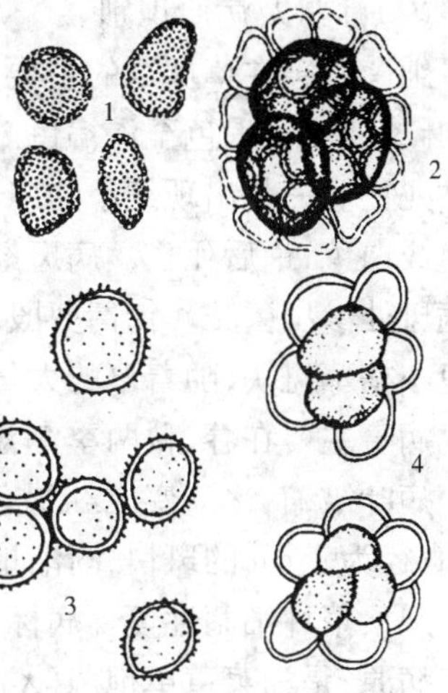

1—黑粉菌属；2—冰草条黑粉菌；
3—条形黑粉菌冬孢子；
4—冰草条黑粉菌冬孢子团

图6-32　黑粉菌属

2.6.3　发病规律

条形黑粉病最常出现在春秋季冷、湿天气阶段（昼温低于21.1 ℃时），随天气变暖症状逐渐消失。尽管症状在冷季最明显，但对草坪造成的损害较少，而对草坪造成严重损害的却是在干、热的夏季（当草处于炎热、干旱逆境时）或是遭受干燥和低温逆境时的冬季。

条形黑粉病主要通过种子和病土壤传播，造成系统发病。由于病菌的累积并能在土壤中存活多年，所以病害通常只在至少3年的老草坪上发生比较严重。

秆黑粉病易发生在晚春或初秋。发病规律基本与条形黑粉病相同，土壤干旱、瘠薄、黏重以及播种过深时，发病重。

叶黑粉病主要发生在春、秋两季。较低的温度、适宜的湿度和营养条件有利于病原存活，高温干旱、施肥不足或过量均会加速病株的死亡。病害由叶片侵入，通过气流、雨滴飞溅、人畜和工具的接触等途径传播。

2.6.4　防治措施

（1）种植抗病草种和品种。更新或混合种植改良型草地早熟禾品种能有效地控制病害。

（2）合理播种。适期播种；避免深播，缩短出苗期。播种无病种子，使用无病草皮卷和无病无性繁殖材料。

(3)药物防治。用0.1%～0.3%三唑酮、三唑醇、戊唑醇等药剂进行拌种。对于黑粉病,在发病初期,用三唑类的三唑酮等药剂喷雾。也可用喷克菌、阿米西达、醚菌酯等。

2.7 细菌性病类

目前已知由细菌所致草坪草病害的数量较少,其中最重要的是细菌性萎蔫病(*Xanthomnas campestris*)。

下面主要介绍草坪细菌性萎蔫病。

(1)危害特点。

能在很多禾草上寄生。

(2)症状及病原识别。

细菌病害在草坪草的主要表现:一是叶片上出现小的黄色病斑,并可愈合形成长条斑,叶子变成黄褐色至深褐色。二是出现散乱的、很大的、深绿色的水渍状病斑,病斑迅速干枯死亡。三是出现细小的(1 mm)水渍状病斑,病斑不断扩大,变成灰绿色,然后变成黄褐色或白色,最后死亡。病斑经常愈合成不规则的长条斑或斑块而杀死整片叶。潮湿时,从病斑处渗出菌脓。匍匐剪股颖上的细菌性萎蔫病害,首先出现大约硬币大小的红色到铜色小枯草斑块,随着草的大量死亡,病斑变大,在适宜条件下短时期内就可毁掉整个草坪。病害主要在春、秋两季潮湿而凉爽至暖和的时期发生,开始时叶片呈现蓝绿色的枯萎。病叶皱缩,逐渐变成红褐色或紫色,最后叶子死亡。在开始死亡的草坪上出现细小的、直径为1 cm的斑块,渐渐地草坪发生不规则形状的大面积死亡。

观察草坪细菌性萎蔫病标本和照片,认识其病原特点。

病原:是油菜黄单孢菌(*Xanthomonas campestris* (Pammel) Dowson)。

(3)发病规律。

病菌在病残体或病草上度过不适时期。主要以伤口侵入,包括修剪造成的剪口,线虫或机械损伤造成的伤口等。潮湿条件下,还可通过自然孔口,如叶面的气孔和水孔侵入。特别是在叶片有吐水液滴时,病菌更易由水孔侵入。在持续降雨条件下,病害很快扩展蔓延。尤其是在持续降雨之后,紧跟着出现高温暴晒的天气,病害就可能暴发流行,造成毁灭性的损害。特别是在表土覆沙的高尔夫球场严重暴发,最具毁灭性。降雨尤其是大雨、灌溉水流有利于发病。留茬低的草坪比留茬高的草坪发病重。春、秋两季凉爽而潮湿的天气有利于发病。

(4)防治措施。

①种植抗病品种。种植抗病品种并采取多品种混合种植是防治细菌性萎蔫病的关键措施。匍匐剪股颖 Toronto(C-IS)、Nimisilla、Cohancey 品种和狗牙根 Tifgreen 品种易感病。

②精心管理。合理安排水肥,注意排水,适度剪草,避免频繁表面覆沙等措施都可减轻病害。

③药物防治。抗菌素如土霉素、链霉素等对细菌性萎蔫病有一定的防治效果。要求高浓度、加大液量,一般有效期可维持4～6周。但由于价格昂贵,只能在高尔夫球场作为发病时的急救措施,而真正解决问题的办法还是在草坪上补种抗病品种。

2.8　病毒病害

目前已知有24种病毒能够侵染草坪草,对草坪危害严重,如钝叶草(也称奥古斯丁草)衰退病(SAD)。我国在这方面研究很少。症状主要表现为叶片均匀或不均匀褪绿,出现黄化、斑驳、叶条斑,还可以观察到植株不同程度的矮化、死蘖枯叶,甚至整株死亡等。

种植抗病草种、品种并混播是防治病毒病害的根本措施,治虫防病是防治虫传病毒病的有效方法。科学的养护管理能有效减轻病害,如避免干旱胁迫、平衡施肥、防治真菌病害等措施均有利于减少病毒病的危害。灌水可以减轻传播的病毒病害。

2.9　草坪病虫害综合防治策略

由于草坪面积不断扩大,草坪类型较多,养护水平不一,布局零散,且周围植有高大乔木,或辅以花、灌木,因而草坪病虫害在我国发生态势渐趋复杂化。草坪病虫害的防治问题越来越突出,集中表现在冷季型草坪草病虫害发生严重。近年来,我国草坪草引种混乱,草坪病虫害的防治技术又很滞后,这给草坪管理带来了很大困难。因此,草坪病虫害的防治要遵照"预防为主,防治结合"原则,了解主要病虫害的发生规律,弄清诱发因素,采取综合防治措施。

首先,要种植抗病品种。随着引入我国的草坪草品种的不断增加,不但要了解引入品种的生活习性,还要对其抗病性进行筛选。

其次,要采取合理的草坪养护管理措施。合理施肥,在高温、高湿季节增施磷、钾肥,减少氮肥用量;合理灌水,降低草坪湿度,选择适宜的浇水时间;适宜修剪,修剪时严禁带露水修剪,保持刀片锋利,对草坪病斑要单独修剪,防止交叉感染,修剪后对刀片进行消毒,病害多发季节可适当提高修剪留茬高度;减少枯草层,可通过疏草、表施土壤等方法清除枯草层,减少菌源、虫源数量。

最后,要采取药物控制。防治草坪病虫害的主要药剂为杀虫剂、杀螨剂和杀菌剂等,在应用时应严格按照说明使用,对不同的病虫害进行综合防治,减少用药次数,应用高效低毒农药,或生物及仿生制剂,防止产生药害。

【理论与技能自测题】

(一)填空题

1. 金针虫也称________。危害草坪的金针虫类主要有________、________、________等。

2. 夜蛾类对草坪草的危害方式多样,其危害方式有________、________、________等。

3. 草地螟初孵幼虫取食幼叶的叶肉,残留________,并常在植株上结网躲藏,在草坪上称为________。

4. 危害草坪的茎叶类害虫种类很多,其主要有________、________、________、________等。

5. 蚜虫主要以成蚜与若蚜群集于植物叶背________为害,严重时导致植株生长停滞、发黄、枯萎。蚜虫排出的蜜露会引发________,污染植株,并招来蚂蚁,造成进一步危害。

6. 三点盲蝽触角约与身体________。前胸背板紫色,后缘具一黑横纹,前缘具黑斑____________,小盾片及2个楔片具3个明显的黄绿色________。

7. 大青叶蝉各地的世代有差异,若虫近孵化时,卵的顶端常露在________。孵化时间均在________,孵化较早的卵块多在树干的________。

8. 草坪草的病害按致病因素类别可分为________病害和________病害。前者是不良的________引起的,后者是________因素引起的,具有传染性。

9. 常见的草坪病害症状可归为五大类型,即____________、____________、____________、____________、____________。

10. 草坪病害病症有多种类型,如霜霉病的____________、锈病的____________、细菌性病的____________。

11. 草坪侵染性病害的类型主要有____________、____________、____________等。

12. ____________是一种毁灭性病害,全国各地草坪种植区普遍发生,是草坪上的重要病害。

13. 我国危害禾本科草坪草和牧草的锈病很多,其中最主要的有____________、____________、____________和____________。

14. 草坪各种病原物的越夏或越冬场所有所不同,如白粉菌以____________越冬,黑粉菌以____________越冬,镰孢菌以____________越冬。

15. 草坪德氏霉叶枯病初侵染源主要来自于__________和__________。草坪白绢病的初侵染源是__________,在__________和__________中越冬。

(二)选择题

1. 草坪蚜虫的危害虫态是(　　)。

A. 成蚜和若蚜　B. 仅为成蚜　C. 仅为若蚜　D. 仅为翅蚜

2. 草坪夜蛾在不同地区发生代数不同,关于其越冬虫态正确的说法为(　　)。

A. 各地越冬虫态相同,全部以蛹的形态越冬

B. 不同地区越冬虫态不相同,南方以成虫越冬,北方以老熟幼虫越冬

C. 可周年发生,没有越冬现象

D. 在南方不越冬,在北方以蛹越冬

3. 金针虫危害草坪草部位为(　　)。

A. 叶尖　B. 叶茎　C. 根部　D. 根茎部

4. 斜纹夜蛾对(　　)没有趋性。

A. 糖醋酒液　B. 黑光灯　C. 黄板　D. 发酵豆饼

5. 利用化学农药防治草地螟时,防治的适期是(　　)。

A. 成虫产卵盛期　B. 幼虫初孵盛期

C. 蛹期　D. 羽化盛期

6. 草地螟老熟幼虫越冬的场所是(　　)。

A. 草叶上　B. 土中　C. 叶茎中　D. 根部

7. 下列害虫属于草坪地下害虫的是(　　)。

A. 金针虫　　B. 黏虫　　C. 蝗虫　　D. 飞虱

(三)问答题

1. 黏虫的危害状如何？如何识别？怎样防治？

2. 根据夜蛾的生物学特性简述其防治原则与措施。

3. 草坪蚜虫的危害特点如何？怎样防治？

4. 比较三点盲蝽、苜蓿盲蝽和中黑盲蝽成虫形态特征,它们之间如何区别？

5. 如何区别白背飞虱、褐飞虱和灰飞虱？它们的习性有何异同？如何防治？

6. 如何鉴别大青叶蝉、小绿叶蝉？如何防治？

7. 当地草坪常见的虫害有哪些种类？其危害程度如何？简述它们的生活习性和其防治对策。

8. 什么是草坪病害？草坪病害发生的原因有哪些？

9. 草坪病害有哪几类？应如何判断？

10. 草坪病害的发生受哪些因素的影响？

11. 如何利用管理措施预防草坪病害？

12. 草坪褐斑病的适宜发病条件是什么？如何进行防治？

园林植物病虫害防治典型工作任务

工作任务1　园林植物病虫害一般性调查

1.1　工作任务描述

1.1.1　园林植物病虫害调查的类型及目的意义

园林植物病虫害的发生发展具有一定的规律性，认识和掌握其规律，就能够根据目前的园林植物病虫害发生变动情况推测未来的发展趋势，及时有效地控制其发生。要获取园林植物病虫害的种类、种群数量、发生规律、危害程度、灾害损失等基本信息，必须通过调查才能实现。因此，园林植物病虫害调查是开展预测预报和防治工作的基础。

园林植物病虫害调查一般可分为普查、专题调查、监测调查3种。普查是在较大范围内（全国或全省）进行园林植物病虫害发生、分布、危害情况的全面调查，目的是掌握园林植物病虫害基本资料，建立基础数据库，调查时间跨度长，通常可结合园林植物资源调查。专题调查是针对某一地区某一种园林植物病虫害进行的专门调查。监测调查是监测预报最基本的日常性调查，目的是全面掌握园林植物病虫害发生危害的实时情况，为预测未来发生发展动态提供基础数据。根据调查内容和目的，监测调查又可分为一般性调查和系统调查。一般性调查也叫面上调查，每年1~3次，由村护林员、乡镇园林植物技术推广站技术人员或县（区）园林病虫害防治机构的技术人员实施，采取线路踏查或线路踏查与设置临时标准地相结合的方法，对园林植物病虫害的主要种类、发生危害程度、发生面积等情况进行直观调查。系统调查也叫点上调查，由专职测报员实施，在测报对象发生的林分内，采取设置固定标准地观测测报对象生活史的方法，调查测报对象各虫态的发生期、发生量、各个发育阶段的存活率、增殖率和危害程度等。

1.1.2　调查的工作流程及内容

确定调查对象→制定调查工作历→编制调查统计用表→准备调查工具及材料→制定调查工作的管理制度→落实调查人员→布置调查任务→培训调查人员→现场调查作业→调查质量跟踪检查→调查资料收集审核→调查资料统计分析→调查结果上报。

现将园林植物病虫害一般性调查工作主要环节的要求说明如下。

1.1.2.1　关于确定调查对象

调查对象应根据当地园林植物病虫害的发生规律，由防治机构依照国家有关规定和当地防治检疫工作需要按园林植物类型来确定。一般分为重点调查对象和一般监测对象两类，前者指大发生频率高，种群密度水平波动幅度不大，始终为林内主要优势种群的病虫害类群，是防治工作中主要控制对象；后者是指种群密度水平波动幅度极大，大发生频率低，而一旦暴发，则危害十分严重，或是长期处于低密度水平的病虫害类群。

1.1.2.2 关于制定调查工作历

调查对象确定后，由于种类不同，其生活习性、发生规律、调查时期也不相同，因此要编制调查工作历。调查工作历的具体内容因调查对象的不同而变动，其基本内容包括调查起止时间、调查种类及发育阶段、调查项目、调查准备工作、调查负责人及调查人、调查单位和地点、调查要求结果等。

1.1.2.3 关于编制调查统计用表

各种调查记录表、统计汇总表是野外调查结果的载体，园林植物病虫害防治机构应统一编制规范性表格供调查时使用。

其中，野外调查记录表主要是为调查员野外调查做记录而设计的。设计原则是项目具体明确、简便易记，便于携带和保存。一般包括调查地点、时间、所调查病虫发育阶段、调查株号或标准枝号、调查单元的园林植物病虫害数量，以及所代表的林地面积等。调查记录表格式一经确定，一般不要轻易变动内容和项目，以免破坏调查资料的连续性。

统计汇总表是为综合统计汇总各调查员的野外调查记录而设计的，通过统计汇总表可以看出各种园林植物病虫害在各虫情调查责任区及至全林场（或乡、镇、苗圃）的发生情况。这类表供森保员使用。由森保员在每个病虫害调查期结束后，及时将本调查期内所有调查员的野外调查记录表按病虫种类和地块进行分类统计汇总，见表 B1-1。

表 B1-1 园林植物病虫害调查统计汇总表

单位名称：

园林植物病虫害名称及发育阶段	应调查林分的林班号或地点	实际调查林分的林班号或地点	规定调查的标准地数	标准地编号	代表面积（hm^2）	平均虫口密度/病情指数/鼠捕获率/被害率	原始记录编号	备注

统计时间： 年 月 日 统计人：

1.1.2.4 关于制定调查工作的管理制度

园林植物病虫害防治管理机构要对参加调查的森保员、调查员制定严格的管理制度，以保证调查工作在统一的组织指挥之下有秩序地进行。一般的制度有虫情调查领导责任制、森保员岗位责任制、调查员区域负责制、调查员管理制度、定期调查报告制度等。

1.1.2.5 关于调查质量跟踪检查

对于调查的质量，可通过现场检查和资料审核的方法进行检查，其检查内容包括以下几方面：

一是标准性检查，即检查调查工作是否按规定要求开展；是否采用了规定的调查方法；每项调查资料是否符合规定的要求，是否按规定要求收集。对于统计、汇总资料，要检查所使用的计算方法、统计指标是否统一等。

二是真实性检查，检查调查数据资料是否符合园林植物病虫害的发生发展规律，是否真正按规定在林地内经实地调查而来，其原始调查记录的科学性和真实性如何。一旦发现疑问，就要进行复查，对不真实部分进行处理。

三是准确性检查,要对调查资料进行可靠性分析,尤其要检查资料有无不合理或矛盾之处,检查的重点是调查标准地的位置、取样方法、调查的时间、调查取样的数量等是否符合规定或符合当地客观情况等。

四是全面性检查,检查某一规定的调查时期和调查范围内,规定调查的病虫鼠种类在某一区域内有无遗漏,资料是否齐全,规定的调查项目有无空白或谬误之处。

1.1.2.6　关于调查结果上报

在对野外调查记录表和统计汇总表数据进行整理分析后,要按园林植物病虫害灾情应急管理办法的要求以及园林植物病虫害发生面积统计指标和灾情分级标准进行检验后报上级有关部门。其主要内容有园林植物病虫害发生种类和发育阶段、发生面积(含轻、中、重灾面积)、发生地点、林分受害现状或预测受害程度、防治意见等。

1.2　实训内容与模式设计

实训形式可采取生产性实训或模拟仿真实训。生产性实训可结合当地园林小区或园林植物病虫害防治机构的园林植物病虫害调查任务进行;模拟仿真实训可在学校的实训基地进行。

学生以6~8人规模划分实训小组,每组学生可按调查员、记录员等角色分工,定期轮换。实训指导教师或生产技术人员负责技术培训、现场指导、质量检查、学生实训成果及实训表现考核评价等。

1.3　实训流程

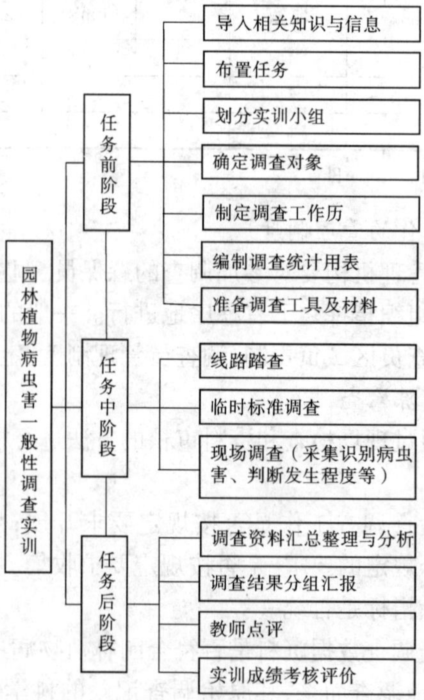

1.4 实训目标

(1)会按要求起草调查工作历。
(2)会设计调查用表。
(3)会选择踏查线路和设置临时标准地。
(4)会识别和调查本地病虫害发生危害情况。
(5)会采集、制作病虫害标本。
(6)会整理分析调查数据。
(7)培养观察能力和分析总结能力。
(8)培养团结协作意识和吃苦耐劳精神。
(9)培养组织管理能力和安全环保意识。

1.5 实训备品

罗盘仪、测绳、测高器、围尺、望远镜、显微镜、解剖镜、放大镜、捕虫网、枝剪、刀锯、木柱升降器、采集袋、毒瓶、毒管、标本夹、标本盒、展翅板、三级台、昆虫针、镊子、玻片、刀片、养虫笼、调查用表、记录夹等。

1.6 实训内容与方法

在开展实训前,指导教师应根据实训内容要求,选择与之相符的实训场所,向学生讲解相关知识,提供相关信息资料,阐明任务要求,划分实训小组,明确各组任务,为学生顺利进入实训情境奠定基础。

1.6.1 确定调查对象

在实训区域内,根据踏查初步结果,将优势树种的优势病虫种群确定为该区域内的重点调查对象,其他可选择 3 ~ 4 种(最好各病虫均有代表)作为一般调查对象。

1.6.2 制定调查工作历

根据所确定的调查对象的分布、发生状况及生物学特性,林分各项因子状况,通过小组讨论,确定调查方法,撰写调查工作历。

1.6.3 编制调查用表、准备调查工具及材料

目前,行业已发布了一些统一的用于线路踏查和标准地调查的规范的园林植物病虫害灾害调查表。对于重要园林植物病虫害,在其预测预报的技术标准中也有统一的调查用表。对于没有指定技术标准的调查对象,可自行设计调查用表。

准备用于林分因子调查、病虫害种类调查、病虫害标本制作的工具与材料。

1.6.4 线路踏查

线路踏查时可沿林间小道、林班线或自选线路进行,要穿过主要园林植物类型和可能的病虫害发生的林分。踏查线路之间的距离一般为 250 ~ 1 000 m,苗圃 100 ~ 200 m。采用目测法(必要时辅以望远镜观察)认真观察踏查线路两边视野范围内主要树种的病虫害发生与分布情况,估测发生面积,同时进行病虫害标本的采集。按照病虫害种类分别记载受害株数和受害程度,还要记载踏查表中规定的林分因子状况,以及调查时发现的其他

病虫害及其危害情况。记录表格式见表 B1-2、表 B1-3。

表 B1-2　踏查林分记录表

踏查林分							备注
编号	地点名称	踏查林地面积(hm^2)	林地类型及树种组成	林龄	病虫害种类	分布面积(hm^2)	

调查员：　　　　　　　　　　　　填报日期：　　年　　月　　日

表 B1-3　线路踏查株记录表

踏查编号________　踏查林分面积(hm^2)________

林地类型及树种组成______　林龄______　调查病虫害名称________

调查时发现的其他病虫害名称及其危害情况简述________________

调查情况记载(病虫害危害画"√")									
1	2	3	4	5	6	7	8	9	10
11	12	13	14	15	16	17	18	19	20
21	22	23	24	25	26	27	28	29	30
31	32	33	34	35	36	37	38	39	40
41	42	43	44	45	46	47	48	49	50
51	52	53	54	55	56	57	58	59	60
61	62	63	64	65	66	67	68	69	70
71	72	73	74	75	76	77	78	79	80
81	82	83	84	85	86	87	88	89	90
91	92	93	94	95	96	97	98	99	100
调查株数				受害株数			受害株率(%)		

调查时间：　　年　　月　　日　　　　　　　　　　　　调查人：

调查时的病虫害分布状态描述：受害 1～2 株的为单株分布，受害 10 株至 1/4 hm^2 的为块状分布，受害 1/4～1/2 hm^2 的为片状分布，受害 1/2 hm^2 以上的为大片分布。

调查对象的危害程度划分，按照国家林业局制定的《林业有害生物发生及成灾标准》(LY/T 1681—2006)执行，对于调查时发现的其他病虫害可参照同类标准执行或按下列常规标准划分：

园林植物病虫害的危害程度常分为轻微、中等、严重三级,分别用"+""++""+++"符号表示。对于叶部病虫害,树叶被害率1/3以下为轻微,树叶被害率1/3~2/3为中等,树叶被害率2/3以上为严重;对于枝干和根部病虫害,受害株率10%以下为轻微,受害株率11%~20%为中等,受害株率21%以上为严重;对于种实病虫害,种实被害率10%以下为轻微,种实被害率11%~20%为中等,种实被害率21%以上为严重。

1.6.5 临时标准地调查

在踏查的基础上,对危害较重的病虫种类设立临时标准地进行调查,以便准确统计调查对象的发生数量、危害程度等。根据所确定的调查对象种类及分布特性,选取标准地时,可在五点式、对角线式、棋盘式、Z字形、平行线式等取样方式中选取合适的方法,每个标准地面积不小于0.05 hm^2,标准地总面积应控制在调查总面积的0.1%~0.5%。用测绳量取每个标准地的边长,并对每个标准地进行编号。根据所确定的调查对象的分布和危害特性,选择样株法、样枝法、样方法,并选择相应的病虫种类、害虫虫态、害虫数量、被害梢数、受害株数、发病株数、发病程度、失叶程度等调查项目。每个标准地都要按调查表要求调查标准地内的林分因子,并做好记录。

1.6.5.1 害虫标准地调查

在标准地选取一定数量的样株、样枝或样方,逐一调查其虫口数,最后统计虫口密度和有虫株率。虫口密度是指单位面积或每株树上害虫的平均数量,它表示害虫发生的严重程度;有虫株率是指有虫株数占调查总株数的百分比,它表明害虫在林内分布的均匀程度。

$$\text{虫口密度}=\frac{\text{调查总活虫数}}{\text{调查面积}}$$

或

$$\text{虫口密度}=\frac{\text{调查总活虫数}}{\text{调查总株(或种实)数}}$$

$$\text{有虫株率}(\%)=\frac{\text{有虫株数}}{\text{调查总株数}}\times 100\%$$

园林植物害虫标准地调查通用表格见表B1-4、表B1-5。

1.食叶害虫调查

在标准地内可逐株调查,或采用对角线法、隔行法,选出样树10~20株进行调查。若样株矮小(一般不超过2 m),可全株统计害虫数量;若树木高大,不便于统计,可分别于树冠上、中、下部及不同方位取样枝进行调查。落叶和表土层中的越冬幼虫和蛹、茧的虫口密度调查,可在样树下树冠较发达的一面树冠投影范围内,设置0.5 m×2 m的样方(0.5 m一边靠树干),统计20 cm土深内主要害虫虫口密度。

对于危害较重的食叶害虫种类,要调查失叶率以确定成灾情况。

$$\text{失叶率}(\%)=(\text{单株树冠上损失的叶量}/\text{单株树冠上的全部叶量})\times 100\%$$

将调查情况记录在表格(表B1-6)中。

表 B1-4　园林植物害虫标准地调查表

调查林分编号________　林班小班名称____________　园林植物害虫名称及虫态____________

调查小班面积(hm^2)____________　林龄________　园林植物类型及树种组成____________

踏查所报有虫株率(%)____________

是否有其他病虫害同时发生及记述____

标准株号	害虫数量	标准株号	害虫数量	标准株号	害虫数量	标准株号	害虫数量
1		16		31		46	
2		17		32		47	
3		18		33		48	
4		19		34		49	
5		20		35		50	
6		21		36		51	
7		22		37		52	
8		23		38		53	
9		24		39		54	
10		25		40		55	
11		26		41		56	
12		27		42		57	
13		28		43		58	
14		29		44		59	
15		30		45		60	

调查株数		有虫株数		有虫株率(%)		有虫总数		平均虫口密度

调查时间：　年　月　日　　　　　　　　　调查人：

表 B1-5 园林植物害虫标准地样枝(样方)调查记录表

调查林分编号________ 林班小班名称___________ 园林植物害虫名称及虫态___________

调查小班面积(hm^2)___________ 林龄___________ 园林植物类型及树种组成___________

踏查所报有虫株率(%)___________

是否有其他病虫害同时发生及记述_______________________________

样株号	取样部位	样枝长度(样方面积、调查梢数)	害虫数量(被害梢数)	样株号	取样部位	样枝长度(样方面积、调查梢数)	害虫数量(被害梢数)
1				11			
2				12			
3				13			
4				14			
5				15			
6				16			
7				17			
8				18			
9				19			
10				20			
样枝总长度(样方面积、调查梢数)			害虫数量(被害梢数)合计			平均虫口密度(梢被害率)	

调查时间: 年 月 日 调查人:

表 B1-6 叶部园林植物害虫成灾情况标准地调查记录表

调查林分编号________ 林班小班名称____________ 园林植物害虫名称____________

调查小班面积(hm^2)____________ 林龄____________ 园林植物类型及树种组成____________

踏查所报受害株率(%)____________

是否有其他病虫害同时发生及记述____

年度内是否采取了防治措施及记述____

受害等级	代表数值	记载(画"正"字)					小计
Ⅰ	0						
Ⅱ	1						
Ⅲ	2						
Ⅳ	3						
Ⅴ	4						
调查株数		受害株数		受害株率(%)		平均失叶率(%)	

2. 蛀干害虫调查

在发生蛀干害虫的林分中,选有树100株以上的标准地,逐株统计有虫株数,调查病虫害种类及虫态。如有必要,可从有虫树中选3~5株,伐倒,量其树高、胸径,从干基至树梢剥一条10 cm宽的树皮,分别记载各部位出现的害虫种类。虫口密度的统计,则在树干南北方向及上、中、下部和害虫居住部位的中央截取20 cm×50 cm的样方,查明害虫种类、数量、虫态,并统计每平方米和单株虫口密度。

3. 枝梢害虫调查

对危害幼嫩枝梢害虫的调查,可选有树100株以上的标准地,逐株统计有虫株数。再从被害株中选出5~10株,查清虫种、虫口数、虫态和危害情况。对于虫体小、数量多、定居在嫩梢上的害虫,如蚜、蚧等,可在标准木的上、中、下部各选取样枝,截取10 cm长的样枝段,查清虫口密度,最后求出平均每10 cm长的样枝段的虫口密度。

4. 种实害虫调查

种实害虫调查包括虫果率调查和虫口密度调查。调查虫果率可在收获前进行,抽查样树5~10株,检查树上种实(按上梢、内膛、外围及下垂枝不同部位,各抽查50~100个),分别记载其健康、有虫及不同虫种危害的种实数,然后计算总虫果率及不同虫种危害的虫果率。虫口密度调查与虫果率调查同时进行。在虫果率调查的样株上,按不同部位各抽查有虫种实20~40个,分别记载种实上不同虫种为害的虫孔数,计算出每个种实的平均虫孔数。

5. 地下害虫调查

对于苗圃或造林地的地下害虫调查,调查时间应在春末至秋初地下害虫多在浅层土壤活动时期。抽样方式采用对角线式或棋盘式。样坑大小为0.5 m×0.5 m或1 m×1 m。按0~5 cm、5~15 cm、15~30 cm、30~45 cm、45~60 cm段等不同层次分别进行调查记载。

1.6.5.2 病害标准地调查

在踏查的基础上设置标准地，调查林木病害的发病率和病情指数。发病率是指感病株数占调查总株数的百分比，表明病害发生的普遍性。

$$发病率(\%)=\frac{感病株数}{调查总株数}\times 100\%$$

病情指数又叫感病指数，取值在0～100，既表明病害发生的普遍性，又表明病害发生的严重性。测定方法是：先将标准地内的植株按病情分为健康（Ⅰ）、轻（Ⅱ）、中（Ⅲ）、重（Ⅳ）、枯死（Ⅴ）等若干等级，并以数值0、1、2、3、4等代表，统计出各级株数后，按下列公式计算：

$$病情指数=\frac{\sum(病情等级代表值\times 该等级株数)}{各级株数总和\times 最重一级的代表值}\times 100$$

调查时，可从现场采集标本，按病情轻重排列，划分等级。重要病害分级标准在相关技术规程中都有规定，没有的可比照同类确定或依据常规分法确定（表B1-7、表B1-8）。将调查情况记录到园林植物病害标准地调查表（表B1-9）中。

表B1-7 枝、叶、果病害分级标准

级别	代表值	分级标准
Ⅰ	0	健康
Ⅱ	1	1/4以下枝、叶、果感病
Ⅲ	2	1/4～1/2枝、叶、果感病
Ⅳ	3	1/2～3/4枝、叶、果感病
Ⅴ	4	3/4以上枝、叶、果感病

表B1-8 干部病害分级标准

级别	代表值	分级标准
Ⅰ	0	健康
Ⅱ	1	病斑的横向长度占树干周长的1/5以下
Ⅲ	2	病斑的横向长度占树干周长的1/5～3/5
Ⅳ	3	病斑的横向长度占树干周长的3/5以上
Ⅴ	4	全部感病或死亡

表 B1-9 园林植物病害标准地调查表

调查林分编号________ 林班小班名称____________ 园林植物病害名称____________

调查小班面积(hm^2)____________ 林龄____________ 园林植物类型及树种组成____________

踏查所报发病率(%)____________

是否有其他病虫害同时发生及记述____

年度内是否采取了防治措施及记述____

病害等级	代表数值	记载(画“正”字)					小计
Ⅰ	0						
Ⅱ	1						
Ⅲ	2						
Ⅳ	3						
Ⅴ	4						
调查株数		感病株数		发病率(%)		病情指数	

调查时间： 年 月 日 调查人：

1. 叶部病害调查

按照病害的分布情况和被害情况，在标准地中选取 5% ~10% 株样树，每株调查 100 ~200个叶片。被调查的叶片应从不同的部位来选取。统计发病叶片数，计算发病率和病情指数。

2. 枝干病害调查

在发生枝干病害的标准地中，选取不少于 100 株样树，统计发病株数和发病程度，统计发病率，计算病情指数。

3. 苗木病害调查

在苗床上设置大小为 1 m^2 的样方，样方数量以不少于被害面积的 0.3% 为宜。在样方上对苗木进行全部统计，或对角线取样统计，分别记录健康、感病、枯死苗木的数量。苗木病害调查表见表 B1-10。

表 B1-10 苗木病害调查表

调查日期	调查地点	样方号	树种	病害名称	苗木状况和数量				发病率(%)	死亡率(%)	备注
					健康	感病	枯死	合计			

1.6.6 标本采集、制作与保存

伴随着线路踏查，同时进行病虫害标本的采集，后续完成病虫害标本的制作与保存。

1.6.6.1 昆虫标本的采集

1. 常用采集用具

(1)捕虫网。用来采集善于飞翔和跳跃的昆虫,如蛾、蝶、蜂、蟋蟀等。

(2)吸虫管。用来采集蚜虫、红蜘蛛、蓟马等微小的昆虫。

(3)毒瓶。专门用来毒杀成虫。一般用封盖严密的磨口广口瓶做成。

(4)三角纸包。用于临时保存蛾蝶类等昆虫的成虫。

(5)活虫采集盒。用来采装活虫。铁皮盒上装有透气金属纱和活动的盖孔。

(6)采集箱。防压的标本和需要及时插针的标本,以及用三角纸包装的标本,需放在木制的采集箱内。

(7)指形管。一般使用的是平底指形管,用来保存幼虫或小成虫。

此外,还需要配备采集袋、诱虫灯、放大镜、修枝剪、镊子、记载本等用具。

2. 采集方法

根据不同种类昆虫的生物学特性采取不同的采集方法,常采用网捕法、吸管法、手捉法,对具有拟态、假死性、趋化性、趋光性的昆虫,可用震落、诱集法采集。遇到成虫、卵、幼虫、蛹和被害状,要全部采集。昆虫的足、翅、触角极易损坏,要小心保护。要及时做好采集记录,包括编号、采集日期、地点、采集人等。还应将当时的环境条件、寄主和昆虫的生活习性等记录下来。

1.6.6.2 昆虫标本的制作

1. 干制标本的制作

制作用具有昆虫针、三级台、展翅板、三角台纸。此外,还有幼虫吹胀干燥器、还软器、粘虫胶等用具。

(1)插针。除幼虫、蛹和小型个体外,都可制成针插标本,装盒保存。插针时,依标本的大小选用适当的虫针。其中3号针应用较多。虫针在虫体上的插针位置是有规定的(图B1-1),一方面为了插得牢固,另一方面为了不破坏虫体的鉴定特征。插针后,用三级台调整虫体在针上的高度,其上部的留针长度是8 mm。

(2)整姿。甲虫、蝗虫、蝽象等昆虫,插针后,需进行整姿,使前足向前、中足向两侧、后足向后;触角短的伸向前方,长的伸向背两侧,使之保持自然姿态,整好后用虫针固定,待干燥后即定形。

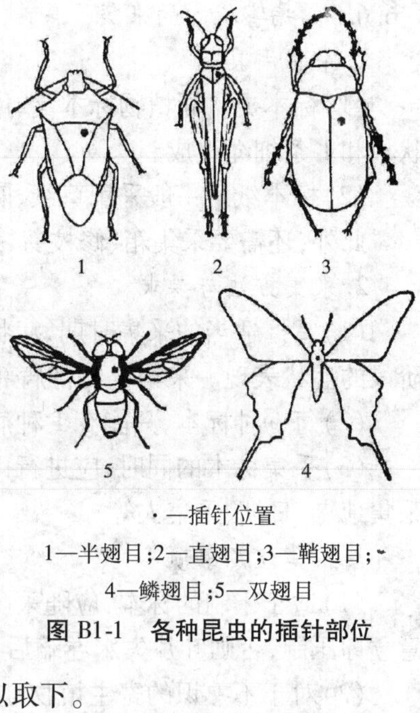

·—插针位置

1—半翅目;2—直翅目;3—鞘翅目;

4—鳞翅目;5—双翅目

图 B1-1 各种昆虫的插针部位

(3)展翅。蛾、蝶等昆虫,插针后还需要展翅。将虫体插放在展翅板的槽内,虫体的背面与展翅板两侧面平,左、右同时拉动1对前翅,使1对前翅的后缘在同一条直线上,用虫针固定住,再拨后翅,将前翅的后缘压住后翅的前缘,左右对称,充分展平。然后用光滑的纸条压住,以虫针固定。5~7天后即干燥、定形,可以取下。

2. 浸渍标本的制作

体柔软或微小的成虫,除蛾、蝶外的成虫和螨类,以及昆虫的卵、幼虫和蛹,均可以用保存液浸泡在指形管、标本瓶内保存。保存液应具有杀死昆虫和防腐的作用,并尽可能保持昆虫原有的体形和色泽。常用保存液有:

(1)酒精液。常用浓度为75%。小型或软体昆虫先用低浓度酒精浸泡,再用75%酒精保存,虫体就不会立即变硬。若在酒精中加入0.5% ~1%的甘油,能使体壁保持柔软状态。半个月后,应更换1次酒精,以后保存液酌情更换1~2次,便可长期保存。

(2)福尔马林液。福尔马林(甲醛40%)1份,加水17~19份,保存大量标本时较经济,且保存昆虫的卵效果较好。

保存液加入量,以容器高的2/3为宜。昆虫放入量,以标本不露出液面为限。加盖封口,可长期保存。

3. 生活史标本的制作

通过生活史标本,能够认识害虫的各个虫态,了解它的危害情况。制作时,先要收集或饲养得到昆虫的各个虫态(卵、各龄幼虫、蛹及雌雄性成虫),以及植物被害状、天敌等。

成虫需要整姿或展翅,干后备用。各龄幼虫和蛹需保存在封口的指形管中。分别装入盒中,贴上标签即可。

4. 玻片标本的制作

微小昆虫和螨类,需制成玻片标本,在显微镜下观察其特征。为了观察昆虫身体的某些细微部分进行鉴定,蛾、蝶、甲虫等的外生殖器也常制成玻片标本。

一般采用阿拉伯胶封片法。胶液的配方是:阿拉伯胶12 g、冰醋酸5 mL、水合氯醛20 g、50%葡萄糖水溶液5 mL、蒸馏水30 mL。

1.6.6.3 病害标本的采集

1. 采集用具

(1)标本夹。同植物标本夹,用来采集、翻晒和压制病害标本。由2块对称的木条栅状板和1条细绳组成。

(2)标本纸。一般采用草纸、麻纸或旧报纸。用来吸收标本水分。

此外,还需要采集箱、修枝剪、手锯、手持放大镜、镊子、记载本、标签等用具。

2. 采集方法与要求

(1)掌握适当的采集时期,症状要典型,真菌病害应采有子实体的;新病害要有不同阶段的症状表现。采集时要将病部连同部分健康组织一起采下,以利于病害的诊断。

(2)每一种标本,只能有1种病害,不能有多种病害混发,以便正确鉴定和使用。

(3)采集标本的同时,应进行田间记录,内容包括寄主名称、发病情况、环境条件以及采集地点、日期、采集人等。

3. 采集注意事项

(1)适于干制的标本,应随采随压于标本夹中,尤其是容易干燥卷缩的标本,更应注意立即压制,否则叶片失水卷缩后无保存价值。

(2)对于不熟识的寄主植物,应将花、叶及果实等一并采回,以便于鉴定。

(3)各种标本的采集应具有一定份数(5份以上),以便于鉴定、保存和交换。

1.6.6.4 病害标本的制作

1. 干制标本的制作

叶片及嫩枝病害标本,可分层夹于标本夹内的吸水纸中压制。标本夹捆紧置于室内通风干燥处。在压制过程中,必须勤换纸、勤翻动,以防标本发霉变色,特别是在高温高湿天气下。较大枝干和坚果类病害标本以及高等担子菌的子实体,可直接晒干、烤干或风干。肉质多水的病害标本,应迅速晒干、烤干或放在 30 ~45 ℃的烘箱中烘干。

2. 浸渍标本的制作

一些不适于干制的病害标本,如水果、伞菌子实体、幼苗和嫩枝叶等,为保存原有色泽、形状、症状等,可放在装有浸渍液的标本瓶内。现将常用的浸渍液及其使用方法介绍如下:

(1)一般浸渍液。只防腐,不保色。其配方如下:甲醛 50 mL,酒精(95%)300 mL,水 2 000 mL。此浸渍液亦可简化成5%甲醛溶液或70%酒精液。

(2)绿色标本浸渍液。将醋酸铜加入50%醋酸中配成饱和溶液(大约 1 000 mL 50%醋酸加 15 g 醋酸铜),加水稀释 3 ~4 倍使用。

存放标本的浸渍液,易于挥发或氧化,必须严密封闭,才能长久保持浸渍液的效用。取蜂蜡及松香各 1 份,分别融化,然后混合,再加入少量凡士林,调成胶状物,趁热用毛笔涂于瓶口和瓶盖交接处。

1.6.6.5 病虫害标本的保存

1. 昆虫标本的保存

(1)标本盒。针插标本,必须插在有盖的标本盒内。标本在标本盒中可按分类系统或寄主植物排列整齐。盒子的四角用大头针固定樟脑球纸包或对二氯苯以防标本虫。

(2)标本柜。用来存放标本盒,防止灰尘、日晒、虫蛀和菌类的侵害。放在标本柜的标本,每年都要全面检查 2 次,并用敌敌畏在柜内和室内喷洒或用熏蒸剂熏蒸。如标本发霉,应在柜中添加吸湿剂,并用二甲苯杀死霉菌。浸渍标本最好按分类系统放置,长期保存的浸渍标本,应在浸渍液表面加一层液体石蜡,防止浸渍液挥发。

2. 病害标本的保存

(1)干制标本的保存。干燥后的标本经选择制作后,连同采集记录一并放入牛皮纸袋中或标本盒中,贴上鉴定标签,然后分类存放于标本橱中。

(2)浸渍标本的保存。将制好的浸渍标本瓶、缸等贴好标签,直接放入专用标本橱内即可。

各类标本的保存要有专人负责,干制标本和浸渍标本必须分橱存放,定期检查,如发现问题应及时处理。标本室的环境应阴凉干燥,定期通风。标本室的玻璃要加深色防光窗帘,如发现标本室有标本害虫,应立即采取熏蒸措施。

1.6.7 调查资料汇总整理与分析

外业调查记录按表 B1-11、表 B1-12 的内容并按病虫种类进行核实汇总。成灾情况的确定按《林业有害生物发生及成灾标准》(LY/T 1681—2006)执行。原始记录装订保存。

表 B1-11　标准地调查汇总表

县(局)：__________　　　　面积单位：hm²

调查林分编号	林班小班名称	病虫害名称	发育阶段	标准地状况			发生情况(面积)				成灾情况(面积)	调查日期	调查表所在页码	备注
				林地类型及树种组成	林龄	虫口密度(平均失叶率)	未发生	轻	中	重				

汇总日期：　年　月　日　　　　汇总人：

表 B1-12　踏查情况汇总表

县(局)：__________　　　　面积单位：hm²

病虫害种类	世代数	调查面积	调查率(%)	调查时间	分布面积										实际成灾面积	发生地点(重复发生地下画横线)	备注
					合计	低虫低感面积	发生面积										
							合计		轻		中		重				
							净面积	重复面积	净面积	重复面积	净面积	重复面积	净面积	重复面积			

汇总日期：　年　月　日　　　　填报人：

在涉及计算害虫平均虫口密度、平均受害率或平均发病率时，可采用算术平均数计算法和平均数的加权计算法。计算公式如下：

$$\bar{x} = \frac{x_1 + x_2 + x_3 + \cdots + x_n}{n} = \frac{\sum x}{n}$$

式中　$\bar{x}$——算术平均数；

n——抽样单位数；

$x_1, x_2, x_3, \cdots, x_n$——1 ~ n 个取样单位的数据；

$\sum$ ——求和符号。

$$\bar{X} = \frac{f_1x_1 + f_2x_2 + f_3x_3 + \cdots + f_nx_n}{\sum f} = \frac{\sum fx}{\sum f}$$

式中　$\bar{X}$——加权平均数；

f——权数，是指数值相同的各数据的比重。

1.7 考核评价标准

本实训从专业知识、实践操作技能和实训表现3个方面对学生进行评价，其中实践操作技能和实训表现通过学生自评（20%）、学生互评（30%）、教师或专业技术人员点评（50%）进行考核。考核评价方案见表B1-13。

表B1-13 考核评价方案

考核评价内容类别	考核评价内容	考核形式	考核评价建议要求	分值
专业知识	1. 园林植物病虫害调查的类型及目的 2. 一般性调查的工作流程 3. 虫口密度、病情指数的概念及计算	教师组织笔试或抽签口试	1. 概念清晰，表述准确 2. 熟悉工作流程，掌握每个步骤的工作要求 3. 会正确计算虫口密度、病情指数	25
实践操作技能	1. 调查工作历制定 2. 踏查线路选择 3. 设置标准地 4. 害虫标准地调查 5. 病害标准地调查 6. 标本采集制作 7. 调查资料汇总整理与分析	现场考核实训全过程，学生自评，小组成员间互评，教师或专业技术人员点评	1. 踏查线路选择有代表性 2. 能根据调查对象特点选择临时标准地 3. 病虫害调查方法正确熟练 4. 标本采集与制作符合要求 5. 调查表格填写规范；内业资料整理全面、细致 6. 调查结果分析符合实际，完整正确	55
实训表现	1. 实训态度 2. 计划执行情况 3. 沟通与协作 4. 安全意识 5. 环保意识	现场考核实训全过程，学生自评，小组成员间互评，教师或专业技术人员点评	1. 态度积极主动，有良好的敬业精神 2. 计划执行能力强，按时完成任务 3. 小组成员之间团结协作，勤于思考 4. 亲和力强，能够与他人进行有效的沟通与交流 5. 实训中注意安全，未发生安全事故 6. 爱护林区一草一木，遵守园林植物防火制度	20

综合评价情况	自评分		学生互评分		教师或专业技术人员评价		综合评价成绩	

1.8 实训参考资料

《林业有害生物发生及成灾标准》(LY/T 1681—2006)。

1.9 拓展训练项目

杨树是我国北方广大地区防护林和用材林的主要造林树种,因其树种和品种之间互配性强,大多数新品种的基因型稳定性脆弱,极易招致病虫害。尤以天牛危害最为突出,成为我国目前最重要的园林植物虫害。选择某一杨树林分,以小组为单位开展杨树蛀干害虫天牛的一般性调查。

工作任务2 苗圃病虫害防治工作历的编制

2.1 工作任务描述

苗圃是高职林业技术专业学生就业的重要单位,作为林业技术员,无论是在林业站还是在苗圃工作,指导苗圃病虫害防治工作,应是一项重要的职业能力。苗圃病虫害防治历来以本地生产上发生面积较大、危害较严重的苗圃病虫害为对象,以其发生规律、发生现状和季节特点(或时间变化)为基础,结合有害生物防治的最新科技成果与防治实践,对其发生和危害实施时间管理,提出具体易懂、科学实用、经济高效的防治措施或方法。

苗圃病虫害防治工作历可由林业科研单位、林业管理部门、生产单位等制定,可供基层林业有害生物防治工作者、森林管护人员、森林经营者和林农等使用和参考,是一套针对并消除重要病虫害等有害生物发生和危害的主动应对措施。由于不同地区的地理位置、物候期、气候特点、栽培品种等存在一定差异,故管理时间和具体措施应结合本地具体情况确定。

苗圃病虫害防治工作历的主要内容包括防治时间、防治对象、防治措施以及注意事项等。

本项工作的流程可归纳为:了解本地区苗圃类型与数量、苗木种类、苗木栽培情况 、苗木病虫害发生及防治情况→总结归纳防治经验→分析制定防治技术措施→撰写防治工作历→技术审核→发布实施。

2.2 实训内容与模式设计

在本地区选择3~5个大中型苗圃基地,对其近年来的苗木培育种类、培育措施、病虫害发生与防治情况、苗圃经营管理情况进行调查,在此基础上制定本地区苗圃病虫害防治工作历。可以学生个人或小组为单位,采取集体综合实施或顶岗实习形式。教师或实训单位的技术人员参与指导。

2.3 实训流程

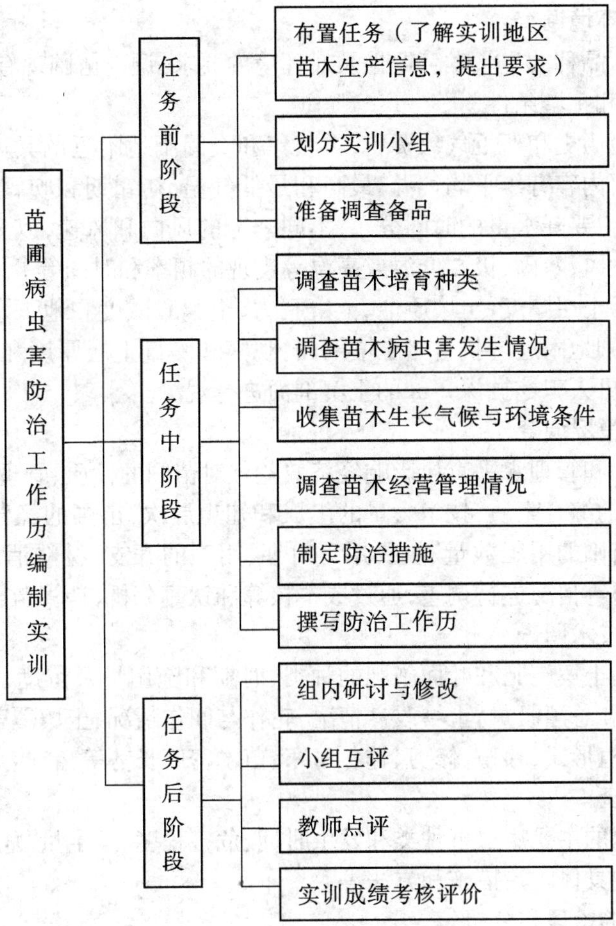

2.4 实训目标

(1)掌握苗圃病虫害防治工作历编制的内容和体例。
(2)掌握苗圃病虫害综合防治的基本措施和方法。
(3)熟悉当地各种防治措施及当地苗圃病虫害的发生规律。
(4)会制定苗圃病虫害防治工作历。
(5)会指导苗木病虫害防治工作。

2.5 实训备品

生物显微镜、苗木病虫害野外调查物品。

另外,还有辅助材料,包括本地区气象资料、苗圃统计资料、苗木病虫害防治资料等。

2.6 实训内容与方法

2.6.1 苗木生长环境调查

查阅不同苗木品种的生长发育习性及对环境的要求,调查苗圃现有条件,如苗木生产的设施设备、气候和土壤条件。

首先查阅当地历史和新近气象资料,再收集和查阅圃地附近的具体气象资料。收集和查阅资料的主要内容有年平均气温、最高和最低气温、初霜期和晚霜期、年无霜期的天数、年均降水量和主要降水量的时间分布、不同季节的风向和风速,以及主要的灾害性气候因素,如冰雹、大风、暴雨、极端低温或高温等出现的频率和时间等。

土壤条件包括土层厚度、土壤质地、土壤肥力、土壤酸碱度和地下水位的高低。具体步骤如下:首先在圃地附近寻找自然土壤剖面,观察和测量土层厚度和各层的土壤质地。如果无自然剖面,可人工挖掘深2 m的土壤剖面进行观测。

2.6.2 生产经营情况调查

苗圃管理体制和管理水平直接影响经济效益。对苗圃的性质、管理机构的组成、人员的组成、管理人员的综合素质、技术力量的组成和知识层次,苗圃的经营面积、苗木种类、用途、经济效益,苗圃的用工数量、主要用工时期、用工的开支、材料消耗、销售渠道和市场、销售方法、价格等情况进行调查,通过成本核算和认真分析,计算苗圃的经济效益。

2.6.3 苗圃培育技术调查

调查内容包括土壤施肥和叶面施肥的种类、时期和施用量及浓度,土壤施肥的方法,浇水的时期、方法和总灌溉量,土壤改良情况,轮作与间作情况、土壤覆盖情况及使用的材料和效果,苗木种植形式、移植、修剪、越冬防寒、苗木密度长势等情况。

2.6.4 病虫害调查

调查危害苗木的主要病虫害种类和发生时期、危害程度、发生量、危害虫态,以及已经采取和正在开展的具体防治措施和方法等。

2.6.5 调查材料的整理和分析

将几个苗圃的调查资料进行整理归纳,就圃地基础、栽培技术、病虫害情况、经营管理水平、经济效益进行综合评价和分析,找出存在的问题,并确定当地主要苗木的主要病虫种类作为重点防治对象。

2.6.6 防治工作历的制定

通过对本地区苗木培育种类、栽培情况、自然条件、病虫害发生情况的全面调查与分析,以重点苗木的主要病虫害为重点,因地制宜、因时制宜,吸收先进的防治技术,以预防为主、保护环境、确保安全、实用易行为原则制订防治方案,并分解到各月份。预防与控制措施应规范、详细、可操作,内容可包括各类防治措施和调查测报环节等。苗圃病虫害防治工作历的格式见表 B2-1。

2.7 考核评价标准

本实训从专业知识、实践操作技能和实训表现 3 个方面对学生进行评价,其中实践操作技能和实训表现通过学生自评(20%)、学生互评(30%)、教师或专业技术人员点评(50%)进行考核。考核评价方案见表 B2-2。

表 B2-1　苗圃病虫害防治工作历

时间	防治对象		预防与控制措施	备注
	病虫名称	病原类别/虫态		
12 月至翌年 2 月				
3 月				
4 月				
5 月				
6 月				
7 月				
8 月				
9 月				
10 月				
11 月				

表 B2-2 考核评价方案

考核评价内容类别	考核评价内容	考核形式	考核评价建议要求	分值
苗圃基本病虫害防治知识	1. 苗圃病虫害的常见种类、发生规律和特点 2. 苗圃病虫害调查的一般方法 3. 苗圃病虫害防治工作历的主要内容	教师组织笔试或抽签口试	1. 知识点表述准确 2. 知识掌握全面系统 3. 有独到见解	25
苗圃调查能力	1. 苗木生长环境调查 2. 苗圃经营情况调查 3. 苗圃培育技术调查 4. 病虫害标本采集、鉴定 5. 苗圃病虫害调查	教师指导并检查调查材料	1. 调查方法符合要求 2. 调查结果符合实际 3. 调查信息全面,不漏项 4. 调查材料规范	55
防治工作历编制	1. 本地区主要病虫种类分析 2. 本地区主要病虫害防治措施制定 3. 防治工作历体例 4. 防治工作历内容	学生自评,小组成员间互评,教师或专业技术人员点评和批改	1. 对本地区主要苗木病虫害种类分析准确、全面 2. 提出的预防与控制措施符合原则要求 3. 撰写的防治工作历内容全面、语言得体、体例规范	20
综合评价情况	自评分		学生互评分	

综合评价情况	自评分		学生互评分		教师或专业技术人员评价		综合评价成绩	

2.8 实训参考资料

国家林业局森林病虫害防治总站.林业有害生物防治历[M].北京:中国林业出版社,2010.

2.9 拓展训练项目

选择本地区3~4个树种的人工幼林,根据历年病虫害调查与防治资料,编制一份人工幼林病虫害防治工作历。

工作任务3 园林植物食叶害虫防治作业设计与施工

3.1 任务描述

园林植物食叶害虫防治作业设计与施工的工作任务是根据当地常见多发园林植物食

叶害虫的生物生态学特性、监测数据和调查资料,以一个行政单位为施工设计的基本单位,进行施工作业设计,并能够按照园林植物食叶害虫防治作业设计组织防治施工。设计内容包括作业地点、林分概况、害虫种类、危害情况(危害程度、受害株率和虫口密度)、防治范围和面积,需把防治面积、技术措施和工程量落实到小班或林权所有者,并绘制附有相关说明的施工作业图表。

通过园林植物食叶害虫防治作业设计与施工实际生产任务或模拟生产任务的训练,学生应基本掌握园林植物食叶害虫防治作业设计的内容、方法和步骤,具备开展园林植物食叶害虫防治作业的基本技能和组织能力。

3.2 实训内容与模式设计

由于不同寄主植物有不同的食叶害虫,可根据当地的实际情况,选择一种食叶害虫作为园林植物食叶害虫防治作业设计与施工的对象。根据该食叶害虫的调查资料和监测数据开展园林植物食叶害虫防治作业设计与施工。

实训形式可采取生产性实训或模拟仿真实训。生产性实训可结合当地园林有害生物防治机构的防治任务进行,以园林主管部门提供的食叶害虫的调查数据和监测数据为依据;模拟仿真实训可就地选择一定面积的林分开展实训,以学生自行调查获得的食叶害虫的资料和数据,或者给定的食叶害虫的调查数据和监测数据为依据。

学生以6~8人规模划分实训小组,实训指导教师或生产技术人员负责技术培训、现场指导、质量检查和实训表现考核评价等。

3.3 实训流程

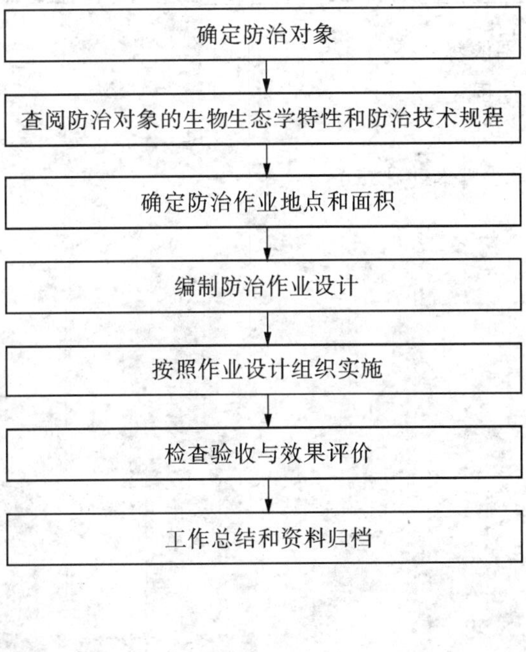

3.4 实训目标

(1)会编制园林植物食叶害虫防治作业设计。

(2)会按照园林植物食叶害虫防治作业设计组织实施。

(3)培养组织管理能力、应急处理能力。

(4)培养团结协作和吃苦耐劳精神。

3.5 实训备品

作业设计格式文本、地形图、小班区划图、农药、施药器械、效果调查用表、记录夹等。

3.6 实训内容与方法

在开展实训前,指导教师根据工作任务要求,选择与之相符的实训场所,向学生讲解相关知识,提供相关资料、信息,划分实训小组,明确实训任务,为学生顺利进入实训情境奠定基础。

3.6.1 确定防治对象

根据当地园林食叶害虫的监测数据和调查资料,确定防治对象。

3.6.2 查阅防治对象的生物生态学特性和防治技术规程

广泛查阅资料,获取防治对象的生物生态学特性和防治技术规程,确定当时当地防治目标食叶害虫的最佳技术措施。

3.6.3 确定防治作业地点和面积

收集防治对象的调查资料和监测数据,确定防治作业地点和面积。

3.6.4 编制防治作业设计

防治作业设计体例如下:

________园林区________虫防治作业设计

一、作业设计的主要依据

二、虫害的位置与范围

1. 害虫名称:

2. 发生地点及面积(具体到林班):

三、林分概况

1. 林分组成:

2. 郁闭度:

3. 林龄(年):

4. 树高(m):

四、组织管理

1. 项目单位:

2. 项目单位地址:

3. 项目单位责任人:

4. 设计单位:

5. 设计单位地址:

6. 设计资质:

7. 设计责任人(职称):

五、防治技术措施

1. 作业地点(施工图):

2. 作业面积:

3. 药剂名称:

4. 施药时间:

5. 农药的配置:

6. 药施方式及药械:

7. 农药安全间隔期:

8. 施工安全防护:

9. 废液处理:

六、投资概算

防治总投入:

其中:

人工费:

农药费:

油料费:

运输费:

设备费和工具费:

劳保费:

技术培训费:

七、资金来源

八、效益分析

1. 避免或挽回经济损失估测:

2. 防治对生态环境影响估测:

3. 综合评价:

九、防治的保障措施

3.6.5 按照作业设计组织实施

采购药械、农药、用具及用品,组建施工作业队,分配任务,开展施工培训,并严格按照作业设计的要求开展防治作业施工。

3.6.6 检查验收与效果评价

3.6.6.1 验收时间和验收单位

防治工作结束后(化学防治在10天后),由审批单位(园林主管部门)或其委托的园林病虫害防治机构实施验收。

3.6.6.2 验收内容

检查验收的内容包括核实防治面积、检查防治效果(虫口减退率)、经费开支、对环境的影响和挽回的经济损失。

3.6.6.3　检查验收方法

按照防治作业设计,在防治作业区和对照区进行标准地调查,并填写防治效果检查表(表 B3-1)。

表 B3-1　防治效果检查表

作业地点：　　　　　　　　　　　　林分面积：

林分组成：

郁闭度：　　　　　　　　　　　　　平均树高：

防治前：有虫株率________%，平均虫口密度________，为害程度________；

防治后：有虫株率____%，平均虫口密度____，平均死亡率____%，校正死亡率________%。

标准树号	药剂名称	处理方法	用药量	总虫数	死亡情况					死亡率(%)	校正死亡率(%)
					2 天	5 天	10 天	20 天	……		

3.6.6.4　验收报告书

效果检查验收后 15 天,验收单位应向防治单位和验收委托单位提交验收报告书。验收报告书的内容包括验收时间、验收调查的内容以及对防治效益的评价、对防治作业设计和防治施工质量的评价。防治作业设计评价包括选择农药是否恰当、防治方式是否合理、防治时间是否及时等;防治施工质量评价主要依据漏防面积、防治成本、作业期长短等进行评价。

3.6.7　工作总结和资料归档

总结防治工作中的经验和问题,并将资料归档。防治作业设计和验收报告书是园林病虫害防治工作的重要技术资料,要立卷存档,妥善保管,并将有关数据输入测报防治信息系统存盘保管。

3.7　考核评价标准

本实训从专业知识、实践操作技能和实训表现 3 个方面对学生进行评价,其中实践操作技能和实训表现通过学生自评(20%)、学生互评(30%)、教师或专业技术人员点评(50%)进行考核。考核评价方案见表 B3-2。

3.8　实训参考资料

(1)美国白蛾防治技术方案(http://www.forestpest.org/senfang/youhai)。

(2)松毛虫防治技术方案(http://www.forestpest.org/senfang/youhai)。

(3)杨树食叶害虫防治技术方案(http://www.forestpest.org/senfang/youhai)。

(4)美国白蛾专题片(http://v.pps.tv;http://xiyou.cntv.cn)。

(5)松毛虫专题片(http://sannong.cntv.cn)。

表 B3-2　考核评价方案

考核评价内容类别	考核评价内容	考核形式	考核评价建议要求	分值
专业知识	1. 死亡率和校正死亡率 2. 作业设计及组织施工的工作流程	教师组织笔试或抽签口试	1. 概念清晰，计算正确 2. 熟悉工作流程，掌握每个步骤的工作要求	25
实践操作技能	1. 确定防治对象 2. 查阅防治对象的生物生态学特性和防治技术规程 3. 确定作业地点和面积 4. 编制防治作业设计 5. 按照作业设计组织实施 6. 检查验收与效果评价 7. 工作总结和资料归档	现场考核实训全过程	1. 防治对象选择科学 2. 防治对象的技术资料收集齐备，具有针对性 3. 防治作业地点和面积科学合理 4. 作业设计规范，科学合理，可操作性强 5. 施工组织安排合理，技术要求执行到位 6. 检查验收与效果评价实事求是 7. 工作总结翔实，资料规范归档	55
实训表现	1. 实训态度 2. 计划执行情况 3. 沟通与协作 4. 安全意识	现场考核实训全过程	1. 态度积极主动，有良好的敬业精神 2. 计划执行能力强，按时完成任务 3. 小组成员之间团结协作，勤于思考 4. 实训中注意安全，未发生安全事故	20

综合评价情况	自评分		学生互评分		教师或专业技术人员评价		综合评价成绩	

3.9　拓展训练项目

以景区、生活小区或校区为单位，选取其中一种或多种严重发生的食叶害虫为防治对象，开展食叶害虫系统防治的作业设计，并组织施工。

也可在选定防治对象后，以生物防治或物理机械防治为手段，开展食叶害虫系统防治的作业设计，并组织施工。

工作任务4　白蚁防治作业

4.1　工作任务描述

白蚁为等翅目昆虫，世界已知的有2 000余种，主要分布在长江以南及西南各地。白蚁体柔软，白色、淡黄色或暗色。触角念珠状。口器咀嚼式。有翅或无翅，有翅者，翅2对，狭长，前后翅大小形状和脉序都很相似，故称等翅目。白蚁是多型性的社会性昆虫，一个群体可达180万头，若虫和成虫生活于一个巢内。每个巢内有蚁王、蚁后以及为数极多的繁殖蚁（长翅型、短翅型、无翅型）和非繁殖蚁（工蚁和兵蚁）等。蚁后为雌性，无翅，腹部极大，专事与蚁王交配产卵；蚁王为雄性，每巢一至数只，主要职能是为蚁后交配授精；非繁殖蚁包括雌雄两性，多具翅，数量最多，其职能是觅食、筑巢、开路，以及饲育蚁王、蚁后和兵蚁，照料幼蚁，搬运蚁卵等；兵蚁一般头部发达，上颚强大，职能是守巢、警卫、战斗等。

白蚁可分为土栖、木栖和土木栖3大类，它除危害房屋、桥梁、枕木、船只、仓库、堤坝等外，还是树木木材的重要害虫。

据统计，危害木本植物的白蚁达90多种，其营巢于土中，取食苗木的根、茎，致使苗木生长不良或整株枯死，并在树木上修筑泥被，啃食树皮，亦能从伤口侵入木质部为害。防治白蚁对林木的危害，是我国南方林业工作者应掌握的技能。

4.2　实训内容与模式设计

本项任务以危害活立木树皮、浅木质层以及根部的黑翅土白蚁 *Odototermes formosanus* (Shiraki)和危害房屋木构件、桥梁以及四旁绿化树木的家白蚁 *Coptotermes formosanus* (Shiraki)为防治对象，在掌握其生物学特性和发生规律的基础上，对受害树木制订防治方案，确定最佳防治时机，采取有效控制措施。实训时间宜在4～5月和9～10月。实训形式以小组为单位，选遭受白蚁危害的林地作为实训场地，在教师指导下进行。

4.3　实训目标

通过实训，学生能够根据地形特征、受害树木分布状况、泥被泥线和分群孔、鸡枞菌出现的位置等判断巢位，掌握人工挖巢、压烟灭蚁、诱杀等控制技术的实际应用。

4.4 实训流程

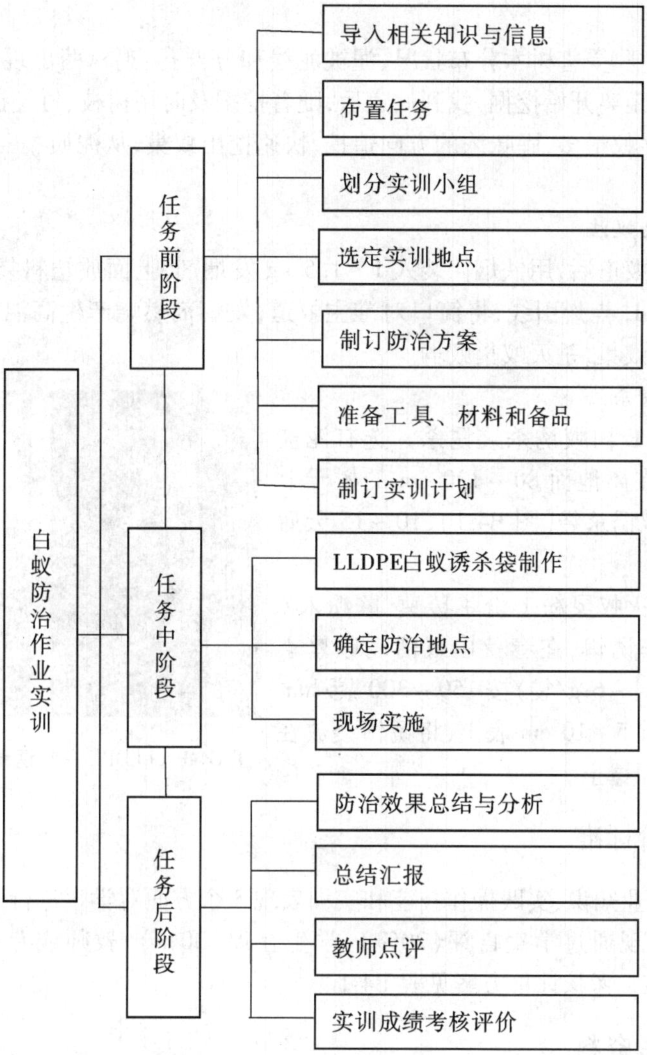

4.5 实训场所与器材

镢头、洋镐、铁烟筒、钢卷尺、镊子、LLDPE 白蚁诱杀袋、塑料袋、发烟剂、引线、松木段、甘蔗渣、芒萁草、80% 敌敌畏乳油、70% 灭蚁灵粉等。

4.6 实训内容与方法

4.6.1 **LLDPE 白蚁诱杀袋制作**

按松、杉、悬铃木锯末各约 20%，小米粉 14%，糯米粉 13.8%，甘蔗渣 10%，增效剂 2%，防腐剂 0.2%，95% 氟铃脲 0.025% 的比例配制白蚁诱杀剂，灌装到 LLDPE 条形塑料袋中，制成 LLDPE 白蚁诱杀袋。

4.6.2　现场实施

按实训小组分别采用挖巢法、压烟灭蚁法、饵料诱杀法进行。

4.6.2.1　挖巢法

根据地形特征、受害树木分布状况、泥被泥线和分群孔、鸡枞菌出现的位置等判断巢位。然后离一定距离开始挖掘，找到蚁道后，随着挖掘及时用树枝、竹篾插入标记，直到找出主蚁道，再向兵蚁最多、腥味浓的方向追挖，快速挖出蚁巢，从泥质“王室”中找出蚁王、蚁后。

4.6.2.2　压烟灭蚁法

挖掘找到主蚁道后，用铁烟筒装入 1 ~ 1.5 kg 发烟剂，上面放塑料袋，盛装 80% 敌敌畏乳油 10 ~ 20 mL，点燃引线，将筒口对准主蚁道，发烟剂燃烧产生高温、高压，将敌敌畏烟雾迅速压送到蚁巢，杀灭蚁巢蚁群。

4.6.2.3　饵料诱杀法

(1)用 LLDPE 白蚁诱杀袋诱杀。选有泥被或泥线的林木，在离地面 80 ~ 120 cm 的树干上缠系 LLDPE 白蚁诱杀袋(图 B4-1)，10 ~ 15 天后检查引诱效果。

(2)用 70% 灭蚁灵粉 1 份 + 菝葜、蕨粉末 6 份 + 食糖 1 份作诱饵，在春秋白蚁活动频繁季节，将诱饵装袋(4 ~ 6 g/袋)按 150 ~ 300 袋/hm^2 投放，投放前铲除 5 ~ 10 cm 表土，将诱饵袋放在枯枝杂草间，上面覆土。

图 B4-1　LLDPE 白蚁诱杀袋及其缠系高度

(仿江建国)

4.7　考核评价标准

本实训从专业知识、实践操作技能和实训表现 3 个方面对学生进行评价，其中实践操作技能和实训表现通过学生自评(20%)、学生互评(30%)、教师或专业技术人员点评(50%)进行考核。考核评价方案见表 B4-1。

4.8　实训参考资料

[1]莫建初，郭建强，龚跃刚．城乡白蚁防治实用技术[M]．北京：化学工业出版社，2009.

[2]江建国，赵玉清，江靖，等．林间白蚁诱杀剂研究[J]．中国森林病虫，2012，31(2)：30-32.

4.9　拓展训练项目

调查本地区白蚁的种类和民间防治白蚁的经验，提出白蚁的防治建议。

表 B4-1 考核评价方案

考核评价内容类别	考核评价内容	考核形式	考核评价建议要求	分值
专业知识	1. 黑翅土白蚁与家白蚁形态特征区别 2. 黑翅土白蚁与家白蚁生物学特性 3. 黑翅土白蚁与家白蚁寄主异同	教师组织笔试或抽签口试	1. 准确表述黑翅土白蚁与家白蚁形态特征 2. 熟悉黑翅土白蚁与家白蚁生物学特性 3. 了解黑翅土白蚁与家白蚁寄主的异同	20
实践操作技能	1. 制定实训工作历 2. LLDPE 白蚁诱杀袋制作 3. 确定防治地点 4. 判断蚁巢位置 5. LLDPE 白蚁诱杀袋使用 6. 压烟灭蚁操作 7. 灭蚁灵诱杀袋投放 8. 防治效果总结与分析	现场考核实训全过程，学生自评，小组成员间互评，教师或专业技术人员点评	1. 按比例准确配制并制作 LLDPE 白蚁诱杀袋 2. 能根据白蚁危害状况设置标准地 3. 能大概判断蚁巢位置 4. 会使用 LLDPE 白蚁诱杀袋 5. 掌握压烟灭蚁操作方法 6. 会投放灭蚁灵诱杀袋 7. 防治效果总结与分析符合实际，完整正确	60
实训表现	1. 实训态度 2. 计划执行情况 3. 沟通与协作 4. 安全意识 5. 环保意识	现场考核实训全过程，学生自评，小组成员间互评，教师或专业技术人员点评	1. 态度积极主动，有良好的敬业精神 2. 计划执行能力强，按时完成任务 3. 小组成员之间团结协作，勤于思考 4. 实训中注意安全，未发生安全事故 5. 遵守森林防火制度	20

综合评价情况	自评分		学生互评分		教师或专业技术人员评价		综合评价成绩	

工作任务5　农药林间药效试验设计与实施

5.1　工作任务描述

农药林间药效试验是在林间进行的农药对有害生物施药效果的试验,这是确定新的农药品种能否在本地区危害该树木有害生物防治上大面积推广的重要方法,也是生产和科研上比较不同品种农药药效和确定最佳施药浓度、施药量及施药方法的重要手段,是园林植物有害生物防治员必备的技能。

药效试验根据试验地面积大小,可分为小区药效试验、大区药效试验和大面积(生产)示范试验。一般在圃地进行小区药效试验和大区药效试验,在林地进行大区药效试验和大面积(生产)示范试验。

5.1.1　小区药效试验

小区药效试验设计对试验地面积和形状要求:面积一般为0.1~0.5亩,较大的树木可以株数为单位;形状一般以长方形为好,可减少立地条件差异带来的影响。长宽比例根据地形、株行距而定。

5.1.2　大区药效试验

在小区药效试验的基础上,选择少数有效的药剂或剂型,进一步做大区药效试验。大区的面积一般为0.5~2亩,可不设重复或只重复一次。大区试验一般误差较小,试验结果可作为推广的依据。对于一些活动性较强的,不易搞小区试验的虫、鼠害,可直接做大区试验,但应设标准药剂(当地常用的药剂)作对照。

5.1.3　大面积(生产)示范试验

经小区和大区药效试验,确认了药效和经济效益符合要求的农药后,便可做大面积(生产)示范试验,然后推广使用。

农药的药效试验工作流程可归纳为:确定试验目的→选择供试农药品种→确定试验林分→制订试验方案→小区排列设计→选择农药处理项目→处理区与对照区有害生物调查 →施药作业→设置警示标志→药效调查→药效分析→撰写药效试验报告。

5.2　实训内容与模式设计

本次实训内容为苗木叶部病害农药小区药效试验。实训场所建议选在发生叶部病害的面积为3 000 m^2 的圃地,时间安排在病害发生期。采用综合实训形式,由教师介绍药效试验的原则和方法,下达任务;学生以5~6人为一组,由组长带领拟订药效试验方案,通过教师批准后实施。教师在实训过程中予以指导并监督安全,防止违规作业。按规定的时间学生检查药效,并写出药效试验报告,教师批阅。

5.3 实训流程

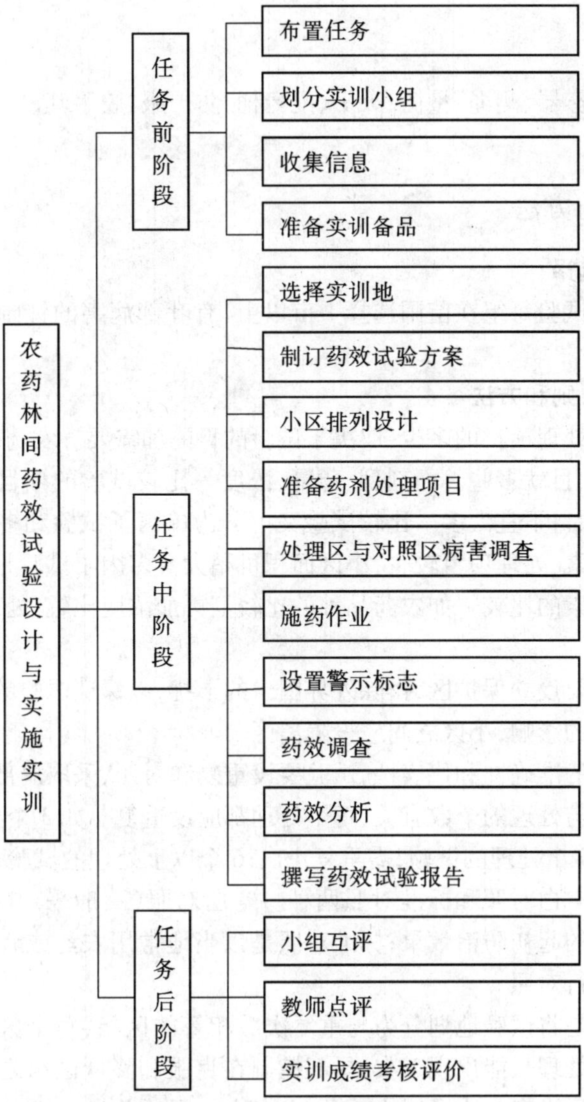

5.4 实训目标

(1)会按要求拟订药效试验方案。
(2)会选择试验圃地。
(3)会进行药效试验小区排列设计。
(4)会设计调查用表并调查施药前后的发病率与病情指数。
(5)会进行药剂稀释配兑。
(6)会使用背负式手动喷雾器进行施药处理。
(7)会整理分析调查数据,计算防治效果。
(8)培养观察能力和分析总结能力。

(9)培养团结协作意识和吃苦耐劳精神。

(10)培养组织管理能力和安全环保意识。

5.5 实训备品

背负式手动喷雾器、测绳、量筒、天平、配药桶、防护服、胶手套、口罩、汽油、杀菌剂、记录夹等。

5.6 实训内容与方法

5.6.1 试验地的选择

本次小区药效试验每组在苗圃选择 1 亩以上、有叶部病害的针阔叶苗木的地块作为试验地。

5.6.2 试验设计原则和方法

小区药效试验处理项目的多少,取决于试验的目的和需要。农药新品种的比较试验,因种类较多,处理项目就多些。而剂型、药量、浓度等比较试验的项目就少些。为提高试验的准确性,处理项目不宜太多。比较试验又可分为单因子试验和多因子试验。单因子试验只比较一个因素,处理项目较少,小区面积可稍大。多因子试验是在一个因素的比较上再附加另一个因素的比较。如农药品种的比较上再加浓度比较,处理项目较多,小区面积可适当缩小。

在试验区四周要设立保护区,排除外界因素的干扰,以保证试验的准确性。为防止不同处理项目相互间的影响,小区之间应设隔离区。

为了提高试验的准确性和代表性,试验要设重复和对照,采取局部控制和随机排列的方式。重复的多少与处理的个数有关,每个处理都应设重复。如 3 个处理的试验,每个处理需重复 6 次;4 ~5 个处理的试验,需重复 4 次;6 个以上处理的试验,需重复 3 次。

对照通常分为空白对照和标准对照两种。空白对照(一般采用喷清水)设置的目的是获得农药新品种的起初防治效果;标准对照是以当地常用农药或者防治效果最佳的农药作为标准药剂进行对照。

局部控制原则是将试验地划分为与重复次数相等的区组,每个区组中包括每一种处理,同时,任何一种处理只能出现 1 次,局部控制在克服和降低区组之间的差异的同时将处理之间的差异凸显出来。为了减少重复(区组)之间的差异,一般原则是:不同处理在试验地内应呈随机分布,以消除病虫鼠害分布不均和立地条件不同而引起的误差。小区药效试验排列方式有多种,主要有对比排列(图 B5-1)、随机排列(随机区组设计)(图 B5-2)和拉丁方排列(图 B5-3)。

对比排列就是每隔 2 个处理区设 1 个对照区。这种排列法的优点是:每个对照区两旁各有 1 个处理区,便于互相比较,而且可以减少土壤、病虫鼠的差异,使试验结果比较准确。但由于对照区较多,占地面积大,如果处理项目较多,此法就不宜采用。

随机区组设计是每个重复(区组)中只有 1 个对照区(或标准区)。对照区加入试验处理中一起进行随机排列,而且在不同重复中的试验处理数目相同,各种处理在同一重复中只出现 1 次。虽然各区组有差异,但这种差异对各种处理无影响,因为每种药剂处理都

处理1	标准区（对照）	处理2	处理3	标准区（对照）	处理4	处理1	标准区（对照）	处理2	处理3	标准区（对照）	处理4

图 B5-1 对比排列

有相等机会分布于各区组,而且同样受该区组差异的影响。

重复Ⅰ	1	3	2	4	6	5	重复Ⅱ	4	2	3	6	1	5
重复Ⅲ	3	6	1	5	4	2	重复Ⅳ	6	1	5	2	4	3

图 B5-2 随机区组设计

拉丁方排列是比随机区组设计更多一限制的随机排列设计,它是将处理从 2 个方向排列成区组或重复,每一直行和每一横行都成为 1 个区组或重复,而每一处理在每一直行或横行都只出现 1 次。所以,拉丁方排列的重复数、处理数、直行数、横行数均相同,它可以从直行和横行 2 个方向消除土壤差异,因此有较高的精确度。但其缺乏伸缩性,因其重复数必须等于处理数,处理数过多,则重复次数就出现不必要的多;处理数少,则重复数必然少,致使估计误差的自由度太小。

3	4	1	5	2
5	3	4	2	1
2	1	5	3	4
1	2	3	4	5
4	5	2	1	3

图 B5-3 拉丁方排列

本次小区药效试验设计采取随机区组设计。在试验区中央位置按随机区组设计进行农药药效试验小区设计,设 5 个处理(对照作为 1 个处理)、4 个重复(图 B5-4),每个处理(含对照)区面积不少于 33 m^2。

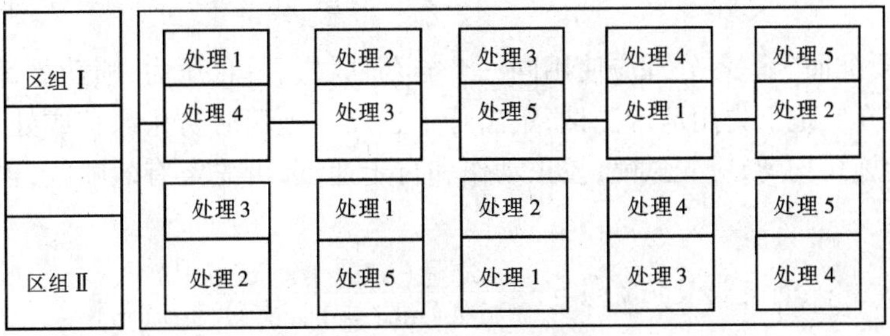

图 B5-4 小区随机区组设计

根据苗木叶部病害的种类,选择试验用药剂浓度。药剂可采用多菌灵、甲基硫菌灵、三唑酮、烯唑醇等。对照区可采用清水喷雾,处理区可用药液喷雾。为便于操作、简便易行,建议区组Ⅰ设4个不同药剂和浓度的处理,设1个对照。

5.6.2.1 施药时期和时间

杀虫剂要根据药剂特点和试验对象的发生、发育规律来确定。某些杀虫剂对幼虫杀灭效果好,而对成虫、卵和蛹杀灭效果差,试验应在幼虫发生期进行。若在一种害虫发生的高峰期或衰退期施药,由于天敌的跟随现象或外来因素的影响,空白对照区的虫口密度大幅度下降,残存的虫口与药剂处理区的虫口相差无几,这样的结果将难以评价药剂的效果。对食叶害虫在害虫种群密度发展的时期施药,可取得明显的对比效果。对钻蛀性害虫可在卵孵化高峰期施药。发生期长或世代交替现象较严重的害虫,可间隔一定天数施药。杀虫剂的施药时间要根据害虫生活习性来确定,如某些夜蛾幼虫,往往早晚爬上植物的上部或外表为害,而白天光线较强时则爬到植物基部或隐蔽部位,甚至钻入土缝中,施药时间以早晨或傍晚为好。对活动性小的蚜、螨,施药时间就不必太严格要求。

杀菌剂要根据供试药剂的特点,决定施药时期。若为保护剂,必须施于病害发生之前以阻止病菌侵入。若为治疗剂,则应施于病害入侵的初期;一旦病害已造成严重损失,施用高效剂(或高用量)也无法使植物恢复到无病状态。施药时间要根据病害发生规律和危害特点来确定。如在病原菌的孢子一天中释放量大的时间施药效果较好。

一组试验中,前后施药时间尽量缩短,至少要在1天内完成。

5.6.2.2 施药量

要求试验区各处理施药均匀,数量准确。准确的施药量是建立在农药制剂的准确稀释倍数(使用的有效浓度)和小区面积内实际施用药液或药土数量基础上的。施药量表示农药的使用量,一般是指在施药时,一定面积上一次施用的药量,常用的是单位面积(每公顷)的使用量,用有效成分量(g(有效成分)/hm^2)表示,或用制剂量(要注明制剂含量)表示。不管用哪种方式表示,在药效试验报告中均要写明,并要统一。以稀释倍数表示时要写明每公顷喷药液量。小区用药量可用以下公式计算:

$$\text{供试药剂用量(g)} = \frac{\text{设计剂量}(g/hm^2) \times \text{小区面积}(hm^2)}{\text{供试药剂的有效成分含量}(\%)} \times 100$$

例如,设计剂量为40 g(有效成分)/hm^2,供试药剂的有效成分含量为40%,小区面积为0.05 hm^2,则小区用药量为:

$$\frac{40 \times 0.05 \times 100}{40}(g) = 5\ g(\text{制药})$$

喷施量要准而匀。各处理应使用同一个施药器械,孔口、压力、喷药量都要一致。正式施药前,应在空地上先用清水测试,定出行走速度。施药时防止漂移或处理之间干扰。喷雾时,为使施药均匀,应先试喷,校正动作和行走速度,可先定有效喷幅,再计算行走速度。

$$\text{行走速度}(m/s) = \frac{\text{流量}(mL/s) \times 667(m^2)}{\text{喷液量}(mL/\text{亩}) \times \text{有效喷幅}(m)}$$

小区面积小,宜选喷幅较小的药械。药械的工作压力应保持正常、稳定。常用的背负式喷雾器工作压力为0.3～0.4 MPa,每分钟均匀打压20次左右时,压力可基本保持稳定;但如果打打停停,压力就会发生很大波动。压缩式喷雾器有一种压力递降的喷雾器,装满药水后一次打足气,压力可达0.5～0.6 MPa,开始喷雾后,很快就降低到不能雾化的程度;通常在喷出1/2药水时须第2次打气,但压力同样发生递降,压力不稳,雾化细度不同,影响药剂在靶标上的沉积量,影响药效。

首先查看本次小区药效试验药剂农药标签的设计剂量、有效成分含量,然后根据试验小区面积,按公式计算各小区用药量,再按试验设计的浓度配制药液。对照用清水,清水量同药液量。

施药前先在空地上用清水测试背负式喷雾器械的有效喷幅,再根据该喷雾器械设计的流量(m^3/s)、喷液量(mL/亩),按公式计算出使用该喷雾器械的行走速度。

使用5个背负式手动喷雾器(每组1个),分别将配制好的4个处理的药剂和对照的清水装入相应的喷雾器中,进行喷雾操作。喷雾时要用硬纸板等保护另一小区不受影响;每个小区喷液量要一致;严格按设计的小区顺序进行不同处理的喷雾作业,不得打乱顺序。

5.6.3 药效调查

5.6.3.1 药效调查的取样

药效试验的目的是取得药剂防治效果的依据,因此必须在试验前检查病虫害发生危害的基数,施药后的一定时间内检查试验对象的发生或危害的发展变化情况。如果观察药效的持久性,还需连续检查,直到药效完全消失为止。

药效结果正确与否,与取样的方法和数量有很大关系。从原则上讲,以检查试验区的总体为最精确,但因费工往往难以做到,只能从中抽取一部分样本,以代表总体。因此,要采用适宜的取样方法,使取样点在试验区内分布得合理,所取样本具有代表性。通常采用随机取样法,即使试验区各个取样单位都有同等机会被抽取作为样本。常用的取样方法有对角线取样法、五点取样法、棋盘式取样法、平行线取样法、Z字形取样法等。

究竟采用哪种取样方法才能正确地做出估计,一般应根据植物种类、病虫分布和习性以及危害情况来确定。譬如,对于分布均匀、发生普遍的病虫,常采用五点取样法和对角线取样法;而对分布不均匀、发生较轻的病虫,应采用棋盘式取样法;对一些分布特殊的病虫种类,应针对其特点设计调查取样方法。

取样数量为多少才具有代表性,应根据试验对象的种类、发生危害密度以及植物的种类、种植密度等来决定。一般5～8个取样点较为合适,取样数量不宜少于处理植物的1%。

在检查药效时,要整理记载试验实施全过程中的每项活动和环境情况,一般包括如下内容:试验地点,土壤类型,如用药剂处理土壤或施药于水中和土表,应测土壤pH值及有机质和水分含量;供试植物种类、品种及其生育阶段;试验对象的病情指数、害虫的虫态和虫龄、害鼠的雌雄性比及年龄;小区面积、数目、排列方式;药剂名称、含量、剂型及生产厂家、施药日期和剂量;施药方法、使用机具;施药时和施药后数天内的气象条件;药效调查方法、调查数据、药害情况;试验药剂以外的其他农药使用情况。

5.6.3.2 杀虫剂药效调查

杀虫剂可采用下列方法进行药效调查,并填写调查表(表B5-1)。

表 B5-1　杀虫剂药效调查表

编号	处理区	浓度及用量	喷药日期	检查方式	检查数量（株、枝或个）	虫龄	供试虫数（个）	喷药后死亡数或下降百分率（%）							备注
								1 天	2 天	3 天	4 天	5 天	6 天	7 天	
1															化学药剂应检查 3 天以上；菌剂农药 10 天以上
2															
3															
4															
5															
6															

1. 标准树调查法

在每个标准地中选标准树 5 ~ 10 株，喷药前检查树冠虫数、虫龄，喷药后 8 小时、24 小时、48 小时等，定期检查各龄死虫数。检查时间一般为连续 3 天以上（生物制剂在 10 天以上），必要时可以延长。高大的树木，事前检查树冠上的虫数有困难，可在喷药后，逐日统计地面死虫数，直至不再发现死虫为止，再将标准树上残留活虫全部震落于地上，计算防治效果。对于蛀干等害虫，可用伐倒木统计法。选择与喷药条件相似的小区作对照。

2. 标准枝调查法

在喷药前先统计一定数量枝条的害虫数，喷药后再统计害虫的存活与死亡数；也可砍小枝进行统计。此种方法适用于繁殖快、个体小的害虫，如蚜虫和红蜘蛛等。

3. 套笼法

把害虫套在笼内统计死亡情况。此法适用于活动力强的害虫，如杨毒蛾和柳毒蛾等害虫。

4. 统计虫粪法

通过喷药前后单位面积上虫粪数量的比较来计算。

5. 网扫法

于作业区内，按对角线选 10 个检查点，或随机选取检查点，每点于喷药前及喷药后的成虫活动时间，定时用捕虫网扫 20 下，记载扫到网中的成虫数，根据数量的减少来计算药效。在未喷药区以同样方法捕获成虫，以便对照。

6. 检查果实、种子被害率及其中虫数

在喷药前和喷药后 3 天、7 天、14 天、21 天，于每株树上，采摘果实 100 个以上，检查果实或种子被害数及其中死、活虫数。在不喷药区用同样方法进行检查作为对照。

7. 调查种子产量

在种子成熟时，于作业区内按对角线或随机取样，选有果实的树若干株，每株树上各采果 50 个以上，检查果实及种子被害情况，并计算所得种子量及千粒重。

5.6.3.3　杀菌剂药效调查

杀菌剂药效调查一般在施药前及施药后 7 天、10 天、15 天调查发病率及病情指数，调查方法与森林病害一般调查相同,其样地数量与设置参见"工作任务1 园林植物病虫害一般性调查"。

本次小区药效试验在喷药前及喷药后的7天、10天、15天,对每个处理区和对照区按对角线、五点、棋盘式等取样法选择样地,样地总面积应为试验面积的0.5%,每个样地为0.5~1 m^2 或1~2 m长的条播带,原则上样地内苗木以不少于100株为宜。在样地内调查苗木发病种类、各病级(Ⅰ、Ⅱ、Ⅲ、Ⅳ、Ⅴ级)苗木株数,记载苗圃的基本情况。

5.6.4 药效分析

杀虫剂药效以死亡率或虫口减退率表示。

在害虫虫口密度变化不大的情况下,如试验的药剂有效,则防治后的虫数一定减少。对于这类害虫的药效试验结果,只要防治前、后取样检查虫口数的变化,计算死亡率或虫口减退率即可。其计算公式如下:

$$\text{死亡率或虫口减退率} = \frac{\text{防治前活虫数} - \text{防治后活虫数}}{\text{防治前活虫数}} \times 100\%$$

在一般情况下,害虫自然死亡数是很少的,按上式计算的结果,基本反映了药剂的效果。但在自然死亡率相当高(自然死亡率在5%~10%)的情况下,上式计算的结果就不能反映真正的药效,必须进行更正。为此,在设计药效试验时,应增加不施药的对照处理,这样就能计算出更正死亡率或更正虫口减退率。其计算公式如下:

$$\begin{array}{c}\text{更正死亡率或}\\\text{更正虫口减退率}\end{array} = \frac{\begin{array}{c}\text{防治区虫口}\\\text{减退率(死亡率)}\end{array} - \begin{array}{c}\text{不防治对照区虫口}\\\text{减退率(死亡率)}\end{array}}{1 - \text{不防治对照区虫口减退率(死亡率)}} \times 100\%$$

蚜虫及螨类因繁殖力很强,对于作用缓慢(在2天以上)的药剂,有时不防治对照区的蚜虫或螨类的虫口数比试验前增加,因此运用上述更正死亡率或更正虫口减退率公式时,凡遇不防治对照区虫口数增加的情况,则将公式中不防治对照区虫口减退率(死亡率)前都改用"+"号。

用杀菌剂防治植物病害,很难直接检查病菌死亡情况,只能以病情消长来表示防治效果,一般统计病害的发病率和病情指数。例如苗期病害,可随机定点取样来检查一定数量的苗株,统计病苗或死苗数,计算发病率。根据防治前后的发病率,可以计算病害的防治效果。其计算公式如下:

$$\text{发病率或普遍率} = \frac{\text{病苗(株、叶)数}}{\text{检查苗(株、叶)数}} \times 100\%$$

有些病害,在不同植株上或同一植株的不同部位上,危害程度有轻重之别,可以根据叶上的病斑数多少分为若干等级(如分为Ⅰ、Ⅱ、Ⅲ、Ⅳ、Ⅴ 5级),然后分别检查药剂防治区和不防治对照区的各级病叶数,计算防治区和对照区的病情指数,根据防治区与对照区的病情指数计算防治效果。

$$\text{病情指数} = \frac{\sum(\text{各病级代表值} \times \text{各病级株数或病叶数})}{\text{检查植株数或叶数} \times \text{最高发病级代表值}} \times 100$$

$$\text{防治效果} = \frac{\text{对照区病情指数} - \text{防治区病情指数}}{\text{对照区病情指数}} \times 100\%$$

$$\text{实际防治效果} = \frac{\text{对照区病情指数增长值} - \text{防治区病情指数增长值}}{\text{对照区病情指数增长值}} \times 100\%$$

本次小区药效试验通过计算获得4种不同药剂和浓度处理及清水喷雾对照苗木发病率、病情指数，根据防治前后的发病率和病情指数及对照区发病率和病情指数，计算防治效果、实际防治效果。

5.7 考核评价标准

本实训从专业知识、实践操作技能和实训表现3个方面对学生进行评价，其中实践操作技能和实训表现通过学生自评(20%)、学生互评(30%)、教师或专业技术人员点评(50%)进行考核。考核评价方案见表B5-2。

表B5-2 考核评价方案

考核评价内容类别	考核评价内容	考核形式	考核评价建议要求	分值
专业知识	1. 药效试验的类型与目的 2. 苗木病害防治药效试验程序 3. 发病率、病情指数、防治效果的概念及计算	教师组织笔试或抽签口试	1. 概念清晰，表述准确 2. 熟悉工作流程，掌握每个步骤的工作要求 3. 会正确计算虫口密度、病情指数	25
实践操作技能	1. 药效试验方案制订 2. 选择试验圃地 3. 小区排列设计 4. 选择药剂处理项目 5. 药效试验前后防治区与对照区发病率和病情指数调查 6. 调查资料汇总整理及发病率、病情指数、防治效果计算与药效分析	现场考核实训全过程，学生自评，小组成员间互评，教师或专业技术人员点评	1. 会制订药效试验方案 2. 选择的试验圃地比较适合 3. 会进行小区药效试验设计 4. 正确选择药剂处理项目 5. 发病率、病情指数调查方法正确熟练，调查表格填写规范 6. 内业资料整理全面、细致。结果计算正确，药效分析符合实际，完整正确	55
实训表现	1. 实训态度 2. 计划执行情况 3. 沟通与协作 4. 安全意识 5. 环保意识	现场考核实训全过程，学生自评，小组成员间互评，教师或专业技术人员点评	1. 态度积极主动，有良好的敬业精神 2. 计划执行能力强，按时完成任务 3. 小组成员之间团结协作，勤于思考。亲和力强，能够与他人进行有效的沟通与交流 4. 实训中注意安全，未发生安全事故 5. 试验过程中环保意识强，注意保护环境	20
综合评价情况	自评分	学生互评分	教师或专业技术人员评价	综合评价成绩

5.8 实训参考资料

(1)《背负式手动喷雾器安全施药技术规范》(DB51/T 882—2009)。

(2)农药田间药效试验有关准则。

5.9 拓展训练项目

松毛虫是我国广大松林最严重的历史性大害虫,从南到北均有发生。其中,常见成灾的种类有马尾松毛虫、落叶松毛虫、赤松毛虫、油松毛虫、云南松毛虫、思茅松毛虫等。选择某一种松毛虫幼虫以小组为单位开展松毛虫药效试验。

工作任务6 园林植物检疫实施

6.1 工作任务描述

园林植物检疫是植物检疫的一部分,是园林生物灾害防治的重要环节。检疫御灾是通过实施风险评估、产地检疫、调运检疫、引种审批等措施,达到有效防御有害生物传播扩散的一项融行业管理、行政执法和技术服务于一体的园林生物灾害防控手段。园林植物检疫是各地森防机构的一项重要职能,是园林有害生物技术管理人员的职业能力之一。

6.1.1 产地检疫

6.1.1.1 概念

产地检疫是在植物或植物产品调运前,由植物检疫人员在其生长或生产期间到原产地进行检验、检测和必要的监督除害处理,并根据检验、检测和除害处理结果出具相关证明的过程。

产地检疫是我国对调运植物和植物产品,尤其是植物种苗检疫的一项重要制度。各级植物检疫机构对本辖区的原种场、良种场、苗圃以及其他繁育基地,按照国家和地方制定的相关植物检疫操作规程实施检疫,有关单位或个人应给予必要的配合和协助。种苗繁育单位或个人必须有计划地在无植物检疫对象分布的地区建立种苗繁育基地。新建的良种场、原种场、苗圃等,在选址以前,应征求当地检疫机构的意见。植物检疫机构应帮助种苗繁育单位选择符合检疫要求的地方建立繁育基地。已发现检疫对象的良种场、原种场、苗圃等,应立即采取有效措施封锁消灭。在检疫对象未消灭以前,所繁育的材料不准调入无病区;经过严格除害处理并经检疫机构检疫合格的,可以调运。试验、示范、推广的种子、苗木和其他繁殖材料,必须事先经过植物检疫机构检疫,查明确实不带植物检疫对象的,发给植物检疫证书后,方可进行试验、示范和推广。这些规定明确了植物检疫机构对种苗繁育基地的监督管理职责。

6.1.1.2 产地检疫程序

园林植物产地检疫程序包括产地检疫申报、产地检疫调查、产地检疫处理、产地检疫签证4个环节。

(1)产地检疫申报。需要进行产地检疫的单位或个人,应在年初将本单位当年的种苗繁育计划,包括种苗名称、品种、来源、繁育面积及地点、联系人等,呈报所在地的园林植物检疫机构,请求进行产地检疫。

(2)产地检疫调查。园林植物产地检疫调查方法按照园林植物检疫相关技术规程,在园林植物生长期和检疫对象发生期进行。调查对象是种子园、良种场、苗圃、花圃、采穗圃等生产基地和大棚、集贸市场、储木场等商品生产、储存、经营、加工等地的园林植物及其产品,主要调查检疫对象及其他危险性有害生物的发生情况。

(3)产地检疫处理。根据产地检疫现场检查、室内检验结果进行处理。

如发现产地的植物及其产品染有检疫对象或其他危险性有害生物,应签发除害处理通知单,督促并指挥生产单位或个人及时进行除害处理;如除害处理不合格,则令其停止调运,对目前尚无有效办法进行除害处理的园林植物及其产品,应令其改作他用或经省级森检机关批准后销毁。

对新发现的危险性有害生物,应采取有效措施彻底扑灭,以防其进一步传播蔓延,并依法及时向当地政府和省级园林植物检疫机关报告疫情。

(4)产地检疫签证。产地检疫调查(包括现场和室内检疫)后,对无森检对象的园林植物繁殖、生产场地及其产品,或除害处理后经复检合格场地,签发产地检疫合格证。

在调运园林植物及其产品时凭产地检疫合格证换取植物检疫证书,但产地检疫合格证的有效期一般不超过6个月。

经检疫检验未发现国内检疫对象或贸易合同中规定的应检有害生物时,由省级森检机关或被授权的地(市)、县森检机关签发植物检疫证书放行;省内县(市)间调运的园林植物及其产品,由所在地森检机关签发植物检疫证书放行。

6.1.2　调运检疫

调运检疫是指园林植物及其产品在调出原产地之前、运输途中及到达新的种植或使用地点之后,根据国家和地方政府颁布的检疫法规,由园林植物检疫部门,对应施检疫的园林植物及其产品所采取的一系列的检疫检验和除害处理措施。调运检疫是国内园林植物检疫的核心任务之一,是防止检疫对象人为传播的关键。

根据《植物检疫条例》及其实施细则规定,省间调运苗木、种子、其他繁殖材料、园林植物及其产品,应按园林植物检疫技术规程实施检疫,并由调出和调入的有关省、地、县(市)双方的检疫机构共同负责。即调入时须事先征得本地省级森检机构同意,并向调出单位提出检疫要求,调出单位持该检疫要求向当地省级森检机构或其委托单位申请检疫,检疫合格或处理合格,并取得植物检疫证书后方可调运,如无法消毒处理,则不能调运。交通运输和邮政部门一律凭植物检疫证书承运或收寄园林植物及其产品,调入地检疫机构应当查验证书并进行复检。省内地区、县之间调运苗木、种子、园林植物及其产品时,是否进行检疫,由省、自治区、直辖市人民政府确定。按照园林植物及其产品调运的方向,可将其划分为调出检疫和调入检疫两部分。

6.1.2.1　调出检疫程序

国内的调出检疫工作程序包含报检、受理报检、现场检查、室内检验、除害处理(若发现有害生物时必须进行)、结果评定与签证6个环节。

(1)报检。在货物进境前,由货主、承运单位或其代理人向所管辖地区的森检机构申请调运检疫,并填写园林植物检疫报检单,出示产地检疫合格证(未进行产地检疫的除外);调入地有检疫要求时,还应出具调入地森检机构的植物检疫要求书。若园林植物及其产品系从外地调进后,又需要调出时,则应按照园林植物检疫技术规程的要求,出示植物检疫证书。森检机关受理报检后,应及时安排实施检疫。

(2)受理报检。属省际调运时,由省级或经省级森检机关授权的地(市)、县森检机关受理货主的检疫申请;属省、自治区、直辖市内调运时,由所在地的森检机关受理。森检机关受理报检后,应仔细审核申报人提供的证件,根据报检单分析疫情,明确检验要求,准备检疫工具,确定现场检疫时间(15天内),并通知报检人。邮包寄件人在报检时,要同时交验邮包。

(3)现场检查。除货主出示相关检疫证件的可直接签发植物检疫证书外,其余的应检园林植物及其产品必须经过现场检查。进行现场检查时,首先应根据报检单,仔细核对受检的种类、数量、产地等,然后根据园林植物检疫技术规程的有关规定,进行抽样检查。若现场不能得出检疫结果,应抽取样品进行室内检验。抽取检验样品时,要给报检人签发采样凭证。

(4)室内检验。应按照园林植物检疫技术规程的相关规定,根据病原物和害虫的生物学特性、传播方式选用相应的检疫检验方法进行检验。试验样品不仅是检疫检验的材料,而且还是处理检疫纠纷的原始证据,应按照有关规定进行保管。

(5)除害处理。对应施检的园林植物及其产品,在现场检查和室内检验中发现携带有检疫对象或其他应检有害生物时,应签发除害处理通知单,责令受检单位或个人、托运人按照森检机关的要求,在指定的地点进行除害处理。处理后,经复查合格时才能放行。对尚无有效办法进行除害处理的货物或有害生物,应停止调运,令其退回,改变用途或控制使用。若上述办法均无效,应责令其就地销毁。但销毁货物的总值超过10 000元时,须经省级森检机构批准。

(6)结果评定与签证。现场检查和室内检验及除害处理结束后,应根据现行的森检法规或贸易合同中的检疫条款做出检疫结果评定。检疫机关在检疫检验,并进行检疫评定后,对符合有关检疫法规要求的园林植物及其产品,应签发植物检疫证书。

园林植物检疫检验的最终结果是签发植物检疫证书或检疫处理通知单。植物检疫证书是检疫机关准予调运园林植物及其产品的法律文书,是检疫机关行使检疫执法权力的一种形式,是防止人为传播检疫对象的关键措施。

6.1.2.2 调入检疫程序

根据《植物检疫条例实施细则(林业部分)》的规定,省际调运园林植物及其产品时,调入单位或个人必须事先征得所在省、自治区、直辖市园林植物检疫机构同意。调入者还应从其所在地森检机构取得向调出单位明确提出检疫要求的园林植物检疫要求书,调入者将该要求书交调出单位,按照要求进行检疫。

(1)检疫要求。提出检疫要求的根据是国家颁布的检疫对象、各省(自治区、直辖市)补充的检疫对象、其他危险性有害生物的疫情资料。

(2)复检。当园林植物及其产品调入后,调入地的森检机构(包括经省人民政府批准的木材检查站、森检检查站)应先查验调出地植物检疫证书,然后进行复检。①当复检时发现货物携带有检疫对象或其他危险有害生物时，应下达检疫处理通知单，立即采取相应的防范疫情扩散的措施，监督、指导收货人进行除害处理，并将有关情况及时通告调出地省级森检机构，双方的检疫机构应协商解决疫情的后续处理事项。②如发现国内、省内尚未发生的危害性有害生物，应立即采取除害处理措施，并报上一级森检机关。③如发现一般性有害生物，应视其危害程度和可能对当地林业生产带来的危害，建议货主做适当的处理。

(3)补检。过往森检检查站应施检的园林植物及其产品，如无调出地的植物检疫证书，则必须到当地森检机构进行补检，补检合格后，补发植物检疫证书，准其调运，并按《林业行政处罚程序规定》予以处罚。

6.1.2.3 邮包及携带物检疫

邮包检疫是杜绝有害生物传播的又一途径，国外很多国家已采取了不允许携带和邮寄所有植物及其活品入境的检疫措施。国内邮寄应施检的园林植物及其产品，由邮寄单位或个人携带邮包到当地森检机构报检。

(1)经检疫检验，未发现检疫对象时，由检疫单位签发植物检疫证书，寄件人持该证书到邮局办理邮寄手续；如检出有害生物，经除害处理合格后签发植物检疫证书；对目前尚无有效办法进行处理的有害生物及其邮寄物，则要责令寄件人停止邮寄。

(2)对无植物检疫证书并邮寄至当地邮局的植物及其产品和其他检疫物，邮局应给予暂扣，通知所在地的园林植物检疫机构进行补检，并按有关法规处罚；经检疫合格或除害处理合格后再行运递，如无有效方法进行除害处理，责令其改变用途，销毁或退回。

6.2 实训内容与模式设计

本项实训内容为产地检疫和调运检疫。实训时间为有害生物发生季节，实训地点选择具有检疫性有害生物或危险性病虫存在的苗圃、种子林、母树林1处，本地区县级以上园林病虫害防治检疫站3~4个。

该项目的产地检疫采用综合实训形式，调运检疫采用顶岗实习形式。将学生按5~6人分成小组，在教师指导下，到苗圃、种子林、母树林，现场检查其苗木所存在的检疫性有害生物，了解本地区的检疫性有害生物发生情况。与当地园林病虫害防治检疫站联系，分组到站上，由该站技术人员指导，参与其园林病虫害的检疫业务活动。

6.3 实训目标

(1)会实施园林检疫性有害生物的产地检疫。

(2)会实施园林检疫性有害生物的调运检疫。

(3)熟悉林业检疫性有害生物的检疫检验技术。

(4)会确定林业检疫性有害生物的除害处理方式。

(5)具有较强的口头与书面表达能力、沟通协调能力。

(6)具有严格执行园林植物检疫法律法规，依法办事的法律意识。

(7)具有细致、严谨、客观、公正、科学的园林检疫工作精神。

6.4 实训流程

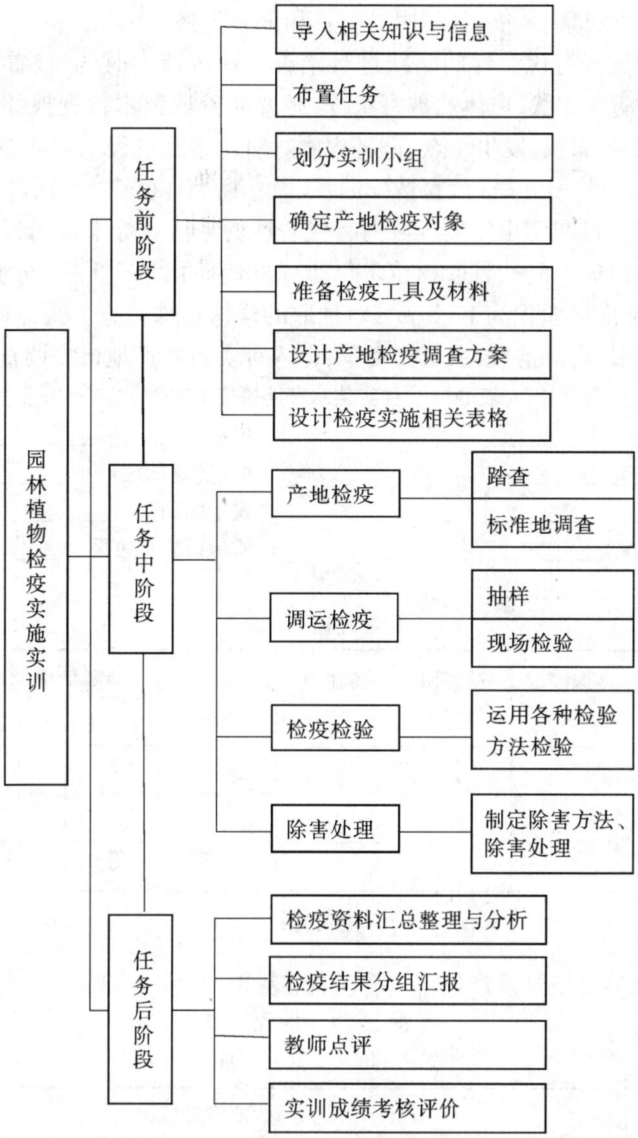

6.5 实训备品

软X光机、筛选振荡器、显微镜、解剖镜、熏蒸箱、帐幕、熏蒸剂、检疫单证、病虫害采集箱、记录夹及调查表格等。

6.6 实训内容与方法

6.6.1 产地检疫

6.6.1.1 苗圃检疫调查

(1)选择一处有检疫对象或危险性病虫存在的苗圃,在检疫性有害生物发生季节进行调查。

(2)询问苗圃的种苗来源、栽培管理及检疫性有害生物发生情况,确定调查重点和调查方法,准备好用于观察、采集、鉴定用的工具和记录表格。

(3)在苗圃中选择有代表性的路线进行踏查。踏查苗木时,需查看顶梢、叶片、茎干及枝条有无病变、病害症状、虫体及被害状等,必要时挖取苗木检查根部。初步确定病虫种类、分布范围、发生面积、发生特点、危害程度。对在踏查过程中发现检疫性有害生物和其他危害性病虫,需进一步掌握危害情况的,应设立标准地(或样方)做详细调查。

(4)标准地应选设在病虫发生区域内有代表性的地段。标准地的累计总面积应不少于调查总面积的0.1%~5%,针叶树苗木每块标准地面积为0.1~5 m^2(或1~2 m条播带),阔叶树每块标准地面积为1~5 m^2,对抽取的样株逐株检查。统计调查总株数、被害株数等,计算发病率、病情指数、虫口密度等,记入种实苗木产地检疫调查表(表B6-1)。

表 B6-1 种实苗木产地检疫调查表

调查地点________ 树种________

种源________ 面积(总株数)________

病虫名称(编号)________ 发生面积________

发生特点(分布情况)________ 防治措施及效果________

标准地调查记录________

标准地调查记录

样地(株)号	面积	总株(粒)数	被害株(粒)数	发病(虫)率	虫口密度	各级病株(粒)数					病情指数
						Ⅰ	Ⅱ	Ⅲ	Ⅳ	Ⅴ	

调查单位: 检疫员: 年 月 日

(5)填写产地检疫记录及产地检疫合格证(表B6-2、表B6-3)。

表 B6-2 产地检疫记录

产检字第 号 年 月 日

检疫地点	园林植物或林产品名单	总数量(千克、株、根)	产地检疫情况				备注
			抽查数量(千克、株、根)			危险病虫名称	
			计	不带危险病虫数	带有危险病虫数		
处理意见							

表 B6-3 产地检疫合格证

省(自治区、直辖市) 县林产检字〔 〕第 号

受检单位(个人)	
通信地址	
园林植物及其产品名称	
数量	
产地检疫地点	
预定起运时间	
预定运往地点	

检疫结果:

经检疫检验,上列园林植物及其产品中未发现园林植物检疫对象、补充园林植物检疫对象和其他危险性园林病虫,产地检疫合格。

本证有效期 年 月 日至 年 月 日

签发机关(盖森检专用章) 森检人员:

签发日期 年 月 日(签名或盖章)

备注	

6.6.1.2 种子园、母树林的检疫调查

(1)选设有检疫对象或危险性病虫的种子园或母树林,在检疫性有害生物发生期进行。

(2)在种子园或母树林中选择有代表性的地段设置标准地。同一类型的林分面积在 5 hm^2 以上时应不少于 4 块标准地,面积在 5 hm^2 以下时,选设 1 块标准地,每块标准地林木株数应不少于 10 ~ 15 株,按树冠上、中、下不同部位,每株随机采摘种子(果实)10 ~ 100 个,逐个进行解剖检查。

(3)用肉眼或借助放大镜直观检查采摘下的种子(果实)表面有无病害症状、虫体或危害特征(斑点、虫孔、虫粪等)。对种子表面色泽异常的,剖开种子内部检查是否有病害症状、虫体及被害状,确定病虫种类、被害数量及被害率,记入表 B6-1 中。

(4)填写产地检疫记录及产地检疫合格证(表 B6-2、表 B6-3)。

6.6.1.3 贮木场检疫调查

在实训地附近选择一处贮木场,从楞垛表面抽样或分层抽样调查。

对贮木场的原木、锯材、竹材、藤等,每堆垛(捆)抽样不应少于 5 m^3 或 3 ~ 6 根(条),每根样木选设样方 2 ~ 4 个,样方大小一般为 20 cm × 50 cm(或 10 cm × 100 cm);检查受检物表面有无蛀孔屑、虫粪、活虫、茧蛹、病害症状等,并铲起树皮,查看韧皮部或木质部内

部害虫和菌体。检查结束后填写产地检疫调查表。

6.6.1.4 种子室内检验

1. 害虫检验

对混杂在种子间的害虫,可用过筛检验,具体操作方法如下:

标准筛的孔径规格及所需用的筛层数,根据种粒和有害生物的大小而定。检查时,先把选定的筛层按照孔径大小(大孔径的在上,小孔径的在下)顺序套好,再将种子样品放入最上面的筛层内。样品不易放过多或过少,以占本筛层体积的2/3为宜,加盖后进行筛选。筛选时间:手动筛选,左右摆动20次;在筛选振荡器上筛选,需0.5 min。然后分别将第1层、第2层、第3层的筛上物和筛底的筛下物倒入白瓷盘内,摊成薄薄一层,用肉眼或借助放大镜检查其中的虫体。将筛底的筛下物放在培养皿中,在解剖镜下检查其中害虫、虫卵的种类和数量。害虫数量可根据下列公式计算:

$$\text{害虫含量(头/kg)} = \frac{\text{害虫头数或卵粒数}}{\text{代表样品质量(g)}} \times 1\,000$$

对种子内的害虫,可采用已学过的剖粒、比重及软X光射线透视等检验方法进行检验。

对隐蔽在叶部或干、茎部的害虫,用刀、锯或其他工具剖开被害部位或可疑部位进行检查。剖开时要注意保持虫体完整。

借助显微镜、解剖镜等,参照已定名的昆虫标本、有关图谱、资料等进行识别鉴定。

2. 病原真菌检验

用徒手切片法借助显微镜观察病原真菌的形态特征,并结合采集的病害寄主标本鉴定。

6.6.2 调运检疫

此项实训内容可到当地森检部门采取顶岗实习形式进行。调运程序包括报检、受理、现场检查、室内检验、除害处理、签发证书等环节,下面对检疫单证的填写和现场检查进行重点说明。

6.6.2.1 阅读和填写检疫单证

调出园林植物的单位和个人要填写园林植物检疫报检单,要求调入的单位或个人要填写园林植物检疫要求书,森检机构要对此进行审核。可阅读这些检疫单证的内容(表B6-4、表B6-5)并填写。

检疫合格要签发植物检疫证书(表B6-6)。

植物检疫证书填写说明:

(1)林( )检字:( )内填写签发机关所在省(区、市)的简称。

(2)产地:详细写明××省(区、市)××市(地、盟、州)××县(市、区、旗)。

(3)运输工具:注明汽车、火车、轮船、飞机等。

(4)包装:注明包装形式(如袋装、箱装、筐装、散装、捆装等)和包装材料。

(5)运输起讫:详细写明自××省(区、市)××市(地、盟、州)××县(市、区、旗)至××省(区、市)××市(地、盟、州)××县(市、区、旗)。

(6)发货单位(人)及地址:详细注明发货单位或发货人姓名及详细地址。

表 B6-4　园林植物检疫报检单

编号：　　　　　　　　　　　　　　检疫日期：

<table>
<tr><td rowspan="2">报检人(单位)</td><td rowspan="2"></td><td>地址</td><td></td></tr>
<tr><td>电话</td><td></td></tr>
<tr><td>园林植物及其产品名称</td><td></td><td>产地</td><td></td></tr>
<tr><td>数量(质量)</td><td></td><td>包装</td><td></td></tr>
<tr><td>运往地点</td><td></td><td>存放地点</td><td></td></tr>
<tr><td>调出时间</td><td></td><td>运输工具</td><td></td></tr>
</table>

调入省的检疫要求：

检疫结果

检疫员：

年　月　日

注：双线以上由报检人填写。

表 B6-5　园林植物检疫要求书

编号：

<table>
<tr><td rowspan="5">调入单位或
个人填写</td><td>申请单位(个人)</td><td></td><td>申请日期</td><td>年　月　日</td></tr>
<tr><td>通信地址</td><td></td><td>电话</td><td></td></tr>
<tr><td>园林植物及
其产品名称</td><td></td><td>数量
(质量)</td><td></td></tr>
<tr><td>调入地点</td><td colspan="3"></td></tr>
<tr><td>调入时间</td><td colspan="3"></td></tr>
<tr><td rowspan="3">森检机构填写</td><td>要求检疫
对象名单</td><td colspan="3"></td></tr>
<tr><td>其他危险性病虫</td><td></td><td rowspan="2"></td><td rowspan="2">森检机构专用章

森检员(签名)
年　月　日</td></tr>
<tr><td>备注</td><td></td></tr>
</table>

注：1. 本要求书一式二联，第一联由调入单位(个人)交调出单位：第二联由森检机构留存。

2. 调出单位(个人)凭要求书向所在地的省 、自治区、直辖市森检机构或其委托的单位报检。

表 B6-6　植物检疫证书(出省)

林(　　)检字

产地			
运输工具		包装	
运输起讫	自　　　　至		
发货单位(人)及地址			
收货单位(人)及地址			
有效期限	自　　年　月　日至　　年　月　日		
植物名称	品种(材种)	单位	数量
合计			

签发意见:上列植物或植物产品,经(　　　　　　　　　　　　　　)检疫未发现园林植物检疫对象、本省(区、市)及调入省(区、市)补充检疫对象、调入省(区、市)要求检疫的其他植物病、虫,同意调运。

委托机关(园林植物检疫专用章)　　　　　　签发机关(园林植物检疫专用章)

检疫员

签证日期　　年　月　日

注:1. 本证无调出地省园林植物检疫专用章(受托办理本证的须再加盖承办签发机关的园林植物检疫专用章)和检疫员签字(盖章)无效。

2. 本证转让、涂改和重复使用无效。

3. 一车(船)一证,全程有效。

(7)收货单位(人)及地址:详细注明收货单位或收货人姓名及详细地址。

(8)有效期限:用阿拉伯数字注明年月日。

(9)植物名称:填写植物品种名称。

(10)品种(材种):填写种子、种球、块根、草籽、苗木、接穗、插条、盆景、盆花、原木、板材、竹材、胶合板、刨花板、纤维板、果品、中药材、木(竹)制品等。

(11)单位:注明株、根、千克、立方米等。

(12)数量:用阿拉伯数字填写。

(13)签发意见:签发意见栏的(　)中填写"产地"或"调运"或"查验原植物检疫证书"。如有需要说明的其他情况,可在此栏空白处注明。

(14)委托机关:委托市县办理出省植物检疫证书的,盖省级园林植物检疫专用章。

(15)签发机关:盖签证机关的园林植物检疫专用章。

(16)检疫员:签字或盖章。

(17)签证日期:用阿拉伯数字填写。

(18)其他:证书为无碳复写纸印制,可用手工填写或计算机打印。手工书写时要使用垫板。填写错误或更改处,需加盖检疫员章。此外,证书保存时应避光、隔热、密封,注意不要被锐器顶碰。

6.6.2.2 调运园林植物的现场检查

1. 被检样品的抽取数量

(1)种子、果实(干、鲜果)按一批货物总数或总件数的0.5% ~5%抽取。

(2)苗木(含试管苗)、块根、块茎、鳞茎、球茎、砧木、插条、接穗、花卉等繁殖材料按一批货物总件数的1% ~5%抽取。

(3)原木、锯材、竹材、藤及其制品(含半成品)等按一批货物总数或总件数的0.5% ~10%抽取。

(4)散装种子、果实、苗木(含试管苗)、块根、块茎、鳞茎、球茎、生药材等按货物总量的0.5% ~5%抽查。种子、果实、生药材少于1 kg,苗木(含试管苗)、块根、块茎、鳞茎、球茎、砧木、插条少于20株时需全部检查。

2. 被检样品的抽取方法

(1)现场检查散装的种子、果实、苗木(含试管苗)、块根、块茎、鳞茎、球茎、花卉、中药材等时,按照抽样比例,从报检的园林植物及产品中分层取样,直到取完规定的样品数量为止。

(2)现场检查原木、锯材、竹材、藤等时,按抽样比例,视疫情发生情况从楞垛表层或分层抽样检查。

3. 现场检验

(1)种子、果实外部检验:将抽取的种实样品倒入事先准备好的容器内,用肉眼或借助放大镜直接观察种实外部有无伤害情况,把异常的种子、果实拣出,放在白纸上剖粒检查果肉、果核,或经过不同规格筛,选出虫体、虫卵、病粒、菌核等,做初步鉴定。

(2)苗木检验:将抽取的苗木(含试管苗)、块根、块茎、鳞茎、球茎、砧木、插条、接穗、花卉等检验样品,放在一块100 cm×100 cm的白布(或塑料布)上,详细观察根、茎、叶、芽、花等各个部位有无变形、变色、溃疡、枯死、虫瘿、虫孔、蛀屑、虫粪等,做初步鉴定。

(3)枝干、原木、锯材、竹材、藤及其制品(含半成品)检验:现场仔细检查枝干、原木、锯材、竹材、藤等外表及裂缝处有无溃疡、肿瘤、流脂、变色、虫体、卵囊、虫孔、虫粪、蛀屑等,做初步鉴定。

(4)中药材、果品、野生及栽培菌类检验:用肉眼或借助放大镜直接观察种实表面有无危害症状(斑点、虫体、虫粪等),并剖开内部检查,确定病虫种类、数量,做初步鉴定。

6.6.2.3 除害处理

对受检的园林植物及其产品,进行现场检查、室内检验,并做好记录(表B6-7)。发现检疫对象或其他危险病虫的,森检机构需签发检疫处理通知单(表B6-8),责令受检单位

(个人)按规定要求进行除害处理。对目前无法除害处理的园林植物及产品,责令改变用途或控制使用。采取上述措施均无效时,应予销毁。

表 B6-7　现场检疫记录

时间:
地点:
应施检疫的园林植物及其产品:
检疫记录:
检疫结果:
专职检疫员签名　　　　被检单位负责人签名

表 B6-8 检疫处理通知单

省(自治区、直辖市)　　　县林检处字〔　〕第　号

受检单位(个人)			
通信地址			
园林植物及其产品			
数量			
产地或存放地			
运输工具		包装材料	

经检疫检验,上列园林植物及其产品中发现有下列园林病虫:

根据《植物检疫条例》第　条______________的规定,必须按如下要求进行除害处理:

签发机关(盖森检专用章)　　　森检人员:
(签名或盖章)
签发日期:　　年　　月　　日

注:1. 本通知一式二份,一份交受检单位或个人,一份存签证机关。
2. 数量单位:千克、立方米、株、件、公顷。

检疫处理方法按其类型可分为:①生态学方法(避害方法),包括改变运输方向、改变用途、限制使用范围及加工方式、退货或销毁;②物理学方法(排除、铲除),包括机械处理(如筛选、风选、水选)、剪除病虫害部位、热处理、冷处理、辐射处理、微波处理;③化学方法(排除、铲除),包括广泛使用的熏蒸、喷药、拌种、药剂浸渍等;④生物方法,包括脱毒等。

(1)退回处理。当货主或代理商不愿销毁携带有危险性有害生物的检疫物时,应当将货物退给物主,不准其进境、出境,或不准其过境,或就地封存,不准货主将货物带离运输工具。

(2)除害处理。除害是检疫处理的主要措施,可直接铲除有害生物而保障贸易安全。常用的除害方法有:①机械处理。即利用筛选、风选、水选等选种方法汰除混杂在种子中的菌瘿、线虫瘿、虫粒和杂草种子,或人工切除植株繁殖材料已发生病虫害的部位,或挑选

出无病虫侵染的个体。②熏蒸处理。熏蒸是当前应用最广泛的检疫除害方法,即利用熏蒸剂在密闭设施内处理植物或植物产品,以杀死害虫和螨类,部分熏蒸剂兼有杀菌作用。③化学处理。即利用熏蒸剂以外的化学药剂杀死有害生物,但处理后应注意保护检疫物在储运过程中免受有害生物的污染。化学处理是防除种子、苗木等繁殖材料病虫害的重要手段,也常用于交通工具和储运场所的消毒。④物理处理。即用高温、低温、微波、高频、超声波以及核辐照等处理方法。该方法多兼具杀菌、杀虫效果,可用于处理种子、苗木、水果等。

(3)限制处理。该处理措施不直接杀死有害生物,仅使其"无效化"而不能接触寄主或不能产生危害,所以也称为避害措施。限制的原理是使有害生物在时间或空间上与其寄主或适生地区相隔离。限制处理方法有:①限制卸货地点和时间。如热带和亚热带植物产品调往北方口岸卸货或加工,北方特有的农作物产品调往南方使用或加工。植物产品若带有不耐严寒的有害生物,则可在冬季进口及加工。②改变用途。例如植物种子改作加工或食用。③限制使用范围及加工方式。如种苗可有条件地调往有害生物的非适生区使用等。

(4)隔离检疫处理,也称入境后检疫。进境植物繁殖材料在特定的隔离苗圃、隔离温室中种植,在生长期间实施检疫,以利于发现和铲除有害生物,保留珍贵的种质资源。

(5)销毁处理。当不合格的检疫物无有效的处理方法,或虽有处理方法,但在经济上不合算、在时间上不允许时,应退回或采用焚烧、深埋等方法销毁。国际航班、轮船、车辆的垃圾、植物性废弃物、铺垫物等均用焚化炉销毁。

6.7 考核评价标准

本实训从专业知识、实践操作技能和实训表现3个方面对学生进行评价,其中实践操作技能和实训表现通过学生自评(20%)、学生互评(30%)、教师或专业技术人员点评(50%)进行考核。考核评价方案见表B6-9。

表B6-9 考核评价方案

考核评价内容类别	考核评价内容	考核形式	考核评价建议要求	分值
专业知识	1.产地检疫和调运检疫的概念 2.产地检疫的程序 3.调运检疫的程序 4.除害处理的方法	教师组织笔试或抽签口试	1.概念清晰,表述准确 2.熟悉工作流程,掌握每个步骤的工作要求	25
实践操作技能	1.苗圃产地检疫调查的方法 2.种子室内检验方法 3.检疫单证的填写 4.调运植物现场检查 5.除害处理方法	现场考核实训全过程,学生自评,小组成员间互评,教师或专业技术人员点评	1.产地检疫调查方法正确,符合实际 2.调运检疫现场抽样正确 3.调运检疫现场检验方法正确,结论正确 4.检疫表格填写正确、规范,不漏项 5.合理确定除害方法	55

续表 B6-9

<table>
<tr><th>考核评价内容类别</th><th colspan="2">考核评价内容</th><th colspan="2">考核形式</th><th colspan="3">考核评价建议要求</th><th>分值</th></tr>
<tr><td>实训表现</td><td colspan="2">1. 实训态度
2. 计划执行情况
3. 沟通与协作
4. 安全意识
5. 法律意识</td><td colspan="2">现场考核实训全过程，学生自评，小组成员间互评，教师或专业技术人员点评</td><td colspan="3">1. 态度积极主动，有良好的敬业精神
2. 计划执行能力强，按时完成任务
3. 小组成员之间团结协作，勤于思考
4. 亲和力强，能够与他人进行有效的沟通与交流
5. 实训中注意安全，未发生安全事故
6. 遵守检疫法规，依法检疫</td><td>20</td></tr>
<tr><td>综合评价情况</td><td>自评分</td><td></td><td>学生互评分</td><td></td><td>教师或专业技术人员评价</td><td></td><td>综合评价成绩</td><td></td></tr>
</table>

6.8 实训参考资料

(1)《植物检疫条例》。

(2)《植物检疫条例实施细则(林业部分)》。

(3)园林植物检疫有关技术规程。

(4)《中国林业检疫性有害生物及检疫技术操作办法》。

6.9 拓展训练项目

根据国家林业局颁布的园林植物检疫对象名单，选择一种当地发生的园林植物检疫对象开展产地检疫、调运检疫、检疫检验和除害处理的实训练习。

工作任务 7 飞机防治病虫害作业

7.1 任务描述

7.1.1 飞机防治园林有害生物的特点

飞机防治是指利用飞机喷洒化学药剂或生物制剂防治园林有害生物的施药方法，适用于园林有害生物发生面积较大、树高林密、交通不便、有害生物种群密度较高的林区，具有作业速度快、效率高、成本低、效果好、防治及时等优点。我国飞机防治始于 20 世纪 50 年代末，目前防治园林有害生物种类已达 80 多种。近年来，飞机防治对象逐渐扩大，作业技术不断提高，已成为生产上普遍应用的一种防治方式。当然，飞机防治也受一些条件限制，如高温、大风、降雨等情况会影响作业和喷洒质量，地形变化过大，森林稀疏或面积小，也影响防治效果。

7.1.2 选择飞机防治作业的原则

(1)飞机防治作业区虫(病)情处于上升趋势，虫口密度(病情指数)达到防治指标。

作业区目标害虫寄主树木叶片保存率在50%以上,林木郁闭度在0.5以上。

(2)使用运五型飞机作业区应集中成片,面积在667 hm^2 以上。

(3)作业区地势平缓,山峰之间高差在50 m以内,坡度不超过45°,距离机场不超过60 km。

7.1.3 防治园林有害生物的常用机型

用于园林有害生物防治的飞机种类主要有运五、海燕、蜜蜂、R-44、Beta等轻型飞机。目前,在我国园林生产防治上普遍使用的是运五型飞机和轻型直升飞机。运五型飞机是一种国产单发、双翼多用途飞机。作业耗油量160 L/h,装载燃油900 kg。低空性能良好,作业时速为160 km/h,作业高度在山区距树冠15~20 m,平原地区距树冠10~15 m,起飞降落所用的机场面积小,对机场条件要求较低。在机身中部装有喷管,上有80个喷嘴,喷嘴有5种型号,用以调节喷洒量。装药量800~1 000 kg,有效喷幅60 m,架次作业面积2 000~4 000亩。

R-44轻型直升机具有转弯半径小、爬升率大、空飞率低、作业机动性强、能单株喷洒、无需专业机场等特点。装载燃油86 kg,装药量370 kg,最低喷洒高度1~3 m,有效喷幅13 m,架次作业面积1 200亩,作业时速70~80 km/h。

7.1.4 施药设备

飞机施药系统有常量喷雾、超低容量喷雾、撒颗粒、喷粉等多种施药设备,也可喷施烟雾,根据需要选用。目前主要使用的是喷雾系统。

喷雾设备分为常量喷雾和超低容量喷雾两种设备,主要由供液系统、雾化部件及控制阀等组成。供液系统由药箱、液泵、控制阀门、喷雾管路等组成(图B7-1)。液体农药、农药粉剂用同一药箱装载,液泵由风车或电动机驱动。雾化部件由喷雾管路与喷头组成,根据不同喷雾要求,可更换不同型号的喷头。飞行员在座舱内操纵喷雾控制阀门即可实施喷雾。超低容量喷雾与常量喷雾相比,其喷雾量很小,雾滴极细,可以直接喷洒未经稀释的农药原油,喷雾设备采用高速旋转的盘式或笼式雾化器,其他部件与常量喷雾设备大同小异。

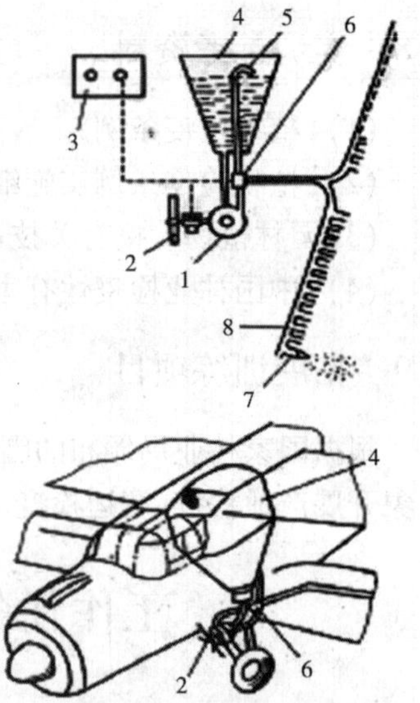

1—液泵;2—风车;3—控制器;4—药箱;5—搅拌器;6—控制阀门;7—喷头;8—喷雾管路

图B7-1 航空喷雾机

(1)药箱。药箱可用不锈钢或玻璃钢制成,为便于飞行员检查药液在药箱中的容量,要安装液位指示器。药箱加药口有个网篮式过滤器,通过底部装药口可以较迅速而安全地从地面搅拌装置或机动加药车把药液泵入药箱。虽然每个喷头都有过滤网,为防止堵塞喷嘴,泵输入管仍需要安装精细滤网,网孔尺寸取决于喷嘴类型。一般网孔50目适用于大部分喷雾作业,并最适用于喷洒可湿性粉剂。

(2)液泵。通常采用离心泵,由安装在飞机发动机螺旋桨气流中的一个螺旋桨直接驱动。液泵通常在起落架之间,安装在药箱下方以保证处于启动状态。齿轮泵、滚子泵等如需较高的压力,可在靠近泵的进口装一个阀。如果需要保养或者更换泵,不需要将装置中药液排空也能把泵拆下来。为使一部分药液再流回到药箱进行液力搅拌,泵需要有足够的流量。

(3)喷杆。固定翼式飞机喷杆长度要比机翼短 0.5 m,这样可避开翼尖区,以避免翼尖涡流把雾滴向上带。采用加长的喷杆是为了增加喷幅,喷杆通常安装在机翼后缘,安装在机翼下方喷雾分布较均匀。喷杆可采用圆形管,为了减少阻力,也可采用流线型管,对很黏的物质采用的直径可大一些。

7.1.5 飞机防治的农药种类与剂型

飞机施药可喷撒(洒)杀虫剂、杀菌剂、除草剂、植物生长调节剂和杀鼠剂等。杀虫剂喷雾处理,可以采用低容量和超低容量喷雾技术,低容量喷雾的施药液量为 10 ~ 50 L/hm^2,超低容量喷雾需喷洒专用油剂或农药原油,施药液量为 1 ~ 5 L/hm^2,一般要求雾滴覆盖密度为 20 个/cm^2 以上。飞机喷洒触杀性杀菌剂,一般采用中容量喷雾技术,施药液量为 50 L/hm^2 以上。飞机喷洒内吸杀菌剂,可采用低容量喷雾,施药液量为 20 ~ 50 L/hm^2。飞机喷洒除草剂,通常采用低容量喷雾,施药液量为 10 ~ 50 L/hm^2;若使用可湿性粉剂,则施药液量为 40 ~ 50 L/hm^2。飞机喷撒杀鼠剂,一般是在林区和草原撒施杀鼠剂毒饵和毒丸。

适用于飞机喷撒(洒)的农药剂型有粉剂、可湿性粉剂、水分散粒剂、乳油、水剂和可溶性粉剂、油剂、颗粒剂、微粒剂等。粉剂喷洒由于细小粉粒容易飘移,现在已很少使用。乳油喷雾时由于是加水稀释后喷雾,溶剂容易挥发,为防止飞行中着火和水分蒸发后引起的农药飘移,乳油制剂不可直接用于超低容量喷雾,而只能用于中容量和低容量喷雾。油剂是直接用于超低容量喷雾的,其闪点要求不得低于 70 ℃。

7.1.6 飞机防治作业的基本条件

7.1.6.1 气象条件

飞机防治受气象因子(如风、雨、气温、大气湿度等)影响较大,因此防治作业必须选择晴好天气并设法克服不利气象因子的影响。

(1)风。风对单位面积着药量影响较大,同时由于飞机在飞行时产生巨大的气流和风速,也影响药剂的沉降率,如风速过大,可使大部分药剂飘散。规定的作业条件:喷粉作业时最大风速平原区不超过 4 m/s,丘陵区不超过 3 m/s;喷雾时最大风速不超过 5 m/s,超过上述条件应停止作业。

(2)雨。雨会影响药效和飞机起降,也不利于飞行,为避免药效降低,保证飞行安全,雨天要暂时停止作业。规定的作业条件:化学药剂 24 小时、仿生制剂 48 小时、生物制剂 72 小时内没有降雨方可作业。

(3)气温。最适宜的喷药气温是 24 ~ 30 ℃,当大气温度超过 35 ℃时,飞机发动机温度过高,飞机性能受到影响,不适于防治作业,同时由于气温过高,增加了地面辐射而产生上升气流,使药剂随风飘失,对防治作业质量影响很大。规定的作业条件:作业时气温在 30 ℃以下。

(4)大气湿度。大气湿度过大或过小,影响防治效果,相对湿度高于 90% 时,药粉高悬于空中经久不散,使林木受药很少;相对湿度低于 40% 时,过于干燥,药粉因水分蒸发易于飘失。规定的作业条件:喷粉作业大气相对湿度 40% ~85%,喷雾作业大气相对湿度 30% ~90%。

7.1.6.2 地形条件

地形过于复杂会直接降低防治效果,也不利于飞行安全,因此地形变化较大的地区不宜使用飞机作业。一般要求条件为:面积在 500 hm^2 以上,林木集中连片,地势平坦,山峰之间高差在 50 m 以内,坡度不超过 45°;林分郁闭度在 0.3 以上;附近有机场或有修建临时简易机场的条件。

7.1.7 飞机防治作业的程序

飞机防治作业程序涉及园林部门的工作可归纳为:建立飞机防治作业指挥部→选建机场→防治对象标准地调查→室内或室外药效试验→协助试飞→防治作业区规划及作业设计→制订防治作业计划→信号与通信准备→飞机防治作业安全防护的安全教育培训→农药与加药设施准备→药剂配置与装载→试喷→调节喷药装置→正式施药作业→防治效果检查→补喷→防治作业工作总结。

7.1.8 学习飞机防治病虫害任务的意义

在园林有害生物大面积发生、劳力资源不足、危害程度重且交通不便的情况下,使用飞机防治病虫害是森林病虫害防治部门的一个必要选择。作为园林工作者,必须熟悉飞机防治的各个环节的技术与管理工作,以适应未来森防工作的需要。

7.2 实训形式与目标

由于飞机防治工作受时间、地点、面积和资金的限制,实施飞机防治的地区没有使用其他防治方法普遍,本项实训可采取到有飞机防治任务的地区现场参观和顶岗实习两种形式。要求学生了解飞机防治工作的整个工作环节,了解机场、施药设备的技术要求,会做防治区规划及作业设计,会配制药剂,会做防治效果调查。

实训中,注意培养学生技术严谨、工作认真、安全意识强的职业态度。

7.3 实训场所与器材

实训场所为有飞机防治任务的县(市)级森防机构的飞机防治作业现场。

7.4 实训的组织与流程

现场参观以班级为单位或划分小组轮换参观每个环节的内容。顶岗实习以小组为单位进行。实训流程为:由技术人员介绍飞机防治作业概况和工作程序→查看飞机防治组织工作情况→参观机场及加药措施→飞机防治前病虫害标准地调查→做药效试验→协助技术人员做防治区规划与作业设计→协助技术人员将作业区信息输入 GPS 定位仪→药液配制→喷幅测定→防治效果检查。

7.5 实训内容与方法

7.5.1 飞机防治组织的建立

飞机防治园林有害生物技术要求高、涉及部门广,必须有统一的领导、严密的组织和各部门的大力协作,才能把工作做好。园林部门和园林有害生物防治机构要会同有关部门建立防治作业指挥部,指挥部设行政组和技术组。行政组负责总务、运输、宣传和保卫等工作;技术组负责飞行、信号、装药、效果检查和气象预报等工作。

7.5.2 选建机场

机场选建的技术要求由民航专业队提出,而园林工作者应向专业队提供园林有害生物防治情报、防治作业区域的方位资料,以供选择机场位置和决定飞行作业路线时考虑。选建机场在保证质量的前提下本着少用工时、节省费用的原则,尽可能借用当地现有机场或利用旧机场(使用时应按规定整修)。如果上述条件不具备,或作业面积大,50 km 以内无机场时,则应选建临时或固定机场。机场的位置最好选择在作业区的中心地带,这样可以减少空飞时间,提高防治效率,降低成本。机场应选在地势平坦、表面坡度不超过1%的地方。跑道长500 m,宽50 m。在海拔500 m 以上的地区,海拔每增加100 m,跑道两端必须各有 50 m 长的端安全道,两侧必须各有 20 m 宽的侧安全道。

7.5.3 森林病虫情况调查

飞机防治作业前,要深入防治地块调查病虫害分布、害虫龄期、天敌和危害程度以及林相、地形情况,并进行室内或室外药效试验,以便据此确定使用药剂的种类、浓度、用量、喷药次序,并绘制病虫情况、林相分布图,作为飞机防治区规划的依据。调查病虫情况时,一般可根据林木的分布、地形、地势及危害程度,选择有代表性的林分作为样地,每 1.5 km^2 范围内要选 6 ~ 10 块。在每块样地上,调查 10 ~ 20 株树,统计每株树上的病虫情况,计算虫口密度、有虫株率或发病率、病情指数、病害严重程度等。在临近作业时要建立监测点,定期定点观察病虫发展情况,以便最后确定防治作业时机。

喷药期一般应选在病虫幼龄时期、活动盛期或病虫害发生初期。若害虫龄期过大,不仅增强抗药性,而且增加了用药浓度和单位面积的药量。当害虫已大部分老熟甚至结茧化蛹,药剂防治无效或效果很低时,应停止喷药。当有害生物天敌的寄生率达 50% 以上时,不能应用化学药剂进行防治。

7.5.4 防治区的规划及作业设计

合理规划防治区,能达到提高防治效果、提高工作效率和降低防治费用的目的。园林部门应会同民航部门共同进行防治区的地形勘察,根据地形、地势、山脉走向、森林分布及单位面积喷洒量等特点,进行地面航线规划,包括确定飞行作业路线、起点和终点、航速、航高、是带状飞行作业还是环状飞行作业、是直线飞行作业还是曲线飞行作业等。绘制简单的作业图。在作业图上应把作业区划(最好标出作业地块)、各防治区的方向、主要村庄、高压线、高大建筑物、忌避植物区,以及鱼塘、蚕、蜂、鹿场等编成作业序号。作业前要认真研究,仔细规划作业区,采用经济合理的飞行路线。在确定作业区域和面积之后,要确定单架次作业距离和面积、飞行作业架次、飞行作业时间和飞行作业日程表。

7.5.5 信号及通信

将各作业区或林班方位坐标数据输入飞机的 GPS 定位仪,以便精确飞行和精确作业。要建立机场与作业区的通信联系,以便飞机作业时及时传送作业指挥信息,通报不正常情况或作业安排,使飞机和地面有效配合,保证作业质量。

7.5.6　药剂配制和装载

飞机作业任务确定后，要按防治面积准备足够的防治用药，并于作业前运到机场。配制的药剂一定要在事前经过分析鉴定，要求含量准确，质量好；为了避免害虫产生抗药性，保护天敌和提高防治效果，可以考虑几种药剂混用，以及化学和生物防治相结合。一般每架飞机加药人数：喷粉需 15 人左右，喷雾需 8 人左右。喷粉的加药设备应准备有加药梯、药筛、磅秤、手推车、装药袋等；喷雾的加药设备有 5 马力(3.677 kW)左右的电动机或柴油机、小型拖拉机、水泵、水管(长 30 ~ 40 m)、水箱、大缸、过滤设备和搅拌工具等。如有条件，亦可利用消防车或水车加药或运水。

7.5.7　视察飞行和试喷工作

飞机正式作业前，一般要进行视察飞行和试喷工作。视察飞行时，园林部门要配备 1 ~ 2 名熟悉作业区地形的人员作向导，负责介绍防治区位置、面积、方向、障碍物情况及忌药地区位置。作业前试喷 1 ~ 2 次，以保证准确的喷洒量。飞机喷洒液态农药时，喷药量按每公顷喷药质量可分为常量、低量和超低量 3 级。大于 75 kg/hm^2 为常量；5.25 ~ 75 kg/hm^2 为低量；小于 5.25 kg/hm^2 为超低量。如果试喷后，发现喷洒量与规定不符，应与民航专业队机务人员商议，对喷药装置加以调节。

试喷后，喷撒(洒)的时间、长度、面积，可按下列公式进行计算：

$$\text{每秒喷药面积(亩)} = \frac{\text{航速(m/s)} \times \text{喷幅宽度(m)}}{667}$$

$$\text{每架次喷药面积(亩)} = \frac{\text{每架次载药量(kg)}}{\text{每亩喷药量(kg)}}$$

$$\text{每架次喷药时间(s)} = \frac{\text{每架次喷药面积(亩)}}{\text{每秒喷药面积(亩)}}$$

或

$$\text{每架次喷药时间(s)} = \frac{\text{每架次载药量(kg)}}{\text{每亩喷药量(kg)} \times \text{每秒喷药面积(亩)}}$$

$$\text{喷药长度(km)} = \frac{\text{每架次喷药面积(亩)} \times 667}{\text{喷幅宽度(m)} \times 1\,000}$$

7.5.8　防护工作宣传教育

飞机作业大面积喷药，涉及范围较广，防止人畜中毒问题应引起注意。准备喷药的地区，应向当地群众做好宣传和防毒工作，通知附近居民先做好防毒准备，喷药后一定时间内要停止放牧和挖野菜等活动，对需要保护的地区应树立明显的禁喷标志。对地勤人员，特别是加药配药员、信号员等要加强安全教育，消除麻痹思想，在工作时一定要戴手套(使用液剂需胶皮手套)、风镜、口罩等保护用品。工作完成后要用肥皂清洗手、脸及漱口、换衣等，严防中毒事故发生。

7.5.9　测定飞机喷药的质量

飞机喷洒药剂质量的好坏，直接影响灭虫、杀菌的效果，喷洒质量受作业时气象因子、作业地形、飞行高度等条件的影响，一般用药物沉降量、雾滴(粉粒)分布的均匀度、覆盖度和细小度来说明，具体测定的指标有喷幅宽度、药剂分布密度和均匀度、地面受药量、药剂的覆盖度和细小度等。现场测定喷幅宽度，方法如下：

以 A4 复印纸为雾滴沉积靶标的采样片。在靠近作业区中间与飞机作业飞行方向垂直的地段上，以行距和间距均为1 m的规格布设按方位编号的采样片，形成50 m长、80 m宽的采样区。喷雾作业后，按方位收集采样片，统计各个方位采样片的雾滴沉积密度。一般20个/cm^2以上者（静风喷雾为5个/cm^2）均为有效沉积，其采样片所在位置即为有效沉积范围。根据垂直于飞行方向的横向范围的各个有效沉积采样片的方位即可计算有效喷幅的宽度。

7.5.10 防治效果调查与总结

飞机喷药后，必须进行防治效果的调查，根据地形、林木种类、病虫种类等，采取重点调查和普遍调查，或两种方法结合起来进行效果调查。

7.5.10.1 杀虫效果调查

杀虫效果调查的方法很多，如标准树调查法、标准枝调查法、套笼法、虫粪统计法等，这里主要介绍标准树调查法。在标准地中与飞行方向相垂直的直线上，选两组标准树，组间相距50～100 m，每组选标准树8～10株，每株相距5～10 m，喷药前检查树冠虫口、虫龄，喷药后8小时、24小时、48小时定期检查各龄死虫数。检查时间一般连续3天以上（生物制剂在10天以上），必要时可以延长。高大的树木，事前检查树冠上的虫数有困难，可以在喷药后，逐日统计地面死虫数，直至不再发现死虫。然后将标准树上残留活虫全部震落于地上，计算防治效果，并选择与喷药条件相似的小区作为对照区，计算校正防治效果。

7.5.10.2 杀菌效果调查

杀菌剂的药效检查比较困难，因为病菌的个体极小，肉眼看不见，需用显微镜检查。一般根据发病情况，统计每一个处理的平均发病率，和对照区的平均发病率相比较。经过效果调查，发现飞机漏喷或效果较低的地区，应根据不同情况，进行飞机补喷或地面人工补治，以确保防治的效果和质量。防治作业结束后，调查结果要及时汇总分析，写出防治作业工作总结。

7.6 考核评价标准

根据本项目的实训形式和内容特点，主要考核学生飞机防治基本知识、主要技能、实训报告撰写情况，具体标准根据实习内容情况确定（表B7-1）。

表B7-1 飞机防治实训考核评价标准

考核内容类别	考核点	考核形式	成绩比例	备注
飞机防治基本知识	1. 飞机防治常用机型的主要技术特点 2. 机场的技术要求 3. 飞机喷雾设备的组成 4. 飞机施药的农药剂型 5. 飞机防治作业基本条件 6. 飞机防治作业程序	口试或笔试	40%	

续表 B7-1

考核内容类别	考核点	考核形式	成绩比例	备注
飞机防治主要技能	1. 飞机防治药剂配置 2. 喷幅及喷药质量测定 3. 飞机防治作业设计 4. 药效检查	现场操作考核	30%	
综合能力	飞机防治实训报告	教师书面批改	15%	
	实习表现:工作态度、团结协作精神、吃苦耐劳精神、安全意识等	自我评价与技术人员评价相结合	15%	本人与技术人员评价各占50%

7.7　实训参考资料

(1)《飞机喷施设备性能技术指标　第1部分:喷雾设备》(MH/T 1008.1—1997)。

(2)《农业航空作业质量技术指标　第1部分:喷洒作业》(MH/T 1002.1—1995)。

7.8　拓展训练项目

本项实训后撰写一篇如何搞好飞机防治的体会文章。

工作任务8　食虫鸟人工巢箱招引

8.1　工作任务描述

我国现有鸟类1 180多种,其中半数以上为食虫鸟。在林内悬挂人工巢箱招引具有树洞营巢习性的食虫鸟控制园林植物害虫的种群密度,已成为生物防治的重要措施之一。制作和悬挂人工巢箱招引食虫鸟控制园林植物害虫,是园林管护人员的专业技能之一。该项工作的内容主要包括人工巢箱制作、制订布巢方案、悬挂巢箱、巢箱管理、效果调查等。

8.1.1　人工巢箱招引的主要鸟类

(1)啄木鸟。为䴕形目啄木鸟科。啄木鸟喙强直如凿,舌长能伸缩,先端列生短钩,呈分叉状;楔状尾,尾羽羽干坚硬。啄树洞营巢,卵白色,3~5枚。用喙啄食树干中蛀干害虫,称为森林医生。常见招引鸟有斑啄木鸟,上体黑色,下体棕色,翅上有白斑,尾下红色。

(2)三宝鸟。为佛法僧目佛法僧科。体长约25 cm,远看像鹦鹉。喙和脚均朱红色,喙短宽而强;全身近蓝绿色,头、颈、颏尾黑色。翅上有淡色斑,翅长而尖。尾方形。以昆虫为食。在离地10~30 m的树洞里筑巢,或利用鸦、鹊旧巢,有时强占喜鹊巢。窝卵数2~4枚,白色。

(3)红角鸮。为鸮形目鸱鸮科。体较小,灰褐斑杂,耳羽发达。以昆虫、鼠、小鸟等为主食;在树洞或岩洞内筑巢,每窝产白色球状卵4~7枚;由雌鸟孵化,雄鸟衔食喂雌;孵化期约30天。

(4)戴胜。为佛法僧目戴胜科。体长约24 cm,雌雄相似。喙很长而细,从基部向下弯曲,舌很短。头上有棕栗色羽冠,展开时犹如羽扇。体羽以棕色为主,翅和尾黑色,有白色的横斑,翅短圆,尾羽长度适中;跗蹠部短。鸣叫时羽冠耸起,随即下伏,头亦上下急动,三声一度,好似"呼-哱-哱"。飞行时呈直线,波浪形不显著。以昆虫为食,兼食蚯蚓、蜘蛛、螺类等。营巢于树洞中,也可在岩隙岸堤的窟窿里,窝卵数5~8枚。育雏时巢内不清理,秽物堆积,雌鸟尾脂腺分泌一种褐色油液,具有恶臭。

(5)白眉鹟。为雀形目鹟科。口裂大,喙宽阔而扁平。体由黑、白、黄三色组成,上体及翅、尾黑色,腰及下体鲜黄色,眉纹及翅斑白色。营巢于树洞中,用榛子等阔叶树叶及干草、苔藓做巢材。每窝产卵5~6个。卵为浅乳黄色,卵上的斑点不明显,有时在钝端有赤褐色斑点。

(6)椋鸟。为雀形目椋鸟科。喙一般较长而直,上喙先端稍有下弯,端部微具缺刻;翅圆或尖形;尾中等长,方尾;脚健壮;大多具有黑色金属闪光的羽饰。巢常营于树洞中。窝卵数3~7枚。常见招引种类有:灰椋鸟,体灰褐色,脸及尾根白色;北椋鸟,头部和前胸蓝色,具紫色光泽。

(7)山雀。为雀形目山雀科。体长10~15 cm,比麻雀纤细。喙短钝,略呈锥状;鼻孔略被羽覆盖;翅短圆;尾适中,方形或稍圆形;腿、脚健壮,爪钝。羽松软,雌雄羽色相似。性活泼,在树枝间上下取食,成小群活动,以昆虫为食,取食频繁。筑巢于树洞、墙洞或岩壁隙中,巢由树叶、苔藓、毛、羽、草茎、树皮等构成。窝卵数4~10枚,卵多白色,有斑点。雌鸟孵卵,孵卵期约12天,双亲育雏,育雏期长达约21天。常见招引种类有:大山雀,头黑颊白,下体白色,有一黑纵纹;沼泽山雀,头顶黑色,头侧白色,下体无黑纵纹。

(8)白鹡鸰。为雀形目鹡鸰科。体形较纤细;喙较细长,先端具缺刻;翅尖长,内侧飞羽(三级飞羽)极长,几与翅尖平齐;尾细长。脸及腹白色,背黑色。外侧尾羽具白色。腿细长,后趾具长爪,适宜在地面行走。多在水边或湿地附近活动,飞行呈波浪状,栖止时上下摆动。步行于地面觅食昆虫、蜘蛛、软体动物和某些植物性食物。在地面和穴隙中营巢,窝卵数5~7枚,雌鸟孵化约15天,育雏期约15天。

(9)䴓。为雀形目䴓科。形态结构和习性似山雀,但适应于在树上攀缘啄虫。喙强直而尖,适于凿树皮;翅短圆,尾短;脚趾强健,爪长弯,适于抓持。体羽以蓝灰色为主,常具黑色贯眼纹;雌雄同色。典型的森林鸟类,习性似山雀,在非繁殖期常与山雀混群活动。以昆虫及种子为主食。在树干啄洞或利用天然树洞为巢,有以泥土等修饰洞口及洞腔的习性。窝卵数3~5枚。由雌鸟孵化14~15天,育雏期约25天。常见招引种类有:普通䴓,上体纯蓝灰色,下体肉桂红沾栗色,前外侧两对尾羽内有一大型白斑;黑头䴓,头顶黑色,上体石板蓝色,下体灰或棕黄色,眼先污黑。

(10)北红尾鸲。为雀形目鹟科。体形似麻雀大小。喙短而细,基部蓝黑色,口须短。翅尖。跗蹠长而不壮。雌雄鸟尾部多半为栗红色,近方形,落时尾上下摆动。雌雄鸟异色。多数种类雄鸟自颏至胸为黑色,下体余部为栗棕色,头顶灰,翅黑,有白斑。栖于山地灌丛、林缘等处。以昆虫为食。营巢于树洞、墙洞、石隙等处,窝卵数4~5枚。

8.1.2　人工巢箱种类与规格

人工巢箱按制作材料,可分为木板式巢箱(如寒鸦式、椋鸟式、山雀式等)、树洞式巢箱(图B8-1),以及枝条编织巢箱、桦树皮巢箱、油毡纸巢箱等。

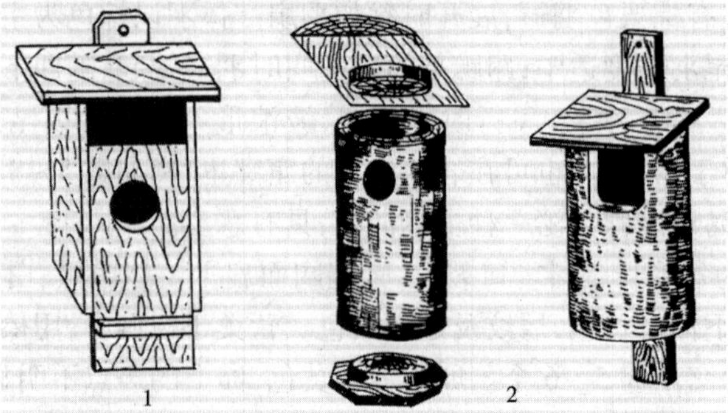

1—木板式;2—树洞式

图B8-1　木板式与树洞式巢箱

人工巢箱按照其大小,有不同规格(见表B8-1)。

表B8-1　人工巢箱规格

名称	规格(内部尺寸)(cm)	出入口形状及大小(cm)		招引种类
		圆形	方形	
寒鸦式	35×16×16	7.0~7.5		三宝鸟、大山雀、小型鸮
椋鸟式	(28~35)×15×15	4.7~5.0		北椋鸟、灰椋鸟、大山雀
山雀式	24×12×12	4.5~6.0	(4.5~5.0)×(4.5~5.0)	大山雀、白眉鹟、红角鸮
小山雀式	22×10×10	3.2		沼泽山雀
半开口式	12×12×12		5.0×5.0	白眉鹟、灰鹟、北红尾鸲
横卧式	40×15×15	3.5~4.0		白鹡鸰、雨燕
大型树洞巢	40×14	7.0		戴胜等
小型树洞巢	24×12	3.5~4.0		大山雀、䴓
招引巢木	(50~60)×(17~21)			斑啄木鸟

8.2　实训内容与模式设计

本次实训内容为山雀式木板式巢箱制作与悬挂。制作巢箱场所为木工实训室;悬挂林分为公园松树人工林,杨、榆防护林。采取综合实训或在顶岗实习中完成。可划分实训小组,在教师或实习单位的技术人员指导下完成。

8.3 实训目标

学生能够独立完成木板式巢箱制作；掌握人工巢箱悬挂的地点、时间、高度和方法，并对人工巢箱进行管理，会统计招引率。

8.4 实训流程

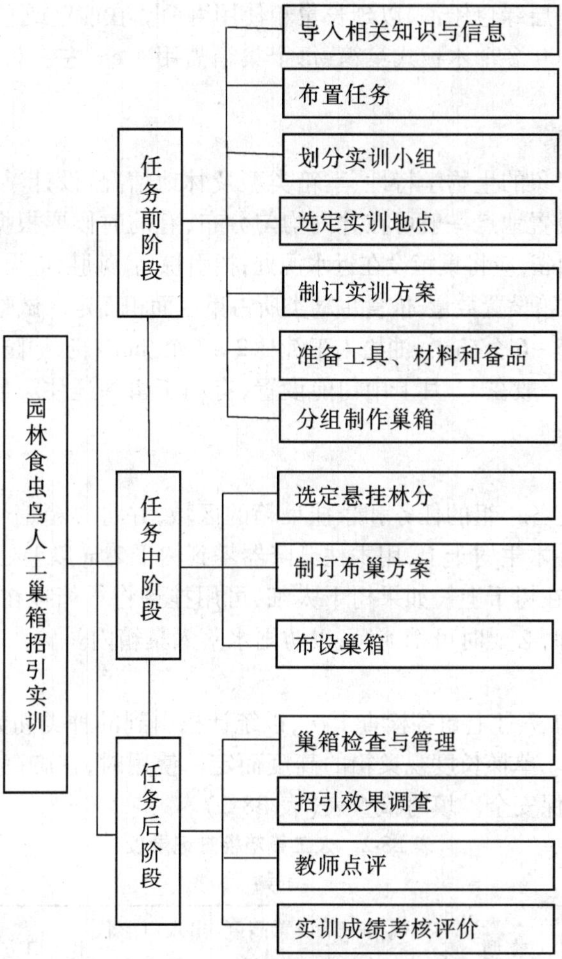

8.5 实训备品

斧子、锯、钉锤、钉子、铁丝、厚 1.5～2.0 cm 宽 24～30 cm 的松木板、绿色铅油、刷子、梯子、安全带。

8.6 实训内容与方法

8.6.1 木板式巢箱制作

以小组为单位，每小组制作山雀式木板式巢箱 3 个，规格为 24 cm×12 cm×12 cm，出入口位置在距顶部 1/3 处，口呈圆形，口径 3～4 cm。

木板式巢箱由侧壁、底板、顶盖和固定板构成。制作木板式巢箱的板材厚度在 1.2 cm 以上,要充分干燥后使用;否则,巢箱制成后极易翘裂。材料以油松最好,落叶松次之,硬阔树材也可。用材应因陋就简,板头及边材均可以利用。不够宽的可以拼凑,但尽量不漏缝。如果有缝隙,可在巢箱内部涂上油灰。巢箱的内部不用刨光,以利于鸟出入。底板应嵌在四壁里面,以防脱落。固定板的上下方各有 1 ~2 个孔,便于钉钉或悬挂。巢箱拼合的方法,以前壁能开启的形式较好,这种形式可避免巢箱顶盖脱落,并便于检查和清巢。

巢箱外面应刷一层绿色铅油,以延长巢箱使用寿命。在前壁或左右壁上写上巢箱号。每立方米板材可做 200 多个木板式巢箱,每个巢箱需用 4 cm 左右长的钉子 20 根和铅油 12.5 g。

8.6.2 制订布巢方案

根据当地招引对象的生物学特性、巢箱类型及林地情况,设计巢箱悬挂数量和位置,并标在坐标纸上。设置地点一般可在林内均匀分布,有的时候要根据被招引种类的习性而定。如招引沼泽山雀,应将巢箱设在近水源处;招引椋鸟、戴胜,应设在林缘;招引红角鸮,应设在密林处等。巢箱设置数量,依食虫鸟类所占巢区面积而定。试验表明,下列数量较为合适:马尾松人工林 5 ~6 个/hm^2;油松人工纯林 2 ~3 个/hm^2;杨、榆防护林 1 个/100 m。

巢箱设置时间:一般在 11 月上中旬前设置,有利于留鸟迁住。最迟不迟于翌年 3 月中旬。

8.6.3 巢箱悬挂

按悬挂数量确定各小组的任务和悬挂巢箱的区域,并将巢箱编号。悬挂于鸟类便于寻找的 6 m 以上的乔木主树干上,用木柱升降器攀到树干 2 m 以上处,使巢箱口面向山下坡,用斧子将巢箱钉在树干上。如果树干太细,可用挂钩将巢箱挂在树枝上。要固定住,避免左右倾斜或后仰,必要时可稍前倾,以防雨水落入巢箱内。

8.6.4 巢箱检查

最晚在 6 月上旬、7 月上旬各检查 1 次,以统计招引到的种类和数量。检查巢箱需要上树时,用单梯较好。单梯长度视巢箱的高度而定。使用时,在胸高处用铁丝缠在树上,以手扶树干上下,确保安全。填写检查表(表 B8-2)。

表 B8-2 人工巢箱检查记录表

地段: 编号:

巢箱号	位置	类型	规格(cm)	设置高度(m)	出入口形状及大小	出入口方位	巢色	附记
日期	检查记录							

8.6.5 人工巢箱的管理

翌年 3 月底前,要清除旧巢,以利于食虫鸟类繁殖和提高人工巢箱的利用率。

对以前所挂人工鸟箱要全面检查。对人工鸟箱内的鸟粪、食物残体、积有污秽的旧箱进行清理,特别是鼠、蛇、蜂类占用过的更应该彻底清理;对于变形、开缝及破损的人工鸟箱要进行维修,破损太厉害的要更换。

已有鸟类住过的人工鸟箱,都有不同程度的病菌寄存,在气候条件适宜时,会大量滋生繁殖。对清理过的人工鸟箱应进行消毒,以保证箱内的清洁卫生。消毒方法可采用30%的来苏水进行喷洒,或者用37%的甲醛35 mL加17.5 g高锰酸钾制成混合剂,每个巢箱注入1 mL进行熏蒸。

8.7 考核评价标准

本实训从专业知识、实践操作技能和实训表现3个方面对学生进行评价,其中实践操作技能和实训表现通过学生自评(20%)、学生互评(30%)、教师或专业技术人员点评(50%)进行考核。考核评价方案见表B8-3。

表B8-3 考核评价方案

考核评价内容类别	考核评价内容	考核形式	考核评价建议要求	分值
专业知识	1. 人工巢箱主要招引鸟类的种类 2. 人工巢箱悬挂的方法、高度、方向、时间和地点	教师组织笔试或抽签口试	1. 了解人工巢箱主要招引鸟类的种类 2. 熟悉人工巢箱悬挂的方法、高度、方向、时间和地点	20
实践操作技能	1. 制订巢箱布设方案 2. 制作木板式巢箱 3. 选定人工巢箱悬挂的方法、高度、方向、时间和地点 4. 人工巢箱悬挂 5. 人工巢箱管理 6. 招引效果调查	现场考核实训全过程,学生自评,小组成员间互评,教师或专业技术人员点评	1. 木板式巢箱制作和规格符合要求 2. 人工巢箱悬挂的方法、高度、方向、时间和地点选择准确 3. 人工巢箱悬挂正确 4. 人工巢箱管理到位 5. 招引效果调查符合实际,完整正确	60
实训表现	1. 实训态度 2. 计划执行情况 3. 沟通与协作 4. 安全意识 5. 环保意识	现场考核实训全过程,学生自评,小组成员间互评,教师或专业技术人员点评	1. 态度积极主动,有良好的敬业精神 2. 计划执行能力强,按时完成任务 3. 小组成员之间团结协作,勤于思考 4. 亲和力强,能够与他人进行有效的沟通与交流 5. 实训中注意安全,未发生安全事故 6. 爱护林区一草一木,遵守森林防火制度	20

综合评价情况	自评分		学生互评分		教师或专业技术人员评价		综合评价成绩	

8.8 实训参考资料

近期期刊上有关益鸟招引的论文和经验介绍。

8.9　拓展训练项目

选择本地区发生蛀干害虫的人工林制作和悬挂招引木段招引啄木鸟控制蛀干害虫。悬挂时需 3 个木段一组布设。

工作任务 9　寄生蜂人工繁育与释放

9.1　任务描述

赤眼蜂是一类很有利用价值的天敌,可寄生在鞘翅目、膜翅目、鳞翅目、双翅目、半翅目所属 24 个属 220 种昆虫的卵内。该技术是一项生物防治害虫技术,是利用赤眼蜂对害虫虫卵的寄生从而控制害虫数量,达到防治目的,防治效果可达到 70% 以上,是大面积防治玉米螟和松毛虫及其他各类害虫较为理想的措施。该技术包括赤眼蜂不同产品、放蜂量和最佳放蜂时期及方法等关键环节。

赤眼蜂的形态与生物学特性:赤眼蜂属膜翅目(Hymenoptera)赤眼蜂科(Trichogrammatidae)赤眼蜂属(*Trichogramma*)。成虫长不到 1 mm,翅呈梨形,具单翅脉和穗状缘毛。跗节 3 节,明显。幼虫在蛾类的卵中寄生,因此可用以进行生物防治。

赤眼蜂是广寄生昆虫,一般每头成虫最多能产卵 213 粒,最少 35 粒,平均 112.8 粒。每头成虫可寄生松毛虫卵平均 5.7 粒,1 粒松毛虫卵内可繁殖 30 多头;柞蚕卵最多 175 头,天蛾卵 80 头。赤眼蜂的世代历期很短,整个发育过程都在寄主卵内度过,历经一个世代平均需有效积温为 235 ℃,发育起点温度为 5 ℃。繁殖蜂最适宜温度为 25 ℃。在 30 ℃以上则发育不良;体色变黄,活跃,寿命缩短。20 ℃以下发育迟缓,蜂体变大,体色较深,活动迟缓,寿命较长。湿度以 70% ~90% 为宜。温度过高,寄主卵容易霉烂,子蜂发育不良;温度过低,赤眼蜂发育停滞,寄主卵容易干瘪,成虫产卵量少,寿命短。在阴暗条件下成虫极少活动,寿命长。赤眼蜂有正趋光性,在强光下特别活跃,但寿命缩短。

9.2　实训内容与模式设计

本项实训内容为赤眼蜂的人工繁殖和饲养。实训时间为有害生物发生季节,实训地点选择具有检疫性有害生物或危险性病虫存在的苗圃、种子林、母树林 1 处,本地区县级以上园林病虫害防治检疫站 3 ~4 个。可划分实训小组,教师或实训单位的技术人员参与指导。